AF839186

Dokumentation
zum Forschungs- und Entwicklungsprogramm
des Bundesministeriums für Forschung und Technologie
(BMFT)

TRIBOLOGIE

Reibung · Verschleiß · Schmierung

Band 10

Gleitlager, Konstruktive Gestaltung, Betriebsverhalten von Reibungssystemen, Dieselmotoren (Lebensdauererhöhung)

Herausgeber:
Projektträgerschaft „Metallurgie, Werkstoffentwicklung, Rückgewinnung" des BMFT bei der DFVLR, Köln
Wissenschaftliche Leitung und Redaktion:
W. Bunk, J. Hansen, H. Haag

Springer-Verlag Berlin Heidelberg New York Tokyo 1985

Professor Dr. rer. nat. Wolfgang Bunk
Direktor des Instituts für Werkstoff-Forschung
der Deutschen Forschungs- und Versuchsanstalt für Luft- und Raumfahrt e.V., Köln-Porz
Lehrstuhl für angewandte Metallkunde, RWTH Aachen

Dr. rer. nat. Jörn Hansen
Leiter der Projektträgerschaft „Umweltschutztechnik"
(bis 31. 5. 1985 Wissenschaftlicher Mitarbeiter am Institut für Werkstoff-Forschung)
der Deutschen Forschungs- und Versuchsanstalt für Luft- und Raumfahrt e.V., Köln-Porz

Dipl.-Ing. Hermann Haag
Wissenschaftlicher Mitarbeiter am Institut für Werkstoff-Forschung
der Deutschen Forschungs- und Versuchsanstalt für Luft- und Raumfahrt e.V., Köln-Porz

Mit 332 Abbildungen und 18 Tabellen

CIP-Kurztitelaufnahme der Deutschen Bibliothek

Tribologie: Reibung, Verschleiß, Schmierung; Dokumentation zu dem Forschungs- und Entwicklungsprogramm des Bundesministeriums für Forschung und Technologie (BMFT) / Hrsg.: Projektträgerschaft „Metallurgie, Werkstoffentwicklung, Rückgewinnung" des BMFT bei der DFVLR, Köln. Wissenschaftliche Leitung und Redaktion: W. Bunk ... – Berlin; Heidelberg; New York; Tokyo: Springer

NE: Bunk, Wolfgang (Red.); Deutsche Forschungs- und Versuchsanstalt für Luft- und Raumfahrt (Köln) Projektträgerschaft Metallurgie, Werkstoffentwicklung, Rückgewinnung

Band 10: Gleitlager, Konstruktive Gestaltung, Betriebsverhalten von Reibungssystemen, Dieselmotoren (Lebensdauererhöhung). – 1985.

ISBN 978-3-540-15557-7 ISBN 978-3-642-52251-2 (eBook)
DOI 10.1007/978-3-642-52251-2

Das Werk ist urheberrechtlich geschützt. Die dadurch begründeten Rechte, insbesondere die der Übersetzung, des Nachdruckes, der Entnahme von Abbildungen, der Funksendung, der Wiedergabe auf photomechanischem oder ähnlichem Wege und der Speicherung in Datenverarbeitungsanlagen bleiben, auch bei nur auszugsweiser Verwendung, vorbehalten.

Die Vergütungsansprüche des § 54, Abs. 2 UrhG, werden durch die „Verwertungsgesellschaft Wort", München, wahrgenommen.

© Springer-Verlag, Berlin/Heidelberg 1985

Die Wiedergabe von Gebrauchsnamen, Warenbezeichnungen usw. in diesem Buche berechtigt auch ohne besondere Kennzeichnung nicht zur Annahme, daß solche Namen im Sinne der Warenzeichen- und Markenschutz-Gesetzgebung als frei zu betrachten wären und daher von jedermann benutzt werden dürfen.

Buch- und Offsetdruckerei Richard Thierbach, Bachstraße 24, 4330 Mülheim (Ruhr)
2362/3020 – 5 4 3 2 1 0

VORWORT ZUM 9. BAND

Überall dort, wo sich Oberflächen aufeinander bewegen, tritt Reibung auf. Unter ungünstigen Bedingungen bewirkt die Reibung erhebliche Verschleiß- und Energieverluste. Bei Maschinen und technischen Anlagen führen Reibung und Verschleiß zur Minderung der Lebensdauer, des Wirkungsgrades sowie der Sicherheit. Reibungsbedingter Energieaufwand, Instandhaltung, Ersatzteilbedarf und Ausfallzeiten verursachen beträchtliche Verluste an wertvollen Rohstoffen und Energie sowie eine Belastung der Umwelt. Für die Bundesrepublik Deutschland werden die jährlich durch Reibung direkt anfallenden Kosten auf ca. 39 Milliarden DM beziffert.

Die internationale Konkurrenzsituation der deutschen Industrie erfordert Maschinenanlagen mit größeren Leistungsdichten, erhöhten Bauteilauslastungen und verbesserten Wirkungsgraden. Mit dieser Entwicklung wachsen aber auch die durch Reibung und Verschleiß bedingten Schwierigkeiten erheblich an.

Aus diesen Erkenntnissen erwächst die Forderung nach großen Anstrengungen, um mit den Problemen der Reibung und des Verschleißes fertig zu werden. Das systematische Zusammenwirken mehrerer Wissensgebiete in dem interdisziplinären Fach "Tribologie" liefert hierzu einen beachtlichen Beitrag.

Nach einer entsprechenden Analyse der Situation beschloß das BMFT 1977 eine schwerpunktmäßige Förderung der Tribologie im Rahmen der DFVLR-Projektträgerschaft "Metallurgie-Werkstoffentwicklung-Rückgewinnung". Die Förderung begann 1978. Bis heute wurden und werden 181 Einzelvorhaben gefördert, die in 13 Koordinationskreisen zusammengefaßt sind. Die Gesamtkosten dieser Aktivitäten belaufen sich auf ca. 102 Mio. DM, der BMFT-Zuschuß hieran beträgt ca. 50 %, 49 Mio. DM.

Diese Tribologie-Förderung in der bisherigen Form endete im Mai 1985 mit der 3. Präsentation. Aufbauend auf den positiven Erfahrungen entschloß sich das BMFT zur Fortführung der Förderung, in der tribologische Schwerpunktthemen in Verbundprojekten behandelt werden. Eine Übersicht über die bisherige Förderung und die Fortführung gibt die "1. Fortschreibung der Studie Tribologie"(J. Hansen (Hrsg.), DFVLR, Köln, 1985).

Ein Bericht der Deutschen Gesellschaft für Mineralölwissenschaft und Kohlechemie e.V. (DGMK) von 1977 gibt an, daß rund 50 % der Verluste infolge Reibung und Verschleiß durch intensive Nutzung der bekannten tribologischen Erkenntnisse einzusparen sind. Im Kampf gegen Reibungs- und Verschleißverluste müssen der Forschung und Entwicklung in der Tribologie die Kommunikation, Information und Innovation konsequent folgen.

Diesem Ziel dienten und dienen drei Aktivitäten der Projektträgerschaft:

- Die Durchführung von öffentlichen Präsentationen, bei denen 1981, 1983 und 1985 über die erarbeiteten Ergebnisse berichtet und diskutiert wurde,
- die Dokumentation der Schlußberichte der geförderten Vorhaben in dieser Buchreihe und
- die Mitwirkung bei der Einrichtung der Tribologie-Beratungs-Stelle im Technologie-Zentrum Dortmund durch die Tribologie-Beratungs-Gesellschaft.

Köln, im Juni 1985 J. Hansen, H. Haag

PROJEKTTRÄGERSCHAFT

Das Forschungs- und Entwicklungsprogramm "Tribologie" ist Teil der Projektträgerschaft "Metallurgie-Werkstoffentwicklung-Rückgewinnung". Diese wird vom Institut für Werkstoff-Forschung (Prof. Bunk) der DFVLR im Auftrage des BMFT durchgeführt. Die administrative Betreuung liegt beim Bereich für Projektträgerschaften der DFVLR.

Zur technisch-wissenschaftlichen Beratung des Projektträgers für den Förderbereich "Tribologie" dient ein Gutachterkreis. Dieser wird gebildet von den Herren

Oberingenieur H. Böer
Dr.-Ing. E. Gülker
Dr.-Ing. H. Dimigen
Dr.-Ing. G. Heinke
Ing. (grad.) W. H. Kara
Dr.-Ing. O. Lang
Prof. Dr.-Ing. H. Peeken
Prof. Dr. E. Pollmann
Dr.-Ing. R. Stelzer
Prof. Dr.-Ing. H. Uetz

I N H A L T S V E R Z E I C H N I S

REIBUNG, SCHMIERUNG UND VERSCHLEIß AN KOLBEN-KOLBENRING-ZYLINDER-SYSTEMEN

- Untersuchungen im motornahen Betrieb -

Schlußbericht

Bearbeiter: Dipl.-Ing. H.-H. Krause

UNIVERSITÄT HANNOVER

INSTITUT FÜR KOLBENMASCHINEN

Prof. Dr.-Ing. Klaus Groth

Förderkennzeichen: 01 ZT 271 A

Laufzeit: 01.03.82 - 31.12.83

INHALTSVERZEICHNIS

Abstract

Krause, Horst-Herbert

EIN BEITRAG ZUR OPTIMIERUNG VON REIBUNG, VERSCHLEIß UND ÖLHAUSHALT AN KOLBEN-RING-ZYLINDER SYSTEMEN

Die Kolbengruppe trägt zu einem wesentlichen Anteil der mechanischen Verluste in Verbrennungskraftmaschinen bei. Hier tritt ein die Lebensdauer bestimmender Verschleiß auf. Zudem findet innerhalb der Kolbengruppe der maßgebliche Ölverbrauch statt. Zur Verbesserung des Gesamtverhaltens von Kolbenmaschinen ist die Optimierung des Systems Kolben-Ring-Zylinder damit unerläßlich.

Die vorliegende Abhandlung befaßt sich mit der Untersuchung des tribologischen Verhaltens der Kolbengruppe, insbesondere des Einflusses unterschiedlicher Profilvarianten des ersten Kompressionsringes. Die Ergebnisse ermöglichen einen tieferen Einblick in das Betriebsverhalten und stellen realitätsnahe Randbedingungen dar, mittels derer eine optimierte Auslegung der Kolbenringe erfolgen kann.

Eine serienmäßige Ringbestückung sowie Profilvarianten des ersten Kompressionsringes wurden hinsichtlich der Reibungs- und Schmierungseinflüsse im motornahen Betrieb an einem Einzylinder-Versuchsmotor analysiert. Dabei wurde die direkte Reibkraftmessung an der Kolbengruppe durch die hydrostatische Zylinderbuchsenlagerung ermöglicht. Die Schmierfilmdicke verschiedener Ringprofile wurde mittels eines kapazitiven Meßverfahrens untersucht.

Es wurde ein starker Drehzahl- und Temperatureinfluß auf die Reibkräfte und Schmierfilmdicken ermittelt. Die Auswirkung der Mangelschmierung auf der Druck- und Gegendruckseite sowie der Einfluß des Twistwinkels wird verdeutlicht. Der sich einstellende Buchsen- und Ringverschleiß wird beschrieben und eine Beziehung zwischen Mischreibungskraft und Verschleißrate für den geschleppten und gefeuerten Betrieb festgestellt. Aus den Schmierfilmdickenmessungen wird eine qualitative Bestimmung des Ölverbrauches verschiedener Ringprofile hergeleitet.

Ein Vergleich zwischen Rechnung und Messung zeigt jeweils die Überlegenheit des asymetrisch, balligen Ringes hinsichtlich Reibung und Ölverbrauch.

VERWENDETE FORMELBEZEICHNUNGEN UND MAßEINHEITEN

Sofern im Text nicht anderslautende Bezeichnungen verwendet werden, gelten folgende Bezeichnungen:

Abkürzung	Maßeinheit	Bezeichnung
a	°	Winkel
A	m*m	Fläche
B	mm	Balligkeit
C	F	elektrische Kapazität
d	m	Abstand
d	Nm/s	Dämpfungskonstante
D	m	Zylinderdurchmesser
D	-	Lehrsches Dämpfungsmaß
e	m	Exzentrizität
eps	-	Kompressionsverhältnis
et	-	Frequenzverhältnis
eta	Ns/m/m	dynamische Viskosität
e	F/m	Dielektrizitätskonstante
eo	-	relative Dielektrizitätskonstante
f	Hz	Frequenz
fo	Hz	Eigenfrequenz
F	N	Kraft
FN	N	Kolbennormalkraft
Fr	N	Reibkraft
FrK	N	Kolbenreibkraft
Frmax	N	maximale Reibkraft über dem Hub
FT	N	Tangentialkraft
Fü	%	Füllungsgrad
h	m	Höhe, Spaltweite
l	-	Pleuelstangenverhältnis
m	kg	Masse
m	kg/s	Massenstrom
n	1/min	Drehzahl
p	bar	Druck
P	Nm/s	Leistung
pe	bar	effektiver Mitteldruck
pmax	bar	Kompressionsspitzendruck
phi	°	Kurbelwinkel
psi	°	Winkel
Re	-	Reynoldszahl
q	-	Durchflußzahl
Q	l/s	Volumenstrom

s	m	Hub
t	´C	Temperatur
T	K	absolute Temperatur
tBum	´C	mittlere Buchsentemperatur
U	-	Proportionalitätsfaktor
v	m/s	Geschwindigkeit
V	m*m*m	Volumen
w	-	Widerstandszahl
wo	Hz	Eigenkreisfrequenz
xs	m	Schwingungsamplitude

INDIZES

´, ´´	Unterscheidungsmerkmale
B, BU	Zylinderbuchse
ges	Gesamtwert
Gr	Grafit
K	Kolben
L	Luft
m	Mittelwert
max	Maximalwert
M	Motor
osz	oszillierender Anteil
OT	bezogen auf die obere Totpunktlage des Kompressionsringes
Öl	Schmiermittel
rel	Relativwert
R	Ring
RZ	Rauhigkeit
UT	bezogen auf die untere Totpunktlage des Kompressionsringes
vmax	im Bereich der max. Geschwindigkeit des Kompressionsringes
Wa	Kühlwasser
zyl	auf den Zylinder bezogen

ABKÜRZUNGEN

A - I	Ringbezeichnung
DSF	Dachfasen-Schlauchfeder-Ring
DI	direkteinspritzend
DMS	Dehnmeßstreifen
DS	Druckseite
E	Frequenzabhängigkeit
FF	Formfaktor
GOT	oberer Totpunkt im Gaswechseltakt
GDS	Gegendruckseite
IC	integrierter Schaltkreis
NM	Nasen-Minuten-Ring
OT	oberer Totpunkt
PT 100	Platin-Widerstands-Temperaturgeber
UT	unterer Totpunkt
V	Verstärkungsfunktion
X - Z	Kolbenbezeichnung
ZOT	oberer Totpunkt im Kompressionstakt
//	Literaturhinweis

1. EINLEITUNG

Bezüglich der Auslegung von Verdichtungsringen an Kolbenmaschinen existieren Berechnungsverfahren, die basierend auf einer hydrodynamischen Schmierungstheorie Aussagen über die Reibungsverluste bei unterschiedlicher Formgebung der Lauffläche ermöglichen sollen. Zur Bestimmung der Randbedingungen im motornahen Betrieb sowie zur Absicherung der Rechenergebnisse hinsichtlich Reibkraftverlauf und Schmierfilmdicke am ersten Kompressionsring wurden Messungen an einem Einzylinder-Versuchsmotor vorgenommen.

Neben der Darstellung des Prüfstandes sowie der Meßproblematik werden Reibungseinflüsse für eine serienmäßige Ringbestückung bei unterschiedlichen Betriebsbedingungen analysiert. Die Ergebnisse bei Variation der Laufflächenprofile des ersten Kompressionsringes werden dargestellt. Zur Schmierfilmdickenmessung an verschiedenen Ringprofilen wurden unterschiedliche Meßaufbauten entwickelt. Es wurde mit Erfolg ein kapazitives Verfahren eingesetzt, welches die Messung vom Ring aus ermöglicht. Die Meßergebnisse werden diskutiert. Insbesondere wird hier die Auswirkung der Mangelschmierung auf der Druck- und Gegendruckseite sowie der Einfluß des Twistwinkels verdeutlicht. Der sich bei unterschiedlichen Betriebsbedingungen einstellende Buchsen- und Ringverschleiß wird beschrieben und eine Beziehung zwischen Mischreibungskraft und Verschleißrate aufgestellt. Bei Schleppbetrieb wird ein starker Drehzahleinfluß auf den Verschleiß deutlich. Aus den Schmierfilmdickenmessungen wird die Bestimmung des Ölverbrauches bei verschiedenen Profilen hergeleitet. Ein Vergleich zwischen Rechnung und Messung zeigt die eindeutige Überlegenheit des asymetrisch, balligen Ringes hinsichtlich Reibung und Ölverbrauch.

Die Notwendigkeit der Durchführung weiterer Messungen besonders im gefeuertem Betrieb sowie die Erweiterung der Rechenprogramme hinsichtlich des Ölangebotes und der Kolbensekundärbewegung zur realitätsnahen Beschreibung des tribologischen Verhaltens der Kolbengruppe wird unterstrichen. Abschließend werden Optimierungsmöglichkeiten am System "Kolben-Ring-Zylinder" bezüglich Reibung, Schmierung und Verschleiß dargelegt und mögliche Verbesserungen bei Versuchaufbauten der Folgegeneration beschrieben.

2. PROBLEMSTELLUNG UND STAND DER TECHNIK

Die Konstruktion von Verbrennungskraftmaschinen hat einen hohen technischen Stand erreicht /1/. Durch Optimierung der mechanischen und thermischen Betriebsbedingungen ist es dabei gelungen, Gesamtwirkungsgrade von über 50% und effektive Mitteldrücke von pe = 30 bar zu realisieren. Als wesentliche Bauteile sind der Kolben, die Kolbenringe und die Zylinderlaufbuchse hohen thermischen, mechanischen und chemischen Belastungen ausgesetzt. Von ihrer Funktionsfähigkeit wird das Betriebsverhalten der gesamten Maschine bestimmt. Infolge der hohen Anzahl von Kolbenmotoren und deren Konzentration in Ballungsgebieten ist die Verringerung der Schadstoffemission und des Energiebedarfes dringend erforderlich. Dabei wird der Verbesserung des mechanischen Wirkungsgrades verstärktes Interesse entgegengebracht. Hier kann mit nur geringem Aufwand neben der Verbrauchsminderung eine Erhöhung der Lebensdauer und nicht zuletzt eine wesentliche Senkung der Umweltbelastung erreicht werden. Wobei neben der Verminderung des Kraftstoffverbrauches durch Reibungsminderung auch die Ölverbrauchsreduzierung einen wesentlichen Beitrag zum Umweltschutz leistet.

Aus bisherigen Untersuchungen /2-33/ ist bekannt, daß an der Kolbengruppe bis zu 75 % der mechanischen Reibungsverluste entstehen. Durch den großen Mischreibungsanteil ist an der Gleitpaarung Ring-Zylinderbuchse ein die Funktionsfähigkeit bestimmender Verschleiß gegeben /34-44/. Extremer Verschleiß wie Ring- und Kolbenfressen zieht hohe Folgekosten nach sich /45-47/. Verschleißminderung ist durch Erreichen härterer Oberflächenschichten mit niedriger Rauhigkeit und durch die Darstellung von schützenden Reaktionsschichten mittels Öladditivierung möglich /48-52/. Der Schmiermitteleinfluß ist von großer Bedeutung hinsichtlich Reibung und Verschleiß /53-56/. Der Ölverbrauch wird zum größten Teil durch die Kolbengruppe beeinflußt /57-62/.

Die Gleitpaarung Kolben-Kolbenring-Zylinder bietet daher gute Voraussetzungen für eine ins Gewicht fallende Verringerung von Reibung, Verschleiß und Ölverbrauch. Auf die speziellen Arbeiten wird in den jeweiligen Kapiteln eingegangen.

Als ein ausschlaggebender Faktor wird in der Literatur die Formgebung der Kolbenringprofile beschrieben /63-71/. Es existieren mehrere Berechnungsverfahren, die als Ableitung aus den Navier-Stokesschen Gleichungen für die Strömungsmechanik eine hydrodynamische Schmierungstheorie wiedergeben. Mit ihnen ist die Vorausbestimmung des Reibungs- und Schmierungsverhaltens unterschiedlicher Kolbenringprofile möglich. Die wesentlichen Betriebsbedingungen der Kolbengruppe sind:

i) von Seiten des Schmiermittels
dessen mengenmäßige Zuführung zum Ring,
dessen momentane Viskosität,
dessen Verteilung am Ringumfang,
dessen zeitliche und örtliche Zusammensetzung;

ii) von Seiten des Kolbens
dessen Sekundärbewegungen,
den Reibkräften in der Ringnut,
den aufgrund von Temperatur und Belastung vorliegenden Kolbenverformungen;

iii) von Seiten der Zylinderbuchse
deren zeitlicher und örtlicher Verformungszustand,
deren Wärmezustand,
deren Oberflächenzustand inklusive möglicher Reaktionsschichten;

iiii) von Seiten des Kolbenringes
dessen zeitliche und örtliche Lage zur Zylinderbuchse,
dessen zeitliche und örtliche Lage zur Ringnut,
dessen Wärmezustand,
dessen momentaner Oberflächenzustand inklusive möglicher Reaktionsschichten.

Die aufgezählten Randbedingungen sind im Zusammenspiel der jeweiligen Ringe eines Ringpaketes und des Kolbens zu betrachten. Einen groben Überblick über die möglichen Vorgänge am System Kolben-Ring-Zylinder mag Bild 1 geben. Es muß gesagt werden, daß alle hier dargestellten Zusammenhänge physikalischen Gestzmäßigkeiten unterliegen und diese nach dem heutigen Erkenntnisstand auch in den einzelnen Fällen berechenbar sind.

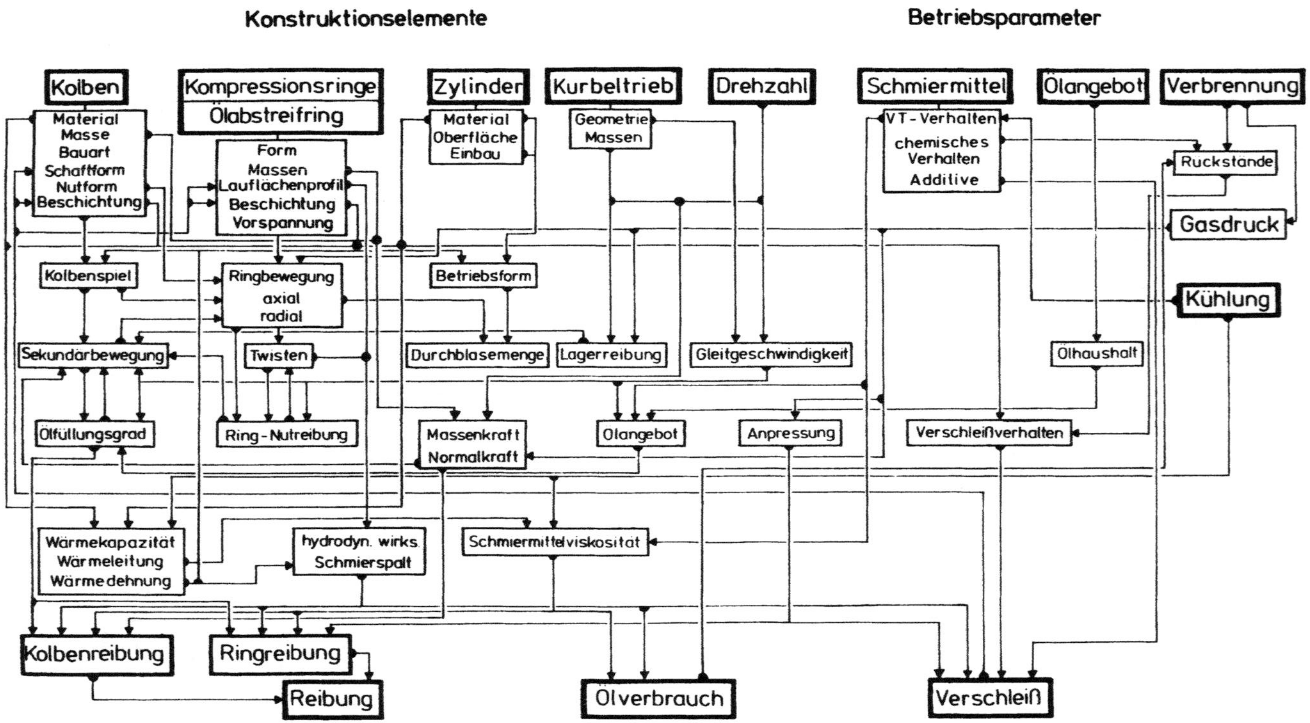

Bild 1 Ein Überblick über die tribologischen Zusammenhänge am System "Kolben-Ring-Zylinder"

Um mit den angesprochenen Rechenprogrammen die für den jeweiligen Einsatzfall hinsicht Reibung, Verschleiß und Ölverbrauch optimale Ringform bestimmen zu können, ist die Vorgabe der o.a. Randbedingungen in Abhängigkeit von Last und Drehzahl unerläßlich. Zuvor muß aber geklärt sein, inwiefern die zugrundegelegten Theorien und Rechenverfahren, die immer Vereinfachungen der realen physikalischen Vorgänge darstellen, für die jeweiligen Bedingungen realitätsnahe Aussagen ermöglichen. Für Beides, die Bestätigung der Anwendbarkeit und die Vorgabe von Randbedingungen für die Rechnung sind, Grundlagenversuche unumgänglich. Diese Untersuchungen müssen unter realen oder zumindest realitätsnahen Motorbedingungen durchgeführt werden. Dabei bietet die Erfassung der o.a. Randbedingungen sowie die direkte Messung der Reibkräfte und Schmierfilmdicken auch heute noch meßtechnische Probleme.

3. ZIEL DER ARBEIT

An einem zu entwickelnden Versuchsmotor sollte das tribologische Verhalten der Kolbengruppe ermittelt werden. Die Versuchsbedingungen sollten denen eines serienmäßigen Dieselmotors für den Nutzfahrzeugantrieb entsprechen. Die von der Fa. Daimler-Benz AG, Stuttgart, am Motor OM 403 ebenfalls im Rahmen der BMFT-Förderung "Tribologie" gemessenen Buchsenverschleißraten und Ölverbrauchsdaten sollten zum Vergleich herangezogen werden. Neben dem Einsatz unterschiedlicher Laufflächenprofile des ersten Kompressionsringes sind die Betriebsbedingungen: Drehzahl, Spitzendruck, Buchsentemperatur und Ölangebot zu variieren und deren Einfluß auf die Reibkräfte und die Schmierfilmdicke am ersten Kompressonsring darzustellen. Es sollen anhand der durchgeführten Messungen Optimierungsmöglichkeiten hinsichtlich Reibung, Verschleiß und Ölhaushalt dargelegt werden. Die Anwendbarkeit der am IfKo derzeit vorhandenen Rechenprogramme ist anhand der neuen Ergebnisse zu überprüfen.

Zur Untersuchung der Reibungsverhältnisse an der Kolbengruppe war ein Prüfstand zu errichten, der der Forderung nach möglichst motornahem Betrieb gerecht wird und den Vergleich mit den geplanten Verschleiß- und Ölverbrauchsmessungen an der gefeuerten Serienmaschine ermöglicht. Die Tauglichkeit war in Vorversuchen zu bestätigen. Eine ausführliche Untersuchung der serienmäßigen Ringbestückung sollte als Grundlage für die Laufflächenprofil-Variationen dienen. Die weitergehende Analyse der Kolbenringreibung ist anhand der Schmierfilmverläufe verschiedener Ringprofile durchzuführen.

Die Ermittlung des Zwickelverschleißes am gefeuerten Motor wurde von der Firma Daimler-Benz AG, Stuttgart, durchgeführt. Die Vermessung aller relevanten Teile vor und nach dem Versuchslauf im geschleppten Betrieb sollte weitere Aussagen ermöglichen. Der Ölverbrauch im gefeuerten Betrieb wurde von der Daimler-Benz AG ermittelt. Die von Rulfs /62/ eingesetzte Ölverbrauchs-Meßanlage konnte hier für den geschleppten Betrieb nicht verwendet werden.

4. Der VERSUCHSAUFBAU

Zur Untersuchung der Kolben-Kolbenring-Reibung wurden unterschiedliche experimentelle Meßverfahren eingesetzt, die hinsichtlich spezieller Versuchsziele ausgelegt waren oder aber keinen realen Motorbetrieb zuließen. Um den gesetzten Anforderungen bezüglich einer hohen Aussagefähig gerecht zu werden, wurde ein neuer Meßaufbau entwickelt. Im Folgenden werden die wesentlichen Merkmale beschrieben. Besonderes Interesse findet dabei die Meßwertbeeinflussung durch die Betriebsbedingungen und den Aufbau selbst. Die Meßproblematik wird dargestellt. Abschließend werden im Kapitel 11. Verbesserungsmöglichkeiten erläutert.

4.1. DAS LASTENHEFT

An den Gesamtaufbau werden von der Versuchsdurchführung und den Betriebsbedingungen vielseitige Forderungen gestellt. Diese lassen sich für die einzelnen Prüfstandskomponenten aufgliedern, wobei die Schwerpunkte zum einen den Versuchsträger, den Meßort selbst (hier der Zylinderbereich), die Nebenaggregate und die Versorgungsanlagen, sowie die Meßwertaufnehmer und die weitere Meßsignalverarbeitung umfassen.

Um einen Vergleich zwischen Reibung, Verschleiß und Ölverbrauch zu ermöglichen, muß der Versuchsmotor dem gefeuerten Serienmotor ähnlich sein:

1a) geometrische Daten des Kurbeltriebes und der Kolbengruppe,
1b) Drehzahlniveau,
1c) Massen- und Gaskraftbelastung an Kolben und Ringen,
1d) Betriebsspiele,
1e) Temperaturniveau und -verteilung an der Kolbengruppe,
1f) Ölversorgung und Schmiermittelviskosität im Zylinder,
1g) Werkstoffe und Oberflächengestaltung der Reibpartner.

Die geforderten Betriebsbedingungen sind wie folgt zu beschreiben:

2a) geschleppter Viertaktbetrieb (gefeuerten, direkteinspritzenden Dieselbetrieb vorsehen!),
2b) Gasdruck variierbar, p_{max} = 100 bar,
2c) Verdichtungsverhältnis ϵ = 6 - 22,
2d) maximale mittlere Kolbengeschwindigkeit c_m = 10 m/s,
2e) Schmiermittelangebot und Temperatur regelbar,
2f) Betriebsdauer BD_{min} = 5000 h.

Die Untersuchung des Reibungsverhaltens von Kolbenringen und Kolben erfordert folgende meßtechnische Möglichkeiten:

3a) direkte Messung der Reibkräfte von Kolben und Kolbenringen,
3b) Reibkraftmessung ohne Gasdruckeinfluß,
3c) Messung der Schmierfilmdicke am Kolbenring,
3d) Messung der Schmierfilmtemperatur,
3e) Messung der Kolbensekundärbewegung,
3f) Darstellung der Gas- und Massenbelastung,
3g) alle Messungen sollen zeitgleich über den Hub erfolgen,
3h) keine wesentlichen Rückwirkungen des Meßaufbaues auf das Meßobjekt,
3i) die wesentlichen Daten sind auf geeigneten Trägern zu speichern, so daß die Weiterverarbeitung möglich ist.

4.2. DIE ZYLINDERKONSTRUKTION

Bei der Untersuchung verschiedener Ringprofile erscheint es zunächst zweckmäßig, die Reibkraftmessung direkt am Kolbenring vorzunehmen. Bei der Betrachtung der am Kolbenring angreifenden Gas- und Massenkräfte zeigt sich, daß die zu untersuchenden Reibungskräfte z.T. mit nur 1% an den Gesamtkräften beteiligt sind. Sie liegen damit im heute vorgegebenen Rahmen der Meßungenauigkeit. Dies sowie die ungünstigen Einbau- und Betriebsbedingungen für die Meßwertgeber lassen Reibkraftmessungen am Ring nicht zu /72/. Die am häufigsten angewendete Messung der axial an der Zylinderbuchse wirkenden Reibkräfte wird auch hier vorgenommen. Diese Methode gibt zwar nur Aufschluß über die Gesamtreibung der Kolbengruppe, sie bietet aber neben der einfachen und eindeutigen Reibkraftmessung die Möglichkeit den Einfluß unterschiedlicher Ringe auf das Gesamtsystem der Kolbengruppe zu überprüfen. Der geschleppte Betrieb ist zum Einen als aussagefähig zu bezeichnen /73/, zum Anderen bietet er die Möglichkeit den Verschleiß ohne chemische Einflüsse zu ermitteln /74/. Die Zylinderbuchsenlagerung muß dabei radial sehr steif und axial reibungsfrei ausgeführt werden.

Um den o.g. Forderungen gerecht zu werden, wurde an einem Versuchsmotor der Zylinderbereich gemäß Bild 2 neu konzipiert. Die Zylinderbuchse, der Kolben und die Kolbenringbestückung des Daimler-Benz Motors OM 403 sind in leicht modifizierter Form verwendet worden. Die Buchsenlagerung ist radial in zwei Ebenen (I und II) mittels hydrostatischer Lager nach dem Prinzip "Eine Pumpe pro Tasche" mit je vier Drucktaschen am Umfang und je einem Absaugkanal ober- und unterhalb des Druckbereiches ausgeführt. Je zwei der Drucktaschen liegen dabei in Kurbelwellenrichtung, während die beiden anderen in Druck- und Gegendruckseite ausgerichtet sind. Dies ergibt eine hohe radiale Lagersteifigkeit, die unter der maximalen Belastung zu einer Exzentrizität von $\epsilon < 1$ μm führt. Die Daten der hydrostatischen Lagerung sind in Bild 3 aufgeführt. Das obere Lager dient gleichzeitig zur berührungslosen Abdichtung des Kompressionsraumes. Diese Dichtung ist bis zu Drücken von p_{max} = 100 bar funktionsfähig. Der Gasdruck hat keine Wirkung in axialer Buchsenrichtung. Durch die reibungsfreie Lagerung der Buchse ist die direkte Messung der Reibkräfte über die vorgespannten Aufnehmer (h) möglich. Es wurden neben Aufnehmer auf DMS-Basis mit verschiedenen Federsteifigkeiten Quarz-Kraftaufnehmer eingesetzt. Hier sind zwei Quarz-Kraftaufnehmer dargestellt.

Zwischen dem Zylindermantel (a) und dem Zylinderkopf (b) kann durch verschiedene Scheiben (c) das Verdichtungsverhältnis variiert werden. Neben dem Ventiltrieb sind im Zylinderkopf eine DI-Einspritzdüse (d) und ein Piezoquarz-Druckaufnehmer mit Kühladapter (f) montiert. Mittels der auswechselbaren Zylinderkopfplatte (g) ist die Erprobung verschiedener Drosselspalte möglich.

4.3. DER GESAMTAUFBAU

Der ausgeführte Versuchsstand läßt sich in mehrere Funktionsbereiche gliedern: dem Versuchsmotor als Versuchsträger mit dem Antriebssystem, dem externen Ölversorgungssystem, dem Hydraulikstand, den Entsorgungseinrichtungen sowie der Meßwerterfassung und -verarbeitung.

4.3.1. DER VERSUCHSMOTOR

Als Versuchsträger wurde der Motorblock eines Einzylinder-Versuchsmotor vom Typ Hanomag-AVL D 412 (125/125) gewählt, da der Einsatz des Serienmotors OM 403 am Platzbedarf der Buchsenlagerung scheiterte. Der wesentliche Unterschied besteht zwischen beiden Motoren in der Hubdifferenz von 5 mm, so daß bei gleicher Drehzahl die mittlere Kolbengeschwindigkeit sowie die Massenkräfte an der Versuchsmaschine zirka 4 % geringer sind. Die Beschaffung einer Spezialwelle war im Rahmen dieser Arbeit nicht möglich. Die auftretende Abweichung ist gering und kann bei den vergleichenden Untersuchungen leicht berücksichtigt werden. Der Versuchsmotor verfügt als großzügig dimensionierte Schweißkonstruktion über einen Massenausgleich 1. Ordnung. Mittels einer Nockenwelle ist der Viertakt-Betrieb möglich. Eine komplette Einspritzanlage ist für den gefeuerten Betrieb eingerichtet. Die Meßwertübertragung vom bewegten Kolben aus ist durch die Verwendung einer an der Kurbelkröpfung angelenkten Schwingenkonstruktion gegeben. Durch Anheben der oben beschriebenen Zylindereinheit ist der Wechsel von Kolben und Ringen schnell möglich. Die Reibkraftmeßeinrichtung muß dabei nicht neu kalibriert werden. Zur Verringerung der Kurbelgehäusedruckschwankungen des Einzylindermotors wurde das Kurbelgehäuse mit einem Ausgleichsvolumen verbunden. Der Antrieb des Versuchsmotors erfolgt über einen 16 kW-Gleichstrom-Nebenschlußmotor, der von einem Leonard-Satz gespeist wird. Im geringen Maße ist der Motor auch als Bremse einsetzbar. Der komplette Motor ist in Bild 4 im Längsschnitt dargestellt.

Die technischen Daten des Versuchsmotors lauten:

a) Hub	s =	125 mm,
b) Bohrung	D =	125 mm,
c) Pleuelstangenverhältnis	l =	0.26 ,
d) Verdichtungsverhältnis	ϵ =	6 - 22 ,
e) max. Drehzahl	n =	2600 1/min.

4.3.2. DIE ÖLVERSORGUNGSSYSTEME

Die Versorgung des Versuchsmotors mit Schmiermittel ist in vier Blöcke gemäß Bild 5 aufgeteilt. Sie werden im Folgenden nach ihrer Aufgabe und den Kenndaten spezifiziert.

I. Zylinderbuchsenlagerung

Aufgabe: Radiale Lagerung der Zylinderbuchse in zwei Ebenen bei hoher Steifigkeit und gleichzeitig zu vernachlässigender axialer Reibung, Temperaturregelung im Zylinderkopf und im oberen Buchsenbereich.

Kenndaten: acht Hochdruck-Zahnradpumpen,
eine Absaugpumpe,

Druckbereich	p =	0 - 400 bar,
Gesamtfördervolumen	Q =	0 - 80 l/min,
Temperaturbereich	t =	RT - 80 °C,
Gesamtleistung	P =	max. 34 kW,
Gesamtvolumen	V =	200 l.

Die Kühlung erfolgt durch einen Wasser-Ölkühler, die Heizung ist durch die Erwärmung im hydrostatischen Lager gegeben und über die hydraulische Leistung regelbar. Eine ausführliche Beschreibung ist in /75/ erfolgt.

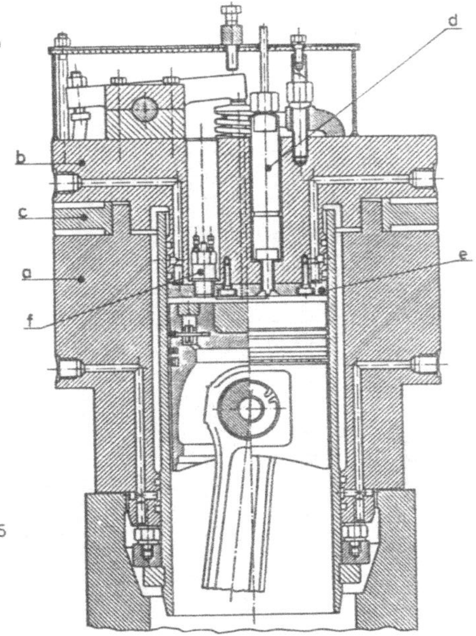

Bild 2 Die Zylindereinheit des Versuchsmotors

Ölsorte	:	Pena Pura HD20W20
Durchflußmenge pro Tasche	:	$\dot{V}_T$ = 120 dm/h
Öleintrittstemperatur	:	t_6 = 50 °C
Betriebsdruck	:	$p_{o/u}$ = 150/120 bar
Betriebsspiele	:	$h_{o/u}$ = 30/37 μm
Abströmbreite	:	$b_{o/u}$ = 190/221 mm
Abströmlänge	:	$l_{o/u}$ = 5/4 mm

Spaltströmung nach Hagen-Poiseuille:

$$\dot{V} = \frac{\Delta p \cdot b \cdot h}{12 \cdot \eta \cdot l}$$

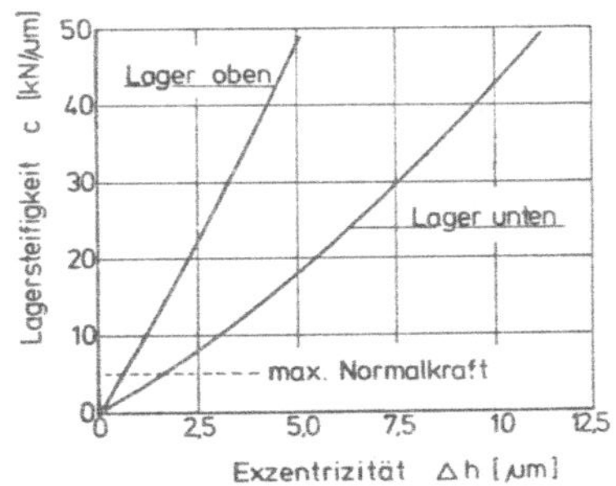

Bild 3 Die hydrostatische Buchsenlagerung

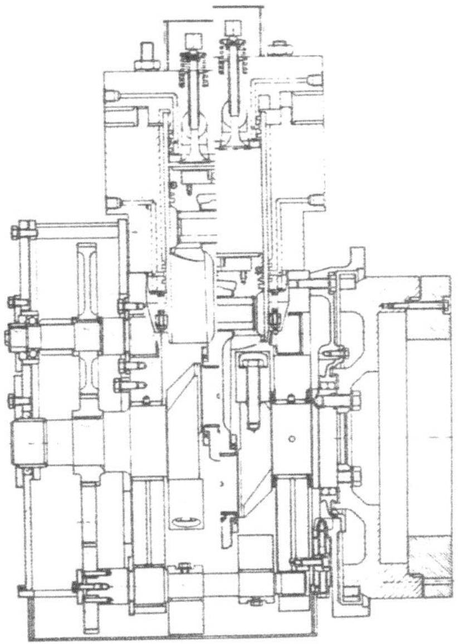

Bild 4 Der Versuchsmotor zur Kolbenreibungsuntersuchung

II. Zylinderkühlung

Aufgabe: Temperaturregelung der Zylinderbuchse zur Anpassung des Temperaturniveaus an den realen Motorbetrieb.

Kenndaten: eine Seitenkanal-Pumpe, an das Ölvolumen der Zylinderbuchsenlagerung angekoppelt,

Druckbereich	p = 0 - 1	bar,
Fördervolumen	Q = 0 - 400	l/min,
Temperaturbereich	t = RT - 80	°C.

III. Zylinderschmierung

Aufgabe: Temperatur- und Mengenregelung des Ölangebotes an der Zylinderbuchse.

Kenndaten: gemeinsame Pumpe mit Motorlagerschmierung, separater Heiz-Kühlkreislauf, Kolbenschaftschmierung über vier Bohrungen in der Zylinderbuchse am unteren Buchsenbund, Mengenregelung über Drossel.

Druckbereich	p = 0 - 10	bar,
Temperaturbereich	t = RT - 140	°C,
Fördervolumen	Q = max. 5	l/min,
Heizleistung	P = 3	kW.

IV. Motorlagerschmierung

Aufgabe: Versorgung der Motorlager und des Räderkastens.

Kenndaten: gemeinsame Pumpe mit Zylinderschmierung, separater Heiz-Kühlkreislauf,

Druckbereich	p = 0 - 10	bar,
Temperaturbereich	t = RT - 120	°C,
Fördervolumen	Q = max. 15	l/min,
Heizleistung	P = 1.5 + 3	kW,
Tankvolumen	V = 20	l.

Da eine Vermischung der unterschiedlichen Systeme unvermeidlich ist, wird in allen Fällen die gleiche Ölsorte verwendet. Die Wahl fiel auf ein HD-Öl SAE20W-30. In Bild 6 ist für dieses Schmiermittel die dynamische Viskosität über der Temperatur aufgetragen. Die Temperaturschwankungen der Lager- und Zylinderschmierung liegen unterhalb 90 °C bei 0.5 °C, darüber bei etwa 3 °C. Die Verschäumung des Rücklauföles im oberen Zylinderbuchsenlager steigt mit zunehmendem Gasdruck.

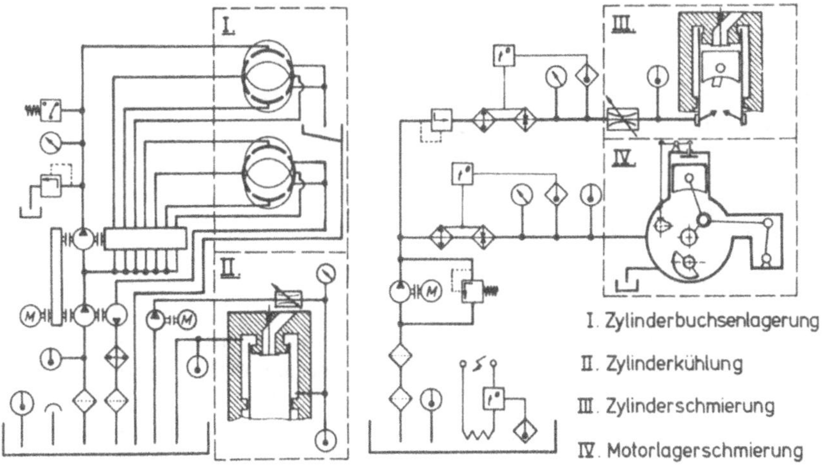

Bild 5 Die Ölversorgungssysteme

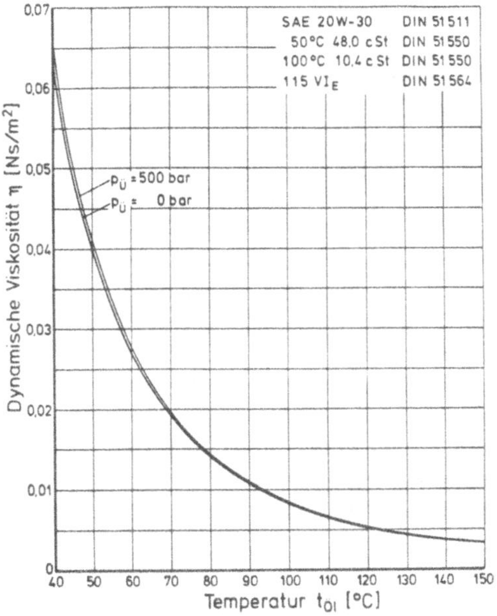

Bild 6 Die Kenndaten des Motoröles

Ab Kompressionsenddrücken von pmax = 25 bar ist das Öl innerhalb einer Beruhigungsstrecke zu entschäumen, um Kavitationsschäden an den Hochdruck-Zahnradpumpen zu verhindern. Feiner Ölnebel in der Abluft konnte nur mittels eines elektrostatischen Filters abgeschieden werden.

4.3.3. DIE MEßWERTERFASSUNG

4.3.3.1. Die Reibkraftmessung

Die Messung der Reibkräfte an der Zylinderbuchse erfolgt mittels zweier auf der Druck- und Gegendruckseite am unteren Buchsenbund angebrachter und gegenüber dem Zylindermantel vorgespannter Kraftaufnehmer. Die Vorspannung wird um einen Sicherheitsfaktor größer als die zu erwartende maximale Reibkraft gewählt, somit ist das Spiel in der Lagerung der Aufnehmer gleich Null. Es wurden verschiedene Kraftaufnehmer eingesetzt. Neben Aufnehmern (A, B, C) auf DMS-Basis mit unterschiedlicher Empfindlichkeit, fanden Quarz-Kraftaufnehmer vom Typ 8200 der Fa. Brüel & Kjaer Verwendung /76/.

Durch die unterschiedlichen Federsteifigkeiten der Aufnehmer sowie die Wahl verschiedener Vorspannschrauben war die Möglichkeit gegeben, die Eigenfrequenz des Feder-Masse-Systems "Buchse-Aufnehmer" zu variieren und die Meßempfindlichkeit zu optimieren. Die Eigenfrequenz lag zwischen f = 265 - 510 Hz bei den Aufnehmern A, B, C und 1050 Hz bei den steifen Quarz-Kraftaufnehmern. Zum Einsatz kam der Typ A bei niedriger Belastung (eps = 11,3) und Typ 8200 bei eps = 22. Infolge der veränderlichen Stützkräfte an der Zylinderbuchse liegen störende Kippmomente vor. Deren Einfluß auf die Reibkraftmessung wurde durch besondere Schaltung der Dehnmeßstreifen oder durch Parallelschaltung der Quarz-Kraftaufnehmer auf der Druck- und Gegendruckseite eliminiert. Die Weiterverarbeitung der Reibkraftsignale erfolgt über einen 5-kHz Trägerfrequenzmeßverstärker (Aufnehmer A) oder einen Ladungsverstärker (Aufnehmer Typ 8200).

4.3.3.2. Die Gasdruckmessung

Die Erfassung des Gasdruckes im Kompressionsraum erfolgt mittels Piezoquarz-Druckaufnehmer vom Typ 701 A der Fa. Kistler. Ein Adapter ermöglicht die Kühlung des Aufnehmers. Eine quantitative Bestimmung der Gaslässigkeit kann bei dem Versuchsaufbau nicht durchgeführt werden, da infolge des hydrostatischen Lagers mit einem Mehrfachen an Gasverlusten zu rechnen ist und wegen des offenen Ölkreislaufes eine Messung der Gaslässigkeit über die Erfassung des Kurbelgehäusedruckes nicht erfolgversprechend ist.

4.3.3.3. Die Temperaturmessung

Die Messung der sich im allgemeinen langsam ändernden Temperaturen, wie die der Umgebungsluft, der Öle zur Lager- und Zylinderschmierung sowie zur Versorgung der hydrostatischen Lager erfolgt mittels üblicher Eisen-Konstantan-Thermoelemente.

In Bild 7 ist eine mögliche Anordnung der Meßaufnehmer zur Erfassung der Schmierfilmtemperatur in sieben Bereiche aufgeteilt. Hier wurden die Bereiche I, VI und VII verwendet. Im ersten Bereich erfolgt die Messung über die Zylinderbuchse mittels von außen durchgeführter Aufnehmer. In der Zylinderbuchse wurden jeweils auf der Druck- und Gegendruckseite in den Totpunktlagen des ersten Kompressionsringes sowie im Bereich seiner maximalen Gleitgeschwindigkeit Eisen-Konstantan-Mantelthermoelemente in drei Abständen (0,2 / 2,5 / 5,2 mm) von der Zylinderlauffläche aus appliziert. Hiermit ist zum einen die statische Oberflächentemperaturverteilung und zum anderen der Wärmestrom über den Hub darstellbar. Damit lassen sich Aussagen über den Wärmezustand der gesamten Kolbengruppe herleiten. Bei Kenntnis der Schmierfilmdicken und der Wärmeübergangszahlen ist die Bestimmung der Schmierfilmtemperatur realisierbar. Der zweite Bereich an der Innenwand der Zylinderbuchse scheidet wegen des zu erwartenden Verschleißes von vornherein aus /77/. Der dritte Bereich direkt im Schmierfilm ist mit den gegebenen Aufnehmern nicht realisierbar. Eine Messung in diesem Bereich wäre über eine optische Auswertung des mit der Temperatur veränderlichen Brechungsindex des Schmiermittels durch einen Glaszylinder denkbar.

Der vierte Bereich der Messung über den Kolbenring ist kritisch, da die hohen dynamischen Belastungen schnell zum Ausfall der Aufnehmer oder der Verbindungsleitungen führen.

Der fünfte Bereich an der Kolbenwand bietet eine Möglichkeit zur Applikation von Oberflächenthermometern. Dabei ist darauf zu achten, daß die Meßstelle nicht dicker ist als das geringste Kolbenbetriebsspiel an dieser Stelle. Aussagen über die Temperaturen am Kolbenring sind hiermit schwer zu machen.

Der sechste Bereich im Kolbenmaterial gestattet ähnlich dem ersten Bereich eine einfache Montage. Problematisch gestaltet sich die Signalleitung.

Messungen von Rulfs /62/ zeigen, daß der siebte Bereich in den Rücklaufkanälen des Ölabstreifringes zur Erfassung einer mittleren Schmierfilmtemperatur geeignet ist.

Zur Absicherung der Aussagen über die mittlere Schmierfilmtemperatur und den Wärmezustand der Kolbengruppe sowie die daraus abgeleiteten Betriebsspiele am Kolben wurden im Kolben zwischen erstem und zweitem Kompressionsring sowie in den Ölbohrungen Temperaturmessungen mit PT 100-Aufnehmern auf der Druck- und Gegendruckseite vorgenommen.

4.3.3.4. Die Schmierfilmdicken- und Sekundärbewegungsmessung

Um die Bewegungsverhältnisse am Kolben und die Schmierfilmdicke am Kolbenring zu ermitteln, wurde anfangs in Fortsetzung der Arbeiten von /78/ tastend-kapazitive Wegaufnehmer und die vorhandene elektronische Ausrüstung verwendet. Die Elektronik zeigte sich dabei weder ausreichend temperaturkompensiert noch war sie für Temperaturen über 80 °C geeignet. Mit einer neuen Meßelektronik konnten die vorgenannten Probleme gelöst werden.

Die tastend-kapazitiven Aufnehmer wurden gekapselt ausgeführt, um den sonst unkontrollierbaren Einfluß der unterschiedlichen Dielektrizitätskonsten von Luft und Öl auszuschließen. Das Aufnehmergehäuse wird in den Kolben eingeschrumpft, der anschließend endbearbeitet wird, so daß die Aufnehmer bündig mit der Kolbenmantelfläche abschließen.

Eine mittels Feder vorgespannte Nadelrolle stützt sich im Betrieb über eine Kugel an der Zylinderlauffläche ab. Relativbewegungen vom Kolben zur Zylinderbuchse werden durch Abstandsänderungen d der Kondensatorplatten in Kapazitätsänderungen gewandelt:

$$C = \varepsilon \cdot \varepsilon_r \cdot A/d \qquad [1]$$

Die Kapazitätsänderungen werden in einem Schwingkreis in Frequenzänderungen gewandelt. Diese können wiederum demoduliert werden und liegen dann als Gleichspannungssignale vor. Die Kabellängen zwischen Meßkondensator und Oszillator sollten wegen der hohen Empfindlichkeit des Meßverfahrens (Kapazitätsänderungen im Kabel, Einstreuungen) kurz und abgeschirmt ausgeführt werden. Daher wurden die notwendigen Oszillatoren im Kolben eingebaut.

Mit dieser Anordnung können die Kolbenbetriebsspiele an der Kolbenkrone und am Kolbenhemd über den Hub für die Druck- und Gegendruckseite ermittelt werden.

Die Wegaufnehmer hinter dem ersten Kompressionsring erfassen die Relativbewegung Ring - Kolben. Der Ring wird dabei über einen Stift in der Ringnut gegen Drehen fixiert. Durch die Verknüpfung der einzelnen Signale sollte die Kolbenquer- und Kippbewegung sowie die Schmierfilmdicke bestimmt werden.

Die Aufnehmer wurden in Vorversuchen hinsichtlich des Aufschwimmens der Kugel bei hohen Gleitgeschwindigkeiten sowie des Verschleißverhaltens untersucht. Entgegen den zunächst befriedigenden Ergebnissen, zeigte sich nach längerem Einsatz im Versuchsmotor ein starker Buchsenverschleiß, der keine eindeutige Aussage bezüglich der Schmierfilmdicken zuließ. Die mit diesem Aufbau durchgeführten Versuche konnten daher nur Aufschluß über die Kolbenbetriebsspiele und damit über die Kolbensekundärbewegung geben. Ein weiterer Versuchsaufbau zur Schmierfilmdickenmessung am ersten Kompressionsring wurde in Anlehnung an /79/ mit stark verringerter Federvorspannung an den Taststiften ausgeführt (Bild 8). Aber auch hier war nach ca. 2 Stunden aufgrund des Buchsenverschleißes keine Auswertung mehr sinnvoll, wie Vergleiche mit Wiederholungsmessungen zeigten.

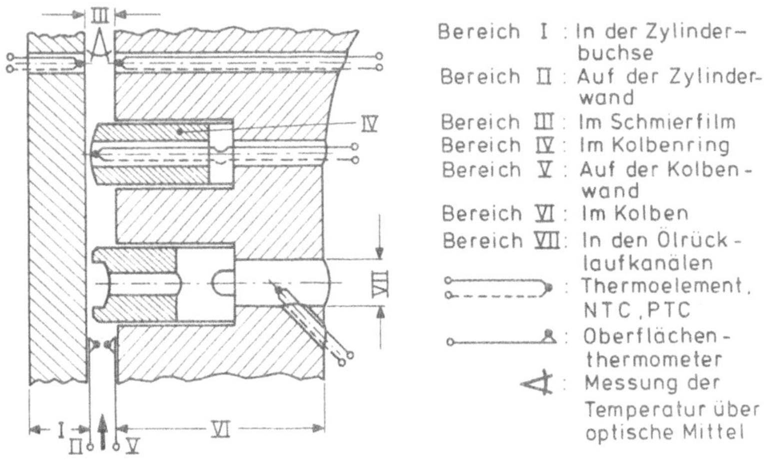

Bild 7 Mögliche Meßwertaufnehmer-Anordnungen zur Schmierfilmtemperatur-Erfassung

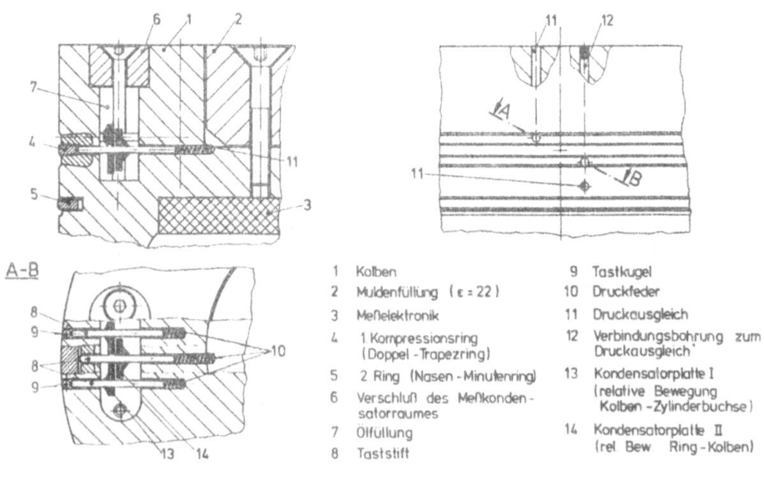

Bild 8 Versuchsaufbau zur Schmierfilmdicken-Messung am ersten Kompressionring nach dem tastend-kapazitiven Verfahren

Es mußte festgestellt werden, daß für den geforderten Langzeitbetrieb von mindestens 10 Stunden die tastende Meßverfahren im Gegensatz zu Messungen am Glaszylinder in diesem Fall nicht geeignet sind. So wurde ein berührungsloses, kapazitives Meßverfahren entwickelt, welches mit Wegaufnehmern im Ring die Schmierfilmdickenmessung direkt ermöglicht. Dabei konnte auf Erfahrungen bekannter Meßaufbauten zurückgegriffen werden.

Der kapazitive Wegaufnehmer wird aus einer Elektrode im Kolbenring und der Zylinderbuchse dargestellt. Bild 9 zeigt einen Querschnitt durch den Kolbenring mit der eingeklebten Messingelektrode und der Verbindung zum Oszillator, der die Kapazitätsänderung in Frequenzänderungen wandelt. Die Elektrode wurde gegenüber der Zylinderbuchse nicht isoliert wie dies in anderen Fällen /80/, /81/ geschah. Dadurch ist ein deutlicher Signalhub zwischen metallischem Kontakt und Trennung der Elektroden durch einen noch so geringen Schmierfilm gegeben. Die Frequenz ändert sich dabei von 10 Hz (Kurzschluß) auf ca. 35.000 Hz (0,01 mm Schmierfilmdicke). Bei der Wahl dieses Meßaufbaues wurden folgende Überlegungen berücksichtigt:

a) Anhand der Ergebnisse aus Schmierfilmuntersuchungen an Glaszylindermodellen /82/, /83/ ist zu schließen, daß der Kolbenring über seine ganze Höhe mit Öl gefüllt ist. Es wird somit über dem Hub im wesentlichen das Schmiermittel als Dielektrikum vorliegen. Nimmt man eine Vermischung von Öl und Luft an, so wird die tatsächliche Schmierfilmdicke kleiner als die gemessene sein.

b) Betrachtet man den Grenzbereich der Oberflächen, so können hier Reaktionsschichten mit gegenüber dem Schmiermittel unterschiedlichen Dielektrizitätskonstanten die Messung verfälschen. Die Schichtdicke solcher Reaktionsprodukte liegen nach bisheriger Kenntnis /84-86/ im Angströmbereich (10 Exp -10 mm). Sie haben daher im interessierenden hydrodynamischen Bereich kaum Einfluß.

c) In der Totpunktlagen des ersten Kompressionsringes ist bei den gewählten Betriebsbedingungen mit Schmierfilmdicken unter 0,1 µm zu rechnen. Damit ist einerseits der Vertrauensbereich des Meßverfahrens erreicht (s.a. 4.3.4.). Andererseits kann mit einem nichtisolierten Aufnehmer das Vorhandensein von Reaktionsschichten nachgewiesen werden, wenn trotz zu erwartender Schmierfilmdurchbrüche kein Kurzschluß auftritt. Dies ist wesentlich, zumal im oberen Totpunkt mit derartigen Grenzschichten zu rechnen ist.

d) Der Ring muß gegen Drehen gesichert werden. Möglicherweise ist dadurch ein erhöhter Ringverschleiß gegeben. Der Meßaufnehmer muß diesen Verschleiß ertragen, ohne daß seine Funktion beeinträchtigt wird, z.B. Verringerung der isolierenden Schichtdicke.

e) Der Aufnehmer muß jedem Laufflächenprofil anpaßbar sein.

f) Aufgrund des Verschleißes ist die mehrfache Kalibrierung während des Versuches notwendig.

g) Der Oszillator sowie die gegebenen Störkapazitäten verlangen eine Mindest-Aufnehmerfläche im Ring, um eine ausreichende Empfindlichkeit zu erreichen.

h) Durch die endliche Fläche des Meßkondensators liegt ein integrales Verhalten vor.

i) Die Verteilung dieser Fläche am Ring ist unterschiedlich zu bewerten. Liegt diese Fläche in der Ringebene als schmaler Streifen vor /81/, so ist bei großen Twistwinkeln, z.B. in ZOT, nicht gewährleistet, daß die minimale Schmierfilmdicke erfaßt wird. Stellt sich die Fläche als Kreis dar, so ist der Fehler geringer. Es kann bei jedem Kippwinkel über der Höhe des Ringes ein Kurzschluß gemessen werden. Die optimale Lösung stellen zwei auf die Ringhöhe verteilte Flächen dar. Durch entsprechende Kalibrierung kann dabei die jeweilige minimale Schmierfilmdicke sowie der Kippwinkel dargestellt werden. Bei letzteren Aufbau ist der konstruktive Aufwand sehr hoch.

k) Betrachtet man den integralen Charakter des kapazitiven Aufnehmers auch in Hinblick auf die Oberflächenfeinstruktur, so ist der Abstand der höchsten Rauhigkeitsspitze zum Aufnehmer bei rauher Oberfläche kleiner als bei einer glatten, wie dies Bild 10 verdeutlicht. Eine große Aufnehmerfläche ist hier vorteilhaft.

1) Der mechanische und elektrische Aufbau müssen den Betriebsbedingungen gerecht werden. Die Klebung der Elektrode im Ring ist bis zu 300 °C statisch wie auch dynamisch belastbar. Der Oszillator wird durch ein Timer-IC vom Typ ICM 7555 betrieben, dessen Daten bis zu 125 °C spezifiziert sind.

4.3.3.5. Meßwertübertragung

Messungen vom Kolben aus beinhalten immer die Schwierigkeit, Signale aus dem thermisch und mechanisch mit am stärksten beanspruchten Bauteil eines Motors zu einem Festpunkt außerhalb des Motors zu leiten. Hier wurde der Weg über ein Anlenkgetriebe gewählt. Bild 9 zeigt auch, wie mittels einer am unteren Pleuelauge angelenkten Koppelstange und einer am Motorblock gelagerte Schwinge die Signale vom Kolben aus über einen speziellen Flachleiter zur Weiterverarbeitung an einen Verteilerkasten geführt werden. Die Signale sind dabei vor dem Flachkabel störungssicher aufbereitet, da das Kabel schlecht abgeschirmt werden kann. Das Kabel ist bei diesem Übertragungssystem der kritische Faktor. Es ist maximalen Beschleunigungen von ca. 500 g bei Biegefrequenzen von 40 Hz und Temperaturen von max. 140 °C ausgesetz. Der Schwachpunkt ist dabei im Übergang Pleuel-Koppelstange gegeben, hier ist eine sorgfältige Abstimmung vorzunehmen.

4.3.3.6. Zusammenfassung zum Meßaufbau

In Bild 11 sind die einzelnen Meßstellen nochmals schematisch wiedergegeben. Die Temperaturmeßstellen t1 - t32 werden durch Eisen-Konstantan-Thermoelemente dargestellt. Nur die Meßstellen im Kolben t33 - t36 werden als Widerstands-Elemente Pt100 ausgeführt. Neben den Kolben- und Buchsentemperaturen werden die Ansaug-, die Auspuff- und die mittlere Kompressionsraumtemperatur sowie die Zu- und Rücklauftemperaturen der Ölversorgungssysteme gemessen. Zur Kalibrierung des Meßsystems wird der Eispunkt dargestellt. Alle Werte werden über einen Meßstellenumschalter auf die digitalen Anzeigen gegeben und zur weiteren Auswertung laufend mittels Drucker festgehalten.

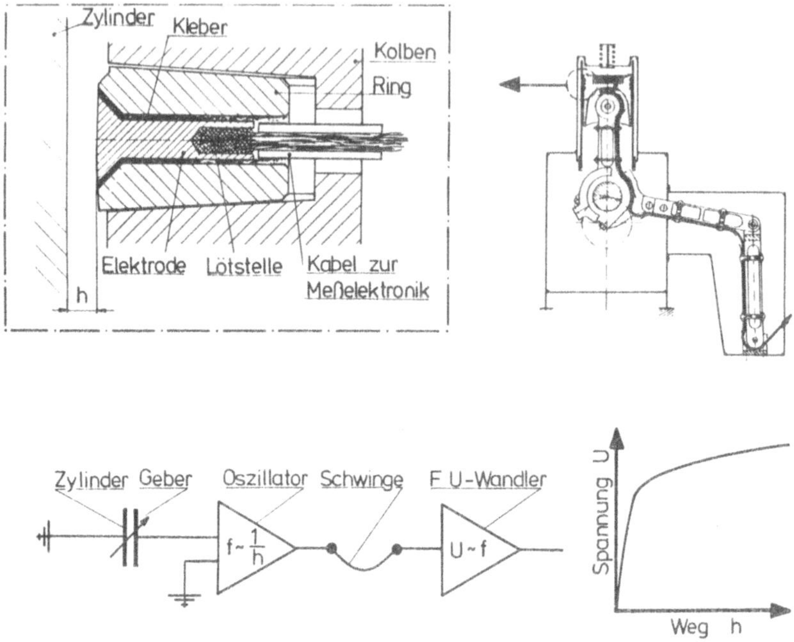

Bild 9 Aufbau der berührungslosen-kapazitiven Schmierfilmdicken-Meßeinrichtung

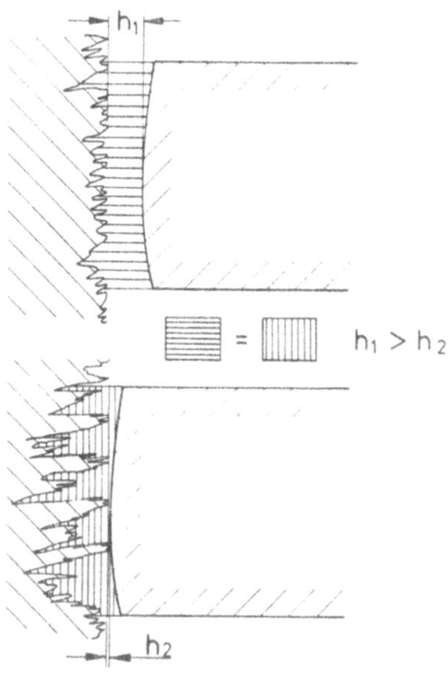

Bild 10 Der Rauhigkeitseinfluß auf die Schmierfilmmessung

Die Drehzahl n wird digital angezeigt, die dabei verwendeten Impulse werden zur späteren Analyse der Meßschriebe als 6°KW - Signale auf den Lichtpunktschreiber gegeben. Die OT-Zuordnung erfolgt über die für das pi-Meter /87/ notwendige Schlitzscheibe.

Die Messung der Reibkräfte Fr, der Gasdrücke P1,2 und der Schmierfilmdicken S1-6 erfolgt wie beschrieben. Diese Werte werden zur Betriebsüberwachung auf dem Oszillographen dargestellt und zur Auswertung mittels des Lichtpunktlinienschreibers und des Bandgerätes aufgezeichnet. Der Gasdruck wird als mittlerer Innendruck und die Reibkräfte als Reibmitteldrücke am pi-Meter digital angezeigt und zur weiteren Auswertung parallel zu den Temperaturwerten auf dem Drucker ausgegeben.

4.3.4. KALIBRIERDATEN UND FEHLERBETRACHTUNG

Die verwendeten Temperaturfühler wurden vor dem Einsatz kalibriert. Sie entsprachen i.a. den Anforderungen nach DIN 43 710. Infolge der notwendigen Linearisierung beträgt der geräteeigene Fehler in der Anzeige 1 °C. Durch Mittelwertbildung ist der tatsächliche Fehler kleiner. Fehlmessungen durch Wärmeleitungsfehler wurden beim Einbau durch Beachtung der notwendigen Maßnahmen soweit wie möglich vermieden /88/.

Die Kalibrierung des Piezoquarz-Druckaufnehmer zeigt bei niedrigen Drücken die größten Abweichungen. Sie betragen hier ca. 4 % des Anzeigewertes und nehmen über 2.3 % bei 10 bar bis auf 1.1 % bei 100 bar ab. Die einzelnen Reibkraftaufnehmer auf DMS-Basis weisen Fehlerquoten von maximal 1 % des Anzeigewertes. Die Kalibrierung des Gesamtaufbaues führt zu Fehlern von zirka 3 %. Für die Quarz-Kraftaufnehmer werden Fehler von max. 5 % des Momentanwertes angegeben /76/. Für das pi-Meter gibt Kochanowski /87/ den Fehler mit ca. 1,2 % im Einsatzbereich an. Durch die statistische Auswertung der Mitteldruckwerte über eine längere Meßzeit erhöht sich die Aussagegenauigkeit.

Von den durchgeführten Schmierfilmdickenmessungen wurden verwertbare Ergebnisse nur mit den berührungslosen, kapazitiven Wegaufnehmern erzielt. Es erfolgt daher hier nur die Beschreibung bezüglich dieser Aufnehmer. Zur Kalibrierung wird der Kolben mit Kolbenring und kompletter Elektronik in eine speziell vorbereitete Buchse montiert. Durch eine Bohrung in der Buchse wird die Spindel einer Mikrometerschraube gegenüber dem Wegaufnehmer verschoben. Die Kalibrierung erfolgt in einem aufheizbarem Ölbad, so daß im Spalt zwischen Spindel und Wegaufnehmer Öl vorhanden ist.

Die festgestellten Temperaturdriften sind linear und können durch Messung der Kolbentemperaturen korrigiert werden. Diese Temperaturabhängigkeit ist im wesentlichen durch den Oszillatoraufbau bedingt. Unterschiedliche Öltemperaturen führen in dem untersuchten Bereich zu keinen nennenswerten Veränderungen der Dielektrizitätskonstanten. In Bild 12 sind die Kalibrierkurven der drei untersuchten Kolbenringe nach der Versuchsdurchführung dargestellt. Die Werte für die Druck- und Gegendruckseite sind dabei im Rahmen der Meßgenauigkeit gleich. Die Unterschiede in den Verläufen sind durch die verschiedenen Laufflächenprofile der Ringe erklärbar. Die Ring- und Aufnehmerkonturen sind als Profilschriebe in Bild 13 für den Anfangs- und Endzustand aufgeführt. Ring B weist die geringste Balligkeit auf. Ring E weist hier die größte Balligkeit auf. Er wird somit bei Unterbrechung des Kurzschlusses eine kleinere Kapazität aufweisen als Ring B und Ring A, der von der Balligkeit her zwischen B und E liegt. Die in 4.3.3.4. angesprochene Problematik der Oberflächenrauhigkeit kann für die Kalibrierung vernachlässigt werden, da die Oberflächen der Messingelektrode und der Stirnfläche der Mikrometerschraube gegenüber jener von Ring und Buchse als glatt betrachtet werden können.

Ablesefehler und Hystereseeinflüsse der Mikrometerschraube wurden durch Wiederholungsmessungen beim Kalibrieren minimiert. Der durch die plane Stirnfläche der Meßspindel gegenüber der Krümmung der Zylinderbuchse gegebene Fehler ist bei allen Ringen gleich 0,0002 mm und ist bei der Kalibrierung berücksichtigt. Der Einlauf der Aufnehmer zur besseren Anpassung an die Ringkontur wurde in Vorversuchen absolviert. Der absolute Meßfehler ist mit 10% des Meßwertes anzugeben. Er beträgt im interessierenden Bereich weniger als 0,1 µm.

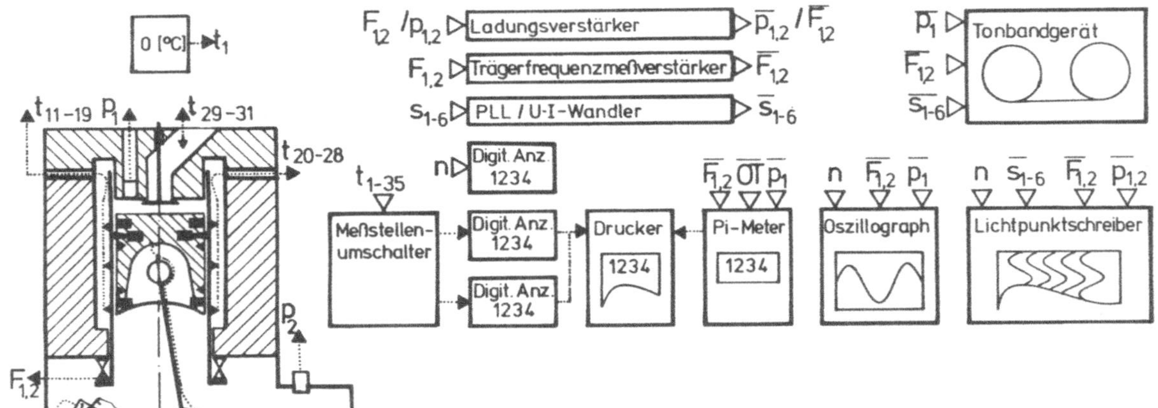

weitere Meßstellen	Zulauf	Rücklauf
Motorlagerschmierung	t_4, p_4	t_2, t_3
Zylinderschmierung	t_5, p_5	—
Buchsenlagerung	t_6, p_{6-12}	t_7
Zylinderkühlung	t_8	t_9

Bild 11 **Der Meßstellenplan**

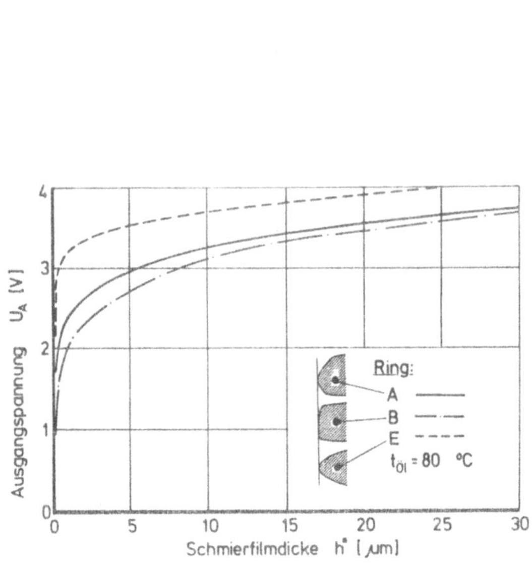

Bild 12 Kalibrierung der Wegaufnehmer

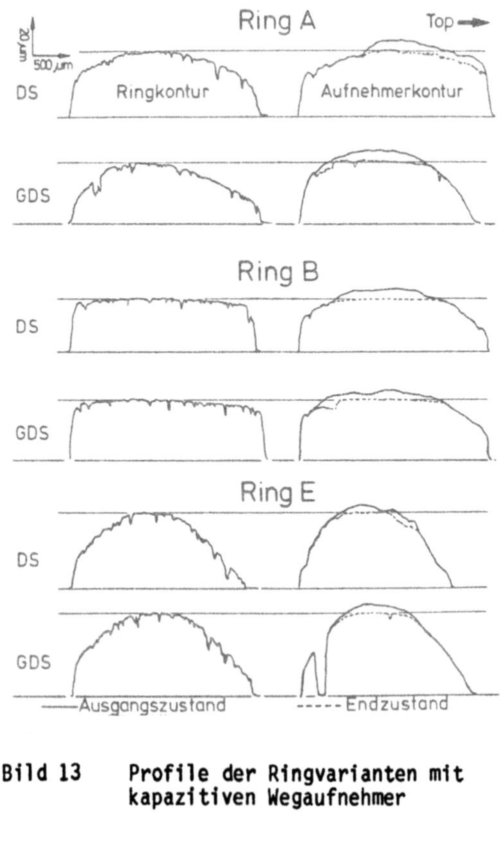

Bild 13 Profile der Ringvarianten mit kapazitiven Wegaufnehmer

4.4. UNTERSUCHUNG DER MEßWERTBEEINFLUSSUNG

Der Versuchsaufbau stellt gegenüber der Realmaschine einen wesentlich veränderten Zylinderbereich dar. Die tatsächlich vorliegenden Reibkräfte könnten im vorliegenden Fall durch die hydrostatische Buchsenlagerung beeinflußt werden. Dies war anhand der unterschiedlichen Betriebsbedingungen in Vorversuchen zu überprüfen

4.4.1. DIE HYDROSTATISCHE ZYLINDERKOPFDICHTUNG

Die berührungslose Zylinderkopfdichtung verursacht Gasleckagen, die im Kompressionsbetrieb über den Spaltraum zwischen Zylinderbuchse und Zylinderkopfplatte (Bild 2) in den unteren Absaugkanal der Hydrostatik gelangen. Die Verluste lassen sich nach Trutnowski /89/ bestimmen. Die Berechnung wird dabei nach einem vereinfachten Ansatz von Egli durchgeführt. Als Voraussetzung wird die Spaltströmung als reibungsbehaftet aber adiabat angenommen, was in diesem Fall zulässig ist.

Der Rechengang führt über die Festlegung der geometrischen Daten wie Spaltmaße und Kurbelkinematik, dem Verdichtungsverhältnis und den Anfangsbedingungen zur Bestimmung einer von der Reynoldszahl Re abhängigen Widerstandszahl χ . Mit Hilfe einer dimensionslosen Durchflußzahl Z wird der Massenstrom $\dot{m}_L$ berechnet. Mit diesem Massenstrom läßt sich wiederum die Reynoldszahl Re' bestimmen. In mehreren Iterationsschritten wird die Reynoldszahl Re bis auf 0.1 % genau berechnet. In Gradschritten läßt sich der tatsächliche Druckverlauf ermitteln. Der Programmablaufplan zeigt hierzu nochmal die Vorgehensweise. Die in Diagrammen und Tabellen vorliegenden Abhängigkeiten der dynamischen Viskosität von Luft η_L, der Widerstandszahl χ und der dimensionslosen Durchflußzahl Z wurden in analytische Ausdrücke gebracht.

Die erreichbaren Kompressionsendrücke sind im Verhältnis zu den theoretischen Werten ohne Leckage für verschiedene Betriebsbedingungen in Bild 14 dargestellt. Die Anfangstemperatur hat einen vernachlässigbaren Einfluß. Für unterschiedliche Verdichtungsverhältnisse eps wird der Drehzahleinfluß deutlich. Besonders Drehzahlen unter 500 1/min führen zu erheblichen Leckagen. Im Bereich von n = 1000 - 2500 1/min liegen die Druckverluste für die gerechneten Verdichtungsverhältnisse bei ca. 5 %. Der Einfluß des Spitzendruckes ist dabei gering. Deutlich wird der starke Einfluß der Spaltweite, die mit der dritten Potenz die Verluste bestimmt. Die ausgeführte Kopfdichtung weist Spaltweiten von h = 0.02 - 0.04 mm auf. Im Betrieb liegen die Kompressionsendrücke höher, was durch Verringerung der Spaltweite infolge der Wärmedehnung am Zylinderkopf sowie durch höhere Gegendrücke infolge der Drosselverluste in den nachfolgenden Rücklaufleitungen zu erklären ist.

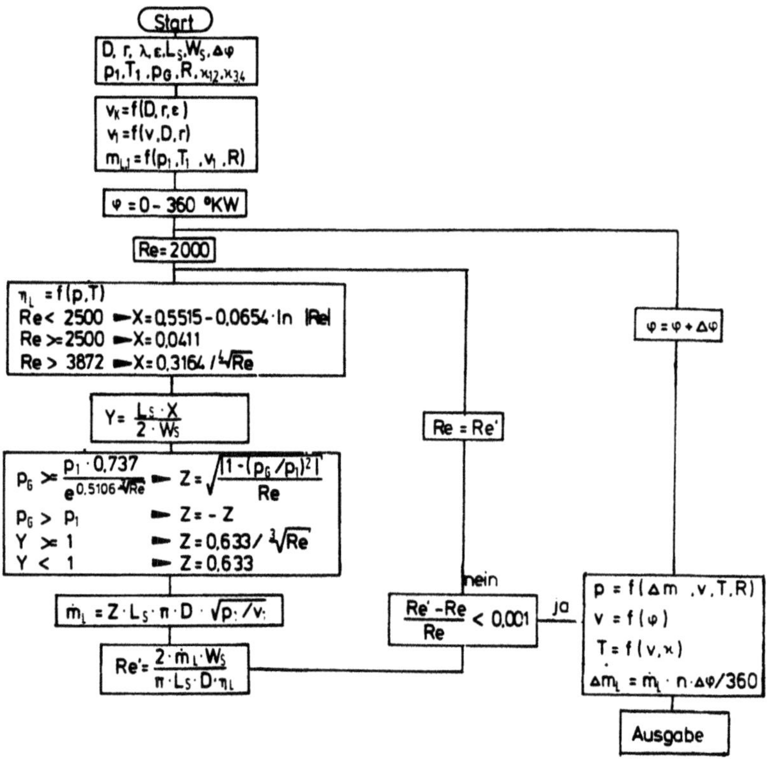

Programmablauf "Gasleckage"

Die theoretisch vorliegende Leckage führt zu einer starken Verschäumung des Öles im Rücklauf. Für ein Verdichtungsverhältnis von eps = 22, einer Drehzahl von 1000 1/min und einer Spaltweite von h = 0.02 mm ist das berechnete Verhältnis von Luftvolumen zu Ölvolumen mit 10.000 : 1 sehr hoch. Die Notwendigkeit der in 4.3.2. angesprochenen Beruhigungstrecke zur Entschäumung ist hierin begründet. Ihre Wirkungsweise, sowie die des elektrostatischen Abluftfilters sind im Betrieb bei Zylinderdrücken bis zu 100 bar ausreichend. Neben den Gasverlusten, die den Druckverlauf und damit die Belastung der Kolbengruppe beeinflussen, sind Veränderungen der Schmierungsbedingungen im oberen Totpunkt durch aus dem Dichtungsspalt austretendes Hydrauliköl möglich. In Vorversuchen wurden diese Ölmengen für unterschiedliche, konstante Zylinderdrücke über einen längeren Zeitraum (ca. 1 h) ermittelt. Die Öltemperaturen, Öldrücke und die Volumenströme entsprachen dabei denen der späteren Versuchsbedingungen. Die Werte für diese statischen Bedingungen lauten:

pzyl (bar)	0	0,10	1.0
Völ (cm3/s)	0,11	0,001	0

Tabelle 1: Ölleckage über die hydrostatische Kopfdichtung

Der Viertakt-Betrieb bedingt schon durch Gasleckagen von nur 1% des Hubvolumens in der Kompressions-Expansionsphase eine Füllung des Dichtspaltes und des unteren Absaugkanales mit Luft. Bei niedrigen Überdrücken sowie Unterdrücken im Zylinder läßt sich der Ölrückfluß anhand des Volumenstromes im hydrostatischen Lager sowie anhand der Spaltströmung nach Hagen-Poiseuille für inkompressible Medien errechnen.

$$\dot{Q} = \pi \cdot D \cdot W_S{}^3 \Delta p \,/(12 \cdot L_S \cdot \eta) \qquad [2]$$

Unter der Annahme, daß diese Niederdruckbereiche im Anschluß an den Hochdruckteil zeitlich mit 5/8 des 4-Takt-Betriebes anzusetzen sind, ergeben sich für die Drehzahlen von n = 250 - 2500 1/min Füllzeiten von t = 0,3 - 0.03 s. Ab Drehzahlen n ^{3} 1300 1/min wird der Absaugkanal nicht mehr vollständig mit Hydrauliköl gefüllt. Zur Bestimmung der Spaltströmung wird die Hydrauliköltemperatur zu 50 °C, die Spaltweite zu 0,04 mm und die Druckdifferenz zu - 1 bar angenommen.

Bei der niedrigsten, betriebenen Drehzahl von n = 250 1/min wird der Spalt nur zu 90 % wieder mit Öl gefüllt. Es wird somit kein Öl aus dem Dichtspalt im Betrieb austreten. Dies gilt, zumal in der Ausschubphase die Zylinderdrücke wieder ansteigen und sich somit die oben angesetzten Füllzeiten verringern.

Bei der Berechnung der Druckverläufe nach Egli zeigt sich in einigen Fällen mit hohen Leckverlusten, daß am Ende der Expansionsphase ein mengenmäßig nicht zu vernachlässigendes Rückströmen von Kompressionsgas aus dem Dichtspalt vorliegt. Dieses Gas wird mit feinem Ölnebel versetzt sein. Durch die Verwirbelung mit dem Frischgas und dem anschließenden Ausschieben der Gasladung ist ein Einfluß von dieser Seite auszuschließen. In den Stillstandszeiten sickert wie oben beschrieben Hydrauliköl in den Kompressionsraum. Hieraus ergeben sich Startprobleme sowie die Notwendigkeit, die Maschine in einer Warmlaufphase "ölfrei" zu fahren. Wenige Betriebsminuten reichen dabei aus, um das Hydrauliköl mit dem Abgas aus dem Kompressionsbereich zu entfernen, wie Untersuchungen nach Demontagen zeigten.

4.4.2. TEMPERATUREINFLÜSSE

Temperaturänderungen im Bereich der Reibkraftaufnehmer vollziehen sich langsam und haben als solche keinen meßbaren Einfluß auf die Aufnehmer. Dahingegen sind Empfindlichkeitsschwankungen bis zu 3 % im Bereich des Betriebstemperaturniveaus für alle verwendeten Kraftaufnehmertypen möglich. Ein weiterer Temperatureinfluß ist durch die Veränderung der Betriebsspiele an der Kolbengruppe gegeben. Sind diese Änderungen in der Temperaturverteilung sowie in den unterschiedlichen Wärmeausdehnungskoeffizienten von Kolben und Zylinderbuchse begründet, so zählen sie zu den zu untersuchenden Einflüssen. Dahingegen führen Verformungen der Zylinderbuchse infolge der hydrostatischen Lager zur Beeinflussung der Betriebsbedingungen. In Bild 15 sind derartige, berechnete Einschnürungen dargestellt. Die Werte bestimmen sich nach /90/ zu:

$$y = 0{,}66 \cdot \sqrt[4]{1-r^2} \cdot q / E \cdot \sqrt{r^3/s^3} \cdot e^{-k \cdot x} \cdot (\sin k \cdot x + \cos k \cdot x)$$

$$\text{mit} \quad k = \sqrt[4]{3 \cdot (1-r^2)} / \sqrt{r \cdot s}. \qquad [3]$$

Mit der Druckabhängigkeit vom Spalt

$$p \sim h^{-3} \qquad [4]$$

läßt sich bei Vorgabe eines Ausgangsspiels und Kenntnis des Hydraulik-Volumenstromes die Buchsenverformung sowie der hydrostatische Druck bestimmen. Die Geometrie der Abströmspalte wurde dabei berücksichtigt. Die Größenordnung der Einschnürungen liegt im Bereich der Fertigungstoleranzen. Im oberen Zylinderbuchsenlager ist eine Beeinflussung der Schmierungsverhältnisse nicht gegeben. Die im Bereich des unteren Lagers vorliegende Verengung kann unterschiedliche Auswirkungen auf die Schmiermittelversorgung der Kolbengruppe haben. Wie noch zu sehen sein wird, ist bei extrem hohen thermischen Kolbenbelastungen, d.h. kleinsten Kolbenspielen, hierin eine mögliche Mangelschmierung begründet. Sonstige Verzüge der Zylinderbuchse sind durch die hydrostatische Lagerung aufgrund des rotationssymmetrischen Aufbaues dieses Einzylinders nicht zu erwarten.

4.4.3. DER GASDRUCKEINFLUß

Durch die berührungslose Abdichtung des Kompressionsraumes ist ein Einfluß des Gasdruckes auf die Reibkraftmessung prinzipiell ausgeschlossen. Die Reibkräfte im luftdurchströmten Dichtspalt sind ebenso zu vernachlässigen wie die axial wirkenden Gaskräfte aufgrund der im Bild 15 aufgezeigten Buchsenverformungen. Der Fehler ist hierdurch kleiner als 1 %.

4.4.4. DER NORMALKRAFTEINFLUß

Der Kolben stützt sich über Seitenkräfte an der Zylinderbuchse ab. Dies führt zur Belastung der hydrostatischen Buchsenlagerung. Wie in 4.2. schon beschrieben wurde, ist der Einfluß aufgrund der hohen Lagersteifigkeit gering. Die Buchsenquerbewegung ist mit ca. 0,7 μm zu vernachlässigen.

4.5. ZUSAMMENFASSUNG

Anhand des Lastenheftes wurden die Spezifikationen des Einzylinder-Versuchsmotors definiert. Die Beschreibung des Gesamtaufbaus mit den Ölversorgungssystemen zeigt, wie mit Hilfe der hydrostatischen Zylinderbuchsenlagerung ein motornaher Betrieb von Seiten der Geschwindigkeits-, Last- und Temperaturverhältnisse ermöglicht wurde. Innerhalb der Darstellung der Meßwerterfassung wurden die Reibkraft- und Schmierfilmdickenmeßaufbauten hinsichtlich ihrer Einsatzmöglichkeiten näher untersucht. Die angeführten Meßfehler sind bei dem heutigen Stand der Technik vernachlässigbar. Die Problematik derartiger Prüfstände wird anhand der Meßwertbeeinflussung verdeutlicht. Dabei zeigt sich die berührungslose Zylinderkopfdichtung als relativ unkritisch was die Gasverluste undÖlleckagen des hydrostatischen Lagers angeht. Mögliche Buchsenverformungen aufgrund der hydrostatischen Lagerdrücke liegen im Bereich der Fertigungstoleranzen. Als weitere Beeinflussung wurde das Schwingungsverhalten in Hinblick auf die Reibung und deren Messung näher untersucht. Ein wesentlicher Einfluß auf die Reibkraftamplitude wurde dabei nicht festgestellt.

Dahingegen ist abhängig vom Reibungszustand -Mischreibung oder Hydrodynamik- eine Phasenverschiebung des Meßsignals gegenüber der Erregung möglich. Die prinzipiell störenden Eigenschwingungen des Systems ermöglichen Aussagen über den o.g. Reibungszustand. Für die durchgeführten Messungen wurden die vorliegenden Kenntnisse berücksichtigt.

5. VERSUCHSDURCHFÜHRUNG

Nach dem Abschluß der Vorversuche, die die Funktionsfähigkeit des Meßaufbaues bestätigten und deren Ergebnisse z.T. in Kap. 4. eingeflossen sind, wurden die Reibungsuntersuchungen an dem zuvor beschriebenen Prüfstand durchgeführt. Änderungen am Versuchsaufbau wurden nur für spezielle Untersuchungen vorgenommen. So wurden die Ventile demontiert, um für die Analyse der reinen Kolbenreibung ein Verdichtungsverhältnis von annähernd eins darzustellen. Dies war durch die sonst zu erwartende Zerstörung des Schmierfilms infolge Gasleckage erforderlich. Die Schwinge (s.a. Kap. 4.3.3.) wurde nur während der Wegmessungen an der Kolbengruppe eingesetzt. Um während der Versuche vergleichbare Anfangsbedingungen zu erreichen, wurden die eingesetzten Zylinderbuchsen in mehrstündigen Einlaufversuchen vorbereitet. Die unterschiedlichen Kolbenringe wurden zur Untersuchung des Reibungsverhaltens gleichwertigen Meßprogrammen unterworfen. Durch Wiederholungsmessungen konnte der Einfluß der Laufzeit und somit des Ringverschleiß bestimmt werden. Bei den Ringvariationen wurde der Kolben beibehalten. In einer Meßreihe wurden unterschiedliche Kolbenbetriebsspiele ohne Ringbestückung vermessen.

Der Versuchsablauf läßt sich für alle Meßreihen wie folgt beschreiben:

a) Vor jedem Versuchsbeginn wird durch die externe Ölversorgung die Öleintrittstemperatur t4,5 eingeregelt, wobei gleichzeitig der Motorblock auf Betriebstemperatur gebracht wurde.

b) Der Motor wird mithilfe des geöffneten Auslaßventiles (Dekompressionshebel) gestartet, so daß möglicherweise vorhandenes Öl aus dem Kompressionsraum entfernt wird.

c) Der Motor wird auf Betriebsdrehzahl n gefahren und bei jetzt normal betätigtem Auslaßventil mittels einer Drossel im Ansaugtrakt auf den gewünschten Kompressionsenddruck pmax eingeregelt.

d) Die hydrostatische Buchsenlagerung wird in Betrieb gesetzt und die Hydraulik-Öltemperatur eingeregelt.

e) Sofern es erforderlich war, wurden die Meßgeräte im Dauerbetrieb gefahren. Die gewünschten Meßbereiche werden eingestellt und die Funktionsfähigkeit überprüft.

f) Der Motor ist meßbereit, wenn kein Temperaturdriften erkennbar sind.

In Hinblick auf die thermische Stabilität der Zylindereinheit wurde die Versuchsdauer für jeden Meßpunkt so gewählt, daß die Buchsentemperaturen keine meßbaren Driften aufweist. Bild 16 zeigt hierzu einen typischen Meßwertverlauf über der Versuchsdauer für den ungekühlten Betrieb. Neben dem Anstieg der Buchsentemperatur mit der Drehzahl wird hier die Zunahme der Meßdaten durch Meßzeitenverringerung des Pi-Meters bei Drehzahlerhöhung deutlich. Für den gekühlten Betrieb stellten sich schneller (ca. 1 - 2 min) konstante Buchsentemperaturen ein, da hier der Hauptwärmestrom nicht mehr über den Zylindermantel abfließt. Dennoch wurde auch hier die Versuchsdauer pro Meßpunkt auf 30 min festgelegt. Dies gilt forthin, wenn nichts anderes vermerkt wird.

Kürzere Meßzeiten wurden bei der Schmierfilmdickenmessungen sowie den Versuchen im gefeuerten Betrieb eingehalten. Dies ist in der relativ geringen Standzeit der jeweiligen Versuchsaufbauten begründet. Dies birgt aber keine Fehlermöglichkeiten, da es sich hierbei um direkte Untersuchung der Reibkraftverläufe und keine Mittelwertöbildung handelt. Alle Versuchsteile (Kolben, Kolbenringe, Zylinderbuchse) wurden vor und nach den Versuchen vermessen, wobei wesentliche Aussagen anhand der Oberflächen- und Profilschriebe erfolgen.

5.1. DIE BETRIEBSPARAMETERVARIATIONEN

Die Untersuchung des Reibungsverhaltens erfolgte bei Variation der im folgenden aufgeführten Betriebsparameter. Hier sind die jeweiligen Variationsbreiten dargestellt. Die Klammerwerte entsprechen den konstanten Betriebspunkten, sofern sie nicht extra angegeben sind.

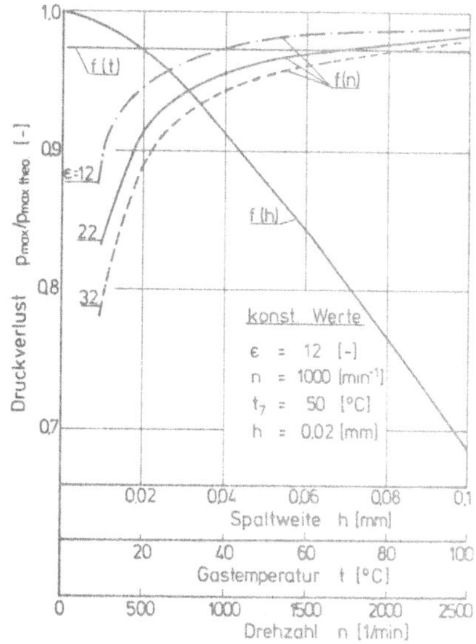

Bild 14 **Abhängigkeit der Spaltverluste an der Zylinderkopfdichtung**

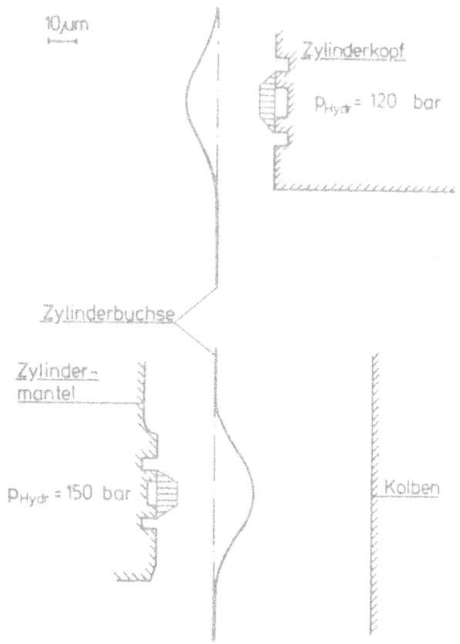

Bild 15 Zylinderbuchsenverformung

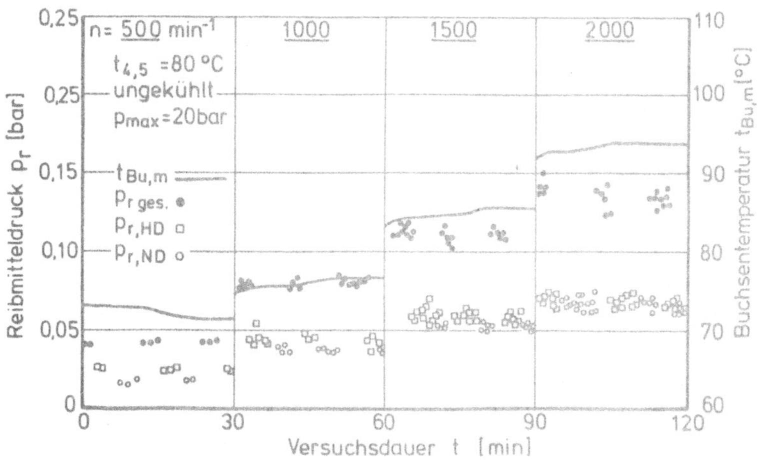

Bild 16 **Beispiel der Meßwertverläufe über der Versuchsdauer**

Drehzahl	n (1/min) :	250	-	2500	
Kompressionsenddruck	pmax (bar) :	1	-	65	
Kompressionsverhältnis	eps (-) :	1	-	22	
Motoröldruck	p4 (bar) :	3	-	10	(4)
Motoröltemperatur	t4 (°C) :	40	-	120	(80)
Zylinderöldruck	p5 (bar) :	0	-	10	(3)
Zylinderöltemperatur	t5 (°C) :	40	-	120	(80)
Buchsentemperatur	t11-28 (°C) :	60	-	160	

5.2. DIE BUCHSENDATEN

Die Zylinderbuchse des OM 403 konnte in ihren grundsätzlichen Daten (Werkstoff, Oberflächenzustand, etc.) übernommen werden. Wie auch aus Bild 2 zu entnehmen ist, wurde der obere Buchsenbund zur Aufnahme der hydrostatischen Kompressionsraumabdichtung und Buchsenlagerung verlängert. Am unteren Buchsenbund wurde die äußere Lagerfläche aus Bearbeitungsgründen erhaben ausgeführt sowie eine flache Nut zur formschlüssigen Ankopplung der Reibkraftaufnehmer eingestochen. Der Innendurchmesser DBu und die Wandstärke sBu entsprechen der Serienbuchse. Die UT-Lage des Kolbens zur Zylinderbuchse ist ähnlich der des Serienmotors. Die konstruktiven Daten lauten:

Werkstoff		: GGZ Cr Mo 250
Nenndurchmesser	DBu (mm)	: 125
Wandstärke	sBu (mm)	: 7
Honwinkel	(grd)	: 27
Rauhigkeit	RZ (μm)	: 5

5.3. DIE KOLBENDATEN

Der eingesetzte Serien-Dreiringkolben mit AL-FIN gebundenem Ringträger für den ersten Kompressionsring ist im Schaft- und Feuerstegbereich grafitiert. Die exzentrische Tassenmulde wurde im Versuchsbetrieb durch einen Aluminiumteil gefüllt. Weitere Änderungen wurden jeweils durch die in Kap. 4.3.3.4. dargestellten Schmierfilmdicken-Meßeinbauten vorgenommen, wobei die Schaftfläche beibehalten wurde. Im Kolbenbolzenbereich sind auf ca. 30° am Umfang Taschen im Schaft eingelassen. Die Schaftform ist ballig-steigend-oval. Der Nenndurchmesser liegt dabei ca. 10 mm unterhalb der Bolzenmitte.

Werkstoff		:	Mahle 138
Nenndurchmesser	DK (mm)	:	125,000
Einbauspiel	sK (mm)	:	0,130
Beschichtung		:	Grafal P20
Schichtdicke	hGr (mm)	:	0,010 - 0,020

5.4. DIE RINGDATEN

Die Ringbestückung des serienmäßigen Kolbens besteht aus
- einem doppelseitigen Trapezring als Kompressionsring,
- einem Nasen-Schwachminutenring als Ölring und
- einem Dachfasenring mit Schlauchfeder als Ölabstreifring.

Während der Kompressionsring in den Typen A bis I variierte, wurden der Öl- und der Ölabstreifring bei den Versuchen beibehalten und nur bei Neubestückung der gesamten Kolbengruppe ausgetauscht. In Tabelle 2 sind die einzelnen Ringdaten aufgeführt. Weitergehende Angaben sind dem Kolbenring-Handbuch der Fa. Götze /95/ zu entnehmen. Die über den Umfang gemittelten Querschnitte der serienmäßigen Ringbestückung sind in Bild 17 dargestellt. Die Ringprofile des Kompressionsringes sind für die Varianten A bis I in Bild 18 wiedergegeben.

Bezeichnung	:	Kompressionsring								Ölring	Ölabstreifring
Typ	: A	B	C	D	E	F	G	H	I	M	Ö
Benennung	: T-Ring 6° (Doppelseitiger Trapezring)									M-N-Ring	DSF-C-Ring
Norm	: DIN 70 916									DIN 70915/30	KRR 05/76
Herstellart	: doppelt formgedreht, Kanten scharf und gratfrei										
Abmessung (mm)	: 125/115,4x3									125/114,2x3	125/117,6x6
Werkstoff	: X 90 CrMo V 18									IKA	Standard
E-Modul (N/mm2)	: 210 000									115 000	100 000
Biegefestigkeit (N/mm2)	: 800									500	350
Tangentialkraft (N)	: 28,8	27,3	25,5	29,0	24,4	23,6	28,4	28,1	25,1	28,7	48,0
Anpreßdruck (bar)	: 1,54	1,46	1,36	1,55	1,30	1,26	1,51	1,50	1,34	2,30	9,60
Stoßspiel (mm)	: 0,33	0,31	0,37	0,36	0,38	0,40	0,38	0,34	0,36	0,33	0,33
Laufflächenbeschichtung	: beidseitig gekammert									unten gekammert	ganzflächig
Werkstoff	: Molybdän (VL Mo)						MKP87	MKP39	RC-4	Molybdän (N Mo)	Chrom
Schichtdicke (mm)	: 0,30									0,20	0,14
Balligkeit(oben/unten)											
nach DIN 70 907 (µm)	: 21/3	3/5	7/8	21/3	23/23	17/29	5/9	6/7	42/44	---	---
Konizität (°)	: ---	---	---	---	---	---	---	---	---	0,25	---
Rauhigkeit RM (µm)	: 6,9	7,7	16,1	11,9	7,8	7,8	5,0	5,4	3,7	---	---
RA (µm)	: o,56	0.80	1,10	0,52	0,80	0,78	0,53	0,40	0,33	---	---
RZ (µm)	: 4,53	6,40	8,83	4,68	5,88	5,68	3,88	3,80	2,70	---	---
Traganteil (%) 1 µm	: ---	1	1	1	2	2	34	1	32	---	---
3 µm	: ---	16	4	5	36	68	97	88	99	---	---
5 µm	: ---	83	34	92	91	92	100	99	100	---	---

Tabelle 2: Ringdaten

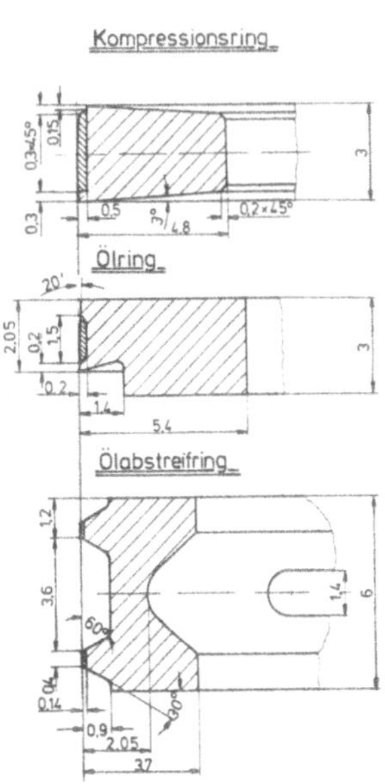

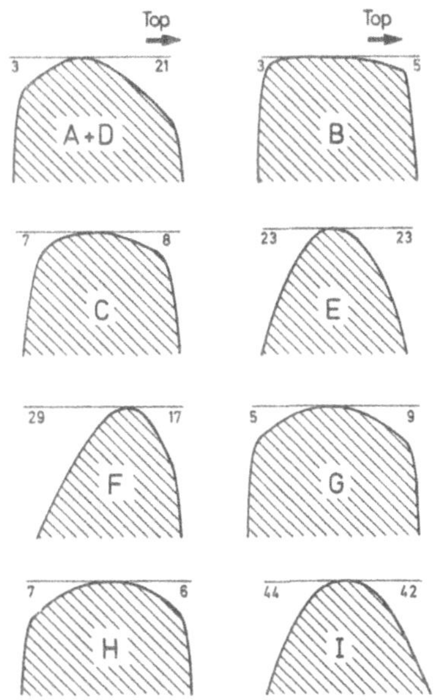

Bild 17 Serienmäßige Ringbestückung

Bild 18 Profilvarianten des Kompressionsringes

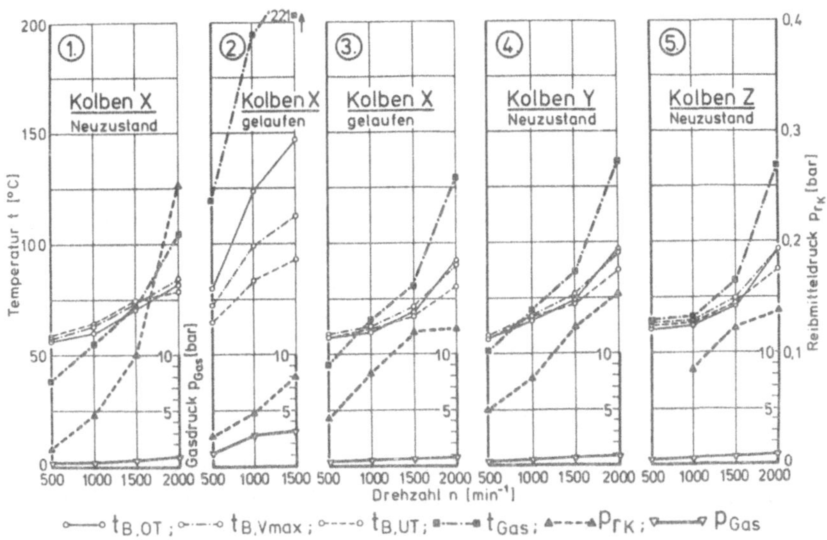

Bild 19 Die Kolbenreibung pr,K ohne Ringe und ohne Kompression über der Drehzahl n bei verschiedenen Kolben

6. DIE KOLBENREIBUNG

Um Aussagen über die Ringreibung bei unterschiedlichen Betriebsbedingungen zu ermöglichen, ist es erforderlich die Abhängigkeit der Kolbenreibung bei eben jenen Bedingungen zu kennen, da nur die Summe der Kolbengruppenreibung erfaßt werden kann. Von Einfluß auf die Reibung sind dabei neben den konstruktiven Kolbendaten und die Betriebseinflüsse am Kolben wie:

- Schaftform
- Nennspiel
- Schaftelastizität
- Beschichtungen
- Massenverteilung
- Bolzenlage

- Kräfte und Momente am Kolben
- Kraftein- und weiterleitung
- Kolbensekundärbewegung
- Temperaturverteilung
- Buchsenverformung
- Schmierfilmtemperatur
- Ölfüllungsgrad.

Nur einen geringen Einfluß übt der Einbau der Ringe auf die konstruktiven Daten bei der Masseverteilung aus, da die Ringe im Bereich hoher Massenkonzentration mit nur ca. 3 Gewichtsprozent zu Buche schlagen. Stärker ist die Beeinflussung bei den Betriebsparametern. Im wesentlichen werden die Ölfüllungsgrade ohne Kolbenringe größer sein als mit diesen. Alle anderen Bedingungen werden nur geringfügig und hier im Rahmen der Meßgenauigkeit in vernachlässigbarem Maße berührt, wenn vorausgesetzt wird, daß keine Kompression vorliegt und der Gasdruck somit keine Wirkung hat.

7.1. MESSUNG DER KOLBENREIBUNG

Es wurden zwei neuwertige Kolben mit unterschiedlichen Nenndurchmessern sowie ein gelaufener Kolben mit Abriebstellen der Grafalbeschichtung im Bereich der Anlageflächen bei Drehzahlen von n = 500 - 2000 1/min ohne Kompression untersucht. Die Buchse wurde nicht gekühlt, da aufgrund der vernachlässigbaren Kompressionsdrücke keine wesentliche Temperaturerhöhung vorlag. Die Aufheizung des Systems und damit die Steigerung der Buchsentemperatur erfolgte innerhalb langer Betriebsdauer durch das Schließen des Ansaugtraktes. Infolge der Drosselverluste erwärmt sich die im Ablufttrakt ein- und ausströmenden Luftsäule und führt damit zur Erwärmung des Gesamtsystems. Weiterhin führt die Reibungswärme zur Temperaturerhöhung. Eine direkte Fremdheizung der Bauelemente ist dabei nicht notwendig. Die Aufheizung durch die Gassäule entspricht den realen Bedingungen und hat somit auch eine realitätsnahe Kolbendehnung zur Folge. Die untersuchten Kolben sind in Tabelle 3 aufgeführt.

Kolben-Bezeichnung :	X	Y	Z
Zustand :	neu/gelaufen	neu	neu
Nenndurchmesser (mm):	124,87	124,87	124,88
Einbazspiel (mm):	0,13	0,13	0,12

Tabelle 3: Kolbenbezeichnung

Für alle anderen Versuchsläufe wurde das Nennspiel von 0,13 mm durch Auswahl geeigneter Buchsen-Kolben Paarungen dargestellt. In Bild 19 sind die gemessenen Reibmitteldrücke prK für die verschiedenen Kolbenvarianten über der Drehzahl aufgetragen. Als wesentliche Parameter sind die Buchsen- und Gastemperaturen tBOT, tBVmax, tBUT und tGas sowie der maximale Gasdruck pGas aufgeführt. Mit steigender Drehzahl nehmen die Gas- und Buchsentemperaturen überproportional zu. Die Kompressionsdrücke steigen i.a. von 0,3 auf ca. 0,8 bar an. Das erste Teildiagramm für den Kolben X im Neuzustand weist einen überproportionalen Reibmitteldruckanstieg mit der Drehzahl auf, der bei n = 2000 1/min pr = 0,25 bar erreicht. Die Ventile waren ausgebaut und der Ansaug- und Abgastrakt waren geöffnet, so daß durch die Ansaugleitung ein Teil kühlerer Frischluft den Gastemperaturanstieg mit der Drehzahl verringerte. Das zweite Teildiagramm gibt die Ergebnisse eines Vorversuches zur Kolbenreibungsmessung für den Kolben X im gelaufenen Zustand wieder. Das Ein- und Auslaßventil waren nicht demontiert, sondern nur um ca. 1,5 mm geöffnet. Ab einem Gasdruck von ca. 3 bar war hier das Durchblasen am Kolbenschaft durch den auftretenden Ölnebel im Kurbelgehäuse bei n = 1500 1/min feststellbar. Die mit den Drosselverlusten an den Ventilen zunehmende Gasaufheizung wird deutlich. Sie liegt bei 1500 1/min um ca. 150 °C höher und führt zu einer stärkeren Kolbendehnung. Die mittlere Buchsentemperatur steigt dabei um ca. 40 °C an und beeinflußt die Kolbenreibung durch niedrigere Ölviskositäten. Beide Einflüsse, zusammen mit dem Gasdruck führen zu ähnlichen Reibmitteldrücken wie beim neuwertigen Kolben ohne Gasdruckbelastung. Daß heißt, die gegenläufigen Einflüsse kompensieren sich teilweise. Ein präziser Vergleich ist aber aufgrund des unbekannten Ölfüllungsgrades erschwert. Vergleichbare Bedingungen liegen bei den drei Teildiagrammen 3 - 5 für die oben beschriebenen Kolben vor. Die ungeregelten Buchsen- und Gastemperaturen liegen hier auf annähernd gleichem Niveau.

Der Reibmitteldruck steigt mit der Drehzahl aber nicht in dem vorgenannten Maße. Für hohe Drehzahlen ist ein degressiver Einfluß erkennbar, der mit einem erhöhten Temperaturanstieg einhergeht. Um den Betriebsspieleinfluß der Kolbenvarianten darzustellen, wurden die Reibmitteldrücke über der sich einstellenden mittleren Buchsentemperatur tBum in Bild 20 aufgetragen. Mit steigenden Drehzahlen wird der Unterschied der Reibungsverluste größer. Dabei hat der gelaufene Kolben X in allen Bereichen die geringsten Werte. Die Meßpunkte entsprechen den im Bild 19 (Teildiagramm 3-5) aufgeführten. Ein wesentliches Merkmal der Reibkraftverläufe ist der flache Verlauf im UT-Bereich und der steile Nullpunktdurchgang bei OT. Die Verläufe weisen keine Sprünge auf. Dies ist ein eindeutiges Indiz für rein hydrodynamische Reibung. Ein ´Verkanten´ der Kolben infolge Kolbensekundärbewegung ist nicht festzustellen und wurde auch nicht erwartet. Die z.T. vorliegenden Überschneidungen für unterschiedliche Drehzahlen im UT-Bereich weisen auf Veränderungen des Füllungsgrades in diesen Bereichen hin. Einflüsse durch unterschiedliche Ölviskositäten aufgrund der Temperaturverteilung können hierfür nicht zur logischen Erklärung herangezogen werden.

Die Differenzen der Reibungsverluste sind nicht in Form einer gleichmäßigen Reibkraftveränderung über den Hub gegeben, vielmehr zeigt sich beim Vergleich der Verläufe, daß sich abhängig von der Drehzahl die Reibkräfte im Auf- und Abwärtshub unterschiedlich verhalten (Bild 21). Besonders wird dies für den Kolben X im Abwärtshub deutlich. Hier ist die Reibkraft sehr gering, wohingegen im Aufwärtshub der Reibkraftverlauf dem der anderen Varianten entspricht.

Für die gemäß Bild 19 sich frei einstellenden Buchsentemperaturen wurden die Reibkräfte bei maximaler Kolbengeschwindigkeit Fr,vmax für den Auf- und Abwärtshub ermittelt. Die Darstellung in Bild 22 verdeutlicht im linken Diagramm für den Abwärtshub die geringen Unterschiede für die Kolben Y und Z. Der Kolben X hat auch hier die geringsten Reibkräfte. Im rechten Diagramm für den Aufwärtshub zeigt sich, daß alle Kolben annähernd gleiches Verhalten besitzen, wobei die Absolutwerte über der Drehzahl stark wechseln. Der Reibkraftabfall für n = 2000 1/min bei Kolben X im Abwärtshub und bei Kolben Z im Aufwärtshub ist eindeutig kein Meß- oder Auswertungsfehler. Es kann sich hier nur um eine Veränderung der Ölfüllung am Kolbenschaft handeln, die trotz der erhöhten Gleitgeschwindigkeit eine Reibkraftabsenkung bewirkt.

Betrachtet man die Reibkräfte Fr,vmax für 2000 1/min allein, so ist festzustellen, daß sie für den Abwärtshub mit steigendem Nennspiel abfällt. Diese Tendenz kehrt sich im Aufwärtshub vollständig um.

Die Mittelung der beiden vorgenannten Reibkraftwerte spiegelt den Verlauf des Reibmitteldruckes für die untersuchten Drehzahlen gemäß Bild 20 wieder. Dies ist auch verständlich, da der Reibmitteldruck hier durch die Integration der hydrodynamischen Reibkräfte erfolgt und Fr,vmax die repräsentative Reibkraft für diesen Bereich darstellt.

6.1.1. EINFLUß DER KOLBENGESCHWINDIGKEIT

Die Kolbenreibung ist für die untersuchten Nenndurchmesser mit ballig-ovaler Schaftform rein hydrodynamisch. In diesem Fall ist die Reibkraft direkt von der Kolbengeschwindigkeit

$$Fr = \eta \cdot v \cdot A / h \qquad [5]$$

abhängig. Für die geringen Temperaturunterschiede der Zylinderbuchse über den Hub (dt < 10 °C) kann die Schmierfilmviskosität zunächst als konstant angenommen werden. Die Normalkraft-Belastung FN erfolgt hier nur durch die Massenkräfte. Der Normalkraft wird über der Kolbenschaftfläche A und dem hydrodynamischen Druck p das Gleichgewicht gehalten mit

$$F_N = m_{osz} \cdot v \cdot \tan\psi = p \cdot A = FF \cdot \eta \cdot v \cdot A / h. \qquad [6]$$

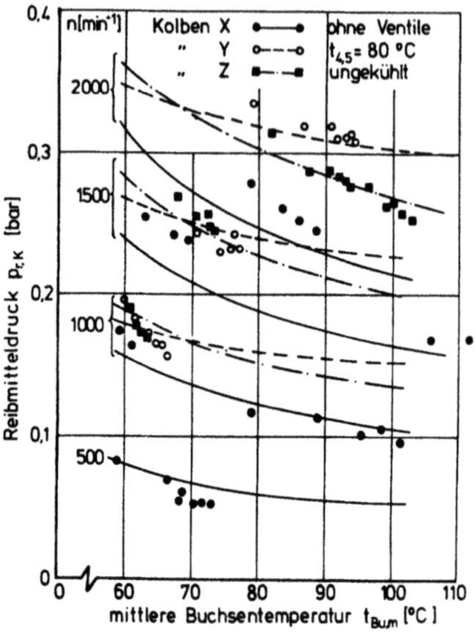

Bild 20 Kolbenreibung

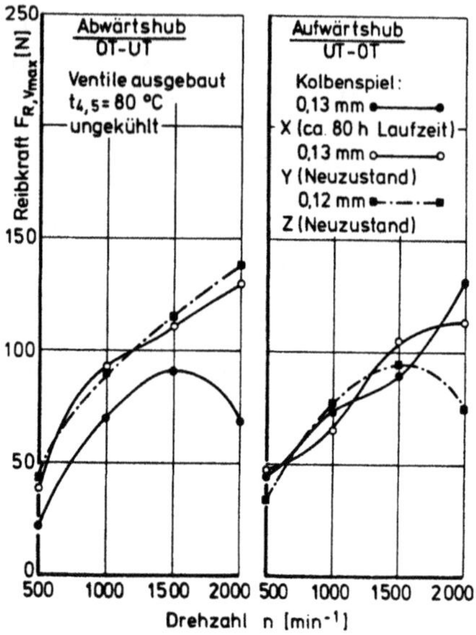

Bild 22 Einfluß des Kolbenspieles auf die Reibkräfte bei vmax

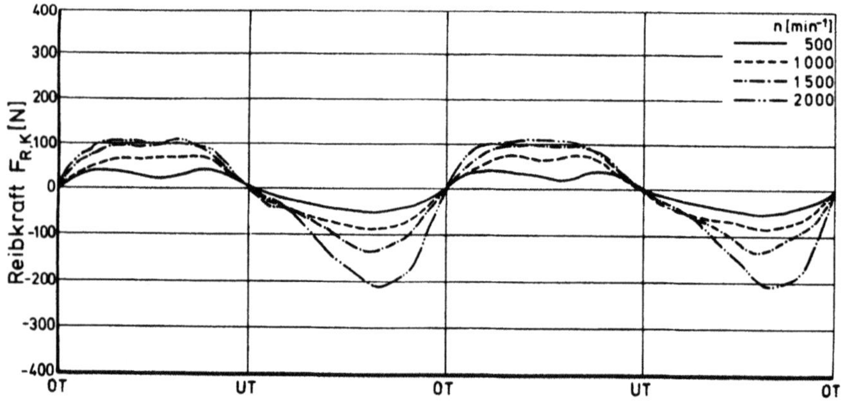

Bild 21 Kolbenreibung ohne Ringe, Kolben X

Es wird hier vorausgesetzt, daß sich der Formfaktor FF der Gleitfläche unwesentlich durch Kolbensekundärbewegungen verändert und daß ein von der Sekundärbewegung unabhängiger hydrodynamischer Reibungsanteil vorliegt. Durch Ersetzen von eta und (A/h) folgt für die Kolbenreibung

$$Fr = prop_1 \cdot v \cdot (1 + prop_2 \cdot v \cdot \tan\psi). \qquad [7]$$

Das Verhältnis der beiden Proportionalitätsfaktoren bestimmt damit im wesentlichen das Verhältnis der Reibkraft zur Kolbengeschwindigkeit. Damit ist der Ölfüllungsgrad eindeutig von größter Bedeutung. Der Zusammenhang zwischen Reibmitteldruck und Reibkraft gilt auch hierbei. Die im Bild 21 wiedergegebenen Reibkraftverläufe über dem Kurbelwinkel weisen auf den starken Geschwindigkeitseinfluß hin. Im OT-Bereich von 285 bis etwa 75 °KW sind die Geschwindigkeitsgradienten über dem Kurbelwinkel größer als im verbleibenden UT-Bereich. Die Reibkräfte folgen diesem Verlauf proportional, wobei der Einfluß durch die Normalkraft überlagert ist. Der Kolben X zeigt gegenüber den beiden anderen Varianten im Abwärtshub einen flacheren Reibkraftverlauf was aber nur bedingt geschwindigkeitsabhängig ist, wie noch gezeigt wird. Stellvertretend für die in den weiteren Versuchen eingesetzten Kolben ist in <u>Bild 23</u> die Reibkraft für Kolben Y direkt über der Kolbengeschwindigkeit für unterschiedliche Drehzahlen aufgetragen. Dabei wird deutlich, daß weniger die Drehzahlbereiche als vielmehr die absolute Gleitgeschwindigkeit von Bedeutung ist. Die Reibkräfte sind bei Drehzahländerung für gleiche Geschwindigkeiten vergleichbar. Für den Abwärtshub ($v > 0$) sind die Differenzen im OT- und UT-Bereich viel geringer als im Aufwärtshub. Dies läßt sich durch die Kurbelkinematik und die Kolbenkontur erklären (s.a. Kap. 6.1.4.). Durch lineare Regression ist die Abhängigkeit der Reibkraft von der Geschwindigkeit mit

$$Fr_K' = 15{,}64 \cdot v \quad [N] \quad \text{mit} \quad v \text{ in m/s} \qquad [8]$$

im Mittel für den Auf- und Abwärtshub zu bestimmen. Der hier gefundene Proportionalitätsfaktor für die Reibkraft ist nur für Kolben des Typs Y bei ähnlichen Bedingungen gültig. Das Verhältnis ist, wie schon gesagt, stark von dem Formfaktor des Kolbenschaftes, der Ölviskosität und dem Ölangebot abhängig und kann für unterschiedliche Hubrichtungen stark differieren.

6.1.2. DER EINFLUß DER NORMALKRAFT

Die Kolbennormalkraft ist für diesen Fall ohne Kompression im wesentlichen von den Massenkräften bestimmt. Diese Belastung steigt damit quadratisch mit der Drehzahl und weist einen Nulldurchgang bei maximaler Kolbengeschwindigkeit auf. Die Normalkraftverläufe sind über dem Kurbelwinkel in den Bildern 24 und 25 für unterschiedliche Verdichtungsverhältnisse bei reiner Kompression-Expansion dargestellt. Hier ist eps = 1 zu berücksichtigen, die anderen Werte gelten für die Versuche mit Ringbestückungen. Wird hydrodynamische Reibung vorausgesetzt, so muß die Normalkraft vom Schmierfilm am Kolbenschaft getragen werden, d.h. entsprechend der momentanen Kolbengeschwindigkeit, dem Ölangebot und der Viskosität stellt sich ein Verhältnis h/A ein:

$$h/A = FF \cdot \eta \cdot v / F_N \qquad [9]$$

welches die Kolbenreibung beeinflußt. Ausgehend von den in Bild 23 dargestellten Reibungswerten wurde die Abhängigkeit von der Normalkraft ermittelt, indem der Geschwindigkeitseinfluß eleminiert wurde. Bild 26 gibt die so bestimmten Reibkräfte Fr,K* wieder, mit

$$Fr_K'' = Fr_K - Fr_K'. \qquad [10]$$

Erwartungsgemäß ist die Abhängigkeit bei höheren Drehzahlen und somit größerer Normalkraftbelastung eindeutiger als bei niedrigen Drehzahlen. Dabei ist, wie auch schon aus Bild 23 hervorgeht, die Streuung im Abwärtshub geringer als im Aufwärtshub. Weiterhin weist der OT-Bereich (285 - 75 °KW) einen höheren Korrelationskoeffizienten auf als der UT - Bereich (75 - 285 °KW). Wie auch bei der Darstellung des Geschwindigkeitseinfluß wurde eine mittlere Abhängigkeit durch lineare Regression bestimmt,

$$Fr_K'' = 16{,}29 \cdot F_N \quad (N) \qquad \text{mit} \quad F_N \text{ in kN}. \qquad [11]$$

Der Normalkrafteinfluß ist bei allen drei Kolbenspielen etwa gleichwertig vorhanden.

6.1.3. DER EINFLUß DER SCHMIERMITTELVISKOSITÄT

Da, wie gezeigt wurde, die Kolbenreibung rein hydrodynamisch ist, kann nach der Theorie der Viskositätseinfluß als linear bezeichnet werden. Untersuchungen mit Ölen unterschiedicher

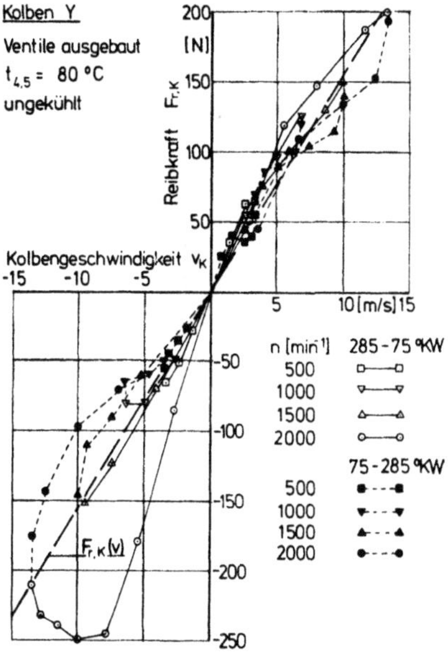

Bild 23 Die Reibkraft Fr,K als Funktion der momentanen Geschwindigkeit

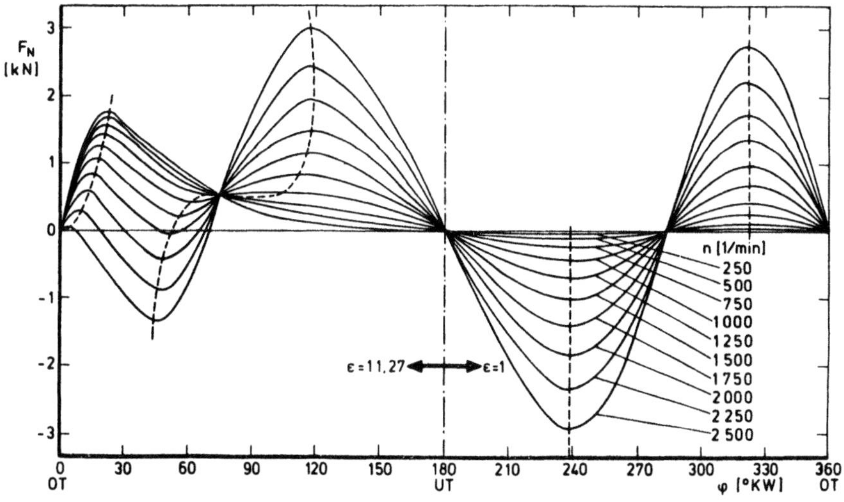

Bild 24 Normalkraftverläufe bei mosz = 4,65 kg

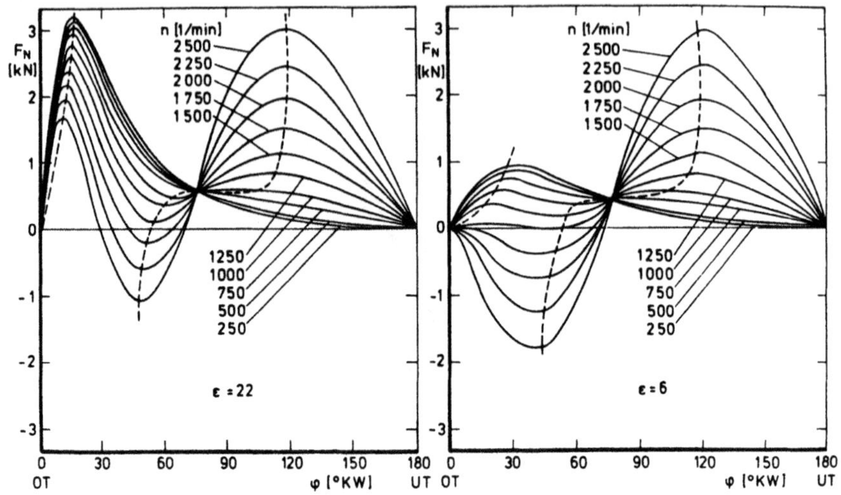

Bild 25 Normalkraftverläufe bei mosz = 4,65 kg

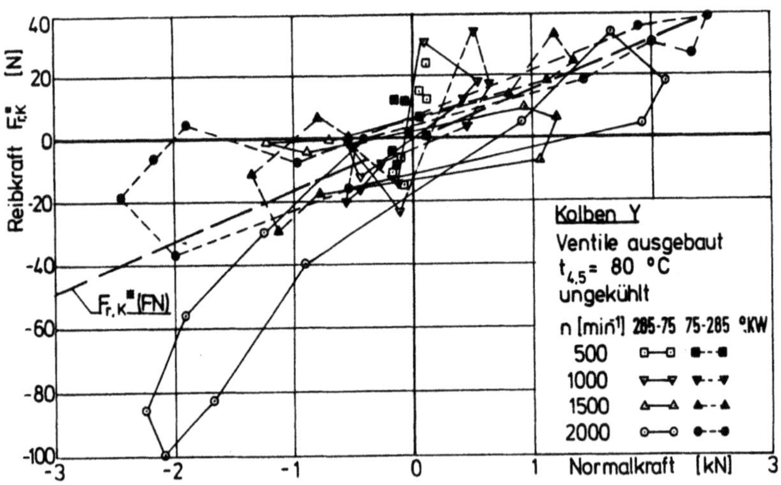

Bild 26 Kolbenreibkraft Fr,K = f (FN)

Viskositätsklassen /54/ belegen dies auch für diesen Versuchsmotor bei serienmäßiger Ringbestückung. Die mittlere Schmierfilmviskosität am Kolbenschaft ist über die Buchsentemperatur zu bestimmen. In erster Näherung kann dabei die in Bild 6 vorgegebene Temperatur tÖl durch die mittlere Buchsentemperatur tBu,m ersetzt werden. Damit läßt sich der Reibmitteldruck pr,K vereinfacht darstellen,

$$pr_K = A \cdot \eta + B \qquad [12]$$

A und B sind dabei vom Kolbentyp XYZ abhängige Konstante. Die errechneten Daten belegen die gute Korrelation zwischen Kolbenreibung und Schmierfilmviskosität. Der Versuch die Mitteldruckwerte pr,K in Abhängigkeit von Viskosität und Drehzahl

$$pr_K = n \cdot (A \cdot \eta + B) \qquad [13]$$

darzustellen, konnte nicht die erwartete Übereinstimmung erreichen. Was durch die am Kolbenschaft nicht linear von der Drehzahländerung abhängige Ölfüllung zu erklären ist /96/, /97/. Besonders der Kolben X weist für n = 2000 1/min starke Abweichungen auf. Die o.g. Drehzahlabhängigkeit ist für den Kolben Z mit dem geringsten Kolbenspiel am eindeutigsten. In Bild 20 ist für jede Drehzahl die Viskositätsabhängigkeit getrennt dargestellt.

6.1.4. DER EINFLUß DES KOLBENSPIELES

Bei hydrodynamischer Reibung muß sich das Kolbenspiel direkt in den Reibungsverlusten auswirken. Für den Kolben X ist dies tendenziell in Bild 20 für den Reibmitteldruck augenscheinlich. Die Reibkräfte bei maximaler Kolbengeschwindigkeit, Bild 22, bestätigen dieses Ergebnis. Dabei ist neben dem großen Kolbenspiel auch eine Verringerung der Ölhaftung am freigelegtem Aluminiumschaft gegenüber der vollständigen Grafal-Beschichtung des Kolben Y in Betracht zu ziehen /98/. Ein genauer Nachweis kann nur durch weitergehende Untersuchungen mit verschiedenen Beschichtungen erfolgen.

Die Reibkraftverläufe belegen dabei, daß dieser Einfluß nur in einem geringen Hubbereich vorliegt. Wie in Bild 22 deutlich wurde, wirkt sich das Schaftspiel unterschiedlich aus. So schwanken die Reibkraftunterschiede im Auf- und Abwärtshub für die Kolbenvarianten. Der Kolben X zeigt dabei nur im Abwärtshub den positiven Einfluß eines großen Kolbenspieles.

Da alle sonstigen Betriebsbedingungen beibehalten wurden, läßt sich die in Kap. 6.1. beschriebene Tendenzumkehr bei hohen Drehzahlen mit Sekundärbewegungseinflüsse erklären. Bei reiner Massenkraftbelastung ohne Kolbenringeinflüsse ist vorauszusetzen, daß die am Kolben angreifenden Kräfte außer der Schaftreibung für alle Varianten gleich sind. Durch die Schubkurbelkinematik und die Schwerpunktslage des Kolbens ergeben sich zwei unterschiedliche Zustände:

- Im OT-Bereich wirkt die Massenkraft des Kolbens dem Reibmoment am Kolbenbolzen z.T. entgegen, d.h. sie hat als Zugkraft einen stabilisierenden Einfluß. Der Kippwinkel aK bleibt klein.

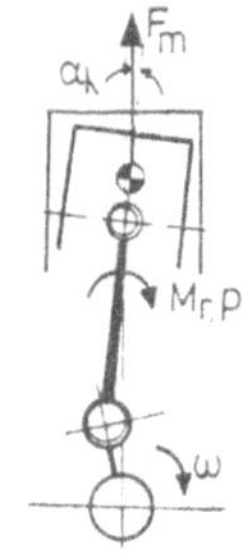

- Im UT-Bereich wirken die Massenkraft und das Reibmoment gleichsinnig, d.h. die Massenkraft führt als Druckbelastung am Pleuel zu einem labilen Zustand. Der Kippwinkel aK wird größer.

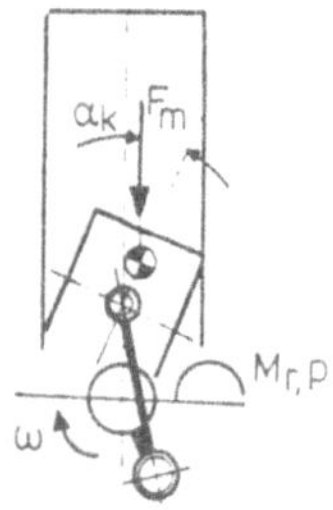

Bei kleinem Kippwinkel wird der die Reibkraft verringernde Einfluß des großen Kolbenspieles wirksam. Dahingegen wird durch die Vergrößerung des Kolbenspieles ein größerer Kippwinkel im UT-Bereich und damit im Aufwärtshub möglich. Durch diese größeren Kippwinkel sind die Reibungsverhältnisse, d.h. die relative Lage des Kolbenschliffbildes zur Zylinderbuchse für alle drei Kolbenvarianten unterschiedlich. Diese Beeinflussung der Kolbensekundärbewegung kann trotz unterschiedlicher Kolbenspiele zu etwa gleichgroßen Reibkräften führen.

6.2. DIE MESSUNG DER KOLBENSEKUNDÄRBEWEGUNG

Entgegen bekannten Untersuchungen /21/ der Kolbensekundärbewegung unter Last ist hier der Gasdruckeinfluß eleminiert. Es wurden an einem Serienkolben vom Typ Y die Sekundärbewegung bei Drehzahl- und Öleintrittstemperaturvariation ermittelt. Der Aufbau mittels tastender, kapazitiver Wegaufnehmer wurde in Kapitel 4.3.3.4. angesprochen. Durch Auswertung der Wegsignale auf der Druck- und Gegendruckseite im Feuerstegbereich und im Schaftbereich unterhalb des Kolbenbolzen ließ sich die Desachsierung der Kolbenmittellinie über den Hub unabhängig vom jeweiligen Kolbenspiel für die beiden Meßebenen ermitteln. Aus diesen Werten wurde der Kolbenkippwinkel bestimmt.

6.2.1. DER DREHZAHLEINFLUß

In Bild 27 ist die Kolbensekundärbewegung bei konstanter Öleintrittstemperatur t4,5 = 40 °C für die Drehzahlen n = 500/ 750/1000 1/min aufgetragen. Deutlich wird die relativ große Bewegung der Kolbenkrone gegenüber dem Kolbenschaft, was sich durch die vorliegende ballig-ovale Kolbenform erklären läßt. Im Bereich der maximalen Kolbengeschwindigkeit liegt die größte Auslenkung in Richtung Druckseite vor und zwar im Auf- und Abwärtshub etwa gleichzeitig. Unter Berücksichtigung des ersten Diagramms aus Bild 28 kann eindeutig ein Ansteigen der Kolbensekundärbewegung mit der Drehzahl festgestellt werden. Dies ist allein durch den hier drehzahlabhängigen Massenkrafteinfluß sowie das daraus resultierende Lagerreibmoment zu erklären. Der Drehzahleinfluß stimmt tendenziell mit dem anderer Autoren /97/ überein. Die dort z.T. widersprüchlichen Relationen zwischen Kolbenkrone (großes Spiel) und Kolbenhemd (kleines Spiel) sind durch den am Kolbenboden fest installierten Radialdichtring bestimmt und zeigen wie empfindlich die Kolbensekundärbewegung auf zusätzlich am Kolben angreifende Kräfte reagiert.

6.2.2. DER EINFLUß DER SCHMIERMITTELVISKOSITÄT

War die Schmiermittelviskosität schon bei der Betrachtung der reinen Kolbenreibung ein wesentlicher Punkt, so ist sie auch bei der Kolbensekundärbewegung von starkem Einfluß. Neben den konstruktiven Merkmalen wie z.B.: Kolbenspiel, Schaftform, Oberflächenstruktur, Beschichtung, Ölversorgung ist die Schmiermitteltemperatur und damit deren Viskosität maßgeblich am Ölfüllungsgrad am Schaft beteiligt. Die Untersuchung der Einflüsse auf den Ölfüllungsgrad ist äußerst schwierig und hat bisher keine eindeutigen Ergebnisse gezeigt, so daß immer noch mit Annahmen gerechnet werden muß. Das Problem wird noch größer, wenn, wie in diesem Fall, die Viskositätsänderung

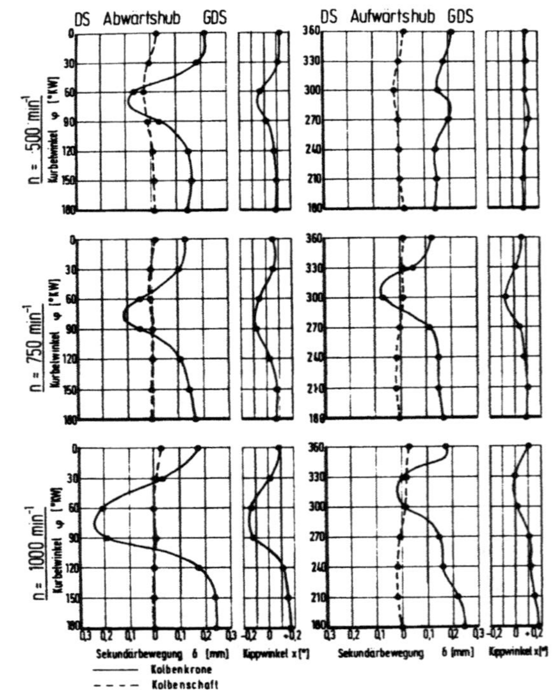

Bild 27 Die Kolbensekundärbewegung über dem Hub
n = 500 - 1000 1/min, pmax = 1 bar,
t4,5 = 40 ˊC

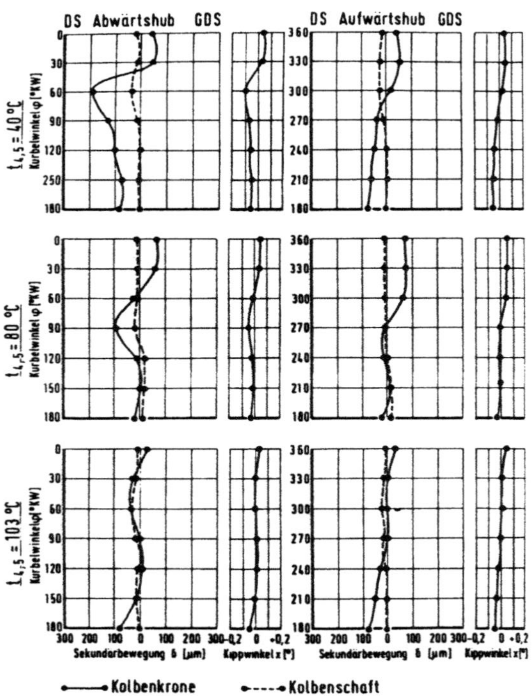

Bild 28 Die Kolbensekundärbewegung über den Hub
n = 250 1/min, pmax = 1 bar,
t4,5 = 40 - 120 ˊC

durch Temperaturvariation erreicht wird. Hier spielt dann auch noch das veränderliche Kolbenspiel eine große Rolle.

Die vorliegenden Meßergebnisse für Öleintrittstemperaturen zwischen 40 und 103 °C gemäß Bild 28 deuten auf einen zunehmenden Ölfüllungsgrad und/oder eine Verringerung des Kolbenspieles hin, da die Kolbensekundärbewegung mit steigender Temperatur und somit sinkender Viskosität schwächer wird. Dies äußert sich in geringerer radialer Auslenkung wie auch kleineren Kippwinkeln. Die mittlere Buchsentemperatur ändert sich nur geringfügig von ca. 50 auf 58 °C. Bei Berücksichtigung der Reibmitteldrücke in Bild 20 ist für die Drehzahl von n = 250 1/min nur eine geringe Reibmitteldruckänderung zu erwarten. Die parallel zur Sekundärbewegungsmessung erfaßten Reibmitteldrücke ermöglichen aufgrund ihrer Streuung im Rahmen der Meßgenauigkeit nur die Aussage, daß die Werte über der Eintrittstemperatur etwa konstant bleiben. Für höhere Drehzahlen waren die Unterschiede in der Sekundärbewegung nicht so gravierend.

Wie Aufnahmen an einem Glaszylinder zeigen /96/, /97/, wird dabei auch die tatsächliche Viskosität durch Öl-Luft-Verschäumung bei Anlagewechsel verringert. Inwiefern dies auch bei höheren FÜllungsgraden vorliegt, wie in dem hier dargestellten Fall, ist noch endgültig zu klären. Es ist ein geringerer Einfluß als mit Ringbestückung zu erwarten.

6.3. ZUSAMMENFASSUNG DER KOLBENREIBUNG

Die Kolbenreibung ohne Ringbestückung ist rein hydrodynamisch. Nur bei extremen Überdeckungsgraden, d.h. viel größerem Kolbenschaftdurchmesser als Buchsendurchmesser, tritt Mischreibung auf. Diese thermische Überlastung führt nach Versagen der Notlaufbeschichtung des Kolbenschaftes zum Kolbenfressen.

Die ermittelten Reibkäfte sind der Gleitgeschwindigkeit proportional und weisen auch eine lineare Abhängigkeit von der Kolbennormalkraft auf. Der gelaufene Kolben mit Abrieb im engsten Kolbenspielbereich hat deutlich die geringsten Reibwerte. Mit zunehmenden Kolbenspiel sinken die Reibkräfte. Die Unterschiede bei vollständiger Beschichtung sind gering. Dies ist durch die z.T. schwankende Schichtstärke zu erklären.

Die Reibkräfte sind für den Aufwärtshub i.a. größer als im Abwärtshub. Dieser Unterschied ist bei dem gelaufenen Kolben X am größten. Die absoluten Werte liegen gegenüber den in Kapitel 7. dargestellten bei Bestückung mit dem ersten Kompressionsring sehr hoch. Dies erklärt sich zum einen durch die niedrigeren Schmierfilmtemperaturen und weiterhin durch den höheren Ölfüllungsgrad am Schaft bei Betrieb ohne Ringe.

Zur weiteren Überprüfung der Kolbenreibung wurde die Sekundärbewegung ohne Ringbestückung ermittelt. Die Seitenbewegung lag größenordnungsmäßig weit unter dem Kolbenspiel. Dies wie auch der angesprochene Reibkraftverlauf ohne Kraftsprünge und der gemessenen Phasenverschiebung des Reibkraftsignals um 90° bestätigen die Aussage, daß die Kolbenreibung rein hydrodynamisch ist.

Unter dieser Maßgabe wurde zusätzlich eine Berechnung der Kolbenreibung durchgeführt, um die Größenordnung der ermittelten Reibkräfte zu überprüfen. Die Berechnung erfolgte unter Berücksichtigung der Massenträgheiten von Kolben und Pleuel, der Pleuel- und Bolzenlagerreibung, der Schaftreibung auf der Druck- und Gegendruckseite bei Annahme voller Füllung. Die thermische Verformung wurde linear angenommen und gemäß den ermittelten Temperaturen berücksichtigt.Vernachlässigt wurde die Schmierfilmverdrängung. Die geometrischen Randbedingungen wurden vereinfacht unter Beachtung der Schaftform bestimmt. Durch iterative Berechnung des Kräfte- und Momentengleichgewichtes wurde der Kippwinkel, die Seitenbewegung und die hydrodynamischen Reibkräfte gradweise ermittelt. Nach mehreren Rechendurchläufen über den Hub wurde nach ausreichender Übereinstimmung der Einzelwerte der Reibmitteldruck bestimmt. Die Richtigkeit der zuvor gemachten Aussagen wird durch die gute Übereinstimmung der gerechneten und gemessenen Reibmitteldrücke gemäß Bild 29 bestätigt.

Die Untersuchung der reinen Kolbenreibung ohne Ringbestückung sollte einen Hinweis auf deren Anteil an der Gesamtreibung geben. Es ist festzustellen, daß die Kolbenschaftreibung hydrodynamisch ist und relativ hohe Werte annimmt.

7. DIE GESAMTREIBUNG DER KOLBENGRUPPE

7.1. MESSUNG DER REIBUNGSVERLUSTE

Aussagen zur Variation des Laufflächenprofiles am ersten Kompressionsring hinsichtlich des Reibungsverhaltens des einzelnen Ringes sowie der gesamten Kolbengruppe, bedingen die Kenntnis aller Einflüsse. Da die Kolbenringreibung derzeit aus meßtechnischen Gründen im normalen Betrieb nicht separat für den einzelnen Ring erfaßbar ist, müssen die Reibkraftwerte der gesamten Kolbengruppe zur Analyse herangezogen werden. Die Definition eines Ausgangszustandes erfolgt anhand der serienmäßigen Ringbestückung. Diese wurde eingehend innerhalb des gesamten Betriebsbereiches untersucht, darunter fällt auch der gefeuerte Betrieb. Die Untersuchung der Profilvarianten bezüglich Reibkraft und Schmierfilmdicke wurde im Rahmen ausgewählter Betriebspunkte durchgeführt. Zur Differenzierung wurden die Profilvarianten in der vollständigen Bestückung sowie auch nur mit dem jeweiligen ersten Kompressionsring gefahren. Letzteres zur näheren Bestimmung des Mischreibungsverhaltens der Ringvarianten.

7.1.1. DER EINFLUß DES SCHMIERMITTELANGEBOTES

Eine zusätzliche Zylinderschmierung wurde durch vier im unteren Buchsenbereich angeordnete Bohrungen mit 0,5 mm Durchmesser dargestellt, die tangential und ca. 30° nach Top gerichtet sind. Die Anstiche werden über eine Ringleitung gespeist. Die Ausrichtung ermöglicht eine gute, flächendeckende Ölversorgung, die in UT-Stellung eine direkte Druckschmierung des unteren Kolbenschaftes garantiert. In allen Betriebspunkten zeigte sich kein meßbarer Einfluß durch das zusätzliche Schmiermittelangebot. Dies ist durch das ausreichende Spritzölangebot des Versuchsmotors bedingt. Eine Verringerung dieser Spritzölmenge durch Abdeckungen ist infolge des Abstandes "Kolbenunterkante-Ausgleichsgewichte" nicht möglich gewesen.

In extremen Betriebszuständen zeigte sich anhand der Reibkraftverläufe bei ungekühltem Betrieb mit höchsten Drehzahlen (n =2500 1/min) und maximalen Gasdrücken (pmax > 45 bar) ein Ansteigen der Reibkräfte in ZOT gegenüber niedrigeren Drehzahlen, was auf Mangelschmierung deutet. Als Erklärung ist eine Überdeckung (stärkere Vergrößerung des Kolbenschaftdurchmessers gegenüber dem der Zylinderbuchse) infolge der hohen thermischen Belastung zu sehen, wodurch der Öltransport vom Schaft zur Ringpartie behindert wird. Selbst bei diesem kritischen Schmierungszustand war keine Reibungsminderung durch Zuschalten der Zylinderschmierung festzustellen. Dies ist auch verständlich, wenn berücksichtigt wird, daß die Schmieranstiche in der Zylinderbuchse bei UT-Stellung des Kolbens unterhalb des kleinsten Schaftdurchmessers liegen.

Der Einfluß des Ölangebotes muß wie folgt beschrieben werden:

a) Es existieren zwei Ursachen der Mangelschmierung.
b) Der erste Fall ist durch Unterschreiten eines kritischen Mindestölangebotes gegeben. Dieses ist vom Betriebszustand abhängig und hat zur Folge, daß trotz ausreichender Kolbenspiele nicht genügend Schmiermittel zu den Kolbenringen transportiert wird. Zunehmende Mischreibung und damit höherer Ring- und Buchsenverschleiß treten auf.
c) Der zweite Fall liegt vor, wenn das Kolbenbetriebsspiel den Öltransport zur Ringpartie in einem gewissen Maße behindert. Die Folgen sind ähnlich für die Ringe wie bei b), zusätzlich tritt in diesem Fall am Kolbenschaft Mischreibung auf. Kolbenfressen ist als Folge thermischer Überlastung (z.B. Kühlungsausfall) zu sehen.
d) Durch Unterschreiten eines Mindestölangebotes wird die Kolbensekundärbewegung infolge geringer Ölfüllungsgrade größer. Stärkeres Kolbenschlagen und höherer Ringflanken- und Nutverschleiß sind die Folge.
e) Oberhalb dieser Mindestmenge wird keine Verbesserung der Sekundärbewegung und der Schmierölversorgung der Ringe stattfinden. Überschüssiges Öl wird vom Schaftende in Richtung Kurbelgehäuse abgestreift.
f) Eine möglicherweise notwendige Druckölschmierung am Kolbenschaft (egal ob von der Buchse aus oder über den Kolben) muß in Bereichen eingesetzt werden, bei denen kein Abstreifen in Richtung Kurbelgehäuse erfolgt.
g) Wie noch in Kap. 7.3.2. gezeigt wird, muß das Ölangebot am Kolbenumfang möglichst gleichmäßig vorliegen, da sonst die o.g. Probleme örtlich begrenzt auftreten.

7.1.2. DER EINFLUß DER ÖLEINTRITTSTEMPERATUR

Die beiden Temperaturmeßstellen t4 und t5 liegen weit vor den Wirkstätten des Schmiermittels. Diese Temperaturen der Motorlager- und Zylinderschmierung werden vor Eintritt in den Versuchsmotor erfaßt. Aufgrund der hohen Bauteilmassen und abstrahlenden Flächen des geschleppten Versuchsmotors ist eine Abkühlung des Öles gegeben. Dies läßt sich anhand der gemessenen Rücklauftemperatur im Ölsumpf bestätigen, die immer niedriger als die Eintrittstemperaturen lag, außer im gefeuerten Betrieb. Eine Änderung der Reibungskräfte an der Zylinderbuchse war bei Variation der Eintrittstemperatur nicht meßbar, sofern die Buchsentemperatur dabei konstant gehalten wurde. Die Abhängigkeit der Buchsentemperatur von der Öleintrittstemperatur ist nicht in dem Maße durch die relativ geringen Mengen der Zylinderschmierung bestimmt als vielmehr durch die Tatsache, daß durch die Anhebung der Motorblocktemperatur die Wärmeableitung aus dem Zylinderbereich über die Motorblockwände behindert wird. Infolge der Öltemperaturvariation von t4,5 = 40 bis 120 °C steigt die ungeregelte Buchsentemperatur im Mittel um dtBum = 10 °C, wie dies aus <u>Bild 30</u> hervorgeht.

Wie schon im vorigen Kapitel beschrieben wurde, hat die zusätzliche Zylinderschmierung nur eine untergeordnete Bedeutung. Der Einfluß durch Variation der Eintrittstemperatur t5 ist nicht eindeutig nachweisbar.

Der geringe Temperatureinfluß ist im stärkeren Maße durch die Tatsache bedingt, daß das neu angebotene Schmiermittel im unteren Schaftbereich vorliegt und erst den ganzen Schaft durchlaufen muß. Aufgrund der Verhältnisse von Wärmekapazitäten und der beteiligten Massen zu erwarten, daß das Schmiermittel vor Erreichen der Ringzone den Temperaturbedingungen an der Kolbengruppe angepaßt ist. Der hier ermittelte geringe Einfluß der Öleintrittstemperatur auf die Kolbenreibung wird in der Literatur allgemein bestätigt.

7.1.3. DER EINFLUß DER BUCHSENTEMPERATUR

Die Buchsentemperatur ist ein wesentlicher Indikator zur Beschreibung der Schmierfilmtemperatur und der Kolbenbetriebsspiele. Sie stellt sich entsprechend zu den Betriebsbedingun-

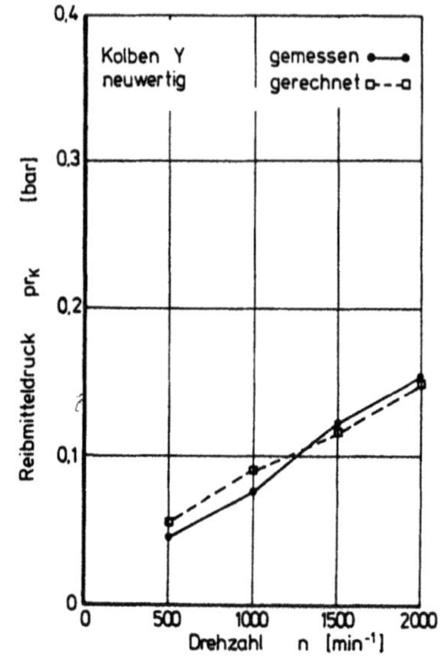

Bild 29 Gemessene und berechnete Kolbenreibmitteldrücke

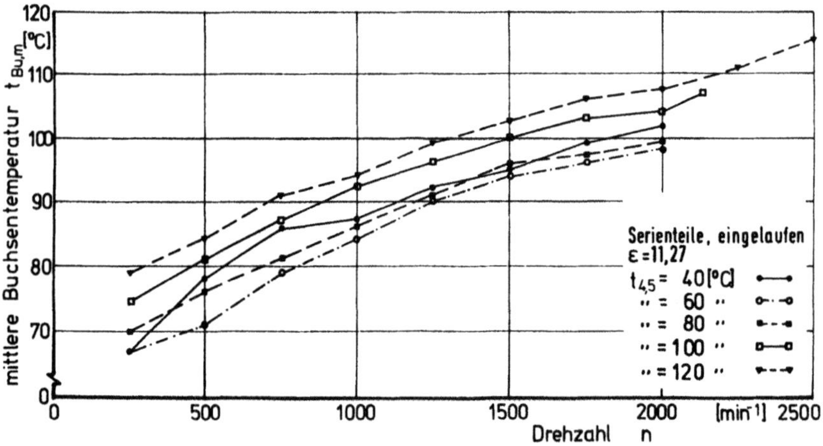

Bild 30 Der Einfluß der Öleintrittstemperatur t4,5 auf die mittlere Buchsentemperatur tBum

gen ein, daß heißt, sie ist vom Gasdruck und der Drehzahl abhängig. Die Meßstellen sind auf der Druck- und Gegendruckseite in OT-, UT-Stellung und im Bereich der maximalen Gleitgeschwindigkeit des ersten Kompressionsringes in unterschiedlichen Wandtiefen apliziert.

Bild 31 stellt die auf die Zylinderinnenwand extrapolierte Temperaturverteilung über den Hub dar. Die Temperaturen nehmen dabei mit der Drehzahl und dem Kompressionsdruck zu. Die OT-Werte liegen zwischen 75 und 155 °C für den ungekühlten Fall. Bei maximaler Kühlung sinken diese Temperaturen auf 65 bis 110 °C. Die UT-Werte bewegen sich in der Größenordnung 65 bis 120 °C ungekühlt und 60 bis 95 °C gekühlt. Die dargestellten Temperaturverläufe sind in einer Vielzahl von Messungen ermittelt worden, die es ermöglichten, für die vollständige Ringbestückung innerhalb einer Regressionsrechnung die Abhängigkeit der Buchsentemperatur von Last und Drehzahl zu ermitteln. Es ergeben sich dabei die folgenden Werte:

$$t_{Bum} = 0{,}019 \cdot n + 0{,}700 \cdot p_{max} + 47{,}000 \qquad [14]$$
$$t_{B,OT} = 0{,}022 \cdot n + 1{,}230 \cdot p_{max} + 41{,}500 \qquad [15]$$

für die ungekühlte Buchse und

$$t_{Bum} = 0{,}016 \cdot n + 0{,}480 \cdot p_{max} + 41{,}250 \qquad [16]$$
$$t_{B,OT} = 0{,}017 \cdot n + 0{,}850 \cdot p_{max} + 33{,}750 \qquad [17]$$

bei maximaler Buchsenkühlung mit n in 1/min und pmax in bar.

Einen Eindruck von den Temperaturverhältnissen für den ersten Kompressionsring mag das Bild 32 als Vorgriff auf weitere Untersuchungen geben. Es gibt die Zylinderwandtemperaturen für die serienmäßige Bestückung wieder, wie auch für den Betrieb ohne ersten Kompressionsring bei gleichen Betriebsbedingungen. Die Buchsentemperaturen steigen durch Fortlassen des ersten Ringes in OT um ca. 15 °C und in UT noch um 10 °C. Läßt sich der Anstieg in OT durch den jetzt längeren Kontakt der Kompressionsluft mit dem Meßbereich erklären, so ist für den mittleren Hubbereich und die UT-Stellung die starke Temperaturerhöhung nur durch den nunmehr tiefergelegten Bereich des Wärmeüberganges vom Kolben über die Kolbenringe zur Zylinderbuchse zu erklären.

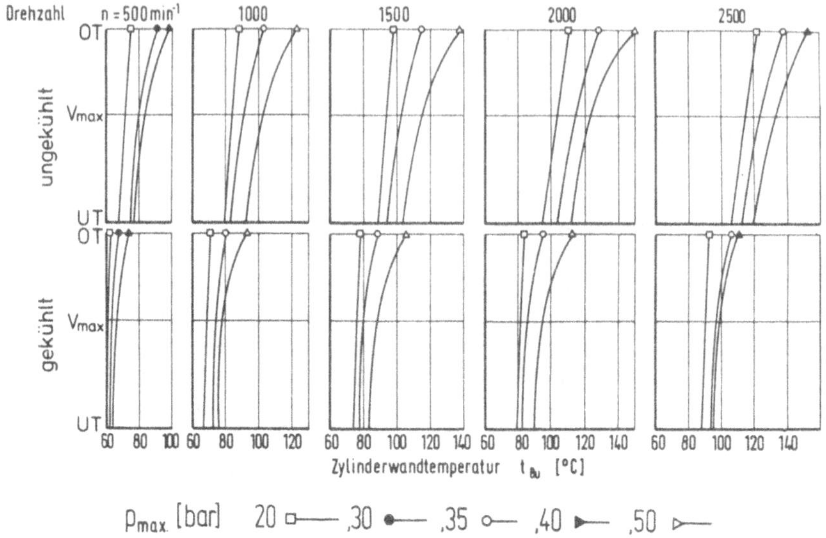

Bild 31 Die Zylinderwandtemperatur tBu mit und ohne Buchsenkühlung

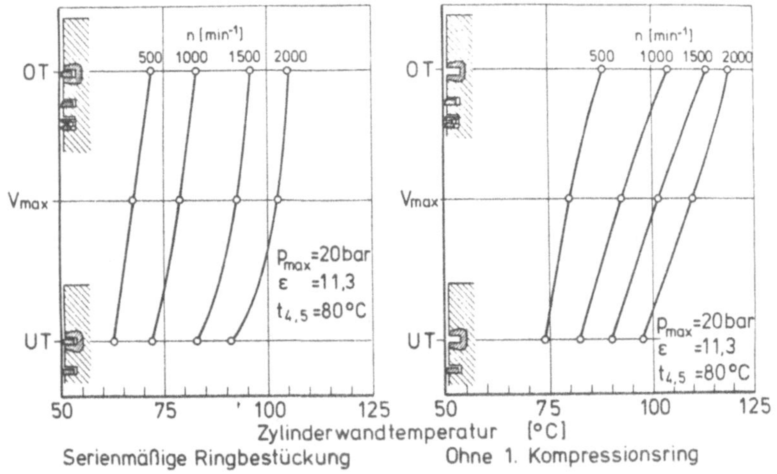

Bild 32 Die Zylinderwandtemperatur über den Hub bei Bestückung mit und ohne ersten Kompressionsring

Bild 33 zeigt das für den geschleppten Betrieb (Bild 31) über der Zylinderwand ermittelte Temperaturgefälle über der Drehzahl mit der Last als Parameter. Der Gasdruckeinfluß ist nur im OT-Bereich ausgeprägt. Der Drehzahleinfluß ist über den gesamten Hubbereich durch ein linear ansteigendes Temperaturgefälle gegeben. Der Kühlungseinfluß ist am stärkstens im OT-Bereich, da auch hier die größten Temperaturdifferenzen zwischen Wand und Kühlmittel vorliegen. Die Darstellung der Buchsentemperatur in Abhängigkeit von den Betriebsbedingungen erfolgte hier für den geschleppten Betrieb ausführlich, um eine Vergleichsbasis zum realen Motorbetrieb zu schaffen. Die in /106/ für einen ähnlichen Motor im gefeuerten Betrieb ermittelten Buchsentemperaturen zeigen, daß die hier im Kompressionsbetrieb vorliegenden Temperaturen auch im OT-Bereich in der Größenordnung der des realen Motors liegen. Auch die Abhängigkeiten von Drehzahl, Last und Kühlung sind ähnlich.

Bei den im Weiteren behandelten Reibungswerten erfolgt die Darstellung im allgemeinen über der Buchsentemperatur bei gleichen Betriebsbedingungen wie Drehzahl und Gasdruck, da sonst ein Vergleich z.B. unterschiedlicher Ringbestückungen nicht möglich ist. Dabei wird gerade die Buchsentemperatur bei Variation der Ringprofile Veränderungen unterworfen, wie Bild 34 zeigt. Hier sind die Buchsentemperaturen tBOT und tBvmax bei Bestückung mit nur dem ersten Kompressionsring über seiner mittleren Balligkeit für den ungkühlten Betrieb aufgetragen. Im Vorgriff auf Kapitel 7.1.11. muß darauf hingewiesen werden, daß die angeführte mittlere Balligkeit aufgrund der Meßgenauigkeit sowie der Profilabweichung am Ringumfang eine Toleranz von ca. 0,002 mm aufweist.

Die sich einstellende Buchsentemperatur ist dabei aufgrund des hohen Wärmedurchganges am ersten Kompressionsring stark von seinen Schmierfilmdicken abhängig. Bei schwachballigen Ringen ist im Bereich hoher Gleitgeschwindigkeit, also im hydrodynamischen Bereich, die Schmierfilmdicke gering. Dies ermöglicht hier einen guten Wärmedurchgang. Mit steigender Balligkeit nimmt die Schmierfilmstärke bei gleicher Geschwindigkeit zu und damit der Wärmetransport ab. Es ist dabei eine Frage des Ölangebotes durch den zweiten Ring, welche maximale Schmierfilmdicke am ersten Ring vorliegen wird, daß heißt, ab einer maximal sinnvollen Balligkeit des ersten Kompressionsringes kann dort örtlich auch Mangelschmierung auftreten und

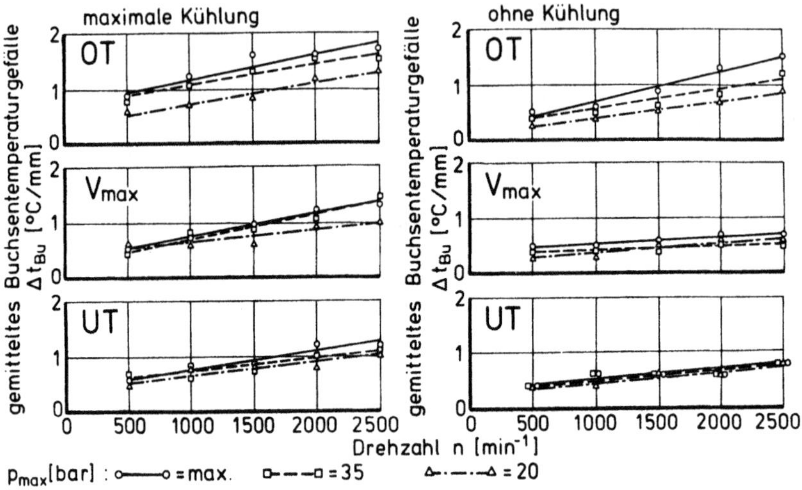

Bild 33 Das Buchsentemperaturgefälle im gekühlten und ungekühlten Betrieb bei Variation von Drehzahl und Kompressionsdruck

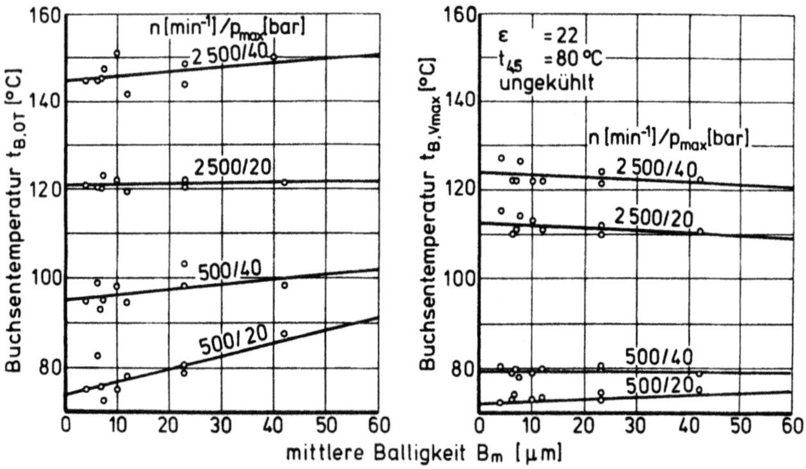

Bild 34 Die Abhängigkeit der Buchsentemperaturen tB,OT und tB,vmax von der mittleren Balligkeit Bm des ersten Kompressionsringes

damit wird der Wärmestrom beeinflußt und infolge dessen auch die Buchsentemperaturverteilung. In den Totpunktlagen sinkt mit steigender Balligkeit die Schmierfilmstärke besonders in OT unter Gasdruckeinfluß ab. Dies führt bei niedrigen Gleitgeschwindigkeiten aufgrund des Verdrängungseffektes zu ausgeprägten Mischreibungsverhältnissen mit hohem Wärmestrom und damit zu hohen Buchsentemperaturen.

Bei Berücksichtigung dieser Theorie nimmt ausgehend von einem Betriebspunkt (pmax = 20 bar, n = 500 1/min) die Schmierfilmstärke in OT für geringballige Ringe mit steigender Druckbelastung ab. Die stark balligen Ringe weisen schon bei niedrigen Drücken kleine Schmierfilmdicken auf, die bei Drucksteigerung auf 40 bar nur geringfügig abnehmen. Bei niedrigen Drehzahlen und Druckerhöhung ist ein Angleichen der Buchsentemperaturen in OT für unterschiedliche Balligkeiten gegeben. Bei n = 2500 1/min und p = 20 bar weisen alle Balligkeiten etwa gleiche Buchsentemperaturen tBOT auf. Der geringe Verdrängungswiderstand der stark balligen Ringe wird durch größere Ausgangsschmierfilmdicken infolge der hohen Drehzahl kompensiert. Bei Erhöhung des Kompressionsdruckes auf 40 bar überwiegt die Verdrängung und aufgrund der nun wieder geringeren Schmierfilmdicke der stark balligen Ringe nimmt für diese die Buchsentemperatur in OT zu.

Im Bereich maximaler Kolbengeschwindigkeit liegt eine geringe Temperaturbeeinflussung bei n = 500 1/min vor. Mit steigender Drehzahl nimmt die Schmierfilmdicke mit der Balligkeit zu und der Wärmestrom ab. Dies wird in der Abnahme von tBvmax deutlich. Ein Gasdruckeinfluß ist bei beiden Drehzahlen für den hydrodynamischen Bereich nur durch Anhebung des Temperaturniveaus gegeben.

Die Theorie läßt sich anhand der Meßergebnisse bestätigen. Die Buchsentemperatur ist somit ein wesentlicher Indikator für die Schmierungsverhältnisse an Kolbenringen. Weiterhin bestätigt sich die Annahme, daß schon geringe Balligkeitsänderungen am ersten Kompressionsring bei sonst gleichen Betriebsbedingungen zu veränderten Schmierungsbedingungen, d.h. Schmierfilmtemperaturen aufgrund des veränderten Wärmestromes führen. Bei der optimierten Ringauslegung ist der Wärmehaushalt unbedingt mit zu berücksichtigen.

Der Reibkrafteinfluß der Buchsentemperatur ist für zwei Meßpunkte aus einem Warmlauf in Bild 35 gegenübergestellt. Der "kalte" Motor (t_{Bum} = 52 °C) höhere Reibkräfte im hydrodynamischen Bereich hat als der "warme" Motor (t_{Bum} = 74 °C). Die Differenz beträgt maximal 30 N. Im Mischreibungsbereich kurz vor den Umkehrpunkten sind die Reibkräfte und damit auch die Reibkraftspitzen für den "warmen" Motor größer. Bei den Reibkraftspitzen nach den Umkehrpunkten ist eine Differenzierung kaum möglich; infolge der hohen Beharrungsdauer ist bei beiden Temperaturzuständen ein gleichwertiger Mischreibungszustand erreicht. Mit steigenden Drehzahlen werden diese Unterschiede größer.

Die Abnahme des Reibmitteldruckes mit steigender Buchsentemperatur wurde für niedrige Kompressionsdrücke p_{max} (ε =11,3) gemäß Bild 36 für die serienmäßige Bestückung bei verschiedene Drehzahlen gemessen. Der p_r-Abfall beträgt ca. 2 mbar/°C mit steigender mittlerer Zylinderbuchsentemperatur t_{Bum}. Der Buchsentemperatureinfluß auf die Reibkraft F_{rvmax} bei maximaler Kolbengeschwindigkeit stellt sich gemäß Bild 37 mit einer Reibkraftsenkung um ca. 0,7 N/°C ein.

Der Vergleich zwischen dem Reibmitteldruck und der Reibkraft F_{rvmax} im hydrodynamischen Bereich weist eine lineare Abhängigkeit auf (Bild 38). Die Korrelation der Meßwerte über der mittleren Buchsentemperatur ist sehr gut. Daraus ist abzuleiten, daß die Reibung für diese Meßreihe durch einen hohen hydrodynamischen Anteil bestimmt wird.

Der Buchsentemperatureinfluß muß innerhalb zweier konträrer Auswirkungen betrachtet werden. Zum Einen wird infolge der Temperaturerhöhung die Schmierfilmviskosität verringert und an den Kolbenringen die hydrodynamischen Reibkräfte gesenkt und die Mischreibungsbereiche infolge stärkerer Schmierfilmverdrängung verstärkt. Zum Anderen wird durch ein allgemein angehobenes Temperaturniveau der Kolbengruppe das Kolbenbetriebspiel verringert. Die hydrodynamische Reibung am Kolbenschaft sinkt mit fallender Viskosität und sie steigt mit Verringerung der Kolbenspiele an. Der Übergang zur Mischreibung am Kolbenschaft ist dabei schwer festzulegen. Als Indiz für die Spielverringerung ist die Mischreibung der Kolbenringe infolge von verstärkter Mangelschmierung trotz ausreichendem Ölangebot am Kolbenschaft anzuführen (s.a. Kapitel 7.1.11.).

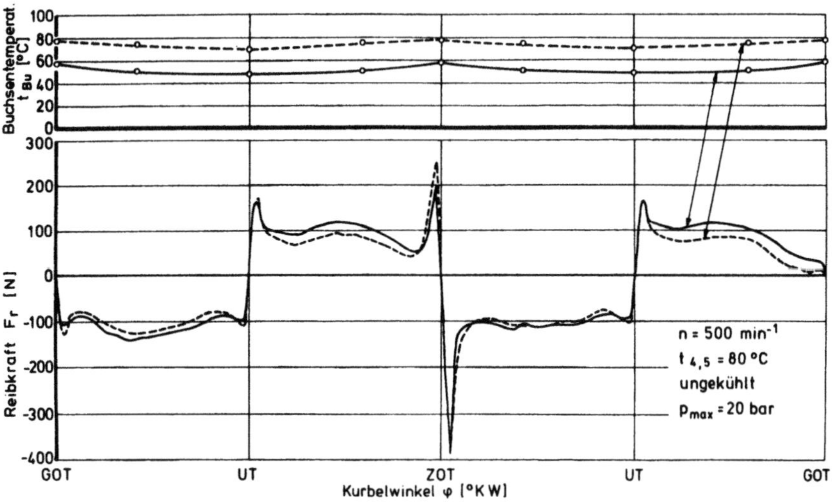

Bild 35 Der Reibkraftverlauf der Serienbestückung bei verschiedenen Buchsentemperaturen tBu

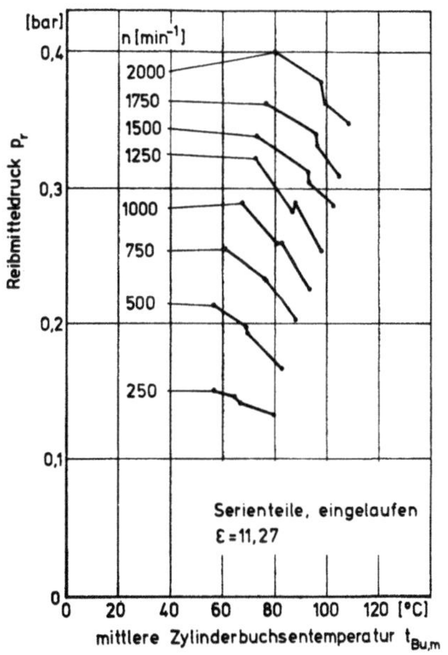

Bild 36 Der Reibmitteldruck pr als Funktion der Buchsentemperatur tBu,m

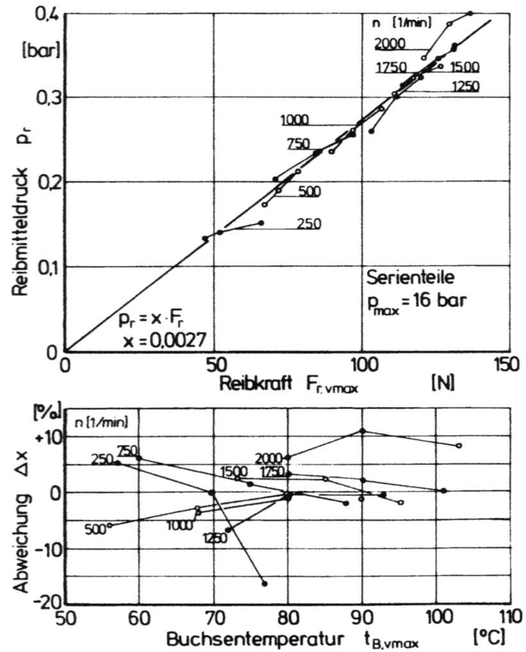

Bild 38 Das Verhältnis zwischen Reibkraft Fr,vmax und Reibmitteldruck pr

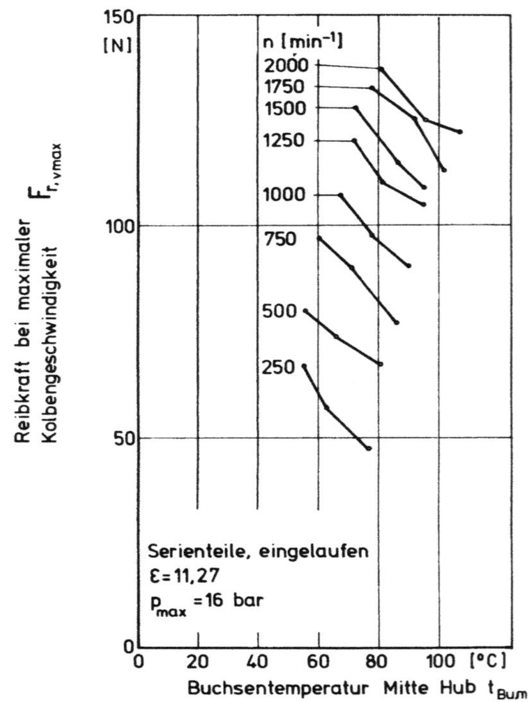

Bild 37 Die Reibkraft Fr,vmax als Funktion der Buchsentemperatur tB,vmax

7.1.4. DER EINFLUß DER KOLBENGESCHWINDIGKEIT

Das Reibungsverhalten der Kolbengruppe ist für den hier betrachteten Viertaktbetrieb in starkem Maße geschwindigkeitsabhängig. In Bild 39 ist der Reibkraftverlauf für verschiedene Drehzahlen bei etwa gleichen Buchsentemperaturen über dem Kurbelwinkel aufgetragen. Der niedrige Gasdruck ist hier von untergeordneter Bedeutung. Wesentliche Einflüsse werden durch die mit der Drehzahl erheblich ansteigenden Normalkräfte, die Beharrungsdauer in den Totpunktlagen sowie die Gleitgeschwindigkeit deutlich. Mit sinkender Beharrungsdauer nimmt die Schmierfilmverdrängung und damit die Mischreibung ab. Die Reibkraftspitzen als Mischreibungsindiz werden mit steigender Drehzahl kleiner. Gleichzeitig nimmt der hydrodynamische Reibungsanteil zu. Für die hier vorliegende Serienbestückung ist der große Normalkrafteinfluß schon ab Drehzahlen von n = 1000 1/min in den Abwärtshüben durch Sattelpunkte in Hubmitte erkennbar. Dies weist auf einen hohen Kolbenreibungsanteil hin. Der Drehzahleinfluß bezüglich der Buchsentemperatur wurde schon anhand Bild 31 beschrieben. Der Reibmitteldruck ist bei niedrigen Kompressionsdrücken etwa linear bis degressiv von der Drehzahl abhängig (s.a. Bild 36). Mit steigenden Kompressionsdrücken verschlechtern sich die Schmierungsverhältnisse (Kolbenbetriebsspiel, Schmiermittelviskosität, Ölversorgung des Ringpaketes) z.T. erheblich, wie die Werte aus Bild 40 belegen. So daß oberhalb jeweils kritischer Buchsentemperaturen infolge hoher Mischreibungsanteile keine eindeutige Drehzahlabhängigkeit für den Reibmitteldruck mehr festzustellen ist. Aufgrund der Gefahren durch Kolbenfresser konnte dieser Betriebsbereich nicht näher untersucht werden.

7.1.5. DER EINFLUß DES GASDRUCKES

Im Gegensatz zur Kolbengeschwindigkeit kann der Kompressionsdruck nur jede zweite Umdrehung in einem kleinen Winkelbereich um OT Einfluß auf die Kolbengruppe nehmen. Neben der Veränderung der thermischen Bedingungen am Gesamtsystem und der Normalkraftbeeinflussung am Kolben wirkt der Gasdruck vorallem auf die Schmierfilmausbildung am ersten Kompressionsring und damit auf das Mischreibungsverhalten der gesamten Kolbengruppe. In Bild 41 sind die Reibkraftverläufe für zwei unterschiedliche Kompressionsdrücke bei etwa gleichen Buchsentemperaturen aufgetragen. Der Gasdruckeinfluß zeigt

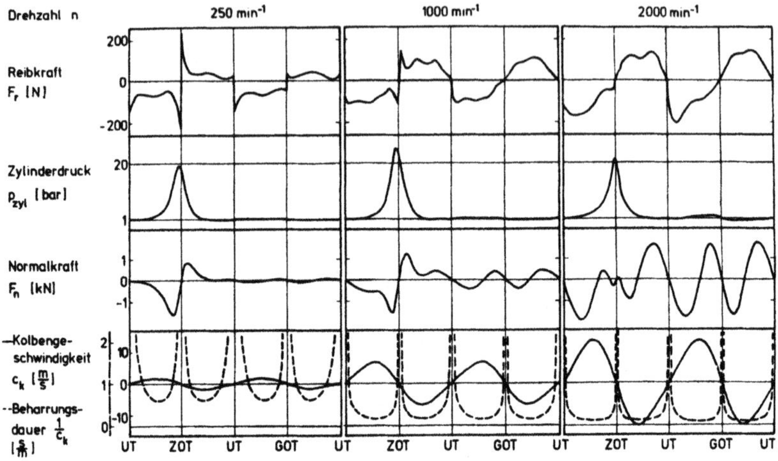

Bild 39 Einflußgrößen auf die Reibkraft

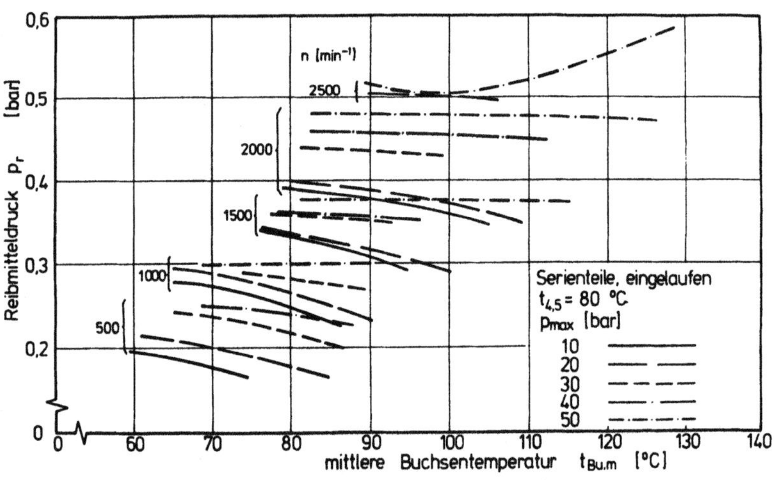

Bild 40 Der Reibmitteldruck pr für verschiedene Drehzahlen n und Kompressionsdrücke pmax über der Buchsentemperatur tBu,m

selbst bei dieser niedrigen Drehzahl (500 1/min) erst oberhalb von ca. 10 bar meßbare Auswirkungen auf die Reibkraft im Beginn des Mischreibungsbereiches. Vor OT ist der Reibkraftunterschied im hydrodynamischen Bereich nur gering. Im anschließenden Abwärtshub liegt ein weitaus größerer Mischreibungsbereich für den hohen Kompressionsdruck aufgrund der fortschreitenden Schmierfilmverdrängung vor. In den folgenden Takten baut sich für beide Betriebspunkte ein etwa gleichwertiger Schmierfilm auf, bis in der nächsten Expansionsphase die Schmierungsverhältnisse wieder differieren.

In Bild 42 sind die Reibmitteldrücke sowie die Reibkräfte in OT über dem Kompressionsenddruck für annähernd gleiche mittlere Buchsentemperaturen aufgetragen. Die Reibmitteldrükke steigen mit ca. dpr/dpmax = 1,5 mbar/bar im untersuchten Bereich. Der Einfluß ist relativ gering, was sich anhand des kleinen Wirkungsbereiches der Gasdrücke größer 10 bar, bezogen auf den Hub s, erklären läßt. Die Reibkräfte weisen dagegen eine starke Abhängigkeit auf. Um den Gasdruckbereich von pmax = 10 - 60 bar darzustellen, mußten zwei Verdichtungsverhältnisse gefahren werden, die ihrerseits mit unterschiedlich starker Kühlung betrieben wurden. Bei etwa gleicher mittlerer Buchsentemperatur differiert die Temperatur in OT-Stellung um einige Grad, wie auch aus Bild 41 hervorgeht. Die Verläufe deuten auf einen unterproportionale Gasdruckeinfluß hin. Diese Abhängigkeit wird in ähnlicher Größenordnung auch in der Literatur angeben /107-109/. In Bild 43 ist zum Vergleich die Reibkraft FrZOT aus verschiedenen Meßreihen mit Serienbestückung bei gleicher Buchsentemperatur tBOT = 80 °C über dem Kompressionsdruck aufgetragen. Der degressive Verlauf liegt dabei eindeutig im untersuchten Drehzahlbereich von n = 500 - 1500 1/min vor. Der Einfluß der Ringvorspannung (13 bar) ist gering und nimmt mit der Drehzahl schnell ab.

7.1.6. DER EINFLUß DER NORMALKRAFTBELASTUNG

Die Kolbenschaftreibung hat einen wesentlichen Anteil an der Gesamtreibung der Kolbengruppe. Neben der Beeinflussung durch die Buchsentemperatur (Ölviskosität, Kolbenbetriebsspiele) und die Drehzahl (Kolbengeschwindigkeit, Normalkraft), wirkt der Gasdruck innerhalb der Kompressions-Expansions-Phase auf die Normalkraft und verändert damit die Belastung am Kolbenschaft. Die Reibungsverluste sind dabei in erster Näherung

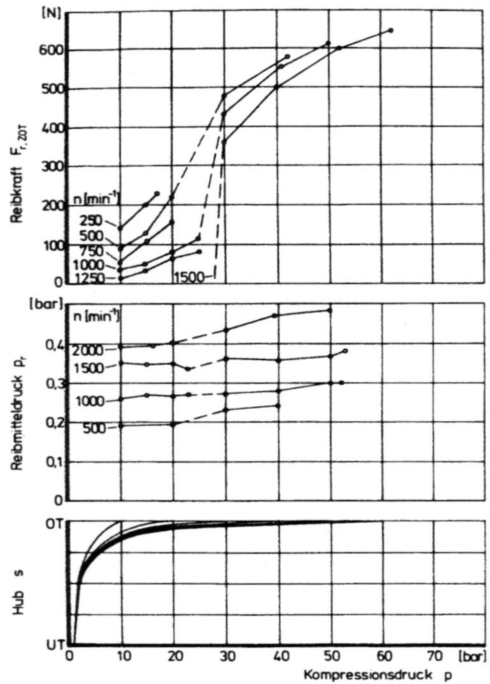

Bild 42 Der Reibmitteldruck pr und die Reibkraft Fr,ZOT über dem Kompressionsdruck p bei serienmäßiger Bestückung

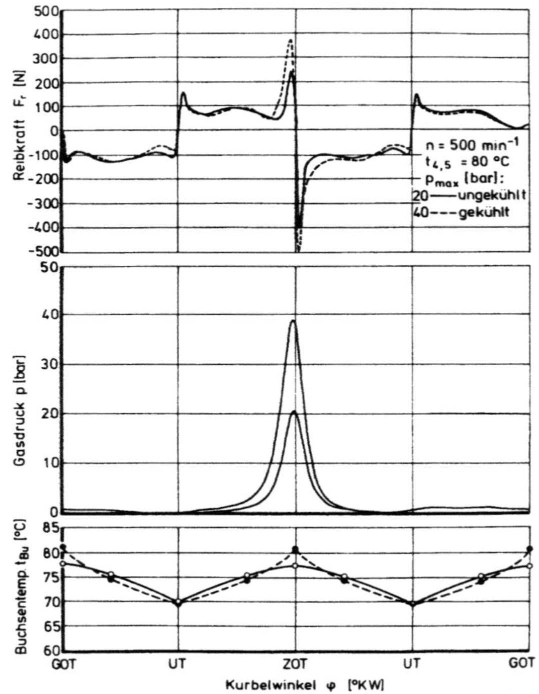

Bild 41 Die Reibkraft Fr der Serienbestückung bei verschiedenen Gasdruckbelastung

proportional dem Belastungsintegral über dem Hub:

$$p_r \sim \int FN \cdot v \; ds \qquad [18]$$

Für die vorliegenden Verhältnisse ist dieses Integral im Bild 44 über der Drehzahl und dem Kompressionsenddruck aufgetragen. Letzterer ist in diesem Fall als Überdruck angegeben. Es sind drei Feststellungen zu treffen:

1. Für die untersuchten Drücke werden die Werte für den Gaswechseltakt (p= 0 bar) im Drehzahlbereich n = 1300 - 2200 1/min größer als die Werte für den Kompressionstakt (p ³ 0 bar).

2. Mit zunehmender Drehzahl bildet sich ein deutliches Minimum der Normalkraftbelastung auf, welches dabei zu höheren Drücken wandert.

3. Durch die gute Korrelation zwischen dem berechenbaren Belastungsintegral aus dem ND- und HD-Bereich und den gemessen Reibmitteldrücken pr der Normalkrafteinfluß bestätigt.

Bei der Reibkraftanalyse zeigt sich dieser Einfluß ebenfalls. Für die Serienbestückung sind in Bild 45 die Reibkräfte bei konstanter Buchsentemperatur tBu* über der Normalkraft FN mit der Geschwindigkeit als Parameter aufgetragen. Die Reibkraft Fr* wurde im Gaswechseltakt, also ohne Gasdruckeinfluß, ermittelt. Es zeigt sich bei konstanter Normalkraft der erwartete Reibkraftanstieg mit der Geschwindigkeit. Die größeren Normalkräfte führen bei gleichen Geschwindigkeiten zu höheren Reibkräften. Der Normalkrafteinfluß nimmt mit steigender Kolbengeschwindigkeit ab. Ab Geschwindigkeiten von 1o m/s überwiegen die unterschiedlichen Ölfüllungsgrade sowie die diffe-rierenden Reibungsverhältnisse am Ringpaket. Dieser Normal- krafteinfluß läßt sich so eindeutig nur bei Kompressionsend- drücken bis zu ca. 35 bar feststellen, darüber ist die Schmierfilmdicke im Gaswechseltakt noch durch die Gasdruckbe- lastung geprägt, so daß eine Überlagerung der Einflüsse vor- liegt und somit keine Aussagen möglich sind.

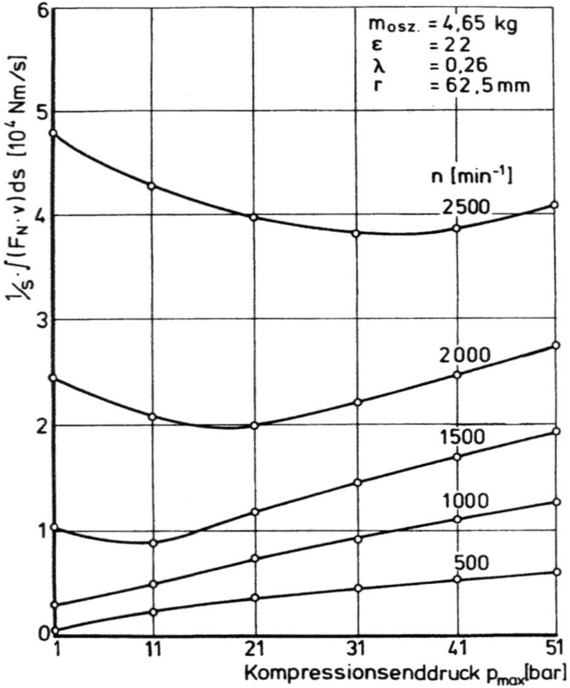

Bild 44 Das Integral der Normalkraft über den Hub

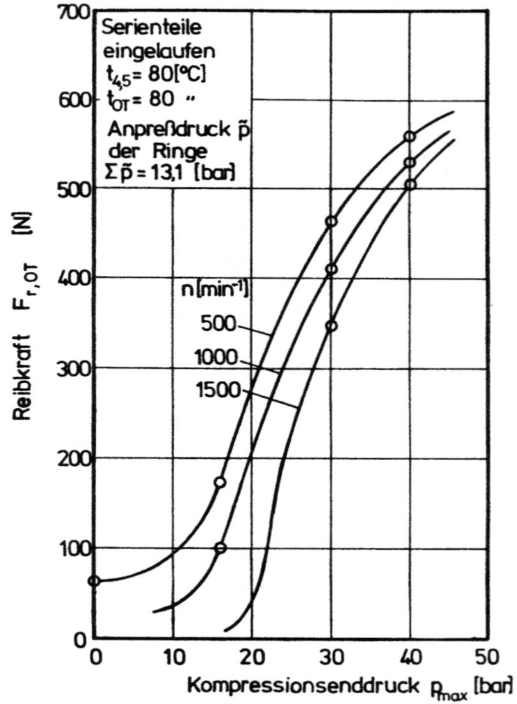

Bild 43 Die Reibkraft Fr,OT über dem Kompressionsdruck pmax

In Analogie zu den drei o.g. Punkten wird nicht nur die momentane Reibkraft sondern auch der Reibmitteldruck prHD und prND wesentlich durch die Normalkräfte bestimmt. Besonders augenfällig wird dies beim Vergleich der beiden Reibmitteldrücke in Bild 46. Bei niedrigen Drehzahlen bis etwa 1000 1/min sind für die betrachteten Kompressionsdrücke beide Werte annähernd gleich. Ab ca. 1500 1/min liegt bei niedrigen Buchsentemperaturen der Reibmitteldruck prND höher als bei Gasdruckbelastung, also prHD. Gemäß Bild 44 ist bei Drehzahlen größer als 1500 1/min eine deutliche Unterscheidung zwischen Hochdruck- und Niederdruckbereich zu erwarten.

7.1.7. DER EINFLUß DER RINGANZAHL

In mehreren Arbeiten wurde der Einfluß der Ringanzahl bei niedrigen Belastungen dargestellt /32/, /110/. Dabei ist für Großmotoren der Einsatz mehrerer gleichartiger Ringe und damit deren Variation möglich. Im allgemeinen wird eine lineare Reibungszunahme bei Erhöhung der Ringanzahl festgestellt. Dies wird auf die dabei ansteigende Ringvorspannung zurückgeführt. Ursächlich wird im hydrodynamischen Bereich eine weitere Reibfläche mit bestimmten Schmierungsverhältnissen eingeführt, die das Ölangebot im gesamten Ringpaket beeinflußt. Im Mischreibungsbereich wirkt die zusätzliche Ringbelastung direkt auf die Reibkraft. Unter realer Gasdruckbelastung ist der Einfluß auf die Reibkraft in ZOT vernachlässigbar.

Die in Bild 47 über der Drehzahl bei etwa konstanter mittlerer Buchsentemperatur aufgetragene Reibkraft Frvmax wurde im Gaswechseltakt für verschiedene Ringbestückungen zur näheren Untersuchung der hydrodynamischen Reibung gemessen, die im Gaswechseltakt am besten, ohne wesentlichen Gasdruckeinfluß, erfaßt werden kann. Bei vollständiger Ringbestückung unter Variation des ersten Kompressionsringes A - I ergeben sich für alle Drehzahlen die maximalen Reibkräfte, deren Streuung untereinander ca. 13 % beträgt. Dennoch heben sich diese Werte mit einer über dem Drehzahlbereich annähernd konstanten Differenz von 60 N gegenüber den Reibkräften mit jeweils nur einem Ring A - NM ab. Die Bestückung mit nur dem ersten Kompressionsring weist dabei eine geringere Buchsentemperatur auf. Die Variation mit zwei Ringen ist mit dem Nasenminutenring NM in der 2. und mit dem Ölabstreifring DSF in der 3. Ringnut etwa mittig zwischen den Werten der vollständigen Bestückung und der mit nur einem Ring gelegen. Diese Bestückung hat ähnlich wie die mit nur dem NM-Ring die höchsten Buchsentemperaturen.

Diese Reibkräfte wurden unter Kompressionsbedingungen mit pmax = 20 bar im Viertaktbetrieb ermittelt. Dagegen wurden die hier zum Vergleich angegebenen Werte für die Kolbenreibung des auch bei den Ringvarianten eingesetzten Kolbens X ohne Kompressionsdruck gefahren. Sie liegen höher als bei Bestückung mit einem Kolbenring, wobei die Differenz mit steigender Drehzahl abnimmt. Dies erklärt sich aus dem starken Ölangebot am Kolbenschaft im Auf- und Abwärtshub und die damit verbundenen hohen hydrodynamischen Reibungsverluste. Wie die Aufnahmen an einem Glaszylinder zeigen /82/, wird dieses Ölangebot schon durch den Ölabstreifring stark reduziert.

Der Einfluß der Ringanzahl auf den Reibmitteldruck ist exemplarisch im Bild 48 für den Gaswechseltakt prND und den Kompressionstakt prHD über der mittleren Buchsentemperatur für n = 1500 1/min dargestellt. Die Abhängigkeit ist erwartungsgemäß mit der der Reibkraft Frvmax vergleichbar. Auch hier liegen die Werte für den Kolben X ohne Ringe (eps = 1) in der Größenordnung der Bestückung mit dem ersten Kompressionsring. Die Reibmitteldrücke prHD liegen für die jeweiligen Ringbestückungen höher als für den Gaswechselbereich.

7.1.8. DER EINFLUß DER RINGVORSPANNUNG

Die Ringvorspannung wurde bei allen Ringvariationen beibehalten. Die Streuung lag dabei im Rahmen der Fertigungsgenauigkeit. Wie schon in Kapitel 7.1.5. gezeigt wurde, ist die Summe der Tangentialkräfte des Ringpaketes nur im unteren Lastbereich und dabei auch nur in den Totpunktlagen ohne Gasdruck von ausschlaggebender Bedeutung für die Mischreibungskräfte. Bei Gasdrücken oberhalb von pmax = 10 bar überwiegt die Gasdruckbelastung am ersten Kompressionsring. Auch für den Reibmitteldruck, also für den hydrodynamischen Bereich, ist für die vorliegende Streuung der Ringvorspannung kein Einfluß meßbar gewesen, wie Vergleichsmessungen für extrem differierende Vorspannungen des ersten Kompressionsringes belegten. Der in der Literatur /32/ aufgeführte Einfluß bezieht sich auf Vorspannungsdifferenzen von mehr als 30 % und führt i.a. erst bei Spannungserhöhung am ganzen Ringpaket zu einer meß-

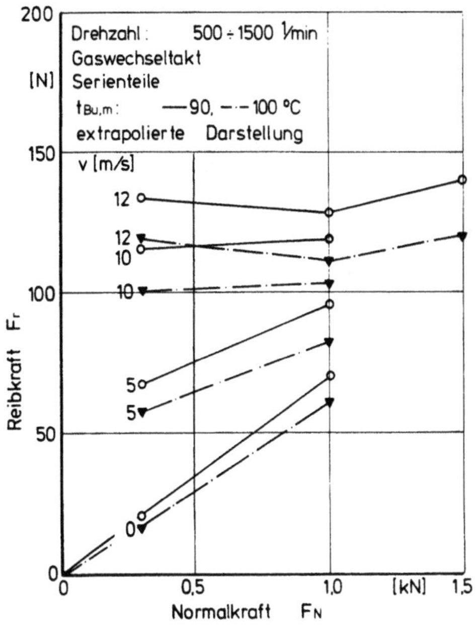

Bild 45 Der Normalkrafteinfluß auf die Reibkraft Fr

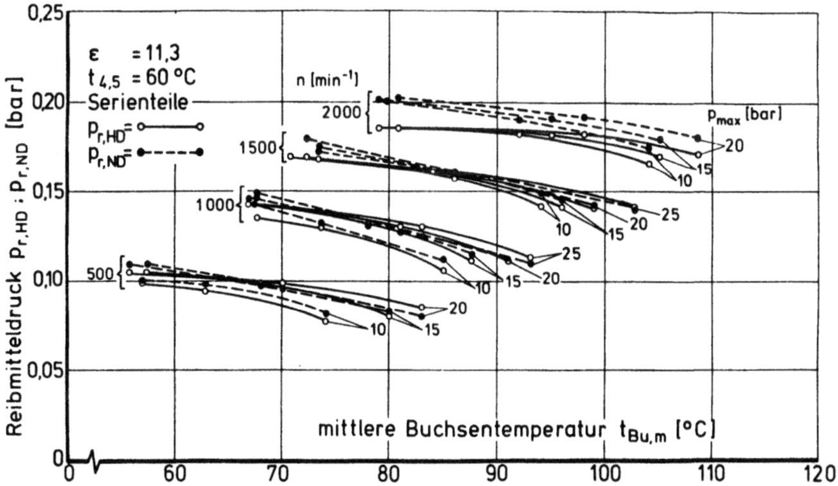

Bild 46 Die Reibmitteldrücke pr,HD, pr,ND für verschiedene Drehzahlen und Kompressionsdrücke pmax über der Buchsentemperatur tBu,m

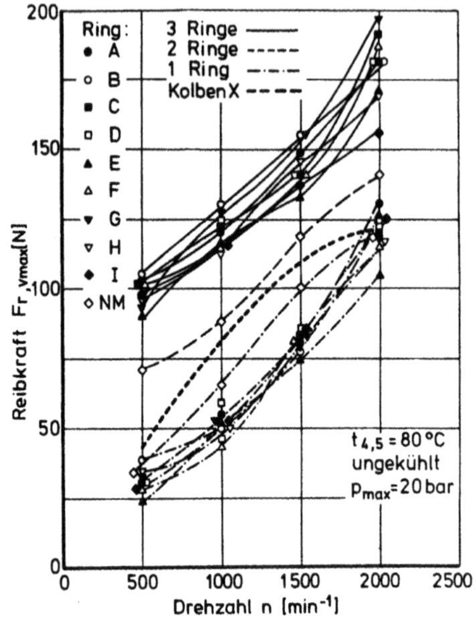

Bild 47 Der Einfluß der Ringbestückung auf die Reibkraft Fr,vmax im Gaswechseltakt

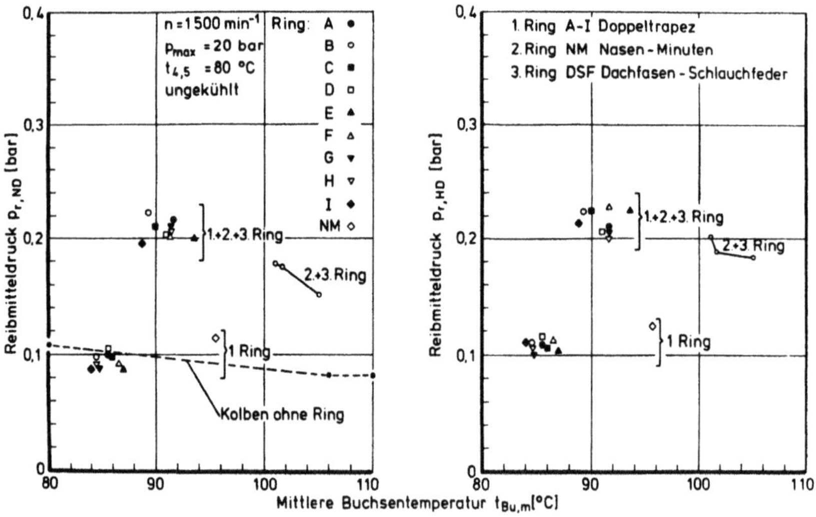

Bild 48 Die Reibmitteldrücke pr,HD,ND für verschiedene Ringvarianten

baren Reibungszunahme. Diese ist dann auf die Vergrößerung des Mischreibungsbereiches durch die stärkere Pressung und durch die Verringerung des Ölangebotes im Ringpaket zurückzuführen. Dadurch wird in Extremfällen Mangelschmierung mit hohen Reibmitteldrücken herbeigeführt.

Ergänzend zum Kapitel 7.1.11. sei auf die Frage gleicher Tangentialkräfte bei unterschiedlichen Laufflächenprofilen hingewiesen. Im Mischreibungsbereich ist mit zunehmender Balligkeit der Ringe eine höhere Hertz'sche Pressung zu erwarten. Schwachballige Ringe weisen dabei einen höheren Traganteil auf als stark ballige. Neben der stärkeren Verdrängung mit zunehmender Balligkeit ist dieser Faktor von wesentlicher Bedeutung für den Verschleiß.

7.1.9. DER EINFLUß DER DRUCKSTEIGERUNGSRATE

Unterschiedliche Drucksteigerungsraten wurden im geschleppten Betrieb durch Variation des Kompressionsenddruckes gefahren ($dp/d\varphi < 2{,}2$ bar/°KW). Bei den durchgeführten Versuchen mit Verbrennung konnten trotz des ungünstigen Verbrennungsablaufes unterschiedliche Drucksteigerungsraten dargestellt werden ($dp/d\varphi$ max ca. 4 bar/°KW). Hierbei war keine eindeutige Aussage bezüglich des Verdrängungseinflusses möglich, da einerseits gleichzeitig mit höheren Drucksteigerungsraten auch das Druckniveau ansteigt (Bild 49). Analysen der Reibkraftverläufe zeigten sogar bei extremem "Dieselnageln" druckproportionale Reibkräfte.

Der Reibkraftanstieg $dFr/d\varphi$ über der maximalen Drucksteigerungsrate $dp/d\varphi$ ist in Bild 50 dargestellt. Die Streuung der Meßwerte ergibt in der Analyse einen zu niedrigen Korrelationsfaktor (0,21), so daß hierüber keine gesicherte Ausage möglich ist. Beim Vergleich des Reibkraftanstieges mit dem Gasdruck bei der maximalen Drucksteigerungsrate ergibt sich eine bessere Korrelation (0,34). Obwohl auch hierbei die Streuung noch groß ist, so läßt sich unter Berücksichtigung des Zusammenhanges Drucksteigerungsrate mit Gasdruck daraus schließen, daß eine Beeinflussung der Schmierfilmverdrängung durch unterschiedliche Druckanstiege auszuschließen ist. Vielmehr zeigt das Gasdruckniveau einen Einfluß auf die Reibkraftanstiege.

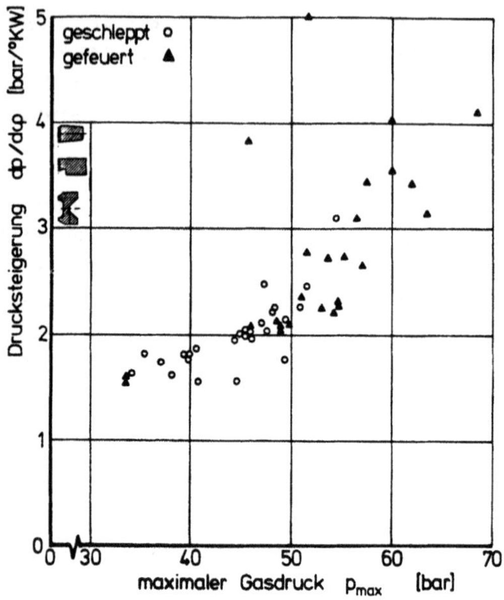

Bild 49 Der Gasdruckeinfluß auf die Drucksteigerung

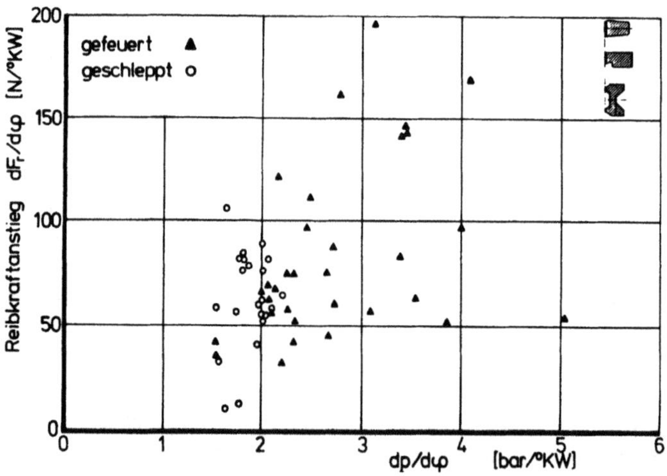

Bild 50 Vergleich des Reibkraftanstieges mit der Drucksteigerung

Dies weist auf eine starke Mischreibung in dem interessierenden Bereich hin. Der Einfluß auf den Verschleiß, den Ölverbrauch sowie die Gasleckage konnte in diesen Versuchen nicht ermittelt werden.

7.1.10. DER EINFLUß DER KOLBENRING-LAUFFLÄCHENBESCHICHTUNG

Die Lauffläche an Kolbenringen wird mit unterschiedlichen Beschichtungen ausgeführt, um durch eine Anpassung der Werkstoffpaarung Buchse - Ring den Verschleiß der Reibpartner zu verringern. Neuere Untersuchungen /71/,/111/ befassen sich am gefeuerten Motor mit den Auswirkungen der Beschichtungsvariation. Besonders bei hochaufgeladenen Motoren genügen die gängigen Werkstoffe nicht mehr den thermischen und mechanischen Anforderungen. Verschleißfeste metallkeramische Beschichtungen bieten hier sinnvolle Einsatzmöglichkeiten /40/. In PKW-Motoren haben diese Werkstoffe schon bei kleinen aufgeladenen Ausführungen Eingang gefunden /112/. Um einen sinnvollen Verschleißschutz zu erreichen, muß auch die Zylinderbuchse im Mischreibungsbereich eine Oberflächenhärtung vorweisen, da sonst ein stärkerer Zwickelverschleiß stattfindet.

Die vorliegende serienmäßige Beschichtung des ersten Kompressionsringes ist eine flammgespritzte Molybdänschicht VLMo. Dieser Werkstoff weist eine hohe Schmelztemperatur (2620 °C) auf und hat aufgrund der porösen Struktur und der schmierenden Wirkung des Molybdänoxyds eine hohe Brandspurresistenz. Weiterhin wurden im Versuch metallkeramische Beschichtungen mit den Bezeichnungen MKP 39, MKP 87 und RC-4 bei den unterschiedlichen Profilen gemäß Tabelle 2 eingesetzt. Der wesentliche Unterschied zur Oberfläche der Mo-Beschichtung liegt dabei in den größeren Traganteilen und allgemein kleinerer Rauhigkeit. Die Unterscheidung der Werkstoffe ist prinzipiell nur in den Mischreibungsbereichen bei gleichen Belastungen und ähnlichen Laufflächenprofilen (Kap. 5.4.) vorzunehmen. Die Auswertung wurde dabei nur für Bestückung mit einem Ring durchgeführt, um für den Mischreibungsbereich eine eindeutige Aussage zu erhalten.

Die Beschichtung RC-4 hat trotz ihrer starken Balligkeit, die bei gleichem Gasdruck eine höhere Pressung bedeutet, eine dem Molybdän ähnliche Mischreibkraft. Der Ringverschleiß ist beim RC-4 sehr gering. Die Beschichtung MKP 39 hat größere Mischreibungskräfte und dementsprechend auch größeren Verschleiß, besonders im Ringstoßbereich. Der Werkstoff MKP 87 unterscheidet sich nur wenig vom Molybdän. Für die untersuchten Werkstoffe kann aus den Messungen folgender Schluß gezogen werden:

1. Die Reibkräfte im Mischreibungsbereich sind für die Beschichtungen VlMo, MKP 87 und RC-4 ähnlich.

2. Der Werkstoff MKP 39 weist einen starken Verschleiß am Ringstoß auf. Seine Mischreibungswerte sind relativ hoch.

3. Der Werkstoff RC-4 hat trotz hoher Pressungen (stärkste Balligkeit) einen geringen Verschleiß.

4. Die Molybdän-beschichteten Ringe weisen im ungefeuerten Betrieb einen merklichen Verschleiß auf, der auf ein niedriges Drehzahlniveau zurückzuführen ist.

7.1.11. DER EINFLUß DES LAUFFLÄCHENPROFILES

Die untersuchten Laufflächenprofile des ersten Kompressionsringes sind in Bild 24 dargestellt. Die weitere Beschreibung der einzelnen Ringe ist schon in Kap. 5.4. erfolgt. Einzelne Ergebnisse mit verschiedenen Ringbestückungen sind in den Kapiteln 7.1.3 (Bild 34) und 7.1.7. (Bild 47 und 48) angeführt worden. Der Einfluß der Ringprofile ist bezüglich der Reibkraftverläufe, des Reibmitteldruckes und der sich einstellenden Buchsentemperatur zu sehen. Der prinzipielle Unterschied der Ringprofile ist in den Bildern 51 - 53 anhand der Reibkraftverläufe bei vollständiger Ringbestückung für den serienmäßigen Ring A mit Profil nach DIN 70909, den Ring B mit der geringsten Balligkeit und Ring I mit der größten Balligkeit. Als erstes ist augenfällig, daß der Serienring die geringsten Reibkräfte in ZOT aufweist. In UT ist die Reibkraft der balligen Bestückungen A und I hoch. Dies wird anhand der in Kapitel 7.3.2. beschriebenen Schmierfilmdicken bestätigt. Der Reibkraftverlauf läßt eine direkte Zuordnung zu den jeweiligen Ringen nicht ohne Weiteres zu, da sich die einzelnen Reibkräfte während eines Hubes überschneiden.

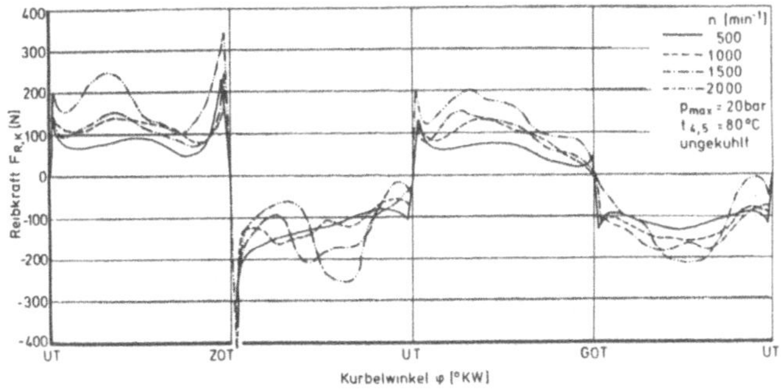

Bild 51 Reibkraft, Kolben X, Ringbestückung: A + NM + DSF

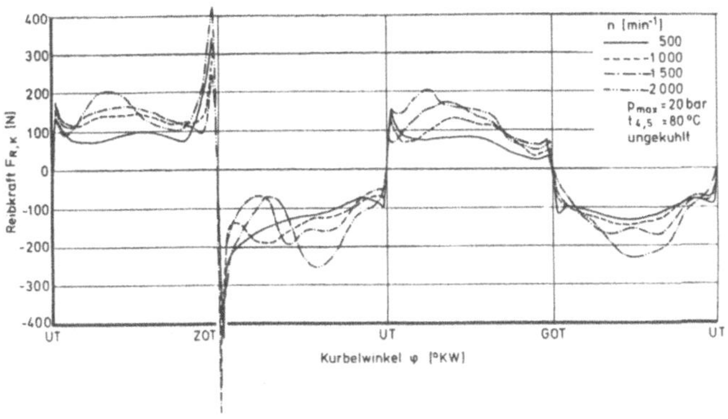

Bild 52 Reibkraft, Kolben X, Ringbestückung: B + NM + DSF

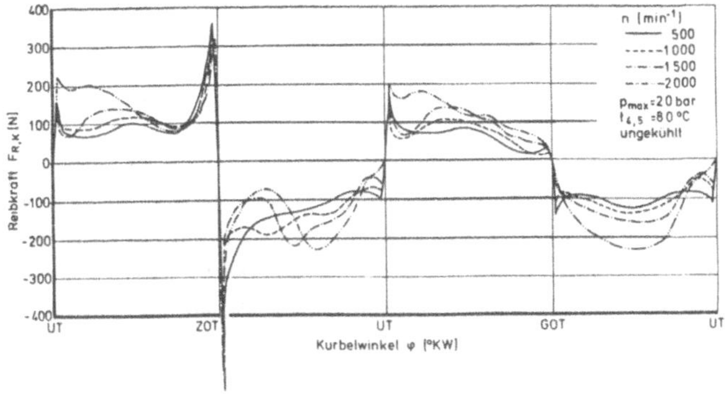

Bild 53 Reibkraft, Kolben X, Ringbestückung: I + NM + DSF

Hier sind Reibmitteldruckmessungen sinnvoller, wie sie in Bild 54 für pmax = 20 bar über der Drehzahl für die vollständige Ringbestückung aufgetragen sind. Bis zu Drehzahlen von n = 1500 1/min verhalten sich die Reibmitteldrücke entsprechend den Erwartungen.

Für ballige Ringe (A,D,E,F,I) sind die Reibungsverluste geringer als für die schwachballigen Ringe (B,G,H). Der Ring C liegt zwischen diesen Werten. Bei n = 2000 1/min findet zum Teil eine Überschneidung der einzelnen Verläufe statt, die bei weiterer Drehzahlsteigerung auf n = 2500 1/min wieder aufgehoben wird und die alte Reihenfolge vorliegt. Erklärungen zu diesem Phänomen sind nur im Zusammenspiel der einzelnen Ringe der jeweiligen Bestückung zu sehen. Insbesondere scheinen sich die Schmierfilmangebote innerhalb des Ringpaketes in diesem Drehzahlbereich zu verändern. Mögliche andere Einflüsse waren nicht feststellbar. Dieser Effekt liegt bei der Bestückung mit nur dem ersten Kompressionsring nicht vor. Hier liegt die erwartete Reihenfolge vom schwachballigen Ring (hohes pr) zum stark balligen Ring (niedriges pr) über dem gesamten Drehzahlbereich vor. Dabei steigt der Unterschied mit der Drehzahl an.

Um den Einfluß des Ringprofils besser darzustellen, wurde der Reibmitteldruck über der mittleren Balligkeit des ersten Kompressionsringes in Bild 55 aufgetragen. Bei vollständiger Bestückung weist der Reibmitteldruck für die Ringe G und H relativ niedrige Werte auf, dies führt zur Verzerrung der Kurven von 500 bis 1500 1/min. Würde man diese Werte vernachlässigen, so ergäben sich ähnliche Abhängigkeiten wie für die Bestückung mit nur dem ersten Kompressionsring, wie im rechten Bildteil dargestellt. Mit steigender Drehzahl verändert sich das Reibungsverhalten. Bei geringen mittleren Kolbengeschwindigkeiten (n = 500 1/min) nimmt der Reibmitteldruck in beiden Bestückungsfällen mit der Balligkeit zu. Ein Hinweis auf den hohen Mischreibungsanteil aller Bestückungen. Ab Drehzahlen n = 1000 1/min nehmen die Reibungsverluste mit steigender Balligkeit ab. Dieser Einfluß wächst mit der Drehzahl und weist auf den zunehmenden hydrodynamischen Bereich hin.

Für die vollständige Bestückung ist aufgrund der Streuung gemäß Bild 56 keine eindeutige Aussage über den Reibmitteldruck

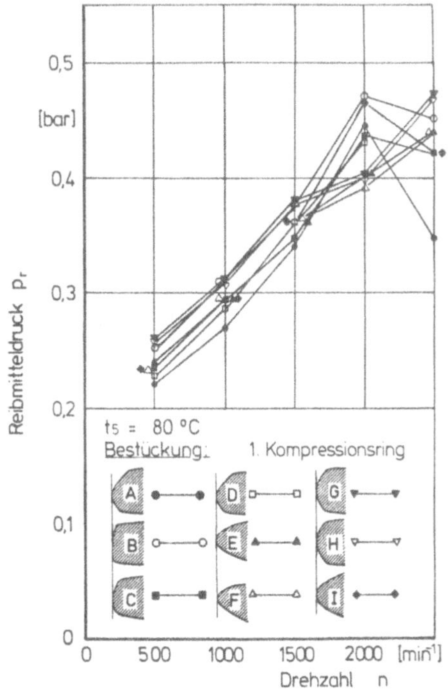

Bild 54 Der Einfluß des Ringprofiles auf den Reibmitteldruck

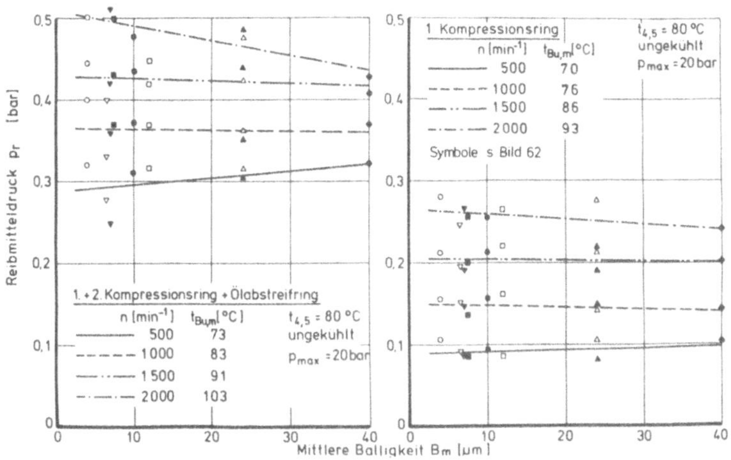

Bild 55 Der Einfluß der mittleren Balligkeit des Kompressionsringes auf den Reibmitteldruck pr der Kolbengruppe

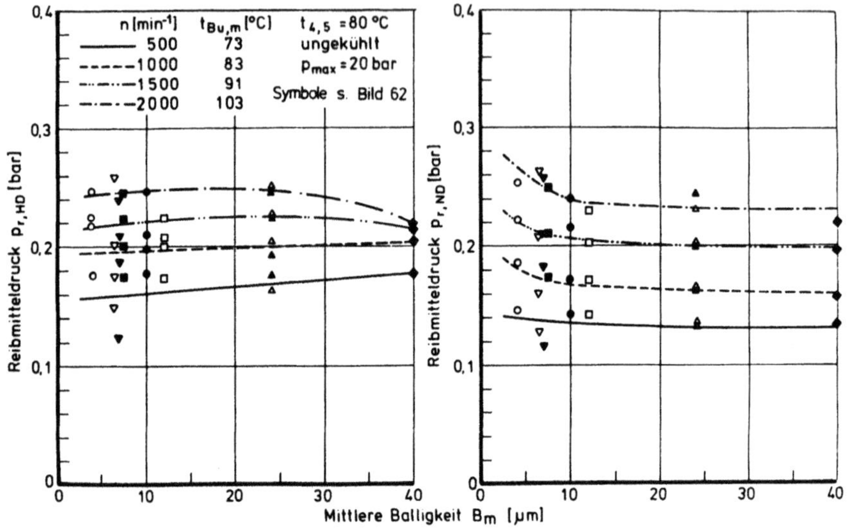

Bild 56 Der Einfluß der mittleren Balligkeit des Kompressionsringes auf den Reibmitteldruck pr,HD,ND der Kolbengruppe bei vollständiger Bestückung

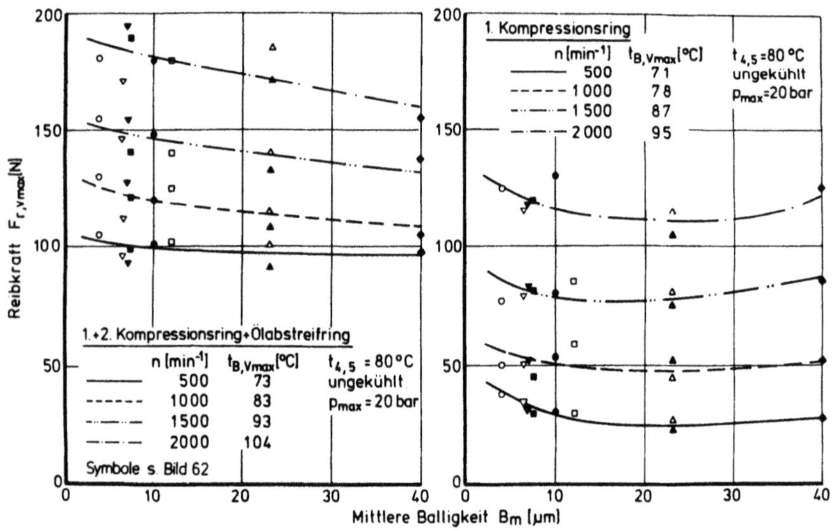

Bild 57 Der Einfluß der mittleren Balligkeit des Kompressionsringes auf die Reibkraft Fr,vmax im Gaswechseltakt

in der Kompressionsphase möglich. Neben den Vorteilen der geringen Balligkeit bei Gasdruckbelastung (Sqeeze-Effekt) überlagert sich der positive Einfluß hoher Balligkeiten im hydrodynamischen Bereich. Die im rechten Teil des Bildes dargestellten Werte für den Reibmitteldruck in der Gaswechselphase prND zeigen dagegen die gemäß der Theorie erwarteten Verläufe, mit steigender Balligkeit abnehmende Reibungsverluste. Dabei ist hier der Reibungsverlauf hyperbolisch über der Balligkeit aufgetragen, was eine gute Übereinstimmung der Meßwerte mit der Schmierungstheorie ergibt. In Analogie zu den Reibmitteldrücken der Gaswechselphase prND ist die Reibkraft im Bereich der maximalen Kolbengeschwindigkeit Frvmax von der Balligkeit abhängig. Für beide Bestückungen ist in Bild 57 die Darstellung erfolgt. Die Vergleichbarkeit zwischen Reibmitteldruck und Reibkraft ist sehr gut. Die Bestükkung mit einem Ring hat im Bereich Bm = 0,01 - 0,02 mm ein Minimum. Bei vollständiger Bestückung fallen die Reibkräfte mit steigender Balligkeit annähernd konstant ab. Hierbei ist der Ölfüllungsgrad am Kolbenschaft aufgrund des Ölabstreifringes kleiner als bei nur einem Kompressionsring.

Die Balligkeit des Laufflächenprofiles hat infolge der Verdrängungswirkung in den Totpunkten wesentlichen Einfluß auf die Reibkräfte. In Bild 58 und 59 sind die Werte bei vollständiger Bestückung über der Buchsentemperatur im Gaswechseltakt für den OT- und UT-Bereich wiedergegeben. Nur bei niedriger Drehzahl n = 500 1/min ist noch ein eindeutiger Reibkraftanstieg mit der Buchsentemperatur vorhanden. Mit steigender Drehzahl nimmt dieser Einfluß ab. Aufgrund der Kurbelkinematik ist die Beharrungsdauer im unteren Totpunkt größer als in OT, dadurch erklären sich die infolge der stärkeren Schmierfilmverdrängung höheren Reibungswerte in UT für alle Ringvarianten. Für den OT-Bereich ist mit steigender Balligkeit eine Zunahme der Reibkräfte klar gegeben. Ring F mit der kurzen Anlaufkante im Aufwärtshub weist die maximalen Reibungswerte auf. Der extrem ballige Ring I dagegen liegt unter den Werten des Ringes E, was aus seiner geringen Rauhigkeit und seiner hohen Verschleißfestigkeit, also einem geringeren Mischreibungswert resultiert. Im UT-Bereich sind die Verhältnisse ähnlich. Die Überschneidungen begründen sich im unterschiedlichen hydrodynamischen Verhalten der jeweiligen Ringe sowie in der Meßgenauigkeit von ca. +-5 N.

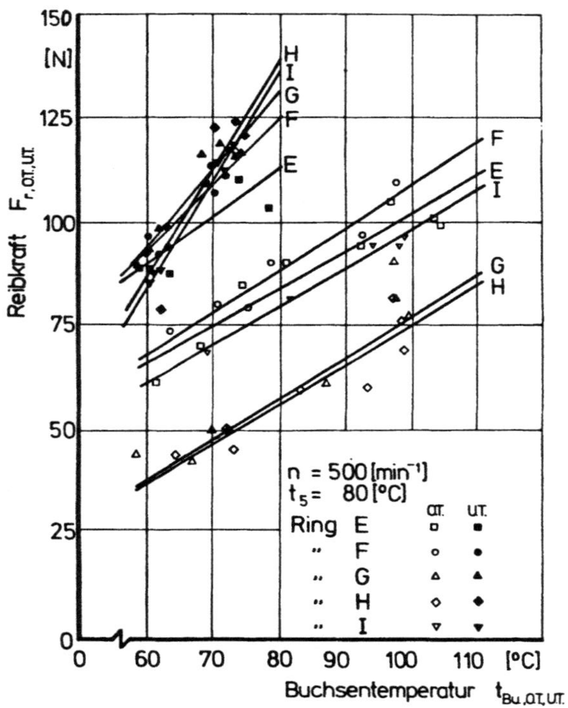

Bild 59 Der Einfluß der Ringform auf die Reibkräfte in den gasdrucklosen Totpunkten

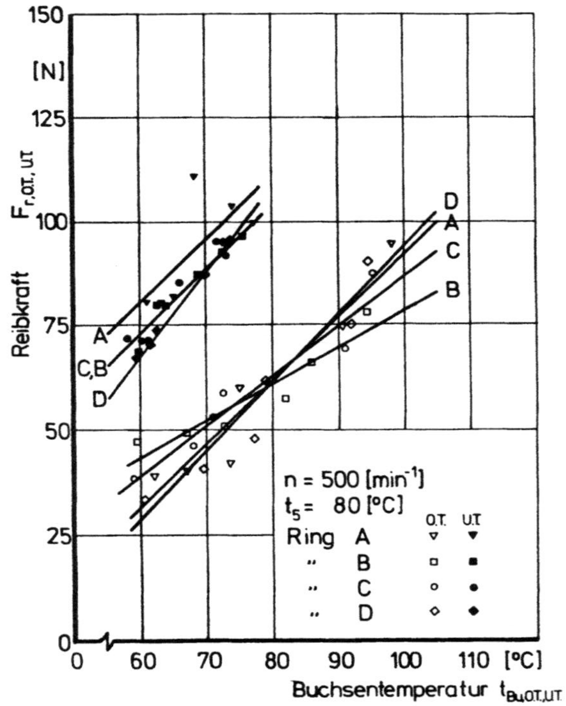

Bild 58 Der Einfluß der Ringform auf die Reibkräfte in den gasdrucklosen Totpunkten

Weiterhin ist zu berücksichtigen, daß die hier gewählte lineare Darstellung zwar die beste Korrelation der Meßwerte ergab aber ein überlagerter exponentieller Verlauf aus der Theorie zu erwarten ist.

Für den ungekühlten Betrieb wurden die Reibkräfte in GOT und UT für beide Bestückungen zum Vergleich aller Ringprofile näher untersucht. Für die vollständige Bestückung konnten Reibkraftspitzen bis Drehzahlen von n = 1500 1/min gemessen werden, sie fallen mit steigender Drehzahl von ca. Fr = 130 N auf Fr = 60 N im Mittel für GOT und UT. Der Einfluß der Balligkeit ist hier drehzahlabhängig. So nehmen die Reibkräfte bei n = 1500 1/min mit steigender Balligkeit i.a. leicht zu. Bei n = 1000 1/min ergibt sich keine eindeutige Abhängigkeit. Bei n = 500 1/min sinkt die Reibkraft mit zunehmender Balligkeit. Die Bestückung mit einem Kompressionsring zeigt nur bei n = 500 1/min auswertbare Reibkraftspitzen für Balligkeiten Bm > 0,01 mm. Sie nehmen mit der Balligkeit zu und erreichen Werte bis zu Fr = 30 N. Das Verhältnis der maximalen Reibkräfte zwischen den beiden Bestückungsfällen entspricht den Tangentialkräften der jeweiligen Ringe.
Sie betragen im Mittel:

1. Kompressionsring (A - I) FT1 = 26 N,
2. Ölring (NM) FT2 = 29 N,
3. Ölabstreifring (DSF) FT3 = 48 N.

Die Summe bei vollständiger Bestückung beträgt FTges = 103 N. Entsprechend Frges = 130 N ergib sich für den ersten Kompressionsring rechnerisch eine Reibkraft von ca. 32 N, was den gemessenen Werten entspricht. Durch Umrechnung der Tangentialkraft in eine gleichmäßige Anpreßkraft FP läßt sich die Pressung pm berechnen:

$$FP = p_m \cdot \pi \cdot d \cdot h = 2 \cdot \pi \cdot FT \qquad [19]$$

Dies führt zu einem Mischreibungsfaktor von μ = 0,16 für alle Ringe. Die niedrigen Reibkräfte der schwachballigen Kompressionsringe (Bm < 0,01 mm) für die Bestückung mit nur einem Ring sowie im Aufwärtshub der vollständigen Bestückung weisen auf einen ausgeprägten Squeeze-Effekt bei ausreichendem Ölangebot für diese Ringe hin. Die im Abwärtshub der vollständigen Bestückung vorliegenden hohen Reibkräfte der schwachballigen Ringe bei niedrigen Drehzahlen weisen auf einen verschlechterten Mischreibungszustand hin. Dieser wird durch den zweiten Ring verstärkt, der im Aufwärtshub ein zu geringes Ölangebot durch den ersten Ring erfährt. Dadurch wird die gesamte Ölversorgung des Ringpaketes gestört.

Die Untersuchung der Reibkräfte FrZOT bei pmax = 20 bar ergibt für die vollständige Bestückung die in den Bildern 60 und 61 aufgeführten Drehzahl- und Temperaturabhängigkeiten. Dabei sind die Reibkräfte für Drehzahlen n = 500-2500 1/min und den gekühlten und ungekühlten Zustand ausgewertet. Mit steigender Drehzahl sinken die Reibkräfte, wobei sie mit steigender Buchsentemperatur zunehmen. Mit zunehmender Balligkeit nehmen die Reibkräfte zu. Bei Drehzahlen größer 1500 1/min sind für den gekühlten Zustand bei den schwachballigen Ringe (A, B, C, D) keine Reibkraftspitzen im Umkehrpunkt mehr festzustellen. Die Reibkraftdifferenzen sind im beiden Temperaturbereichen mit ca. 300 - 350 N vorhanden. Für die Drehzahlen 1000 und 1500 1/min liegen im ungekühlten Bereich die Differenzen bei ca. 150 - 200 N. Der Temperatureinfluß ist bei allen Ringvarianten etwa gleich. Er nimmt mit der Drehzahl zu. Bei n = 500 1/min liegt der Reibkraftanstieg bei FrZOT/tBOT = 5 N/°C und steigt auf 15 N/°C bei n = 2500 1/min. Die Reibkraftunterschiede sind bezüglich des Balligkeitseinflusses unter Gasdruckbeaufschlagung deutlicher als im Gaswechseltakt. Es zeigt sich hier im ungefeuerten Betrieb schon der starke Temperatureinfluß, der im ungekühlten Betrieb zu einer Reibkrafterhöhung und somit zu erhöhten Verschleiß gegenüber dem gekühlten Betrieb führt.

In Bild 62 sind zum Vergleich der schwachballige Ring B und der stark ballige Ring E über der Buchsentemperatur für den gesamten Drehzahlbereich aufgetragen. Die Ausgleichsgeraden des jeweiligen Kühlungsbetriebes erklären die unterschiedlichen Abhängigkeiten und markieren die jeweils kritische Buchsentemperatur. Dabei weisen die stark balligen Ringe eine niedrigere kritische Temperatur tBOT* auf. Für den Ring E liegt sie bei ca 95 °C und für den Ring B etwa bei 115 °C. Der Balligkeitseinfluß auf die Reibkräfte im Kompressionstotpunkt FrZOT ist im Bild 63 für die vollständige Bestückung und in Bild 64 für den ersten Kompressionsring dargestellt. Bei der vollständigen Bestückung wird nochmals der starke Temperatur- und Drehzahleinfluß deutlicht.

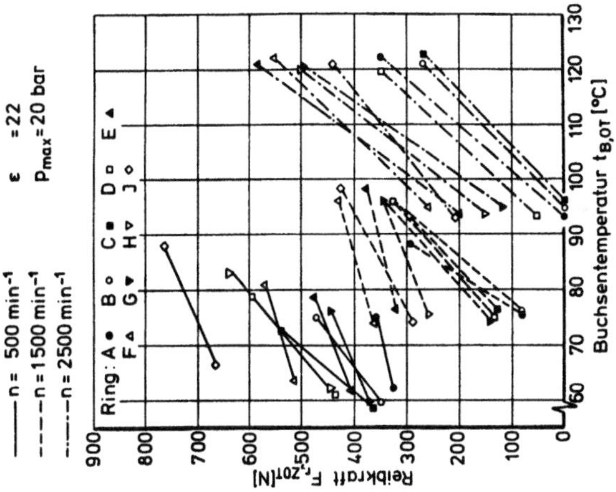

Bild 60 Die Reibkräfte Fr,ZOT für verschiedene Profile über der Buchsentemperatur tB,OT

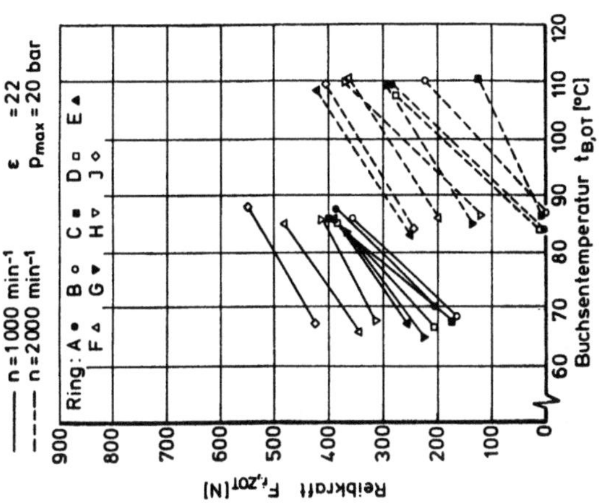

Bild 61 Die Reibkräfte Fr,ZOT für verschiedene Profile über der Buchsentemperatur tB,OT

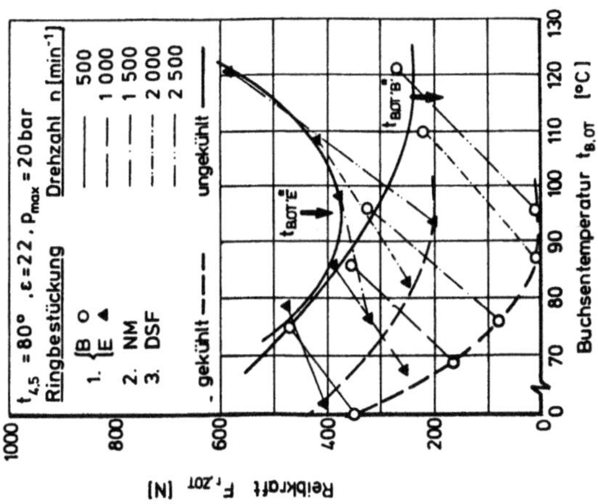

Bild 62 Die kritische Buchsentemperatur tB,OT* für verschiedene Ringprofile

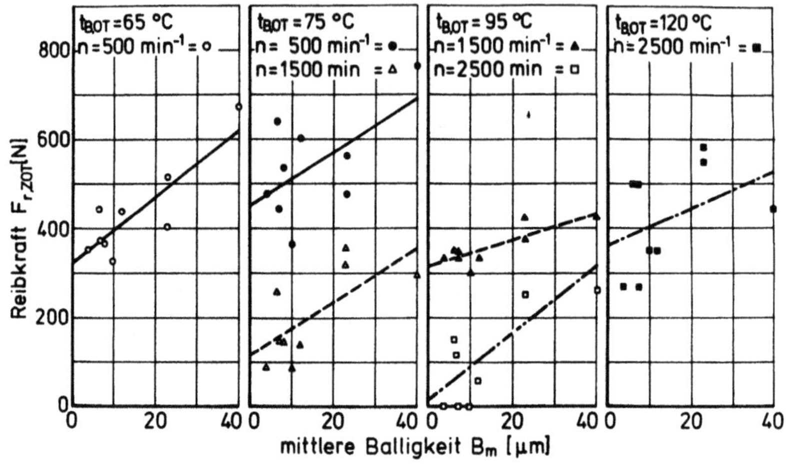

Bild 63 Die Abhängigkeit der Reibkraft Fr,ZOT bei pmax = 20 bar über der mittleren Balligkeit bei serienmäßiger Bestückung

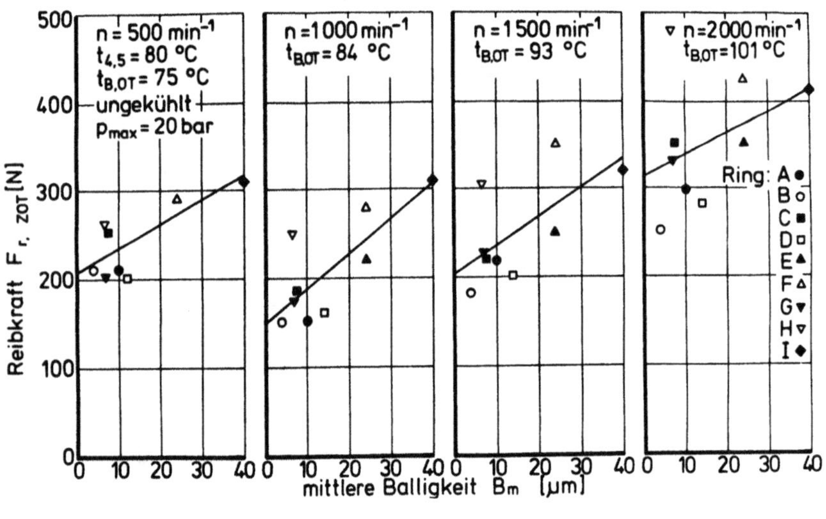

Bild 64 Die Reibkraft Fr,ZOT für verschiedene Ringprofile über der mittleren Balligkeit ohne zweiten und dritten Ring

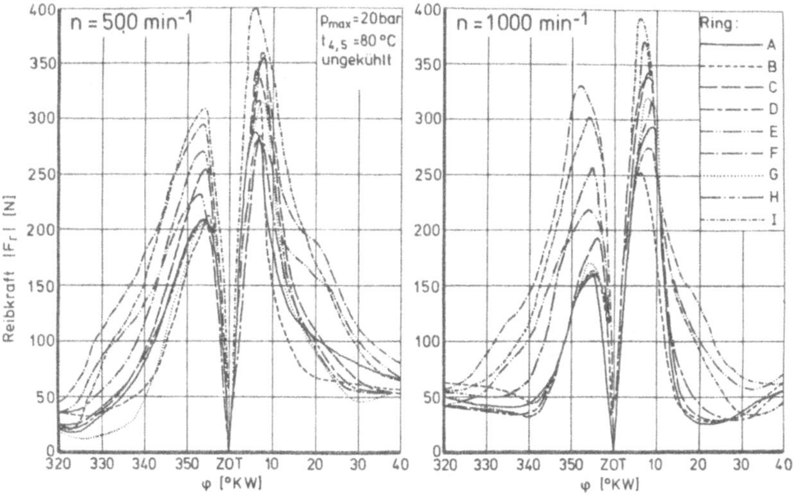

Bild 65 Die Reibkraftverläufe verschiedener Ringprofile bei Bestückung mit nur dem ersten Kompressionsring

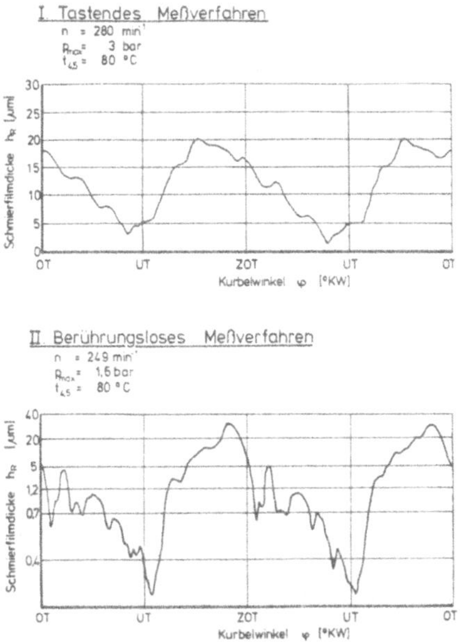

Bild 66 Vergleich der Schmierfilmdicken-Meßverfahren

Trotz der vorliegenden Streuung der Meßwerte konnte anhand der Gesamtheit eine Linearisierung als Mittelwertbildung zugrundegelegt werden. Die oben genannten Differenzen für die unterschiedlichen Ringbestückungen von ca. 150 bis 350 N in der Reibkraft finden sich hier als Anstieg über der mittleren Balligkeit von Bm = 0 - 0,04 mm wieder.

Der ungekühlte Betrieb mit nur dem ersten Kompressionsring führt trotz des hohen Ölangebotes bei Drehzahlerhöhung zum Reibkraftanstieg. Das Reibkraftniveau liegt im Drehzahlbereich von n = 500 - 1000 1/min und vergleichbaren Buchsentemperaturen bei 50 % der vollständigen Bestückung. Bei weiterer Drehzahlerhöhung (n = 1500 - 2000 1/min) sinkt die Differenz auf ca. 100 N.

Neben den Absolutwerten im Kompressionstotpunkt ist die Ausbildung des Mischreibungsbereiches bei den unterschiedlichen Ringvarianten von Bedeutung. In Bild 65 ist für zwei Drehzahlen bei gleicher Gasdruckbelastung der Reibkraftverlauf im Kurbelwinkelbereich von 320 bis 40 °KW für die Bestückung mit dem ersten Kompressionsring aufgetragen. Zunächst fällt der Unterschied der Reibkraftspitzen vor und nach OT auf. Durch die zunehmende Schmierfilmverdrängung im Bereich geringster Kolbengeschwindigkeiten steigt die Reibkraft nach OT um ca. 100 bis z.T. 300 N an. Die geringeren Anstiege sind bei stark balligen Ringen gegeben, die schon vor OT geringe Schmierfilmdicken infolge starker Verdrängung und somit hohe Mischreibungskräfte aufweisen.

Der Mischreibungsbeginn ist für n = 500 1/min bei 320 °KW für fast alle Profilvarianten gegeben. Die Gleitgeschwindigkeit beträgt dabei 2,5 m/s und der Gasdruck 7 bar. Die schwachballigen Ringe B und G weisen einen Anstieg der Reibkräfte erst 10 bis 15 °KW später auf, bei vK = 2 m/s und p = 9,5 bar. Je stärker die Balligkeit (E, F, I) ist, desto steiler ist der erste Reibkraftanstieg. Dementsprechend fallen die Reibkraftspitzen mit steigender Balligkeit höher aus. Eine Ausnahme bildet hier der Ring H mit metallkeramischer Beschichtung, der einen starken Laufflächenverschleiß am Ringstoß aufweist und auch bei anderen Darstellungen schon durch hohe Reibkräfte auffiel. Der Ring E dagegen hat trotz frühen Reibkraftanstieges eine relativ geringe Reibkraftspitze. Die Verringerung des Reibkraftanstieges für die stark balligen Ringe E, F und I bei ca. 330 °KW fällt mit der Zunahme des Traganteils an der Zylinderbuchse infolge des Zwickelverschleißes zusammen. Besonders der Ring E weist bei geringen effektiven Pressungen einen niedrigen Reibfaktor auf. Im Abwärtshub haben die starkballigen Ringe (E, F, I) wiederum einen größeren Mischreibungsbereich, der bis ca. 40 °KW nach OT reicht. Dabei ist der Auslauf aus dem Zwickelbereich durch eine Verzögerung des Reibkraftabfalles bei ca.20 °KW deutlich. Der Mischreibungsbereich der anderen Ringe reicht bis 30 °KW nach OT bei einer Gleitgeschwindigkeit von 2 m/s.

Bei steigender Drehzahl nehmen die Unterschiede in OT zu. Die starkballigen Ringe (E, F, I) weisen wieder einen steilen Mischreibungsbeginn bei ca. 330 °KW auf, der Gasdruck beträgt dabei wiederum 7 bar, dahingegen ist die Gleitgeschwindigkeit mit 5 m/s doppelt so groß wie im vorigen Beispiel. Der Reibkraftanstieg der Ringe mit niedriger Balligkeit ist eindeutig nach 340 °KW gelegen. Hier ist die Gleitgeschwindigkeit ca. 2,5 m/s und der Gasdruck auf 13,5 bar angestiegen. Die Ringe E und H weisen ähnliches Verhalten wie bei n = 500 1/min auf. die Reibkraftspitzen vor OT der Ringe B, C, D und G liegen dicht beieinander und sind gegenüber denen der stark balligen Ringe deutlich geringer. Nach OT liegen die Reibkräfte in der ähnlichen Größenordnung wie bei der niedrigen Drehzahl. Der Mischreibungsbereich der stark balligen Ringe (E,F,I) reicht bis 30 °KW nach OT. Das Mischreibungsende der anderen Profile liegt bei etwa 20 °KW nach OT. Der Zwickelbereich ist im Reibkraftverlauf der stark balligen Ringe wiederzuerkennen.

Das heißt, daß die Mischreibungsbedingungen bei hohen Drehzahlen vom Laufflächenprofil des Kompressionsringes abhängig sind. Mit zunehmender Balligkeit beginnt aufgrund der stärkeren Verdrängung der Mischreibungsbereich früher und endet später. Die maximalen Reibkräfte steigen dabei an, was bei gleicher Belastung auf einen größeren Reibungsfaktor zurückzuführen ist. Diese Reibungserhöhung ist durch die größere Pressung bei starker Balligkeit oder aber auf Kantenpressung bei getwisteten schwachballige Ringen zu erklären (s.a. Kap. 7.3.2.6.). Der Ringverschleiß tritt in dem vorab beschriebenen Mischreibungsbereich auf und die im Kap. 8. aufgeführten Verschleißbilder belegen, daß die Ringe mit hohen Reibkräften auch relativ großen Verschleiß aufweisen.

7.2. ERGEBNISDISKUSSION

Die Reibkraftuntersuchungen ergaben die im folgenden aufgeführten Ergebnisse:

1. Die von außen dem tribologischen System "Kolben-Ring-Zylinder" zusätzlich zugeführte Schmiermittelmenge hat oberhalb einer kritischen Mindestmenge keinen meßbaren Einfluß auf die Reibungsverhältnisse.
2. Das Schmiermittelangebot innerhalb der Ringpartie wird von den Betriebsbedingungen am Kolbenschaft stark beeinflußt.
3. Die Öleintrittstemperatur hat keinen direkten Einfluß auf die Reibungsverluste. Sie kann das allgemeine Temperaturniveau geringfügig beeinflussen.
4. Die Buchsentemperatur ist der wesentliche Einflußparameter.
5. Die Buchsentemperatur wird von der Drehzahl und dem Kompressionsdruckverlauf beeinflußt und stellt sich je nach der Kühlung ein.
6. Mit steigender Buchsentemperatur sinkt der Reibmitteldruck. Die Reibkräfte in den Mischreibungsbereichen nehmen etwa linear zu und damit auch der zu erwartende Verschleiß.
7. Die Ölversorgung der Ringpartie verschlechtert sich mit Erhöhung des Temperaturniveaus infolge der verringerter Betriebsspiele am Kolbenschaft und verbessert sich durch die Viskositätsabsenkung des Schmiermittels. Dadurch kann mit steigender Buchsentemperatur auch eine Reibmitteldruckzunahme erfolgen.
8. Die Buchsentemperatur wird durch das Profil des ersten Kompressionsringes und noch stärker durch die Lage des obersten Ringes bestimmt.
9. Aufgrund der Buchsentemperaturen lassen sich Rückschlüsse auf die Schmierfilmdicke ziehen.
10. Mit steigender Kolbengeschwindigkeit nehmen die hydrodynamischen Reibkräfte zu, wobei ein großer Anteil dem Kolbenhemd zuzuordnen ist. Die Reibkraft steigt dabei etwa linear an.
11. Die Mischreibungskräfte sinken bei Drehzahlerhöhung, sofern die Schmiermittelversorgung an den Ringen ausreichend ist.
12. Der Gasdruckeinfluß ist bei reiner Kompression auf einen kleinen Hubbereich beschränkt, in dem er bei

niedrigen Gleitgeschwindigkeiten zu einer degressiven Reibkrafterhöhung führt.

13. Mit steigendem Gasdruck ist nur ein geringer Reibmitteldruckanstieg meßbar.
14. Die Normalkraft hat aufgrund des großen Kolbenreibungsanteils einen starken Einfluß auf die hydrodynamischen Reibkräfte und somit auf die Reibungsverluste. Dabei ist zu berücksichtigen, daß die Normalkräfte der Kompressionsphase kleiner als im Gaswechseltakt sein können.
15. Die Ringanzahl bestimmt über die Summe der Ringvorspannungen zusätzlich mit den Gaskräften die Reibkräfte in den Mischreibungsgebieten.
16. Die Reibmitteldruckdifferenz zwischen den Varianten der Ringanzahl bleit über der Drehzahl etwa konstant. Es findet eine überlagerte Beeinflussung durch die sich jeweils einstellende Buchsentemperatur statt.
17. Die Laufflächenbeschichtung der Kolbenringe hat nur bezüglich ihres Verschleißverhaltens (s.a. Kapitel 8.) im Mischreibungsbereich Einfluß auf die Reibkräfte. Dies konnte insbesondere bei starkballigen Ringen nachgewiesen werden.
18. Rauhigkeitseinflüsse wurden nur für die Traganteile an der Zylinderbuchse im Zwickelbereich bestätigt.
19. Ein Einfluß unterschiedlicher Drucksteigerungsraten war auch im gefeuerten Betrieb nicht feststellbar.
20. Die Balligkeit des ersten Kompressionsringes hat gegensätzliche Einflüsse bei der Mischreibung und bei der hydrodynamischen Reibung.
21. Die Mischreibungskräfte steigen eindeutig mit der Balligkeit an. In kritischen Betriebspunkten mit Mangelschmierung reagieren die stark balligen Ringe früher.
22. Die Größe der Mischreibungsbereiche ist bei den schwachballigen Ringen geschwindigkeitsabhängig. Bei den starkballigen Ringen orientieren sich die Mischreibungsgrenzen mehr an der Gasdruckbelastung.
23. Das Laufflächenprofil bestimmt durch die Schmierfilmdicke den Wärmedurchgang zur Zylinderbuchse und damit die Schmierfilmtemperatur.
24. Bei niedrigen Drehzahlen steigt der Reibmitteldruck mit der Balligkeit. Bei hohen Drehzahlen sinken die Reibungsverluste mit zunehmender Balligkeit.

7.3. DIE SCHMIERFILMDICKENMESSUNG AM ERSTEN KOMPRESSIONSRING

Zur Bestätigung der rechnerisch ermittelten Schmierfilmdikken am ersten Kompressionsring wurden diese unter motornahen Betriebsbedingungen an Ringen unterschiedlicher Balligkeit (A, B, E) gemessen. Zur Untersuchung wurden verschiedene Meßverfahren (Kap. 4.3.3.4.) eingesetzt. Der in Bild 66 wiedergegebene Vergleich der Meßverfahren zeigt zwar die gute Übereinstimmung der Meßwerte für die neuwertigen Versuchsaufbauten. Der Meßaufbau mit berührungslosen, kapazitiven Aufnehmern im Kolbenring wies neben höheren Standzeiten und besserer Reproduzierbarkeit realistische Schmierfilmdicken auf. Es werden daher nur die mit dem berührungslosen Meßverfahren ermittelten Ergebnisse zur weiteren Analyse des Reibungsverhaltens wiedergegeben. Ein direkter Vergleich zwischen der Schmierfilmdicke und der Reibkraft ist damit möglich.

7.3.1. DIE VERSUCHSDURCHFÜHRUNG

In den Versuchsläufen wurden die Parameter:

Drehzahl	:	n = 250 - 1500 1/min,
Gasdruck	:	pmax = 1 - 20 bar,
Buchsentemperatur	:	ungekühlt - max. gekühlt,
mittlere Balligkeit	:	Bm = 0,004 - o,o24 mm

variiert sowie die vollständige Ringbestückung und die Bestückung mit nur dem ersten Kompressionsring eingesetzt. Ein thermischer Beharrungszustand mußte nicht eingehalten werden, da Buchsen- und Kolbentemperaturen sowie Schmierfilmdicken und Reibkräfte zeitgleich festgehalten werden konnten. Vor dem Versuchslauf wurden die jeweiligen Bestückungen längere Zeit bei niedriger Drehzahl und Gasdruckbelastung einem Einlauf unterzogen. Er galt als abgeschlossen, wenn sich die Meßwerte nicht mehr änderten. Der Meßaufbau wurde mehrfach kalibriert, um die mögliche zeitliche Veränderung durch Verschleiß zu kompensieren. Die dabei festgestellten Abweichüngen waren gering und konnten vernachlässigt werden.

7.3.2. EINFLÜSSE AUF DIE SCHMIERFILMDICKE

Die Schmierfilmdicke an Kolbenringen wird durch die Drehzahl, bzw. die Kolbengeschwindigkeit, den Gasdruck, die Schmierfilmviskosität und das Laufflächenprofil beeinflußt. Der Fall des Schmiermittelmangels wurde vermieden. Dargestellt werden Schmierfilmverläufe hR auf der Druck- und Gegendruckseite sowie einzelne Mittelwerte, wie z.B. maximale Dicken hRmax, Schmierfilmhöhe bei maximaler Gleitgeschwindigkeit hRvmax oder die mittlere Schmierfilmdicke über 4 Takte hR. Bei den Darstellungen ist auf den z.T. nichtlinearen Maßstab der Schmierfilmdicke zu achten, besonders bei den Verläufen über dem Kurbelwinkel. Eine elektronische Linearisierung war nicht möglich und das Umzeichnen von Hand hätte den realen, z.T. sprunghaften Verlauf nicht so eindrucksvoll wiedergegeben. Einen guten Überblick über die Beeinflussung der Schmierfilmdicke geben die Bilder 67 und 68 für die serienmäßige Ringbestückung. Über den Hub sind die Buchsentemperatur, der Gasdruck, die Schmierfilmdicke und die Reibkraft aufgetragen. Dabei ist zu beachten, daß die Reibkraft durch die drei Ringe gemäß Bild 17 und den Kolben verursacht wird. Es ist deutlich ein Zusammenhang zwischen der Schmierfilmdicke am ersten Kompressionsring und den Reibkräften zu erkennen. Dies zeigt sich ohne Gasdruckbelastung besonders in den Totpunktlagen. Wobei sich die in Kapitel 7.1.11. aufgeführten hohen Reibkräfte in UT gegenüber GOT (Bild 58 und 59) und deren Erklärung durch die Beharrungsdauer und die damit verbundene Schmierfilmverdrängung bestätigen. Ebenso wird die Richtigkeit früherer Reibkraftmessungen bewiesen, die gegenüber anderen Darstellungen aus der Literatur von einem "idealen, sinusförmigen Verlauf" z.T. durch überlagerte Schwingungen abwichen. Ebensolche Schmierfilmverläufe finden sich auch im Bild 68 bei Gasdruckbelastung wieder. Sie korrespondieren mit den Reibkräften.

7.3.2.1. DIE KOLBENGESCHWINDIGKEIT

Der Einfluß der Kolbengeschwindigkeit ist in Bild 69 für die über 4 Takte gemittelte maximale Schmierfilmdicke verdeutlicht. Im Mittel zeigen alle drei Ringe (A, B, E) mit der Drehzahl steigende maximale Schmierfilmdicken hRmax. Die Buchsentemperaturen liegen bei der niedrigen Belastung für den gekühlten Betrieb auf gleichem Niveau. Für Ring A ist die Abhängigkeit linear. Die Ringe B und E weisen hier, wie auch weiterhin, i.a. geringere Werte auf. In Bild 70 sind zum Vergleich die Schmierfilmdicken hR für die serienmäßige Bestückung bei unterschiedlichen Kompressionsdrücken gegenüber-

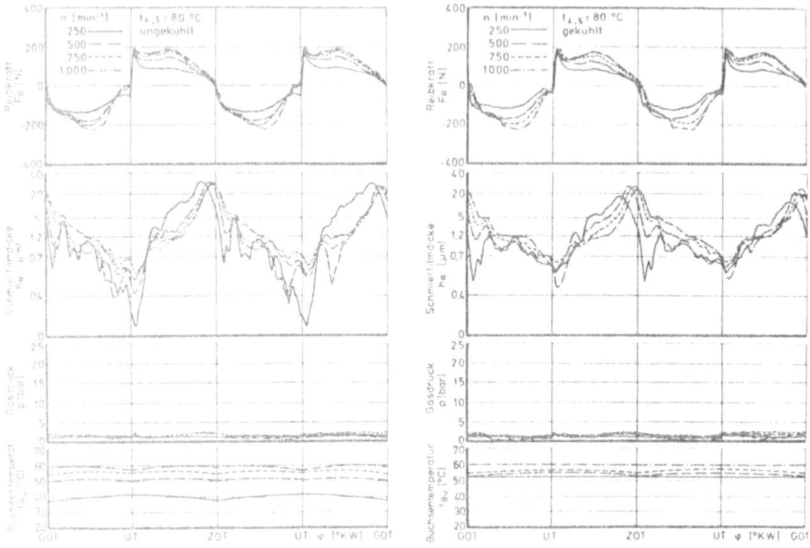

Bild 67 Reibkraft und Schmierfilmdicke bei serienmäßiger Bestückung

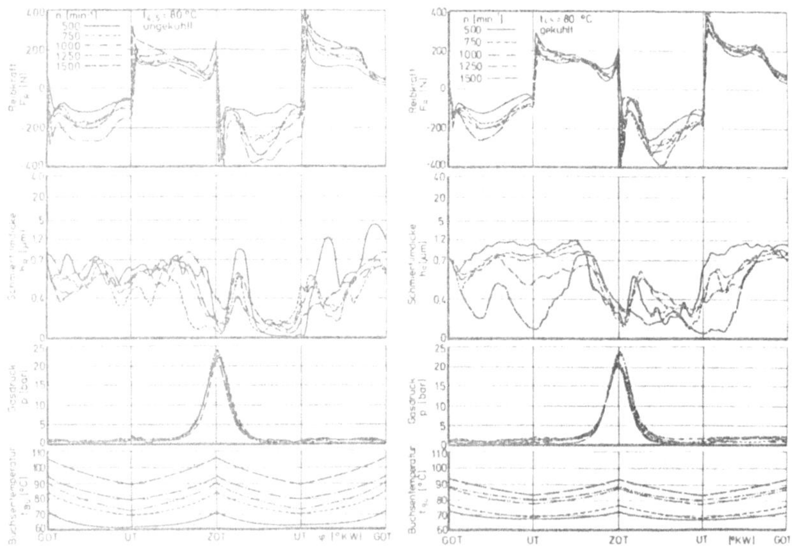

Bild 68 Reibkraft und Schmierfilmdicke bei serienmäßiger Bestückung

gestellt. Bei niedriger Last (pmax = 1 bar) steigt hR mit der Drehzahl. Bei pmax = 21 bar ist keine Drehzahlabhängigkeit festzustellen. Die Temperaturdifferenz zwischen den beiden Belastungsfällen beträgt ca. 15 °C.

Die Untersuchung der über 4 Takte gemittelten Schmierfilmdicken hRvmax bei maximaler Kolbengeschwindigkeit zeigt für die jeweiligen Ringe stark differierende Abhängigkeiten von der Drehzahl, der Last und der Buchsentemperatur. Während für die Ringe B und E mit der Drehzahl ansteigende und mit steigender Gasdruckbelastung und Buchsentemperatur abfallende Werte sich durch Ausgleichgeraden darstellen lassen, ist für die bei Ring A ermittelten Schmierfilmdicken keine klare Zuordnung möglich, wenn auch ein Anstieg mit der Drehzahl erkennbar ist. Die maximalen Schmierfilmdicken hRmax liegen zeitlich immer nach der maximalen Kolbengeschwindigkeit vmax und sind dabei immer größer als diese Werte hRvmax. Für den kompressionslosen, ungekühlten Betrieb stellt sich die über 4 Takte gemittelte Schmierfilmdicke hRvmax für die einzelnen Ringe noch differenzierter dar (Bild 71). Der Ring A hat hierbei noch eindeutig mit der Drehzahl ansteigende Schmierfilmdicken, ebenso der Ring B, nur weist er geringere Werte auf. Der Ring E dagegen zeigt im diesem Fall keinen erkennbaren Anstieg mit der Drehzahl mehr auf. Die Mischreibungsbereiche mit Schmierfilmdicken Null nehmen mit steigender Drehzahl für alle Ringe ab. Je nach Ringprofil liegen Drehzahlen vor, oberhalb derer eine vollständige Trennung der Reibpartner in den Umkehrpunkten stattfindet. Dies gilt auch bei Gasdruckbelastung.

Auslaufversuche, wie in Bild 72 für die Serienbestückung dargestellt, belegen, den totalen Schmierfilmzusammenbruch unterhalb der Drehzahl von n = 50 1/min für den untersuchten Last- und Temperaturbereich. Diese Grenze verschiebt sich mit steigendem Gasdruck und höherer Buchsentemperatur (gefeuerter Betrieb) zu höheren Drehzahlen. Die über den Hub gemittelte Schmierfilmdicke hR sollte sich entsprechend dem Einfluß in der Reibmitteldruckabhängigkeit widerspiegeln. In Bild 73 sind die ermittelten Werte für die Serienbestückung über der mittleren Buchsentemperatur aufgetragen. Bei niedriger Druckbelastung steigen die Mittelwerte geringfügig mit der Drehzahl an. Das Temperaturniveau verschiebt sich dabei von tBum = 40 - 60 °C mit der Drehzahl. Dies hat prinzipiell einen,

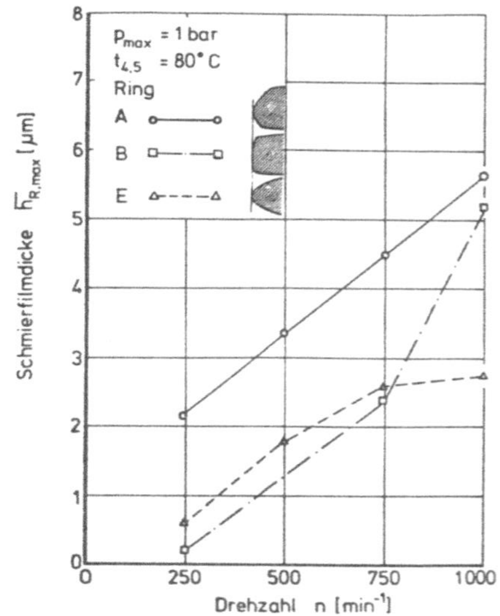

Bild 69 Die über 4 Takte gemittelte maximale Schmierfilmdicke über der Drehzahl

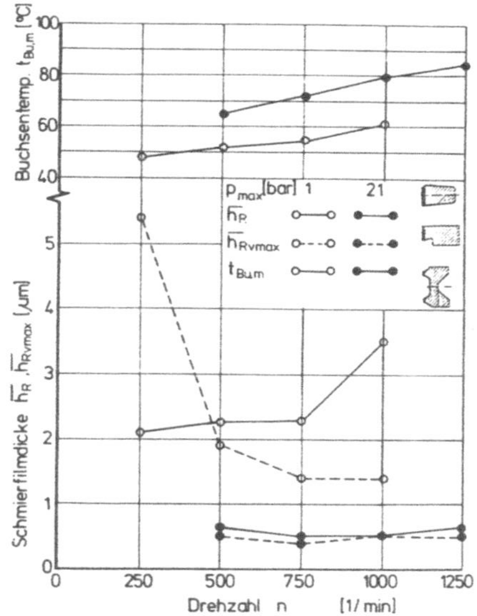

Bild 70 Die Schmierfilmdicke der Serienbestückung über 4 Takte gemittelt

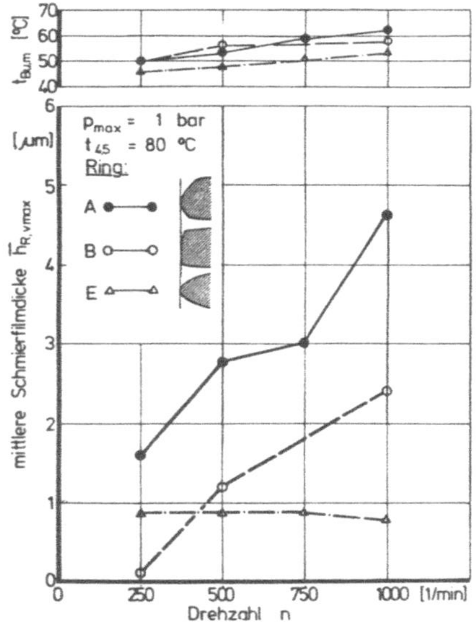

Bild 71 Vergleich der über 4 Takte gemittelten Schmierfilmdicken bei maximaler Geschwindigkeit

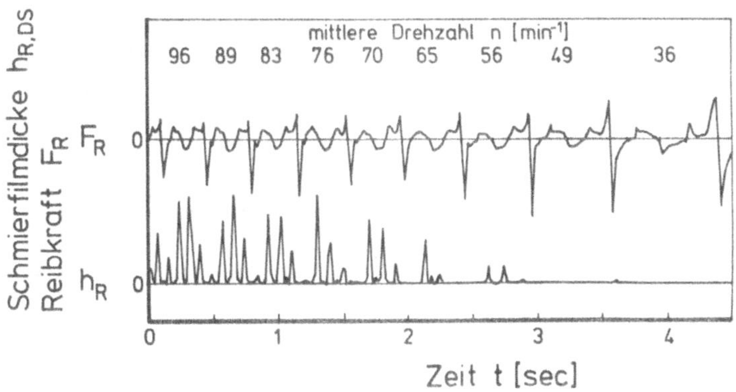

Bild 72 Auslaufversuch, pmax = 20 bar, tBu,m = 63 °C

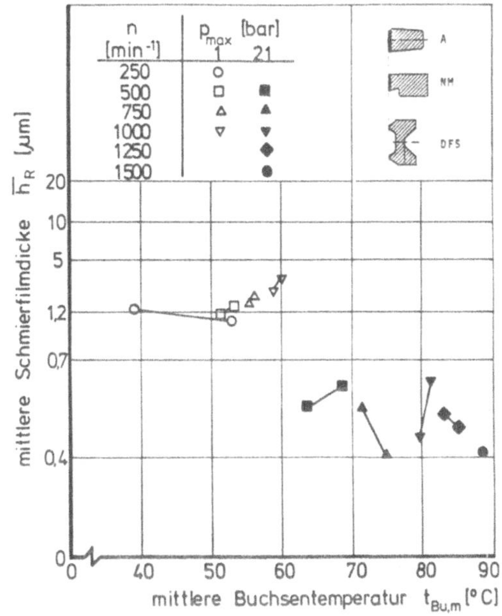

Bild 73 Die mittlere Schmierfilmdicke über 4 Takte der Serienbestückung

den Schmierfilm verringernden Einfluß, so daß die Schmierfilmzunahme mit der Drehzahl bei konstanter Buchsentemperatur höher als hier dargestellt ausfällt. Mit zunehmenden Kompressionsdruck sinken die Schmierfilmdicken bei wiederum höheren Buchsentemperaturen. Die Absolutwerte steigen im unbelasteten Zustand von $\overline{hR}$ = 0,0012 mm bei n = 250 1/min auf ca. 0,003 mm bei n = 1000 1/min. Bei Belastung mit Kompressionsenddrücken pmax = 21 bar sinkt die mittlere Schmierfilmdicke erheblich ab. Die Werte liegen bei ca. 0,0005 mm wobei selbst bei n = 1500 1/min keine Änderung feststellbar ist. Diese geringen Änderungen bei serienmäßiger Bestückung lassen den Schluß zu, daß der Reibmitteldruck pr im wesentlichen von der Gleitgeschwindigkeit bestimmt wird.

Die weitere Analyse der Schmierfilmdicke führt zur Untersuchung der einzelnen Takte. In Bild 74 sind für die serienmäßige Bestückung die Schmierfilmdicken hRvmax bei maximaler Kolbengeschwindigkeit als Mittelwerte aus der Druck- und Gegendruckseite wiedergegeben. Es können folgende Aussagen aus dieser Darstellung gewonnen werden:

1. Im Abwärtshub sind die über Druck- und Gegendruckseite gemittelten Schmierfilmdicken hRvmax i.a. geringer als im Aufwärtshub.
2. Im Abwärtshub nehmen die Werte ohne Gasdruckbelastung mit steigender Drehzahl zu, im Aufwärtshub dagegen ab. Bei pmax = 21 bar ist keine eindeutige Zu- oder Abnahme festzustellen.
3. Bei Kompressionsdruck pmax > 1 bar sind die geringsten Schmierfilmdicken in der Expansionsphase vorhanden.
4. Im darauf folgenden Aufwärtshub (Ausschieben) stabilisiert sich der Schmierfilm hRvmax schon wieder.
5. Die maximalen Schmierfilmdicken hRvmax liegen in der Kompressionsphase vor.
6. Die starke Verringerung der mittleren Schmierfilmdicke mit Lastzunahme ist im wesentlichen durch den Expansionstakt mit seinen Minimalwerten bedingt.
7. Die Meßwertstreuung ist bei Gasdruckbelastung groß.
8. Für den gekühlten und ungekühlten Betrieb läßt sich keine eindeutige Temperaturabhängigkeit feststellen.
9. Im Gegensatz zu den einzelnen Ringen ist der Unterschied zwischen Druck- und Gegendruckseite bei der serienmäßgen Bestückung gering.

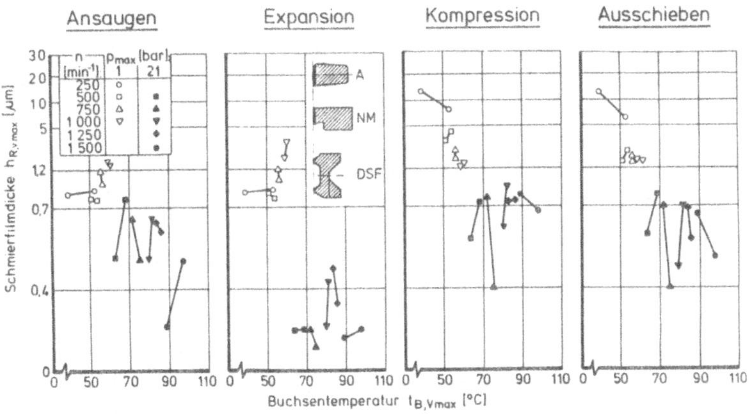

Bild 74 Die Schmierfilmdicke hr,vmax der Serienbestückung

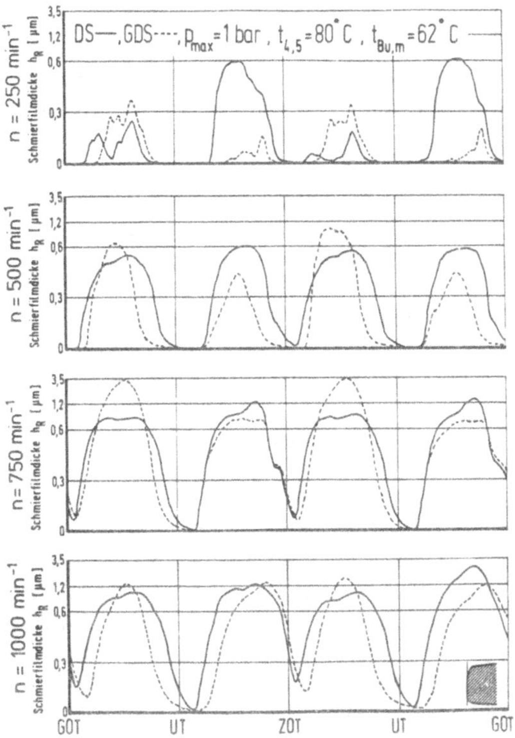

Bild 75 Schmierfilmdickenverläufe am Ring B

Am Beispiel des Ringes B soll für den unbelasteten Fall gemäß Bild 75 gezeigt werden, wie die Schmierfilmverläufe von der Kolbengeschwindigkeit abhängen. Es sind dabei die Werte auf der Druck- und Gegendruckseite für verschiedene Drehzahlen n = 250 - 1000 1/min bei konstantgehaltener Buchsentemperatur tBum = 62 °C wiedergegeben. Die Schmierfilmdicke hR nimmt mit der Drehzahl zu, die Mischreibungsbereiche nehmen dabei eindeutig ab. Auffallend ist dabei das unterschiedliche Verhalten der beiden Anlageseiten. Die Druckseite weist im Aufwärtshub und die Gegendruckseite dementsprechend im Abwärtshub die jeweils maximalen Schmierfilmdicken auf. Die Druckseite hat in etwa Hubmitte einen ausgeprägten Sattelpunkt. Die Gegendruckseite weist i.a. höhere Mischreibungsanteile auf. Diese Verhältnisse sind im besonderen für Ring B gegeben (s.a. Kap. 7.3.2.6.).

Für die Bestückung mit nur dem Ring A (erster Kompressionsring der Serienbestückung) ist die Schmierfilmdicke hRvmax für die Druck- und Gegendruckseite bei pmax = 21 bar über der mittleren Buchsentemperatur in Bild 76 wiedergegeben. Ähnlich wie bei der vollständigen Bestückung sind die Werte im Aufwärtshub größer als im Abwärtshub. Und zwar gilt dies für die Druck- wie auch Gegendruckseite. Die Absolutwerte liegen dabei i.a. über 1 μm, während die der vollständigen Bestückung bei etwa gleichen Temperaturen darunter lagen. Die Werte der Druckseite sind dabei immer geringer als auf der Gegendruckseite. Für beide Anlageseiten gilt, daß im Aufwärtshub die Schmierfilme größer sind als im Abwärtshub. Somit ist ein Einfluß der Kolbensekundärbewegung auch für die vollständige Bestückung auszuschließen. Die Differenz zwischen DS und GDS läßt sich durch die schlechtere Ölversorgung der Druckseite erklären. Die Unterschiede im Auf- und Abwärtshub sind durch das Laufflächenprofil des Ringes A gegeben. Im Aufwärtshub ist die lange Anlaufseite wirksam. Das vorliegende Schmierfilmangebot wurde im Abwärtshub zurückgelassen (s.a. Kap. 9). Im Abwärtshub ist die kürzere Anlaufseite mit einer scharfen Kante (Stahlkammerung) wirksam. Das Schmierfilmangebot wird zusätzlich vom vorlaufenden 2. Kompressionsring (NM) durch seine abstreifende Wirkung stark begrenzt. Dadurch kann für den ersten Kompressionsring ein ungenügendes Ölangebot im Abwärtshub vorliegen. Diese Aussage deckt sich mit den von Todsen /128/ ermittelten Ergebnissen am Modellgleiter sowie seinen Berechnungen für unterschiedliche Ringbestückungen.

Zum Vergleich der Ringprofile A, B und E ist in Bild 77 die maximale Schmierfilmdicke auf der Druck- und Gegendruckseite bei pmax = 1 bar über der Buchsentemperatur für unterschiedliche Drehzahlen aufgetragen. Es wurde nur der erste Kompressionsring eingesetzt, um eine ausreichende Ölversorgung für alle Varianten sicherzustellen. Der Ring A weist im Aufwärshub ähnliche Verhältnisse wie bei pmax = 21 bar auf. Im Abwärtshub sind die Werte der Druckseite auch gleich, dagegen aber auf der Gegendruckseite viel geringer. Die Schmierfilme sind in der Summe (DS und GDS) wieder im Aufwärtshub größer als im Abwärtshub.

Der scheinbare Einfluß der translatorischen Kolbensekundärbewegung kann für den schwachballigen Ring B nicht bestätigt werden. Hier findet eine völlige Umkehr der Verhältnisse DS-GDS gegenüber dem Ring A statt. Bei Ring B sind die Schmierfilmdicken im Aufwärtshub kleiner als im Abwärtshub. Mit steigender Drehzahl nähert sich das mittlere Schmierfilmniveau dem des Ringes A.

Für den starkballigen Ring E sind die Unterschiede für die Druck- und Gegendruckseite gering. Im Aufwärtshub sind die Schmierfilmstärken wie bei Ring A größer als im Abwärtshub. Das Schmierfilmniveau des Ringes E liegt entgegen der Erwartung ca. 50 % unter dem des Ringes A.

Aus dieser Darstellung läßt sich ableiten, daß die Kolbensekundärbewegung (Quer- und Kippbewegung) für den mittleren Hubbereich keinen wesentlichen Einfluß auf die Schmierfilmausbildung hat. Die Unterschiede für die Druck- und Gegendruckseite werden in Kapitel 7.3.2.6. durch unterschiedliches Twisten erklärt.

7.3.2.2. DER GASDRUCK

Wie schon in den vorhergehenden Kapiteln deutlich wurde, wirkt der Gasdruck in besonderem Maße auf die Schmierfilmausbildung. Neben der allgemein feststellbaren Schmierfilmverringerung infolge der Temperaturerhöhung mit steigendem Gasdruck, treten in der Expansionsphase die geringsten Schmierfilmdicken auf. Zum Teil tritt ein völliger Schmierfilmzusammenbruch auf. Im anschließenden Aufwärtshub verbessern sich die Schmierungsbedingungen schnell.

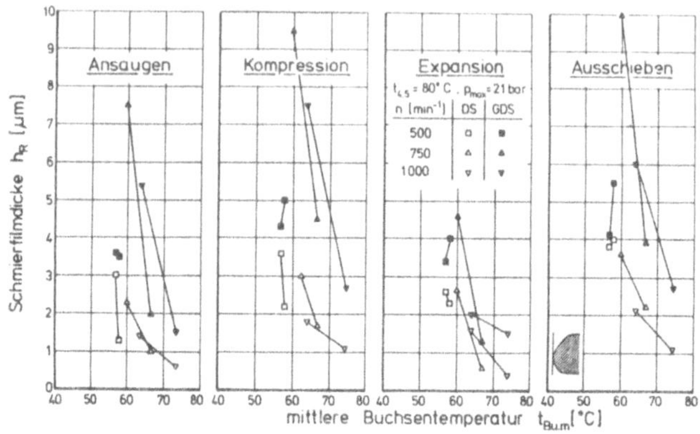

Bild 76 Die Schmierfilmdicke bei maximaler Geschwindigkeit für Ring A

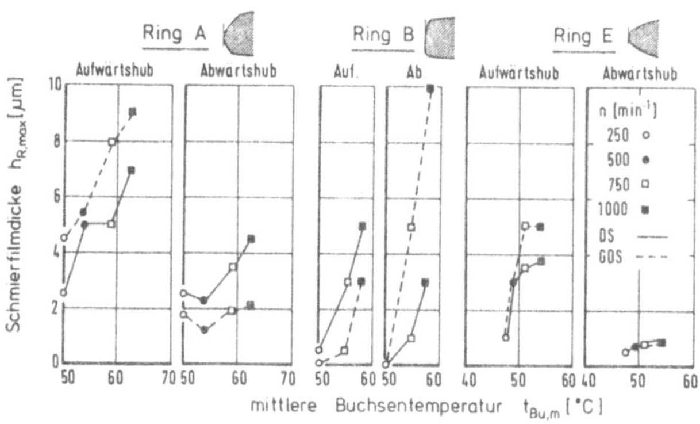

Bild 77 Die maximale Schmierfilmdicke auf der Druck- und Gegendruckseite für drei unterschiedliche Ringprofile, pmax = 1 bar

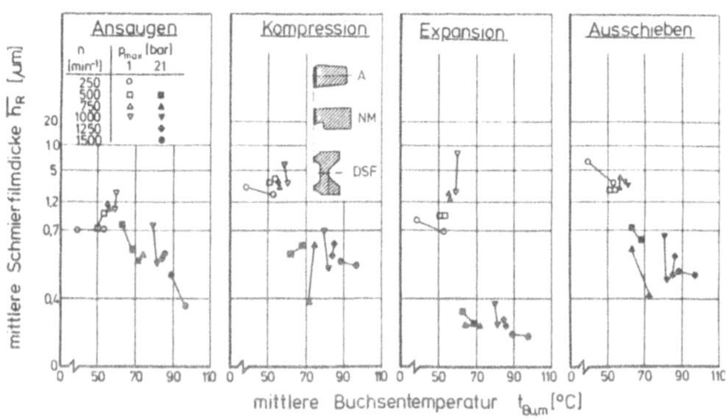

Bild 78 Die über 4 Takte gemittelte Schmierfilmdicke der Serienbestückung

In Bild 78 wird anhand der mittleren Schmierfilmdicken hR der Serienbestückung der gravierende Unterschied zwischen hohen und niedrigen Gasdrücken deutlich. Der Vergleich mit den Schmierfilmdicken hRvmax aus Bild 74 zeigt, daß die Absolutwerte korrespondieren. Die maximale Dicke hRmax liegt geringfügig über der bei maximaler Gleitgeschwindigkeit. Die Werte der Kompressionsphase liegen höher als für den Expansionshub. Daraus ist zu schließen, daß in der Kompressionsphase die Schmierfilmverdrängung nur eingeleitet wird. Wirksam wird sie aber erst nach dem oberen Totpunkt in der Expansion, dabei sind hier die Gasdrücke aufgrund der Leckage an der Zylinderkopfdichtung niedriger.

Der Schmierfilmzusammenbruch ist bei den Ringprofilen unterschiedlich stark ausgeprägt. In Bild 79 ist für den Ring B die Schmierfilmdicke bei unterschiedlichen Gasdrücken, wie pmax = 1, 11, 21 bar, getrennt für Druck- und Gegendruckseite über dem Kurbelwinkel bei n = 1000 1/min aufgetragen. Für den unbelasteten Fall (pmax = 1 bar) wird der Einfluß der langen Beharrungsdauer in UT deutlich. Hier liegt Mischreibung vor, während in OT mit 0,0002 mm die Schmierfilmdicke zwar gering aber noch vollständige Trennung vorhanden ist. Die Differenzen auf der Druck- und Gegendruckseite resultieren aus dem Ringtwisten und dem unterschiedlichen Ölangebot auf beiden Seiten. Prinzipiell bleibt dieser Unterschied bestehen. Mit steigendem Gasdruck auf pmax =11 bar tritt auf der Druckseite ein erheblicher Ölmangel auf, so daß im Ansaugtakt (GOT-UT) der Schmierfilm zusammenbricht. Bei weiterer Drucksteigerung verbessert sich dieser Schmierungszustand wieder. Die absolute Schmierfilmdicke nimmt augenscheinlich mit Druckerhöhung ab. Die Mischreibungsbereiche in ZOT vergrößern sich mit der Druckbelastung.

7.3.2.3. DIE BUCHSENTEMPERATUR

Mit steigender Buchsentemperatur nimmt die Schmierfilmdicke ab. Diese allgemeingültige Aussage bestätigt sich auch hier, wie schon in den vorhergehenden Kapiteln belegt wurde. Die Untersuchungen wurden für den gekühlten und ungekühlten Betrieb durchgeführt. Bild 80 zeigt hierzu die Schmierfilmdicken der Ringe A, B und E bei n = 1000 1/min und pmax = 21 bar. Die Buchsentemperaturen differieren um ca.10 °C bei den Ringen A und E und um 4 °C bei Ring B.

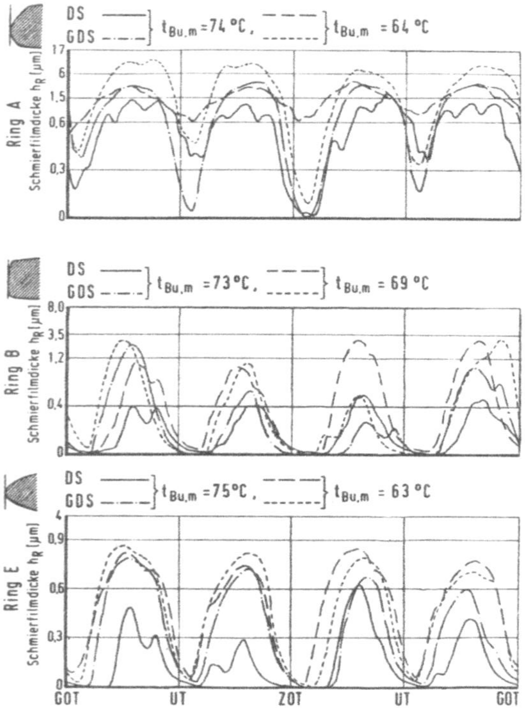

Bild 80 Die Abhängigkeit der Schmierfilmdicke von der Buchsentemperatur, pmax = 1 bar, n = 1000 1/min

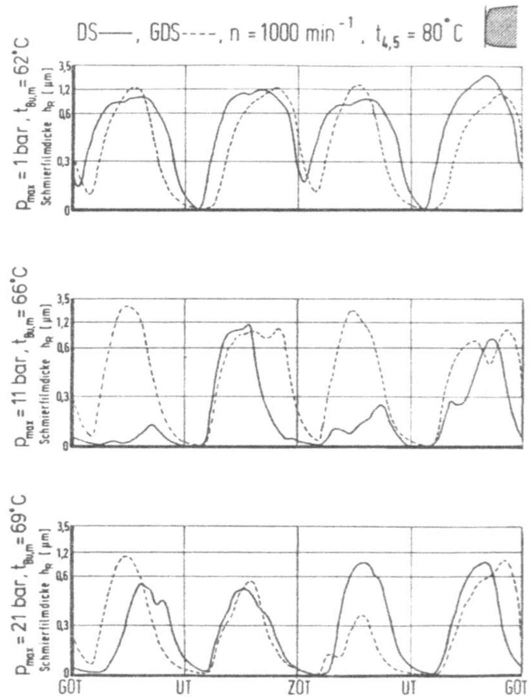

Bild 79 Die Schmierfilmdicke am Ring B

Die Schmierfilme im ungekühlten Betrieb sind bei Betrachtung der jeweiligen Anlageseite trotz der geringen Temperaturunterschiede immer kleiner als bei laufender Buchsenkühlung. Besonders auf der Druckseite treten bei allen Ringvarianten niedrigere Werte auf. Dabei liegen in Hubmitte z. T. starke Einbrüche im Schmierfilmverlauf vor, die auf einen Ölmangel deuten. Das heißt, daß das örtlich vorhandene Schmiermittel dem geschwindigkeitsproportionalen Bedarf nicht genügt.

Eindeutiger kann der Temperatureinfluß an der über vier Takte gemittelten Schmierfilmdicke $\overline{hR}$ bestimmt werden. Anhand der vorliegenden Meßwerte läßt sich für die untersuchten Ringe A, B und E die Abnahme der mittleren Schmierfilmdicke mit steigender mittlerer Buchsentemperatur ermitteln. Der Ring A hat die geringste Abnahme und der Ring B die stärkste. Die mittlere Abhängigkeit läßt sich zu dhR/dtBum = 0,000025 mm/°C bestimmen, einen Wert, der für den hier betrachteten Betriebsbereich gilt. Der Einfluß ist gemäß Bild 81 bei allen gefahrenen Kompressionsdrücken etwa konstant.

7.3.2.4. DAS RINGPROFIL

Der wesentliche zu untersuchende Einfluß der Ringprofile auf die Reibung basiert auf der Tatsache, daß laut der Theorie mit steigender Balligkeit die Schmierfilmstärke im hydrodynamischen Bereich zunimmt und in der Mischreibung aufgrund des geringeren Verdrängungswiderstandes abnimmt. Das Zusammenspiel dieser beiden Bereiche bestimmt den Schmierfilmverlauf. Die Bilder 82 - 84 geben einen Überblick über das drehzahl- und gasdruckabhängige Verhalten der drei Ringe A, B und E. Die Schmierfilmdicke ist der Übersichtlichkeit wegen nur für die kritische Druckseite aufgeführt. Es sind die unterschiedlichen Maßstäbe zu beachten! Der Ring A weist füllige Verläufe auf. Die Gasdruckeinflüsse sind gering. Zwar vergrößern sich die Mischreibungsbereiche in ZOT mit steigender Druckbelastung aber sie sind gegenber der anderen Varianten klein. Der Temperaturanstieg um ca. 10 °C mit der Drehzahlerhöhung von 500 auf 1000 1/min verhindert eine wesentliche Schmierfilmdickenänderung mit der Drehzahl.

Der schwachballige Ring B (Bild 83) hat zwar im unbelasteten Zustand hohe Schmierfilmstärken, unter Gasdruckeinfluß bricht aber der Schmierfilm schnell zusammen und erholt sich nicht

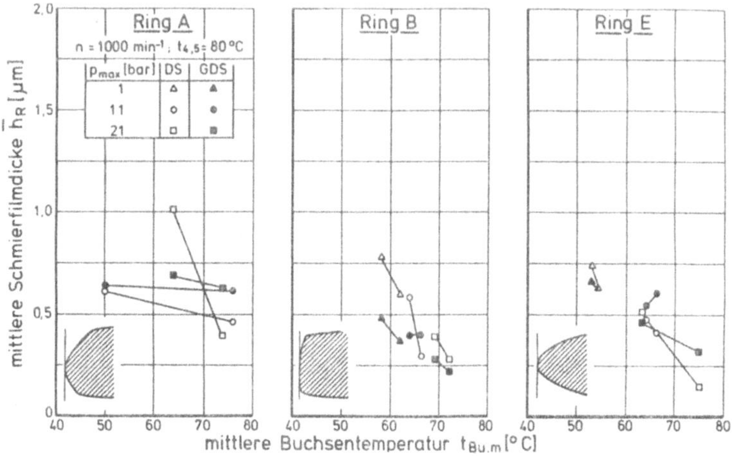

Bild 81 Die über 4 Takte gemittelte Schmierfilmdicke der Ringe A, B und E

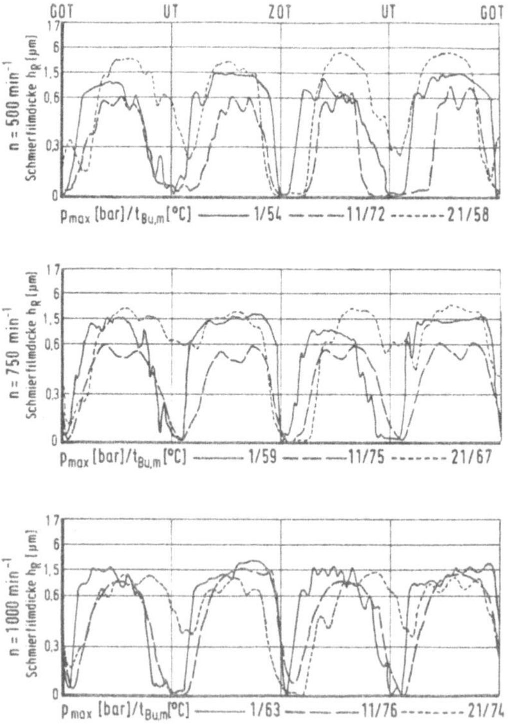

Bild 82 Die Schmierfilmdicke abhängig von Last und Drehzahl am Ring A

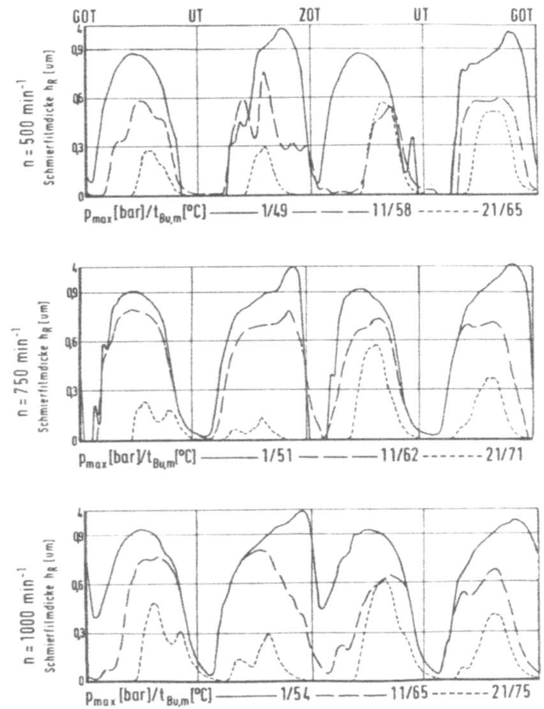

Bild 84 Die Schmierfilmdicke abhängig von Last und Drehzahl am Ring E

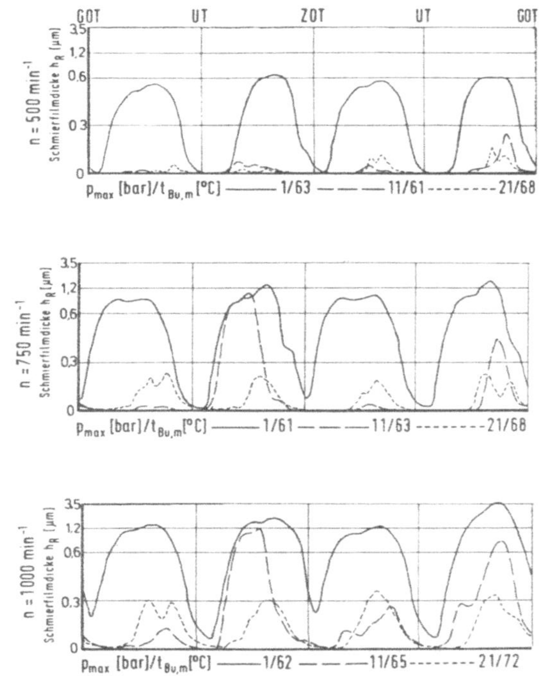

Bild 83 Die Schmierfilmdicke abhängig von Last und Drehzahl am Ring B

im drucklosen Bereich. Dabei treten hier die größten Mischreibungsbereiche aller Varianten auf. Die maximalen Werte steigen mit der Drehzahl, es liegt dabei nur ein geringer Temperaturanstieg vor.

Der starkballige Ring E (Bild 84) weist mit steigender Drehzahl im OT-Bereich einen Ölstau auf, der zu einer kurzfristigen Schmierfilmanhebung führt. Dieser Effekt nimmt parallel zum Schmierfilmniveau mit der Druckbelastung ab. Der Druckeinfluß verändert neben der mittleren Schmierfilmdicke insbesondere die Schmierungsverhältnisse in den OT-Bereichen. Über der Last steigt die Buchsentemperatur um ca. 18 °C und über der Drehzahl um ca. 7 °C. Diese Werte sind beim Vergleich zu berücksichtigen.

7.3.2.5. DIE RINGANZAHL

Durch die Wahl der Ringanordnung sowie die Ringanzahl kann das Schmierölangebot an den jeweiligen Ringe beeinflußt werden. Untersuchungen hierzu wurden an einem Modellgleiter durchgeführt /110/, deren Ergebnis mittels eines Rechenprogrammes /128/ zu einer reibungsmäßig optierten Ringkombination führte. Diese Kombination entsprach der hier als serienmäßig bezeichneten.

Als Ursache des Einflusses wird das jeweilige Schmierfilmangebot des vorhergehenden Ringes angeführt. Die Beeinflussung tritt im Bereich der maximalen Schmierfilme auf und hat keinen meßbaren Einfluß auf die minimalen Schmierfilmdicken in den Totpunktlagen. Die Untersuchungen von Kochanowski, Thiele /78/ führten mit steigender Ringanzahl im gasdrucklosen Betrieb zu einer Verringerung der maximalen Schmierfilmstärken, wobei innerhalb des Ringpaketes ein Ölstau festgestellt wird.

Der Schmierfilmvergleich des Ringes A mit der Serienbestückung (A als ersten Kompressionsring) zeigt eine ähnliche Tendenz für den kompressionslosen Betrieb. Die Schmierfilmdicken bei maximaler Kolbengeschwindigkeit betragen für den einzelnen Ring A ca. 0,0015 mm und liegen bei der vollständigen Bestückung im Mittel bei 0,003 mm. Es ist zu berücksichtigen, daß auch hier ein Ölstau zu sehr hohen Schmierfilmen mit hR = 0,02 mm kurz vor dem OT-Bereich führt (Bild 67). Bei der Serienbestückung fallen die gemessenen Schmierfilmdicken mit steigender Drehzahl und damit mit steigender Buchsentemperatur im Aufwärtshub. Die Maximalwerte in Hubmitte steigen von 0,005 auf 0,01 mm mit zunehmender Kühlung. Es werden etwa gleichgroße maximale Schmierfilme im OT-Bereich erreicht, wobei sich mit steigender Drehzahl der überhöhte Anstieg in Richtung OT verschiebt. Dies resultiert aus der zunehmenden Verdrängung bei geringeren Drehzahlen, so daß die Schmierfilme schon vor OT zusammenbrechen. Bei vollstandiger Bestückung beginnt mit zunehmenden Drehzahlen der Abwärtshub von größeren Schmierfilmen aus und damit sind die Werte bei maximaler Gleitgeschwindigkeit höher als bei Bestückung mit nur dem Ring A. Gänzlich anders stellen sich die Verhältnisse bei Gasdruckbelastung dar. Der einzelne Ring A weist nur im ZOT-Bereich eine mit dem Gasdruck zunehmenden Mischreibung auf und kann aufgrund des ausreichenden Ölangebotes schnell wieder einen normalen Schmierfilm darstellen (Bild 82). Dahingegen ist bei der Serienbestückung über alle vier Takte eine Mangelschmierung zu erkennen (Bild 68). Liegen die mittleren Schmierfilmstärken im Kompressionstakt dabei noch bei ca. 0,0006 mm, so sind in der Expansionsphase außer einem kurzen Anstieg nach OT Werte bei 0 - 0,0002 mm vorhanden. Dies bestätigt die Überlegung, daß bei vollständiger Bestückung im Kompressionsbetrieb und noch mehr im gefeuerten Betrieb die Schmierfilme erheblich abnehmen und aufgrund der Mangelschmierung keine reine Hydrodynamik an den Ringen vorliegt. Der in den Reibkraftverläufen erkennbare hydrodynamische Anteil ist damit zum Großteil dem Kolbenschaft zuzuordnen.

7.3.2.6. DAS TWISTEN

Die Schmierfilmdicke ist, wie in Kap. 7.3.2.4. gezeigt wurde, stark vom Ringprofil abhängig. Durch das Ringtwisten verändert sich das jeweils am Ringumfang wirksame Ringprofil. Das Twisten wird durch die Betriebsbedingungen, wie Drehzahl und Gasdruck und durch konstruktive Gestaltung, wie axiales Ringspiel und Ringform (Höhe-Breiten-Verhältnis, Fasen, Ring- und Nut-Flankenform etc.) beeinflußt. Weiterhin ist aber auch das Laufflächenprofil von Bedeutung. Zur Analyse der Schmierfilme für die DS- und GDS-Seite der einzelnen Profilen wurden mittels eines Rechenverfahrens diese Einflüsse auf das Twisten bestimmt.

In Bild 85 ist die Einbausituation aller drei untersuchten Ringe dargestellt, d.h. das axiale Ringspiel sowie der resultierende mögliche Twistwinkel a. Die drei Punkte A, B, C sind als Kontaktstellen des Ringes in der unteren Anlage dargestellt, wenn er voll aufliegt. Dabei sind die Marken B und C auch durch einen Wert zu beschreiben, wenn die Ringflanke oder die Nut mit einer geringen Balligkeit betrachtet werden.

Mögliche Ringstellungen sind in Bild 86 aufgeführt, wobei die jeweiligen Flanken-Auflagepunkte durch die Balligkeit auch innerhalb der Ringflanke liegen können. Während eines Viertaktverlaufes werden alle Stellungen einmal auftreten. Ausgehend vom Gaswechsel-OT wird im Abwärtshub zunächst die Stellung (1) eingenommen. Bei weiterer Abwärtsbewegung werden die Stellungen (4), (6) und (8) je nach Reibkraftbelastung an der Ringlauffläche eingenommen. Nach UT und im anschließenden Aufwärtshub sind unter Berücksichtigung der Reibkräfte die Stellungen (3), (5) und (7) zu erwarten. Die Stellungen (9) und (10) können durch Kräftegleichgewicht am Ring oder aber durch Beeinflussung infolge der Kolbensekundärbewegung auftreten. Unter Gasdruckbelastung im OT-Bereich sind die Verhältnisse zwischen den Gasdrücken am Ring sowie der Reibkraft ausschlaggebend. In allen Fällen ist die Massenkraft zu berücksichtigen. Für einige Ringstellungen sind in Bild 87 die wirksamen Kräfte und Drücke am Ring dargestellt. An den Kontaktpunkten ist dabei ein Drucksprung angenommen. Das Rückstellmoment ist nach /113/ berechnet und ergibt sich zu:

$$MR = \pi \cdot \alpha \cdot h^3 \cdot b \cdot E / (6 \cdot r) \qquad [20]$$

Der Druckverlauf unterhalb des Ringes wurde mit einer Phasenverschiebung und Amplitudenabsenkung nach vorhanden Meßergebnissen ermittelt und rechnerisch für die unterschiedlichen Drehzahlen bestimmt. Die Reibkräfte an der Zylinderbuchse wurden aus den Meßschrieben der jeweiligen Ringe ermittelt. Vernachlässigt wurden die Reibung an den Ringflanken und die Schmierfilmdruckverteilungen an der Lauffläche. Dies ist gestattet, da sie das Ringtwisten nur unerheblich beeinflussen. Ebenso wurde vorausgesetzt, daß die Twistbewegung nicht durch Öldämpfung und Trägheitsmomente behindert wird. Die Laufflächenprofile wurden durch Kreisbögen R beschrieben. Die Berührungstangente ist in der Höhe xH für den nichtgetwisteten Ring festgelegt. In den Berechnungen wurden für die Flanken unterschiedliche Balligkeiten angenommen, deren Radien durch

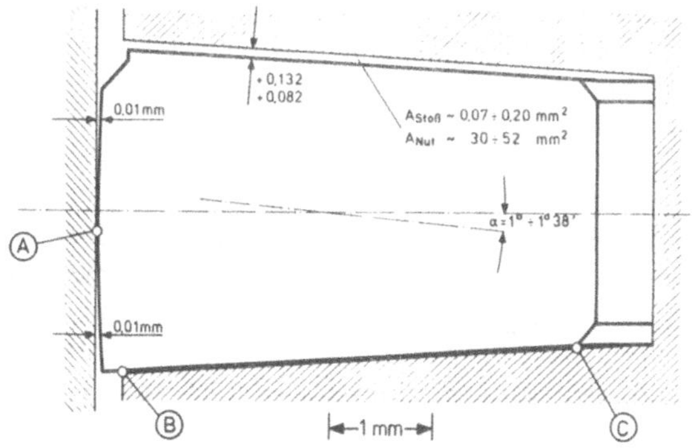

Bild 85 Der unbelastete Serienring im konzentrischen Kolben

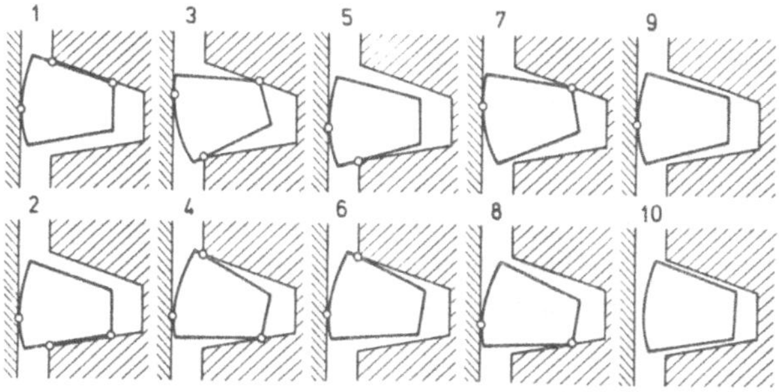

Bild 86 Mögliche Kolbenringstellungen

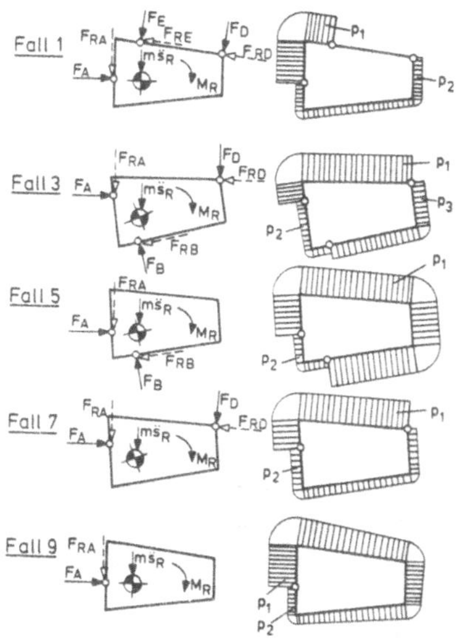

Bild 87 Kräfte am Kolbenring

einen Faktor x zwischen Twistwinkel und Flanken-Auflagepunkt gekennzeichnet werden. Für den Twistwinkel $\alpha = 0$ wurde dabei der Kontaktpunkt mittig zu den extrem möglichen gewählt. Die Berechnung erfolgt Gradweise in Iterationsschritten bis am Ring ein Kräftegleichgewicht vorliegt. Im ZOT-Bereich ergaben sich dabei zwei konträre aber stabile Lagen, wobei diejenige gewählt wurde, die sich nahtlos an den vorhergehenden Verlauf anschloß. In Bild 88 wird für die berechneten Twistwinkel a der drei Ringe A, B, E bei den jeweils vorliegenden Reibkräften deutlich, welchen Einfluß das Laufflächenprofil ausübt.

Hier ist für den Ring B mit der geringsten Reibkraft im ZOT-Bereich der größte Twistwinkel festzustellen. Bei Voraussetzung gleicher Reibkräfte liegen im Gaswechselbereich die Twistwinkel bei allen Ringen in der gleichen Größenordnung. Dahingegen weist der Ring B im ZOT-Bereich aufgrund der höheren Reibkraft einen noch größeren Twistwinkel auf als in Bild 88. Der Einfluß der Flankenballigkeit x wird in Bild 89 anhand des Ringes A verdeutlicht, wobei sich ihre Vergrößerung besonders im ZOT-Bereich negativ auswirkt. Im sonstigen Hubverlauf führt die höhere Flankenballigkeit dagegen zu geringeren Twistwinkeln. Die Winkel sind im Mischreibungsbereich groß und man kann sie eindeutig bei den radial fixierten Ringen anhand der gut erkennbaren Verschleißmarken vergleichen. Die berechenbaren Twistwinkel decken sich größenordnungsmäßig gut mit den sichtbaren Riefen auf den Laufflächen.

7.3.3. ERGEBNISDISKUSSION

Die Untersuchung der Schmierfilmdicke an drei Ringen unterschiedlicher Balligkeit sowie an einer serienmäßigen Bestükkung bestätigen die bisher ermittelten Reibkraftverläufe. Die Werte für die Bestückung mit nur einem Ring entsprechen denen der theoretischen Überlegungen und es läßt sich eine gute Übereinstimmung zwischen Rechnung und Messung feststellen.

Ähnlich wie in der Arbeit von Furuhama /114/ zeigt sich unter Gasdruckbelastung für die vollständige Ringbestückung ein etwa konstanter Schmierfilmdickenverlauf über die vier Takte mit teilweisen Einbrüchen. Dabei ist Mangelschmierung auch in den theoretisch hydrodynamischen Bereichen als Ursache festzustellen, da die Werte immer unter den theoretisch möglichen Schmierfilmdicken liegen. Bei der serienmäßigen Ausführung,

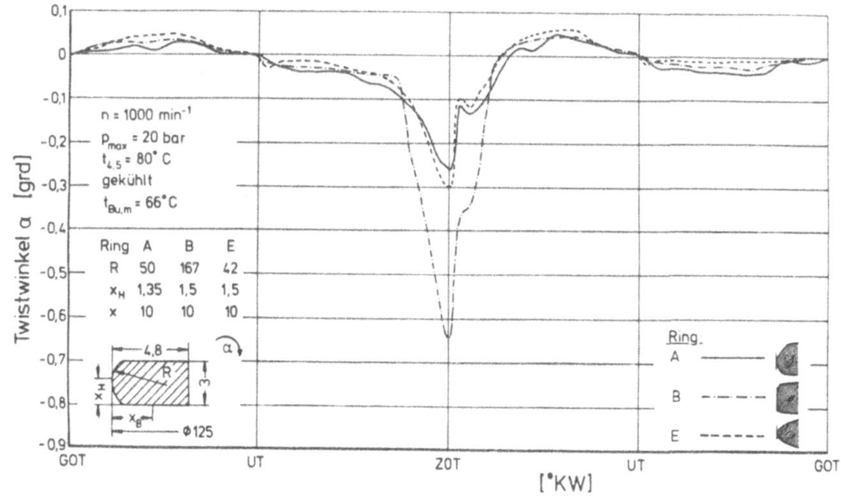

Bild 88 Der Berechnete Twistwinkel bei Berücksichtigung der jeweiligen Reibkraft der Ringe A, B und E

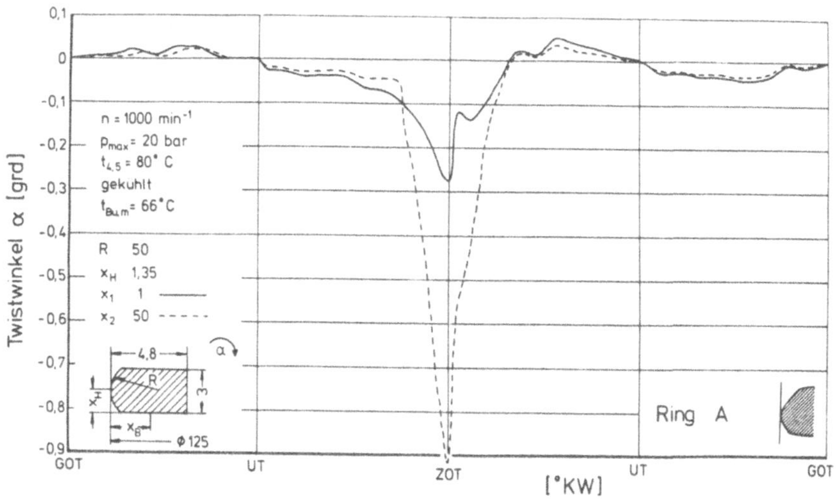

Bild 89 Der berechnete Twistwinkel des Ringes A bei Variation der Flankenauflage x

wie bei der Bestückung mit nur einem Ring zeigen sich in UT die geringsten Schmierfilmstärken. Die Abweichungen der Messung von der Rechnung wird bei Furuhama durch Ringtwisten erklärt, wobei die Meßergebnisse noch der Bestätigung bedürfen, zumal die angeblichen Twistwinkel nach der hier durchgeführten Berechnung anzuzweifeln sind. Als Ursache für die bei Furuhama vorliegenden Meßwerten an den beiden Aufnehmern ist infolge des Schmiermittelmangels eine unterschiedliche Ölfüllung über der Ringhöhe denkbar. Wobei der entgegen der Bewegungsrichtung liegende Aufnehmer eine geringerer Ölfüllung aufweist. Durch Aufstauen, Aufschwimmen, Verdrängen und wieder folgendem Ölmangel verändert sich die Ölmengenverteilung an den beiden Aufnehmern und täuschen Twistwinkel vor.

Bei den hier vorliegenden Meßergebnissen werden die unregelmäßigen Schmierfilmdickenverläufe auf einen zeitlich und örtlichen vorliegenden Ölmangel zurückgeführt. Diese Überlegung wird einerseits durch die verschiedenen Schmierfilmdicken auf der Druck- und Gegendruckseite und andererseits durch die Übereinstimmung der Schmierfilmdicken mit den Reibkräften gestützt. Dabei zeigt die Druckseite aufgrund der prinzipiell ungünstigeren Spritzölversorgung eine größere Anfälligkeit bezüglich eines Ölmangels. Die Schmierfilmdicke steigt im hydrodynamischen Bereich mit der Kolbengeschwindigkeit an. Dabei ist die Abhängigkeit vom jeweiligen Profil und der Gesamtbestückung gegeben. Die Mischreibungsbereiche nehmen mit steigender Drehzahl ab. Diese Aussagen decken sich mit den Berechnungen von Todsen /128/.

Die mittleren Schmierfilmstärken zeigen einen geringen Drehzahleinfluß. Besonders unter Gasdruckbelastung ist die drehzahlabhängige Änderung gering. Als Begründung ist die gleichzeitige Zunahme der Buchsentemperatur anzuführen. Die Gasdruckbelastung führt ebenfalls zu einer Temperaturerhöhung. Beides zusammen bewirkt eine erhebliche Schmierfilmverringerung im ZOT-Bereich und in der folgenden Expansionsphase.

Bei Bestückung mit nur einem Ring erholt sich der Schmierfilm sehr schnell im anschließenden Aufwärtshub. Bei Serienbestükkung sinkt die Schmierfilmdicke im gesamten Verlauf stark ab und weist keine eindeutige Abhängigkeit von der Kolbengeschwindigkeit auf. Dieses Verhalten läßt auf Mangelschmierung schließen.

Es ist eine starke Schwankung der Schmierfilmstärken während des zu erwartenden hydrodynamischen Bereiches festzustellen. Dies bedeutet, daß der Ring, während er ein Gebiet mit Mangelschmierung durchläuft, Öl im Ringstegbereich anstaut bis ein ausreichendes Schmiermittelangebot vorhanden ist. In diesem Übergangsbereich schwimmt der Ring schnell auf einen annähernd geschwindigkeitsproportionalen Schmierfilm auf. Dabei "schluckt" er ein Großteil des angesammelten Schmiermittelvorrates und fällt ebenso schnell wieder auf ein geringeres Schmierfilmniveau ab. Diese Einbrüche werden, wie der Ölmangel im allgemeinen, durch die vom jeweils vorhergehenden Ring zurückgelassenen Schmierfilmstärken bestimmt. Diese können ähnliche ungleichförmigen Verläufe aufweisen. Im Aufwärtshub findet der erste Ring dann seine eigenen unstetigen und nicht annähernd geschwindigkeitsproportionalen Schmierfilmstärken als Ölangebot vor. Dabei ist es möglich, daß der erste Kompressionsring trotz einer allgemeinen Mangelschmierung Öl in den Verbrennungsraum fördert. Die Speicherwirkung der Ringstegbereiche versagt in solchen extremen Fällen.

Inwiefern dieses Verhalten im normalen Motorbetrieb vorliegt, konnte hier nicht ermittelt werden. Da aber diese Erscheinung schon bei geringem Gasdruck und mäßigen Buchsen- und Schmierfilmtemperaturen im geschleppten Betrieb auftrat, muß davon ausgegangen werden, daß im gefeuerten Betrieb dieses Verhalten verstärkt vorliegt.

Aus den hier ermittelten Schmierfilmstärken ist zu schließen, daß die Reibkräfte mit der vollständigen Ringbestückung im Bereich hoher Kolbengeschwindigkeit in starken Maße durch die hydrodynamische Schaftreibung bestimmt werden.

Neben der Kolbengeschwindigkeit und dem Gasdruck, die beide in unterschiedlichen Hubbereichen wesentlichen Einfluß haben, ist die Buchsentemperatur von großer Bedeutung. Selbst nur geringe Unterschiede von weniger als 10 °C für die mittlere Buchsentemperatur bewirken Schmierfilmverringerungen am ersten Kompressionsring von z.T. mehr als 0,01 mm je nach Ringprofil, Drehzahl und Gasdruck. Eindeutiger wird der Temperatureinfluß noch für die über 720 °KW gemittelten Schmierfilmdicken. Diese Werte nehmen trotz unterschiedlicher Drehzahlen und Gasdrücke bei Anstieg der mittleren Buchsentemperatur im Mittel für den untersuchten Bereich um ca. 0,000025 mm/°C ab.

Die Untersuchung der Ringprofile A, B und E ergab für den serienmäßigen Ring A die größten mittleren Schmierfilmstärken und die geringsten Mischreibungsbereiche. Dieses Ergebnis deckt sich mit denen der Reibungsuntersuchungen. Dort wies dieser Ring die niedrigsten Reibkräfte und Reibmitteldrücke auf. Mit steigender Ringanzahl verändert sich die Ölversorgung am ersten Kompressionsring wesentlich. Dabei steigen die Schmierfilmdicken im kompressionslosen Betrieb gegenüber der Bestückung mit nur einem Ring. Mit steigenden Kompressionsdrücken verringern sich die Schmierfilmdicken dermaßen, daß teilweise im hydrodynamischen Bereich Mischreibung vorliegt.

Die Ergebnisse der Schmierfilmuntersuchung bestätigen den bisher vernachlässigten Einfluß des Ringtwistens und des Kolbenkippens. Theoretische Überlegungen führen zu dem Schluß, daß mit abnehmender Balligkeit der Twistwinkel zunimmt. Zusammen mit dem Kolbenkippen führt dies bei schwachballigen Ringen zur Beeinflussung der Schmierfilmausbildung auf der Druck- und Gegendruckseite. Dabei sind infolge des Kolbenkippwinkels die Auswirkungen gegenläufig, d.h. der schwachballiger Ring weist auf der einen Seite eine hydrodynamisch günstige Stellung und damit gegenüber seinem Profil eine hohe Schmierfilmstärke auf. Auf der gegenüberliegenden Seite dahingegen wirkt er stark ölabstreifend. Bei Zunahme der Balligkeit nimmt der Einfluß des Kolbenkippens und des Ringtwistens auf den hydrodynamisch wirksamen Schmierspalt ab.

Die Twistwinkelmessung war mit dem eingesetzten Schmierfilmdickenmeßverfahren nicht möglich. Die Messung mit zwei über der Nuttiefe versetzt installierten kapazitiven Aufnehmern in der unteren Kolbennut ist störunanfälliger als der Aufbau von Furuhama. Dies konnte hier aus zeitlichen Gründen nicht mehr realisiert werden

7.4. DER VERGLEICH REIBKRAFT-SCHMIERFILMDICKE

Theoretisch ist ein direkter Zusammenhang zwischen den Reibkräften und den Schmierfilmdicken am ersten Kompressionsring gegeben. Meßtechnisch ist im hydrodynamischen Bereich durch die Überlagerung der Kolbenschaftreibung die Abhängigkeit der Ringreibung von der Schmierfilmdicke nicht eindeutig erkennbar. Die gemessenen nichtgeschwindigkeitsproportionalen Reibkraftverläufe sind anhand der Schmierfilme zu erklären.

In den Mischreibungsbereichen ist der Zusammenhang zwischen Schmierfilm und Reibkraft deutlicher, da hier der Kolbenreibungsanteil geringer ist. Beispielhaft seien die Verhältnisse in den Umkehrpunkten der vollständigen Bestückung mit Ring A beschrieben. Die in Bild 90 wiedergegebenen Schmierfilmstärken belegen, daß die in Kapitel 7.1.11. beschriebenen Reibkräfte in den Umkehrpunkten GOT und UT (Bild 58 und 59) sich analog zu den Schmierfilmdicken verhalten. Desgleichen gilt für die Bestückung mit jeweils nur einem Ring.

Inwiefern sich die Reibkräfte und Schmierfilmdicken unter Gasdruckbelastung vergleichen lassen, wurde anhand der Einzelbestückung untersucht. In Bild 91 sind für die Ringe A, B und E die Reibkräfte FrZOT über dem Kompressionsdruck pZOT aufgetragen. Die Reibkräfte nehmen etwa linear mit dem Druck zu. Die Meßwertstreuung resultiert aus der gemeinsamen Darstellung für den gekühlten und ungekühlten Betrieb. Die Reibkräfte im gekühlten Betrieb liegen unterhalb der Regressionsgeraden. Die dazugehörigen Schmierfilmdicken waren größer als Null. Schon ab meßbaren Schmierfilmdicken (hRZOT > 0,02 um) sinkt die Mischreibung. Die Schmierfilmdicke steigt dabei mit der Drehzahl. Im rechten Diagramm wird der Schmierfilmdickeneinfluß für die druckbezogenen Reibkräfte in ZOT deutlich. Die balligen Ringe (A, E) weisen ein ähnliches Verhalten auf. Der schwachballige Ring B hat gemäß der schon dargestellten Mischreibungskräfte die geringsten Werte. Dementsprechend sinken die druckbezogenen Reibkräfte schon bei kleineren Schmierfilmdicken.

Die Analyse der einzelnen Meßwerte läßt eine befriedigende formelmäßige Beschreibung der Beziehung Reibkraft - Schmierfilmdicke noch nicht zu. Dazu ist die Messung einer Vielzahl von Schmierfilmdicken am Umfang für den kompletten Ringsatz erforderlich. Bemerkenswert ist bei dieser Untersuchung, daß selbst bei niedrigsten Schmierfilmdicken am Meßwertaufnehmer (unter 0,02 Mikrometer) die Reibkräfte eindeutig unterhalb der Regressionsgeraden liegen. Diese Meßpunkte auf der Druck- und Gegendruckseite sind somit repräsentativ für den Ringumfang. Bei Betrachtung der Größe der angegebenen Schmierfilmdicken ist zu berücksichtigen, daß das Meßverfahren im Mischreibungbereich am genauesten arbeitet

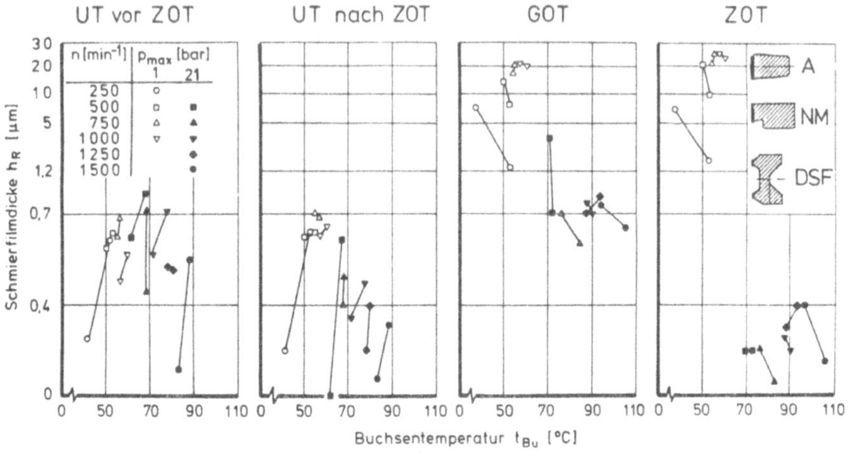

Bild 90 Die Schmierfilmdicke in den gasdrucklosen Totpunkten

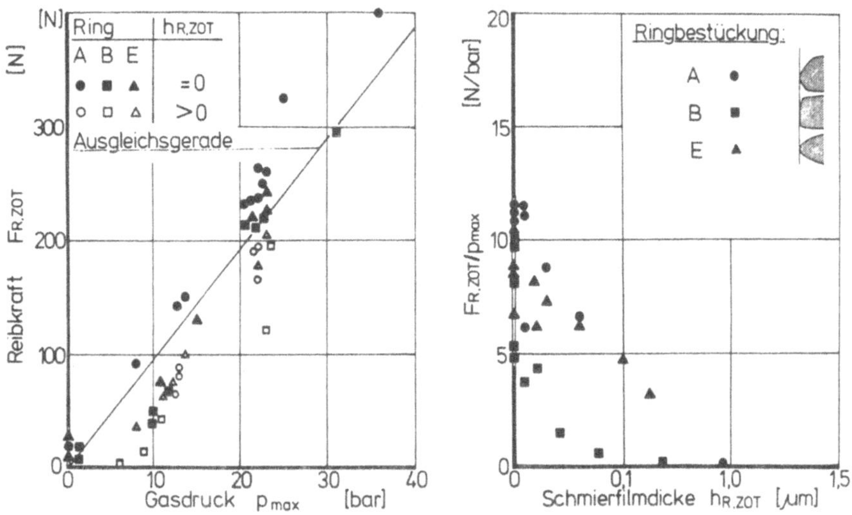

Bild 91 Die Abhängigkeit zwischen der Reibkraft Fr,ZOT, dem Gasdruck pmax und der Schmierfilmdicke hr,ZOT

8. DER VERSCHLEIß AM SYSTEM "KOLBEN-RING-ZYLINDER"

Neben den Reibungsverlusten an der Kolbengruppe ist der Verschleiß an der Zylinderbuchse und am Kolbenring bedingt durch Misch- und Trockenreibung ein funktionsbestimmender Faktor. In vielen Untersuchungen sind die Werkstoffe, deren Kombinationen, die Oberflächenzustände sowie die Vergütungsmöglichkeiten behandelt /115/-/118/. Die Verschleißbereiche liegen an der Zylinderbuchse, der Kolbenringlauffläche, der Ringflanke und der Kolbenringnut. Die Kolbenringnut verschleißt vorwiegend beim ersten Kompressionsring. Der Nutverschleiß deutet dabei auf ein starkes Twisten des Ringes unter Druckbelastung hin /119/, /120/. Geringere Flankenspiele, ein höheres Widerstandsmoment sowie formmäßiges Anpassen der Nut- und Ringflanken und das Härten der Nutflanken führen zu Verbesserungen /42/, /121/.

Der Buchsenverschleiß wird in seinen unterschiedlichen Ausbildungen über den Hub durch Verschmutzungen z.T. der Ansaugluft wie auch des Schmiermittels, durch Korrosion infolge agressiver Verbrennungsprodukte und durch mechanischen Reibverschleiß aufgrund der Gasdruckbelastung beeinflußt /119/. Aber auch Mischreibung des ersten Kompressionsrings über den gesamten Hub (s. Kap. 7.3.2.5.) kann zu Buchsenverschleiß führen. Darüberhinaus ist zu vermuten, daß auch die anderen Ringe Mischreibung aufweisen, besonders der Ölabstreifring.
Der Buchsenverschleiß liegt bei modernen Motoren in der Grössenordnung von ca. 0,02 mm/ 1000 h. Die Form des Zwickelverschleißes ist vom Ringprofil, den Schmierungsbedingungen (Ölangebot, Viskosität), von der Belastung und den Werkstoffpaarungen abhängig. Inwiefern Grenzschichten, also mit Öladditiven gebildete Metallseifen, im Bereich hoher Temperaturen und örtlich hoher Pressungen den metallischen Reibverschleiß vermindern ist nicht eindeutig belegt, wenn schon ihr Vorhandensein bestätigt wird /122/, /123/.

Die Profile im gefeuerten Betrieb gelaufener Ringbestückungen sind in vielen Untersuchungen beschrieben /34/-/44/. Es werden aus den allgemein angesetzten Verschleißberechnungen Konstruktionskriterien für Kolbenringe bestimmt /124/ und der Einlaufverschleiß gesetzmäßig erfaßt. Für die serienmäßige Bestückung wurden in einem Einlauf- und Langzeit-Programm im gefeuerten Betrieb die Zwickelverschleißwerte kontinuierlich mittels der Radionuklidtechnik am Vollmotor OM 403 bei der Daimler-Benz AG, Stuttgart, erfaßt /37/. Die parallele Messung des Ölverbrauches und der Durchblasemenge gibt Aufschluß über das Betriebsverhalten der Kolbenringe. Diese Werte dienen als Basis für die Verschleißuntersuchung im geschleppten Betrieb am Einzylinder. Der Verschleiß wurde hier mittels Vermessen der Einzelteile vor und nach dem Versuch bestimmt.

8.1. DIE BUCHSENVERSCHLEIßMESSUNG IM GEFEUERTEN BETRIEB

Für den gefeuerten Betrieb ist die Veränderung der Zwickelverschleißraten im Einlauf erheblich. Der Anfangsverschleiß beträgt 0,68 mg/h und fällt innerhalb der ersten 90 min bei steigender Last und Drehzahl auf 0,06 mg/h ab. Diese Rate liegt auch im Nennpunkt (2500 1/min, Vollast) vor, fällt aber während des Langzeitlaufes (350 h) auf 0,008 mg/h ab. Bei geringer Drehzahl (1000 1/min, Vollast) bleibt die Verschleißrate mit ca. 0,037 mg/h über der Versuchsdauer konstant.

Die im Versuch ermittelten Verschleißwerte stimmen mit den Feldergebnissen überein. In beiden Fällen ergibt sich der radiale Zwickelverschleiß zu 0.002 - 0,005 mm/100.000 km, dies entspricht etwa 0,001 - 0,002 mm/1000 h. Die zeitbezogenen Daten wurden auf eine Umdrehung umgerechnet (Bild 92). Der Ölverbrauch, die Gasleckage und der Zwickelverschleiß nehmen hyperbolisch über der Drehzahl ab. Die Verschleißrate sinkt dabei nur geringfügig mit geringerer Belastung. Ein Temperatureinfluß war bei dieser Untersuchung nicht feststellbar.

8.2. DER BUCHSENVERSCHLEIß IM UNGEFEUERTEN BETRIEB

Im gefeuerten Betrieb wird der Verschleiß auf einer aktivierten Buchsenlänge von 4 mm im OT des ersten Kompressionsringes gemessen. Damit lassen sich nur Aussagen für einen kleinen Hubbereich machen. Die Verschleißursache ist aber im Schmierfilmdickenverlauf des ersten Kompressionsringes sowie dem Verschleißprofil der Zylinderbuchse zu untersuchen. Da für den geschleppten Betrieb keine Korrosionseinflüsse vorliegen, ist der Verschleiß mit den Druck- und Geschwindigkeitsverlauf direkt in Zusammenhang zu bringen.

Für zwei Zylinderbuchsen wurde der Zwickelverschleiß bei unterschiedlichem Drehzahl- und Druckniveau nach jeweils 100 Betriebsstunden mit der Serienbestückung vermessen. Zu Beginn des jeweiligen Versuches wurden Neuteile eingesetzt. Die Ergebnisse für den mittleren Verschleiß Vm und den Maximalwert Vmax bezogen auf den Radius lauten:

Bestückung I:	n	= 250 - 2000 1/min,
	pmax	= 10 - 24 bar,
	Vm	= 0,002 mm/100 h,
	Vmax	= 0,005 mm/100 h.
Bestückung II:	n	= 500 - 2500 1/min,
	pmax	= 30 - 54 bar,
	Vm	= 0,001 mm/100 h,
	Vmax	= 0,002 mm/100 h.

Tabelle 4: Der Zwickelverschleiß im geschleppten Betrieb (100 h-Lauf)

Diese Werte stehen z.T. im Einklang mit den in der Literatur aufgeführten Verschleißraten. Die Tatsache, daß dieser Verschleiß im geschleppten Betrieb auftritt, läßt ihn zunächst hoch erscheinen. Da aber das Drehzahlniveau über der Zeit für diese Versuch weitaus geringer war als beim Fahrzeugeinsatz, lassen sich gemäß Bild 92 diese Werte durch den mit sinkender Drehzahl überproportional ansteigenden Verschleißes pro Umdrehung erklären. Dieser, hier für den geschleppten Betrieb bestätigte, starke Drehzahleinfluß auf den Buchsenverschleiß ist als Hauptursache des Zwickelverschleißes bei Taximotoren (lange Stillstandszeiten mit Leerlaufdrehzahl) anzusehen, da Korrosionseinflüsse infolge Taupunktsunterschreitung bislang hierfür nicht eindeutig nachgewiesen werden konnte.

Für eine dritte Zylinderbuchse wurden die OT- und UT-Bereiche auf der Druck- und Gegendruckseite vermessen. In Bild 93 sind die Meßschriebe mit den Ringstellungen dargestellt. Die Kolbengeschwindigkeit, der Kurbelwinkel und der Gasdruck sind über dem Hub angegeben. Ein wesentlicher Unterschied zwischen OT und UT ist nur durch den Kompressionsdruck vorhanden. Die gesamte Einsatzdauer liegt bei ca. 80 Stunden. Es wurde der volle Last- und Drehzahlbereich zeitlich etwa gleichmäßig gefahren. Im oberen Totpunkt ist der starke Gasdruckeinfluß am

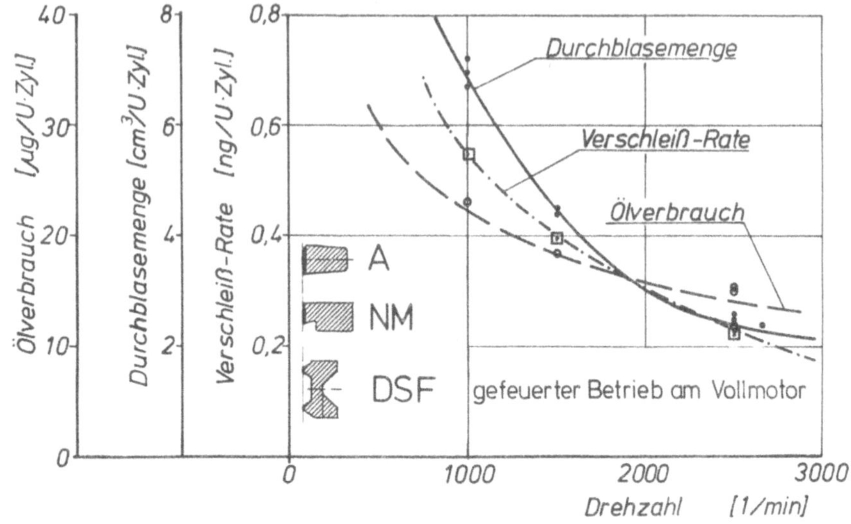

Bild 92 Durchblasemenge, Ölverbrauch und Zwickel-Verschleißrate auf eine Kurbelwellen-Umdrehung bezogen (gefeuerter Betrieb)

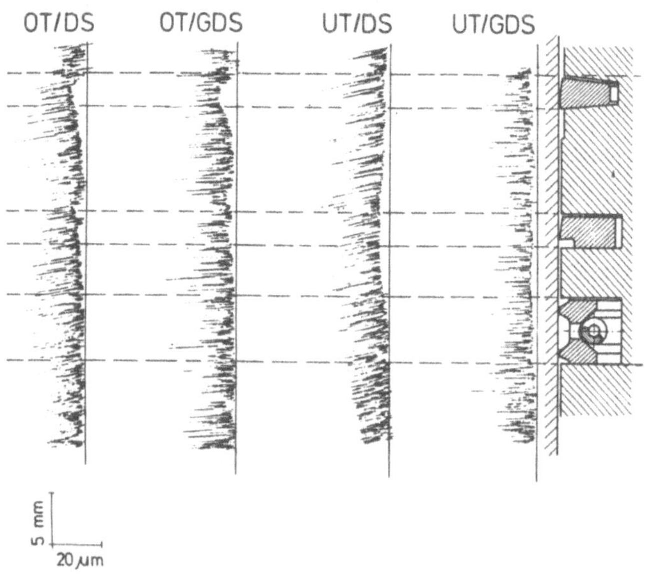

Bild 93 Der Zylinderbuchsenverschleiß in OT und UT im geschleppten Betrieb

ersten Kompressionsring erkennbar. Er wirkt hier im Mittel von phi = 330 - 30 °KW. Daneben ist für den zweiten Kompressionsring ebenfalls ein Zwickelverschleiß ähnlich dem des ersten Ringes deutlich auf der Druck- und Gegendruckseite ausgeprägt. Unterhalb der OT-Stellung des Ölabstreifringes nehmen die Rauhigkeitsspitzen wieder etwas zu. Im UT-Bereich ist aufgrund fehlender Gasdruckbelastung ein relativ geringer Verschleiß durch den ersten Kompressionsring meßbar. Dagegen führen der Nasen-Minuten-Ring und der Ölabstreifer zu etwa gleichmäßigen Verschleiß über einen größeren Hubbereich ohne Stillstandsmarken.

8.3. DER RINGVERSCHLEIß IM UNGEFEUERTEN BETRIEB

Es bestand keine Möglichkeit kontinuierliche Verschleißdaten der Serienringe für den gefeuerten Betrieb zu ermitteln, so daß hier nur Profilschriebe der im geschleppten Betrieb gefahrenen Kolberinge zur Verschleißanalyse herangezogen werden können.

In Bild 94 ist parallel zum vorigen Kapitel für die beiden ersten Bestückungen I und II der Ringverschleiß als Mittelwert mehrerer Messungen am Umfang aus den Profilen des Ein- und Ausbauzustandes dargestellt. In Analogie zum Zwickelverschleiß ist der Laufflächenverschleiß der Bestückung I sehr viel größer als bei der Bestückung II. Die Profilveränderungen weisen dabei auf einen starken Verschleiß der unteren Abstreifkante des NM-Ringes hin. Ähnliche Profilveränderungen werden auch bei /34/, /44/ festgestellt. Eine Unterscheidung der Ölabstreifringe ist schwer anhand der Profilveränderung durchführbar aber beim Vergleich der radialen Wandstärkenveränderung zeigen die Ringe ein ähnliches Verhalten.

Ring		Bestückung I	Bestückung II
1. Doppeltrapez		0,029	0,012
2. Nasen-Minuten		0,038	0,010
3. Dachfasen-	oben	0,024	0,014
Schlauchfeder	unten	0,021	0,012

Tabelle 5: Der mittlere radiale Wandstärkenverschleiß in mm/100h im geschleppten Betrieb

Aus diesen Verschleißdaten läßt sich im Einklang mit den Verschleißergebnissen der Daimler-Benz AG am gefeuerten Motor und den Schmierfilmdickenmessungen im geschleppten Betrieb ableiten, daß der Ringverschleiß wie der Zwickelverschleiß hyperbolisch über der Drehzahl abnimmt. Die Stärke des Ringverschleißes deutet auf große Mischreibung hin. Dies gilt, da alle drei Ringe einer Bestückung sich ähnlich verhalten, also das gesamte Ringpaket diesen Mischreibungsbedingungen unterliegt. Die Tatsache, daß der Ölabstreifring mit Cr-Beschichtung in diesen Untersuchungen gleiche radiale Wandstärkenabnahmen aufweist wie die Mo-beschichteten Ringe ist auf seine spezifische Flächenpressung zurückzuführen. Die Höhe des Verschleißes mag zu Fehldeutungen führen, hierbei ist wieder zu bedenken, daß der Betrieb z.T. über 50 % der Laufzeit unterhalb der Leerlaufdrehzahl erfolgte.

Der Ringverschleiß für die unterschiedlichen Profile ist in Bild 95 an drei am Ringumfang verteilten Querschnitten dargestellt. Zu beachten ist, daß der Laufflächenverschleiß nach nur 12 h geschleppten Betrieb schon gut sichtbar war. Deutlich wird der starke Verschleiß am Stoßende, hier weisen die meisten Ringe die größte Abplattung auf. Die Ringe A und D entsprechen dem Serienring, wobei A schon ca. 50 h zusätzlich gelaufen war. Alle Mo-beschichteten Ringe weisen in der Kontaktzone der Lauffläche eine verringerte Rauhigkeit auf. Die trompetenförmige Verschleißzone am Stoßende (ca. 20° am Umfang) ist je nach Ringprofil ausgebildet. Daran anschliessend (ca. von 20° bis 40°) ist nur noch ein sehr schmaler Bereich erkennbar, was aus der Verringerung der Anpreßkraft in diesem Bereich infolge der Abstützung am Stoßende herrührt. Zirka 60 ° vom Stoß entfernt bildet sich ein etwa konstantes Verschleißband aus, das bis zum Ringrücken geringfügig abnimmt. Somit weicht mindestens 1/3 des Ringumfanges schon nach kurzer Laufzeit vom vorgegebenen Profil ab und damit auch von den Schmierungs- und Reibungsverhältnissen.

Der Ring H mit der Beschichtung MKP 39 weist an den Stoßenden einen erheblichen Verschleiß bei starker Zunahme der Rauhigkeiten auf. Außerhalb des Stoßbereiches hat er ähnlich wie die Ausführungen G und I eine geringere radiale Wandstärkenabnahme als die Molybdän-Laufflächen. Durch den hohen aber örtlich am Umfang begrenzten Verschleiß fällt der Ring H bei der Reibkraftanalyse der einzelnen Ringprofile (Kap. 7.1.11.)

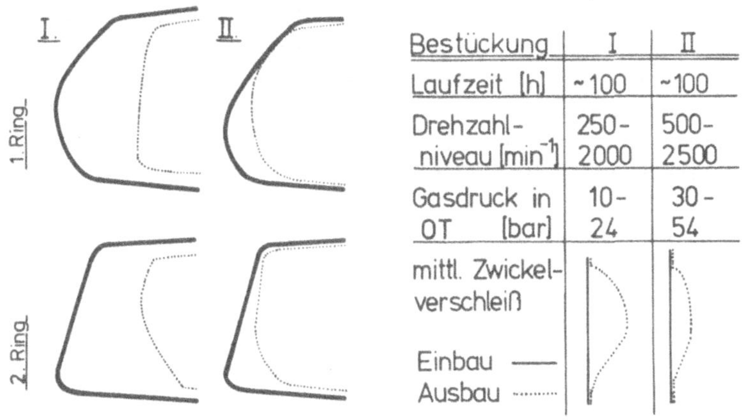

Bild 94 Der Ringverschleiß bei unterschiedlichen Betriebsbedingungen

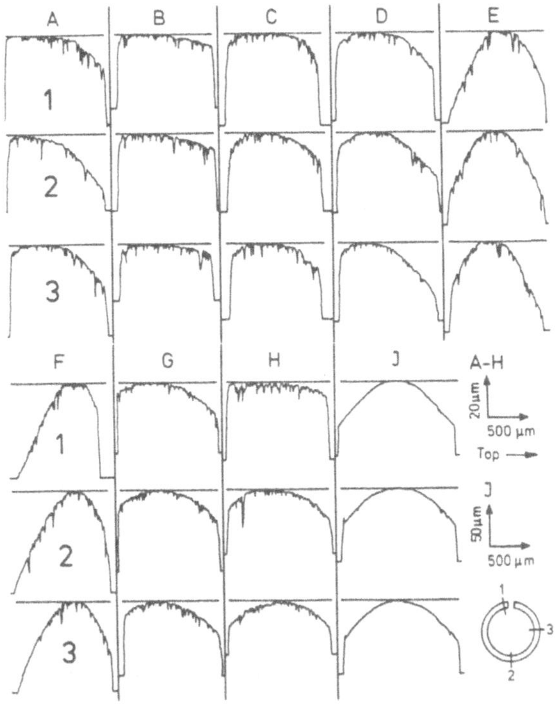

Bild 95 Profile der ersten Kompressionsringe A bis J nach 12 Stunden im geschleppten Betrieb

durch hohe Mischreibungswerte auf. Den Messungen zufolge hat der Ring I (Beschichtung RC-4) den geringsten Verschleiß. Der Verschleiß tritt bei allen Ringen im Bereich der größten Profilüberhöhung auf. Die Verschleißbreite über der Ringhöhe nimmt mit abnehmender Balligkeit zu. Zusammenfassend sind die Verschleißeinflüsse wie folgt anzugeben:

a) am Stoßende ist der Verschleiß am größten,
b) im benachbarten Bereich ist der Verschleiß minimal,
c) der Verschleiß führt zur Abplattung in der Lauffläche,
d) die Rauhigkeiten werden in diesem Bereich verändert, bei Mo-Beschichtung und bei MKP 87 verringert sie sich, bei RC-4 ist keine Veränderung erkennbar, bei MKP 39 ist eine starke Zunahme festzustellen,
e) das Ringprofil ist maßgebend für die Ausbildung der Verschleißbreite über der Ringhöhe,
f) die radiale Wandstärkenabnahme wird durch die Beschichtung und das Ringprofil bestimmt,
g) bezüglich des Ringverschleißes ist die Beschichtung RC-4 als die optimalste anzusehen,
h) das Optimum hinsichtlich des Ringprofils liegt etwa im Balligkeits-Bereich des Serienrings, bei höheren Balligkeiten verschleißt die Lauffläche, bei niedrigeren Werten verschleißen die Ringkanten.

8.4. DER KOLBENVERSCHLEIß IM UNGEFEURTEN BETRIEB

Infolge der fehlenden Verbrennung mit ihren hohen Spitzendrücken, den hohen Bauteiltemperaturen sowie den chemisch und abrasiven Rückständen ist der Verschleiß am Kolben gering. So zeigen Kolben, die bei niedrigen Kompressionsdrücken und ausreichender Kühlung betrieben wurden, keine meßbaren Veränderungen. Dagegen ist beim Betrieb mit hohen Gasdrücken (ab ca. 40 bar), hohen Drehzahlen und geringer Kühlung der vollständige Abrieb der Grafal-Beschichtung im Bereich der geringsten Kolbenspiele festzustellen. Dieser Verschleiß ist auf der Druck- und Gegendruckseite gleichartig ausgeprägt.

Ähnlicher Verschleiß wurde bei gefeuertem Dieselmotor nach 1500 h Laufzeit auch von Reipert /100/ festgestellt. Da keinerlei Freßspuren am Kolbenschaft vorliegen, ist als Ursache Mangelschmierung unwahrscheinlich, insbesondere, da diese Betriebspunkte mehrere Stunden ohne Unterbrechung gefahren wurden. Als Verschleißursache ist die hohe Überdeckung infolge der Wärmedehnung zu sehen. Wobei unter Berücksichtigung des Einbauspieles diese Dehnung über 0,13 mm betragen muß. Hierzu ist eine Temperaturerhöhung von Kolbenschaft und Zylinderbuchse von etwa 110 °C erforderlich. Ein Wert, der unter den Betriebsbedingen ($p_{max} > 40$ bar, $n > 2000$ 1/min, ungekühlt) auftritt.

8.5. DER EINFLUß DES BELASTUNGSKOLLEKTIVES AUF DEN RINGVERSCHLEIß

In den vorhergehenden Kapiteln wurden Verschleißdaten der verschiedenen Ringe, der Buchse und des Kolbens beschrieben. Daraus ließ sich ableiten, daß ein Zusammenhang zwischen den Betriebszuständen (Drehzahl, Last, der Buchsentemperatur und den dabei vorliegenden Mischreibungskräften) sowie den Verschleißraten existieren muß.

Um den Nachweis einer solchen Abhängigkeit für den geschleppten Betrieb zu erbringen und gleichzeitig die Ausbildung der Verschleißzonen am Ring für diese Betriebsbedingungen zu untersuchen, wurde ein spezielles Meßprogramm erstellt. Zur Verwendung kamen eine Kolben-Buchsen-Kombination sowie ein Nasen-Minuten-Ring und ein Ölabstreifring im eingelaufenen Zustand. Als erster Kompressionsring wurden ausgewählte, eng tolerierte Serienringe (A) mit Mo-Beschichtung eingesetzt. Die Daten waren im Mittel:

Balligkeit oben	(mm)	:	0,020
Balligkeit unten	(mm)	:	0,002
Trapezhöhe	(mm)	:	2,816
Schichtdicke	(mm)	:	0,208
Ovalität	(mm)	:	+ 0,030
Stoßspiel	(mm)	:	0,355
Wanddicke	(mm)	:	4,855
Tangentialkraft	(N)	:	27,600.

Tabelle 6: Ausgewählte Kompressionsringe

Die Balligkeit wurde an neun Stellen am Umfang ermittelt. Die Abweichungen waren mit weniger als 0,002 mm gering. Die Versuchsdauer pro Meßpunkt wurde auf eine bestimmte Umdrehungsanzahl festgelegt. Dadurch ist die Vergleichbarkeit der Verschleißraten für unterschiedliche Drehzahlen durch Auswiegen vor und nach dem Lauf gegeben. Die weiteren Betriebsbedingungen sind dem Bild 96 zu entnehmen. Die mittlere Buchsentemperatur wurde durch Kühlungsregelung konstant gehalten.

Im oberen Totpunkt steigt die Temperatur allgemein mit der Drehzahl und Gasdruckbelastung an. Die gemessenen Reibkräfte in ZOT fallen bei der niedrigen Belastung von pmax = 21 bar nicht eindeutig mit der Drehzahl ab. Bei hoher Last (41 bar) nimmt die Reibkraft mit der Drehzahl mit steigender Buchsentemperatur zunächst ab, um dann für n = 2000 1/min wieder anzusteigen (siehe hierzu Kap. 7.1.11.). Der Gewichtsverlust schwankt für die geringe Last über der Drehzahl. Eine direkte Beziehung zu den Reibkräften läßt sich dabei nicht finden. Dagegen weist der Verschleiß des ersten Kompressionsringes bei 41 bar Kompressionsdruck den gleichen Verlauf wie die Reibkraft auf. Dies entspricht der Aussage, daß mit zunehmender Gasdruckbelastung die Korrelation zwischen Reibkraft und Verschleiß zunimmt. Besonders muß dies für den geringen Gasdruck gelten, da die Reibkraftanteile des zweiten und dritten Ringes hier aufgrund der Eigenspannung schon 30 % betragen können. Trotz der Toleranz der Wägung mit 0,25 mg, sind die Verschleißdaten aufgrund von Wiederholungsmessungen als tendenziell richtig zu bewerten.

Bestimmt man die Dichte der MoVL-Beschichtung zu 8 g/cm3, so entspricht 1 mg Werkstoffverlust bei einer Verschleißbrei- te von 1 mm über der Ringhöhe einer radialen Schichtdickenabnahme von ca. 0,0003 mm. Bezogen auf die Umdrehung beträgt die Verschleißrate am Ring damit 4,2 ng. Dieser hohe Wert bei n = 500 1/min sinkt bei 1000 1/min auf 2 ng. Die Verschleißrate des Ringes unter geschleppten Bedingungen ist somit ca. dreimal so groß wie die Zwickelverschleißrate im gefeuerten Betrieb (Bild 92). Zur Erklärung dieser Diskrepanz sei auf den Buchsenverschleiß gemäß Bild 93 hingewiesen, in dem deutlich wird, daß sich der Zwickelverschleiß im geschleppten Betrieb über einen größeren Hubbereich als 4 mm erstreckt und somit die Mischreibungsbereiche der Ringe größer sind als sie mit der Radionuklidtechnik erfaßt wurden. Der Ringverschleiß liegt dabei für die Wandstärkenabnahme im Bereich von 0,19 Angström/mm Hub. Der Verschleiß ist wiederum als schmales Band am Ringumfang zu erkennen. Auffallend ist dabei, daß für alle acht Betriebszustände die Größe des trompetenförmigen

Verschleißes am Stoßende in Beziehung zu den Verschleißwerten steht. Sie ist für n = 1000 1/min und pmax = 21 bar sowie für n = 1500 1/min und pmax = 41 bar am schwächsten ausgebildet.

Der Vergleich der im gefeuerten Betrieb von der Fa. Daimler-Benz ermittelten Verschleißraten für die Serienbestückung (Ring A) mit den hier für den geschleppten Motor gemessenen Reibkräften FrZOT sollte Aufschluß darüber geben, inwiefern die beiden Werte unter so verschiedenen Betriebsbedingungen korrelieren. In Bild 97 sind die Verschleißraten aus dem o.g. Langzeitlauf sowie die im geschleppten Betrieb gemessenen Reibkräfte FrZOT für ca. 70 bar maximalen Gasdruck über der Drehzahl aufgetragen. Die Drehzahlabhängigkeit ist für beide Größen gleichwertig. Im rechten Diagramm zeigt sich für zwei vergleichbare Meßpunkte der Gasdruckeinfluß bei n = 1000 1/min. Beide Meßgrößen steigen mit der Gasdruckbelastung an. Werte für die Profilvarianten liegen derzeit noch nicht vor.

Zusammenfassend kann für hohe Gasdrücke, wie sie z.B. im gefeuerten Betrieb auftreten, eine gute Korrelation zwischen Verschleißrate und Reibkraft in ZOT gefunden werden. Bei geringen Drücken wird der Verschleiß durch die besonderen Bedingungen am Stoßende bestimmt. Mit steigendem Druck wird der am Ringumfang vorliegende Profilverschleiß dominierend.

8.6. ABNORMALER RINGVERSCHLEIß

Zur Weiterentwicklung des Versuchstandes wurde dieser mit einer Einspritzanlage versehen und im gefeuerten Betrieb Messungen mit serienmäßiger Bestückung durchgeführt. Infolge eines Montagefehlers war die Düsenlage so ungünstig, daß die Verbrennung unvollständig mit einem hohen Rußanfall verlief. Nach ca. 3 h intermittierendem Betrieb wurde die Ringbestükkung untersucht. Neben dem hohen radialen Ringverschleiß war der Verschleiß am Umfang gegenüber dem geschleppten Betrieb annähernd symmetrisch.

In Bild 98 sind die Profilschnitte der Bestückung (links für den Neuzustand) dargestellt. Für den ersten und zweiten Ring sind erhebliche Profilveränderungen festzustellen. Der radiale Wandstärkenverschleiß beträgt für den ersten Ring 0,038 mm und für den zweiten Ring 0,019 mm im Mittel. Auffallend sind die unterschiedlichen Neigungen der Laufflächen.

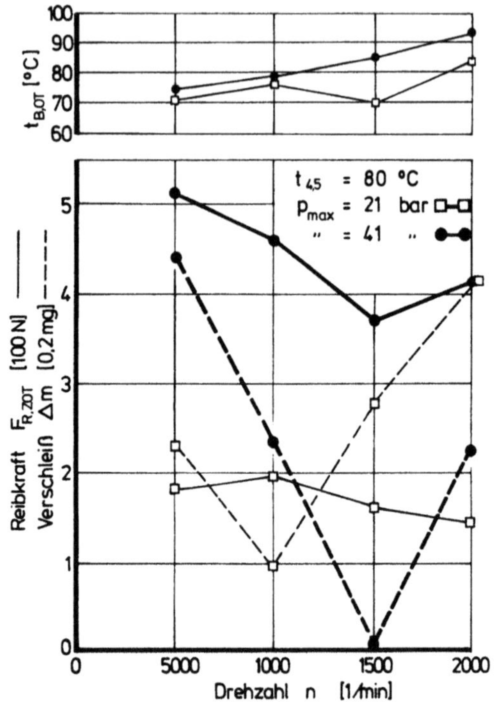

Bild 96 Reibkraft und Ringverschleiß bei verschiedenen Drehzahlen und Lasten

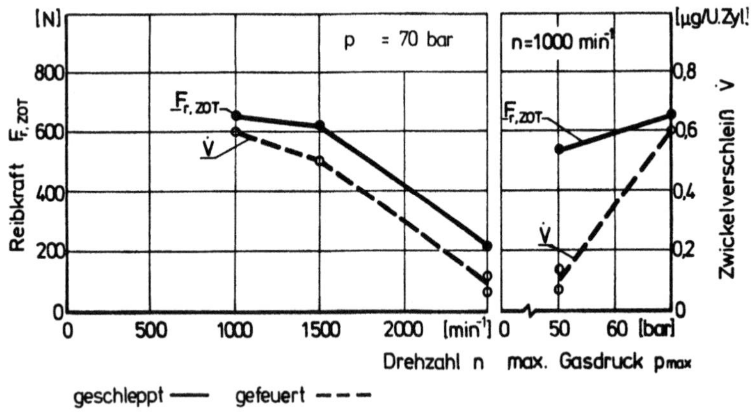

Bild 97 Ein Vergleich der Reibkraft Fr,ZOT und der Zwickelverschleißrate V

Sie deuten auf einen nach oben, in Top-Richtung zunehmenden, Laufflächen-Verschleiß bei den Schnitten 1, 5 und 9 hin. Die Profilschnitte 3 und 7 weisen einen nach unten ansteigenden Verschleiß der Lauffläche auf.

Die restlichen Schnitte sind als Übergangsbereiche zu definieren. Abgehend von der Annahme des am Ringumfang gleichförmigen Twistwinkels, muß bei den hier vorliegenden Gasdrücken (p_{max} = 100 bar) und den ungenügenden Schmierungsbedingungen von einem über der Geraden 3 - 7 sattelförmigen Vertwisten des Ringes ausgegangen werden. Der abnormal hohe Verschleiß ist direkt mit dem Ruß und der dadurch bedingten Ölmangelsituation in Zusammenhang zu sehen.

8.7. DISKUSSION DER VERSCHLEIßMESSUNGEN

Die Analyse des Buchsen- und Ringverschleißes ergab, daß für den gefeuerten Betrieb der Zwickelverschleiß (Daten der Fa. Daimler-Benz AG, Stuttgart) bezogen auf eine Umdrehung hyperbelförmig mit steigender Drehzahl abfällt. Der Lasteinfluß ist sogar in diesem kritischen Bereich der Zylinderbuchse von untergeordneter Bedeutung. Messungen an den im geschleppten Betrieb eingesetzten Zylinderbuchsen weisen Zwickelverschleiß für den ersten <u>und</u> zweiten Kompressionsring in OT auf. In UT erscheint ein ähnlicher aber geringerer Verschleiß. Der hohe Mischreibungsanteil des Ölabstreifringes wird hier deutlich. Die starke Geschwindigkeitsabhängigkeit macht sich im Betrieb mit geringem Drehzahlniveau durch erhöhten Zwickelverschleiß bemerkbar.

In Analogie zum Buchsenverschleiß im geschleppten Betrieb ist hier auch der Ringverschleiß stark drehzahlabhängig. Die Profilveränderungen sind an den Stellen mit erhöhter Pressung am stärksten. Dies belegt zum einen der hohe Verschleiß am Ringstoß und zum anderen der an den erhabenen Ringprofilen, z.B. die untere Abstreifkante des Nasen-Minuten-Ringes. Die Verschleißprofile belegen die steigende Twistempfindlichkeit mit abnehmender Balligkeit. Die metallkeramischen Beschichtungen weisen gegenüber der Mo-Beschichtung keine meßbare Verbesserung der Verschleißfestigkeit auf. Der Ring I mit der Beschichtung RC-4 hat trotz der höchsten Pressung (größte Balligkeit) hier den geringsten Verschleiß. Versuche im gefeuerten Betrieb mit starkem Rußanfall machen deutlich, in welch hohem Maße der Ringverschleiß und damit auch der Buchsenverschleiß von derartigen Schmierungsbeeinflussungen abhängig ist.

Aufgrund der physikalischen Verschleißgesetzmäßigkeit war ein Zusammenhang zwischen Reibkraft und Verschleißrate zu erwarten. Für den geschleppten Betrieb konnte die gute Korrelation bestätigt werden. Mit steigender Gasdruckbelastung nimmt die Vergleichbarkeit zu, da bei hohen Gasdrücken die Reibkraftanteile des zweiten und dritten Ringes an Bedeutung verlieren.

Eine bessere Korrelation ist zwischen der Verschleißrate und der gemessenen Schmierfilmdicke am ersten Kompressionsring zu erwarten. Die bei der Schmierfilmdickenuntersuchung ermittelte Drehzahlabhängigkeit bestätigt diese Überlegung. Für eine grundlegende Aussage ist die Messung der Schmierfilmstärke an mehreren Stellen des Ringumfangs bei gleichzeitiger Erfassung der Verschleißraten erforderlich. Mit den vorliegenden Meßverfahren ist eine solche Untersuchung möglich.

9. DER ÖLHAUSHALT AN DER KOLBENGRUPPE

Der tribologische Vergleich beinhaltet neben der Reibung und dem Verschleiß die Analyse des Ölhaushaltes. Für die serienmäßige Ringbestückung wurde von der Fa. Daimler-Benz der Ölverbrauch im gefeuerten Betrieb konventionell während der Verschleißuntersuchungen gemessen /34/. Die Auswertung der Daten ergibt keinen Zusammenhang des Ölverbrauches mit dem Zwickelverschleiß. Der auf die Umdrehung bezogene spezifische Ölverbrauch nimmt dabei hyperbolisch über der Drehzahl ab. Mit zunehmender Last nimmt er zu, ebenso mit steigenden Wasser- und Öltemperaturen. Die spezifischen Verbräuche betragen ca. 0,1 - 0,17 g/kWh. Auf eine Umdrehung bezogen liegen die Ölverbräuche im Bereich von 0,01 - 0,03 mg.

Für den geschleppten Betrieb war zunächst keine Ölverbrauchsmessung vorgesehen, da aber für die Ringvarianten keine Daten aus dem gefeuerten Betrieb vorlagen, wurde eine qualitative Bewertung der Profile anhand der ausgepufften Ölmenge durchgeführt. Dabei wurde die Ölmenge herangezogen, welche sich innerhalb einer Zeiteinheit in einem Ölabscheider, der in die Abgasleitung integriert war, ansammelte.

Bei serienmäßiger Ringbestückung war bei gemischten Betriebsbedingungen (pmax = 0 - 40 bar, n = 250 - 2500 1/min) eine Abscheidemenge während eines 8-Stunden-Laufes von 30 g zu ermitteln. Dies entspricht bei einer mittleren Drehzahl von ca. 1250 1/min einem Ölverbrauch von 0,05 mg/U. Dieser Wert liegt im Bereich für den gefeuerten Betrieb. Gleichzeitig war festzustellen, daß bei starker Drosselung im Ansaugtrakt, zur Verringerung der Kompressionsdrücke, der Ölverbrauch bei allen Varianten sichtbar zunahm. Dies korrespondiert mit den Ergebnissen anderer Untersuchungen /62*/.

Bei Betrieb mit nur jeweils erstem Kompressionsring ergaben sicht mit steigender Drehzahl (n > 1000 1/min) eindeutige Unterschiede für die Profilvarianten. Auffallend hohe Ölverbräuche waren beim Betrieb mit den stark balligen Ringen E, F und I zu verzeichnen. Aber auch der schwachballige Ring B hat höhere Ölverluste als die Ringe mit mittlerer Balligkeit.

Die Ergebnisse der Schmierfilmdickenuntersuchung (Kap. 7.3.) können analog zu Berechnungsverfahren /63/ zur Ölverbrauchsbestimmung herangezogen werden.

10. REIBUNGSMÄßIG OPTIMIERTE RINGPROFILE

Die Meßergebnisse weisen für die untersuchten Ringprofile als ein Optimum hinsichtlich Reibung, Verschleiß und Ölverbrauch den Ring A oder D aus. Parallel zu dieser Arbeit wurden von Todsen /128/ Optimierungsberechnungen für unterschiedliche Laufflächenprofile durchgeführt. Sie führten unter Berücksichtigung der hier vorliegenden Betriebsbedingungen für eben dieses Profil zu geringen Reibkräften und zu den höchsten Schmierfilmdicken in den Totpunkten. Dabei ergaben sich schon bei nur geringen Profilverschiebungen erhebliche Veränderungen des Laufverhaltens. Betrachtet man das Profil des Ringes A mit normaler Fertigungstoleranz (Bild 99), so sind hier schon eine Vielzahl der von Todsen untersuchten Profile enthalten.

Eine Überprüfung des Reibungsverhaltens der optimalen Form wurde mit ausgewählten Ausführungen des ersten Kompressionsringes am Versuchsmotor durchgeführt. Sie entsprechen in der Grundform dem Serienring (weiteren Daten gemäß Tabelle 7).

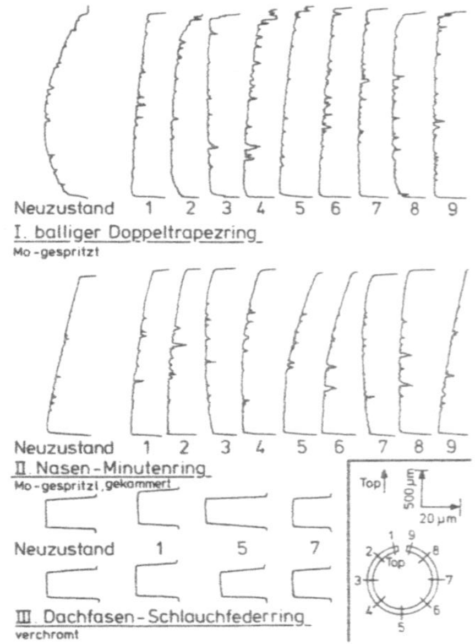

Bild 98 Ringprofile nach 3 Stunden gefeuertem Betrieb

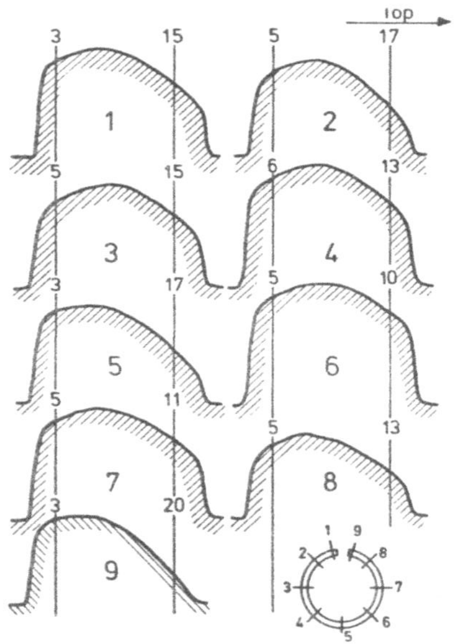

Bild 99 Vermessung eines Serienringes nach DIN 70909, Balligkeitsangaben in um

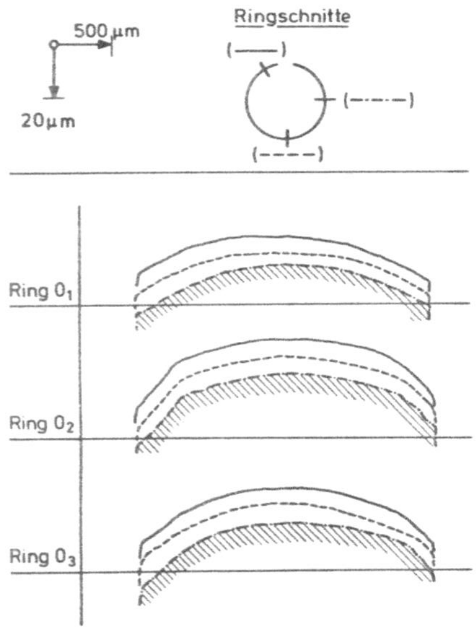

Bild 100 Profilvarianten des optimalen Kompressionsringes

Typ	:	01	02	03
Benennung	:	Doppelseitiger Trapezring 6°		
Norm	:	DIN 70 916		
Herstellart	:	doppelt formgedreht, kreisförmig		
Abmessung (mm)	:	125/115,4x3		
Werkstoff	:	X 90 CrMo V 18		
E-Modul (N/mm2)	:	210 000		
Biegefestigkeit (N/mm2)	:	800		
Tangentialkraft (N)	:	28,8	28,9	29,2
Stoßspiel (mm)	:	0,41	0,37	0,36
Laufflächenbeschichtung	:	unten gekammert		
Werkstoff	:	Chrom		
Schichtdicke (mm)	:	0,010 - 0,018		
Balligkeit (oben/unten) nach DIN 70 907	:	9/7	12/7	10/6
Exzentrizität aus der Mitte nach unten (mm)	:	0,4	0,4	0,6

Tabelle 7: Aufstellung der optimierten Ringprofile

Die Profile sind in Bild 100 dargestellt. Der Verschleiß im Stoßbereich und die damit einhergehende Profilveränderung der Mo-beschichteten Ringe zwangen zum Einsatz der Chrombeschichtung. Ein Verschleiß trat im Versuchsbetrieb damit in nicht mehr meßbaren Größenordnungen auf. Ein direkter Vergleich der Reibungswerte mit vorhergehenden Versuchen ist damit nicht möglich. Die Versuche erfolgten nur mit den o.g. ersten Kompressionsringen, um für die zu erwartenden geringen Differenzen zusätzliche Streuungen durch andere Ringe zu vermeiden und die Mischreibungskräfte mit einer ausreichenden Genauigkeit zu ermitteln. Der Kompressionsspitzendruck wurde auf pmax = 21 bar beschränkt, da mit weiterer Drucksteigerung doch mit wesentlichen Profilveränderungen durch Verschleiß zu rechnen war.

Im Mischreibungsbereich zeigt der Ring 02 ein günstiges Verhalten (Bild 101). Bei Berücksichtigung des Buchsentemperatureinflusses ist die Reibkraft FrZOT für den Ring 02 im ungekühlten Betrieb am geringsten. Durch die Kühlung wird die gesamte Buchsentemperatur herabgesetzt. In der Folge stellt sich für die Ringe eine jeweils mit der Größe der Mischreibungsbereiche ansteigende Temperatur tBOT ein, dabei erweist sich der Ring 02 mit der höheren Balligkeit wiederum als optimal hinsichtlich der Reibkräfte in ZOT. Die Ringe 01 und 03 haben in beiden Fällen eine höhere Buchsentemperatur tBOT, was auf einen größeren Mischreibungsbereich schließen läßt. Die Untersuchung der Reibmitteldrücke führt zu drehzahlabhängigen Überschneidungen, wie sie schon in Kapitel 7.1.11. bei den unterschiedlichen Profilen auftraten. Der Ring 01 hat im ungekühlten Betrieb bis ca. 1500 1/min die höchsten Reibmitteldrücke. Bei n = 2000 1/min weist er die geringsten Werte auf. Ring 02 und 03 sind etwa gleichwertig. Bei Kühlung kehrt sich dieses Verhältnis um, der Ring 01 weist nun die geringsten Reibungsverluste auf. Die Differenzen zu den beiden anderen Ringen ist aber kleiner als im ungekühlten Betrieb. Mit Drehzahlsteigerung findet wiederum eine Überschneidung statt und der Ring 01 erreicht dann die höchsten Reibungswerte.

Die Tatsache, daß schon geringste Profiländerungen einen starken Reibungseinfluß haben, beweist sich am Ring 02, der im gekühlten Betrieb im Abwärtshub mit zunehmender Drehzahl deutlich höhere hydrodynamische Reibung aufweist. Als Ursache ist die in Bild 100 sichtbare Kante in Richtung UT anzuführen. Sie führt zu einer Kürzung der tragenden Profilfläche im Abwärtshub. Sie wirkt darüberhinaus noch ölabstreifend. Die geringfügig höhere Balligkeit der Ringe 02 und 03 begründet die größere Mischreibung im ungekühlten Betrieb. Dahingegen macht sie sich im hydrodynamischen Bereich positiv durch den dickeren Schmierfilm und damit geringere Reibungswerte bemerkbar. Bei Kühlung werden die Unterschiede geringer.

Die theoretisch optimierten Ringprofile zeigen im Versuch die erwarteten Ergebnisse. Es lassen sich aber aufgrund der in Bild 99 dargestellten Fertigungstoleranzen derartig Ringe derzeit nicht serienmäßig herstellen.

11. ZUKÜNFTIGE VERSUCHSAUFBAUTEN

Die in der vorliegenden Abhandlung beschriebenen Versuche beweisen, daß die hydrostatische Buchsenlagerung die Erwartungen hinsichtlich Zylinderkopfdichtung, gasdruckunabhängige Reibkraftmessung und Reibungsfreiheit erfüllt. Verbesserungsmöglichkeiten sind in der Erhöhung der Meßaufbausteifigkeit, der Meßempfindlichkeit und einer besseren Buchsenkühlung zu sehen. Weiterhin ist der Einbau im Originalmotor anzustreben.

Als eine solche empfehlenswerte Möglichkeit ist die Lösung gemäß Bild 102 vorzusehen. Hierbei wurde auf die untere hydrostatische Lagerung der Buchse verzichtet. Sie wurde durch eine serienmäßige O-Ring-Dichtung substituiert. Die serienmäßige Buchse ist nach oben um ca. 30 mm zu verlängern und mit einem breiteren Bund zu versehen, was gußtechnisch möglich ist. Der erste Einpaß erfolgt über einen ringförmigen Piezoquarz-Kraftaufnehmer. Hierbei sind neben der üblichen Passungsauswahl die Wärmedehnungen zu berücksichtigen. Andererseits lassen sich diese langfristigen Querkrafteinflüsse gerade bei Quarzkraftaufnehmern gut kompensieren. Kippmomente an der Zylinderbuchse infolge von Kolbennormalkräften und ungleichmäßiger Reibkraftverteilung werden im Reibkraftsignal automatisch eliminiert, indem der Aufnehmer als vollständiger Ring um die Zylinderbuchsenachse vorliegt. Auch mehrere einzelne parallelgeschaltete Quarze, die ringförmig angeordnet sind, ergeben eine momentenfreie Messung, bei der nur die axialen Reibkräfte ermittelt werden.

Über den Aufnehmer erfolgt gleichzeitig die Abdichtung des Kühlmediums für die Zylinderbuchse gegenüber dem Hydrauliköl. Diese Dichtung ist sehr starr auszuführen und soll direkt durch die Paßflächen erfolgen. Damit ist die motorspezifische Buchsenkühlung möglich. Die Vorspannung der Zylinderbuchse ist mit M4-Schrauben zu bewerkstelligen, da hier nur geringe Kräfte, die Reibkräfte an der Zylinderbuchse, wirksam sind. Der spezielle Zylinderkopf stützt sich über einen über den Buchsenbund ragenden Ring ab, der gleichzeitig das Hydrauliköl nach außen abdichtet, und wird mittels der üblichen Zylinderkopfschrauben befestigt. Beim Anzug dieser Schrauben ist die hydrostatische Lagerung zur Fixierung des Kopfes zur Buchse in Betrieb zusetzen.

Ein wesentlicher Schwachpunkt der hydrostatischen Zylinderkopfdichtung ist im unteren Absaugkanal und dem Dichtspalt zum Verbrennungsraum zu sehen. Hier strömt mit ansteigenden Gasdrücken Verbrennungsgas mit all seinen Rückständen durch, wenn nicht besondere Abhilfe geschaffen wird. Als eine Lösung ist die gasdruckabhängige Absteuerung der Ölrücklaufleitung für den unteren Absaugkanal vorzusehen, wie dies hier z.B. mittels eines mechanischen, gasdruckgesteuerten Ventils dargestellt ist. Auch elektrisch gesteuerte Ventile sind dabei denkbar, wenn der Gasdruck im Verbrennungsraum gemessen wird.

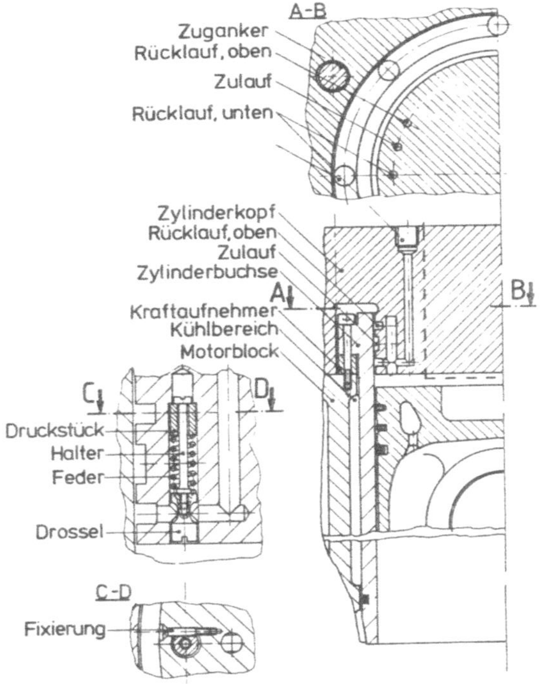

Bild 102 **Vorgeschlagener Versuchsaufbau für den Motorbetrieb**

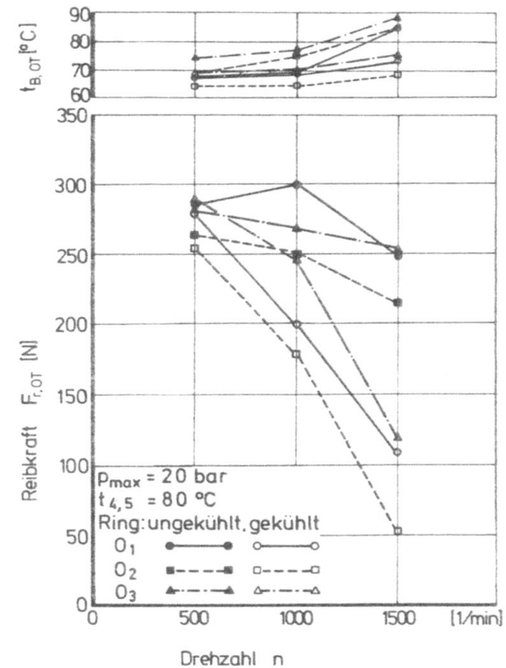

Bild 101 **Die Reibkraft Fr,ZOT der optimierten Ringprofile**

12. ZUSAMMENFASSUNG UND AUSBLICK

Inhalt dieser Arbeit ist die Untersuchung des tribologischen Verhaltens unterschiedlicher Laufflächenprofile am ersten Kompressionsring an einem Einzylinder-Versuchsmotor. Bei der Beschreibung des Prüfstandes wurde besonders auf die hydrostatische, berührungsfreie Zylinderkopfdichtung eingangen. Diese ermöglicht die Reibungsmessung unter motornahen Bedingungen im Schleppbetrieb. Zusätzlich wurde im gefeuerten Betrieb die Funktionsfähigkeit bei pmax = 100 bar nachgewiesen. Ein Ölfluß aus dem hydrostatischen Lager in den Kompressionsraum war nach Berechnungen nicht zu erwarten und konnte auch in Vorversuchen nicht festgestellt werden.

Die untere Buchsenlagerung konnte bei unzureichender Kühlung als Ursache für einen bedeutsamen Ölmangel angesehen werden. Dabei zeigte sich bei Variation der Ringprofile, daß schwachballige Kompressionsringe erst bei höheren Buchsentemperaturen Mangelschmierung aufweisen, was am Reibkraftanstieg in ZOT mit steigender Drehzahl ab einer kritischen Buchsentemperatur zu erkennen war. Ein Vorschlag zu zukünftigen Versuchsaufbauten am realen Motor bietet eine Verbesserung der Buchsenkühlung und verminderter Gasleckagen an der berührungslosen Kopfdichtung.

Die Meßwerterfassung- und verarbeitung wurde beschrieben. Das entwickelte berührungslose, kapazitive Schmierfilmdicken-Meßverfahren bietet eine rückwirkungsfreie Meßmöglichkeit vom Ring aus. Der Meßbereich ergibt eine gute Auflösung, insbesondere läßt sich hiermit der Übergang zur Mischreibung eindeutig ermitteln.

Die Untersuchungen gliederten sich in Reibkraft- und Schmierfilmdickenmessungen. Die in den hier durchgeführten Versuchen ermittelten Verschleiß- und Ölverbrauchswerte wurden für die unterschiedlichen Ringprofile analysiert und durch Einzelversuche ergänzt.

Der Kolben ohne Ringe weist nur hydrodynamische Reibung auf. Die höheren Reibkräfte als bei Bestückung mit einem Kompressionsring werden durch den größeren Füllungsgrad am Kolbenschaft und die niedrigeren Buchsentemperaturen erklärt.

Die Ergebnisse des Reibungsverhaltens der Serienbestückung wurden ausführlich dargestellt. Die Buchsentemperatur erweist sich dabei neben der Drehzahl als der wesentliche Parameter. Der Einfluß der Öleintrittstemperatur wurde wie schon in anderen Arbeiten als gering ermittelt. Der Gasdruckeinfluß ist für den geschleppten 4-Takt-Betrieb aufgrund seines kleinen Wirkungsbereiches bezüglich der Reibmitteldrücke als mäßig zu bezeichnen. Für pmax = 10 - 50 bar steigt der Reibmitteldruck um ca. 20 %. Die Reibkräfte in ZOT zeigen eine leicht degressiven Anstieg mit dem Gasdruck. Der Drehzahleinfluß, d.h. der Einfluß der Kolbengeschwindigkeit auf die Reibkraft Frvmax und auf den Reibmitteldruck ist linear. Beide Werte lassen sich gut miteinander korrelieren, was auf einen hohen hydrodynamischen Reibungsanteil deutet. Der Kolben hat dabei einen großen Anteil an der Gesamtreibung, was sich an dem hohen Normalkrafteinfluß in den Reibkraftverläufen wiederspiegelt. Die Schmierfilmdickenmessungen bestätigen diese Annahme, da sich an der vollständiger Ringbestückung keine ausgeprägte hydrodynamische Schmierung am ersten Kompressionsring bei pmax = 20 bar feststellen ließ.

Mit Gasdruck und Drehzahl nimmt die mittlere Buchsentemperatur im ungekühlten Betrieb annähernd linear zu. Ab einem kritischen Buchsentemperaturniveau steigen die Reibkräfte in ZOT entgegen der theoretischen Überlegungen mit der Drehzahl an. Als Ursache ist ein Ölmangel am Ringpaket infolge behinderter Ölversorgung über den Kolbenschaft festzustellen. Andere Untersuchungen an diesem Motor /54/ belegen dies, wobei sich mit zunehmender Schmiermittelviskosität dieser kritische Betriebspunkt zu niedrigeren Buchsentemperaturen verschiebt. Dieser Ölmangel bei hohen Drehzahlen und Gasdrücken wurde schon durch geringe Kühlung der Zylinderbuchse vermieden.

Schwerpunkt dieser Untersuchung war das Laufflächenprofil des ersten Kompressionsringes. Die Variation der Balligkeit im Bereich von 0,003 bis 0,040 mm an den 3 mm hohen Ringen führt zu Reibmitteldruckänderungen von ca. 20 % bei vollständiger Bestückung. Dabei sind die niedrigsten Werte für Balligkeiten von ca. 0,01 mm ermittelt worden, was dem Ring A entspricht. Schon geringe Verschiebungen der Balligkeit führen zur meßbaren Erhöhung des Reibmitteldruckes. Berechnungen nach einer hydrodynamischen Schmierungstheorie /127/, /128/ belegen die Messungen an reibungsmäßig optimierten Ringen. Diese Profilvarianten liegen im Bereich der Fertigungstoleranzen serienmäßiger Kompressionsringe.

Die extrem balligen Ringe sind etwa im Mittelfeld der gemessenen Reibwerte angeordnet. Dieses Ergebnis deckt sich ebenfalls mit o.g. Theorie. Danach haben schwach ballige Ringe niedrige Mischreibungskräfte aber im hydrodynamischen Bereich hohe Reibwerte und damit hohe Reibmitteldrücke. Die Analyse der Mischreibungsbereiche bestätigt dies. Stark ballige Ringe zeigen im Mischreibungsbereich schon bei niedrigeren Buchsentemperaturen einen Anstieg der Reibkräfte. Dies wird durch die höhere Verdrängung und durch Ölmangel bestimmt. Dieser "Quasi-Schmiermittelmangel" beruht auf der Tatsache, daß der stark ballige Ring mehr Schmiermittel zum Aufbau eines hydrodynamischen Schmierfilms benötigt als ihm im Ringpaket zur Verfügung steht. Dies ist erkennbar durch den früheren Mischreibungsbeginn gegenüber schwachballigen Ringen sowie durch sein intermittierendes Aufschwimmen und Absinken im Bereich hoher Geschwindigkeit. Der starkballige Ring staut Öl an und "schluckt" es sehr schnell wieder.

Die Absenkung der Ringanzahl führt allgemein zu einer Reibmitteldruckabnahme, die nicht linear mit der Tangentialkraft der Ringe verläuft. Messungen der Schmierfilmdicke am ersten Kompressionsring bestätigen, daß sich mit Zunahme der Ringanzahl das Ölangebot an diesem Ring verringert und hierdurch sein Reibungsverhalten beeinflußt wird. Die Mischreibungskräfte korrelieren mit den Tangentialkräften.

Der Einfluß der Laufflächenbeschichtung des ersten Kompressionsringes konnte nur anhand des Verschleißes im Mischreibungsbereiches erfaßt werden. Die Beschichtung hat infolge des Ring- und Buchsenverschleißes eine reibungsbestimmende Funktion über der Lebensdauer. Ein Werkstoffeinfuß auf die hydrodynamische Reibung war nicht erkennbar.

Die Schmierfilmdicken nehmen mit der Drehzahl zu und in starkem Maße mit der Buchsentemperatur ab. Der Gasdruckeinfluß beschränkt sich allgemein auf den Expansionsbereich. Er führt aber infolge der Temperaturerhöhung auch in den anderen Takten zur Schmierfilmabsenkung. Die Schmierfilmanalyse führt zu dem Ergebnis, daß der serienmäßige Ring A die größten mittleren Schmierfilmdicken hat. Selbst der stark ballige Ring E weist für die maximalen Schmierfilme geringere Werte auf als Ring A. Diese Aussagen decken sich mit den hier ermittelten Reibungswerten.

Die Schmierfilmausbildung ist auf der Druck- und Gegendruckseite unterschiedlich. Es bilden sich Bereiche mit Mangelschmierung aus, die für die normal oder stark balligen Ringe i.a. auf der Druckseite liegen und durch die ungünstigere Spritzölversorgung erklärt werden können. Der schwachballige Ring, dessen hydrodynamisch wirksames Laufflächenprofil stärker vom Ringtwisten und von der Kolbensekundärbewegung abhängig ist, weist auf den Anlageseiten mit der Hubrichtung wechselnde Schmierfilmdicken auf.

Bei Bestückungen mit dem ersten Kompressionsring weisen die Schmierfilme einen der Theorie angenäherten Verlauf auf. Für die vollständige Bestückung ist kein geschwindigkeitsabhängiger Verlauf mehr feststellbar. Unterhalb einer Grenzdrehzahl von ca. 50 1/min bricht der Schmierfilm völlig zusammen.

Der Ringverschleiß im geschleppten Betrieb ist ähnlich wie der Zwickelverschleiß im gefeuerten Motor stark drehzahlabhängig. Der Verschleiß pro Arbeitsspiel fällt dabei hyperbolisch über der Drehzahl ab. Es läßt sich für gleiche Ringbeschichtungen eine Beziehung Reibkraft-Verschleißrate für die Mischreibungsbereiche feststellen. Die Korrelation nimmt mit steigendem Gasdruck zu. Der stärkste Verschleiß liegt an den Stoßenden vor. Bei Mo-Beschichtung ist das Ringprofil A als das verschleißärmstes zu bezeichnen. Den absolut geringsten Verschleiß ergab die keramische Laufflächenbeschichtung RC-4 des balligsten Ringes E, obwohl er bezüglich der Schmierfilmdicken die geringsten Werte im Mischreibungsbereich aufwies.

Die Überprüfung des Ölhaushaltes anhand der Schmierfilmdicken zeigt, daß der Ölverbrauch im Wesentlichen über die Ringflanken erfolgt. Der exzentrisch ballige Ring E fördert Öl in Richtung der Exzentrizität. Das stark ballige Profil E weist keine eindeutige Förderrichtung aus. Der schwachballige Ring B hat aufgrund der Empfindlichkeit gegenüber Twisten und Kolbenkippen auf der Druck- und Gegendruckseite entgegengesetzte Ölförderrichtungen. Qualitative Untersuchungen ergaben für den geschleppten Betrieb mit serienmäßiger Bestückung vergleichbare Werte bezogen auf den gefeuerten Betrieb.

Die Untersuchung unterschiedlicher Ringprofile ergab, daß der Ring A ein Optimum hinsichtlich Reibung und Ölverbrauch darstellt. Der absolute Verschleiß am Ring sowie an der Buchse ist von der jeweiligen Werkstoffkombination abhängig. Es ist daher für ein reibungsmäßig optimiertes Ringprofil eine verschleißfeste Laufflächenbeschichtung vorzusehen, da sich das Profil sonst zu rasch unter den wechselnden Betriebsbedingungen verändert und zu ungünstigen Reibungverlusten und Ölverbräuchen führt.

Aufgrund der vorliegenden Erkenntnisse ist die tribologisch optimierte Auslegung des Systems Kolben-Ring-Zylinder mittels einer einfachen Schmierungstheorie nur bedingt durchführbar. Wie die Untersuchung des hier als Optimum bezeichneten Ringes zeigen, wirken sich schon geringste Formunterschiede stark auf das Betriebsverhalten aus. Die Schmierfilmverteilung, die Kolbensekundärbewegung, die tatsächlichen Ölviskosität sowie die thermische Belastung sollten Bestandteil weiterer Berechnungen sein. Dabei ist zu berücksichtigen, daß ein derartig optimierter und eng tolerierter Ring bei den heutigen Fertigungsmöglichkeiten nicht kostengünstig herstellbar ist.

Hier muß auf die Notwendigkeit weiterer Messungen im gefeuerten Betrieb hingewiesen werden. Da die Ermittlung der Reibkräfte aus meßtechnischen Gründen nur für die Kolbengruppe erfolgen kann, ist gleichzeitig zur Reibungsmessung die Schmierfilmdickenmessung an allen Ringen und am Kolbenschaft durchzuführen. Vergleichende Verschleißuntersuchungen werden durch die Reibkraft- und Schmierfilmanalyse vereinfacht. Durch die Schmierfilmdicken läßt sich der Ölverbrauch näher bestimmen. Mit dem im Kapitel 11. dargestellten Versuchsaufbau läßt sich der zeitliche Meßaufwand bei der Serienentwicklung am Realmotor erheblich reduzieren.

12. LITERATURANHANG

Mit * gekennzeichnete Nachweise beinhalten weiterführende Literatur.

/1/ Groth, Klaus
Entwicklungsstand und -Möglichkeiten im Dieselmotorenbau
Umdruck, IfKo, 1981

/2/ Froede, W.
Mechanische Verluste von Kraftrad-Rennmotoren
ATZ, 55 (1953) 10, S. 263-266

/3/ Petersen, Hans
Die mechanischen Verluste der Mittel- und Großmotoren
MTZ, 11 (1950) 5, S. 118-125

/4/ Millington, B.W.;
Hartles, E.R.
Frictional Losses in Diesel Engines
SAE-Paper 680590, 1968

/5/ Matsumoto, Kiyoshi
Verringerung der Reibung in Verbrennungsmotoren
Nippon kikai gakkai shi, 79 (1976) 694, S. 870-876

/6/ Groth, Klaus
Neuere Methoden zur Untersuchung von Reibungsverlusten in Motortriebwerken
Schiff&Hafen, 29 (1977) 10, S. 917-923

/7/ Kochanowski, Hans-Alfred
Beitrag zur Bestimmung der Abhängigkeit des Reibungsmitteldruckes bei Verbrennungskraftmaschinen von verschiedenen Betriebsparametern
Diss. Uni. Hannover, 1975

/8/ Pinkus, Oscar;
Wilcock, Donald F.
The Role of Tribology in Energy Conservation
Journal of the ASLE, 34 (1978) 11, S. 599-610,

/9/ Fiedler, Hans
Der mittelschnellaufende 4-Takt-Schiffsdieselmotor - augenblicklicher Stand und Anforderungen an die zukünftige Entwicklung
Schiff&Hafen, 31 (1979) 5, S. 393-400

/10/ Shin, Keiichiro;
Tateishi, Yukio
Friction and Lubrication of Piston Ring
Journal of japan society of lubrication,
jankatsu, 22 (1977) 8, S. 483-489

/11/ Lang, Otto R.
Reibungsverluste in Verbrennungsmotoren
Schmiertechnik und Tribologie, 29 (1982)
3, S. 90-92

/12/ Förster, Hans-Joachim
Öleinsparung und Ölsubstitution beim
Straßenverkehr
Automobil-Industrie,1982, 1, S. 77-87

/13/ Burmeister, J.
Ein Beitrag zur Berechnung der Schmier-
verhältnisse am Tauchkolben
Diss. IfKo, 1973

/14/ Kovach, J.T.;
Tsakiris, E.A.;
Wong, L.T.
Engine Friction Reduction for Improved
Fuel Economy
SAE-Paper 820085, 1982

/15/ Bartz, Wilfried J.
Gedanken zur Kraftstoffeinsparung durch
reibungssenkende Motoren- und Getriebe-
öle
Erdöl und Kohle, 34 (1981) 4, S. 158-167

/16/ Esch, H.
Verlustanalyse der Nebenaggregate
unveröffentlichter Bericht
Forschungsgesellschaft für Energie-
technik und Verbrennungsmotoren mbH,
Aachen, 1982

/17/ Rogowski, A.R.
Method of Measuring the Instantaneous
Friction of Piston Rings in a Firing
Engine
SAE-Paper 379 F, 1961

/18/ Englisch, Carl
Kolbenringe
Springer Verlag, Wien, Band 1 + 2, 1958

/19/* Hattingen, Ullrich
Verbrennungsmotoren
Fachgebiete in Jahresübersichten
VDI-Zeitschrift, 122(1980) Nr.1/2,
123 (1981) Nr. 6, 125 (1983) Nr. 7

/20/* Oweis, Y.
Literaturrecherche für die Reibung der Kolbengruppe
Diplomarbeit, IfKo, 1980

/21/* Pietsch, Matthias
Reibverhalten und Schmierverhältnisse an der Kolbengruppe eines Einzylindermotors
Schriftliche Hausarbeit, IfKo, 1980

/22/* Grellmann, Uwe
Meßtechnik und Mathematik der Kolbengruppenreibung
Literaturrecherche
Schriftliche Hausarbeit, IfKo, 1981

/23/* McGeehan, James A.
A Literatur Review of the Effects of Piston and Ring Friction and Lubricating Oil Viscosity on Fuel Economy
SAE-Paper 780673, 1978

/24/ Furuhama, Shoichi
A Dynamic Theory of Piston-Ring Lubrication
2 nd Report Experiment
Bulletin of JSME 3 (1960) 10

/25/ Furuhama, Shoichi
Measurement of Piston Frictional Force in a Actual Operating Diesel Engine
SAE-Paper 790855, 1979

/26/ Sander, W.;
Strasser, E.
Einflüsse der Kolbengruppe auf die Hochleistungsverluste
MTZ 39 (1978) 3 S.101-103

/27/ Murray, Edward J.
Piston Ring for Passenger Car Engines
SAE-Paper 790698, 1979

/28/ Ferrari, G.
Piston-Ring Friction
Termotechnica 28 (1974) 9 S.491-499

/29/ Strachan, P.J.
A Study of Piston-Ring Lubrication
Diss. University of Leeds, 1973

/30/ Groth, Klaus
Einfluß der Zylindertemperatur auf die Wirksamkeit des Schmieröls
Techn. Mitt. des Mineralöl-Zentralverbandes, Hamburg, 1958, 4

/31/ Mollenhauer, K.;
Bruchner, K.
Beitrag zur Bestimmung des Einflusses von Zylinderdruck und Motordrehzahl auf die Motorreibung
MTZ 41 (1980) 6 S.265-268

/32/* Thiele, Enno
Beitrag zur Reibungsanalyse von Hubkolbentriebwerken
Diss., Uni Hannover, 1982

/33/ Szengel, Rüdiger
Ein halbempirischer Ansatz zur Erfassung der Kolbenreibung
Diplomarbeit IfKo, 1981

/34/ Wakuri, Yutaro
Experimental Studies on the Abnormal Wear of Cylinder Liners an Piston Rings in a Marine Diesel Engine
Int. Symp. of Mar. Eng. 34 (1973)
S. 12-15

/35/ Englisch, Carl
Kolbenringschmierung und -verschleiß
Daros Information, 1976, 1, S. 12-15

/36/* Kragelski, I.W.
Reibung und Verschleiß
Carl Hanser Verlag, München, 1971

/37/ Buhl, Wilhelm;
Sailer, Siegfried
Optimierung der hydrodynamischen Traganteile durch geeignete Formgebung und Oberflächen und praktische Erprobung
BMFT-Forschungsbericht 01 ZT 118, 1981

/38/ Brauers, Bert;
Jöhren, Paul
Einfluß der Kolbenringdichtung auf Ladungsverluste und Verdichtungsenddruck bei Personenwagen-Dieselmotoren im Startdrehzahlbereich
MTZ 44 (1983) 12 S.485-490

/39/ Lausch, Wolfram
Ein Beitrag zur Extrapolation vom Kurzzeit auf das Langzeit-Verschleißverhalten von Kolbenringlauffläche, -flanke und Büchsenlauffläche
Diss. Universität Hannover, 1979

/40/ Jakobs, Rolf
Einflußgrößen beim Zylinder (Zwickel)-Verschleiß von Personenwagen-Dieselmotoren
MTZ 44 (1983) 12 S 477-482

/41/ Stecher, Friedhelm
Reibung und Verschleiß
Überblick und Stand der Erkenntnisse bei Kolbenringen
Goetze AG, Burscheid, Fachschrift K25

/42/ Teetz, Christoph
Einfluß des Brennbeginns auf den Zwickelverschleiß im Dieselmotor
MTZ 44 (1983) 12 S.471-473

/43/ Wiemann, Lothar
Die Bildung von Brandspuren auf den Laufflächen der Paarung Kolbenring-Zylinder in Verbrennungsmotoren
MTZ 32 (1971) 2 S. 43-52

/44/ Murray, E.J.
A Survey of Scuffing in Spark Ignition Engines
CIMAC Bericht C70, 1975

/45/ NN
10 Milliarden Schäden durch Reibung und Verschleiß -
Der Maschinenschaden, 1980, 5

/46/ Böer, H.; u.a.
Tribologie Reibung-Verschleiß-Schmierung
Forschungsbericht T76-38 des BMFT, 1976

/47/* Takahashi, K.;
Urano, S.
Wear of piston rings. Review
Junkatsu, 24 (1979) 11 S. 712-715

/48/* Habig, Karl-Heinz
Verschleiß und Härte von Werkstoffen
Carl Hanser Verlag, München, 1980

/49/ La Rocca, A.V.
Der Laser als Werkzeug in der industriellen Fertigung
Spektrum der Wissenschaft (Scientific American), 1982, Mai, S. 60-72

/50/ Beyer, H.;
Buran, U.
Plasmagespritzte Kolbenringbeschichtungen für extrem lange Laufzeiten
Goetzewerke, Burscheid, Fachschrift K22

/51/ Stecher, Friedhelm;
Alberts, Karl-Heinz
Einfluß der Öladditive auf die Schmierung von Zylinder und Kolbenring
MTZ, 38 (1977) 1+2

/52/ Wolf, G.K.
Metallvergüten durch Ionenstrahlen
Chem.-Ing.-Technik, 54 (1982) 1 S. 23-32

/53/ Peeken, Heinz;
Köhler, Albert
Beitrag zur Klärung der Schmierstoffverschäumung sowie der Füllungsgradermittlung in dynamisch belasteten Gleitlagern
VDI-Zeitschrift, 124 (1982) 20
S. 783-789

/54/* Schweppe, Wolfgang
Schmieröleinflüsse
FVV-Vorhaben 216, Abschlußbericht,
Teil 1, 1982

/55/ Buty, Louis
Le role de la segmentation dans la consommation de l´huile et l´usure des cylindres
Ingenieurs de l´automobile, 1959, 5,
S. 313-323

/56/* Jakobs, Rolf;
Dollase, E.
Ölhaushalt am Tauchkolben
FVV-Forschungsbericht 107, 1970

/57/ Wacker, E.A.;
Sander, Wilfried;
Schmid, Karl
Heavy-Duty Diesel Engine Piston Design for Low Blowby and Oil Consumption
ASME Paper 78-DGP-16, 1978

/58/ Straßer, E.
Kolbengestaltung für niedrigen Ölverbrauch
MTZ, 40 (1979) 11 S.541-542

/59/ Furuhama, Soichi;
Hiruma, M.
Unusual phenomena in engine oil consumption
Lubrication Engineering, 36 (1980) 10
S. 599-606

/60/ Dück, G.
Ölringkonstruktionen und ihre Wirkung
Fachschrift K3, Goetze AG

/61/ Iven, P.
Ölverbrauch von 4-Takt-Tauchkolbenmotoren
Fachschrift K18, Goetze AG, Burscheid

/62/* Rulfs, Horst
Untersuchung des Schmierölverbrauchs eines aufladbaren Dieselmotors unter Anwendung eines Radioisotops
VDI-Forschungsheft 601, 1980

/63/ Economou, P.
Die Kolbenschmierung
Ein Forschungsbericht
Daros Information 78/1, 1978

/64/ Wakuri, Yutaro;
Ono, Shinsuke;
Soejima, Mitsuhiro
Oil Film Behaviour of a Circular Faced Slider in the Reciprocating Motion
ISLE ASLE, Int. Lubrication Conference, Tokyo, 1975

/65/ Englisch, Carl
Die Entwicklung der Kolbenringform
Daros Information 76/2, 1976

/66/ Rozeanu, L.
A Model for Cylinder Lubrication
Wear 40 (1976) S. 361-369

/67/ Popescu, N. Ion
Über die Schmierung des Kolbenringes
MTZ 33 (1972) 2 S. 57-61

/68/ Stecher, Friedhelm
Oberflächengestaltung von Kolbenringlaufflächen
Fachschrift K24, Goetze AG, Burscheid

/69/ Englisch, Carl
Über die axiale Höhe von Kolbenringen
Daros Information 77/1, 1977

/70/ Murray, Edward J.
Piston Rings for Passenger Cars
SAE-Paper 790698, 1979

/71/ Morsbach, Martin
Einfluß der axialen Höhe von Kolbenringen auf deren Funktionsfähigkeit
MTZ 43 (1982) 7/8 S. 299-305

/72/ NN
Reibkraftmessung
unveröffentlichter Bericht
Goetzewerk AG, Burscheid, 1972

/73/ Gish, R.E.
Determination of true Engine Friction
SAE-Transaction, 66, 1958

/74/ Ullmann, Kurt
Die mechanischen Verluste des schnelllaufenden Dieselmotors
Deutsche Kraftfahrforschung, 1939, 34, S. 1-21

/75/ Krause, Horst-Herbert
Auslegung und Konstruktion einer externen Ölversorgung für ein hydrostatisches Lager nach dem System "Eine Pumpe pro Tasche
Großer Entwurf, IfKo, 1976

/76/ NN
Instruction Manual 8200
Bruel&Kjaer, Nearum/Dänemark, 1978

/77/ Haller, R.
Nichtisotherme EHD, instationäre EHD
BMFT-Förderung, Vorhaben ol ZT 157/138, Inst. f. Maschinenkonstruktionslehre, Universität Karlsruhe, 1981

/78/ Kochanowski, Hans-Alfred
Thiele, Enno
Motorreibung
FVV-Forschungsheft 258, 1979

/79/ Lösing, H.
Schmierverhältnisse am obersten Kompressionsring
Diplomarbeit, IfKo, 1976

/80/ Parker, D.A.;
Stafford, J.V.;
Kendrick, M.;
Graham, N.A.
Experimental Measurements of the Qualities necessary to Predict Piston Ring-Cylinder Bore Oil Film Thickness, and of the Oil Film Thickness itself, in two Particular Engines
CIMAC-Bericht C71, 1975

/81/ Furuhama, Shoichi;
Shin, Keiichiro;
Tateishi, Yukio
Measurement of Oil-Film Thickness Between Piston Ring and Cylinder
SAE-Paper 830068

/82/* Jakobs, Rolf
Untersuchung der Kolbenschaftschmierung und der Kolbensekundärbewegung an einem Glaszylindermodellmotor
Diss., Uni Hannover, 1975

/83/ Ting, L.L.
Development of a Laser Fluorescente Technique for Measuring Piston Ring Oil Film Thickness
ASME Journal of Lubrication Technology, 96 (1980) S. 165-171

/84/ Stecher, Friedhelm; Möllenstedt, Gottfried
Reaktionsschichtbildung
FVV-Forschungsbericht Heft R190, 1971

/85/ Hornung, E.
Beeinflussung des Verschleißverhaltens durch Reaktionsschichtbildung
Schmierungstechnik, 7 (1976) 5 S.137-140

/86/ Habig, Karl-Heinz
Untersuchung der Verträglichkeit von Schmierölen mit metallischen Gleitlagerwerkstoffen
BMFT-Förderung, Vorhaben 01ZT240, Bundesanstalt für Materialprüfung, Berlin, 1982

/87/ Kochanowski, Hans-Alfred
Entwicklung einer elektronischen Auswerteinrichtung zur Bestimmung des indizierten Mitteldruckes
MTZ 35 (1974) 5 S. 141-146

/88/ Lieneweg, Fritz
Handbuch der technischen Temperaturmessung
Vieweg-Verlag, 1976

/89/ Trutnowski, K.
Berührungsfreie Dichtungen
VDI-Verlag, 1964

/90/ Dubbel
Taschenbuch für den Maschinenbau, Springer-Verlag, 14.Aufl. 1981

/91/ NN
Kraftmeßdosen
HBM Katalog, 1976

/92/ NN
Quarz-Kraftaufnehmer
Kistler Katalog, 1978

/93/ Klotter, Karl
Technische Schwingungslehre
Teil A und B
Springer-Verlag Berlin, Heidelberg, New York 1978/80

/94/ Magnus, Kurt
Schwingungen
Teubner Stuttgart, 3. Aufl. 1976

/95/ NN
Kolbenring-Handbuch
Goetze AG, Burscheid, 3. Auflage 1977

/96/ Takao, T.;
Sugawara, E.
Research on the Lubricating Oil
Behaviour Glass Cylinder
Nainen Kikan 12 (1973) 140

/97/ Krüger, Michael
Untersuchung über das Verhalten des Schmierfilms zwischen Kolben und Zylinderbuchse an einem Versuchsmotor durch photographische Aufnahmen
Diplomarbeit, IfKo, 1971

/98/ Koch, E.
Forschungsarbeiten über Kolben
Mahle KG, Stuttgart, Folge 7, 1942

/99/ Peeken, H.;
Knoll, G.;
Reiners, W.
Belastungs- und Reibungsverhältnisse am Kolbenschaft infolge hydrodynamischer Schmierfilmbildung
Unveröffentlichter Bericht des IME, RWTH Aachen, 1982

/100/ Reipert, Peter
Rechnerunterstützte Geometriebestimmung von Kolben
MTZ 43 (1982) 4 S. 171-174

/101/ Wacker, E.A.
Finite-Elemente-Programm zur Berechnung von Brennraum-Bauteilen
MTZ 32 (1971) 8

/102/ Furuhama, Shoichi
Effect of Piston and Piston Ring Desings on the Piston Friction Forces in Diesel Engines
SAE-Paper 810977, 1981

/103/ Munro, Robert
Fuel Econom - Its Influence on Diesel Piston Design Features
SAE-Paper 830067, 1983

/104/ Rhodes, M.L.P.;
Parker, D.A.
The AEconoguide Low Friction Piston Skirt Design
SAE-Paper 840181, 1984

/105/ Woschni, G.
Untersuchung des Lauf- und Dichtungsverhaltens von Kolbenringen in Abhängigkeit äußerer Einflüsse
Unveröffentlichter Zwischenbericht, AIF-Vorhaben 5617, 1983

/106/ Bernardi, Hans
Laufbuchsentemperaturen im Dieselmotor
Diplomarbeit, Uni Stuttgart, 1978

/107/ Tischbein, Hans W.
Reibung an Kolbenringen
Diss. , Technische Hochschule Karlsruhe, 1939

/108/ Brooks, R.L.; Atkin, M.L.
Observation of the Lubricating Oil Film between Piston Ring and Cylinder of a Running Engine
- The Effects of Ring Geometry-
Aeronautical Research Consultative Commitee, ACA - 52, Australian, 1950

/109/ Taylor, M.P.
The Effect of Gas Pressure on Piston Friction
SAE-Journal 38 (1936) 5 S. 200-205

/110/ Stellet, Hans-Peter
Untersuchung der Schmierverhältnisse an Kolben-Ring-Zylinder
Diplomarbeit, Uni Hannover, 1982

/111/ Utler, Wolfgang
Analytische Verfahren zur Bewertung von Kolbenringwerkstoffen
Fachschrift K26, Goetze AG, Burscheid

/112/ Münninghof, Hans
Kusebauch, Kurt
Die neue Vierzylinder-Motorenbaureihe von Audi/VW mit 1,6 und 1,8 l Hubraum
MTZ 44 (1983) 2 S.47-50

/113/ Stecher, Friedhelm
Reibung und Verschleiß
Goetze AG, Burscheid, Fachschrift K25

/114/ Furuhama, Shoichi; Shin, Keiichiro; Tateishi, Yukio
Measurement of Oil-Film Thickness Between Piston Ring an Cylinder
SAE-Paper 830068, 1983

/115/ NN
Verschleißverhalten des Zylinderbuchsen-Kolben-Kolbenring-Systems an Dieselmotoren
Kammer der Technik, Blankenburg/Harz, 1969

/116/ Uetz, Herbert
Verschleiß an Zylinderbüchsen aus Schleuderguß
FVV-Forschungsbericht 2-220, 1960

/117/ Nadal, J.
Zylinderverschleiß bei langsamlaufenden Dieselmotoren
Topographie und Metallographie
Daros, Göteborg, Information 2, 1976

/118/ Habig, Karl-Heinz;
Uetz, Herbert
Systemorientierte Grundlagen zur Bearbeitung von Verschleißfragen
VDI-Zeitschrift 124 (1982) 6 S. 215-220

/119/ Zwingmann, Uwe
Der 4-Takt-Bunkerfuelmotor MaK M601
Schiff & Hafen/Kommandobrücke 34 (1982) 4 S. 46-58

/120/ Pohle, Gerd
Verschleißfragen am Kolben und Möglichkeiten zur Verringerung
MTZ 31 (1970) 2 S. 68-73

/121/ Zürn, Herbert;
Pfeiffer,Ernst
Das Auftragsschweißen ergänzt, verändert und bestimmt die Funktion von Oberflächen
Messer Griesheim GmbH, Heft 12, 1981

/122/ Stecher, Friedhelm;
Möllenstedt, Gottfried
Reaktionsschichtbildung
FVV-Forschungsbericht Heft R190, 1971

/123/ Hornung, E.
Beeinflussung des Verschleißverhaltens durch Reaktionsschichtbildung
Schmierungstechnik 7 (1976) 5 S. 137-140

/124/ Hamilton, G.M.;
Moore, S.L.
Measurement of Piston Ring Profile During Running In
Inst. Mech. Engrs. 1975, Paper No 135

/125/ Nautiyal, P.C.
Some Studies on Boundary Lubrication on Wear Mechanismen of Piston Rings
Ph.D.Thesis, New Dehli, 1980

/126/ Wagner, Elmar
Beitrag zur Beschreibung der Kolbenringbewegungen und des Druckverlaufes im Ringpaket eines Zweitakt-Schiffs-Dieselmotors
Diss. Hannover, 1983

/127/ Groth, Klaus;
Krause, Horst-Herbert;
Kruse, Horst;
Todsen, Uwe
Reibung, Schmierung und Verschleiß am System Kolben-Ring-Zylinder
Dokumentation zum Forschungs- und Entwicklungsprogramm des Bundesministeriums für Forschung und Technologie
Reibung-Verschleiß-Schmierung, 1983

/128/ Todsen, Uwe
Untersuchungen an dem tribologischen System Kolben-Kolbenring-Zylinder
Diss. Hannover, 1984

Schmiertaschen von Turbinenlagern
- Thermischer Tascheneinfluß -

von

Dipl.-Ing. U. Reidegeld
Dr.-Ing. D. Schüler
Prof. Dr.-Ing. H. Seifert

Institut für Konstruktionstechnik
Ruhr-Universität Bochum

Förderzeichen: 01 ZT 290
Laufzeit: 1.10.1980 - 31.12.1983

Zusammenfassung

In der Vergangenheit konzentrierten sich die Arbeiten über Gleitlager weitgehend auf das physikalische Geschehen im eigentlichen Schmierspalt. Die hierbei gewonnenen Erkenntnisse haben dazu geführt, daß man mit den heute zur Verfügung stehenden Berechnungsmöglichkeiten die sich dort abspielenden strömungsmechanischen und thermischen Vorgänge sehr genau erfassen kann. Vergleichsweise spät wurde dagegen damit begonnen, die sich im übrigen Lagerbereich - einschließlich der Schnittstellen zwischen Lager und Umgebung - abspielenden Vorgänge ebenso genau zu untersuchen und berechenbar zu machen. Bis heute noch nicht befriedigend beantwortet ist z.B. die Frage, ob man bei thermisch hoch belasteten Turbinenlagern durch Erhöhung der Frischölzufuhr über den zur Spaltfüllung erforderlichen Bedarf hinaus neben der mittleren Ölablauftemperatur auch die Lagertemperaturen insgesamt absenken kann. Die Frage läuft bei Radiallagern darauf hinaus, ob bzw. in welchem Maße sich an der Welle haftendes warmes Öl und zugeführtes Frischöl in den Schmiertaschen miteinander vermischen und welche Temperaturverteilung an dem einer Schmiertasche folgenden Spaltanfang daraus resultiert. Der Beantwortung dieser Frage allein durch experimentelle Untersuchungen an realen Gleitlagern steht entgegen, daß keine der für das Verständnis der Vorgänge wichtigen Größen meßtechnisch erfaßbar ist. Besonders gilt dies wegen der kleinen Spalthöhen für die Temperatur- und Geschwindigkeitsverteilungen im Ölfilm. Darüberhinaus sind jedoch nicht einmal die entsprechenden integralen Größen, also die in eine Tasche eintretenden und aus ihr austretenden Volumenströme sowie deren mittlere Temperaturen, direkt meßbar.

Das wesentliche Ziel der durchgeführten Untersuchungen bestand darin, durch Messungen an einem Modellversuchsstand genauere Kenntnisse über die sich in einer Schmiertasche abspielenden Mischungsvorgänge zu gewinnen. Bei der Konzeption dieses Prüfstandes stellte sich heraus, daß es nicht möglich war, neben der strömungsmechanischen Ähnlichkeit volle Ähnlichkeit auch bezüglich der thermischen Vorgänge zu erzielen. Außerdem wurde davon ausgegangen, daß die Wärmeübertragung vorwiegend durch Konvektion und nur zu einem geringen Teil durch Wärmeleitung stattfindet. Der Versuchsstand wurde daraufhin so konzipiert, daß die beiden der Tasche zugeführten Volumenströme statt durch unterschiedliche Temperaturen durch unterschiedlich hohe Farbstoffzusätze gekennzeichnet wurden. Auf diese Weise wurde bei den Modellversuchen das Äquivalent für mögliche Wärmeflüsse zwischen der Flüssigkeit einerseits und der Wellen- bzw. Taschenoberfläche andererseits vollständig ausgeschaltet.

Das wichtigste Ergebnis dieser Versuche ist, daß bei niedrigen Spaltreynoldszahlen nahezu der gesamte in die Tasche eingeschleppte Volumenstrom über die Tasche hinweg zum folgenden Spaltanfang überschleppt wird, ohne an einem Mischungsvorgang teilzunehmen. Mit wachsender Spaltreynoldszahl wird dieser direkt überschleppte Anteil jedoch immer geringer, bis die Tasche bei großen Umfangsgeschwindigkeiten und Spalthöhen schließlich nahezu als idealer Mischer zwischen eingeschleppter und von außen zugeführter Flüssigkeit wirkt. Für den Zusammenhang zwischen einem in geeigneter Weise definierten Überschleppungsfaktor und der Spaltreynoldszahl konnte empirisch ein einfacher exponentieller Ansatz formuliert werden.

Auf reale Lager übertragen würde dieses Ergebnis bedeuten, daß es bei kleinen Lagern und niedrigen Drehzahlen kaum möglich ist, die Lagertemperaturen durch Erhöhung der Frischölmenge zu senken. Bei großen Lagern und hohen Drehzahlen dagegen lassen die Modellversuche erwarten, daß eine Steigerung der Frischölmenge aufgrund der starken Durchmischung in den Taschen zu einer Absenkung der Lagertemperaturen führt. Bevor die aus den Modelluntersuchungen gewonnenen Erkenntnisse bei der Auslegung von Gleitlagern berücksichtigt werden, sollten sie mit Hilfe von Grenzschichtbetrachtungen theoretisch untermauert und hinsichtlich ihrer Übertragbarkeit auf reale Lager abgesichert werden.

Gliederung

1. Einleitung

Die im Rahmen dieses Vorhabens durchgeführten Untersuchungen sollen die Berechnung von Gleitlagern an einer bestimmten Stelle präzisieren und damit einen Beitrag zur Auslegung betriebssicherer Lager liefern. Die Betriebssicherheit des Gleitlagers selbst ist dann gewährleistet, wenn im Betrieb die kleinste Schmierspalthöhe einen als zulässig angesehenen Minimalwert nicht unterschreitet und die höchste Schmierfilm- bzw. Lagertemperatur einen als zulässig angesehenen Maximalwert nicht überschreitet. In vielen Anwendungsfällen, z.B. bei der Lagerung von Rotoren in Turbomaschinen, ist ein weiterer wichtiger Aspekt zur Beurteilung der Betriebssicherheit das durch die Feder- und Dämpfungseigenschaften der Gleitlager beeinflußte Schwingungsverhalten des Rotors. Eine zuverlässige Vorausberechnung der Schmierspalthöhen und -temperaturen sowie der Feder- und Dämpfungskoeffizienten bei gegebenen Geometrie- und Betriebsdaten erfordert eine simultane Lösung der Gleichungen für die Druck- und Temperaturverteilung. Grundsätzlich ist man mit den heute zur Verfügung stehenden Rechnern in der Lage, das physikalische Geschehen im Schmierfilm z.B. durch Lösung der entsprechenden Differentialgleichungen mittels Differenzenverfahren praktisch beliebig genau vorauszuberechnen, wobei auch thermoelastische Lagerverformungen in die Rechnung einbezogen werden können. Man spricht in diesem Fall von thermoelastohydrodynamischer ("TEHD"-) Lagerberechnung. Einschränkungen bezüglich dieser Aussage sind heute noch für den Fall zu machen, daß die Strömung im Schmierfilm turbulent wird. Auch bei laminarer Spaltströmung bestehen jedoch noch zum Teil erhebliche Unklarheiten bezüglich bestimmter thermischer Randbedingungen, die den Sinn einer mit großem Rechenaufwand verbundenen TEHD-Rechnung in Frage stellen können. In besonderem Maße gilt dies für die Annahme zutreffender Schmierfilmtemperaturen am Spaltanfang. Die folgenden Ausführungen sind an hydrodynamischen Radiallagern mit Schmiertaschen orientiert, gelten prinzipiell aber auch für andere Lagerformen.

Das dem Lager über die Taschen zugeführte Schmieröl hat zunächst die Funktion, den Schmierspalt zu füllen und damit einen hydrodynamischen Druckaufbau zu ermöglichen. Dem Lager muß hierzu diejenige Ölmenge zugeführt werden, die in axialer Richtung als sogenannter Seitenfluß aus dem Schmierspalt austritt. Mit zunehmender Drehzahl und Lagergröße wird der Anteil der im Schmierfilm erzeugten Reibungswärme, der durch Wärmeleitung und Konvektion über die Lagerschale an die Umgebung abgeführt wird, immer geringer. Das Schmieröl muß deshalb bei großen Lagern und hohen Drehzahlen zusätzlich die Funktion übernehmen, nahezu die gesamte Reibungswärme abzuführen. Sie wird dem als Seitenfluß austretenden Öl, bevor es dem Lager in geschlossenem Kreislauf über die Taschen wieder zugeführt wird, in einem Wärmetauscher entzogen. In der Praxis versucht man vielfach, übermäßiger Lagererwärmung dadurch zu begegnen, daß man dem Lager mehr kühles Frischöl zuführt, als dies zur Spaltfüllung erforderlich wäre. Grundsätzlich läßt sich die Zuführung nur durch Erhöhung des Zuführdruckes steigern. Häufig werden, um den Zuführdruck trotzdem gering zu halten, in die die Taschen seitlich begrenzenden Stege Nuten eingearbeitet, die das seitliche Abströmen relativ großer Ölmengen im Taschenbereich ermöglichen, ohne daß der Taschendruck nennenswert größer als der Umgebungsdruck ist. Die Druckverteilung im Schmierspalt, für die die Taschendrücke Randwerte sind, wird unter dieser Voraussetzung praktisch nicht direkt beeinflußt. Eine indirekte Beeinflussung des hydrodynamischen Druckaufbaus durch eine Erhöhung der Zuführmenge kann jedoch durch eine Veränderung der Öltemperaturen eintreten, weil die den Druckaufbau bestimmende Viskosität der üblicherweise verwendeten Schmieröle in starkem Maße von der Temperatur abhängt.

Die entscheidende Frage lautet damit, ob bzw. in welchem Maße die Öltemperaturen durch die Zuführmengen beeinflußt werden. Theoretisch sind zwei Extremfälle und ein dritter - ebenfalls sehr klar definierbarer - dazwischenliegender Sonderfall vorstellbar:

1. Das von der Welle an einem Spaltende in eine Tasche eingeschleppte warme Öl wird restlos von der Welle entfernt und abgeführt, so daß der folgende Spaltanfang vollständig mit kühlem Frischöl gefüllt wird. Durch Erhöhung der Zuführmenge wird in diesem Fall lediglich die mittlere Abflußtemperatur abgesenkt.

2. Das an der Welle haftende warme Öl wird vollständig über die Tasche hinweg in den folgenden Schmierspalt überschleppt. Nur der zur Spaltfüllung erforderliche zusätzliche Ölbedarf wird durch kühles Frischöl abgedeckt. Eine Erhöhung der Zuführmenge bewirkt unter dieser Voraussetzung ebenfalls nur eine Absenkung der mittleren Abflußtemperatur.

3. Das von der Welle in eine Tasche eingeschleppte warme Öl und das zugeführte Frischöl mischen sich in der Tasche vollständig miteinander. Das im Taschenbereich seitlich abstömende Öl und das in den folgenden Spalt eintretende Öl haben in diesem Fall gleiche Mischtemperaturen, die sich durch eine Erhöhung der Zuführmengen absenken lassen.

Der zuerst genannte Extremfall bzw. überhaupt die Vorstellung, daß warmes Öl im Taschenbereich abgeführt wird, ohne an einem Mischungsvorgang teilzunehmen, erscheint nur denkbar, wenn entsprechende konstruktive Vorkehrungen, etwa in Form eines Ölabstreifers, getroffen werden. Ist dies, wie üblich, nicht gegeben, erscheinen nur solche Fälle realistisch, die zwischen der vollständigen Warmölüberschleppung und der vollständigen Mischung zwischen eingeschlepptem Warmöl und zugeführtem Frischöl liegen.

Da man über die wirklichen Vorgänge bisher wenig weiß, behilft man sich bei Lagerberechnungen heute noch überwiegend damit, sich auf die vermeintlich sichere Seite zu begeben und mit vollständiger Warmölüberschleppung zu rechnen. Diese Annahme liefert gegenüber der Annahme vollständiger Mischung die höhere Eintrittstemperatur am Spaltanfang und als Folge davon die geringere kleinste Schmierspalthöhe und die höhere Maximaltemperatur. Dieses Vorgehen ist aus zwei Gründen unbefriedigend. Zum einen läßt sich so der Einfluß einer dem Lager zugeführten Überschußmenge rechnerisch überhaupt nicht erfassen, zum anderen liegt man bei der Ermittlung der Stabilitätsgrenze eines gleitgelagerten Rotors mit den unter diesen Voraussetzungen berechneten Feder- und Dämpfungskoeffizienten gerade auf der unsicheren Seite. Das übergeordnete Ziel eines großen Teils der Forschungsaktivitäten auf dem Gleitlagergebiet, nämlich die statischen und dynamischen Lagereigenschaften wirklich zuverlässig vorausberechnen zu können, läßt sich im Prinzip nur dadurch erreichen, daß man unter anderem das Geschehen in den Schmiertaschen ebenso genau berechnet wie das im eigentlichen Schmierspalt.

Ettles und Cameron [1] untersuchten wohl als erste das Phänomen der Warmölüberschleppung auf theoretischem Wege. Sie kamen dabei zu dem Ergebnis, daß ein Anteil von 85 bis 90 % der eingeschleppten Wärme über die Tasche hinweg zum nächsten Spaltanfang transportiert wird. Ebenso wie in einer weiteren Arbeit von Ettles [2] wird dabei laminare Strömung in der Tasche vorausgesetzt und ein möglicher Einfluß der Zuführmenge auf die Warmölüberschleppung nicht untersucht. Allerdings werden in [2] diesbezügliche Aussagen anderer Autoren zitiert, die jedoch von "beachtlichem" bis zu "vernachlässigbarem" Einfluß des Zuführdruckes (und damit der Zuführmenge) auf die Warmölüberschleppung bzw. auf die Lagereigenschaften reichen. Ettles betont zwar in [2], daß der Fall turbulenter Taschenströmung noch der Untersuchung bedürfe, vermutet jedoch zunächst, daß die Warmölüberschleppung auch dann ähnlich groß bleibe. In [3] stellt Ettles dann einen deutlichen Einfluß der Segmentzahl eines Michell-Lagers (und damit der Größe der öldurchfluteten Zwischenräume zwischen den Segmenten) auf die Warmölüberschleppung fest. Die Abnahme des von ihm definierten Überschleppungsfaktors mit abnehmender Segmentzahl führt er nun doch (zumindest teilweise) auf die zunehmend turbulente Strömung in diesen Zwischenräumen zurück.

Da die Schwierigkeiten, die der Versuch einer hinreichend genauen rechnerischen Erfassung der Strömungs- und Wärmeaustauschvorgänge unter Berücksichtigung von Turbulenz und Größe der Zuführmenge bedeutet hätte, unabsehbar groß erschienen, bestand das Ziel dieses Vorhabens im wesentlichen darin, auf empirischem Wege zu quantitativen, praktisch brauchbaren Aussagen darüber zu gelangen, ob bzw. in welchem Maße die Tasche die Funktion eines Mischers übernimmt oder ob die Vorstellung einer mehr oder weniger vollständigen Warmölüberschleppung der Realität näher kommt.

Bevor die in dieser Arbeit verwendeten Modellvorstellungen beschrieben werden, soll noch kurz auf zwei neuere Arbeiten eingegangen werden, die erst gegen Ende der Laufzeit dieses Vorhabens erschienen. Deters [4] untersuchte unter anderem experimentell den Einfluß verschiedener Parameter, auch den der Zuführmenge, auf die Warmölübertragung bei Axiallagern mit Kreisgleitschuhen und stellte eine - wenn auch nur geringfügige - Abnahme der Warmölübertragung mit wachsender Zuführmenge fest. Allerdings stellt die von ihm bei der Ermittlung der Warmölübertragungszahl getroffene Annahme, die Temperaturunterschiede über der Spalthöhe seien bei hohen Drehzahlen so gering, daß die Messung der Segmenttemperatur in Schmierfilmnähe zur Bestimmung der mittleren Ein- und Austrittstemperaturen genüge, die Genauigkeit dieses Ergebnisses in diesem speziellen Punkt in Frage. Eigene wie auch die Rechen- und Versuchsergebnisse anderer Autoren zeigen nämlich, daß gerade am Spaltanfang im Öl ein erhebliches Temperaturgefälle von der Welle zur Lagerschale existieren kann.

Mitsui, Hori und Tanaka untersuchten in [5] theoretisch und experimentell den Kühleffekt des zugeführten Frischöls an einem kreiszylindrischen Radiallager. Sie gehen dabei von der Vorstellung aus, daß das Frischöl einen Teil des Warmöls verdrängt und nur der mit einem Mischungswirkungsgrad gewichtete Anteil des Warmölstroms sich mit Frischöl mischt und mit der entsprechenden Mischtemperatur zur Füllung des folgenden Spaltanfangs dient. Je größer der so definierte Mischungswirkungsgrad ist, um so größer wird die Wärmeüberschleppung über die Tasche hinweg. Die Autoren stellen fest, daß sich diese Wärmeüberschleppung durch Steigerung des Zuführdruckes und damit der Zuführmenge erheblich verringern läßt. Die Diskussion am Ende dieses Beitrags vermittelt jedoch den Eindruck, daß dieses Ergebnis mit der Bauform des untersuchten Lagers zusammenhängen könnte.

2. Hypothesen zum Mischungsvorgang

Entsprechend der Zielsetzung werden den Untersuchungen zwei relativ einfache Modellvorstellungen über den Mischungsvorgang zugrundegelegt. Beiden gemeinsam ist, daß nicht die in Wirklichkeit zweidimensionalen Geschwindigkeits- und Temperaturverteilungen an den Grenzen zwischen Schmierspalt und Tasche, sondern lediglich die integralen Größen "Volumenströme" und "mittlere Temperaturen" betrachtet werden. Bei letzteren handelt es sich um die kalorimetrischen Mittelwerte. Nach Bild 1 werden so der Tasche der Frischölstrom $\dot{V}_0$ mit der Temperatur T_0 und - aus dem in Drehrichtung gesehen der Tasche vorangehenden Spalt - der Volumenstrom $\dot{V}_2$ mit der mittleren Temperatur $\bar{T}_2$ zugeführt. Die Tasche verlassen der in den folgenden Spalt eintretende Volumenstrom $\dot{V}_1$ mit der mittleren Temperatur $\bar{T}_1$ und, sobald der Frischölstrom $\dot{V}_0$ größer als die zur Spaltfüllung benötigte Differenz $\dot{V}_1 - \dot{V}_2$ ist, die Überschußmenge $\dot{V}_4 = \dot{V}_0 - (\dot{V}_1 - \dot{V}_2)$ mit der Mischtemperatur T_4.

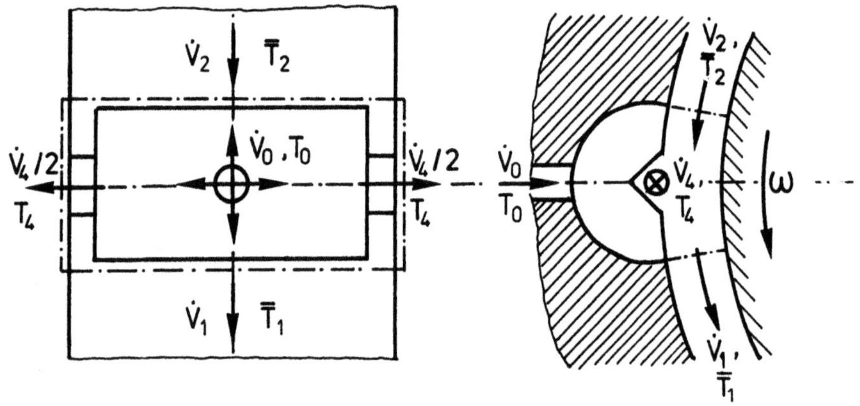

Bild 1: Schematische Darstellung der Volumenströme und Temperaturen im Bereich der Lagertasche

Die zuerst verwendete Modellvorstellung wurde von Pollmann [6] übernommen. Sie läßt sich so interpretieren, daß sie von der Grundvorstellung ausgeht, die Tasche sei ein idealer Mischer. Hierunter ist zu verstehen, daß sich die Volumenströme $\dot{V}_0$ und $\dot{V}_2$ vollständig miteinander vermischen, was zu gleichen Temperaturen $\bar{T}_1$ und T_4 führt. Daß dies in der Realität nicht in vollem Umfang zu erwarten ist, wird gemäß Bild 2 dadurch berücksichtigt, daß zwar der gesamte eingeschleppte Warmölstrom $\dot{V}_2$ und der zur Spaltfüllung erforderliche Teil $\dot{V}_1 - \dot{V}_2$ des Frischölstroms, aber nur der mit einem Mischungsfaktor m $(1 \geq m \geq 0)$ gewichtete Anteil der überschüssigen Frischölmenge an dem Mischvorgang im Mischer M teilnehmen. Der Anteil (1-m) der überschüssigen Frischölmenge verläßt bei dieser Modellvorstellung die Tasche seitlich sozusagen ungenutzt mit der Zuführtemperatur T_0.

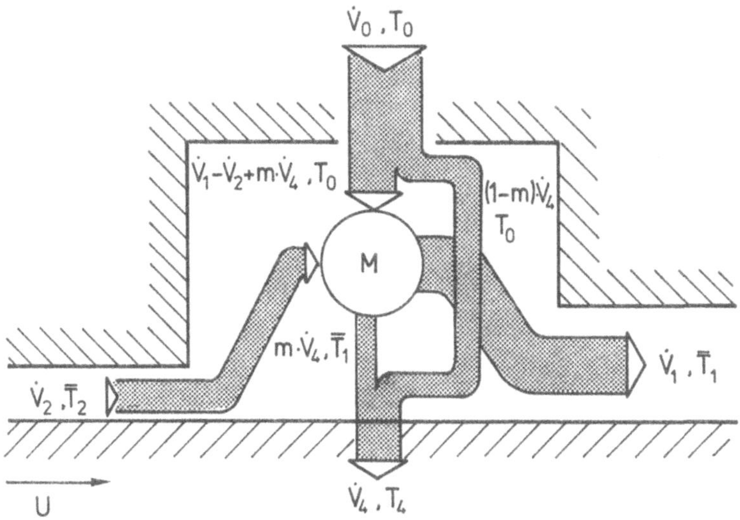

Bild 2: Schematische Darstellung der Mischungshypothese

Die zweite Modellvorstellung wurde während der Bearbeitung dieses Vorhabens entwickelt. Sie geht von dem Grundgedanken aus, daß warmes Öl unmittelbar von einem Spaltende über die Tasche hinweg zum folgenden Spaltanfang überschleppt wird. Dabei wird gemäß Bild 3 angenommen, daß dies nur für den mit einem Warmölüberschleppungsfaktor w ($1 \geq w \geq 0$) gewichteten Anteil des Warmölstroms $\dot{V}_2$ gilt. Der Anteil (1-w) des Warmölstroms vermischt sich bei dieser Modellvorstellung im Mischer M mit dem gesamten Frischölstrom. Das Öl mit der sich hieraus ergebenden Mischtemperatur dient zum Füllen des folgenden Spaltes bzw. verläßt die Tasche seitlich.

Beiden Modellvorstellungen ist gemeinsam, daß die gesuchte Anfangstemperatur $\bar{T}_1$ bei gegebenen Werten für $\dot{V}_2$, $\bar{T}_2$ und T_0 von zwei Parametern abhängt, nämlich von der Zuführmenge und von dem Mischungs- bzw. Warmölüberschleppungsfaktor. Trotz der unterschiedlichen Grundgedanken bezüglich des physikalischen Gesche-

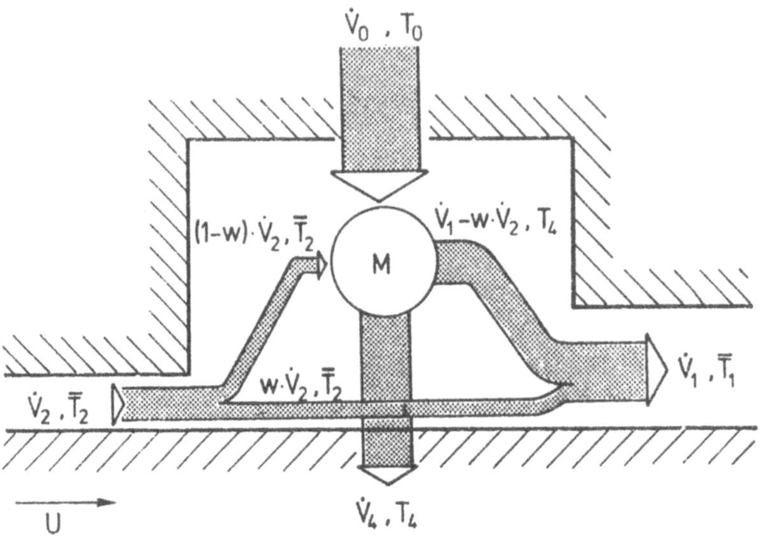

Bild 3: Schematische Darstellung der Überschleppungshypothese

hens führen sie für m = 0 und w = 1 bzw. für m = 1 und w = 0 zu gleichen Ergebnissen. Natürlich läßt sich auch bei gegebenen Volumenströmen und Temperaturen der eine Faktor aus dem jeweils anderen berechnen. Die an dieser Stelle lediglich nebeneinanderstehenden Modellvorstellungen werden im Abschnitt 4.2 ausgehend von den Versuchsergebnissen miteinander verglichen und bewertet.

3. Modellversuchsstand

Entsprechend der beiden Modellvorstellungen zugrunde liegenden vereinfachenden Betrachtungsweise genügt zur Ermittlung der beiden Faktoren die Kenntnis der vier Volumenströme $\dot{V}_0$, $\dot{V}_1$, $\dot{V}_2$ und $\dot{V}_4$, die die Grenzen des Kontrollraumes "Lagertasche" überschreiten, sowie der tatsächlichen Temperaturen bzw. der kalorimetrischen Temperaturmittelwerte dieser Volumenströme. Am realen Lager lassen sich direkt nur $\dot{V}_0$ und T_0 und - bei Entwicklung geeigneter konstruktiver Vorrichtungen - möglicherweise noch $\dot{V}_4$ und T_4 messen. Die unmittelbare Messung der Volumenströme $\dot{V}_1$ und $\dot{V}_2$ und der mittleren Temperaturen $\bar{T}_1$ und $\bar{T}_2$ ist dagegen ausgeschlossen, sie lassen sich allerdings auf kombiniert rechnerisch-experimentellem Weg indirekt ermitteln. Hierzu müssen zunächst Spalthöhen, Druckgradienten und Lagerschalentemperaturen an den Taschenrändern sowie die Wellentemperatur gemessen werden. Man kann davon ausgehen, daß sich mit Hilfe eines leistungsfähigen Rechenprogramms die zur Berechnung der Volumenströme und mittleren Temperaturen benötigten zweidimensionalen Geschwindigkeits- und Temperaturverteilungen bei Kenntnis dieser Größen relativ genau bestimmen lassen. Von Anfang an war jedoch vorgesehen, für die Untersuchungen einen Modellversuchsstand zu bauen, an dem alle genannten Größen direkt meßbar sein sollten. Erst danach sollten durch Messungen an einem realen Lager und parallel dazu durchgeführte Rechnungen die Modellversuchsergebnisse überprüft werden.

3.1 Konzeption

Da außer der Analyse der Mischungvorgänge und den späteren Vergleichsuntersuchungen an einem realen Lager auch geplant war, Strömungsformen in der Tasche sichtbar zu machen, wurde der Prüfstand als vergrößertes, zu einem vorhandenen Gleitlagerprüfstand Reynolds-ähnliches Modell entworfen. Wegen der Forderung, auch die Volumenströme $\dot{V}_1$ und $\dot{V}_2$ direkt messen zu können, wurde lediglich der Taschenbereich mit in Umfangsrichtung relativ kurzen Spaltbereichen nachgebildet, denen die Volumenströme $\dot{V}_2$ und $\dot{V}_1$ über vor- bzw. nachgeschaltete abgedichtete Kammern zugeführt bzw. entnommen und dabei gemessen werden können. Da eine der Vergrößerung des Durchmessers und der Spalt- und Taschenhöhen entsprechende Vergrößerung der Taschenbreite einen erheblichen konstruktiven Aufwand bedeutet hätte und außerdem angenommen wurde, daß die für Mischung bzw. Überschleppung wesentlichen Effekte wenig von der Taschenbreite abhängen, sollte das Modell wesentlich schmaler ausgeführt werden als es die Einhaltung der vollen geometrischen Ähnlichkeit erfordert hätte. Wegen der vorgesehenen Sichtbarmachung der Strömungsformen sollten sämtliche die Tasche begrenzenden Wände einschließlich der Welle aus durchsichtigem Material gefertigt werden. Als Betriebsmittel wurde Wasser vorgesehen. Wegen der bereits angesprochenen Vergrößerung und wegen der im Vergleich zu üblichen Schmierölen kleinen kinematischen Viskosität des Wassers wird so die Forderung nach strömungsmechanischer Ähnlichkeit bereits bei sehr niedrigen Umfangsgeschwindigkeiten der Welle erfüllt.

Die Hauptforderung an den Modellversuchsstand bestand darin, die genannten vier Volumenströme zu messen und gleichzeitig durch Messung geeigneter Größen auf die Mischungsvorgänge zu schließen. Nächstliegend wäre es gewesen, der Tasche die Volumenströme $\dot{V}_0$ und $\dot{V}_2$ ebenso wie beim realen Lager mit unterschiedlich hohen Temperaturen T_0 und $\bar{T}_2$ zuzuführen und die sich einstellenden Mischtemperaturen $\bar{T}_1$ und T_4 zu messen.

Wegen der unterschiedlichen geometrischen Abmessungen und Werkstoffe war es aber ohnehin nicht möglich, neben der strömungsmechanischen Ähnlichkeit auch eine Ähnlichkeit bezüglich der Wärmeleitungsvorgänge zu erzielen. Außerdem wurde davon ausgegangen, daß die Wärmeübertragung überwiegend durch Konvektion und nur wenig durch Wärmeleitung erfolgt. Es wurde deshalb ein anderes Vorgehen gewählt, bei dem das Äquivalent für die in der Realität zwar vorhandenen, vermutlich aber nicht sehr ins Gewicht fallenden Wärmeflüsse zwischen dem Öl einerseits und der Welle und der Taschenwand andererseits vollständig unterdrückt wird. Den zugeführten Volumenströmen $\dot{V}_0$ und $\dot{V}_2$ sollte ein wasserlöslicher Stoff in unterschiedlich hoher Konzentration zugesetzt und aus den zu messenden Konzentrationen dieses Stoffes in den beiden austretenden Volumenströmen $\dot{V}_1$ und $\dot{V}_4$ auf die Mischungsvorgänge geschlossen werden. Im übrigen mußten am Modellversuchsstand sämtliche Parameter, durch die diese Mischungsvorgänge möglicherweise beeinflußt werden, entsprechend der Geometrie und den Betriebszuständen realer Lager verändert werden können. Dies sind die Taschenform, die Spalthöhen am Beginn und Ende der Tasche, die Strömungsform an diesen Stellen (reine Scherströmung, ggf. überlagerte Druckströmung), die Umfangsgeschwindigkeit der Welle und die Zuführmenge.

3.2 Konstruktiver Aufbau

Bild 4 zeigt den Lagertaschenbereich mit den angrenzenden Spalten und den vor- und nachgeschalteten Kammern. Der rechteckige Taschenrahmen (30° Umfangserstreckung an der Welle, 20 mm Höhe, 100 mm radiale Erstreckung) dient zur Aufnahme von Formteilen, deren Innenkontur der zu untersuchenden Taschenform entspricht.

Bild 4: Lagertaschenbereich des Modellversuchsstandes mit Vorrichtung zur Spalthöhenverstellung

Darüber ist die fliegend gelagerte Welle (400 mm Durchmesser, 40 mm Dicke) zu sehen, die von einem drehzahlgeregelten Gleichstrom-Getriebemotor über einen Zahnriemen angetrieben wird. Kammern, Spalte und Tasche sind nach außen vollständig durch eine untere Grundplatte (wegen ihrer Durchsichtigkeit im Bild nicht erkennbar) und eine obere Deckplatte (im Bild demontiert) abgedichtet. Zur rotierenden Welle hin wird dies für beide Platten durch eine kombinierte statisch-dynamische Dichtung erreicht. Das im Bild erkennbare vorgespannte Dichtband (40 mm Breite entsprechend der Wellendicke) sorgt auf der einen Seite für die Abdichtung gegenüber der Welle. Auf der anderen Seite sind Grund- und Deckplatte über weiche Gummistreifen gegenüber dem Dichtband statisch abgedichtet. Um den erforderlichen Kontakt zwischen der rotierenden Welle und dem Wasser herzustellen, ist das Dichtband im Kammer-, Spalt- und Taschenbereich entsprechend der axialen Erstreckung der Tasche 20 mm breit ausgenommen. Der Lagertaschenrahmen und die seitlich angrenzenden Spaltbegrenzungswände sind gegenüber der Welle radial beweglich. Dadurch, daß diese Begrenzungswände am Taschenrahmen elastisch angelenkt sind, kann die Geometrie beider Spalte über Feingewindebolzen und parallelgeschaltete Zugfedern innerhalb gewisser Grenzen beliebig verändert werden. Der Radius dieser Begrenzungswände ist um 0,3 mm größer als der Wellenradius, so daß sich bei einer Spalthöhe von 0,3 mm genau zentrische Spalte einstellen lassen. Die Drehrichtung der Welle und die vier Volumenströme werden im Bild 4 durch Pfeile symbolisiert. Der Volumenstrom $\dot{V}_2$ wird über eine Schlauchleitung der Einströmkammer zugeführt und tritt über den rechten Spalt in die Tasche ein. $\dot{V}_1$ verläßt die Tasche über den linken Spalt und wird über die Ausströmkammer abgeführt. Ähnlich wie beim realen Lager wird $\dot{V}_0$ radial zu- und $\dot{V}_4$ axial abgeführt. Die vier Volumenströme werden über Überlaufbehälter zu- bzw. abgeführt. Dadurch, daß diese Behälter in ihrer Höhe um ± 1 m verschiebbar sind, kann die Größe der Volumenströme gesteuert werden.

3.3 Meßverfahren

Die Umfangsgeschwindigkeit der Welle wird durch Drehzahlmessung mit einem elektronischen Zähler ermittelt. Die Spalthöhen wurden ursprünglich mit einer Fühlerlehre eingestellt. Später wurde aus in Abschnitt 4. genauer beschriebenen Gründen ein Wirbelstrommeßsystem eingesetzt, mit dem sich die Spalthöhen bei rotierender Welle laufend auf einem Oszillographen kontrollieren lassen. Die Wände der Zu- und Abführspalte mußten hierzu mit einem dünnen Blechstreifen beklebt werden. Die Volumenströme werden durch Messung des Druckabfalls an kalibrierten Kapillardrosseln bestimmt. Zur Erzielung einer hohen Meßgenauigkeit bei unterschiedlich hohen Volumenströmen stehen Drosseln mit unterschiedlich steiler Kennlinie zur Verfügung, die leicht ausgetauscht werden können. Diese Differenzdrücke wie auch die Differenzdrücke zwischen Anfang und Ende der beiden Spalte, die ein Maß für den eingestellten Druckgradienten sind, werden an Steigröhrchen abgelesen. Für die Konzentrationsmessung wurden verschiedene Verfahren auf ihre Brauchbarkeit hin untersucht. Das gewählte optische Verfahren der Absorptions-Photometrie beruht auf dem Effekt, daß jeder in Wasser lösliche Stoff beim Durchleuchten mit weißem Licht diskrete Wellenlängen des Gesamtspektrums absorbiert. Verstärkt wird dieser Effekt, wenn ein möglichst reiner Farbstoff gelöst und die Lösung mit komplementärem Licht durchstrahlt wird. Mit den Bezeichnungen I_0 und I_1 für die Intensitäten des eintretenden ungeschwächten bzw. des nach Durchtritt durch die Lösung geschwächten Lichtes gilt für die Absorption $A = I_0/I_1$ und für die sogenannte Extinktion $E = \ln A = \ln(I_0/I_1)$. Nach den Gesetzen von Bonguer-Lambert und Beer [7] erhält man bei Wahl eines geeigneten Farbstoffes und einer geeigneten Konzentration einen weitgehend linearen Zusammenhang zwischen Extinktion und Konzentration. Für die Anwendung dieses hochauflösenden Meßverfahrens am Taschenmodell mußte zunächst ein brauchbarer Farbstoff gefunden werden. Nach einer Reihe von Vorversuchen wurde Eisenhexacyanoferrat (Berliner Blau) für geeignet gehalten, allerdings ergaben sich hiermit später Schwierigkeiten, auf die ebenfalls in Abschnitt 4. näher eingegangen wird. Ein Absorptions-Photometer wurde leihweise vom Institut für physikalische Chemie der Universität Münster zur Verfügung gestellt und für die Konzentrationsmessung in strömenden Medien umgerüstet.

In Bild 5 ist schematisch der für die Versuchsdurchführung wesentliche Teil der hydraulischen Anordnung dargestellt. In allen vier Zweigen durchströmt das Wasser eine Kapillardrossel zur Volumenstrommessung, eine Meßkammer des Absorptions-Photometers und einen in der Höhe verstellbaren Überlaufbehälter. Das erforderliche Druckgefälle von den beiden Zuführ- zu den beiden Abführzweigen wird dadurch hergestellt, daß die Überlaufbehälter in den beiden Zuführzweigen auf eine größere geodätische Höhe gebracht werden als die in den beiden Abführzweigen. Den beiden hochstehenden Überlaufbehältern wird das Wasser über kleine Pumpen zugeführt. In Wirklichkeit ist die hydraulische Schaltung wesentlich umfangreicher: Mit Hilfe wegen der besseren Übersichtlichkeit nicht dargestellter Pumpen, Absperr- und Wegeventile ist es z.B. möglich, die in einem der Behälter gesammelte Lösung zur weiteren Anreicherung mit Farbstoff unter Umgehung des Ta-

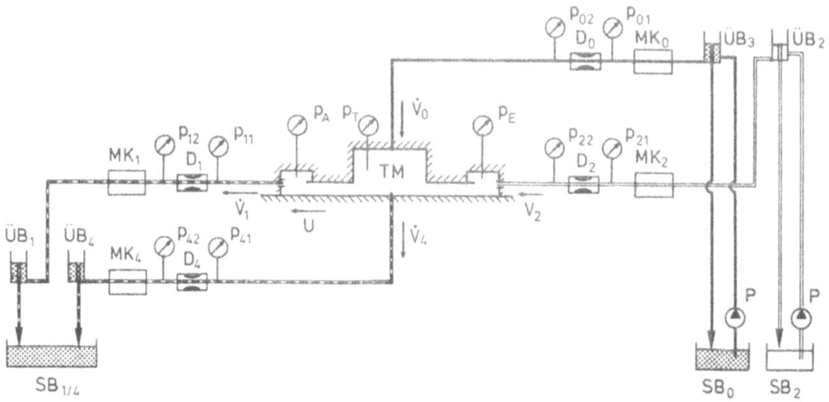

Symbole :

D : Kapillardrossel
MK : Meßkammer des Photometers
P : Pumpe
p : Druck
SB : Sammelbehälter
TM : Taschenmodell mit Spaltbereichen und Ein- und Ausströmkammern
U : Umfangsgeschwindigkeit
ÜB : Überlaufbehälter
V̇ : Volumenstrom

Indizes :

A : Ausströmkammer
E : Einströmkammer
T : Tasche
0 : Zuführzweig „Frischöl"
2 : Zuführzweig „vorangehender Spalt"
1 : Abführzweig „folgender Spalt"
4 : Abführzweig „Seitenfluß"

Bild 5: Schema der Versuchsstandhydraulik

schenmodells umzuwälzen oder auch durch Spülen mit destilliertem Wasser das Taschenmodell und die Meßkammern von Farbstoff zu reinigen. Bild 6 zeigt die Gesamtansicht des Modellversuchsstandes. Erkennbar sind in der obersten Etage (von links nach rechts) der y-t-Schreiber für die Konzentrationsmessungen bei gleichzeitiger Kontrolle, wann ein stationärer Zustand erreicht ist, der Kathodenstrahloszillograph für die Spalthöhenmessung, der Zähler für die Drehzahlmessung; in der zweiten Etage von oben (von links nach rechts) das Absorptions-Photometer und das (im Gegensatz zu Bild 4 jetzt senkrecht gestellte) Taschenmodell. In der Etage darunter befindet sich neben den Speisegeräten für das Photometer und den Gleichstrommotor die Schalttafel mit den bereits angesprochenen Ventilen für Sonderfunktionen. Ganz unten rechts sind die Sammelbehälter angeordnet. Links im Bild sind die nebeneinanderstehenden Steigröhrchen für die Druckmessung, rechts die in der Höhe verstellbaren Überlaufbehälter zu sehen.

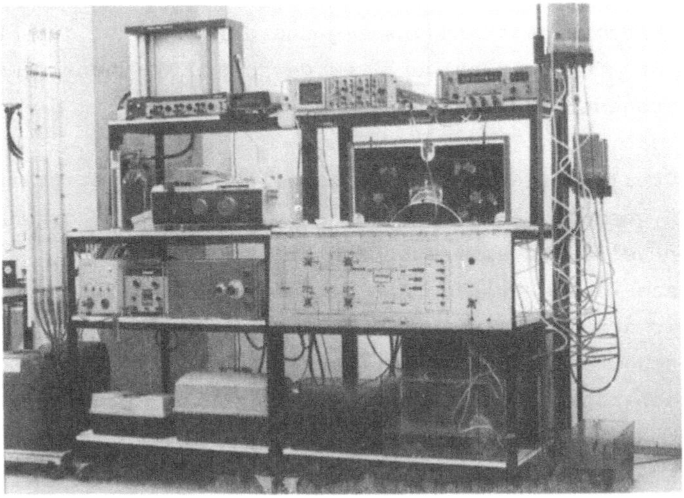

Bild 6: Gesamtansicht des Modellversuchsstandes

4. Modellversuche

4.1 Versuchsdurchführung

In Vorversuchen wurden die Kapillardrosseln kalibriert. Die Vielzahl von Meßpunkten $\Delta p(\dot{V})$ ließ sich, wie zu erwarten, für jede Drossel sehr gut durch eine Ausgleichsparabel mit Nulldurchgang der Form $\Delta p = a \cdot \dot{V}^2 + b \cdot \dot{V}$ annähern. Außerdem wurde das Verfahren zur Konzentrationsmessung überprüft, wobei die Gültigkeit des Lambert-Beerschen Gesetzes, also des linearen Zusammenhangs zwischen Konzentration und Extinktion, bis hin zu sehr starken Verdünnungen der Farblösung bestätigt wurde. Nach der Umrüstung des für die Messung in ruhenden Medien konzipierten Absorptions-Photometers zur Konzentrationsmessung in strömenden Medien ergaben sich zunächst dadurch Schwierigkeiten, daß die Meßergebnisse durch Totwassergebiete in den Meßkammern verfälscht wurden. Sie konnten nur dadurch beseitigt werden, daß die vorhandenen Meßkammern durch solche mit einem kleineren Strömungsquerschnitt als dem der angeschlossenen Schlauchleitungen ersetzt wurden. Als Nachteil dieser Maßnahme mußte jedoch in Kauf genommen werden, daß der Strömungswiderstand anstieg und bei gleicher geodätischer Höhendifferenz der Überlaufbehälter geringere Volumenströme als geplant durchgesetzt werden konnten.

An dieser Stelle soll auf eine Reihe weiterer Schwierigkeiten hingewiesen werden. Bereits während der ersten Versuchsreihen mit rotierender Welle war eine sehr schlechte Reproduzierbarkeit der Meßergebnisse festzustellen. Als Ursache stellte sich ein unerwartet hoher Abrieb des wegen seiner im übrigen hervorragenden Gleiteigenschaften gegenüber der Acrylglas-Welle verwendeten Teflon-Dichtbandes heraus, der zu einer Trübung der austretenden Volumenströme $\dot{V}_1$ und $\dot{V}_4$ und entsprechenden Fehlern bei der Konzentrationsmessung führte. Nach Versuchen mit zahlreichen anderen Werkstoffen wurde ein Nylon-Dichtband eingesetzt. Hiermit war zwar kein Abrieb mehr festzustellen, es neigte allerdings ab Wellenumfangsgeschwindigkeiten von etwa 1,5 m/s zum Fressen. Um weitere Verzögerungen zu vermeiden, wurde das Nylon-Dichtband trotzdem beibehalten.

Ein schwerwiegender Nachteil der Verwendung von Nylon wurde, da er sich nicht in Fehlern bei den laufend kontrollierten Volumenstrom- und Farbstoffbilanzen niederschlug, erst nach einer größeren Zahl von Versuchen bemerkt. In unregelmäßigen Zeitabständen durchgeführte Vergleiche zwischen den durch die Kapillardrosseln gemessenen und den bei eingestellter reiner Couette-Strömung theoretisch zu erwartenden Volumenströmen $\dot{V}_1$ und $\dot{V}_2$ führten plötzlich zu keinem befriedigenden Ergebnis mehr. Es stellte sich heraus, daß der Reibungskoeffizient zwischen Welle und Dichtband mit wachsender Drehzahl anstieg, sich dadurch die Zahnriemenkräfte änderten und sich die fliegend gelagerte Welle je nach Anpreßdruck des Dichtbandes und Umfangsgeschwindigkeit um bis zu etwa 30 μm durchbog. Entsprechend der Prüfstandskonstruktion bedeutete dies unbekannt große Änderungen der jeweils zu Versuchsbeginn mittels Fühlerlehre eingestellten Spalthöhen - bei eingestellten Höhen von 0,3 mm z.B. um bis zu 10%. Selbst eine große Zahl von

Versuchsergebnissen mit sehr geringen Bilanzfehlern war dadurch unbrauchbar, weil die Spalthöhen einen wichtigen Parameter darstellen, der sehr genau bekannt sein muß. Um die Suche nach einem geeigneteren Dichtbandwerkstoff oder eine Neukonstruktion der Wellenlagerung zu umgehen, wurde die betriebsbedingte Spalthöhenänderung hingenommen und ein Wirbelstrommeßsystem zur Spalthöhenmessung von der rotierenden Welle aus installiert. Bei allen weiteren Versuchen wurden die Spalthöhen laufend kontrolliert und - was aufgrund der in Bild 4 zu erkennenden Verstellvorrichtungen leicht möglich war - gegebenenfalls nachjustiert.

Zu diesen mechanischen Problemen kam ein nicht zu erwartendes chemisches Problem: Vor allem bei niedrigen Umfangsgeschwindigkeiten und damit relativ langer Verweildauer der Meßlösung im Prüfstand reagierte der gewählte Farbstoff mit den in den Strömungszweigen enthaltenen Messingteilen. Die entstehende wasserunlösliche Verbindung flockte aus und neigte darüberhinaus zu Koagulation. Hierdurch ergaben sich zum einen wiederum Fehler bei der Konzentrationsmessung, zum anderen auch Fehler bei der Volumenstrommessung, weil die großen Partikel allmählich die Kapillaren verstopften. Abhilfe konnte durch Austausch der aus Messingröhrchen bestehenden Kapillardrosseln durch Kunststoff-Kapillaren und durch Lackieren aller übrigen mit der Farbsubstanz in Berührung kommenden Messingteile geschaffen werden.

Die genannten Schwierigkeiten führten zu erheblichen zeitlichen Verzögerungen, so daß das ursprünglich geplante Versuchsprogramm nur zum Teil abgewickelt werden konnte. Durch die geschilderten Maßnahmen konnte jedoch schließlich die Reproduzierbarkeit der Versuchsergebnisse so weit gesteigert werden, daß diese zu etwa 90% innerhalb der in Abschnitt 4.2 genannten Selektionsgrenzen lagen.

4.2 Versuchsauswertung

Bereits die leeren Meßkammern absobieren einen Teil des einfallenden Lichts. Darüber hinaus muß aufgrund von Fertigungstoleranzen davon ausgegangen werden, daß die Schichtdicke des durchleuchteten Mediums nicht bei allen Meßkammern gleich groß ist. Die dadurch unterschiedlich hohen Grundabsorptionen lassen sich eliminieren, indem zu Beginn jeder Meßreihe alle vier Meßkammern nacheinander mit der Lösung mit hohem Farbstoffzusatz ("hF") und der ohne bzw. mit geringem Farbstoffzusatz ("oF") durchströmt, die entsprechenden Maximalextinktionen E_{hFi} und Minimalextinktionen E_{oFi} (i = 0,1,2,4) gemessen werden und in der anschließenden Versuchsreihe eine von der jeweiligen konzentrationsabhängigen Extinktion E_{Ci} normierte Extinktion nach der Vorschrift

$$E^*_{Ci} = \frac{E_{Ci} - E_{oFi}}{E_{hFi} - E_{oFi}} \qquad (i = 0,1,2,4)$$

gebildet wird. Da die Konzentrationen der als Mischprodukt zwischen $\dot{V}_2$ und $\dot{V}_0$ anzusehenden Volumenströme $\dot{V}_1$ und $\dot{V}_4$ nur Werte zwischen C_{oF} und C_{hF} annehmen können, müssen diese normierten Extinktionen zwischen 0 und 1 liegen. Sie können wegen des linearen Zusammenhangs zwischen Konzentration und Extinktion den normierten Konzentrationen gleichgesetzt werden. Für die normierten Konzentrationen C^*_i der vier Volumenströme gilt damit

$$0 \leq C^*_i \leq 1 \qquad (i = 0,1,2,4).$$

Da in sämtlichen Versuchsreihen der Volumenstrom $\dot{V}_0$ in Form destillierten Wassers mit Farbstoffzusatz und der Volumenstrom $\dot{V}_2$ in Form destillierten Wassers ohne Farbstoffzusatz zugeführt wurde, gilt stets $C^*_0 = 1$ und $C^*_2 = 0$. Die normierten Konzentrationen treten bei der Versuchsauswertung formal an die Stelle der Temperaturen.

Normalerweise sollen die beiden in Abschnitt 2. beschriebenen Hypothesen zum Mischungsvorgang dazu dienen, bei bekanntem Mischungs- bzw. Warmölüberschleppungsfaktor, gegebenen Volumenströmen sowie gegebenen Temperaturen T_0 und $\bar{T}_2$ die Temperatur $\bar{T}_1$ zu berechnen. Bei der Auswertung der Modellversuche ist dagegen die Aufgabenstellung umgekehrt: Aus den stellvertretend für die Temperaturen gemessenen Konzentrationen sollen die Faktoren m bzw. w berechnet werden.

Die Wärmebilanz am Mischer ergibt nach Bild 2 (unter Weglassen der als konstant angenommenen volumenspezifischen Wärme)

$$(\dot{V}_1 - \dot{V}_2 + m \cdot \dot{V}_4) \cdot T_0 + \dot{V}_2 \cdot \bar{T}_2 = \dot{V}_1 \cdot \bar{T}_1 + m \cdot \dot{V}_4 \cdot \bar{T}_1$$

Durch Auflösen nach m erhält man die gesuchte Bestimmungsgleichung:

$$m = \frac{\dot{V}_2}{\dot{V}_4} \cdot \frac{\bar{T}_2 - T_0}{\bar{T}_1 - T_0} - \frac{\dot{V}_1}{\dot{V}_4} \tag{1}$$

Die Wärmebilanz an der Stelle der beiden sich zum Taschenseitenfluß $\dot{V}_4$ vereinigenden Teilvolumenströme ergibt entsprechend

$$m \cdot \dot{V}_4 \cdot \bar{T}_1 + (1-m) \cdot \dot{V}_4 \cdot T_0 = \dot{V}_4 \cdot T_4$$

und damit

$$m = \frac{T_4 - T_0}{\bar{T}_1 - T_0}, \tag{2}$$

also eine besonders einfache Beziehung, in der überhaupt kein Volumenstrom enthalten ist.

Aus Bild 3 erhält man aus der Wärmebilanz an der Vereinigungsstelle der beiden Teilvolumenströme zum Volumenstrom $\dot{V}_1$:

$$(\dot{V}_1 - w \cdot \dot{V}_2) \cdot T_4 + w \cdot \dot{V}_2 \cdot \bar{T}_2 = \dot{V}_1 \cdot \bar{T}_1$$

und daraus die Bestimmungsgleichung

$$w = \frac{\dot{V}_1}{\dot{V}_2} \cdot \frac{\bar{T}_1 - T_4}{\bar{T}_2 - T_4} \tag{3}$$

Die Wärmebilanz am Mischer ergibt in diesem Falle eine wesentlich kompliziertere Bestimmungsgleichung. Auf ihre Wiedergabe wird deshalb hier verzichtet.

Aus einem Grund, auf den später noch eingegangen wird, wird der Mischungsfaktor unabhängig voneinander nach beiden angegebenen Bestimmungsgleichungen berechnet. Ersetzt man die Temperaturen in den Gleichungen (1) bis (3) durch die normierten Konzentrationen, so erhält man zunächst:

$$m = \frac{\dot{V}_2}{\dot{V}_4} \cdot \frac{C_2^* - C_0^*}{C_1^* - C_0^*} - \frac{\dot{V}_1}{\dot{V}_4} \qquad (1a)$$

$$m = \frac{C_4^* - C_0^*}{C_1^* - C_0^*} \qquad (2a)$$

$$w = \frac{\dot{V}_1}{\dot{V}_2} \cdot \frac{C_1^* - C_4^*}{C_2^* - C_4^*} \qquad (3a)$$

Berücksichtigt man ferner $C_0^* = 1$ und $C_2^* = 0$ und kennzeichnet den nach Gl. (2a) allein aus Konzentrationen bestimmten Mischungsfaktor durch den Index C, den nach Gl. (1a) darüber hinaus auch aus Volumenströmen bestimmten Mischungsfaktor durch den Index V, so lauten die endgültigen, bei der Versuchsauswertung benutzten Bestimmungsgleichungen:

$$m_V = \frac{\dot{V}_2}{\dot{V}_4} \cdot \frac{1}{1 - C_1^*} - \frac{\dot{V}_1}{\dot{V}_4} \qquad (4)$$

$$m_C = \frac{1 - C_4^*}{1 - C_1^*} \qquad (5)$$

$$w = \frac{\dot{V}_1}{\dot{V}_2} \cdot \left(1 - \frac{C_1^*}{C_4^*}\right) \qquad (6)$$

Da bei den Versuchen stets alle vier Volumenströme und alle vier Extinktionen gemessen wurden, kann die Erfüllung sowohl der Volumenstrombilanz als auch die der Farbstoffbilanz überprüft werden. Es erwies sich als zweckmäßig, diese Kontrollen unmittelbar im Anschluß an jeden einzelnen Versuch mit Hilfe eines Kleinrechners durchzuführen. Hierdurch konnten Fehlmessungen, die sich z.B. aus Undichtigkeiten oder aus dem Eindringen von Luftblasen in die Steigröhrchen ergaben, sofort erkannt und auf Einzelfälle beschränkt werden. Natürlich bietet auch die Erfüllung der beiden Bilanzen keine absolute Gewähr für die Richtigkeit einer Messung, weil sich dabei mehrere Meßfehler gegeneinander aufheben können. Eine zusätzliche Möglichkeit zur Überprüfung der Vesuchsergebnisse besteht im Vergleich der beiden nach den Gleichungen (4) und (5) berechneten Mischungsfaktoren m_V und m_C, die theoretisch gleich groß sein müßten.

Es wurden folgende Grenzen definiert, bis zu denen die Versuchsergebnisse als zuverlässig angesehen werden:

Zulässiger Bereich für die Volumenstrombilanz:

$$0.95 < \frac{\Sigma \dot{V}_{ab}}{\Sigma \dot{V}_{zu}} = \frac{\dot{V}_1 + \dot{V}_4}{\dot{V}_0 + \dot{V}_2} < 1.05$$

Zulässiger Bereich für die Farbstoffbilanz (mit $C_0^* = 1$ und $C_2^* = 0$)

$$0.95 < \frac{\Sigma(\dot{V}\cdot C^*)_{ab}}{\Sigma(\dot{V}\cdot C^*)_{zu}} = \frac{\dot{V}_1 \cdot C_1^* + \dot{V}_4 \cdot C_4^*}{\dot{V}_0 \cdot C_0^* + \dot{V}_2 \cdot C_2^*} = \frac{\dot{V}_1 \cdot C_1^* + \dot{V}_4 \cdot C_4^*}{\dot{V}_0} < 1.05$$

Bild 7 zeigt das Ergebnis einer der ersten Vesuchsreihen, bei der

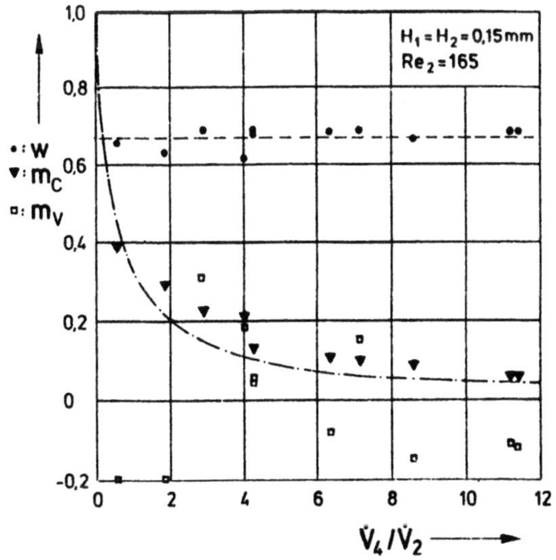

Bild 7: Abhängigkeit des Mischungs- und Überschleppungsfaktors von der bezogenen Überschußmenge

noch etwas größere Bilanzfehler zugelassen worden waren. Bemerkenswert sind zwei Tatsachen, die sich auch in späteren Versuchen bestätigten. Die erste betrifft die Streuung der Versuchsergebnisse. Sowohl der Warmölüberschleppungsfaktor w als auch der nur aus Konzentrationen berechnete Mischungsfaktor m_C zeigen einen klaren Verlauf mit erträglicher Streuung, während der auch aus Volumenströmen berechnete Mischungsfaktor m_V sehr stark streut und zum Teil unsinnige negative Werte annimmt. Theoretisch besteht zwischen dem Mischungsfaktor m und dem Warmölüberschleppungsfaktor w die Beziehung

$$m = \frac{\dot{V}_1}{\dot{V}_2} \cdot \frac{1 - w}{\dot{V}_1/\dot{V}_2 - w(1-\dot{V}_4/\dot{V}_2)}$$

Unter der der Versuchsreihe zugrunde liegenden Voraussetzung $\dot{V}_1/\dot{V}_2 = 1$ und dem Versuchsergebnis $w \approx$ konst. $\approx 0{,}67$ ergibt sich für m der strichpunktiert eingezeichnete Verlauf $m = 0{,}33/(0{,}33 + 0{,}67 \cdot \dot{V}_4/\dot{V}_2)$, der zumindest in der Tendenz gut mit dem Verlauf von m_C übereinstimmt. Die starke Streuung von m_V kann nur auf Fehler bei der Volumenstrommessung zurückgeführt werden. Offensichtlich wirken sich solche Fehler bei der Bestimmung von w wesentlich schwächer aus.

Noch wichtiger ist das Ergebnis, daß der Warmölüberschleppungsfaktor keine erkennbare Abhängigkeit von der Überschußmenge aufweist. Dies bedeutet, daß unabhängig von der Höhe der Zuführmenge ein bestimmter Teil des in die Tasche eingeschleppten Volumenstroms $\dot{V}_2$ an der Welle haftet und unmittelbar in den folgenden Spalt überschleppt wird. Die Warmölüberschleppungshypothese nach Bild 3 dürfte damit dem sich tatsächlich abspielenden physikalischen Geschehen näher kommen als die Mischungshypothese nach Bild 2.

4.3 Versuchsprogramm und Ergebnisse

Bei allen Versuchen wurden die drei Faktoren m_V, m_C und w ermittelt, wobei sich die bereits angesprochene Empfindlichkeit von m_V gegenüber selbst geringen Meßfehlern bestätigte. Dargestellt wird aus dem am Ende von Abschnitt 4.2 genannten Grunde jeweils nur der Überschleppungsfaktor w. Die untersuchte Taschenform hatte Kreisquerschnitt mit einer Tiefe H_T=40 mm und einem Ausrundungsradius R_T=162 mm.

4.3.1 Einfluß der Zuführmenge

Der Einfluß wurde beim Spalthöhenverhältnis $H_1/H_2 = 1$, bei konstanter Umfangsgeschwindigkeit U = 0,7 m/s und bei zwei unterschiedlichen Spalthöhen H_2 (0,2 mm bzw. 0,5 mm) untersucht. Hiermit ergeben sich die beiden angegebenen Spaltreynoldszahlen $Re_2 = U \cdot H_2/\nu$ mit der kinematischen Viskosität $\nu = 1 \cdot 10^{-6}\ m^2/s$ zu 140 bzw. 350. Die in Bild 8 dargestellten Ergebnisse lassen wiederum keine Abhängigkeit des Überschleppungsfaktors von der Zuführmenge erkennen, zeigen aber einen deutlichen Einfluß der Spalthöhe bzw. der Reynoldszahl auf dessen Größe. Nach diesem Bild deutet sich die Tendenz an, daß w mit wachsender Reynoldszahl abnimmt.

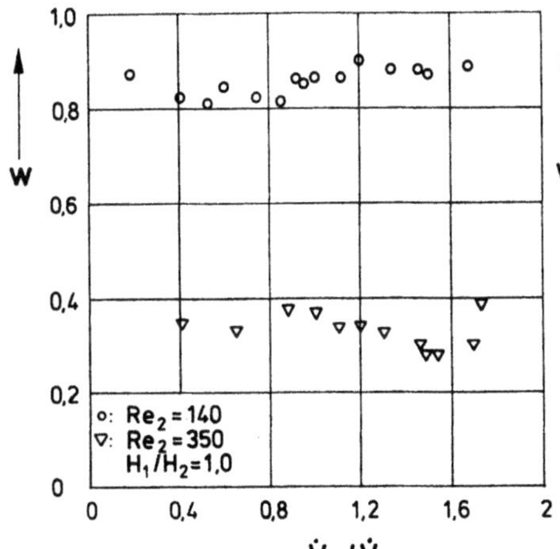

Bild 8: Abhängigkeit des Überschleppungsfaktors von der bezogenen Überschußmenge

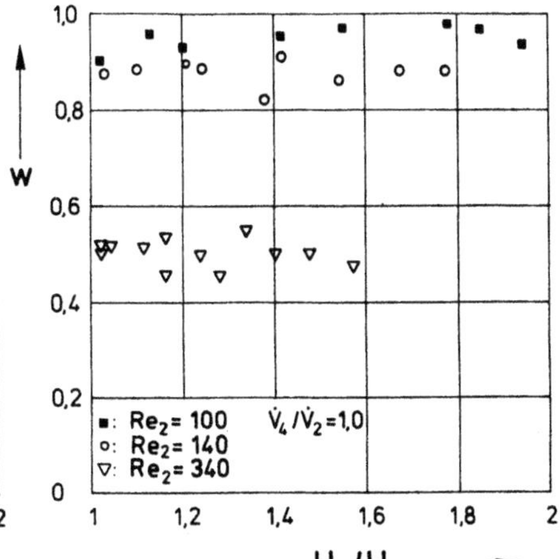

Bild 9: Abhängigkeit des Überschleppungsfaktors vom Spalthöhenverhältnis

Auch das in Bild 7 dargestellte Ergebnis mit m ≈ 0,67 bei Re_2 = 165 (hier waren zwar die Spalthöhen kleiner, jedoch die Umfangsgeschwindigkeit mit U = 1,1 m/s höher) ließe sich in Bild 8 einfügen.

4.3.2 Einfluß des Spalthöhenverhältnisses

In mehreren Versuchsreihen wurde bei konstanter Spalthöhe H_2 = 0,2 mm und konstanter bezogener Überschlußmenge $\dot{V}_4/\dot{V}_2 = 1$ der Einfluß des Spalthöhenverhältnisses H_1/H_2 auf w untersucht. Bild 9 zeigt die Ergebnisse für die drei Umfangsgeschwindigkeiten U = 0,5 m/s, 0,7 m/s und 1,7 m/s bzw. die entsprechenden Spaltreynoldszahlen 100, 140 und 340.

Ein Einfluß von H_1/H_2 auf w ist nicht erkennbar, das von der Anschauung her erwartete Ergebnis, daß ein größerer Spalt am Taschenende sozusagen mehr auffängt und damit die direkt überschleppte Menge mit größer werdendem Spalthöhenverhältnis ansteigt, wird also durch die Messungen widerlegt. Demgegenüber ist wieder ein deutlicher Einfluß von Re_2 auf w festzustellen. Wäre w ausschließlich von Re_2 abhängig, so müßten für gleiche Reynoldszahlen die w-Werte nach Bild 8 für $\dot{V}_4/\dot{V}_2 = 1$ und die w-Werte nach Bild 9 für $H_1/H_2 = 1$ genau übereinstimmen. Für Re_2 = 140 trifft dies sehr gut zu, allerdings sind hier sämtliche die Reynoldszahl bestimmenden Größen gleich. Weniger gut trifft es auf die sehr nahe beieinander liegenden Reynoldszahlen Re_2 = 350 bzw. 340 zu. Bild 8 ist hier der Wert $w \approx 0{,}36$, Bild 9 der Wert $w \approx 0{,}5$ zu entnehmen. Der relativ große Unterschied kann nicht hinreichend durch die etwas größere Reynoldszahl in Bild 8 erklärt werden, sondern muß zum Teil auf die stark unterschiedlichen Spalthöhen und Umfangsgeschwindigkeiten zurückgeführt werden. Daß trotzdem die Spaltreynoldszahl Re_2 die entscheidende Einflußgröße für w zu sein scheint, geht aus den im folgenden Abschnitt dargestellten Ergebnissen hervor.

4.3.3 Einfluß der Reynoldszahl

Nachdem die vorangegangenen Untersuchungen keine Abhängigkeit des Überschleppungsfaktors von der Zuführmenge oder vom Spalthöhenverhältnis hatten erkennen lassen, wurde der deutlich erkennbare Einfluß der Reynoldszahl nur bei einer bezogenen Überschußmenge $\dot{V}_4/\dot{V}_2 = 1$ und einem Spalthöhenverhältnis $H_1/H_2 = 1$ näher untersucht. Da erwartet worden war, daß eine mit Taschenmaßen gebildete Reynoldszahl maßgeblich wäre, wurde der für drei verschiedene Spalthöhen (H_2 = 0,2 mm; 0,3 mm; 0,5 mm) bei unterschiedlichen Umfangsgeschwindigkeiten ermittelte Überschleppungsfaktor w zunächst über der mit der Taschenhöhe H_T = 40 mm gebildeten Reynoldszahl $Re_T = U \cdot H_T/\nu$ aufgetragen.

In Bild 10 ist trotz allen Streuungen deutlich zu erkennen, daß sich die Verläufe von w über Re_T bei unterschiedlich großen Spalthöhen H_2 klar voneinander abheben, daß also die Taschenreynoldszahl Re_T offensichtlich nicht der für w maßgebliche Parameter ist. Kaum noch klar voneinander abgrenzen lassen sich dagegen die Werte von w für verschiedene Spalthöhen H_2, wenn sie wie in Bild 11 über der Spaltreynoldszahl Re_2 aufgetragen werden. Theoretisch gilt bei H_T = 40 mm: $Re_2/Re_T(H_2 = 0{,}5\ \text{mm}) = 0{,}0125$; $Re_2/Re_T(H_2 = 0{,}3\ \text{mm}) = 0{,}0075$; $Re_2/Re_T(H_2 = 0{,}2\ \text{mm}) = 0{,}0050$. Die beim Vergleich der Bilder 10 und 11 erkennbaren geringfügigen Abweichungen hiervon beruhen darauf, daß die Reynoldszahlen mit den jeweils gemessenen Spalthöhen H_2 gebildet, diese aber bei den Versuchen nur auf etwa ±5% genau eingestellt wurden. Die zahlreichen in diesem Bild enthaltenen Meßpunkte lassen einen gekrümmten Verlauf etwa in Form der dort eingezeichneten Ausgleichsparabel vermuten. Bild 12 zeigt den Verlauf $w(Re_2)$ in einem doppeltlogarithmischen Koordinatensystem, wie es z.B. auch für die Darstellung der Taschenreibungszahl über der Reynoldszahl [8] verwendet wird. Dieses Bild legt den Schluß nahe, daß man den Einfluß der untersuchten Parameter auf den Überschleppungsfaktor im wesentlichen durch ein Gesetz der Form $w = a \cdot Re^b$ erfaßt. Die Approximation sämtlicher Meßpunkte durch eine entsprechende Ausgleichsfunktion, die bei der doppelt-logarithmischen Darstellung als Gerade erscheint und in Bild 12 eingetragen ist, ergab den Zusammenhang

$$w = 53 \cdot Re_2^{-0{,}84} \quad . \tag{7}$$

Die entsprechende Kurve ist auch in Bild 11 eingezeichnet und steht nicht im Widerspruch zu der dort zunächst ermittelten Ausgleichsparabel.

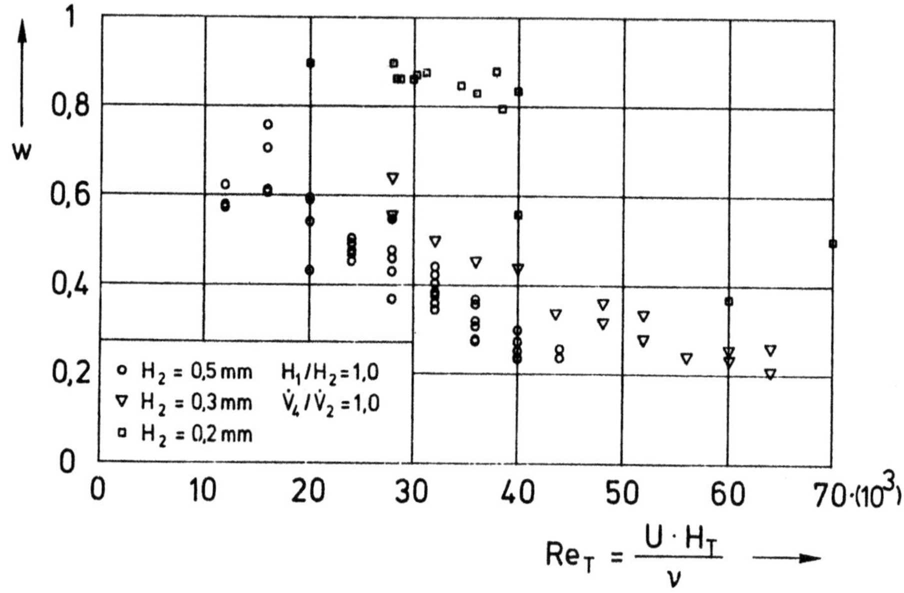

Bild 10: Abhängigkeit des Überschleppungsfaktors von der Taschenreynoldszahl

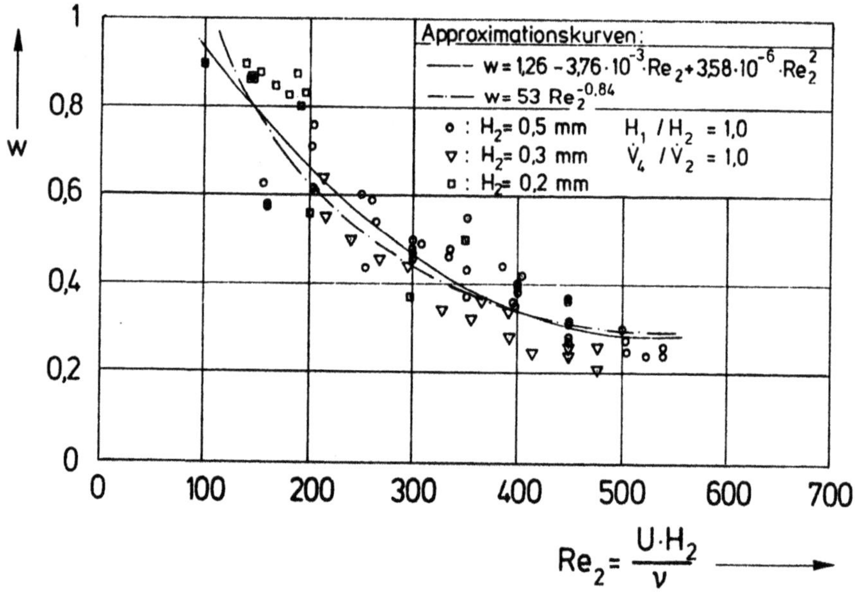

Bild 11: Abhängigkeit des Überschleppungsfaktors von der Spaltreynoldszahl

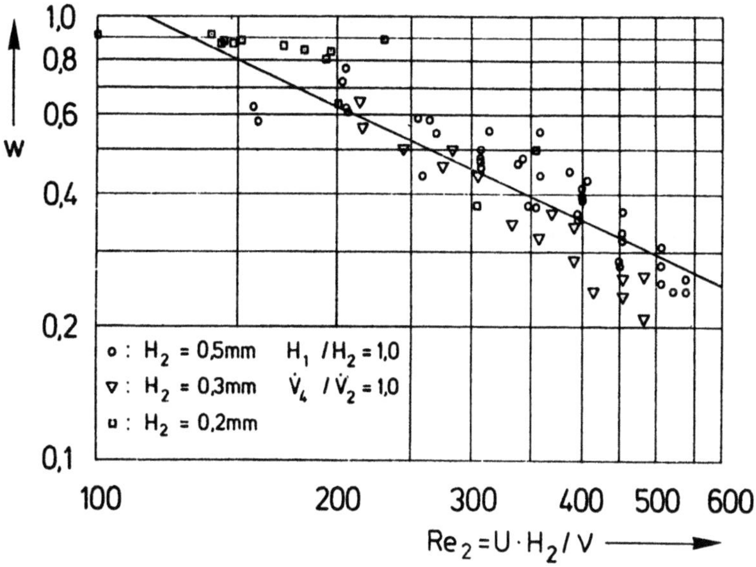

Bild 12: Abhängigkeit des Überschleppungsfaktors von der Spaltreynoldszahl in doppelt-logarithmischer Darstellung

4.4 Bemerkungen zum Versuchsprogramm und zu den Ergebnissen

Eines der angestrebten Ziele des Forschungsvorhabens war die Sichtbarmachung der Strömungsformen in der Tasche. Entsprechend wurde der Prüfstand konzipiert und ausgestattet. Die Tasche kann über einen Umlenkspiegel durch die Welle hindurch in radialer Richtung mit einer Halogenlampe durchleuchtet werden, so daß in das Wasser eingebrachte Schwebekörper gut sichtbar werden und fotografiert werden können. Es wurden eine Reihe von Aufnahmen bei verschiedenen Wellenumfangsgeschwindigkeiten und Zuführmengen gemacht, die zwar technisch nicht voll befriedigten, jedoch deutlich einen großen Wirbel in der Tasche und Totwassergebiete in den Ecken einer rechteckigen Tasche erkennen ließen und darüberhinaus ermöglichten, aus der Länge der sichtbaren Teilchenbahnen und der bekannten Belichtungszeit die Teilchengeschwindigkeiten zu bestimmen. Diese Untersuchungen wurden aus zwei Gründen zunächst nicht weitergeführt. Zum einen waren wegen der angesprochenen konstruktiven Schwierigkeiten erhebliche Verzögerungen in der Abwicklung des vorgesehenen Versuchsprogramms eingetreten, und es erschien wichtiger, sich voll auf den die Mischungs- bzw. Überschleppungsvorgänge umfassenden Teil des Programmes zu konzentrieren. Zum anderen wurde im Verlauf der Untersuchungen erkennbar, daß sich die hierfür entscheidenden Vorgänge in unmittelbarer Wellennähe abspielen. Gerade in diesen Bereich ermöglicht jedoch der Prüfstand in seiner vorliegenden Form aufgrund des dort befindlichen Dichtbandes keinen Einblick.

Das entscheidende Ergebnis der Untersuchungen ist der experimentell herausgefundene dominierende Einfluß der Spaltreynoldszahl auf den Überschleppungsfaktor. Versuche, diese Beobachtung mit Hilfe der Grenzschichttheorie zu erklären, haben bisher noch nicht zu einem greifbaren Ergebnis geführt.

Besonders anzumerken ist, daß den Modelluntersuchungen Voraussetzungen zugrundegelegt wurden, deren Gültigkeit durch Untersuchungen an realen Lagern überprüft werden muß, bevor eine vorbehaltlose Übernahme der Ergebnisse in die Gleitlagerberechnung gerechtfertigt werden kann.

So wurde angenommen, daß die Wärmeübertragung überwiegend durch Konvektion und weniger durch Wärmeleitung erfolgt, und der Modellversuchsstand daraufhin so konzipiert, daß das Äquivalent für Wärmeübetragung zwischen Öl und Begrenzungswänden vollständig ausgeschaltet wurde. Hinzu kommt, daß das Taschenmodell aufgrund seiner geringen Breite praktisch nur ein zweidimensionales Modell der dreidimensionalen Tasche ist. Mit entsprechenden Vergleichsuntersuchungen wurde begonnen. In Zusammenarbeit mit der Kraftwerk Union Mülheim wurde ein Zweikeillager an dem dort betriebenen großen Radiallagerprüfstand (Wellendurchmesser: 560 mm) um zahlreiche Temperaturmeßstellen im Bereich einer Lagertasche erweitert. Diese Vergleichsuntersuchungen sind unter anderem deshalb sehr aufwendig, weil aus bereits angesprochenen Gründen nur ein kombiniert experimentell-rechnerisches Vorgehen zu quantitativen Aussagen führen kann. Die bisherigen Versuchsergebnisse ermöglichen nur wenige qualitative Aussagen. So konnte bei der sehr niedrigen mittleren Flächenpressung $\bar{p} = 0{,}5\ \mathrm{N/mm^2}$ eine deutliche Absenkung der Schalentemperatur am Spaltanfang bei Erhöhung der Zuführmenge festgestellt werden. Gleichzeitig waren hierbei erhebliche Temperaturdifferenzen über der Lagerbreite zu beobachten: Die Temperaturen an den seitlichen Rändern lagen um bis zu 15 K über denen in der Mitte. Bei einer mittleren Flächenpressung $\bar{p} = 2\ N/mm^2$ war dagegen die Schalentemperatur am Spaltanfang über der Lagerbreite nahezu konstant, und eine Beeinflussung durch die Zuführmenge war praktisch nicht feststellbar. Diese auf einfache Weise nicht zu erklärenden Beobachtungen erscheinen ebenso widersprüchlich wie einige der in Abschnitt 1. zitierten Feststellungen anderer Autoren und bedürfen noch einer eingehenden Überprüfung.

Trotz der noch notwendigen Vorbehalte gegenüber den Modellversuchsergebnissen wird in Abschnitt 5. beschrieben, wie sie sich in eine Gleitlagerberechnung einfügen lassen.

5. Anwendung der Ergebnisse bei der Gleitlagerberechnung

Da die Versuchsergebnisse zu dem Schluß führten, daß die Warmölüberschleppungshypothese nach Bild 3 dem physikalischen Geschehen besser entspricht als die Mischungshypothese nach Bild 2, werden im folgenden nur die mit dem Warmölüberschleppungsfaktor w gebildeten Beziehungen angegeben. Formal lassen sie sich natürlich ebenso gut mit dem Mischungsfaktor m schreiben. Pollmann gibt in [6] eine mit m formulierte Beziehung zwischen den Temperaturdifferenzen $\bar{T}_1 - T_0$ und $\bar{T}_2 - \bar{T}_1$ (dort mit $\Delta\vartheta_1$ und $\Delta\vartheta_2$ bezeichnet) an. Der in dieser Beziehung enthaltene Seitenfluß $\dot{V}_3$ im Lagerbereich muß, wenn nicht wie in [6] Axiallager mit gleichen Segmenten (oder Radiallager mit nur einer Tasche) betrachtet werden, durch die Differenz $\dot{V}_1 - \dot{V}_2$ ersetzt werden, wobei $\dot{V}_2$ der Volumenstrom am Ende der der Tasche vorausgehenden, $\dot{V}_1$ der Volumenstrom am Anfang der der Tasche folgenden Teilschale ist. Die der in [6] angegebenen entsprechende Beziehung lautet damit

$$\frac{\bar{T}_1 - T_0}{\bar{T}_2 - \bar{T}_1} = \frac{w \cdot \dot{V}_0 + (1-w) \cdot \dot{V}_1}{\dot{V}_0 \cdot (\dot{V}_1/\dot{V}_2 - w)} \quad . \tag{8}$$

Diese Formulierung ist dann vorteilhaft, wenn wie in [6] Axiallager mit untereinander gleichen Segmenten oder Radiallager mit nur einer Schmiertasche (s. Abschnitt 5.2) nach dem sogenannten

Mittelwertverfahren berechnet werden, weil sich in diesem Fall für die Temperaturdifferenz $\bar{T}_2 - \bar{T}_1$ eine relativ einfache Beziehung angeben läßt. Die Formulierung

$$\frac{\bar{T}_1 - T_0}{\bar{T}_2 - T_0} = \frac{w \cdot \dot{V}_0 + (1-w)\cdot\dot{V}_1}{\dot{V}_1\cdot(\dot{V}_0/\dot{V}_2 + 1 - w)}\,, \tag{9}$$

die sich leicht aus Gleichung (8) ableiten läßt, eignet sich besser zur Bestimmung von $\bar{T}_1$, wenn für eine Tasche $\bar{T}_2$, T_0 und alle rechts stehenden Größen gegeben sind und die eben genannten einfachen Verhältnisse nicht vorliegen.

Normalerweise muß iterativ vorgegangen werden, weil einige der die Temperatur $\bar{T}_1$ bestimmenden Größen wiederum in komplizierter Weise von dieser Temperatur abhängen. Lediglich bei dem im Abschnitt 5.2 geschilderten "einfachen Mittelwertverfahren" gelangt man unter Verwendung von Gleichung (9) unmittelbar zu Gleichungen für die Lagertemperaturen.

5.1 Rechnung mit dreidimensionaler Temperaturverteilung im Schmierspalt

Bei genaueren Rechenverfahren, in denen auch die Veränderlichkeit der Viskosität über der Spalthöhe berücksichtigt wird, stellt sich ein prinzipielles Problem: Die Modelluntersuchungen lassen nur eine Aussage über die zu erwartende mittlere Temperatur am Spaltanfang zu, nicht aber über den für die dreidimensionale Rechnung benötigten Temperaturverlauf über der Spalthöhe. Die Annahme einer über der Spalthöhe konstanten Temperatur $\bar{T}_1$ ist unbefriedigend, weil sie einen Sprung im Temperaturverlauf auf die in vielen Fällen wesentlich höhere Wellentemperatur bedeutet. In dem vorhandenen Rechenprogramm wird mit folgender am Modell der Warmölüberschleppung orientierten Näherung gearbeitet: Die Temperatur am Spaltanfang ist über der Lagerbreite konstant und fällt in Wellennähe linear von der (zuvor aus einer Wärmebilanz ermittelten) Wellentemperatur T_W auf die im übrigen Taschenbereich herrschende Mischtemperatur T_4 ab. Die Höhe, bis zu der die

Temperatur linear auf T_4 abfällt, wird so bestimmt, daß sich der vorgegebene kalorimetrische Mittelwert $\bar{T}_1$ ergibt. Ist diese Höhe kleiner als die Spalthöhe H_1, erhält man einen Knick in der Anfangstemperaturverteilung, der allerdings bei der Rechnung wesentlich weniger stört als der oben angesprochene Sprung und sicher auch nicht so weit von der Realität entfernt ist wie dieser. Genauere Aussagen über den wirklichen Temperaturverlauf am Spaltanfang lassen sich nur aus einer eingehenden Untersuchung der wirklichen Strömungs- und Wärmeaustauschvorgänge in Wellennähe gewinnen.

5.2 Einfaches Mittelwertverfahren für kreiszylindrische Radiallager

Entsprechend Abschnitt 3. in [6] wird hier der Fall betrachtet, daß die Wärme ausschließlich über das Öl abgeführt wird. Falls es sich um ein Radiallager üblicher Bauart nach Bild 13 mit zwei rechts und links befindlichen Schmiertaschen handelt, wird vorausgesetzt, daß bei linksdrehender Welle nur der linken Tasche Öl zugeführt wird (bzw. umgekehrt). Dieser Tasche wird von außen der Frischölstrom $\dot{V}_0$ mit der Temperatur T_0 zugeführt, der in den Spaltanfang der Unterschale eintretende Volumenstrom $\dot{V}_1$ hat die mittlere Temperatur $\bar{T}_1$, der aus der Oberschale in die Tasche eingeschleppte Volumenstrom $\dot{V}_2$ ist unter der obigen Voraussetzung

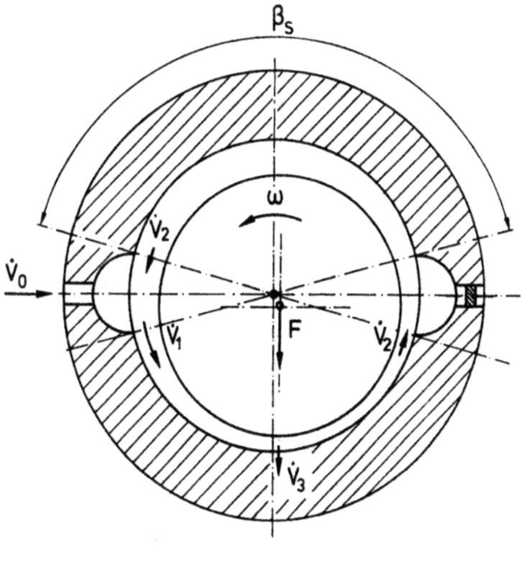

Bild 13: Kreiszylindrisches Radiallager mit zwei Schmiertaschen (schematisch)

identisch mit dem Volumenstrom am Ende der Unterschale und hat die mittlere Temperatur $\bar{T}_2$. Es wird nur die im Druckgebiet der Unterschale entstehende Reibungswärme berücksichtigt.

Für die Wärmebilanz an der Unterschale gilt unter den oben genannten Voraussetzungen

$$c \cdot \rho \cdot (\dot{V}_1 \cdot \bar{T}_1 - \dot{V}_2 \cdot \bar{T}_2 - \dot{V}_3 \cdot \bar{T}_3) + P_R = 0 \tag{10}$$

Mit dem hierin enthaltenen Seitenfluß in der Unterschale $\dot{V}_3 = \dot{V}_1 - \dot{V}_2$, der bei Mittelwertverfahren üblichen Annahme $\bar{T}_3 = (\bar{T}_1 + \bar{T}_2)/2$ und der Reibleistung $P_R = \mu \cdot F \cdot U = \mu \cdot F \cdot \omega \cdot d/2$ erhält man aus Gleichung (10) nach einfachen Umformungen

$$\bar{T}_2 - \bar{T}_1 = \frac{\mu \cdot F \cdot \omega \cdot d}{c \cdot \rho \cdot (\dot{V}_1 + \dot{V}_2)} \tag{11}$$

Durch Einsetzen der Volumenstromkennzahlen

$$\dot{V}_i^* = \frac{\dot{V}_i}{b \cdot U \cdot \Delta R/2} = \frac{8\ \dot{V}_i}{b \cdot \omega \cdot \psi \cdot d^2}$$

lautet Gleichung (11) mit $\bar{p} = \frac{F}{b \cdot d}$

$$\bar{T}_2 - \bar{T}_1 = 8 \cdot \frac{\mu / \psi}{\dot{V}_1^* + \dot{V}_2^*} \cdot \frac{\bar{p}}{c \cdot \rho} \tag{12}$$

Der auf das relative Lagerspiel bezogene Reibbeiwert μ/ψ und die Volumenstromkennzahlen $\dot{V}_1^*$ und $\dot{V}_2^*$ hängen bei geometrisch ähnlichen Lagern nur von der relativen Exzentrizität ϵ ab und liegen für verschiedene Breitenverhältnisse und Umschließungswinkel über ϵ tabelliert vor. Setzt man die volumenspezifische Wärme $c \cdot \rho$ als bekannt voraus, so hängt die Temperaturerhöhung $\bar{T}_2 - \bar{T}_1$ bei gegebenem ϵ nur noch von der mittleren Flächenpressung $\bar{p}$ ab. Gleichung (8) kann mit den oben eingeführten Volumenstromkennzahlen auch in der Form geschrieben werden:

$$\frac{\bar{T}_1 - T_0}{\bar{T}_2 - \bar{T}_1} = \frac{w \cdot V_0^* + (1 - w) \cdot V_1^*}{V_0^* \cdot (V_1^*/V_2^* - w)} \tag{13}$$

Für die interessierenden Temperaturen $\bar{T}_1$ und $\bar{T}_2$ sowie für die mittlere Temperatur T_m, aus der später die mittlere oder effektive Viskosität bestimmt wird, läßt sich schreiben:

$$\bar{T}_1 = T_0 + (\bar{T}_2 - \bar{T}_1) \cdot \frac{\bar{T}_1 - T_0}{\bar{T}_2 - \bar{T}_1} \tag{14}$$

$$\bar{T}_2 = \bar{T}_1 + (\bar{T}_2 - \bar{T}_1) = T_0 + (\bar{T}_2 - \bar{T}_1) \cdot \left(1 + \frac{\bar{T}_1 - T_0}{\bar{T}_2 - \bar{T}_1}\right) \tag{15}$$

$$T_m = (\bar{T}_1 + \bar{T}_2)/2 = T_0 + (\bar{T}_2 - \bar{T}_1) \cdot \left(\frac{1}{2} + \frac{\bar{T}_1 - T_0}{\bar{T}_2 - \bar{T}_1}\right) \tag{16}$$

Sie lassen sich bei gegebener Zuführungstemperatur T_0 berechnen, nachdem die Temperaturdifferenz $(\bar{T}_2 - \bar{T}_1)$ nach Gl. (12) und der Quotient der Temperaturdifferenzen $(\bar{T}_1 - T_0)/(\bar{T}_2 - \bar{T}_1)$ nach Gl. (13) berechnet worden sind.

<u>Vorgehen bei der Rechnung</u>: gegeben sind

a) die geometrischen Lagerdaten: Durchmesser d, Breite b, relatives Spiel ψ, Schalenwinkel β_S

b) die Öldaten: kinematische Viskosität ν_{40} bei 40°C, Dichte ρ, Viskositäts-Temperatur-Verhalten, volumenspezifische Wärme $c \cdot \rho$

c) die Betriebsdaten: Belastungskraft F, Winkelgeschwindigkeit ω, Zuführmenge $\dot{V}_0$, Zuführtemperatur T_0

Rechengang:

1. Berechnen der dynamischen Viskosität bei 40°C $\eta_{40} = \nu_{40} \cdot \rho$; der mittleren Flächenpressung $\bar{p} = F/(bd)$; der mit η_{40} gebildeten Sommerfeldzahl $So_{40} = (\bar{p} \cdot \psi^2)/(\eta_{40} \cdot \omega)$; der bezogenen Zuführmenge $V_0^* = V_0/(b \cdot \omega \cdot \psi \cdot d^2/8)$;
2. Annehmen eines Schätzwertes für die relative Exzentrizität ϵ
3. Ablesen der Kennzahlen So, μ/ψ, V_1^* und V_2^* aus Tabelle 1 für gegebenes b/d und β_S
4. Berechnen von $(\bar{T}_2 - \bar{T}_1)$ nach Gl. (12)
5. Annehmen eines Schätzwertes für den Warmölüberschleppungsfaktor (z.B. w = 0,5)
6. Berechnen von $(\bar{T}_1 - T_0)/(\bar{T}_2 - \bar{T}_1)$ nach Gl. (13); $\bar{T}_2$ nach Gl. (15)
7. Berechnen der kinematischen Viskosität $\nu_2 = \nu(\bar{T}_2)$ für gegebenes Viskositäts-Temperatur-Verhalten (Es wird näherungsweise angenommen, daß dies die für die Warmölüberschleppung maßgebliche Viskosität ist.)
8. Berechnen der Spaltreynoldszahl $Re_2 = (\omega \cdot d \cdot H_2)/(2 \cdot \nu_2)$ (Bei diesem einfachen Verfahren wird (wegen $V_2 = V_2^* \cdot b \cdot \omega \cdot \psi \cdot d^2/4 \approx H_2 \cdot b \cdot \omega \cdot d/2$) $H_2 = V_2^* \cdot \psi \cdot d/2$ gesetzt.)
9. Berechnen des Warmölüberschleppungsfaktors nach Gl. (7). Falls $w > 1$, wird $w = 1$ gesetzt.

Wiederholen der Rechenschritte 6. bis 9., bis Konvergenz bezüglich w erreicht ist. Diese Iteration sollte erst durchgeführt werden, wenn unter Schritt 11. festgestellt wurde, daß der Schätzwert für ϵ in etwa zutraf.

10. Berechnen von T_m nach Gl. (16); $\eta_m/\eta_{40} = f(T_m)$ für gegebenes Viskositäts-Temperatur-Verhalten; $So_{40} = So \cdot \eta_m/\eta_{40}$
11. Prüfen, ob das berechnete So_{40} größer oder kleiner als das vorgegebene So_{40} nach Schritt 1. ist. Falls berechnetes So_{40} zu groß (zu klein), kleineres (größeres) ϵ schätzen.

Wiederholen der Rechenschritte 3. bis 11., bis ϵ zwischen zwei tabellierten Werten eingeschachtelt ist.

12. Ermitteln der gesuchten Größen durch lineare Interpolation.

Rechenbeispiel:

ϵ	So	V_1^*	V_2^*	μ/ψ
0,05	0,049	1,027	0,964	26,877
0,10	0,099	1,044	0,921	13,566
0,15	0,151	1,051	0,875	9,159
0,20	0,207	1,050	0,828	6,942
0,25	0,270	1,043	0,780	5,570
0,30	0,340	1,030	0,716	4,659
0,35	0,420	1,014	0,675	3,981
0,40	0,514	0,993	0,633	3,440
0,45	0,626	0,969	0,587	2,980
0,50	0,762	0,941	0,539	2,580
0,55	0,932	0,908	0,488	2,238
0,60	1,149	0,869	0,438	1,950
0,65	1,436	0,825	0,387	1,696
0,70	1,829	0,776	0,334	1,467
0,75	2,399	0,720	0,281	1,256
0,80	3,286	0,657	0,227	1,062
0,85	4,825	0,586	0,172	0,872
0,90	8,054	0,502	0,116	0,679
0,95	18,311	0,400	0,058	0,457

Tabelle 1: Kennzahlen für Radiallager mit β_S = 150° und b/d = 1

gegeben: d = 200 mm; b = 200 mm; $\psi = 1{,}5 \cdot 10^{-3}$; β_S = 150°

ν_{40} = 32 mm²/s; ρ = 900 kg/m³; $c \cdot \rho = 1{,}7\ 10^6$ J/(m³ · K)

$$\frac{\eta(T)}{\eta_{40}} = \left(\frac{\eta_{40}}{0{,}18\ \text{mPas}}\right)^{160\cdot\left(\frac{1}{T+95} - \frac{1}{135}\right)} = \frac{\nu(T)}{\nu_{40}} ,$$

(T in °C)

F = 80 kN; = 314,16 s^{-1}; $\dot{V}_0$ = 30 l/Min; T_0 = 50 °C

1. η_{40} = 28,8 mPas; $\bar{p}$ = 2 N/mm^2; $So_{40\ Soll}$ = 0,497; V_0^* = 1,06

2.	ϵ	0,5[1]	0,65[3]			0,60	
3.	So	0,762	1,436			1,149	
	μ/ψ	2,58	1,696			1,950	
	V_1^*	0,941	0,825			0,869	
	V_2^*	0,539	0,387			0,438	
4.	$(\bar{T}_2 - \bar{T}_1)/K$	16,41	13,17			14,04	
5.	w	0,50	0,50	0,70	0,68	0,50	0,60
6.	$\dfrac{\bar{T}_1 - T_0}{\bar{T}_2 - \bar{T}_1}$	0,757	0,544	0,651	0,639	0,612	0,670
	$\bar{T}_2/°C$	78,83	70,35	71,75	71,60	72,65	73,46
7.	$\nu_2/(mm^2/s)$	8,35	10,61	10,18	10,22	9,92	9,69
8.	Re_2	304,3	171,9	179,2	178,4	208,1	213,0
9.	w	0,43[2]	0,70	0,68	0,68	0,60	0,59
10.	$T_m/°C$	70,63			65,01		66,44
	η_m/η_{40}	0,328			0,390		0,373
	So_{40}	0,250			0,561		0,429
	ω/s^{-1}	625[4]			278		364
11.	So_{40}	0,250			0,561		0,429
	$So_{40\ soll}$	<0,497			>0,497		<0,497

12. $\epsilon(So_{40}=0,497) = 0,60 + (0,65-0,60)\cdot(0,497-0,429)/(0,561-0,429) =$
$0,60 + 0,05 \cdot 0,515 = 0,626$

$H_{min} = \psi \cdot d \cdot (1 - \epsilon)/2 = 56\ \mu m$

$\mu/\psi\ (So_{40}=0,497) = 1,950 + (1,696 - 1,950) \cdot 0,515 = 1,82$

$P_R = (\mu/\psi) \cdot \psi \cdot F \cdot \omega \cdot d/2 = 6,86\ kW$

$T_{max} = \bar{T}_2 = 73,46°C + (71,60 - 73,46)K \cdot 0,515 = 72,5°C$

1) 1. Schätzwert

2) hier keine weitere Iteration

3) neuer Schätzwert:
Mit $\eta_m/\eta_{40} \approx$ const. folgt $So(\epsilon) \approx 0,497/0,328 = 1,515$,
nächstbenachbarter Tabellenwert: So = 1,436 bei ϵ = 0,65

4) Bei diesem Rechenverfahren wird für das gewählte ϵ die Lösung für das gegebene $\bar{p}$ berechnet. Um bei gegebenen Daten dieses $\bar{p}$ zu erzeugen, ist die angegebene Winkelgeschwindigkeit
$\omega = \omega_{Soll} \cdot So_{40\ Soll}/So_{40}$ erforderlich.

6. Schrifttum

[1] Ettles, C.M.M., Cameron, A.:
Considerations of Flow Across a Bearing Groove.
Transactions of the ASME, Journal of Lubrication-Technology,
January 1968, pp. 312-319

[2] Ettles, C.: Solutions for Flow in a Bearing Groove.
Proc. Instn. Mech. Engrs. 1967-68, Vol. 182, Pt 3N, pp. 120-131

[3] Ettles, C.: Hot Oil Carry-over in Thrust Bearings.
Proc. Instn. Mech. Engrs. 1969-70, Vol. 184, Pt 3L, pp. 75-81

[4] Deters, L.: Untersuchung von Axiallagern mit
Kreisgleitschuhen bei hohen Geschwindigkeiten.
Diss. Techn. Universität Clausthal, 1983

[5] Mitsui, J., Hori, V., Tamala; M.: Thermohydrodynamic Analysis
of Cooling Effects of Supply Oil in Circular Journal Bearing.
Transactions of the ASME, Journal of Lubrication-Technology,
Vol. 105, July 1983, pp. 414-421

[6] Pollmann, Erich: Berechnungsverfahren für Axiallager.
Konstruktion 33, Springer-Verlag 1981, H. 3, S. 103-108,
H. 4, S. 159-162

[7] Brockhaus abc Physik, Teil 1, VEB F.A. Brockhaus Verlag,
Leipzig 1972, S. 22

[8] Elrod, H.G. und Ng, C.W.: A Theory for Turbulent Fluid Films
and Its Application to Bearings. Transactions of the ASME,
Journal of Lubrication-Technology, July 1967, pp. 346-362

Untersuchungen zur Verminderung der Reibleistung großer Turbinenlager

von

Dr.-Ing. D. Schüler
Prof. Dr.-Ing. H. Seifert

Institut für Konstruktionstechnik
Ruhr-Universität Bochum

Förderungskennzeichen: 01 ZT 251
Laufzeit: 01.01.1982 - 31.12.1984

Zusammenfassung

Durch eine Verringerung der Reibungsverluste in den Gleitlagern großer Turbomaschinen könnten zur Stromerzeugung erforderliche Primärenergie und Investitionsmittel in nennenswerter Höhe eingespart werden. Eine Reihe im Prinzip bekannter Maßnahmen zur Reibleistungsverminderung von Gleitlagern wirken sich jedoch nachteilig oder in bisher nicht hinreichend genau vorausberechenbarer Weise auf die die Betriebssicherheit eines Lagers kennzeichnenden Eigenschaften aus. Da diese Betriebssicherheit absoluten Vorrang hat, müssen bestimmte Zusammenhänge noch genauer untersucht und allgemein die Berechnungsmöglichkeiten verbessert werden, damit die mit der Realisierung reibleistungsvermindernder Maßnahmen verbundenen Risiken kalkulierbar sind bzw. ausgeschlossen werden können.

Eines der Hauptziele dieses Vorhabens waren experimentelle Untersuchungen an zwei großen Turbinenlagern. Da sich die Fertigstellung des hierfür erforderlichen Prüfstandes aus verschiedenen Gründen erheblich verzögerte, kann hiermit erst nach Abschluß der Laufzeit des Vorhabens begonnen werden. Geplant ist, über die Ergebnisse dieser Untersuchungen zu einem späteren Zeitpunkt in einem zweiten Teil zu berichten.

Im vorliegenden Bericht werden zunächst grundlegende Überlegungen über Möglichkeiten zur Reibleistungsverminderung angestellt, in die auch hydrostatische Gleitlager einbezogen werden. Das wichtigste Ergebnis ist, daß sich bei Turbinenlagern mit großen Schmiertaschen eine konstruktive Maßnahme abzeichnet, die eine deutliche Verringerung der Reibleistungsverluste, jedoch keine nachteiligen Folgen auf die Betriebssicherheit solcher Lager erwarten läßt. Anschließend werden die heute üblichen Verfahren zur Berechnung überwiegend stationär belasteter Gleitlager einander gegenübergestellt. Hierbei wird gezeigt, daß die einfachen Verfahren wegen der ihnen zugrundeliegenden Vernachlässigungen unter den bei großen Turbinenlagern vorliegenden Betriebsbedingungen im allgemeinen keine hinreichend genauen Ergebnisse vor allem für die maximalen Schmierfilm- und Lagertemperaturen liefern können, daß auf der anderen Seite jedoch bisher entwickelte genauere Verfahren, in denen die Temperaturunterschiede über der Spalthöhe und thermoelastische Lagerverformungen berücksichtigt werden, so rechenzeitaufwendig und darüber hinaus so schwer handhabbar sind, daß sie bisher für den praktischen Einsatz kaum geeignet sind. Der Sinn des Einsatzes solch aufwendiger Berechnungsprogramme wird schließlich dadurch in Frage gestellt, daß die Spaltströmung bei großen Turbinenlagern im allgemeinen turbulent ist und daß sich der Turbulenzeinfluß bisher nicht mit einer der übrigen Rechnung adäquaten Genauigkeit erfassen läßt. Insbesondere hierzu sind weitere grundlegende Untersuchungen erforderlich.

Im letzten Teil dieses Berichtes wird der Aufbau des Turbinenlagerprüfstandes beschrieben, der jetzt so weit fertiggestellt ist, daß ein vorsichtiger Probebetrieb möglich ist. Aus Sicherheitsgründen müssen vor einer vollen Inbetriebnahme die noch laufenden Arbeiten am Überwachungssystem abgeschlossen werden.

Gliederung

1. Aufgabenstellung

1.1 Einführung

Hauptziel des Forschungs- und Entwicklungsprogrammes "Tribologie" ist die Senkung der hohen volkswirtschaftlichen Verluste durch Reibung und Verschleiß an Maschinen und technischen Anlagen mit Hilfe der Tribologie. In dem in /1/ enthaltenen Beitrag "The Economic Importance of Tribology in the Conservation of Energy" von H. Peter Jost werden die Lagerreibungsverluste in großen Turbosätzen direkt angesprochen. Jost unterscheidet dort zwischen "direkten primären" und "indirekten" Einsparungen. Die Einsparungsmöglichkeiten lassen sich, wenn auch weniger differenziert, am Beispiel einer einfachen Bilanzrechnung zeigen.

Die Reibungsverluste in den Gleitlagern großer Turbosätze liegen bei etwa 3 bis 5 ‰ der installierten Leistung, bei einem 700-MW-Turbosatz also im Mittel bei etwa 3 MW. Entsprechend dem thermischen Wirkungsgrad, mit dem die mechanische, in den Lagern wieder in Reibungswärme umgewandelte Energie erzeugt wird, ist der von Jost angesprochene Verbrauch an Primärenergie natürlich wesentlich - mindestens um den Faktor 2,5 - höher. Zu beachten ist, daß die Reibleistung von Gleitlagern unter den bei Turbosätzen in Kraftwerken gegebenen Betriebsbedingungen praktisch konstant ist, daß das Verhältnis von Lagerverlustleistung zu tatsächlich erzeugter Leistung also durchaus über den genannten 3 bis 5 ‰ liegen kann, wenn ein Turbosatz, wie dies auf einen großen Teil der Steinkohlekraftwerke zutrifft, häufig im Teillastbereich betrieben wird. Nimmt man an, daß ein derartiger Turbosatz ohne Stillstandzeiten ununterbrochen in Betrieb ist, entsprechen die oben genannten 3 MW einer Verlustleistung von etwa $26 \cdot 10^6$ kWh/Jahr. Mit der von Jost in /1/ für möglich gehaltenen Verringerung der Lagerverluste um 15 bis 20 % ergibt sich für das genannte Beispiel eine mögliche Verringerung der Verlustleistung um etwa $5 \cdot 10^6$ kWh/Jahr. Setzt man die für die Energieerzeugung erforderlichen Kosten mit etwa 0,10 DM/kWh an, entspricht dies einer möglichen Kostensenkung von 500.000 DM/Jahr. Dieser Betrag beinhaltet, was unmittelbar verständlich ist, die oben genannten primären Einsparungen: Ein durch Verringerung der Reibungsverluste erhöhter Wirkungsgrad erlaubt bei gleicher abgegebener Leistung des Turbosatzes einen geringeren Einsatz an Primärenergie. Er beinhaltet darüber hinaus aber auch die oben genannten indirekten Einsparungen. Beispielsweise könnte bei einer Verringerung der Reibungsverluste die gesamte Ölversorgungsanlage, deren erforderliche Größe recht genau der Verlustleistung proportional ist, kleiner gehalten werden, was sich in einer Verringerung der Investitionskosten niederschlagen würde.

Geht man von dem Beispiel des einen Turbosatzes ab und dehnt die Betrachtung auf die insgesamt bereits vorhandenen bzw. in der Zukunft noch zu erstellenden Kraftwerke aus, so lassen sich bei konsequenter Realisierung denkbarer Maßnahmen zur Reibleistungsverminderung leicht weitere Möglichkeiten zur Verringerung der Investitionskosten absehen.

Der praktischen Realisierung von im Prinzip bekannten Maßnahmen zur Reibleistungsverminderung steht im Wege, daß sie sich sämtlich entweder ungünstig oder aber in bisher nicht hinreichend bekannter Weise auf die die Betriebssicherheit eines Lagers kennzeichnenden Eigenschaften auswirken. Im einzelnen wird hierauf näher im folgenden Abschnitt eingegangen. Man steht somit vor einem Zielkonflikt. Bei der Lösung dieses Konfliktes ist allerdings zu beachten, daß die einwandfreie Funktion, also eine hohe Betriebssicherheit, gerade bei Lagern in großen Turbomaschinen absoluten Vorrang vor einer möglichen Verringerung der Reibungsverluste hat. Maßnahmen zur Reibleistungsverminderung können also erst dann Eingang in die Praxis finden, wenn bestimmte Zusammenhänge genauer untersucht und die heute zum Teil noch unbefriedigenden Berechnungsmöglichkeiten so verbessert worden sind, daß die mit der Realisierung solcher Maßnahmen verbundenen Risiken kalkulierbar sind bzw. ausgeschlossen werden können.

Darüber hinaus läßt sich absehen, daß sich mit einer Verbesserung der Berechnungsmöglichkeiten die Ausfallwahrscheinlichkeit von Lagern noch weiter verringern läßt, was sich auf alle im Bild 1 des oben zitierten Beitrages genannten Einsparungsmöglichkeiten auswirken würde.

1.2 Stand der Forschung

Unter bestimmten Veraussetzungen kann man Gleitlager auf relativ einfache Weise so auslegen, daß die Reibungsverluste zu einem Minimum werden. Insbesondere bei der Auslegung von hydrostatischen Gleitlagern, auf die am Ende diese Abschnittes noch einmal näher eingegangen wird, ist es vielfach üblich, minimale Verluste anzustreben /2/. Dabei ergibt sich, daß man bei Hydrostatiklagern, wenn die Schmierstoffviskosität frei wählbar ist, die Reibleistung praktisch beliebig klein machen kann. Allerdings führt dies zu hohem Schmierstoffdurchsatz und entsprechend hohem Pumpleistungsbedarf. Eine Minimierung im Sinne einer echten Optimierung ist deshalb bei Hydrostatiklagern nur hinsichtlich des Gesamtleistungsbedarfs, also der Summe aus Reib- und Pumpleistung möglich.

Weniger verbreitet ist die Auslegung von hydrodynamischen Gleitlagern unter dem Gesichtspunkt minimaler Verluste. Die verwickelten Zusammenhänge lassen sich jedoch auch hier, wenn man von vereinfachenden Annahmen ausgeht, übersichtlich darstellen. Dem in /3/ dargestellten Diagramm liegen eine fest vorgegebene Lagergeometrie (ein kreiszylindrisches Radiallager) und die Annahmen zugrunde, die Strömung sei laminar und die Schmierstoffviskosität im gesamten Spaltraum konstant. Entsprechende Diagramme könnte man natürlich auch für andere Lagerformen, beispielsweise Zweikeillager und Kippsegmentlager, aufstellen, eine Optimierung der Spaltform hinsichtlich minimaler Verlustleistung würde jedoch ein prinzipiell anderes und sehr aufwendiges Vorgehen erfordern. Darüber hinaus ist zu beachten, daß bei großen Turbinenlagern die Spaltströmung im allgemeinen turbulent ist und die Temperaturen bzw. Viskositäten im Spaltraum stark unterschiedlich sind. Geht man jedoch davon aus, daß sich die wesentlichen Eigenschaften von Gleitlagern auch unter Zugrundelegung einer mittleren, der sogenannten "effektiven" Viskosität ermitteln lassen und daß sich Turbulenz in einer scheinbaren Viskositätserhöhung bemerkbar macht, die Tragkraft und Reibung in nahezu gleichem Maße ansteigen läßt, so kann man trotzdem annehmen, daß die Ergebnisse einer so einfachen Optimierungsrechnung in der Tendenz auch auf Turbinenlager zutreffen.

Wohl am einfachsten erkennt man die Zusammenhänge, wenn man nach /3/ den Reibbeiwert μ nicht, wie üblich, auf das relative Lagerspiel ψ, sondern auf die relative kleinste Spalthöhe $\sigma = h_{min}/R$ bezieht. Hiermit läßt sich für die Reibleistung formal schreiben:

$$P_R = M_R \cdot \omega = F_R \cdot R \cdot \omega = \mu \cdot F \cdot R \cdot \omega = \frac{\mu}{\sigma} \cdot \sigma \cdot F \cdot R \cdot \omega = \frac{\mu}{\sigma} \cdot h_{min} \cdot F \cdot \omega \qquad (1)$$

Der so bezogene Reibbeiwert μ/σ ist ebenso wie der Quotient μ/ψ eine Reibleistungskennzahl, die für eine bestimmte Lagerbohrungsform nur noch vom Breitenverhältnis b/d und von der relativen Exzentrizität ε abhängt. Im Gegensatz zu der Reibleistungskennzahl μ/ψ weist der Quotient μ/σ über ε jedoch relative Minima auf. Diese liegen umso niedriger, je größer das Breitenverhältnis ist. Das Diagramm nach Bild 1 wurde unter Verwendung der von Sassenfeld und Walther /4/ berechneten Kenngrößen für ein vollumschließendes Radiallager aufgestellt. Gleichung (1) ist zu entnehmen, daß das erreichbare Reibleistungsminimum proportional von Belastungskraft und Drehzahl, zwei im allgemeinen bei der Auslegung fest vorgegebenen Größen, abhängt, außerdem direkt von der kleinsten Spaltweite h_{min}. Letzteres mag auf den ersten Blick überraschen, wenn man von dem Newtonschen Ansatz ausgeht, wonach bei gegebener Umfangsgeschwindigkeit der Welle die Schubspannungen reziprok zur abnehmenden Spalthöhe ansteigen müßten. Zu beachten ist hierbei jedoch, daß dem Minimalwert der Reibleistungskennzahl μ/σ für jeweils

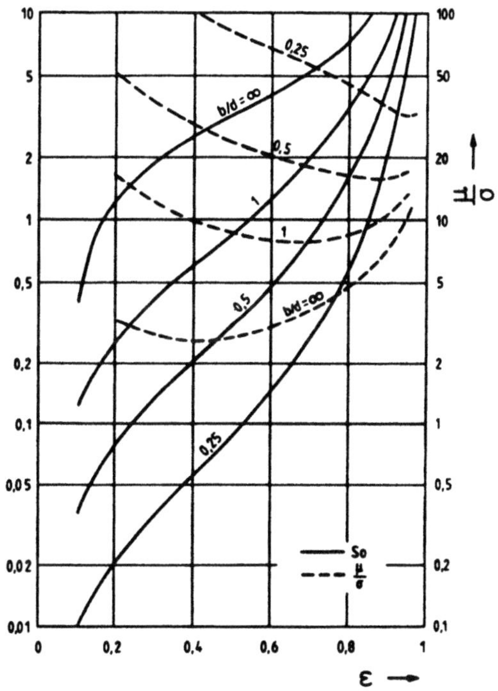

Bild 1: Tragkraft- und Reibungskennzahlen für vollumschließende kreiszylindrische Radiallager

ein bestimmtes Breitenverhältnis b/d, auf dessen Wahl im folgenden Absatz eingegangen wird, ein bestimmtes ε und damit auch eine bestimmte Sommerfeldzahl So zugeordnet sind und daß, wenn diese Größen beibehalten werden sollen, eine Veränderung ausschließlich der kleinsten Spalthöhe unmöglich ist. Über die in Gleichung (1) enthaltene formale Beziehung hinaus sollen die Zusammenhänge an einem einfachen Beispiel anschaulich gemacht werden. Der Wellendurchmesser d wird hierbei als fest gegeben angenommen. Aus der Gleichung

$$h_{min} = \Delta R \cdot (1-\varepsilon) = \psi \cdot (1-\varepsilon) \cdot d/2$$

erkennt man zunächst, daß eine Veränderung von h_{min} um einen Faktor K_h eine Veränderung von ψ und damit der Spalthöhen im gesamten Lager um den gleichen Faktor $K_\psi = K_h$ erfordert, wenn ε unverändert bleiben soll. Der Definition der Sommerfeldzahl

$$So = \frac{F \cdot \psi^2}{b \cdot d \cdot \eta \cdot \omega}$$

läßt sich dann entnehmen, daß die einzige unter den genannten Voraussetzungen noch frei wählbare Größe, die Schmierstoffviskosität η, um den Faktor $K_\eta = K_\psi^2$ verändert werden muß, damit die Sommerfeldzahl konstant bleibt. Da die Schubspannungen (und damit die Reibleistung) proportional von der Viskosität und umgekehrt proportional von den Spalthöhen abhängen, ändern sie sich in diesem Fall um den Faktor $K_\eta/K_h = K_\psi^2/K_h = K_h^2/K_h = K_h$ und damit proportional zur kleinsten Schmierspalthöhe.

Im Bild 1 erkennt man auch, daß das erreichbare Reibleistungsminimum stark, und zwar in einem relativ weiten Bereich annähernd reziprok, vom Breitenverhältnis b/d abhängt. Hiernach erscheint es zunächst günstig, das Breitenverhältnis möglichst groß zu wählen. Abgesehen von dem hiermit verbundenen größeren Bauaufwand ist jedoch zu bedenken, daß mit zunehmender Lagerbreite die Gefahr der Kantenpressung wächst und daß man dieser Gefahr bei der Auslegung eines Lagers im allgemeinen Rechnung trägt, indem man die zulässige kleinste Spalthöhe entsprechend höher ansetzt. Unter diesen Voraussetzungen bietet eine Vergrößerung des Breitenverhältnisses über etwa b/d=1 hinaus praktisch keine Vorteile.

Betrachtet wurde hier lediglich die Reibleistung eines Gleitlagers, während zwei andere bei der Auslegung von Turbinenlagern besonders wichtige Gesichtspunkte bisher völlig außer acht gelassen wurden. Zum einen ist dies die Frage nach den Maximaltemperaturen im Schmierfilm bzw. in der Lagerschale. Hier kann man vermutlich davon ausgehen, daß bei Vorgabe einer nicht zu unterschreitenden minimalen Schmierspalthöhe im Reibleistungsminimum auch relativ niedrige Temperaturen auftreten. Zumindest würde dies für die Temperaturerhöhung gelten, die sich bei Anwendung des einfachen Mittelwertverfahrens, wie es z.B. in /5/ beschrieben ist, proportional zur Reibleistung ergibt. Zum anderen stellt sich die Frage nach den Feder- und Dämpfungseigenschaften eines Gleitlagers im Reibleistungsminimum bzw. die Frage, ob sich das Schwingungsverhalten eines gegebenen Rotor-Gleitlager-Systems verbessert oder verschlechtert, wenn man einen bezüglich der Reibleistung ungünstigeren Betriebspunkt wählt. Untersuchungen zu dieser Frage sind nicht bekannt.

Die bisherigen Ausführungen galten nahezu ausschließlich hydrodynamischen Lagern, bei denen der Schmierfilmdruck durch innere Reibung im Schmierstoff entsteht. Reibungsverluste sind bei diesem Prinzip der Schmierung also eng an die Druckerzeugung gekoppelt. Da sich zeigen läßt, daß der theoretische Maximalwert für das Verhältnis von durch Reibung erzeugter Druckenergie zu der hierzu erforderlichen Reibungsarbeit nur genau ein Drittel beträgt, während die Erzeugung von Druckenergie z.B. mit Hilfe einer Kreisel- oder Verdrängerpumpe mit einem wesentlich höheren Wirkungsgrad möglich ist, stellt sich die Frage, ob man nicht mit Hilfe der hydrostatischen Schmierung die Verluste geradezu drastisch verringern könnte. Hinzu kommt, daß die Lager großer Turbomaschinen ohnehin mit einer hydrostatischen Zusatzschmierung versehen sind, um während des lange dauernden An- und Auslaufs der Maschinen bei extrem niedrigen Drehzahlen einen verschleißfreien Betrieb zu ermöglichen. Selbst ohne ein Eingehen auf die das Schwingungsverhalten des Rotors bestimmenden dynamischen Eigenschaften der Lager sind die Zusammenhänge jedoch nicht so einfach, wie dies auf den ersten Blick erscheinen mag. Dies soll kurz verdeutlicht werden.

Hydrostatische Radiallager weisen im allgemeinen mehrere über dem Umfang gleichmäßig verteilte taschenförmige Vertiefungen auf, denen der Schmierstoff mit einem der geforderten Tragkraft des Lagers entsprechenden Druck zugeführt wird. Zur Erzielung der erforderlichen Lagersteifigkeit muß dafür gesorgt werden, daß der Druck in einer Tasche bei Annäherung des Wellenzapfens an diese Tasche ansteigt. Gebräuchlich sind zwei unterschiedliche konstruktive Lösungen für dieses Regelungsproblem. Beide nutzen den Effekt aus, daß der Strömungswiderstand, den der Schmierstoff auf seinem Weg von der Schmiertasche zum Lagerrand hin zu überwinden hat, mit kleiner werdender Schmierspalthöhe (d.h. näherkommendem Wellenzapfen) größer wird. Bei der einen Lösung wird jeder einzelnen Schmiertasche (normalerweise über jeweils eine mit konstanter Drehzahl betriebene Verdrängerpumpe) ein konstanter Volumenstrom zugeführt. In diesem Fall wird mit zunehmendem Strömungswiderstand der von der Pumpe erzeugte Druck bzw. der Taschendruck zwangsläufig größer. Nachteilig ist hierbei, daß je Schmierstelle eine separate Pumpe erforderlich ist. Bei der anderen Lösung wird jeder Schmierstelle eine Drossel vorgeschaltet. In diesem Fall ist nur eine einzige Pumpe erforderlich, die einen konstanten Druck liefert. Steigt bei dieser Aneinandereihung von vorgeschalteter Drossel und dem ebenfalls als Drossel wirkenden Schmierspalt dessen Drosselwirkung an, so wird bei gleichbleibendem Vordruck (und damit gleichbleibender Druckdifferenz über beiden Drosseln) der durchgesetzte Volumenstrom kleiner. Entsprechend verringert sich der Druckabfall an der vorgeschalteten Drossel, so daß der Taschendruck wie gefordert ansteigt. Diese Lösung ist wegen ihres verhältnismäßig geringen Aufwandes besonders verbreitet und liegt den Ausführungen in /2/ zugrunde.

Beim Vergleich der in /2/ definierten und in einer Reihe von Diagrammen für ε = konst = 0,4 dargestellten Gesamtleistungskennzahl E_t mit der in Bild 1 dargestellten Reibungskennzahl μ/σ ist zu beachten, daß dort als Bezugswert das radiale Lagerspiel ΔR, hier jedoch die kleinste Spalthöhe h_{min} gewählt wurde. Mit der Beziehung $h_{min} = \Delta R \cdot (1-\varepsilon)$ ergibt sich, daß die Kennzahl E_t mit dem Faktor $1/(1-\varepsilon) = 1,67$ zu multiplizieren ist, bevor sie mit der Reibungskennzahl μ/σ verglichen werden kann. Auch für das Hydrostatiklager zeigt sich ein deutlicher Anstieg des Leistungsbedarfs mit abnehmendem Breitenverhältnis. Der absolut niedrigste Wert für die Gesamtleistungskennzahl E_t, der sich den in /2/ enthaltenen Diagrammen entnehmen läßt, liegt beim Breitenverhältnis b/d = 1 und beträgt $E_t \approx 6$. Die Multiplikation mit 1,67 liefert den Wert 10, der mit dem Minimalwert $(\mu/\sigma)_{min}(b/d = 1) \approx 7{,}7$ direkt vergleichbar ist. Anzumerken ist, daß dem Diagramm in /2/ ein Verhältnis von Reib- zu Pumpleistung von 2:1 zugrundegelegt wurde, daß sich somit bei entsprechender Definition eine Reibleistungskennzahl von etwa 6,7 und eine Pumpleistungskennzahl von etwa 3,3 ergeben würde.

Geht man davon aus, daß die Reibleistung eines großen Turbinenlagers in der Größenordnung von 500 kW liegt, und ordnet diesen Wert der Reibleistungskennzahl 7,7 zu, würde dieses Beispiel in Zahlen bedeuten, daß sich die Reibleistung beim Hydrostatiklager auf $(6{,}7/7{,}7)\cdot 500$ kW = 435 kW verringern würde, daß hierzu jedoch eine Pumpleistung von ca. 218 kW erforderlich wäre.

Ein derartig ungünstiges Abschneiden eines bezüglich der Gesamtverluste optimierten Hydrostatiklagers überrascht nach den Ausführungen über die unterschiedlichen Wirkungsgrade, mit denen die Druckerzeugung beim hydrodynamischen bzw. hydrostatischen Lager möglich ist, zumal in /2/ der Pumpwirkungsgrad mit 1 angenommen wurde. Vermutlich würde der Vergleich jedoch anders ausfallen, wenn man das hydrodynamische Lager mit einem hydrostatischen Lager vergleichen würde, bei dem das Prinzip "konstanter Volumenstrom je Schmierstelle" angewendet wird. Diese Vermutung ist dadurch begründet, daß bei der Lösung, die auf der Verwendung von Drosseln beruht, im Bereich weiter Schmierspalte besonders große Volumenströme mit konstant hohem Druckgefälle fließen, was einen im Prinzip unnötig hohen Pumpleistungsbedarf bedeutet. Um genauere Aussagen über den Leistungsbedarf zu machen, wären entsprechende Reihenrechnungen für das andere, vom konstruktiven Aufwand her sicher ungünstigere, vom Leistungsbedarf her aber ebenso sicher günstigere Prinzip der hydrostatischen Lagerung erforderlich. Darüber hinaus gilt ebenso wie für das hydrodynamische Lager, daß über die Eignung eines hinsichtlich minimaler Verluste optimierten Hydrostatiklagers als Turbinenlager erst dann etwas ausgesagt werden kann, wenn auch die dynamischen Lagerkenngrößen in die Betrachtung einbezogen werden. Insbesondere muß überprüft werden, ob nicht eine Verringerung der Reibungsverluste nahezu zwangsläufig mit einer Verringerung der bei Turbinenlagern erwünschten Dämpfungseigenschaften verbunden ist.

Zusammenfassend läßt sich zu diesem Teil der Ausführungen sagen, daß im Prinzip zwar einige Möglichkeiten zur Verminderung der Verluste in Gleitlagern bekannt sind, daß jedoch noch große Wissenslücken insbesondere hinsichtlich der Auswirkung reibleistungsvermindernder Maßnahmen auf die dynamischen Lagereigenschaften bestehen. Es ist somit auf dieser Basis praktisch kaum möglich, geeignete Maßnahmen zur Verminderung der Verluste in den Lagern großer Turbomaschinen vorzuschlagen. Die für hydrodynamische und hydrostatische Lager gleichermaßen zutreffende Erkenntnis, daß das erreichbare Minimum der Reibleistung bzw. des Gesamtleistungsbedarfs proportional von der als zulässig angesehenen kleinsten Schmierspalthöhe abhängt, daß deren Größe jedoch gleichzeitig eines der wichtigsten Kriterien für die Betriebssicherheit eines Lagers darstellt, ist einer der entscheidenden, eingangs bereits angesprochenen Zielkonflikte.

Hinzuweisen bleibt noch auf die beträchtlichen Reibungsverluste, die in den - gerade bei Turbinenlagern häufig sehr großen - Schmiertaschen auftreten können. Vorangegangene Untersuchungen im Rahmen des Tribologie-Förderprogramms galten hauptsächlich dem Einfluß dieser Taschen (bzw. der Ölzuführungsparameter im weiteren Sinne) auf die dynamischen Lagereigenschaften /6/ bzw. auf die Ölaustauschvorgänge und damit auf das thermische Geschehen im Lager /7/. Seit längerem liegen bereits Ergebnisse über Reibung im Taschenbereich vor, denen sich entnehmen läßt, daß bei großen Lagern und hohen Drehzahlen (genauer gesagt bei hohen Reynoldszahlen), also unter auf große Turbinenlager zutreffenden Bedingungen, die Schubspannungen im Taschenbereich in der gleichen Größenordnung liegen wie im Spaltbereich. Das bedeutet, daß der Anteil der Verluste in den Schmiertaschen in etwa dem Anteil der Taschenfläche an der Gesamtfläche entspricht. Es hat den Anschein, als sei das Wissen über die Bedeutung dieser Erkenntnis für die Reibungsverluste in Turbinenlagern bisher wenig verbreitet. <u>Bild 2</u> zeigt von Elrod und Ng /8/ berechnete Reibungsfaktoren für reine Couette-Strömung im Schmierspalt (im folgenden auch als Scherströmung bezeichnet) bzw. für den sogenannten "zero net flow", wie er näherungsweise in Schmiertaschen vorliegt. Bei letzterem handelt es sich um eine Strömungsform, bei der der Druckanstieg in Richtung der Wellenumfangsgeschwindigkeit gerade so groß ist, daß sich Druck- und Scherströmungsanteil gegeneinander aufheben. Der in /8/ durchgeführte Vergleich von Rechenergebnissen mit Versuchsergebnissen zeigt, wenn man vom Übergangsgebiet laminar/turbulent absieht, eine gute Übereinstimmung. In Bild 2 sind zusätzlich Exponentialfunktionen eingezeichnet, die im laminaren Bereich exakt gelten und im turbulenten Bereich so gewählt wurden, daß sie die Versuchsergebnisse annähern. Diese Funktionen werden im Abschnitt 2.1 zur Abschätzung des in den Schmiertaschen auftretenden Anteils an den Gesamtverlusten benutzt.

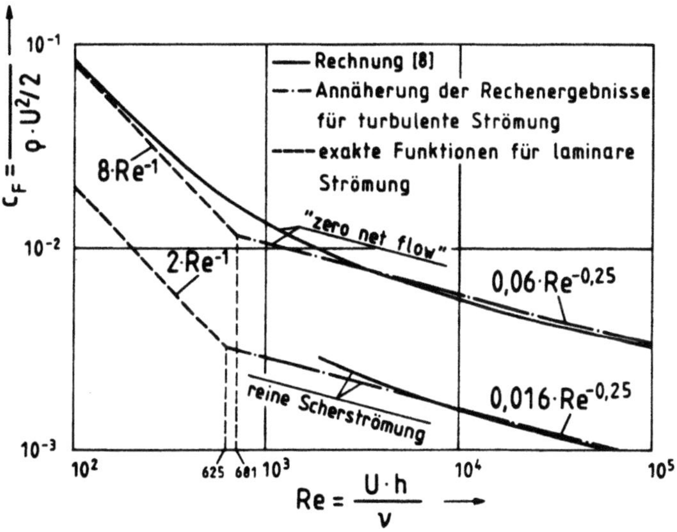

Bild 2: Reibungsfaktoren für unterschiedliche Strömungsformen

Unabhängig von theoretischen Untersuchungen sind rein experimentell gewonnene Ergebnisse bekannt, die eine nennenswerte Verringerung der Reibungsverluste großer hydrodynamischer Lager möglich erscheinen lassen. So wurde bei Versuchen der Kraftwerk Union Mülheim an einem Zweikeillager mit zwei Taschen festgestellt, daß die Reibleistung durch Drosselung der Ölzufuhr deutlich herabgesetzt werden kann, ohne daß sich die durch minimale Schmierspalthöhe und maximale Laufflächentemperatur gekennzeichnete Betriebssicherheit vermindert. Eine außerordentliche starke Verringerung der Reibleistung (um nahezu die Hälfte) durch Drosselung der Ölzufuhr wurde dort bei einem sogenannten Tragspiegellager beobachtet, wie es von der Kraftwerk Union zur Lagerung von Generatorläufern eingesetzt wird. Es handelt sich hierbei um ein modifiziertes Zweikeillager, das in einem Teilbereich der Unterschale (dem sogenannten Tragspiegel) ein sehr geringes Schalenspiel und in der Oberschale eine breite, sich bis zu beiden Taschen erstreckende Umfangsnut aufweist. Dieser Lagertyp besitzt nach Erfahrungen der Kraftwerk Union besonders gute Stabilitätseigenschaften. Hiermit im Zusammenhang steht ein wesentlicher Vorbehalt, der den vorliegenden Versuchsergebnissen gegenüber noch angebracht ist: Der Prüfstand, an dem diese Ergebnisse ermittelt wurden, ist nur für Messungen bei rein statischer Belastung geeignet. Eine Überprüfung, ob bzw. wie sich die Drosselung der Ölzufuhr auf die das Stabilitätsverhalten bestimmenden Feder- und Dämpfungseigenschaften der Lager auswirkt, war somit bisher nicht möglich. Unbefriedigend ist auch, daß der experimentell feststellbare Einfluß der Zuführmenge wie auch des Ortes der Ölzuführung (nur über die linke Tasche / nur über die rechte Tasche / über beide Taschen) theoretisch bisher nur zu einem kleinen Teil erklärbar ist, rechnerisch also bisher kaum nachvollzogen werden kann.

1.3 Zielsetzung

Man findet heute in großen Turbomaschinen unterschiedliche Lagerformen. Allen gemeinsam ist das Prinzip der hydrodynamischen Schmierung im Normalbetrieb und eine zusätzliche hydrostatische Schmiereinrichtung zur Gewährleistung eines verschleißfreien An- und Auslaufs der Maschinen. Die Lagerformen reichen von dem von der Fertigung her besonders einfachen Lager mit kreiszylindrischer Bohrung über das ebenfalls einfach zu fertigende Zweikeillager (sog. Lager mit Zitronenspiel) über Lager mit etwas aufwendiger herstellbaren Bohrungsformen bis hin zu den fertigungstechnisch besonders aufwendigen Kippsegmentlagern. Zum Teil ist der Einsatz der unterschiedlichen Lagerformen durch ihre unterschiedlichen Eigenschaften klar begründet. Ohne hier auf Einzelheiten einzugehen, läßt sich grob sagen, daß beispielsweise die Drehzahlgrenze, bei der ein gleitgelagerter Rotor instabil wird und selbsterregte Schwingungen mit gefährlich großer Amplitude ausführt, von der Lagerform abhängt und etwa in der oben genannten Reihenfolge der Lagerformen zu höheren Drehzahlen hin verschoben werden kann. So kann es beispielsweise unter bestimmten Betriebsbedingungen unbedingt erforderlich sein, anstelle eines kreiszylindrischen Lagers ein Mehrgleitflächenlager einzusetzen. Zu einem anderen Teil ist der Einsatz bestimmter Lagerformen unter im Prinzip gleichen Betriebsbedingungen aber auch herstellerabhängig und sachlich nicht ohne weiteres zu begründen.

Das erste Ziel des Vorhabens bestand darin, einen im Aufbau befindlichen Prüfstand für große Turbinenlager, dessen Finanzierung nicht restlos gesichert war, mit Hilfe zusätzlicher Sachmittel fertigzustellen. An diesem Prüfstand sollten dann zwei typische Turbinenlager, ein Zweikeillager und ein Kippsegmentlager, primär im Sinne dieses Vorhabens hinsichtlich ihrer Reibungsverluste, aus den bereits genannten Gründen gleichzeitig aber auch hinsichtlich aller übrigen, insbesondere ihrer dynamischen Eigenschaften untersucht werden. Versuche mit Variation der Ölzuführbedingungen beim Zweikeillager (Zuführmenge / Zuführort / Zuführtemperatur) sollten zunächst die bei der Kraftwerk Union an einem ähnlichen Lager beobachtete Abhängigkeit der Verlustleistung von diesen Parametern verifizieren, darüber hinaus sollten sie darüber Aufschluß geben, ob bzw. wie die dynamischen Lagereigenschaften hierdurch beeinflußt werden.

An dieser Stelle soll noch einmal betont werden, daß es wohl ein erster wichtiger Schritt ist, auf experimentellem Wege eine - im genannten Fall sogar extrem einfache - Möglichkeit zur Verringerung der Reibungsverluste eines Gleitlagers zu entdecken, daß es aber durchaus unbefriedigend ist, selbst unter Einsatz der vorhandenen umfangreichen Gleitlagerberechnungsprogramme weder in der Lage zu sein, die als Folge der genannten Parametervariationen beobachtete Reibleistungsverminderung rechnerisch nachzuvollziehen noch die zu erwartenden Änderungen anderer Lagereigenschaften zuverlässig vorauszuberechnen. Unter solchen Bedingungen ist es nämlich praktisch kaum möglich, experimentell gefundene

Ergebnisse sinnvoll auf eine andere als die gerade untersuchte Lagerform anzuwenden. Ein weiteres Ziel der Arbeiten war es deshalb, den Prüfstand so zu konzipieren und auszustatten, daß über die üblichen Messungen hinaus auch sehr detaillierte Messungen einzelner Größen durchgeführt werden können. Die hierdurch gegebene Möglichkeit, die Kenntnisse über das physikalische Geschehen in großen Lagern zu vertiefen, sollte dazu beitragen, die in einer Reihe von Punkten heute immer noch nicht befriedigenden Berechnungsmöglichkeiten zu verbessern.

2. Theoretische Untersuchungen

2.1 Abschätzung der Verluste in den Schmiertaschen

Bild 2 zeigte den Verlauf des Widerstandsbeiwertes über der Reynoldszahl bei reiner Scherströmung im Spalt bzw. beim sogenannten zero net flow in der Tasche. Die Reynoldszahl für den Spalt ist dabei mit der Spalthöhe h, die für die Tasche mit der Taschenhöhe h_T gebildet. Übliche Werte für das Verhältnis h_T/h und damit (bei als gleich vorausgesetzten kinematischen Viskositäten) auch für das Verhältnis Re_T/Re liegen in der Größenordnung von ein bis zwei Zehnerpotenzen. Unter diesen Voraussetzungen kann, wie man Bild 2 leicht entnehmen kann, der Widerstandsbeiwert in der Tasche größer als der im Spalt werden. Daß die Widerstandsbeiwerte mit wachsender Reynoldszahl abfallen, ist eine Folge ihrer Definition. Durch eine einfache Umformung erhält man beispielsweise für die Schubspannung im Spalt bei laminarer Scherströmung das dem Newtonschen Schubspannungsansatz entsprechende bekannte Ergebnis

$$\tau_S = c_F \cdot U^2 \cdot \rho / 2 = 2 \cdot Re^{-1} \cdot U^2 \cdot \rho / 2 = \nu / (U \cdot h) \cdot U^2 \cdot \rho = \eta \cdot U/h.$$

Auf ähnliche einfache Weise läßt sich für den zero net flow, bei dem sich der Scherströmungsanteil in Richtung der Umfangsgeschwindigkeit der Welle und der entgegengesetzt gerichtete Druckströmungsanteil genau gegeneinander aufheben, das für den Fall laminarer Strömung exakte Ergebnis $\tau_T = 4 \cdot \eta \cdot U/h_T$ bzw. $c_F = 8 \cdot Re_T{}^{-1}$ herleiten.

Unter einer Reihe vereinfachender Annahmen kann man die in Bild 2 dargestellten Ergebnisse dazu verwenden, um das Verhältnis der Schubspannungen im Taschenbereich zu denen im Spaltbereich eines Gleitlagers abzuschätzen:

1. Die Viskosität ist im gesamten Lager konstant
2. Ausgehend von der bekannten Tatsache, daß bei niedrigen Belastungen die Reibleistung eines Lagers nur schwach belastungsabhängig ist, wird die Reynoldszahl im Spaltbereich nicht mit der örtlichen Spalthöhe h, sondern mit einer mittleren Spalthöhe (beim kreiszylindrischen Lager z.B. mit dem Radialspiel ΔR)gebildet. Zusammen mit der Annahme konstanter Viskosität werden damit die Schubspannungen im gesamten Spaltbereich gleich groß. Dieser prinzipielle Fehler hebt sich bei der zur Reibleistungsberechnung erforderlichen Integration der Schubspannungen über der Spaltfläche weitgehend auf.
3. Die Taschenhöhe h_T wird ebenfalls über dem Umfang als konstant angenommen, obwohl der Höhenverlauf in der Praxis normalerweise anders aussieht. Auch hier kann man annehmen, daß der Fehler bei der Integration weitgehend ausgeglichen wird.
4. Es wird von den in Bild 2 eingezeichneten vier Exponentialfunktionen ausgegangen, von denen lediglich die Funktion $c_F = 2 \cdot Re^{-1}$ für laminare Spaltströmung theoretisch exakt ist. Auch die Funktion $c_F = 8 \cdot Re_T^{-1}$ für laminare Taschenströmung ist vermutlich relativ genau, obwohl ihr die nicht exakt zutreffende Annahme zugrunde liegt, daß der durch die Tasche durchgesetzte Volumenstrom genau Null sei.

Eine bessere Annäherung der benutzten Funktionen an die Rechenergebnisse insbesondere im Übergangsgebiet von laminarer zu turbulenter Strömung hätte unter den insgesamt getroffenen vereinfachenden Annahmen eine in Wirklichkeit nicht vorhandene Genauigkeit vorgetäuscht und wurde deshalb nicht durchgeführt. Zusätzlich ist hierzu anzumerken, daß gerade im Übergangsgebiet die Übereinstimmung zwischen den in /8/ gezeigten Rechen- und Versuchsergebnissen deutlich schlechter als in den anderen Bereichen ist.

Bild 3 zeigt das Verhältnis der Schubspannungen im Taschenbereich zu denen im Spaltbereich für drei Verhältnisse von Taschenhöhe zu Radialspiel, die so gewählt wurden, daß sie den in der Praxis üblichen Bereich abdecken.

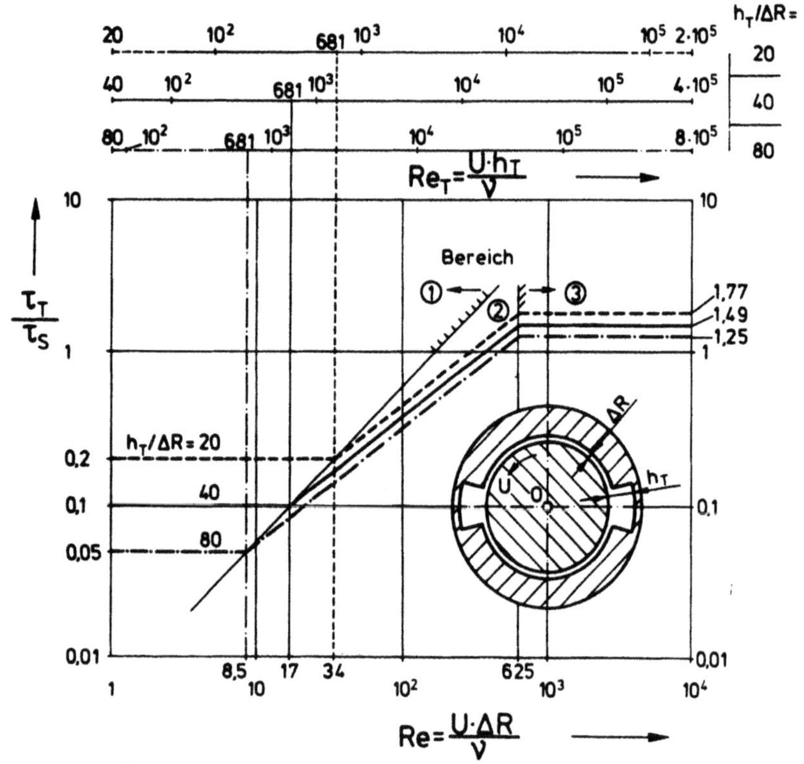

Bild 3: Verhältnis der Schubspannungen im Taschenbereich zu denen im Spaltbereich

Als Folge der vereinfachenden Annahmen lassen sich in dieser Darstellung drei Bereiche klar voneinander abgrenzen. In den folgenden Umrechnungen ist die aus der Definition der Reynoldszahlen $Re = U \cdot \Delta R/\nu$ und $Re_T = U \cdot h_T/\nu$ folgende Beziehung $Re_T/Re = h_T/\Delta R$ enthalten.

Bereich 1: laminare Spaltströmung / laminare Taschenströmung;

$$\frac{\tau_T}{\tau_S} = \frac{8 \cdot Re_T^{-1}}{2 \cdot Re^{-1}} = \frac{4}{h_T/\Delta R}$$

Bereich 2: laminare Spaltströmung / turbulente Taschenströmung;

$$\frac{\tau_T}{\tau_S} = \frac{0{,}06 \cdot Re_T^{-0{,}25}}{2 \cdot Re^{-1}} = \frac{0{,}03 \cdot Re^{0{,}75}}{(h_T/\Delta R)^{0{,}25}}$$

Bereich 3: turbulente Spaltströmung / turbulente Taschenströmung;

$$\frac{\tau_T}{\tau_S} = \frac{0{,}06 \cdot Re_T^{-0{,}25}}{0{,}016 \cdot Re^{-0{,}25}} = \frac{3{,}75}{(h_T/\Delta R)^{0{,}25}}$$

Im Bereich 1 sind danach auch bei relativ kleinen Taschenhöhen die Schubspannungen im Taschenbereich verhältnismäßig klein. Im Bereich 2 steigen sie im Verhältnis zu den Schubspannungen im Spaltbereich mit zunehmender Reynoldszahl stark an und erreichen deren Größenordnung bereits bei relativ niedrigen Spaltreynoldszahlen. Im Bereich 3 bleibt das Verhältnis konstant hoch. Daß es hier von der Reynoldszahl völlig unabhängig ist, liegt natürlich daran, daß die beiden für den turbulenten Bereich angenommenen Näherungsfunktionen genau gleiche Exponenten aufweisen.

Wie sich die Größe der Schubspannungen auf die Reibleistung eines Lagers auswirkt, hängt außer von den in den Gleichungen für die Schubspannungen enthaltenen Größen noch von der relativen Taschengröße ab. Die in den folgenden Gleichungen enthaltenen Größen A_S^* und A_T^* sind die auf die Gesamtfläche $A = \pi \cdot b \cdot d$ bezogene Spaltfläche A_S bzw. Taschenfläche A_T. Bei den im folgenden Beispiel gezeigten Fällen "2 x 30°-Tasche" bzw. "2 x 60°-Tasche" wird davon ausgegangen, daß sich die Schmierspalte über die vom Gesamtumfang verbleibenden 2 x 150° bzw. 2 x 120° erstrecken. Vernachlässigt man, daß sich die Taschen normalerweise nicht über die gesamte Lagerbreite erstrecken, sondern durch schmale seitliche Stege begrenzt werden, so wird für den ersten Fall $A_S^* = 5/6$; $A_T^* = 1/6$, für den zweiten Fall $A_S^* = 2/3$; $A_T^* = 1/3$.

Mit den der Ermittlung der Schubspannungen zugrundeliegenden Vereinfachungen ergibt sich für die Reibleistung nach einigen einfachen Umformungen im Bereich 1:

$$P_R = \frac{\pi}{2}\cdot\frac{b}{d}\cdot\frac{\eta}{\psi}\cdot\omega^2\cdot d^3\cdot\left(A_S^* + \frac{4}{h_T/\Delta R}\cdot A_T^*\right),$$

im Bereich 2:

$$P_R = \frac{\pi}{2}\cdot\frac{b}{d}\cdot\frac{\eta}{\psi}\cdot\omega^2\cdot d^3\cdot\left[A_S^* + \frac{0,03}{(h_T/\Delta R)^{0,25}}\cdot\left(\frac{\psi}{4\cdot\nu}\right)^{0,75}\cdot\omega^{0,75}\cdot d^{1,5}\cdot A_T^*\right],$$

im Bereich 3:

$$P_R = \frac{\pi}{2}\cdot\frac{b}{d}\cdot 0,02\cdot\rho\cdot\left(\frac{\psi}{4\cdot\nu}\right)^{-0,25}\cdot\omega^{2,75}\cdot d^{4,5}\left(A_S^* + \frac{3,75}{(h_T/\Delta R)^{0,25}}\cdot A_T^*\right).$$

Im Bereich 1 steigt die Reibleistung also mit d^3, im Bereich 3 mit $d^{4,5}$ an.

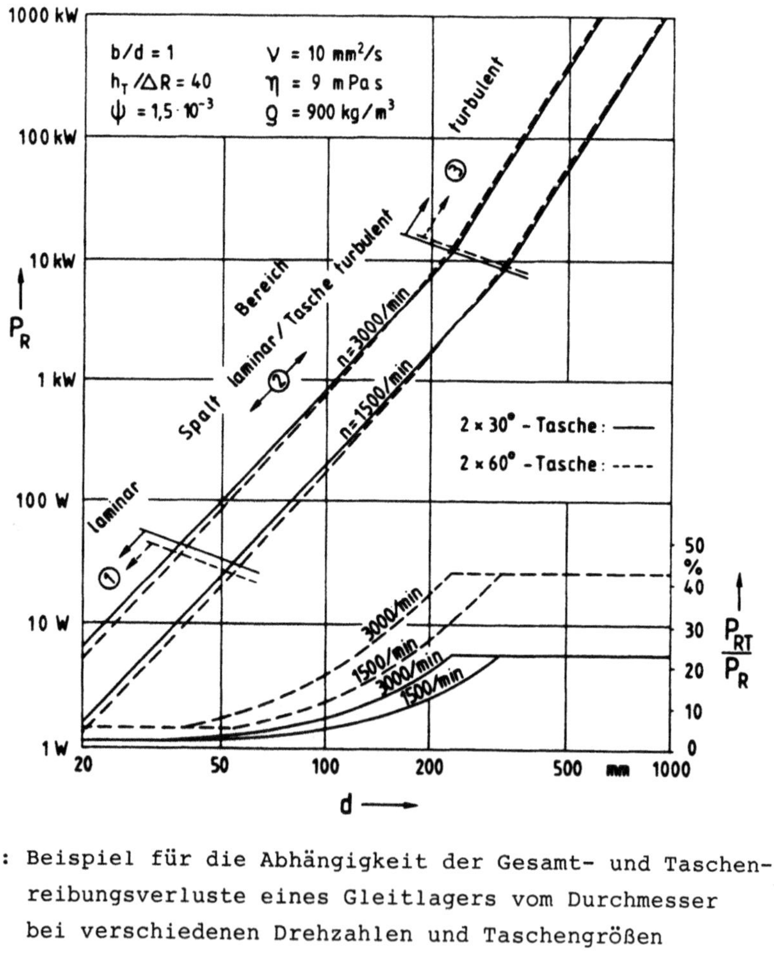

Bild 4: Beispiel für die Abhängigkeit der Gesamt- und Taschenreibungsverluste eines Gleitlagers vom Durchmesser bei verschiedenen Drehzahlen und Taschengrößen

Der im Bild 4 dargestellten Abhängigkeit der Reibleistung P_R vom Wellendurchmesser d für zwei verschiedene relative Taschengrößen und zwei verschiedenen Drehzahlen liegen die dort angegebenen festen Daten für das Breitenverhältnis b/d, das Taschenhöhenverhältnis $h_T/\Delta R$, das relative Lagerspiel ψ, die kinematische Viskosität ν und die dynamische Viskosität η (und damit wegen $\nu = \eta/\rho$ auch für die Dichte ρ) zugrunde. Der Durchmesserbereich wurde bis zu sehr kleinen Werten ausgedehnt, um den Bereich 1 (Spaltströmung laminar / Taschenströmung laminar) überhaupt zeigen zu können. Man erkennt, daß für praktisch übliche Lagerspiele und Viskositäten dieser Bereich nur bei kleinen Durchmessern und gleichzeitig niedrigen Drehzahlen erreicht wird.

Im Bereich 1 und im unteren Teil des Bereiches 2 ist wegen $\tau_T/\tau_S < 1$ die Reibleistung bei größeren Taschen etwas geringer, im Bereich 2 gibt es Schnittpunkte, in denen wegen $\tau_T/\tau_S = 1$ die Reibleistung unabhängig von der Taschengröße ist, im oberen Teil des Bereiches 2 und im Bereich 3 ist wegen $\tau_T/\tau_S > 1$ die Reibleistung bei größeren Taschen etwas größer. Auf den ersten Blick zeigt dieses Beispiel damit nur, daß die Reibleistung sehr stark von Durchmesser und Drehzahl abhängt, dagegen nur in geringem Maße von der Taschengröße. Das unten rechts im Bild 4 dargestellte Verhältnis von den Verlusten im Taschenbereich zu den Gesamtverlusten macht jedoch deutlich, wie stark der in den Taschen entstehende Anteil der Reibungsverluste mit zunehmender Taschengröße ansteigt.

2.2 Überlegungen zur Verminderung der Verluste in den Taschen

Bei Überlegungen zur Reibleistungsverminderung muß man sich noch einmal vor Augen halten, daß Reibungsverluste im Spaltbereich bei hydrodynamischen Lagern eine unvermeidliche Begleiterscheinung der Druckerzeugung sind, daß ein derartig direkter Zusammenhang zwischen der Funktion der Taschen und den Reibungsverlusten im Taschenbereich jedoch nicht existiert. Damit liegt die Frage nahe, ob sich diese bei bestimmten Lagerformen beträchtlichen Verluste nicht durch geeignete Maßnahmen erheblich verringern lassen. Um dies beurteilen zu können, muß zunächst die Funktion der Schmiertaschen analysiert werden.

Die Hauptfunktion der Taschen besteht darin, das ihnen über Bohrungen zugeführte Frischöl über der Lagerbreite zu verteilen. Hierzu genügen allerdings, wie man an einer bestimmten Ausführungsform von Kippsegmentlagern sieht, in Umfangsrichtung sehr kurze Taschen. Man müßte demnach bei Lagern mit großen Taschen und damit kurzen Spaltbereichen die Reibungsverluste erheblich reduzieren können, wenn man unter Beibehaltung der kurzen hydrodynamisch wirksamen Spaltbereiche die Taschen in Umfangsrichtung stark verkürzt und gleichzeitig dafür sorgt, daß die Welle in den dabei entstehenden Freiräumen nicht von Schmierstoff umspült wird. Eine derartige konstruktive Veränderung der Lager erscheint relativ leicht realisierbar. Man muß jedoch weiter fragen, ob mit einer solchen Veränderung nicht doch unerwünschte Nebenwirkungen verbunden sein könnten. Hierzu müssen zwei weitere Funktionen der Taschen angesprochen werden.

Normalerweise wird Lagern mehr Frischöl zugeführt, als dies zur vollständigen Spaltfüllung eigentlich erforderlich wäre. Abgesehen davon, daß hierdurch in nahezu jedem Fall die mittlere Ölablauftemperatur gesenkt wird, verspricht man sich hiervon auch eine Absenkung der Lagertemperaturen insgesamt. Die Voraussetzungen dafür, daß dieser erwünschte Effekt eintritt, sind, daß an der Welle haftendes Warmöl im Taschenbereich durch kühles Frischöl verdrängt wird bzw. daß in den Taschen eine gute Durchmischung zwischen warmem und kühlem Öl stattfindet. Grundsätzliche Untersuchungen zu der Frage, in welchem Maße die Taschen den Ölaustausch begünstigen, wurden z.B. mit Hilfe von Modellversuchen in /7/ durchgeführt. Sie legen den Schluß nahe, daß zwar bei niedrigen Reynoldszahlen an der Welle haftendes Warmöl zum großen Teil über die Taschen hinweg direkt in die folgenden Schmierspalte überschleppt wird und höhere Frischölmengen höchstens einen geringen Einfluß auf die Öltemperaturen in den hydrodynamisch wirksamen Schmierspalten haben, daß jedoch bei hohen Reynoldszahlen in den Taschen eine starke Durchmischung zwischen eingeschlepptem Warmöl und zugeführtem Frischöl und damit auch ein deutlicher Einfluß der Zuführmenge auf die Lagereigenschaften zu erwarten ist. Da zwischen Mischung und Reibung ein ursächlicher Zusammenhang besteht, ist zunächst auch hier wieder ein Zielkonflikt zu vermuten: Eine Verminderung der unerwünschten Reibungsverluste bedeutet prinzipiell eine Verschlechterung der erwünschten Durchmischung. Bevor hierüber ein abschließendes Urteil abgegeben werden kann, müssen jedoch zwei Fragen geklärt werden. Erstens muß überprüft werden, in welchem Maße die Modellversuchsergebnisse auf reale Lager übertragbar sind, zweitens, ob nicht auch bei verkürzten Taschen und entsprechend reduzierter Reibung bei hohen Reynoldszahlen eine nahezu unvermindert starke Durchmischung stattfindet. Mit experimentellen Untersuchungen zur Klärung dieser Fragen soll in Kürze begonnen werden.

Schließlich ist noch anzumerken, daß durch die Schmiertaschen die dynamischen Lagereigenschaften beeinflußt werden können. In /6/ vorgestellte Ergebnisse theoretischer und experimenteller Untersuchungen zeigen, daß unter bestimmten Bedingungen die Stabilitätsgrenze eines Rotor-Lager-Systems heraufgesetzt oder sogar vollständig vermieden werden kann, wenn man die Taschen hydrostatisch wirksam werden läßt. Man spricht in diesem Fall von Hybridlagern. Die Ergebnisse lassen jedoch den Schluß zu, daß eine solche Maßnahme zur Stabilitätsverbesserung wohl bei sehr niedrig belasteten Lagern, weniger jedoch bei großen Turbinenlagern praktikabel sein dürfte, bei denen die mittlere Flächenpressung in der Größenordnung von 2 bis 4 N/mm^2 liegt.

Zusammenfassend ist zu diesem Abschnitt festzustellen, daß bestimmte Lagerformen sehr große Schmiertaschen aufweisen, wobei die Größe dieser Taschen im allgemeinen nicht darauf zurückzuführen ist, daß man die in ihnen ablaufenden - bis heute nicht einmal hinreichend geklärten - physikalischen Vorgänge beeinflussen will, sondern einfach eine Folge der Verkürzung der hydrodynamisch wirksamen Schmierspalte ist, wodurch man insbesondere die dynamischen Lagereigenschaften verbessern kann. Unter diesen Voraussetzungen erscheint es durchaus denkbar, daß bei derartigen Lagern durch eine Verkürzung der Schmiertaschen in der oben genannten Weise ohne Inkaufnahme nennenswerter Nachteile bezüglich anderer Lagereigenschaften die Reibungsverluste deutlich gesenkt werden können.

2.3 Verfahren zur Berechnung von Gleitlagern bei zeitlich konstanter Belastung

Zur Berechnung der statischen und dynamischen Eigenschaften überwiegend stationär belasteter Gleitlager sind drei Verfahren gebräuchlich, die sich durch mehr oder weniger stark vereinfachende Annahmen gegenüber dem sich in Wirklichkeit abspielenden physikalischen Geschehen voneinander unterscheiden. Allen Verfahren gemeinsam ist, daß grundsätzlich die die Druckverteilung beschreibende Reynoldsgleichung und - wegen der bei den meisten Schmierstoffen starken Abhängigkeit der Viskosität von der Temperatur - eine Energiegleichung zur Ermittlung der Temperaturen zu lösen sind.

Beim einfachsten, dem sogenannten Mittelwertverfahren, wie es z.B. in /5/ beschrieben ist, wird von einer im gesamten Spaltraum konstanten (sogenannten "effektiven") Viskosität ausgegangen. Die Lösung der Energiegleichung besteht hier lediglich in einer pauschalen Einhaltung des Energieerhaltungssatzes zwischen der Reibleistung einerseits und der durch Wärmeleitung und Konvektion über das Lagergehäuse oder über das Öl abgeführten Wärme andererseits. Die Lagereigenschaften lassen sich aufgrund der bei diesem Verfahren besonders starken Vereinfachungen durch wenige Kennzahlen beschreiben, so daß man für geometrisch ähnliche Lager nach einmaliger Lösung der Gleichungen gut mit Tabellen oder Näherungsfunktionen für die interessierenden Größen arbeiten kann. Modifikationen dieses Mittelwertverfahrens, mit denen das physikaliche Geschehen etwas genauer als nach den in /5/ beschriebenen Verfahren erfaßt wird, sind ohne großen zusätzlichen Aufwand möglich. Zu nennen sind

- eine gleichzeitige Berücksichtigung von Wärmeabfuhr über die Lageroberfläche und durch das Öl und nicht, wie in /5/, nur jeweils eine der beiden Arten von Wärmeabfuhr
- eine Einhaltung des Energieerhaltungssatzes getrennt für einzelne Lagerbereiche wie Spaltbereiche mit Druckaufbau, Spaltbereiche ohne Druckaufbau (sogenannte Aufreißgebiete) und Schmiertaschen
- eine Berücksichtigung der Mischungsvorgänge in den Taschen und

(damit im Zusammenhang) der Zuführmenge bei der Temperaturberechnung
- eine dem Mittelwertverfahren entsprechende einfache Berücksichtigung von Schmierfilmturbulenz durch mittlere Turbulenzfaktoren.

Bei einem etwas aufwendigeren Verfahren wird zwar auch von einer über der Schmierspalthöhe konstanten Viskosität ausgegangen, im Gegensatz zum Mittelwertverfahren werden jedoch die Temperatur- und Viskositätsveränderungen über dem Lagerumfang (vielfach auch über der Breite) durch simultanes Lösen der Reynoldsgleichung und (einer auch hier noch relativ stark vereinfachten Form) der Energiegleichung berücksichtigt. Entsprechend der Tatsache, daß bei Turbinenlagern im allgemeinen der weitaus überwiegende Teil der durch Reibung entstehenden Wärme durch den Schmierstoff und nur ein sehr geringer Teil durch freie Konvektion über die Lageroberfläche abgeführt wird, werden bei diesem Verfahren die Spaltbegrenzungswände, also die Wellenoberfläche und die Lauffläche der Lagerschale, als wärmedicht angenommen. Das Verfahren wird deshalb vielfach "adiabates Verfahren" genannt, wenn auch diese Bezeichnung nicht den eigentlichen Unterschied zu den beiden anderen Verfahren wiedergibt. Denn nicht nur beim Mittelwertverfahren wird im Fall "Wärmeabfuhr nur über das Öl" mit wärmedichten Wänden, also adiabat gerechnet, sondern auch bei dem dritten Verfahren, das in in seinen Grundzügen im nächsten Absatz beschrieben wird, kann mit wärmedichten Wänden gerechnet werden. Eine Berücksichtigung von Turbulenzeinflüssen und in neuerer Zeit auch von Mischungsvorgängen in den Schmiertaschen ist bei dem adiabaten Verfahren üblich.

Bei dem mit Abstand aufwendigsten der drei Verfahren, im folgenden kurz als "3D-Verfahren" bezeichnet, wird auch die Veränderlichkeit von Temperatur und Viskosität über der Spalthöhe berücksichtigt, bei der Lösung der Energiegleichung wird also die Temperaturverteilung dreidimensional erfaßt. Messungen zeigen, daß sich unter den bei Turbinenlagern vorliegenden Betriebsbedingungen die Schalentemperatur über der Lagerbreite im allgemeinen wenig verändert, daß sie jedoch über dem Lagerumfang vom Spaltanfang zum Spaltende hin sehr stark ansteigt. Übliche Werte sind

Anfangstemperaturen von etwa 40°C bis 60°C und Maximaltemperaturen von etwa 100°C bis 120°C. Dieser starke Anstieg folgt daraus, daß nahezu die gesamte Reibungswärme vom Öl aufgenommen wird und sich das Öl auf seinem Weg durch den Schmierspalt entsprechend erwärmt. Beim Vergleich der nach den unterschiedlichen Verfahren berechneten Temperaturanstiege in Umfangsrichtung ist zu beachten, daß nach dem adiabaten Verfahren vom Ansatz her nur mittlere Temperaturen über der Spalthöhe berechnet werden können, beim 3D-Verfahren dagegen der Temperaturverlauf über der Spalthöhe und damit auch die bei Vergleichsversuchen meßbaren Schalen- und Wellentemperaturen. Rechnet man beim 3D-Verfahren mit wärmedichten Begrenzungswänden, so liefert dieses Verfahren über der Spalthöhe nahezu konstante und mit Rechnungen nach dem adiabaten Verfahren sehr gut übereinstimmende Temperaturen. Unter dieser Voraussetzung steigen die Öltemperaturen in Wellennähe ebenso stark an wie die in Schalennähe. Versuche und auch genaue Rechnungen zeigen jedoch, daß die Wellentemperatur in Wirklichkeit über dem Umfang nahezu konstant bleibt und zwischen der minimalen und der maximalen Schalentemperatur, in erster Näherung etwa in der Mitte zwischen beiden liegt. Mit den oben genannten Zahlen bedeutet dies Wellentemperaturen und damit auch Öltemperaturen in unmittelbarer Nähe der Wellenoberfläche etwa um 80°C. Über der Schmierspalthöhe existieren dementsprechend Temperaturdifferenzen in der Größenordnung von ± 30 K, wobei die Temperatur von der Welle zur Schale hin am Spaltanfang abfällt, am Spaltende dagegen ansteigt. Diese Temperaturgradienten im Öl bedeuten, daß jedes Element der Wellenoberfläche auf seinem Umlauf vom Spaltanfang zum Spaltende zunächst Wärme an das Öl abgibt und anschließend Wärme vom Öl aufnimmt. Selbst wenn man die Welle nach außen hin als wärmedicht annimmt, stellt sie also örtlich gesehen keine wärmedichte Begrenzungswand dar. Daß die Wellentemperatur trotz dieser abwechselnden Wärmeabgabe und -aufnahme praktisch konstant bleibt, ist auf die im Vergleich zu Öl hohe Wärmeleitfähigkeit üblicher Wellenwerkstoffe zurückzuführen.

Die zum Teil erheblichen Unterschiede, die sich unter den bei großen Turbinenlagern gegebenen Betriebsbedingungen für wichtige Lagereigenschaften nach dem adiabaten und dem 3D-Verfahren ergeben, sind eine Folge der Vernachlässigung der sehr hohen Viskositätsunterschiede über der Spalthöhe beim adiabaten Verfahren. Die Tendenz bisher durchgeführter Vergleichsrechnungen war durchweg, daß bei vorgegebener Belastungskraft die kleinste Schmierspalthöhe nach dem adiabaten Verfahren zu groß berechnet wurde, daß also Rechnungen nach diesem Verfahren eine zu hohe Betriebssicherheit vortäuschen. Hinzu kommt, daß für die Einbeziehung thermoelastischer Lagerverformungen in die Rechnung die Temperaturverteilung im Lagerkörper benötigt wird und daß nur die dreidimensionale Erfassung der Temperaturen im Schmierspalt die Randbedingungen für die Berechnung dieser Lagertemperaturen liefert.

Der hiernach naheliegenden Empfehlung gegenüber, man sollte beim Vorliegen entsprechender Betriebsbedingungen zur Erzielung genauer Rechenergebnisse nur noch Rechenprogramme auf der Basis des 3D-Verfahrens einsetzen, sind zur Zeit noch Vorbehalte angebracht. Einer ist dadurch begründet, daß die Spaltströmung bei großen Turbinenlagern im allgemeinen turbulent ist und daß bisher keine hinreichend abgesicherten Ansätze existieren, bei denen man davon ausgehen kann, die Turbulenz mit einer der übrigen Rechnung adäquaten Genauigkeit zu erfassen. Derartige Unsicherheiten können natürlich den Sinn eines stets mit erheblichem Rechenaufwand verbundenen Arbeitens mit 3D-Programmen in Frage stellen. Hinzu kommt, daß - soweit bekannt - die bisher an verschiedenen Forschungsstellen entwickelten 3D-Programme insbesondere dann, wenn in ihnen thermoeleastische Lagerverformungen berücksichtigt werden, nicht nur sehr rechenintensiv, sondern auch relativ schwer handhabbar sind, was ihrem praktischen Einsatz im Wege steht. Bei der Weiterführung der Arbeiten sollten zwei Ziele angestrebt werden. Zum einen sind in möglichst jeder Beziehung physikalisch begründete Rechenprogramme zu entwickeln, deren Zuverlässigkeit durch vergleichende experimentelle Untersuchungen abgesichert ist. Wegen der Vielzahl der hierbei zu berücksichtigenden physikalischen Vorgänge ist allerdings davon auszugehen, daß der Einsatz derartiger Programme wohl auch in Zukunft relativ aufwendig bleiben wird. Um den Bedarf von Anwendern nach zuverlässigen, gleichzeitig aber auch kostengünstig einsetzbaren Rechenverfahren zu entsprechen, sind deshalb zum anderen einfachere Verfahren anzugeben, die die Auslegung von Lagern mit einer für praktische Bedürfnisse befriedigenden Genauigkeit ermöglichen. Der erste

Schritt hierzu ist, die Ergebnisse nach den bekannten einfachen Verfahren mit denen nach genaueren Verfahren zu vergleichen und Parameterbereiche anzugeben, für die die Rechnung nach den einfachen Verfahren genügt. Im nächsten Schritt sollte - ebenfalls auf der Basis eines genauen Rechenverfahrens - angestrebt werden, die einfachen Verfahren so zu erweitern bzw. zu modifizieren, daß sie ohne wesentlich größeren Aufwand in weiteren Parameterbereichen hinreichend genaue Ergebnisse liefern.

2.4 Stand der eigenen theoretischen Arbeiten

Es stehen Gleitlagerberechnungsprogramme für die drei genannten Rechenverfahren zur Verfügung. Bei der Entwicklung des 3D-Programms wurde besonderer Wert auf die Formulierung physikalisch begründeter Randbedingungen bei der Temperaturberechnung, auf die Einhaltung vertretbarer Rechenzeiten und auf eine gute Handhabbarkeit des Programms gelegt. Schmierfilmturbulenz und Lagerverformung, auf die weiter unten noch einmal eingegangen wird, sind in der jetzigen Ausbaustufe des Programms noch nicht berücksichtigt.

Eine den veränderten Anforderungen angepaßte Version dieses 3D-Programms, bei der auch thermoelastische Verformungen in die Rechnung einbezogen werden, wurde zur Berechnung von berührungslosen Gleitringdichtungen eingesetzt /9/. In dieser Arbeit werden unter anderem die Ergebnisse nach dem 3D-Verfahren mit denen nach den beiden einfacheren Verfahren verglichen. Das Resultat dieses Vergleichs ist, daß unter bestimmten Betriebsbedingungen und allgemein für überschlägige Berechnungen das Mittelwertverfahren geeignet ist, daß im allgemeinen für genauere Berechnungen (vor allem dann, wenn die maximalen Schmierfilm- und Lagertemperaturen interessieren) das 3D-Verfahren einzusetzen ist, und daß das adiabate Verfahren gegenüber dem Mittelwertverfahren kaum Vorteile - teilweise sogar Nachteile -, gegenüber dem 3D-Verfahren dagegen deutliche Nachteile aufweist. Obwohl das physikalische Geschehen in berührungslosen Gleitringdichtungen und in Gleitlagern im Prinzip sehr ähnlich ist, unterscheiden sich die Vorgänge im einzelnen doch so stark voneinander, daß diese Aussagen nicht ohne weiteres auf Gleitlager übertragbar sind. Mit entsprechenden Vergleichsrechnungen bei Gleitlagern wurde begonnen. Auch bei den wenigen bisher durchgeführten Rechnungen wurden bereits Fälle beobachtet, in denen Mittelwert- und 3D-Verfahren für eine Reihe interessierender Größen relativ gut übereinstimmende Ergebnisse liefern, während sich nach dem adiabaten Verfahren hiervon merklich abweichende Resultate ergeben. Erst weitere, sich über größere Parameterbereiche erstreckende Vergleichsrechnungen können Aufschluß darüber geben, ob es sich bei solchen - in Anbetracht der physikalischen Grundlagen der Rechenverfahren zunächst schwer verständlichen - Vergleichsergebnissen eher um Zufälle handelt. Denkbar erscheint allerdings auch, daß die beim adiabaten Verfahren vernachlässigte Tatsache, daß die Wellentemperatur über dem Umfang unter allen praktisch vorkommenden Betriebsbedingungen nahezu konstant ist, der tiefere Grund für derartige Ergebnisse ist.

Aufgrund der sehr detaillierten Erfassung der physikalischen Vorgänge kann man davon ausgehen, daß das 3D-Programm in seiner derzeitigen Fassung gute Ergebnisse liefert, wenn die Spaltströmung laminar ist und wenn Lagerformen bzw. Betriebsbedingungen vorliegen, bei denen keine großen thermoelastischen Lagerverformungen auftreten. Unter diesen Bedingungen ist lediglich die Einschränkung zu machen, daß die Mischungsvorgänge in den Schmiertaschen unter Zugrundelegung der in /7/ aufgestellten Warmölüberschleppungshypothese berücksichtigt werden, und daß diese auf der Basis von Modellversuchen formulierte Hypothese einschließlich der Bestimmung der für die Lagerberechnung benötigten Größe des Warmölüberschleppungsfaktors noch der Überprüfung am realen Lager bedarf. Als nächstes ist die Einbeziehung thermoelastischer Lagerverformungen in die Rechnung vorgesehen. In Anbetracht der beim Dichtring gemachten Erfahrungen werden hierbei keine großen Schwierigkeiten, insbesondere auch keine unerträgliche Steigerung der Rechenzeiten erwartet. Die zur Zeit schwierigste Frage ist, wie die Schmierfilmturbulenz in die Rechnung einbezogen werden soll. Auf der einen Seite ist bei großen Lagern und hohen Drehzahlen der Turbulenzeinfluß auf die Lagereigenschaften derartig groß, daß er bei Vergleichsrechnungen zu Lagerversuchen unbedingt berücksichtigt werden muß. Auf der anderen

Seite ist bekannt, daß bei Verwendung in der Literatur zu findender Turbulenzansätze in vielen Fällen keine befriedigende Übereinstimmung zwischen Rechnung und Messung zu erzielen ist. Um überhaupt die Möglichkeit für Vergleichsrechnungen zu schaffen, soll trotz dieser Unsicherheit ein Turbulenzansatz in das bestehende 3D-Programm eingefügt werden. Danach besteht grundsätzlich die Möglichkeit, die in den bekannten Ansätzen enthaltenen, zumeist empirisch ermittelten Konstanten so zu variieren, daß die Übereinstimmung zwischen Rechnung und Messung verbessert wird. Weiterführende grundlegende Arbeiten zur Bereitstellung für die Gleitlagerberechnung geeigneter Turbulenzansätze erscheinen jedoch dringend erforderlich.

3. Beschreibung des Turbinenlagerprüfstandes

Der Prüfstand ist ein Gemeinschaftsprojekt, das zu etwa zwei Dritteln mit Mitteln der öffentlichen Hand und zu etwa einem Drittel mit von der Industrie bereitgestellten Mitteln finanziert wurde. Die Kosten für den Prüfstand und die ersten vorgesehenen Untersuchungen belaufen sich auf insgesamt etwa 3,2 Mio. DM. In dieser Summe sind Personalmittel für wissenschaftliche und nichtwissenschaftliche Mitarbeiter, die Planstellen der Ruhr-Universität innehaben, d.h. vom Land Nordrhein-Westfalen finanziert werden, sowie von der Ruhr-Universität getragene Gemeinkosten nicht enthalten. Die größten Einzelposten sind das Schwingfundament mit ca. 150.000 DM, der drehzahlregelbare Antrieb mit ca. 750.000 DM, die Ölversorgungsanlage mit ca. 500.000 DM und die großen Prüfstandsteile einschließlich zweier Prüflager mit ca. 600.000 DM. Hinzu kommen Sachkosten für Schmieröl, Material, Kleinteile und Meßgeräte in Höhe von ca. 200.000 DM und aus Drittmitteln finanzierte Personalkosten in Höhe von ca. 1 Mio. DM.

Von den Gesamtkosten wurden etwa 1,5 Mio. DM als Ausstattungsmittel für die Ingenieur-Versuchshallen der Ruhr-Universität vom Land Nordrhein-Westfalen bereitgestellt. Etwa 1,25 Mio. DM wurden von der Forschungsvereinigung Verbrennungskraftmaschinen e.V. (FVV), z.T. mit AIF-Mitteln, und in Form von Sachleistungen von drei Mitgliedsfirmen der FVV, den Großturbinenbauern BBC, KWU und

MAN aufgebracht. Hinzu kommen Mittel in Höhe von 175.000 DM, die für das im Rahmen der BMFT-Förderung "Tribologie" laufende Vorhaben "Lagerverformung" (Förderkennzeichen 01 ZT 382) bewilligt und zum großen Teil für Arbeiten am Prüfstandsaufbau eingesetzt wurden (bzw. für die experimentellen Arbeiten noch eingesetzt werden) und Sach- und Personalmittel in Höhe von 294.900 DM, die im Rahmen des Vorhabens, über das hier berichtet wird, für den Prüfstand und die Untersuchungen bereitgestellt wurden.

3.1 Prüfstandsaufbau

Die folgende kurze Beschreibung des Aufbaus und der Hauptfunktionen wird durch eine Zusammenfassung der wichtigsten Prüfstandsdaten in Tabelle 1 ergänzt. Bild 5 zeigt die in den beiden Stützlagern (2) gelagerte Prüfstandswelle (3). In der Mitte zwischen diesen beiden Lagern ist das Prüflager (1) angeordnet, das von einem steifen achteckigen Rahmen (Pos. 4, in Bild 6 teilweise erkennbar) umgeben und unten mit diesem verschraubt ist. Zur Zeit stehen als Prüflager ein Zweikeillager (Bauart KWU) und ein Kippsegmentlager (Bauart BBC) zur Verfügung. Abgesehen von prüfstandsbedingten Modifikationen - vor allem wurden beide Lager mit einer großen Zahl von Meßbohrungen versehen - handelt es sich um genau solche Lager, wie sie von den genannten Herstellerfirmen zur Lagerung von Turbomaschinenrotoren eingesetzt werden.

Die statische Belastungskraft wird durch einen Druckluftbalg (7) aufgebracht und über die darüber angeordnete Traverse (6) durch zwei Zugstangengruppen (5) auf den Achteckrahmen und das Prüflager übertragen. Druckluftbalg und Stützlager stützen sich von oben bzw. unten am Oberteil des sehr steif ausgeführten Traggerüstes ab. Das Prüflager wird also durch die Balgkraft von unten gegen die Welle gezogen und damit in gleicher Richtung belastet wie beim normalen Einbau. Diese Anordnung ergibt einen geschlossenen Fluß der statischen Belastungskraft über die Komponenten Druckluftbalg (7) - Traverse (6) - beide Zugstangengruppen (5) - Achteckrahmen (4) - Prüflager (1) - Welle (3) - beide Stützlager (2) - Oberteil des Traggerüstes - Druckluftbalg (7). Die beiden Unterteile des Traggerüstes tragen somit bei rein statischer Be-

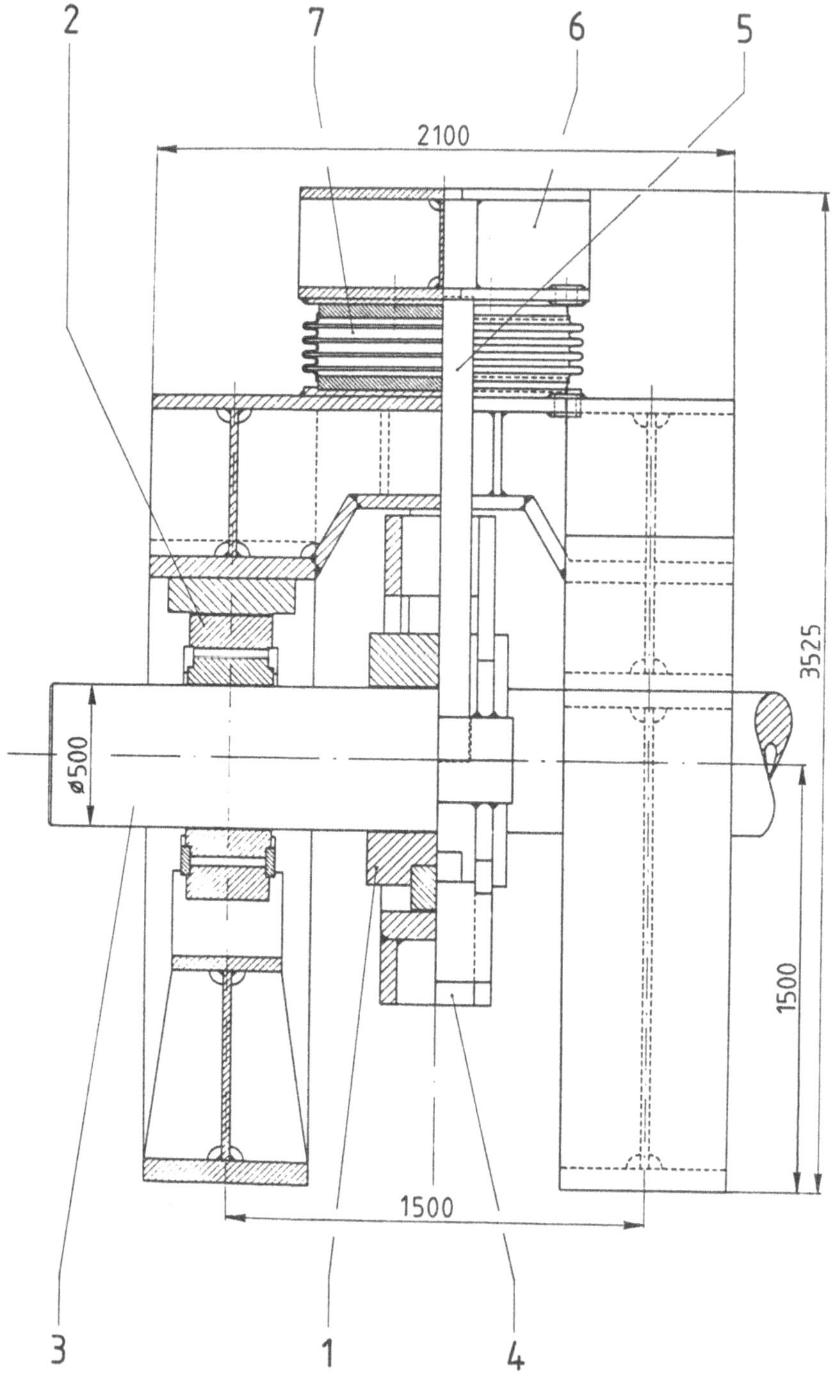

Bild 5: Längsschnitt/Vorderansicht des großen Radiallagerprüfstandes (ohne Zusatzeinrichtungen)

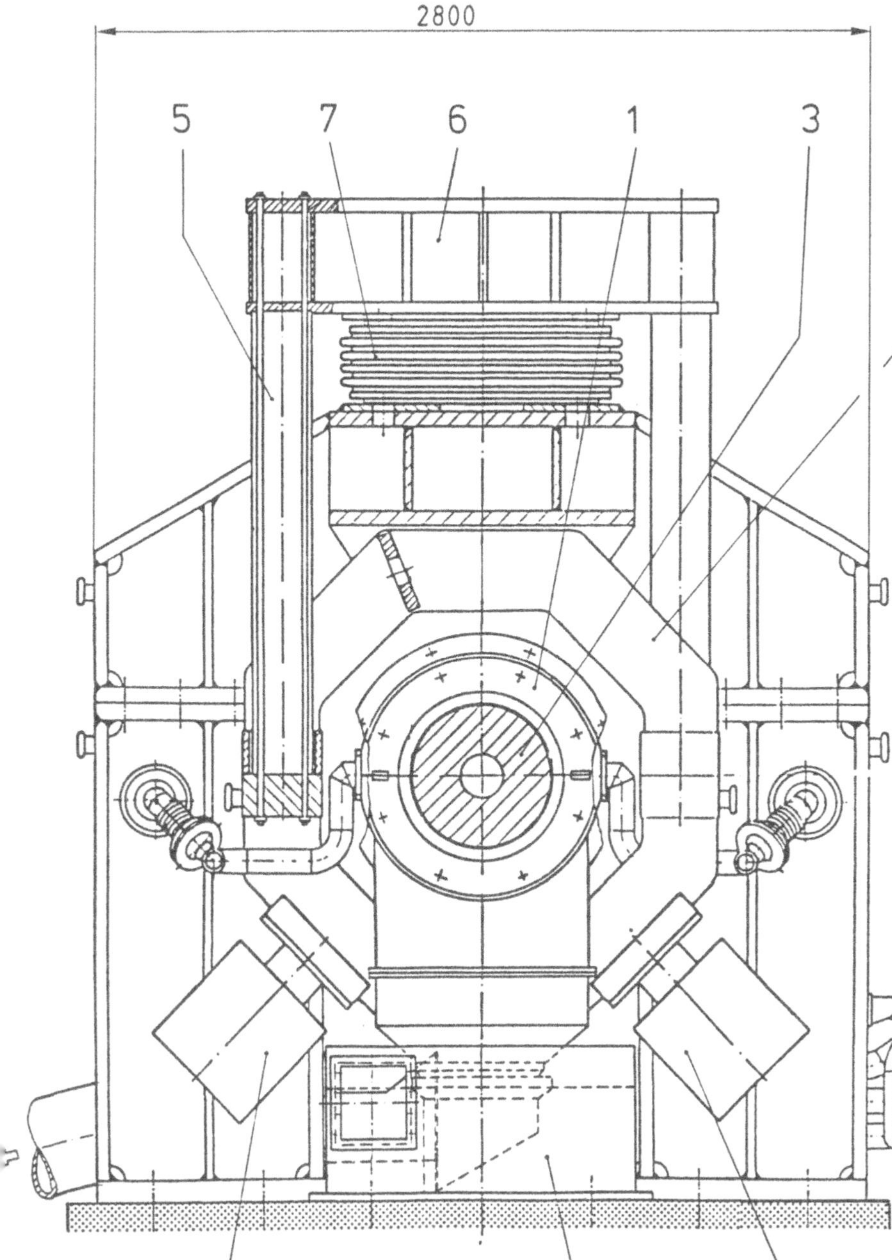

Bild 6: Mittenschnitt

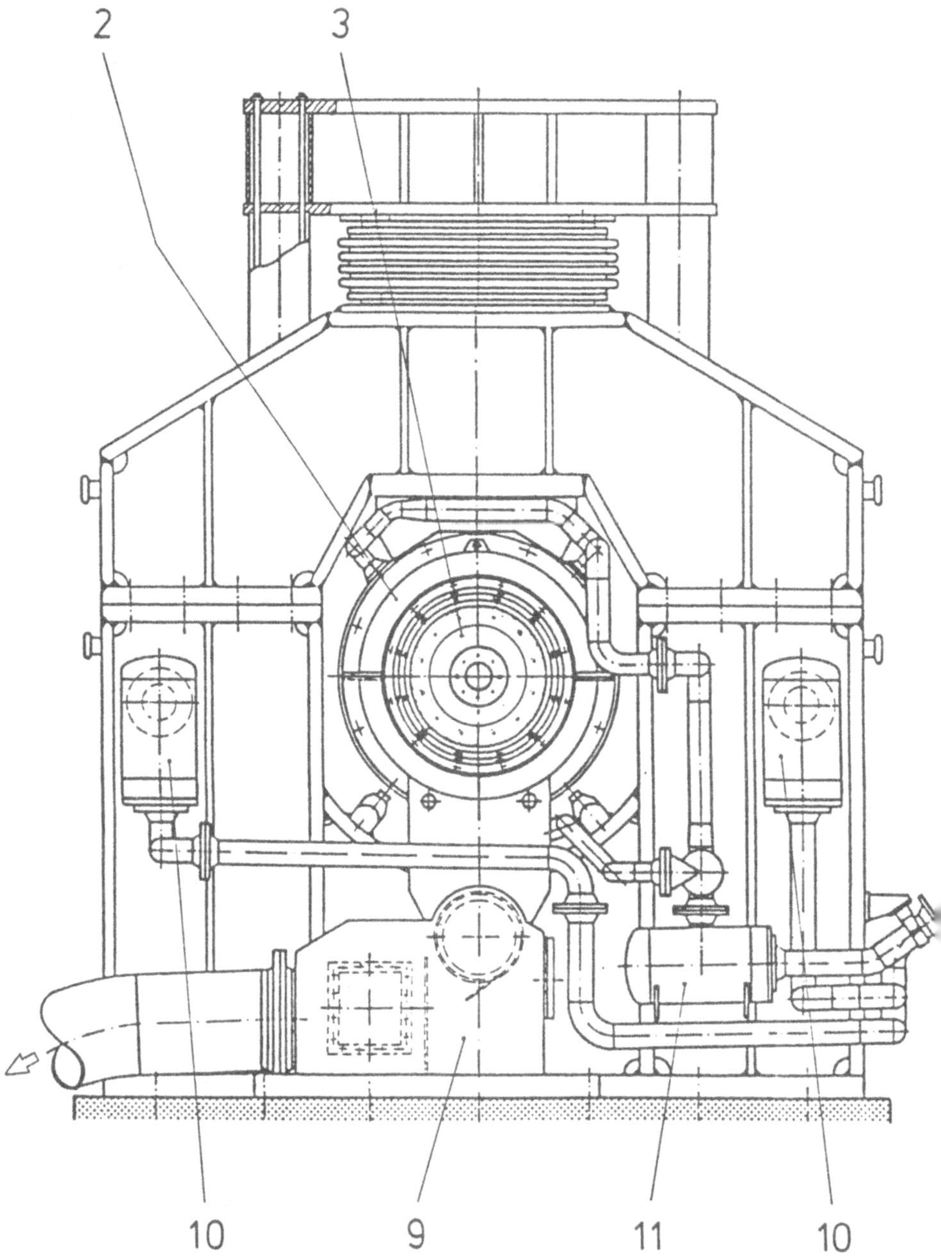

Bild 7: Seitenansicht

lastung nur das Eigengewicht der genannten Bauteile. Die dynamischen Kräfte, die zur Ermittlung der Feder- und Dämpfungskoeffizienten des Prüflagers erforderlich sind, werden durch zwei am Achteckrahmen angeflanschte Unwuchterreger (in Bild 6 als Pos. 12 schematisch dargestellt) aufgebracht. Die Konstruktion dieser Erreger ist noch nicht ganz abgeschlossen. Geplant ist, daß jeder Erreger mit zwei gegenläufigen Walzenpaaren (Schema in Bild 8) bestückt wird, die im Betrieb gegeneinander verdreht werden können. Durch die Gegenläufigkeit können nach außen hin von jedem Walzenpaar nur Kräfte in Richtung der Längsachse eines Erregers frei werden. Durch Verdrehen der Walzenpaare gegeneinander kann die nach außen wirksam werdende harmonische Erregerkraft vom Wert Null (Schema in Bild 8 links) bis zum Doppelten der Kraft eines einzelnen Walzenpaares (Schema in Bild 8 rechts) gesteigert werden. Nach Überwindung einiger Probleme konnte ein kleiner Prototyp (Maßstab 1 : 5) eines solchen Erregers in Betrieb genommen werden.

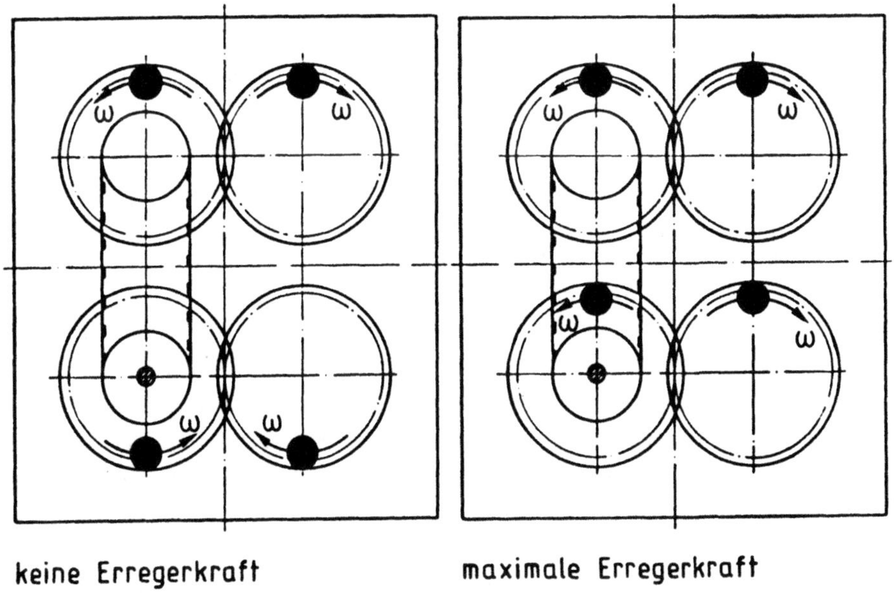

Bild 8: Funktionsschema des Schwingungserregers

Bei diesem Prinzip der Krafterzeugung werden dynamische Kräfte vom Prüflager auf die Welle und von dort weiter auf die Stützlager, das Traggerüst-Oberteil, die Traggerüst-Unterteile und auf das tief abgestimmte Schwingfundament übertragen. Um zu verhindern, daß der gesamte Prüfstand beim Aufbringen der dynamischen Kräfte in Resonanz gerät, mußten auch die Traggerüst-Unterteile sehr steif ausgeführt werden.

Die Welle wird durch einen drehzahlregelbaren Gleichstromantrieb über eine Gelenkwelle und ein ins Schnelle übersetzendes einstufiges Stirnradgetriebe angetrieben. Aus meßtechnischen Gründen, die im folgenden Abschnitt angesprochen werden, befindet sich zwischen dem Getriebe und der Welle eine Vorrichtung, die im Betrieb, d.h. unter Last, eine axiale Verschiebung der rotierenden Welle um etwas mehr als die maximal mögliche Prüflagerbreite erlaubt. Durch eine relativ dünne und lange und damit sehr elastische Antriebswelle zwischen Verschiebevorrichtung und Prüflagerwelle ist dafür gesorgt, daß sich die Welle in den Stützlagern statisch und dynamisch praktisch ungehindert verlagern kann.

Das Schmieröl wird in einem geschlossenen Kreislauf geführt. Hauptbestandteile der Ölversorgungsanlage sind der Ölbehälter, die Hauptölpumpe, der Ölkühler und umfangreiche Regelungs- und Steuereinrichtungen, die es ermöglichen, den einzelnen Schmierstellen sehr genau einstell- und meßbare Ölströme mit einer in relativ weiten Grenzen wählbaren und sehr genau geregelten Temperatur zuzuführen. Besonderer Wert wurde auf die Filterung des Öls gelegt. Um die Verschmutzungsgefahr so gering wie möglich zu halten, wurden zusätzlich zu dem Hauptölfilter unmittelbar vor den Zuführstellen am Prüfstand Einzelfilter installiert (vgl. Bild 7, Pos. 10 und 11). Da die Reibleistung über die Ölaufwärmung bestimmt wird, waren Vorrichtungen erforderlich, die neben einer Trennung der am Prüflager und an den Stützlagern ablaufenden Ölströme eine einwandfreie Ermittlung der mittleren Ablauftemperaturen gewährleisten. Hierzu wurden in das Ölablaufsystem getrennt für das Prüflager und die Stützlager Zwischenbehälter eingebaut (Pos. 8 und 9 in Bild 7), in denen das abfließende Öl stark umgelenkt und verwirbelt und damit gut durchmischt wird. Durch eine Hochdruckpumpe und hydrostatische Schmiereinrichtungen an den

Tabelle 1: Hauptdaten der Gesamtanlage

Schwingfundament:	Gesamtgewicht	80 t
	Eigenfrequenz	5 Hz
Antrieb:	regelbarer Gleichstrommotor mit Stirnradgetriebe	
	maximale Leistung	12oo kW
	Antriebsdrehzahl	stufenlos von 400/min bis 4000/min
	Vorrichtung zur axialen Verschiebung der rotierenden Welle unter voller Last	
	Maximales Drehmoment:	3000 Nm
	Maximale Drehzahl:	4000/min
	Verschiebeweg:	550 mm
Prüfstand:	Wellendurchmesser:	500 mm
	Prüflagerbreite: bis	520 mm
	statische Lagerbelastung: bis	10^6 N
	(entspr. einer mittleren Flächenpressung bei b/d = 1 bis	4 N/mm^2)
	dynamische Lagerbelastung (Amplitude): bis	2 10^5 N
Ölversorgungsanlage:	Tankvolumen:	20 m^3
	Schmierstoff:	Turbinenöl ISO VG 32
	Drehzahlregelbare Hauptölpumpe	
	Volumenstrom: bis	3300 l/min
	(entspr. einer Ölumwälzzahl bis 10/h)	
	Vordruck am Lager: bis	5 bar
	Hochdruckpumpe	
	Volumenstrom:	60 l/min
	Vordruck am Lager:	20 bar
	druckstickstoffbetriebene Notölpumpe	
	Volumenstrom:	660 l/min
	Vordruck am Lager:	1 bar
	Betriebsdauer:	20 min

Prüf- und Stützlagern ist ein verschleißfreies Anfahren und Auslaufen des Prüfstandes möglich. Eine über eine Batterie von Stickstoffflaschen angetriebene Notölversorgung sichert darüber hinaus auch bei totalem Stromausfall - in diesem Fall kann der Antrieb nicht gebremst werden - einen praktisch verschleißfreien Auslauf. Umfangreiche Sicherheits- und Überwachungseinrichtungen sollen gewährleisten, daß bei möglichen Störfällen und Fehlbedienungen größere Folgeschäden vermieden werden. Vorgesehen ist, die erforderlichen Überwachungs- und Schaltfunktionen parallel zur eigentlichen Meßdatenerfassung rechnergesteuert auszuführen. Da die Arbeiten an diesem System noch nicht abgeschlossen sind, wurde der im Prinzip voll lauffähige Prüfstand bisher nur etwa bis zur Hälfte der möglichen Maximaldrehzahl hochgefahren.

3.2 Erfassung der Meßgrößen

In Tabelle 2 sind die wichtigsten Meßgrößen und Meßverfahren zusammengestellt. Auf die große Zahl von Meßstellen zur Betriebsüberwachung, die von der Erfassung der Wicklungstemperaturen des lo kV-Transformators und des Gleichstromantriebsmotors über die Getriebelagertemperaturen und zahlreiche Temperaturen und Drücke innerhalb des Ölversorgungssystems bis zur Überwachung der Ölvolumenströme reichen, wie auch auf die Weiterverarbeitung dieser Daten, die in Störfällen für Warnungen oder notfalls ein automatisches Herunterfahren des Prüfstandes sorgt, sei an dieser Stelle nur kurz hingewiesen.

Ein großer Teil der in Tabelle 2 aufgeführten Meßgrößen und -verfahren bedarf keiner besonderen Erläuterungen. Etwas ausführlicher soll hier lediglich auf die Erfassung der Meßgrößen von der rotierenden Welle eingegangen werden, insbesondere auf die Spalthöhenmessung. Ursprünglich sollten hierzu Wirbelstrommeßsysteme eingesetzt werden, die gegenüber den jetzt installierten kapazitiven Meßsystemen vom Prinzip her mehrere Vorteile bieten. Unter anderem ist es mit dem kapazitiven Verfahren nicht möglich, die Spalthöhen in solchen Bereichen zu messen, in denen der Ölfilm nicht geschlossen ist. Zum Zeitpunkt der Gerätebeschaffung konnte jedoch kein Wirbelstrommeßsystem mit ausreichend druck- und be-

Tabelle 2: Zusammenstellung der Meßgrößen und Meßverfahren (ohne Messungen zur Betriebsüberwachung)

Wellendrehzahl	
statische Belastungskraft:	kalibrierter Balg, Druckmessung
dynamische Belastungskraft:	Dehnungsmeßstreifen
Ölvolumenströme:	6 Verdrängerzähler (Meßbereiche: 4 x 57 bis 57o l/min, 2 x 95 bis 95o l/min)
Öltemperaturen im Vorlauf und im Rücklauf:	Thermoelemente

Messungen von der rotierenden Welle

Wellentemperatur:	2 Thermoelemente
Schmierfilmdrücke:	2 piezoelektrische Druckaufnehmer
Schmierspalthöhen:	2 kapazitive Abstandsaufnehmer

Erfassung der Meßwerte über der Lagerbreite durch axiale Verschiebung der Welle

Kalibrierung der Druckmeßsysteme und Kontrolle der Abstandsmeßsysteme durch Referenzmeßstellen im Prüflager

Meßwertübertragung durch mitrotierende Verstärker und Schleifringübertrager

Messungen am Prüflager

Schalentemperaturen:	56 Thermoelemente im Zweikeillager 84 Thermoelemente im Kippsegmentlager
Prüflagerbeschleunigung:	4 piezoelektrische Beschleunigungsaufnehmer
Relativbewegung zur Welle:	4 Wirbelstromaufnehmer
zusätzlich:	
Referenzmeßstellen für Schmierfilmdrücke:	2 Feinmeßmanometer
Referenzmeßstellen für Schmierspalthöhen:	2 kapazitive Abstandsaufnehmer

schleunigungsfesten Meßwertaufnehmern gefunden werden, während sich auf der anderen Seite ein Hersteller von kapazitiven Meßsystemen fand, der in der Lage war, speziell für den vorliegenden Anwendungsfall geeignete Meßwertaufnehmer zu entwickeln. Besondere konstruktive Schwierigkeiten ergaben sich daraus, daß dieses System wegen der im vorliegenden Einsatzfall erforderlichen hohen Oszillatorfrequenz von 2o kHz nur kurze Kabellängen zwischen Meßwertaufnehmern und Vorverstärker zuläßt und daß der Vorverstärker deshalb relativ weit vom Wellenende entfernt innerhalb der Welle untergebracht werden mußte. Die hierbei zu lösenden Probleme betrafen vor allem die Montierbarkeit des Systems und die Kühlung des Vorverstärkers.

Ein weiteres konstruktives Problem ergab sich daraus, daß Drücke und Spalthöhen nicht nur über dem Lagerumfang, sondern auch über der Lagerbreite gemessen werden sollten. Grundsätzlich hätte hier die Möglichkeit bestanden, mit jeweils mehreren Meßaufnehmern über der Lagerbreite zu arbeiten. Aus verschiedenen Gründen wurde jedoch der Lösung der Vorzug gegeben, die Welle im Betrieb axial zu verschieben und auf diese Weise die Meßgrößen auch über der Lagerbreite zu erfassen. Da auf dem Markt keine für die vorliegenden Anforderungen geeignete Verschiebevorrichtung gefunden werden konnte, wurde eine von der Konstruktion und von der Fertigung her sehr aufwendige Eigenentwicklung erforderlich.

Die Ermittlung der Reibleistung ist in Tabelle 2 nicht explizit erwähnt. Festgestellt wurde bereits, daß unter den bei Turbinenlagern vorliegenden Betriebsbedingungen im allgemeinen der weitaus größte Teil der Reibungswärme über das Schmieröl abgeführt wird. Unter solchen Bedingungen genügt zur Bestimmung der Reibleistung die Ermittlung der Ölströme und der Ölaufwärmung, wobei allerdings für eine gute Durchmischung des ablaufenden Öls gesorgt werden muß. Gegebenenfalls ist es möglich, zusätzlich die relativ geringen Wärmemengen, die am Prüfstand durch freie Konvektion unmittelbar an die Umgebungsluft abgeführt werden, zumindest näherungsweise zu erfassen und in die Reibleistungsberechnung einzubeziehen. Da der Prüfstand so konzipiert und meßtechnisch so ausgestattet ist, daß auch die Verluste der Stützlager gemessen werden können, kann darüber hinaus die Leistungsbilanz insgesamt kontrolliert werden. Eine wegen der Motor- und Getriebeverluste nur grobe Kontrollmöglichkeit besteht zur Zeit in der gleichzeitigen Messung der elektrischen Antriebsleistung. Relativ leicht realisierbar wäre jedoch auch die bisher nicht vorgesehene Messung des Drehmoments an der dünnen Antriebswelle.

4. Bedeutung und Nutzen der Ergebnisse

Die in diesem Bericht dargestellten grundsätzlichen Überlegungen über Möglichkeiten zur Reibleistungsverminderung von Gleitlagern bestätigen zum Teil den eingangs bereits erwähnten Konflikt bei der gleichzeitigen Verfolgung der beiden Ziele "hohe Betriebssicherheit" und "geringe Reibungsverluste". Besonders deutlich wird dieser Zielkonflikt an dem vom Grundsatz her proportionalen Zusammenhang zwischen kleinster Schmierspalthöhe und Verlustleistung, der gleichermaßen für hydrodynamische und hydrostatische Lager gilt. Bemerkenswert erscheint das Ergebnis des Vergleichs zwischen minimaler Reibleistung eines hydrodynamischen und minimaler Gesamtleistung (Summe aus Pump- und Reibleistung) eines hydrostatischen Radiallagers: Entgegen den Erwartungen sind die Verluste beim hydrostatischen Lager nicht kleiner, sondern sogar größer als die beim hydrodynamischen Lager. Anzumerken ist allerdings, daß das zum Vergleich herangezogene hydrostatische Lager auf dem besonders verbreiteten Prinzip "konstanter Vordruck, Drossel vor jeder Zuführstelle" beruht und daß ein nach dem konstruktiv aufwendigeren Prinzip "konstanter Volumenstrom pro Zuführstelle" arbeitendes hydrostatisches Lager vermutlich geringere Verluste als das hydrodynamische Lager aufweisen würde. Auch wenn diese Erwartung durch noch ausstehende Rechnungen bestätigt wird, wäre dies aus zwei Gründen jedoch eher eine Anregung für weiterführende Arbeiten als von unmittelbarer praktischer Bedeutung für die Gestaltung von Turbinenlagern: Erstens müßten insbesondere die dynamischen Eigenschaften derartiger Lager sehr genau untersucht werden, weil die Lager das Rotorschwingungsverhalten wesentlich beeinflussen. Im Falle der Eignung solcher Lager für Turbomaschinen müßte außerdem durch eine Kosten-Nutzen-Analyse festgestellt werden, ob die zu erwartende Verminderung der Verlustleistung den höheren konstruktiven Aufwand rechtfertigt.

Anhand theoretischer und experimenteller Untersuchungsergebnisse anderer Autoren wird gezeigt, daß bei Turbinenlagern mit großen Schmiertaschen ein erheblicher Teil der Reibungsverluste im Taschenbereich entsteht. In diesem Zusammenhang wird eine (bei Kippsegmentlagern mit Einzelschmierung im Prinzip heute bereits ausgeführte) konstruktive Maßnahme zur Verringerung der Taschenreibungsverluste beschrieben, die sich bei Lagern mit großen Taschen in einer deutlichen Verringerung der Gesamtverluste niederschlagen würde: Unter Beibehaltung der bei solchen Lagern relativ kurzen hydrodynamisch wirksamen Schmierspaltlängen muß die Länge der Taschen in Umfangsrichtung stark verkürzt und gleichzeitig dafür gesorgt werden, daß die Welle in den dabei entstehenden Freiräumen nicht von Öl umspült wird. Praktisch bedeutsam erscheint diese Möglichkeit zur Verminderung der Reibungsverluste vor allem deshalb, weil hierdurch die übrigen Lagereigenschaften vermutlich kaum beeinflußt werden und weil sie ohne großen konstruktiven Aufwand realisierbar sein dürfte. Mit experimentellen Untersuchungen zur Klärung der Frage, ob diese Erwartungen zutreffen, wird in Kürze im Rahmen einer von der Deutschen Forschungsgemeinschaft geförderten Arbeit begonnen.

An mehreren Stellen dieses Berichtes wird darauf hingewiesen, daß die Möglichkeiten zur Vorausberechnung der statischen und dynamischen Lagereigenschaften vor allem bei extremen Betriebsbedingungen heute noch teilweise unbefriedigend sind. In besonderem Maße gilt dies, wenn die Spaltströmung turbulent ist. Vor allem zu dem Problem des Turbulenzeinflusses werden deshalb sowohl weiterführende grundlegende Untersuchungen als auch detaillierte Messungen an großen Lagern für erforderlich gehalten. Wegen einer Reihe von Schwierigkeiten konnte der für diese Messungen vorgesehene große Turbinenlagerprüfstand, der unter anderem mit Mitteln dieses Vorhabens finanziert wurde, erst nach Ende der Laufzeit dieses Vorhabens in Betrieb genommen werden. Über Ergebnisse kann deshalb an dieser Stelle noch nicht berichtet werden. Mit Hilfe dieses Prüfstandes wird es in den kommenden Jahren jedoch möglich sein, nicht nur die statischen und dynamischen Eigenschaften der beiden derzeit verfügbaren Prüflager zu ermitteln, sondern auch Beiträge zur Klärung noch offener Fragen und damit allgemein zu einer weieren Verbesserung der Berechnungsmöglichkeiten zu liefern.

5. Literatur

/1/ Jost, H. Peter: The economic importance of tribology in the conservation of energy.
TRIBOLOGIE Band 1, Springer-Verlag, Berlin, 1981

/2/ DIN 31655: Hydrostatische Radial-Gleitlager im stationären Betrieb.
Beuth-Verlag, Berlin, 1984

/3/ Fleischer, G.; Gnilke, W.: Radialgleitlager, optimal ausgelegt.
Z. Maschinenbautechnik 9 (1960), H. 9, S. 477-488

/4/ Sassenfeld, H.; Walther, A.: Gleitlagerberechnungen.
VDI-Forschungsheft 441, VDI-Verlag, Düsseldorf, 1954

/5/ DIN 31652: Hydrodynamische Radial-Gleitlager im stationären Betrieb.
Beuth-Verlag, Berlin, 1983

/6/ Glienicke, J.; Han, D.-C.; Schwer, M.: Einfluß der Taschen und der Ölzuführung auf die statischen und dynamischen Kenngrößen von Turbinenlagern.
TRIBOLOGIE Band 3, Springer-Verlag, Berlin, 1982

/7/ Reidegeld, U.; Schüler, D.; Seifert, H.: Schmiertaschen von Turbinenlagern - Thermischer Tascheneinfluß -.
TRIBOLOGIE Band 10, Springer-Verlag, Berlin

/8/ Elrod, H.G. und Ng, C.W.: A Theory for Turbulent Fluid Films and Its Application to Bearings. Transactions of the ASME, Journal of Lubrication-Technologiy, July 1967, pp. 346-362

/9/ Schulte, W.: Berührungslose radiale Gleitringdichtungen mit Öl als Sperrmedium.
Diss. Ruhr-Universität Bochum, 1985

Löhr, R., Eifler, D., Macherauch, E.

Verformungsmerkmal- und Anrissbildung an schwingbeanspruchten Proben des Gleitlagerwerkstoffes SnSb8Cu4Cd bei erhöhter Temperatur

Institut für Werkstoffkunde I

Universität Karlsruhe (TH)

Förderkennzeichen 01 ZT 420A

Laufzeit: 01.05.1981 bis 30.04.1984

Inhaltsverzeichnis

1. Einleitung

Für eine geschlossene Bewertung des Schwingfestigkeitsverhaltens metallischer Werkstoffe müssen neben dem eigentlichen Bruchvorgang die Stadien der anrißfreien Ermüdung, der Anrißbildung und der Rißausbreitung betrachtet werden /22/. Während der anrißfreien Ermüdungsphase treten im gesamten Werkstoffvolumen Veränderungen der Mikrostruktur auf, die sich durch eine quantitative Analyse des Spannungs- Dehnungs-Zusammenhangs und mit Hilfe elektronenmikroskopischer Untersuchungsmethoden bewerten lassen /23 - 27/. Die plastischen Wechselverformungen führen in den Oberflächenkörnern zur Bildung von Gleitstufen, die wenn sie in größerer Anzahl benachbart zueinander auftreten als Ermüdungsgleitbänder beobachtbar sind. Ihre Form und der Zeitpunkt ihres ersten Nachweises hängen vom Werkstofftyp sowie von Art und Höhe der Beanspruchung ab /28 - 32/.
Aufbauend auf den umfangreichen Erkenntnissen zum ein- und wechselsinnigen Verformungsverhalten des Gleitlagerwerkstoffes SnSb8Cu4Cd, die im Rahmen des Forschungsvorhabens 01 ZT 117 gewonnen wurden /1/, hatte das Forschungsvorhaben 01 ZT 420A die Untersuchung der Ermüdungsrißbildung in Gleitlagerwerkstoffen bei erhöhten Temperaturen zum Ziel. Hierzu wurden Experimente zu Art, Zeitpunkt und Ort der Entstehung von Ermüdungsmerkmalen sowie Anrissen an Proben des Gleitlagerwerkstoffes SnSb8Cu4Cd durchgeführt. In der vorliegenden Arbeit wird ausführlich über die dabei erzielten Ergebnisse berichtet.

2. Untersuchter Werkstoff, Probenform, Versuchseinrichtung und Versuchsdurchführung

Der Gleitlagerwerkstoff SnSb8Cu4Cd (Firmenbezeichnung Tegotenax S, Hersteller Th. Goldschmidt AG., Essen) hat die chemische Zusammensetzung 87.5% Sn, 7.53% Sb, 3.54% Cu, 0.93% Cd, 0.27% As, 0.19% Ni, <0.06% Pb sowie <0.01% Fe, Zn, Ag, Al und Bi (alle Angaben in Masse-%). Das angelieferte Halbzeug des Werkstoffs SnSb8Cu4Cd wurde aus einer Schmelzcharge in Kokillen mit 30 mm Durchmesser und 480 mm Länge abgegossen. Danach wurden die Gußstücke auf 25 mm Durchmesser abgedreht und aus den erhaltenen Zylinderstäben je 3 Abschnitte mit 120 mm Länge abgestochen.

Bild 2.1 zeigt den räumlichen Gefügeaufbau des Werkstoffs SnSb8Cu4Cd. Die Gefügematrix (schwarz angeätzt) besteht aus weichen, zinnreichen Mischkristallen mit Antimon, Kupfer und Kadmium als Substitutionselementen (β-Mischkristall). In die Matrix sind weiß erscheinende, mit den Schliffflächen parallelogrammähnliche Begrenzungen bildende kubische SbSn-Kristalle (β'-Phase) eingebettet, in denen geringe Arsengehalte nachweisbar sind. Ferner treten streifen- bzw. nadelförmige weiße Kupfer(Nickel)-Stannide vom Typ $Cu(Ni)_6Sn_5$ (η'-Phase) zum Teil in sternähnlicher Anordnung auf. Der Nickelgehalt in diesen Kristallen nimmt nach Mikrosondenanalysen von der Mitte zu den spitzen Enden hin ab. Beim Abkühlen aus der Schmelze erstarren diese Stannide zuerst und bilden eine gerüstartige Struktur. Das verhindert eine Schwerkraftseigerung der SbSn-Kristalle und erhöht zugleich die mechanische Festigkeit. Versuche, die Korngrenzen der Mischkristallmatrix anzuätzen, misslangen auch bei Anwendung der Gas- und Ionenätztechnik. Lediglich durch Aufnahmen mit polarisiertem Licht war es möglich, Kornflächenkontraste zu erhalten. Bild 2.2 zeigt ein Beispiel einer derartigen Aufnahme. Daß die Flächen mit unterschiedlichen Grautönen verschiedene Körner darstellen, konnte in den Versuchen zur Bildung von Verformungsmerkmalen an der Probenoberfläche nachgewiesen werden. Bei den untersuchten Schliffen lagen unterschiedlich große Körner

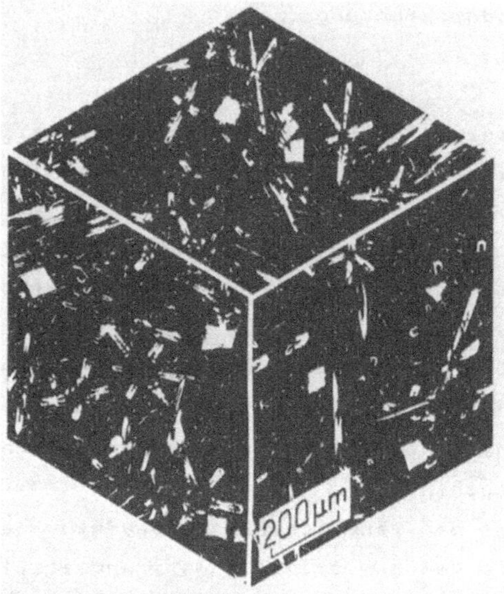

Bild 2.1: Gefüge der Gleitlagerlegierung SnSb8Cu4Cd (Ätzung: 2%ige alkohol. Salpetersäure)

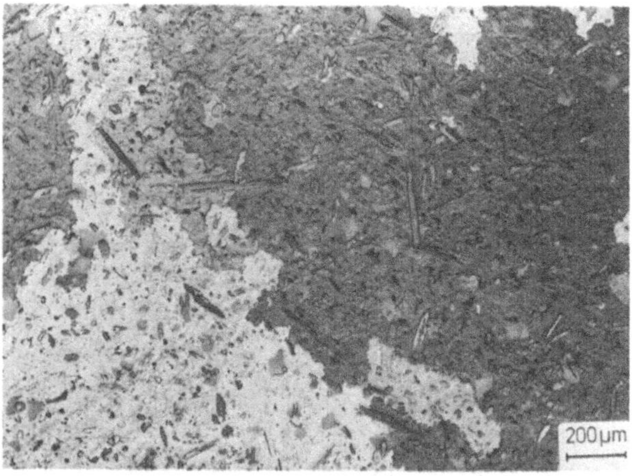

Bild 2.2: Schliffbild des Werkstoffs SnSb8Cu4Cd, Beleuchtung mit polarisiertem Licht, Winkel zwischen Polarisator und Analysator nahezu 90 Grad, ungeätzt

mit Durchmessern von etwa 100 µm bis zu 2 mm vor. Wegen der extrem langen Belichtungszeiten für diese Aufnahmen (>2h) konnte keine statistisch abgesicherte Untersuchunge über die Korngrößenverteilungen vorgenommen werden.
Die Vickershärte der zinnreichen Mischkristallmatrix beträgt bei Raumtemperatur 33 HV 0.01, die der SbSn-Kristalle 135 HV 0.01 und die der $Cu(Ni)_6Sn_5$-Kristalle 350 HV 0.01. Die mittlere Brinellhärte der Legierung ist 28.5 HB 10 (Belastungsgrad 1.2, Belastungszeit 180 s).

Bild 2.3 zeigt Form und Abmessungen der bei den Versuchen zur Untersuchungen der Oberflächenverformung und Anrißbildung unter schwingender Beanspruchung verwendeten Probe. Die Längsachse der Proben wurde stets senkrecht zur Walzrichtung gewählt. Alle Proben wurden durch Fräsen hergestellt.

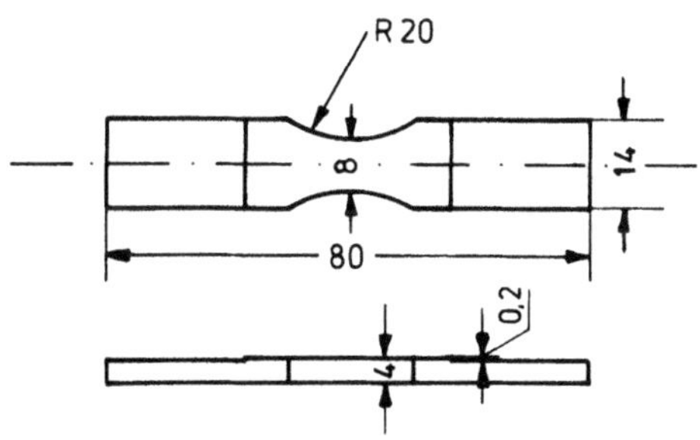

Bild 2.3: Form und Abmessungen der verwendeten Proben

Alle Proben wurden nach dem Fräsen beidseitig mit Naßschleifpapier der Körnungen 240, 320 und 600 geschliffen. Anschließend wurde eine Probenseite auf einem Diamantpoliertuch mit Diamantschleifpaste solange poliert, bis keine Schleifspuren mehr zu erkennen waren. Um den Poliervorgang zu erleichtern, wurden die Einspannenden der Proben auf der zu polierenden Seite um 0.2 mm abgefräst. Das Feinpolieren der Proben erfolgte auf einem Vibrationspoliergerät mit Tonerde. Danach wurden diese Proben zur Beseitigung von Eigenspannungen zwei Stunden bei 150°C geglüht. Da nach diesem Glühvorgang die Oberflächen leichte Unebenheiten aufwiesen, wurden die Proben erneut feinpoliert und bei 150°C noch einmal eine Stunde geglüht /4, 5/.

Die Versuche zur Beobachtung der Verformungsmerkmal- und Anrißbildung unter schwingender Beanspruchung wurden auf einem modifizierten Schenck-Erlinger-Kleinpulser durchgeführt. Zur Beobachtung der Oberfläche der eingespannten Proben wurde ein in 3 Koordinaten verfahrbares Lichtmikroskop mit Phographiereinrichtung an die Prüfmaschine adaptiert /5/. Für die Versuche bei erhöhten Temperaturen erfolgte die Aufheizung der Proben mit einer Widerstandsheizvorrichtung /4/. Bild 2.4 zeigt die hierfür entwickelten Flachprobenfassungen mit jeweils zwei Bohrungen zur Aufnahme von Heizpatronen. Letztere bestehen aus Widerstandsheizspulen, die mit einer keramischen Vergußmasse in Hülsen aus warmfestem Stahl eingebettet sind und von einem Netzteil mit 24 V Wechselspannung versorgt werden. Die Temperaturregelung erfolgte für die beiden parallel geschalteten Heizpatronen der Fassungen getrennt mit Hilfe je eines Thermoelementes in der Nähe des interessierenden Probenquerschnittes. Die Probentemperatur wurde über eine Eichkurve aus der gemessenen Temperatur der Fassungen ermittelt. Eine Unzulässige Erwärmung der Belastungs- bzw. der Kraftmeßvorrichtung wurden durch Kühlflansche an beiden Fassungen verhindert. Ein am rechten Kühlflansch angebrachter wassergekühlter Tubus schützte das Objektiv des Beobachtungsmikroskops vor stärkerer Erwärmung. Unter der Decklinse des Objektivs befand sich eine im Kühltubus eingebaute Quarzglasscheibe. Um die Ausbildung thermischer Spannungen zu vermeiden, wurden die Proben während des Aufheizens auf die Versuchstemperatur nur einseitig eingespannt und erst nach Erreichen der Solltemperatur vollständig festgeklemmt.

Die Versuche zur Beobachtung der Verformungsmerkmal- und

Anrißbildung wurden bei Temperaturen von 20°C, 75°C, 100°C, 125°C und 150°C, durchgeführt. Die Versuchsführung war kraftkontrolliert, der Beanspruchungs-Zeit-Verlauf sinusförmig, die Frequenz betrug 10 Hz. Zur Untersuchung der Ermüdungsmerkmale wurden die Versuche nach verschiedenen Lastspielzahlen gestoppt und die eingespannten Proben im unbelasteten

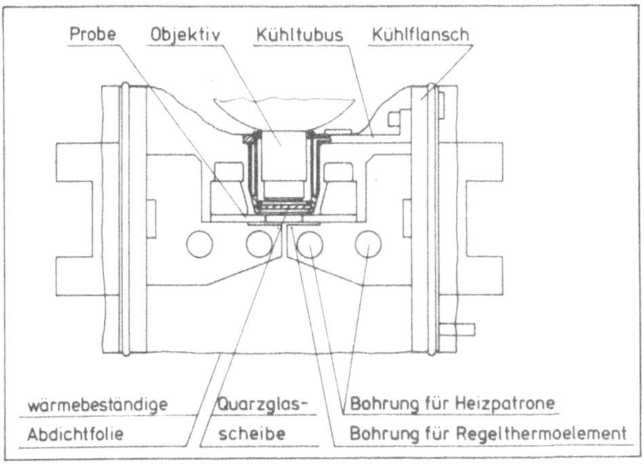

Bild 2.4: Schematischer Aufbau der Versuchseinrichtung zur Beobachtung der Verformungsmerkmal- und Anrißbildung

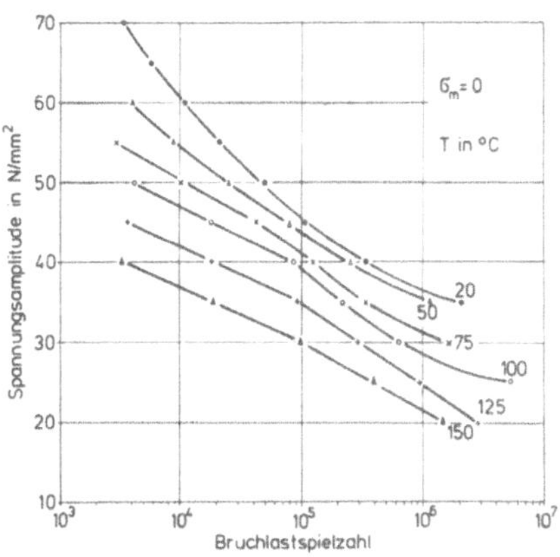

Bild 2.5: Spannungs-Wöhlerkurven des Werkstoffs SnSb8Cu4Cd bei verschiedenen Versuchstemperaturen (/1, 2/)

Zustand fotographiert. Nach zuvor festgelegten Lastspielzahlen wurden ferner die Proben in einem höher auflösenden Lichtmikroskop bzw. ineinem Rasterelektronenmikroskop (nur SnSb8Cu4Cd) untersucht. Die Spannungsamplituden für die Versuche wurden auf Grund der in den Schwingversuchen ermittelten Wöhlerkurven (siehe Bild 2.5) festgelegt. Zur Kennzeichnung der Beobachtungsergebnisse ist die jeweilige Lastspielzahl in Prozent der Bruchlastspielzahl angegeben.

3. Beobachtung der Verformungsmerkmal- und Anrißbildung des Gleitlagerwerkstoffs SnSb8Cu4Cd bei Schwingbeanspruchung

3.1 Verformungsmerkmale

Die bei schwingbeanspruchten Proben des Werkstoffs SnSb8Cu4Cd vorkommenden Verformungsmerkmale lassen sich in feinschuppige, bandförmige und wellige unterteilen. Die feinschuppigen Merkmale treten kleinflächig und großflächig auf. Die bandförmigen und welligen Merkmale erstrecken sich stets über größere Oberflächenbereiche. Außer bei 150 $^{\circ}C$, wo keine welligen Verformungsmerkmale beobachtet wurden, treten stets alle Merkmalgruppen auf. Nachfolgend werden einige typische Beispiele vorgestellt.

3.1.1 Feinschuppige Verformungsmerkmale

3.1.1 a) Kleinflächige Erscheinungsform

Bei Spannungsamplituden im Bereich der Wechselfestigkeit werden unabhängig von der Versuchstemperatur schon nach weniger als 1% der Bruchlastspielzahl kleine, im Lichtmikroskop dunkel erscheinende Verformungsmerkmale beobachtet. Ein typisches Beispiel zeigt Bild 3.1. Die Beanspruchungsrichtung lag hier wie bei allen folgenden Bildern parallel zur oberen bzw. unteren Bildbegrenzung. Die polierte Werkstoffoberfläche

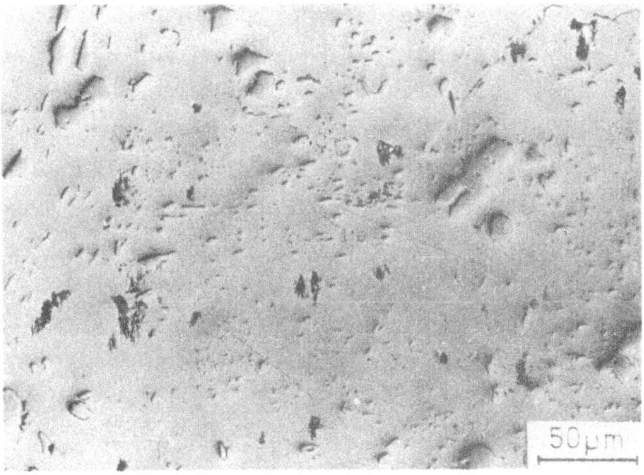

Bild 3.1: Kleinflächig feinschuppige Verformungsmerkmale
(LM, $T=125^{o}C$, $\sigma_a=25\ N/mm^2$, $N=13\%\ N_B$, $N_B=10^6$)

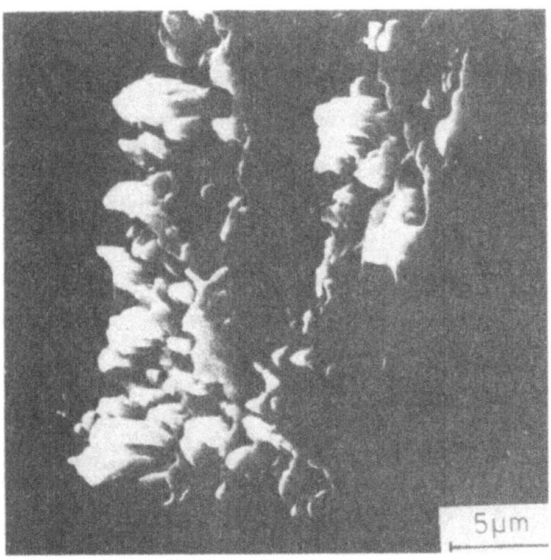

Bild 3.2: Feinstruktur kleinflächig feinschuppiger Verformungsmerkmale
(REM, $T=125^{o}C$, $\sigma_a=25\ N/mm^2$, $N=52\%\ N_B$, $N_B=10^6$)

enthält eine charakteristische Polierstruktur. Nach dem mechanischen Polieren ragen, wie interferenzmikroskopische Zusatzuntersuchungen ergaben, die intermetallischen Phasen wegen ihrer höheren Härte etwa 0.8 µm aus der Mischkristallmatrix heraus. Die kleinflächigen Verformungsmerkmale treten stets außerhalb dieser Härtekristalle auf. Wie die rasterelektronenmikroskopische Aufnahme in Bild 3.2 belegt, beruhen die lichtmikroskopisch beobachteten Schwärzungen auf der lokalen Bildung von In- und Extrusionen, die innerhalb eines Kornes meist eine Vorzugsorientierung aufweisen. Vielfach sind die Verformungen, wie Bild 3.3 zeigt, in korngrenzennahen Bereichene der Mischkristallmatrix konzentriert. Bei den für die Bilder 3.1 bis 3.3 gültigen Beanspruchungsbedingungen (kleine Amplitude, $N_B > 10^6$) nimmt das Ausmaß der Verformung in den feinschupepig verformten Bereichen mit wachsender Lastspielzahl zu, nicht aber die Anzahl und flächenmässige Ausdehnung dieser Bereiche. Bei einer Erhöhung der Spannungsamplitude steigen die Fläche und Anzahl der kleinflächig feinschuppig verformten Bereiche mit der Lastspielzahl an, so daß ab Spannungsamplituden, die zu kleineren Lebensdauern als $N_B = 5*10^5$ führen, ein allmählicher Übergang von kleinflächigen zu großflächigen Verformungsmerkmalen zu verzeichnen ist. Dieser Übergang findet mit steigender Spannungsamplitude immer früher statt. Bei Spannungsamplituden, die zu kleineren Bruchlastspielzahlen als etwa $N_B = 2*10^4$ führen, treten nur noch großflächige Verformungsmerkmale auf.

3.1.1 b) Großflächige Erscheinungsform

Ein typisches Beispiel für die großflächige Erscheinungsform der feinschuppigen Verformungsmerkmale, wie sie z.B. bei $100^{\circ}C$ auftritt, zeigt Bild 3.4. Dieser lichtmikroskopischen Aufnahme ist in Bild 3.5 die rasterelektronenmikroskopisch aufgelöste Feinstruktur der In- und Extrusionen gegenübergestellt. Wieder ist eine Vorzugsorientierung der lokalisierten Einzelverformungsmerkmale klar zu erkennen. Die Bilder 3.6

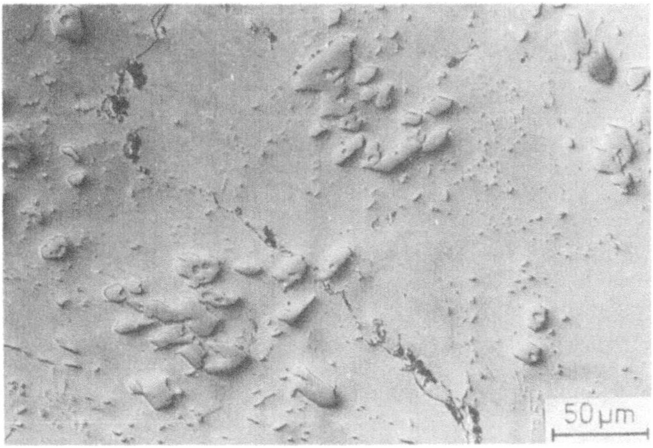

Bild 3.3: Kleinflächig feinschuppige Verformungsmerkmale an einer Korngrenze der Mischkristallmatrix
(LM, $T=125^{o}C$, $\sigma_a=25\ N/mm^2$, $N=13\%\ N_B$, $N_B=10^6$)

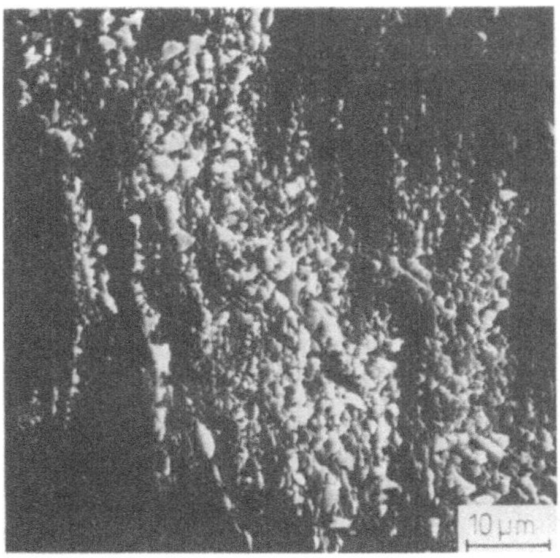

Bild 3.4: Großflächig feinschuppige Verformungsmerkmale
(REM, $T=100^{o}C$, $\sigma_a=31\ N/mm^2$, $N=38\%\ N_B$, $N_B=5*10^5$)

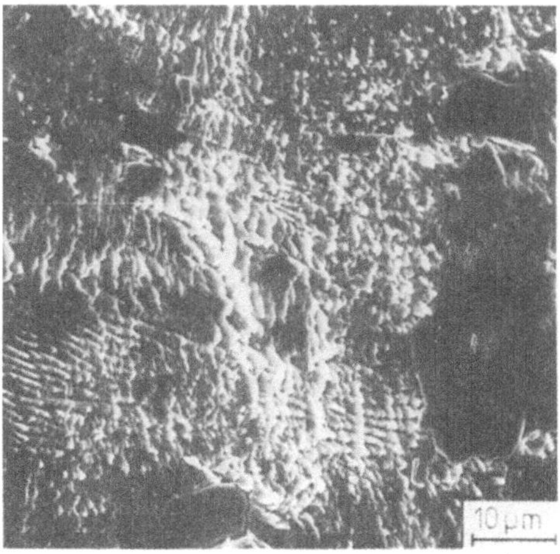

Bild 3.5: Großflächig feinschuppige Verformungsmerkmale
(REM, T=100 °C, σ_a=50 N/mm^2, N=80% N_B, N_B=5*10^3)

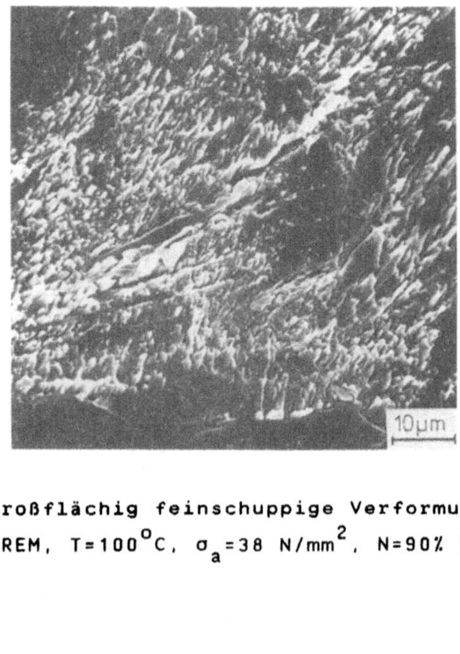

Bild 3.6: Großflächig feinschuppige Verformungsmerkmale
(REM, T=100 °C, σ_a=38 N/mm^2, N=90% N_B, N_B=1.2*10^5)

Bild 3.7: Großflächig feinschuppige Verformungsmerkmale
(LM, $T=100^{o}C$, $\sigma_a=50$ N/mm^2, $N=80\%$ N_B, $N_B=5*10^3$)

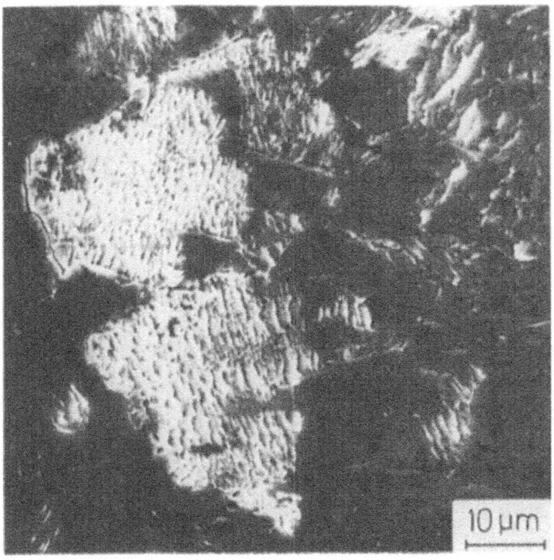

Bild 3.8: Großflächig feinschuppige Verformungsmerkmale
(REM, $T=20^{o}C$, $\sigma_a=70$ N/mm^2, $N=57\%$ N_B, $N_B=3*10^3$)

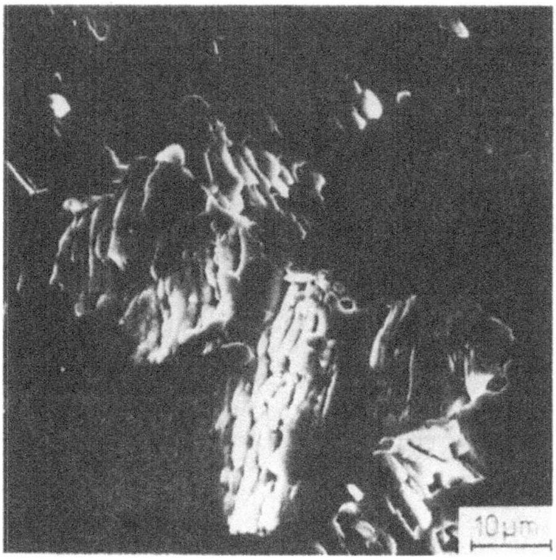

Bild 3.9: Großflächig feinschuppige Verformungsmerkmale
(REM, $T=150^{o}C$, $\sigma_a=30$ N/mm^2, N=64% N_B, $N_B=10^5$)

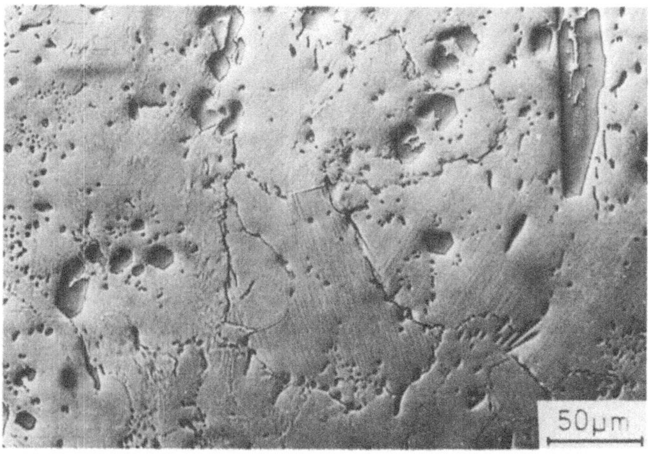

Bild 3.10: Bandförmige Verformungsmerkmale
(LM, $T=125^{o}C$, $\sigma_a=45$ N/mm^2, N=0.7% N_B, $N_B=3.5*10^3$)

und 3.7 zeigen diese Feinstruktur bei zwei anderen Proben, die bei der gleichen Versuchstemperatur mit größeren Spannungsamplituden beansprucht wurden. Die Bilder 3.5 bis 3.7 belegen, daß die Größe der Extrusionen bei konstanter Versuchstemperatur praktisch unabhängig von der aufgeprägten Spannungsamplitude ist. Offenbar hat jedoch die Versuchstemperatur einen Einfluß auf die Ausbildung der In-und Extrusionen. Bild 3.8 zeigt, daß die Verformungsstruktur bei Raumtemperatur sehr viel feiner ist als bei 100°C. Bei 150°C ist sie dagegen, wie Bild 3.9 belegt, viel gröber als bei 100°C.

3.1.2 Bandförmige Verformungsmerkmale

Bei Spannungsamplituden, die zu Lebensdauern von $N_B<10^5$ führen, treten unabhängig von der Versuchstemperatur in einzelnen Körnern der Mischkristallmatrix großflächig bandförmige Verformungsmerkmale auf. Ein Beispiel für das Aussehen dieser Verformungsmerkmale in einem sehr frühen Ermüdungsstadium (0.7% N_B) zeigt Bild 3.10. Es wurde bei 125°C und einer sehr großen Beanspruchungsamplitude beobachtet. In mehreren Körnern treten unterschiedlich orientierte Streifenmuster auf. Wegen ihrer anfänglich geringen Kontrastwirkung sind sie im Lichtmikroskop bereits deutlich zu erkennen, bevor sie im Rasterelektronenmikroskop nachweisbar sind. Die Streifenmuster erstrecken sich jeweils über die gesamte Oberfläche eines Kornes der Mischkristallmatrix. Sie treten mit zunehmender Lastspielzahl deutlicher hervor, wie die in Bild 3.11 gezeigte Aufnahme derselben Stelle nach 14% N_B belegt. Im betrachteten Beispiel überlagerten sich den bandförmigen Verformungsmerkmalen an einigen Stellen feinschuppige. Dort liegt die aus Bild 3.12 ersichtliche Feinstruktur vor. Die Schuppen sind in den Körnern, in denen sie sich bandförmigen Verformungsmerkmalen überlagern, deutlich schwächer ausgeprägt, als in solchen, in denen nur feinschuppige Verformungsmerkmale auftreten.

3.1.3 Wellige Verformungsmerkmale

Außer bei 150°C wurden bei allen Versuchstemperaturen bei mittleren und hohen Spannungsamplituden neben den bisher beschriebenen Oberflächenstrukturen bei größeren Lastspielzahl

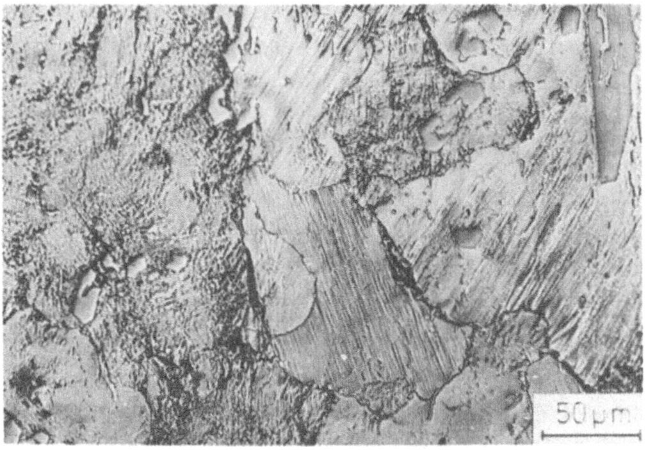

Bild 3.11: Bandförmige Verformungsmerkmale
(LM, $T=125^{o}C$, $\sigma_a=45\ N/mm^2$, N=14% N_B, $N_B=3.5*10^3$)

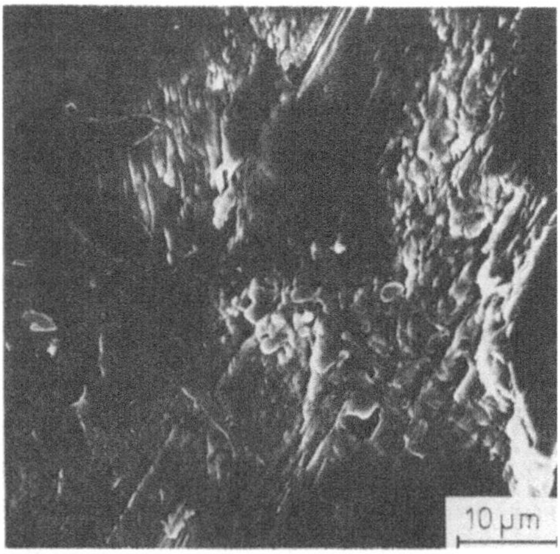

Bild 3.12: Bandförmige Verformungsmerkmale mit überlagerter feinschuppiger In- und Extrusionsbildung
(REM, $T=125^{o}C$, $\sigma_a=45\ N/mm^2$, N=72% N_B, $N_B=3.5*10^3$)

noch wellige Verformungsmerkmale auf. Sie sind im Lichtmikroskop bei 400-facher Vergrößerung und schräger Beleuchtung besonders gut zu erkennen, wegen zu geringen Kantenkontrastes jedoch im Rasterelektronenmikroskop nur sehr schlecht auszumachen. Beispiele für wellige Verformungsmerkmale bei 20°C nach unterschiedlichen Lastspielzahlen bei verschiedenen Spannungsamplituden zeigen die Bilder 3.13 bis 3.15. Bild 3.13 umfaßt einen Probenbereich, in dem alle angesprochenen Verformungsmerkmale auftreten. Links oben sind bandförmige Strukturen, in der Mitte des oberen Bildrandes kleinflächig feinschuppige Strukturen und nahe der Bildmitte großflächig feinschuppige Strukturen zu erkennen. Innerhalb des letztgenannten Bereiches tritt ein deutlich abgegrenzter Bezirk mit welligen Verformungsmerkmalen auf. Bild 3.14 zeigt eine rasterelektronenmikroskopische Ausschnittsvergrößerung aus Bild 3.13, die die Feinstruktur der welligen Verformungsmerkmale dokumentiert. Wie Bild 3.15 dokumentiert, treten die welligen Verformungsmerkmale in der Regel in Probenbereichen auf, die schon mit großflächig feinschuppigen Verformungsmerkmalen bedeckt sind. Bild 3.16 belegt, daß auch bei 100°C

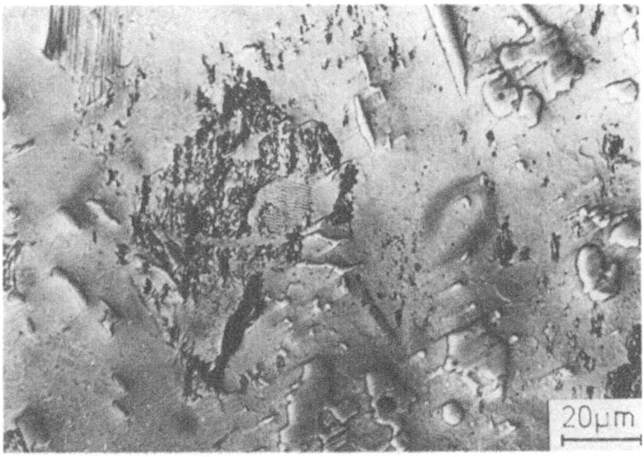

Bild 3.13: Oberflächenbereich mit vier verschiedenen Typen von Verformungsmerkmalen
(LM, T=20°C, σ_a=55 N/mm^2, N=20% N_B, N_B=2*10^4)

Bild 3.14: Wellige Verformungsmerkmale, Ausschnitt aus Bild 3.13
(REM, $T=20^{o}C$, $\sigma_a=55\ N/mm^2$, $N=20\%\ N_B$, $N_B=2*10^4$)

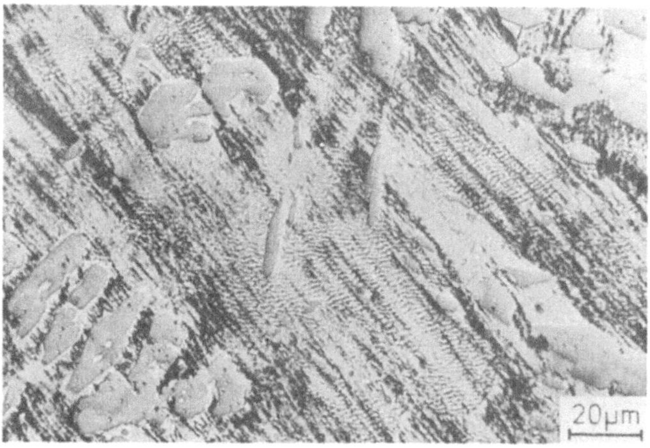

Bild 3.15: Wellige Verformungsmerkmale
(LM, $20^{o}C$, $\sigma_a=62\ N/mm^2$, $N=80\%\ N_B$, $N_B=8*10^3$)

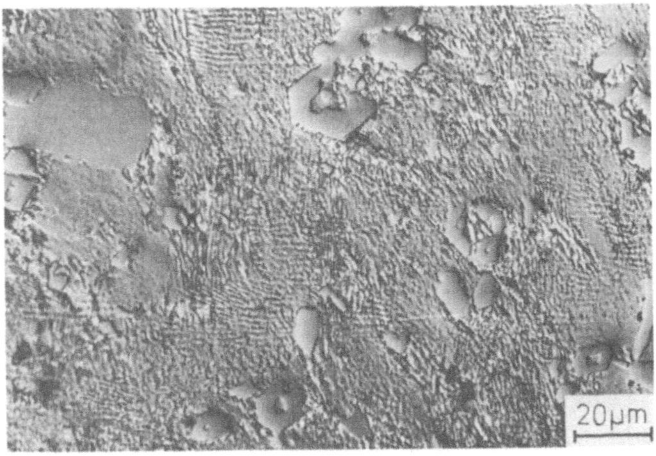

Bild 3.16: Wellige Verformungsmerkmale
(LM, $T=100^{o}C$, $\sigma_a=50\ N/mm^2$, $N=13\%\ N_B$, $N_B=5*10^3$)

wellige Verformungsmerkmale auftreten. Ein eindeutiger Einfluß von Temperatur und Spannungsamplitude auf das Erscheinungsbild der welligen Verformungsmerkmale war nicht festzustellen.

3.1.4 Einfluß von Spannungsamplitude und Versuchstemperatur auf den Zeitpunkt der Entstehung der Verformungsmerkmale

In Bild 3.17 sind in einem Wöhlerdiagramm die Bereiche schematisch abgegrenzt, in denen bestimmte Verformungsmerkmale bei konstanter Versuchstemperatur auftreten. In einem mit steigender Spannungsamplitude kleiner werdenden Lebensdauerbereich sind auf der Oberfläche Zug-Druck-Wechselbeanspruchter Proben keinerlei Verformungsmerkmale zu finden. Ab etwa 1% der Bruchlastspielzahl werden unabhängig von der Beanspruchungsamplitude erste Verformungsmerkmale beobachtet. Bei zu $N_B>10^5$ führenden Spannungsamplituden treten als erstes kleinflächig feinschuppige Verformungsmerkmale auf, bei größeren Spannungsamplituden werden zuerst bandförmige Verformungsmerkmale beobachtet. Außer bei den Versuchen in der

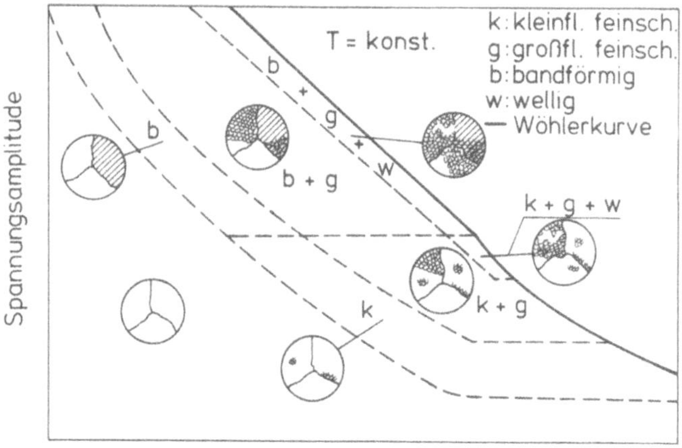

Bild 3.17: Schematische Darstellung der Spannungsamplituden-Lebensdauer-Bereiche, in denen bestimmte Verformungsmerkmale auftreten

Nähe der Wechselfestigkeit nehmen mit steigender Spannungsamplitude und/oder Lastspielzahl Anzahl und Ausdehnung der kleinflächig feinschuppigen Verformungsmerkmale zu, so daß ein kontinuierlicher Übergang zu großflächig feinschuppigen Verformungsmerkmalen stattfindet. Ab etwa 10% der Lebensdauer können sich diesen, außer bei 150 °C, wellige Verformungsmerkmale überlagern. Bei den bandförmigen sowie den kleinflächig und großflächig feinschuppigen Verformungsmerkmalen steigen die Abgleitungsbeträge in den Gleitbändern bzw. innerhalb der einzelnen In- und Extrusionen mit der Lastspielzahl an. Die bandförmigen Merkmale erstrecken sich stets über ganze Körner der Mischkristallmatrix. Die großflächig feinschuppigen Merkmale können auch Teilbereiche von Körnern erfassen und sich dabei bandförmigen Merkmalen überlagern.
Speziell bei 100 °C wurden bei je einer kleinen und einer großen Spannungsamplitude Versuche zum Nachweis der Persistenz der beobachteten Verformungsmerkmale durchgeführt. Hierzu wurden die Proben bis zur halben Bruchlastspielzahl beansprucht. Dabei entstanden bei der hohen Spannungsamplitude bandförmige, großflächig feinschuppige und wellige Ver-

formungsmerkmale, bei der niedrigen kleinflächig feinschuppige und großflächig feinschuppige Verformungsmerkmale. Anschliessend wurde eine 12 µm dicke Oberflächenschicht mechanisch abpoliert. Bei der weiteren Schwingbeanspruchung traten alle zuvor beobachteten Verformungsmerkmale an den gleichen Stellen wieder auf, so daß alle als persistent angesehen wer-

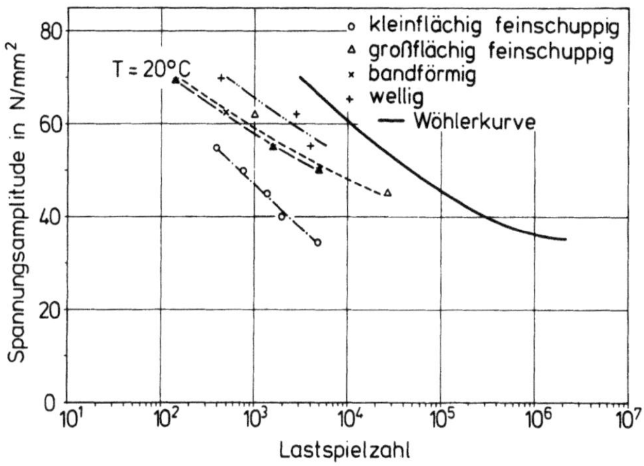

Bild 3.18: Grenzkurven für die erste Beobachtung bestimmter Verformungsmerkmale bei 20°C

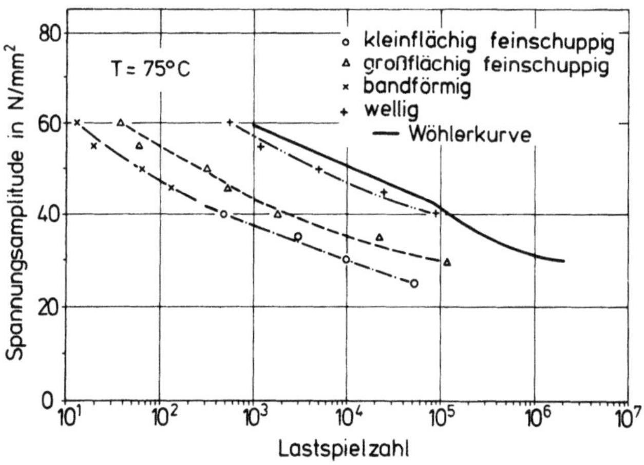

Bild 3.19: Grenzkurven für die erste Beobachtung bestimmter Verformungsmerkmale bei 75°C

den können. In den Bildern 3.18 bis 3.22 sind für die Versuchstemperaturen 20°C, 75°C, 100°C, 125°C und 150°C zusätzlich zu den Wöhlerkurven jeweils die Kurven eingetragen, ab denen die verschiedenen Verformungsmerkmale erstmals beobachtet wurden. Da die einzelnen Proben bei hoher Vergrößerung nicht kontinuierlich sondern nur nach unterschiedlich großen Lastspielzahlintervallen beobachtet werden konnten, liegt der Zeitpunkt für das erste Auftreten der einzelnen Merkmale lastspielzahlmäßig stets vor den eingetragenen Grenzkurven. Außer bei 20°C schließt sich die Grenzkurve für bandförmige Verformungsmerkmale bei höheren Spannungsamplituden an die für die kleinflächig feinschuppigen Verformungsmerkmale ermittelte Grenzkurve an. Die Reihenfolge des ersten Auftretens der Merkmale ist bei allen Versuchstemperaturen gleich.

Die örtliche Begrenzung der feinschuppigen Verformungsmerkmale bei kleinen Spannungsamplituden ist nicht durch den Einfluß von unter der Probenoberfläche liegenden Härtekristallen verursacht. Dies zeigten Untersuchungen an härtekristallfreien, der Mischkristallmatrix ähnlichen Zinn-Antimon-Kadmium-Legierungen /7/. Bei diesen Werkstoffen wurden bei Schwingversuchen, die auf hohe Lebensdauern führten, ebenfalls kleinflächig feinschuppige Verformungsmerkmale beob-

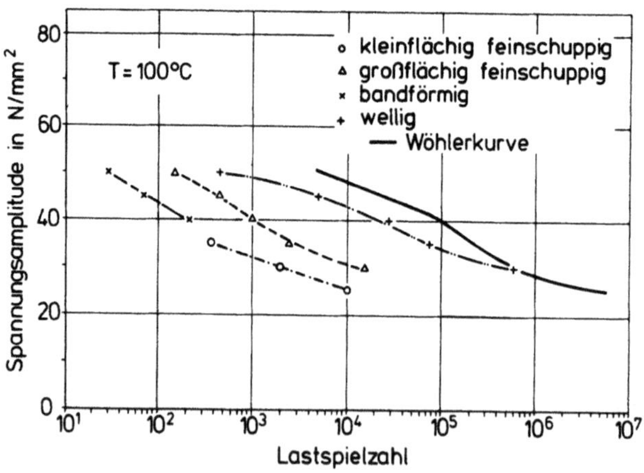

Bild 3.20: Grenzkurven für die erste Beobachtung bestimmter Verformungsmerkmale bei 100°C

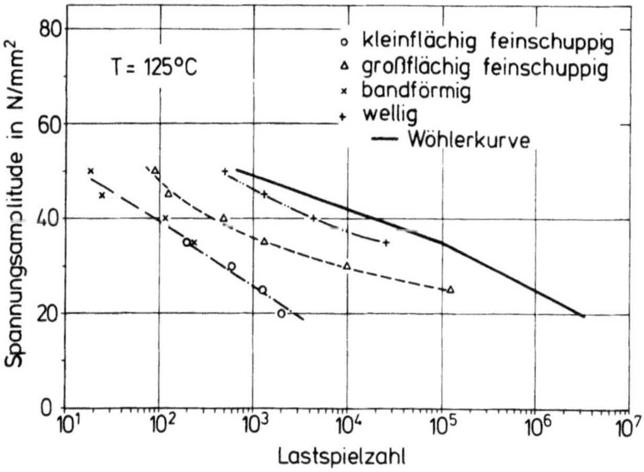

Bild 3.21: Grenzkurven für die erste Beobachtung bestimmter Verformungsmerkmale bei 125 °C

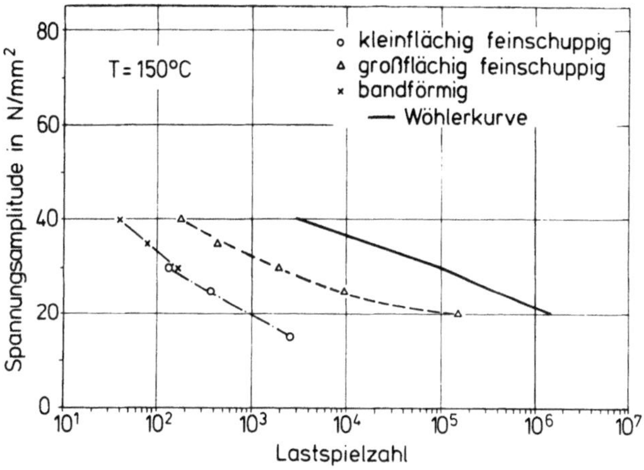

Bild 3.22: Grenzkurven für die erste Beobachtung bestimmter Verformungsmerkmale bei 150 °C

achtet. Möglicherweise führen Inhomogenitäten in der Zusammensetzung der Mischkristallmatrix zu lokalen Festigkeitsunterschieden und erleichtern an bestimmten Stellen die Bildung von feinschuppigen Verformungsmerkmalen.

Bei den Versuchen oberhalb Raumtemperatur läßt sich stets der in den Wöhlerkurven beobachtete leichte Knick (vgl. Bild 2.5)

mit dem Auftreten der bandförmigen Verformungsmerkmale korrelieren. Da sie nur bei hohen Spannungsamplituden vorkommen und in ihren Erscheinungsformen vollkommen den bandförmigen Verformungsmerkmalen gleichen, die nach hinreichend großer einsinniger Verformung auftreten und nach Abpolieren bei weiterer Schwingbeanspruchung an den gleichen Stellen wieder auftreten, handelt es sich offenbar um Ermüdungsgleitbänder in ursprünglich einsinnig erzeugten Gleitbändern.
Die welligen Verformungsmerkmale wurden frühestens nach 10% der Bruchlastspielzahl anschließend an anderen Verformungsmerkmalen erstmals beobachtet. Ihr Auftreten kennzeichnet somit einen Zustand fortgeschrittener Ermüdung. Mit steigender Versuchstemperatur verlagert sich das Ermüdungsgeschehen zunehmend an die Korngrenzen bzw. die korngrenzennahen Bereiche der Mischkristallmatrix, so daß bei 150°C im Korninneren der durch die welligen Verformungsmerkmale gekennzeichnete Ermüdungszustand nicht mehr erreicht wird.
Vergleicht man anhand der Bilder 3.17 bis 3.22 die Temperaturabhängigkeit des ersten Auftretens der Verformungsmerkmale, so ist bei allen vier Typen zu erkennen, daß dieses bei gleicher Spannungsamplitude umso früher erfolgt, je größer die Versuchstemperatur ist. Für die Bildung bestimmter Merkmale bis zu einer bestimmten Lastspielzahl werden also mit steigender Temperatur kleinere Amplituden benötigt.

3.2 Rißbildung

Mikrorisse wurden an Korngrenzen, an Phasengrenzen, in Härtekristallen und in bandförmigen Verformungsmerkmalen gefunden. In Oberflächenbereichen mit großflächig feinschuppigen und welligen Verformungsmerkmalen und an kleinflächig feinschuppigen Verformungsmerkmalen im Korninneren wurden dagegen keine Anrißbildungen beobachtet. Als Mikrorisse in bandförmigen Verformungsmerkmalen wurden dabei Materialtrennungen bezeichnet, die deutlich größere Abmessungen als einzelne Intrusionen im Bereich der bandförmigen Verformungsmerkmalen besaßen.

3.2.1 Rißbildung an Korngrenzen

Bei Beanspruchungen im Bereich der Wechselfestigkeit trat stets nur Rißbildung an Korngrenzen auf. Diese Risse entwik-

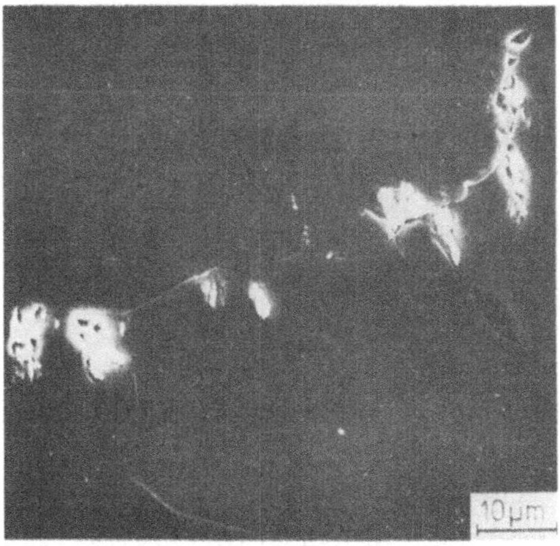

Bild 3.23: Rißbildung an einer Korngrenze durch lokale In- und Extrusionen
(REM, T=125°C, σ_a=25 N/mm^2, N=52% N_B, N_B=10^6)

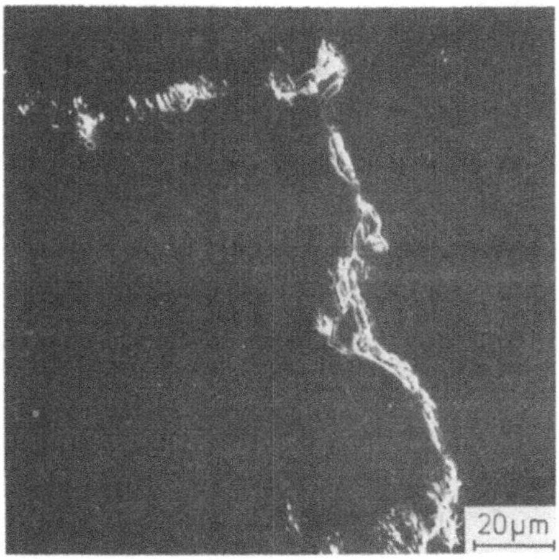

Bild 3.24: Durch In- und Extrusionen verursachte Korngrenzenrisse
(REM, T=125°C, σ_a=25 N/mm^2, N=52% N_B, N_B=10^6)

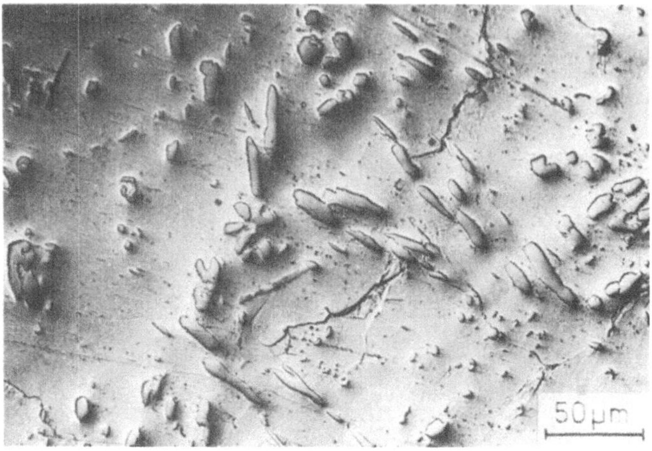

Bild 3.25: Mikrorisse an Korngrenzen
(LM, T=150°C, σ_a=35 N/mm², N=1% N_B, N_B=1.7*10⁴)

keln sich an Stellen, an denen lokalisiert kleinflächig feinschuppige Verformungsmerkmale in Form von In- und Extrusionen auftreten. Bild 3.23 zeigt ein Beispiel für T=125°C. Der Anriß wurde nach 52% der Lebensdauer beobachtet. Derartige Mikrorisse begünstigen durch ihre Kerbwirkung die Bildung weiterer kleinflächiger Verformungen mit In- und Extrusionen, so daß nach und nach ganze Korngrenzenbereiche aufreißen können. Bild 3.24 zeigt ein entsprechendes Beispiel, das an einer anderen Stelle der gleichen Probe wie in Bild 3.23 nach gleich großer Lastspielzahl aufgenommen wurde. Bei sehr großen Spannungsamplituden traten Korngrenzenrisse auch an Stellen auf, an denen noch keinerlei Verformungsmerkmale vorlagen. Bild 3.25 zeigt derart aufgerissene Korngrenzen.

3.2.2 Rißbildung an Phasengrenzen

Rißbildungen an Phasengrenzen zwischen den intermetallischen Phasen SbSn bzw. $Cu(Ni)_6Sn_5$ und den Matrixmischkristallen werden unabhängig von der Versuchstemperatur bei hinreichend hohen Spannungsamplituden beobachtet. Phasengrenzrisse traten

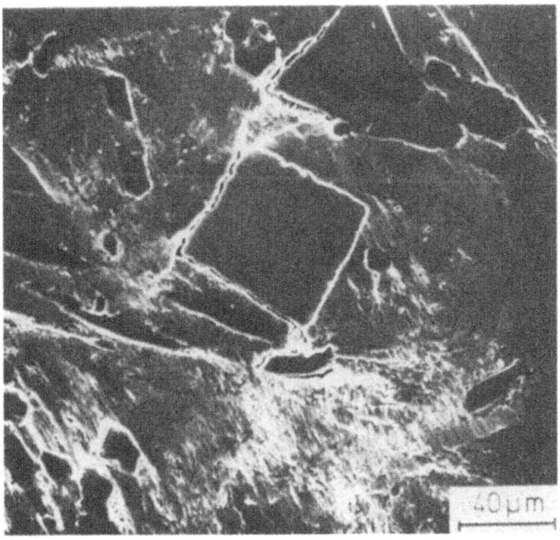

Bild 3.26: Rißbildung an Phasengrenzen zwischen Mischkristallmatrix und SbSn-Kristallen
(REM, T=125°C, σ_a=45 N/mm^2, N=32% N_B, N_B=3.5*10^3)

Bild 3.27: Rißbildung an der Phasengrenze zwischen Mischkristallmatrix und $Cu(Ni)_6Sn_5$-Kristall
(LM, T=100°C, σ_a=35 N/mm^2, N=77% N_B, N_B=2*10^5)

stets erst nach größeren Lastspielzahlen auf als Korngrenzenrisse zwischen den Körnern der Mischkristallmatrix. Die Bilder 3.26 und 3.27 zeigen je ein Beispiel für die Rißbildung zwischen Mischkristallmatrix und SbSn- bzw. $Cu(Ni)_6Sn_5$-Kristallen. Es wurden keine eindeutigen Hinweise auf spezielle Bedingungen für das Auftreten solcher Risse gefunden. Insbesondere ergab sich kein Zusammenhang zwischen Form, Größe und Orientierung der Härtekristalle bezüglich der äußeren Beanspruchung und der Häufigkeit der Phasengrenzanrisse.

3.2.3 Rißbildung in Härtekristallen

Bei allen Versuchstemperaturen wurden unter hinreichend großen Beanspruchungen Rißbildungen in Härtekristallen etwa bei den gleichen Lastspielzahlen beobachtet, bei denen auch Phasengrenzrisse gefunden wurden. Bei Spannungsamplituden in der Nähe der Wechselfestigkeit traten keine Härtekristallrisse auf. Ein Beispiel für die Rißbildung in $Cu(Ni)_6Sn_5$-Kristallen zeigt Bild 3.28. Die Risse verlaufen senkrecht zur äußeren Beanspruchung. Sie traten meist in den nadelförmigen

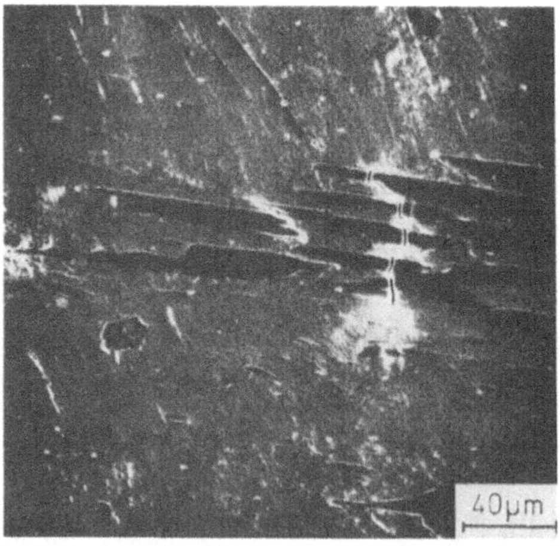

Bild 3.28: Rißbildung in $Cu(Ni)_6Sn_5$-Kristallen
(REM, $T=75^oC$, $\sigma_a=60\ N/mm^2$, $N=16\%\ N_B$, $N_B=10^3$)

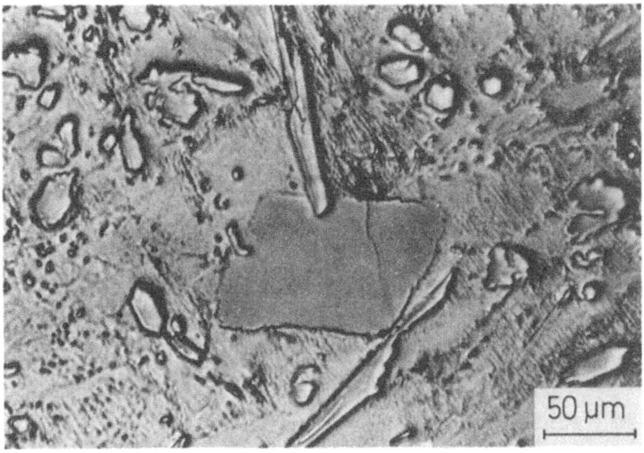

Bild 3.29 Rißbildung in einem SbSn-Kristall
(LM, $T=75^{o}C$, $\sigma_a=60$ N/mm^2, $N=15\%$ N_B, $N_B=10^3$)

Kupfer-Nickel-Stanniden auf. In den SbSn-Kristallen wurden nur selten Risse beobachtet. Ein Beispiel für diese Rißart zeigt Bild 3.29.

3.2.4 Rißbildung in bandförmigen Verformungsmerkmalen

Rißbildung in bandförmigen Verformungsmerkmalen wurde bei allen Versuchstemperaturen nur bei Spannungsamplituden beobachtet, die auf Lebensdauern von $N_B<5*10^3$ führten. Die Bilder 3.30 und 3.31 zeigen charakteristische Beispiele. In einem Fall traten derartige Anrisse bereits nach 20% der Bruchlastspielzahl auf. Lichtmikroskopisch ist der Zeitpunkt, ab dem von Rissen gesprochen werden kann, nicht eindeutig festzulegen.

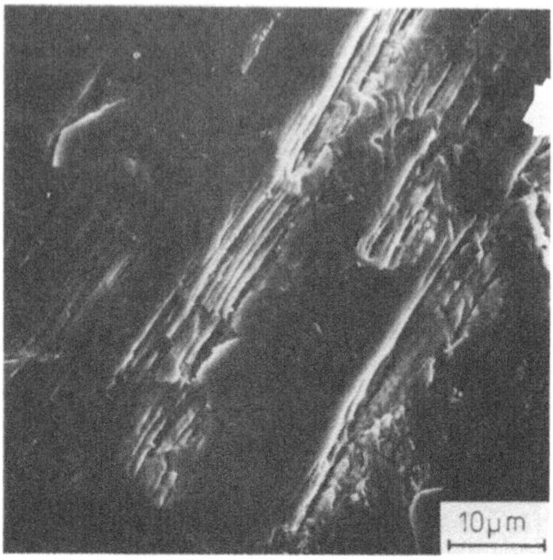

Bild 3.30: Rißbildung in bandförmigen Verformungsmerkmalen (REM, T=125°C, σ_a=45 N/mm^2, N=72% N_B, N_B=3.5*10^3)

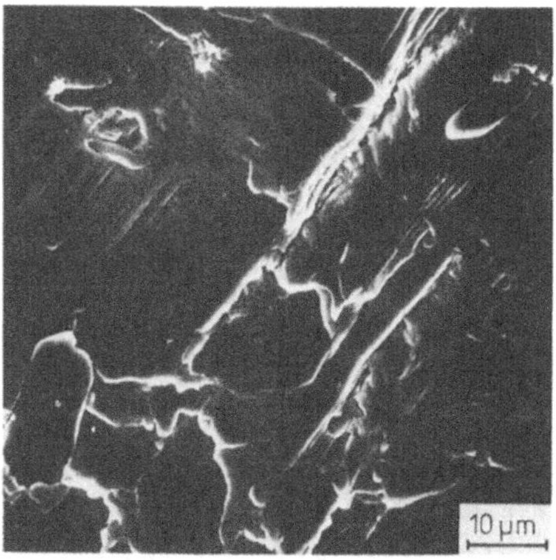

Bild 3.31: Rißbildung in bandförmigen Verformungsmerkmalen (REM, T=150°C, σ_a=40 N/mm^2, N=54% N_B, N_B=3*10^3)

3.2.5 Einfluß von Spannungsamplitude und Versuchstemperatur auf Ort und Zeitpunkt der Rißbildung

In den Bildern 3.32 bis 3.36 sind neben den Wöhlerkurven (W) jeweils die Grenzkurven für die erste Beobachtung der verschiedenen Mikrorißarten bei den Versuchstemperaturen 20°C, 75°C, 100°C, 125°C und 150°C wiedergegeben. Die ersten Anrisse wurden unabhängig von der Versuchstemperatur und der aufgeprägten Spannungsamplitude spätestens nach etwa 1% der

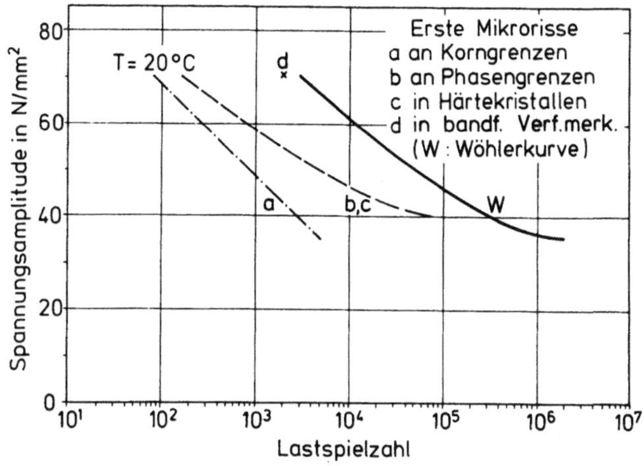

Bild 3.32: Grenzkurven für die erste Beobachtung von Mikrorissen bei 20°C

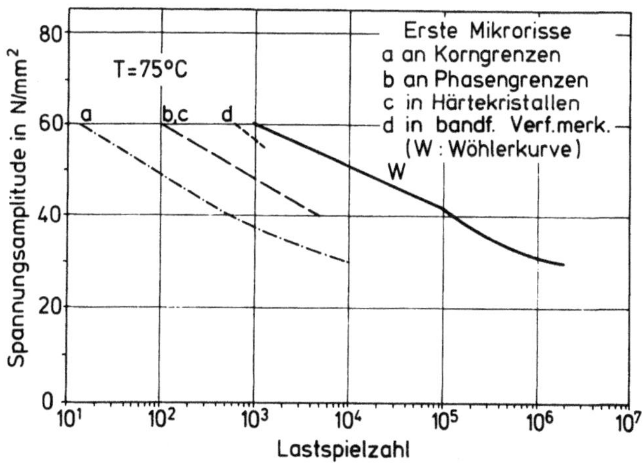

Bild 3.33: Grenzkurven für die erste Beobachtung von Mikro rissen bei 75°C

Bruchlastspielzahl stets an den Korngrenzen der Mischkristallmatrix beobachtet. Risse an Phasengrenzen und in Härtekristallen kamen bei Versuchen mit $N_B<5*10^5$ nach etwa 10% der Bruchlastspielzahl hinzu. Nur bei sehr hohen Spannungsampli-

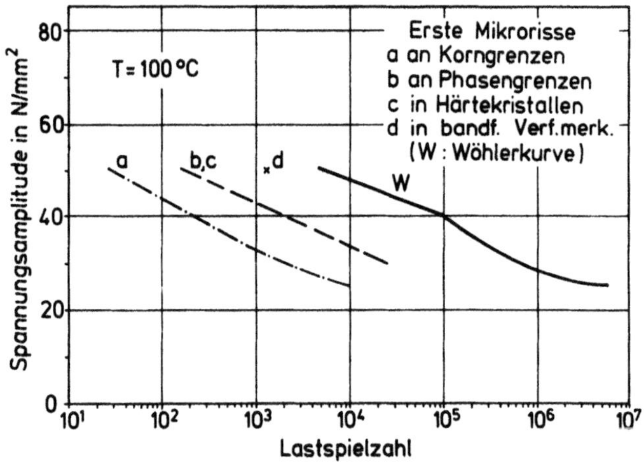

Bild 3.34: Grenzkurven für die erste Beobachtung von Mikrorissen bei 100°C

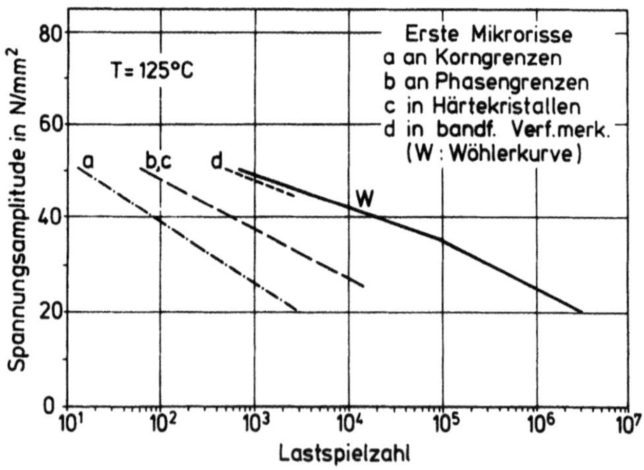

Bild 3.35: Grenzkurven für die erste Beobachtung von Mikrorissen bei 125°C

tuden ($N_B<5*10^3$) trat nach frühestens 20% der Bruchlastspielzahl auch Rißbildung in bandförmigen Verformungsmerkmalen auf.

Durch Vergleich der Bilder 3.32 bis 3.36 ergibt sich unmittelbar auch der Einfluß der Versuchstemperatur auf den Zeitpunkt der Bildung der verschiedenen Mikrorißarten. Grundsätzlich gilt, daß die einzelnen Mikrorißarten bei gegebenen Spannungsamplituden umso früher auftreten, je größer die Temperatur ist.

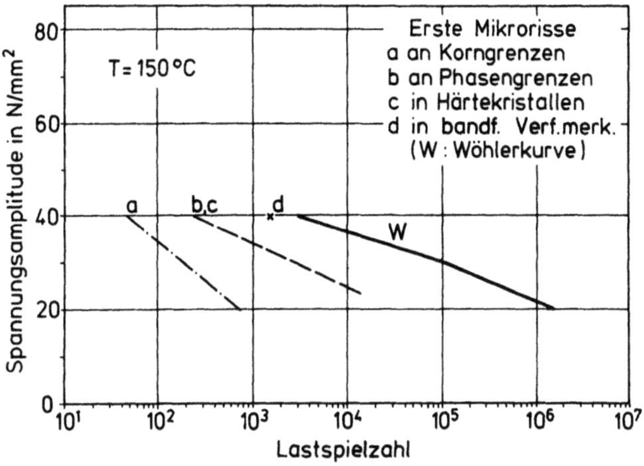

Bild 3.36: Grenzkurven für die erste Beobachtung von Mikrorissen bei 150°C

3.3 Diskussion

3.3.1 Verformungsmerkmalbildung

In der Literatur wurden mehrere Modelle vorgestellt, die die Bildung von In- und Extrusionen an der Oberfläche schwingbeanspruchter Werkstoffe erläutern. Ein Beispiel ist das von Partridge /8/ vorgeschlagene, das die In- und Extrusionsbildung mit Hilfe von aus Dipolen gebildeten, sich entlang von Gleitzylindern bewegenden Versetzungsschleifen erläutert.

Abhängig von der Orientierung der Versetzungen, aus denen der Dipol besteht, entstehen dabei In- oder Extrusionen. Je nachdem, wie stark die hierzu benötigten Gleitprozesse gestört werden, entstehen auf der Probenoberfläche mehr oder weniger In- und Extrusionen unterschiedlicher Formen. Watt /9/ baute die Überlegungen Partridges weiter aus. Sein Modell geht von der idealisierten Vorstellung aus, daß die Dipole, wie in Bild 3.37 a) schematisch dargestellt, durch Quergleiten von Teilen einer Schraubenversetzung mit einer senkrecht zur Oberfläche liegenden Gleitebene gebildet werden. Diese Dipole liegen dann wie in Bild 3.37 b) gezeigt parallel zur Probenoberfläche. Bei der Spannungsumkehr werden andere Quellen, die weiter von der Oberfläche entfernt sind, aktiviert. Die hier entstehenden Versetzungen stossen die Dipole an die Oberfläche, so daß die in Bild 3.37 c) gezeigte Oberflächen-

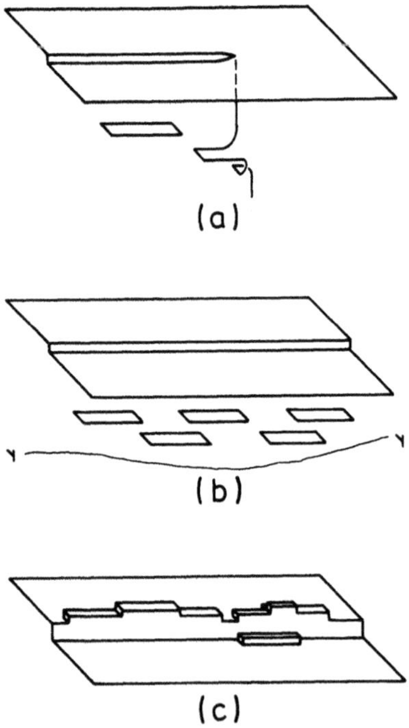

Bild 3.37: Idealisierte Abfolge der In- und Extrusionsbildung durch Versetzungsdipole (nach /9/)

topographie entsteht. Watt geht davon aus, daß bei der Extrusionsbildung ein Versetzungsaufstau eine ganze Anzahl von Dipolen gleichzeitig zur Oberfläche stößt. Für die Bildung von Intrusionen statt Extrusionen ist es lediglich erforderlich, daß mehr Leerstellendipole als interstitielle Dipole erzeugt werden. Dieses Modell zeigt auch, wie von Boettner und McEvily /10/ noch einmal bekräftigt wird, daß In- und Extrusionen nicht gleichzeitig miteinander auftreten müssen.
Nach Brown /11/ sind die in vielen Werkstoffen in Form von Leiter- oder Wandstrukturen beobachteten Ermüdungsgleitbänder geordnete Ansammlungen von Versetzungsdipolen. In diesen persistenten Gleitbändern können die Versetzungsdipole gut befördert werden, so daß, wenn ein solches Gleitband relativ günstig zur Probenoberfläche und zur anliegenden Spannung orientiert ist, an der Stelle, wo es durch die Probenoberfläche stößt, sehr leicht In- und Extrusionen entstehen können. Dieser Zusammenhang zwischen persistenten Gleitbändern im Probeninnern und auf der Probenoberfläche beobachteten In- und Extrusionsbildungen war zuvor schon von Lukas, Klesnil und Mitarbeitern gefunden worden /12/.
In /13/ ist der Kenntnisstand über persistente Gleitbänder zusammengefaßt. Die Autoren kommen unter anderem zu dem Schluß, daß solche Gleitbänder bei plastisch dehnungskontrollierten Versuchen nur entstehen können, wenn die aufgeprägten plastischen Dehnungsamplituden bestimmte Grenzwerte überschreiten. Diese Werte betragen z.B. für Kupfereinkristalle $50*10^{-6}$, für Nickeleinkristalle etwa $100*10^{-6}$. Für den Fall, daß Ermüdungsrisse ausschließlich in solchen Gleitbändern entstehen, sollten diese Grenzwerte Dauerfestigkeiten entsprechen. Prägt man Proben plastische Dehnungsamplituden in etwa in der Größe dieser Grenzwerte auf, so entstehen nur in geringen Teilen des Probenvolumens persistente Gleitbänder. Mit steigender plastischer Dehnungsamplitude wächst der mit Gleitbändern erfüllte Volumenanteil.
Zusammenfassend kann gesagt werden, daß zur Entstehung von In- und Extrusionen mit irreversiblen Versetzungsbewegungen verknüpfte plastische Deformationsvorgänge notwendig sind. Übersteigen die plastischen Deformationen einen werkstoffab-

hängigen Grenzwert, so können sich persistente Gleitbänder bilden, die sich an den Probenoberflächen als geradlinige In- und Extrusionsstrukturen abbilden.

Bild 3.38 zeigt die zyklischen Verfestigungskurven von SnSb8Cu4Cd bei $N=N_B/2$ als Funktion der Spannungsamplitude für die Versuchstemperaturen 20°C, 75°C, 100°C, 125°C und 150°C. In diesen Kurven sind jeweils die kleinsten Spannungsamplituden, bei denen kleinflächig feinschuppige Verformungsmerkmale beobachtet wurden, mit Kreuzen, die, bei denen großflächig

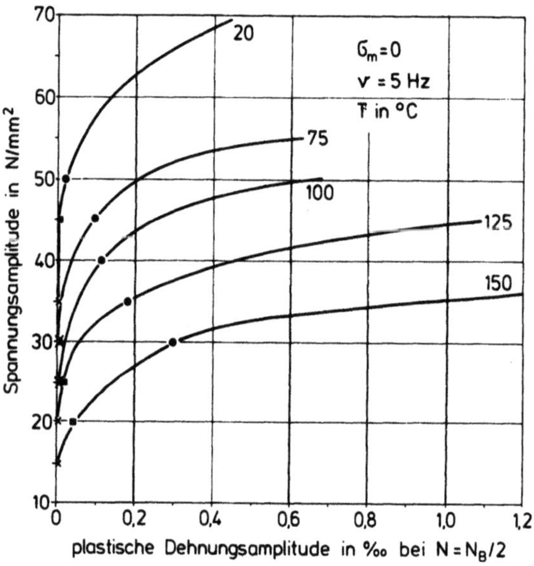

Bild 3.38: Zyklische Verfestigungskurven mit Markierung der Spannungsamplituden, bei denen die verschiedenen Verformungsmerkmale erstmals beobachtet wurden

feinschuppige Merkmale gefunden wurden, mit Rechtecken und die, bei denen bandförmige Verformungsmerkmale auftraten, mit Kreisen markiert. Trotz der hohen Auflösung der Dehnungsmessung von $5*10^{-6}$ werden bei allen Versuchstemperaturen kleinflächig feinschuppige Verformungsmerkmale schon bei Spannungsamplituden beobachtet, die zu keinen meßbaren plastischen Dehnungsamplituden führen. Auch die kleinsten Spannungsamplituden, bei denen die großflächig feinschuppigen Verformungsmerkmale beobachtet werden können, führen bei Temperaturen unterhalb 100°C nicht zu meßbaren plastischen Dehnungsamplituden bei $N=N_B/2$. Wendet man die Aussagen von Mughrabi und Mitarbeitern auf den Werkstoff SnSb8Cu4Cd an, so bedeutet dies, daß persistente Gleitbänder als Ursache für die Entstehung der bei den feinschuppigen Verformungsmerkmalen beobachteten In- und Extrusionen ausgeschlossen werden können. Mit dem auf Partridge zurückgehenden Modell kann die In- und Extrusionsbildung jedoch ohne Widerspruch zu den kleinen plastischen Dehnungen erklärt werden. Wenn auch, bedingt durch die Mischkristallverfestigung, die Peierls-Spannungen in der Matrix der Legierung SnSb8Cu4Cd beträchtlich höher sein dürften, als bei reinem Zinn (vgl. /14/), kann man dennoch bei dem hier untersuchten Werkstoff eine dem reinen Zinn ähnliche Temperaturabhängigkeit der Gleitsysteme annehmen. Demnach ist bei Raumtemperatur die Betätigungsspannung für die Gleitsysteme (100)[001] und $(1\bar{1}0)[001]$ nahezu gleich groß. Bei Schwingbeanspruchung in der Nähe der Wechselfestigkeit reicht die anliegende Spannung nur in kleinen, z.B. durch einen geringeren Anteil an Fremdatomen geschwächten Bereichen zur nichtkonservativen Bewegung von Versetzungen und damit zur Bildung von Versetzungsdipolen. Dadurch sind die Bereiche, in denen sich In- und Extrusionen entwikkeln können, örtlich eng begrenzt. Die dabei auftretenden plastischen Dehnungsamplituden sind mikroskopisch klein. Durch die gleichzeitige Betätigung von zwei Gleitsystemen wird die Bildung von Versetzungsdipolen und auch der Transport der Dipole an die Probenoberfläche begünstigt. Die bis zum Entstehen von In- und Extrusionen benötigte Inkubationszeit ist sehr groß, da pro Lastwechsel nur wenige Versetzungen bewegt werden und es somit relativ lange dauert, bis genügend Versetzungen an den Dipolen angestaut sind, um diese durch die Probenoberfläche stossen zu können. Bei größeren Spannungsamplituden kann die Versetzungsbewegung und Dipolbildung in immer größeren Bereichen stattfinden, so daß die feinschuppigen Verformungsmerkmale großflächig auftreten

können. Gleichzeitig werden auch weniger Lastwechsel bis zur Entstehung der In- und Extrusionen benötigt. Mit steigender Temperatur dominiert bei reinem Zinn zunehmend das Gleitsystem $(1\bar{1}0)[111]$. Nimmt man eine ähnliche Temperaturabhängigkeit für den Werkstoff SnSb8Cu4Cd an, so kann man das Zunehmen der Breite der Extrusionen mit steigender Temperatur darauf zurückführen, daß die Abgleitungen immer mehr in einem Gleitsystem stattfinden. Die Persistenz der feinschuppigen Verformungsmerkmale könnte dadurch verursacht sein, daß sie sich in geschwächten Bereichen bilden. Da sie jedoch nach dem Abpolieren nach relativ kurzer Zeit schon wieder auftreten, liegt der Schluß nahe, daß ihre Bildung durch die im Probenvolumen vorliegende Versetzungsstruktur zumindest begünstigt wird.
Die Spannungsamplituden, bei denen erstmals bandförmige Verformungsmerkmale auftreten, führen bei $N_B/2$ zu plastischen Dehnungsamplituden zwischen $50*10^{-6}$ bei Raumtemperatur und $300*10^{-6}$ bei $150^{o}C$. Dies und das geradlinige Erscheinungsbild an der Oberfläche weisen darauf hin, daß es sich bei den bandförmigen Verformungsmerkmalen um persistente Gleitbänder im üblichen Sinn handeln könnte. Dafür spricht neben der nachgewiesenen Persistenz dieser Bänder, daß der Zeitpunkt ihrer erstmaligen Beobachtung bei allen Versuchstemperaturen in den Anfang des in den Wechselverformungskurven beobachteten Plateaubereichs fällt. Während der Anfangsverfestigung bildet sich offenbar die für die Entstehung der persistenten Gleitbänder notwendige Versetzungsstruktur aus. Noch bevor sich in dafür günstig orientierten Körnern die feinschuppigen Verformungsmerkmale bilden können, entstehen in für Einfachgleitung orientierten Körnern die persistenten Gleitbänder. In diesen, an der Oberfläche als bandförmige Merkmale erscheinenden, plattenförmigen Probenbereichen können sehr große Dehnungen aufgenommen werden, so daß die makroskopisch gemessenen plastischen Dehnungsamplituden zunächst nicht weiter absinken. Da durch die Dehnungskonzentration auch die Verformung in den für Mehrfachgleitung orientierten Körnern reduziert wird, werden zur Bildung der feinschuppigen Verformungsmerkmale relativ viele Lastwechsel benötigt. Die in den

Wechselverformungskurven beobachtete sekundäre Verfestigung geht mit der Bildung von feinschuppigen Verformungsmerkmalen auch in den mit bandförmigen Merkmalen bedeckten Körnern einher. Dies könnte derart interpretiert werden, daß die von Pohl /15/ am Stahl Ck10 bei hinreichend hohen Spannungsamplituden beobachtete Umwandlung von persistenten Gleitbändern in Versetzungszellstrukturen nach genügend langer Belastung beim Werkstoff SnSb8Cu4Cd in ähnlicher Weise auftritt.
Auch wenn ein Teil der beobachteten Phänomene durch in der Literatur gefundene Beispiele von anderen Werkstoffen interpretierbar ist, bleiben dennoch eine Reihe von Fragen. So sind im Gegensatz zu den in der Literatur erwähnten Beispielen stets ganze Körner gleichzeitig mit der an der Probenoberfläche als bandförmige Verformungmerkmale erscheinenden Struktur angefüllt. Ferner konnte keine Abhängigkeit der Breite oder der Intensität der bandförmigen Verformungsmerkmale von der Spannungsamplitude oder der Versuchstemperatur beobachtet werden. Unklar ist auch, welche Versetzungsstruktur beim Auftreten der feinschuppigen Verformungsmerkmale im Werkstoffinneren vorliegt und ob den den bandförmigen Verformungsmerkmalen überlagerten feinschuppigen Merkmalen die gleiche Struktur zugrundeliegt. Die Bewertung der oben dargestellten Interpretation der an der Oberfläche aufgetretenen Verformungsmerkmale und die Beantwortung der noch vollkommen offenen Fragen ist nur mit genauer Kenntnis der im Werkstoffinneren vorliegenden Versetzungsstrukturen möglich. Versuche, die für die hierzu notwendigen transmissionselektronenmikroskopischen Untersuchungen benötigten durchstrahlbaren Folien des Werkstoffs SnSb8Cu4Cd durch elektrolytisches Abtragen herzustellen, schlugen jedoch fehl.

3.3.2 Rißbildung

Ermüdungsrisse entstehen in der Regel an der Oberfläche schwingbeanspruchter Teile. Als Rißbildungsort kommen generell Ermüdungsgleitbänder, Korngrenzen und Einschlüsse an der Oberfläche in Frage. Gemeinsam für alle drei Rißbildungsorte ist eine Konzentration plastischer Dehnung in oder nahe der Oberfläche /16/. Für die Vorgänge der Rißbildung in Ermüdungsgleitbändern gibt es eine Reihe von Modellen. Ein von Neumann /17/ erarbeitetes Modell setzt Abgleitungen auf zwei etwa senkrecht zueinander stehenden Gleitebenen voraus, die beide unter einem Winkel von etwa 45 Grad zur Oberfläche stehen. Bei Belastung entsteht eine Stufe, wenn auf dem einem Gleitsystem Versetzungen aus der Oberfläche herauslaufen. Diese Stufe kann als Spannungskonzentrator für das andere Gleitsystem wirken, so daß auch im diesem System Versetzungen aus der Oberfläche herauslaufen können. Bei Umkehr der Belastungsrichtung laufen die Versetzungen im Idealfall auf der gleichen Ebene wieder zurück. Geschieht dies nicht oder wird die Rekombination der Gitterstruktur beim Zurücklaufen z.B. durch Oxidation der durch die Versetzungen entstehenden frischen Metalloberfläche behindert, entstehen winzig kleine Materialtrennungen. Durch Wiederholung dieses Prozesses kommt es dann zu einem Makroriß. Ein anderes von Lukas und Klesnil aufgestelltes Modell /16/ beschreibt die Rißbildung durch immer tiefer werdende Intrusionen. Hier wird die Struktur des Ermüdungsgleitbandes durch parallel liegende Scheiben dargestellt, die gegeneinander abgleiten können. Durch die im gleichen Gleitband auftretenden In- und Extrusionen kommt es zu einer Spannungskonzentration, die das weitere Abgleiten in diesem Band forciert. Der Vorteil dieses Modells ist, daß hierbei nur Abgleitungen in einem Gleitsystem erforderlich sind. Die Tatsache, daß in den Körnern, in denen die bandförmigen Verformungsmerkmale auftreten über lange Zeit offenbar nur ein Gleitsystem aktiviert ist, läßt eine Erklärung der Rißbildung in den bandförmigen Verformungsmerkmalen nach dem Modell von Lukas und Klesnil als naheliegender erscheinen.

Rißbildung an Korngrenzen wurde lange Zeit als charakteristisch für die Rißbildung bei hohen Spannungsamplituden angesehen /18/. Jüngere Arbeiten mit Kupfervielkristallen zeigten jedoch, daß, verursacht durch auftreffende Ermüdungsgleitbänder, Risse an Korngrenzen auch im Bereich hoher Lebensdauern auftreten können /19/. Essmann, Gösele und

Mughrabi entwickelten ein detailliertes Modell, das die Rißbildung an Korngrenzen von Kupfervielkristallen durch sich über den gesamten Korndurchmesser erstreckende Ermüdungsgleitbänder beschreibt /20/. Voraussetzungen für die Rißbildung sind, daß der Burgersvektor der Versetzungen des Ermüdungsgleitbandes in etwa in der Ebene der Oberfläche liegt, daß die Gleitbänder nahezu senkrecht auf die Korngrenze stossen und daß die Korndurchmesser nicht zu klein sind. Ein Korngrenzenriß ereignet sich nach /20/ dann, wenn die aufgrund von an der Korngrenze aufgestauten Versetzungen erzeugte Schubspannung einem werkstoffabhängigen Energiebetrag übersteigt. Beim Werkstoff SnSb8Cu4Cd entstehen Korngrenzenrisse auch bei kleinen Spannungsamplituden, bei denen die sich über ganze Korndurchmesser erstreckenden bandförmigen Verformungsmerkmale gar nicht beobachtet werden. Sie werden durch lokal begrenzte feinschuppige Verformungsmerkmale verursacht. Dies weist darauf hin, daß die in /20/ geforderten korndurchdringenden Ermüdungsgleitbänder zur Rißbildung bei SnSb8Cu4Cd nicht unbedingt notwendig sind. Es scheint vielmehr auszureichen, daß lokal große plastische Deformationen auftreten, die eine große Kraft auf die Korngrenze ausüben. Nach Lukas und Klesnil /16/ kann diese Art der Rißbildung auf die relativ hohen Versuchstemperaturen zurückgeführt werden. Daß bei hohen Spannungsamplituden die Korngrenzen aufreißen, wenn sich benachbarte Körner infolge unterschiedlicher Orientierung der Gleitsysteme in unterschiedliche Richtung verformen, ist seit langem bekannt und soll deshalb hier nicht weiter diskutiert werden. Wichtig erscheint nur die Feststellung, daß an den Stellen, wo die bandförmigen Verformungsmerkmale auf Korngrenzen auftreffen, nicht in besonderem Maß Rißbildungen beobachtet wurden.

In Bild 3.39 sind die Grenzkurven für erste Mikrorisse an Korngrenzen, erste kleinflächig feinschuppige und erste bandförmige Verformungsmerkmale in einem Diagramm zusammengezeichnet. Abgesehen von einer Abweichung bei Raumtemperatur, wo die Kurve für erste bandförmige Verformungsmerkmale zu höheren Lastspielzahlen verschoben ist, liegen die Kurven für erste Mikrorisse an Korngrenzen exakt über den Grenzkurven für die ersten überhaupt beobachteten Verformungsmerkmale. Dies bedeutet, daß Korngrenzenrisse immer dann schon auftreten, wenn die ersten Spuren plastischer Deformation an der Probenoberfläche sichtbar werden. Eventuell ist dieser Befund dadurch verursacht, daß die Versuche bei Temperaturen zwischen dem 0.58-fachen und dem 0.84-fachen des unteren Erweichungspunktes der untersuchten Legierung gefahren wurden und bei diesen hohen Temperaturen die Korngrenzen besonders leicht aufreißen können. Obwohl sich die ersten Risse sehr

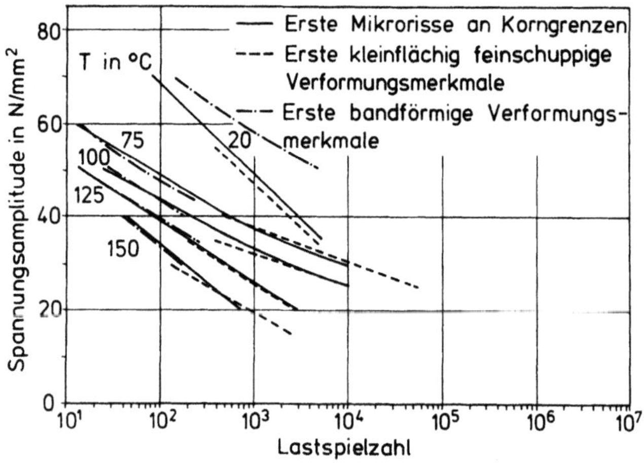

Bild 3.39: Vergleich des ersten Auftretens von Mikrorissen an Korngrenzen mit dem erster Verformungsmerkmale bei verschiedenen Versuchstemperaturen

früh bilden, steigen die Wechselverformungskurven außer bei 150 °C erst kurz vor Bruch infolge der mitgemessenen Rißöffnung an. Die Vermutung, daß die Ausbreitung der Ermüdungsrisse stark behindert ist, wurde durch ergänzende Rißausbreitungsmessungen bestätigt.

Die in die Matrix des Werkstoffs SnSb8Cu4Cd eingelagerten Härtekristalle können sich bei einer starken Verformung der sie umgebenden Matrix wegen ihres größeren Elastizitätsmoduls (nachgewiesen durch die größere Härte) nicht mitverformen. Diese Inkompatibilität wird, abhängig von der Lage der Härtekristalle, durch Ablösen der Phasengrenze oder durch Bruch des Härtekristalls ausgeglichen. Der senkrecht zur äußeren Belastung liegende Verlauf der Härtekristallrisse zeigt, daß diese Brüche durch Normalspannungen verursacht sind. Die durch Härtekristallbrüche und Phasengrenzablösungen entstandenen Mikrorisse führten nur selten zur Rißbildung in der Matrix. Die ergänzenden Rißausbreitungsuntersuchungen zeigten, daß durch Härtekristallbrüche vor der Rißspitze die Rißausbreitungsgeschwindigkeit stark verringert wird. Offenbar wird durch die Spannungskonzentration Mehrfachgleitung induziert, die das Rißwachstum bzw. die Rißbildung in der Matrix behindert. Anzeichen dafür sind die oft am Übergang von Härtekristallbrüchen zur Matrix entstehenden feinschuppigen Verformungsmerkmale.

3.4 Zusammenfassung der Ergebnisse der Untersuchungen der Verformungsmerkmal- und Anrißbildung des Gleitlagerwerkstoffs SnSb8Cu4Cd bei Schwingbeanspruchung

An polierten Flachproben des Werkstoffs SnSb8Cu4Cd wurde die Entstehung von Verformungsmerkmalen und Mikrorissen bei Versuchstemperaturen $20^{o}C<T<150^{o}C$ bei rein wechselnder Zug-Druck-Beanspruchung und einer Frequenz von 10 Hz untersucht. Auf den Probenoberflächen wurden feinschuppige, bandförmige und wellige Verformungsmerkmale beobachtet. Alle Merkmale wurden als persistent nachgewiesen. Die ersten Merkmale entstehen bei allen Versuchstemperaturen und Spannungsamplituden nach etwa 1% der Bruchlastspielzahl. Bei Spannungsamplituden in der Nähe der Wechselfestigkeit treten nur kleinflächig feinschuppige Verformungsmerkmale auf. Bei höheren Spannungsamplituden breiten sie sich mit zunehmender Spannungsamplitude und Lastspielzahl über größere Probenbereiche aus. Nach hinreichend vielen Lastwechseln überlagern sich wellige Verformungsmerkmale, die einen Zustand fortgeschrittener Ermüdung oberflächennaher Probenbereiche anzeigen. Bandförmige Verformungsmerkmale treten nur bei hohen Spannungsamplituden auf. Sie entsprechen den bei Druckversuchen beobachteten Gleitbändern.

Die ersten Mikrorisse entstehen stets an den Korngrenzen der zinnreichen Mischkristallmatrix nach etwa 1% der Bruchlastspielzahl, spätestens jedoch nach dem Auftreten der ersten Verformungsmerkmale. Korngrenzenrisse werden bei großen Spannungsamplituden durch plastische Abschervorgänge benachbarter Körner relativ zueinander, bei kleinen Spannungsamplituden durch die Bildung von In- und Extrusionen an den Korngrenzen verursacht. Zusätzlich zu Korngrenzenrissen bilden sich bei hinreichend hohen Spannungsamplituden nach etwa 10% der Lebensdauer Risse an Phasengrenzen zwischen der Mischkristallmatrix und den Härtekristallen sowie in Härtekristallen selbst aus. Ferner wurden nach mehr 20% der Bruchlastspielzahl Risse in den bandförmigen Verformungsmerkmalen beobachtet. Ursache für das frühe Auftreten erster Ermüdungsanrisse an den Korngrenzen auch bei kleinen Spannungsamplituden sind die hohen homologen Temperaturen ($0.58T_S \leq T \leq 0.84T_S$), bei denen die Versuche durchgeführt wurden.

4. Literaturverzeichnis

/1/ Löhr, R., Mayr, P., Macherauch, E.: Gleitlagerermüdung. Abschlußbericht FV 01 ZT 117.

/2/ Löhr R., Mayr P., Macherauch E.: Das Verformungsverhalten der Gleitlagerlegierung SnSb8Cu4Cd unter Zug- und Druck-Beanspruchung sowie mittelspannungsfreier Schwingbeanspruchung im Temperaturbereich $20^{o}C \leq T \leq 150^{o}C$. Tribologie, Reibung-Verschleiß-Schmierung, Band 3, Springer, Berlin, 1981, 241/269

/3/ Schopf : Persönliche Mitteilung, April 1984

/4/ Glaser A.: Einfluß der Temperatur auf die Oberflächenverformung und Anrißbildung wechselbeanspruchter SnSb8Cu4Cd-Proben. Diplomarbeit, Inst. f. Werkstoffkunde I, Universität Karlsruhe 1982

/5/ Walter J.: Beobachtung der Oberflächentopographie bei $20^{o}C \leq T \leq 125^{o}C$ druckverformter Proben des Gleitlagerwerkstoffes SnSb8Cu4Cd. Diplomarbeit, Inst. f. Werkstoffkunde I, Universität Karlsruhe 1982

/6/ Weiß H.: Untersuchungen zur Anrißbildung an Proben aus einem Gleitlagerwerkstoff auf Zinnbasis. Diplomarbeit, Inst. f. Werkstoffkunde I, Universität Karlsruhe 1979

/7/ Ihm R.: Einfluß der Legierungselemente Antimon und Kadmium auf das Ermüdungsverhalten von Zinn. Diplomarbeit, Inst. f. Werkstoffkunde I, Universität Karlsruhe 1982

/8/ Partridge P.G.: Slip Band Extrusion in Fatigued Close Packed Hexagonal Metalls. Acta. Met., Vol. 13 (1965), 517/525

/9/ Watt D.F.: A Mechanism for the Produktion of Intrusions and Extrusions During Fatigue. Phil. Mag., Ser. 8, 14 (1966), No. 127, 87/92

/10/ Boettner R.C., McEvily Jr. A.J.: Fatigue Slip Band Formation in Silicon-Iron. Acta. Met., Vol. 13 (1965), 937/946

/11/ Brown L.M.: Dislocation Substructures and the Initiation of Cracks by Fatigue. Met. Sci., Aug/Sep 1977, 315/320

/12/ Lukas P., Klesnil M., Krejci J., Rys P.: Substructure of Persistent Slip Bands in Cyclically Deformed Copper. Phys. Stat. Sol. 15 (1966), 71/82

/13/ Mughrabi H., Ackermann F., Herz K.: Persistent Slipbands in Fatigued Face-Centered and Body-Centered Cubic Metals. In: Fatigue and Microstructure, ASTM-STP 675 (1979), 69/105

/14/ Brar N.S., Tyson W.R.: Elastic and Plastic Anisotropie of White Tin. Can. J. Phys. 50 (1972), 2257/2264

/15/ Pohl K.: Zum Wechselverformungsverhalten des Stahles Ck10 im Temperaturbereich 293 K≤T≤850 K. Dr-Ing.-Dissertation, Universität Karlsruhe 1981

/16/ Klesnil M., Lukas P.: Fatigue of Metallic Materials. Mat. Sci. Monographs 7, Elsevier Scientific Publishing Company, 1980

/17/ Neumann P.: Bildung und Ausbreitung von Rissen bei Wechselverformung. Z. Metallkde. 58 (1967), 780/789

/18/ Laird C., Duquette D.J.: Mechanisms of Fatigue Crack Nucleation. In: Corrosion Fatigue, National Association of Corrosion Engineers, Houston (1972), 88/117

/19/ Mughrabi H., Wang R., Differt K., Eßmann U.: Conference Paper, Int. Conf. on Quantitative Measurement of Fatigue Damage, Dearborn, Michigan (1982)

/20/ Mughrabi H.: A Model of High-Cycle Fatigue Crack-Nucleation at Grain Boundaries by Persistent Slip Bands. Conf. Paper, 2nd Int. Symp. on Defects, Fracture and Fatigue, Mont Gabriel, Canada (1982)

/21/ Brown A.M., Ashby M.F.: Correlations for Diffusion Constants. Acta. Met., Vol. 28 (1980), 1085/1101

/22/ Macherauch E., Mayr P.: Strukturmechanische Grundlagen der Werkstoffermüdung, Z. Werkstofftechnik 8 (1977), Heft 7, 213/248

/23/ Pohl K., Mayr P., Macherauch E.: Cyclic Deformation Behavior of a Low Carbon Steel in the Temperature Range between Room Temperature and 850 K. Int. J. Frac., Vol. 17 (1981), No. 2, 221/233

/24/ Pilo D., Reik W., Mayr P., Macherauch E.: Inhomogene Deformationsvorgänge in der anrißfreien Ermüdungsphase unlegierter Stähle. Arch. Eisenhüttenwes. 48 (1977), Nr. 11, 575/578

/25/ Eifler D., Mayr P., Macherauch E.: Zyklisches Spannungs-Dehnungsverhalten des Stahles 42CrMo4 nach unterschiedlichen Wärmebehandlungen. Stahl und Eisen 101 (1981), Heft 3,131/134

/26/ Mayr P., Macherauch E.: Zyklische Verformung von Kupfer und α-Kupfer-Zinn-Legierungen bei konstanter Spannungsamplitude. Z. Metallkunde, Bd. 65 (1974), Heft 1, 79/85

/27/ Mughrabi H.: Wechselverformung und Ermüdungsbruch von α-Eisenvielkristallen. Z. Metallkunde, Bd. 66 (1975), Heft 12, 719/724

/28/ Hempel M.: Verformungsspuren und Rißbildung an der Oberfläche von biegewechselbeanspruchten Flachproben hochfester Aluminiumlegierungen. Arch. Eisenhüttenwes. 42 (1971), Heft 10, 749/757

/29/ Eifler D.: Inhomogene Deformationserscheinungen bei Schwingbeanspruchung eines unterschiedlich wärmebehandelten Stahles des Typs 42CrMo4, Dr.-Ing. Dissertation, Universität Karlsruhe (TH), 1981

/30/ Taira S., Tanaka K. Hoshina M.: Grain Size Effects on Crack Nucleation and Growth in Long-Life Fatigue of Low-Carbon Steel. ASTM STP 675 (1979), 135/173

/31/ Golland D. J., James P. L.: Fatigue- Crack Initiation and Propagation in Iron and Iron-Silicon Alloys. Met. Sci. J., Vol. 4 (1970), 113/118

/32/ Boettner R., Laird C. McEvily Jr. A. J.: Crack Nucleation and Groth in High Strain-Low Cycle Fatigue. Trans. AIME, Vol. 233 (1965), 379/387

Verbesserung der Elastohydrodynamik von Gleitringdichtungen durch direkte Temperaturregelung und definierte Oberflächenbeeinflussung

Thermo - Elastohydrodynamische Untersuchungen von axialen Gleitringdichtungen aus Keramik

Gemeinschaftsprojekt der Firmen

Hoechst CeramTec AG
8672 Selb
von : Dr.Jürgen Huber
Heinrich Schelter

PACIFIC Wietz GmbH + Co KG
4600 Dortmund 72
von : K.H. Victor
H.W.Laarmann

Institut für Maschinenelemente und Maschinengestaltung , RWTH - Aachen
5100 Aachen
von : Prof.Dr.Ing. Heinz Peeken
Dipl.-Ing. Ralf Dedeken

Förderkennzeichen : 01 ZT 221
01 ZT 231
01 ZT 301

Laufzeit : 01.01.1982 - 31.12.1984

Gliederung

Einleitung

In der modernen Verfahrenstechnik lösen gegenwärtig Gleitringdichtungen die vielfältigsten Abdichtaufgaben gegenüber gasförmigen und flüssigen Medien an all den Stellen, wo rotierende Wellen, beim Durchtritt von Wänden zwischen Räumen unterschiedlichen Druckes, abgedichtet werden müssen.
Das Bild 1 verdeutlicht diesen Zusammenhang für die Abdichtung einer Kreiselpumpe.
Der Einsatzgrad von Gleitringdichtungen für Pumpen, Rührwerke, Zentrifugen, Turboverdichter ist sehr hoch und erfolgt zur Bestückung der Pumpen in Chemieanlagen oder Raffinerien zur mehr als 90%.
Vom Funktionsprinzip ist die Gleitringdichtung bei den Kontaktdichtungen einzuordnen. Hiermit unterliegen die Dichtungen im Kontaktbereich dem Verschleiß, der durch die spezifische Belastung, die Gleitgeschwindigkeit, die Temperatur, das Abdichtmedium und die Verschleißbeständigkeit des Gleitwerkstoffes bestimmt wird.
Eine Herabsetzung der Verschleißteile und damit eine Erhöhung der Lebensdauer der Dichtung ist dann möglich, wenn die Dichtflächen durch einen hydrodynamischen bzw. elastohydrodynamischen Flüssigkeitsfilm getrennt werden, dessen Druckaufbau den Leckstrom abdichtet.
Die Forschungsarbeiten wurden als Gemeinschaftsprojekt durchgeführt, wobei die Projektpartner folgende Aufgabenbereiche zu bearbeiten hatten :

1. Der Werkstoff , Fa. Hoechst CeramTec AG

2. Die Anwendung , Fa. PACIFIC Wietz GmbH + Co KG

3. Die Theorie , Institut für Maschinenelemente und Maschinengestaltung , RWTH - Aachen

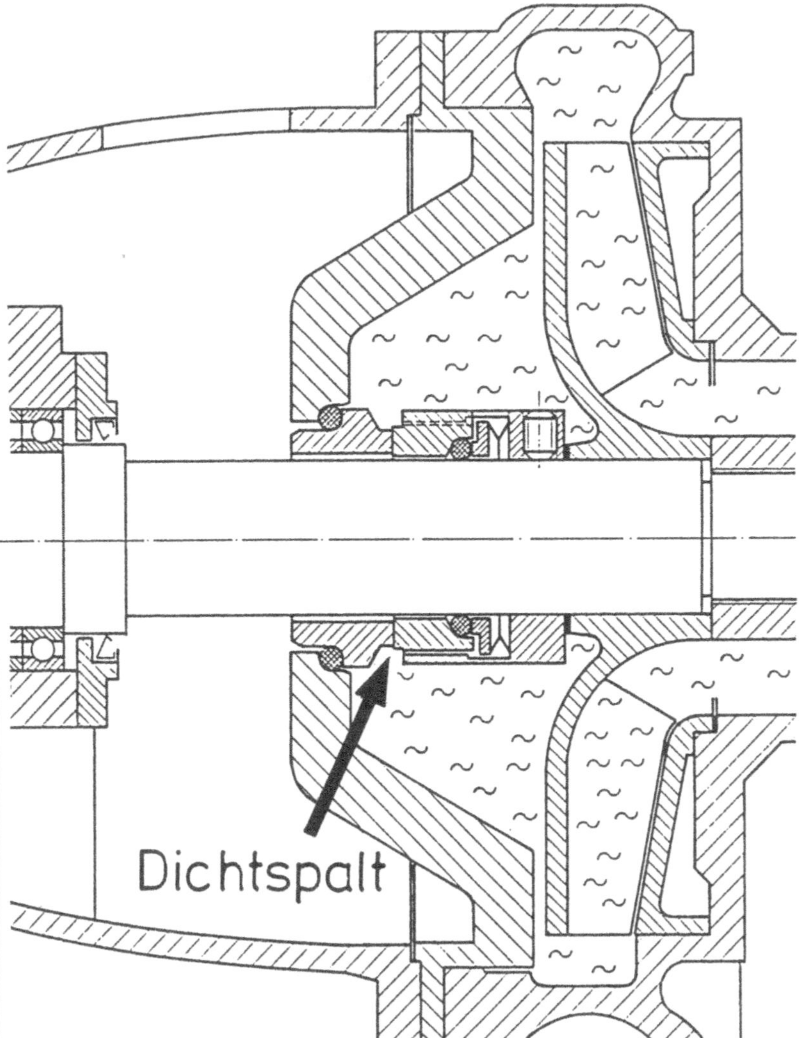

PACIFIC WIETZ GMBH&CO KG

Abdichtung einer Pumpe mit Einzel - GLRD

Bild 1

Verbesserung der Elastohydrodynamik von Gleitringdichtungen durch direkte Temperaturregelung und definierte Oberflächenbeeinflussung

---- DER WERKSTOFF ----

von

Dr. Jürgen Huber
Heinrich Schelter

Hoechst CeramTec AG
Bereich Ingenieurkeramik

Selb

Förderkennzeichen : 01 ZT 221 3

Laufzeit : 01.01.1982 - 31.12.1984

Zusammenfassung

In dem Projekt "Verbesserung der Elastohydrodynamik von Gleitringdichtungen durch direkte Temperaturregelung und definierte Oberflächenbeeinflussung" (01 ZT 221 3) wurde von der Hoechst CeramTec AG der Nachweis erbracht, daß Gleitringe aus infiltriertem Siliziumkarbid (SiSiC) mit ausreichender Qualität in Folientechnik herstellbar sind. Die mechanischen Festigkeiten, gemessen an einfachen Ringtypen ohne Hohlkammern, wiesen ein geringes Streuband auf.

Es wurden auf einer Pilotanlage anschließend mehrere Ringtypen mit unterschiedlicher Geometrie und Anordnung mit geschlossenen und randoffenen Hohlkammern hergestellt.

Zu Ende des Projektes konnte an Gleitringen mit randoffenen Hohlkammern durch eine membranartige elastische Verformung der Hohlkammeroberflächen durch die Fa. PACIFIC Wietz GmbH + Co KG ein elastohydrodynamischer Effekt nachgewiesen werden. Die mechanischen Tests ergaben, daß auch Gleitringe mit Hohlkammern eine genügend hohe Festigkeit aufweisen. Diese Ringe arbeiteten bei geringsten Leckraten und hohen Drücken und Geschwindigkeiten, die mit herkömmlichen keramischen Gleitringen nicht erzielbar sind.

1. Zielsetzung

Ziel dieses Projektes war die Optimierung der Elastohydrodynamik in Richtung auf technischen Fortschritt, Energieeinsparung und Betriebssicherheit von Gleitringdichtungen durch Kombination mit definierter Oberflächenbeeinflussung.

Durch spezielle Formgebung der Bauteile zu beispielsweise Gleitringen mit Hohlkammern unterschiedlicher Geometrie, kann ein wesenlicher Einfluß auf hydrodynamische Wirkung, Reibungsminderung und Verschleißreduzierung erzielt werden. Diese Effekte sind ebenfalls von gezielten Oberflächengestaltung der Gleitflächen zu erwarten. Um diese Maßnahmen fertigungstechnisch an keramischen Materialien wie Siliziumkarbid zu erreichen, bot sich die Herstellung der Bauteile nach Folientechnik an. Mit dieser Technik lassen sich Gleitringe mit Hohlkammern, Aussparungen und unterschiedlichsten Oberflächenprofilen gestalten (Abb. 1).

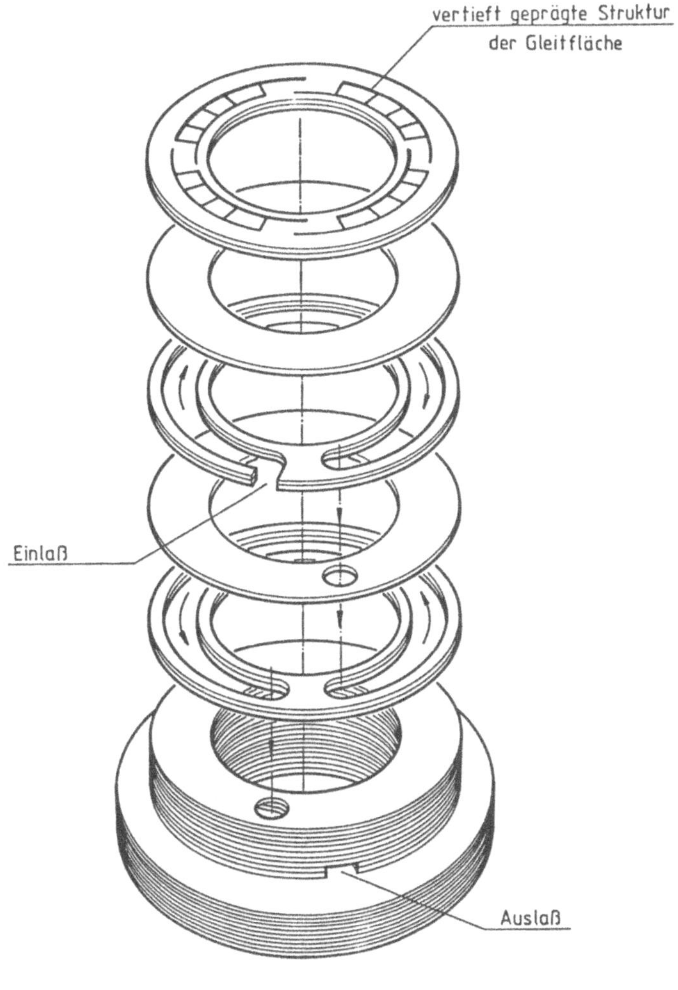

Abb. 1	Gleitring mit Kühlkanälen und besonderer Oberflächengestaltung der Gleitfläche	Hoechst CeramTec

2. Durchführung des Vorhabens

Gleitringe mit Hohlkammern können mit den herkömmlichen Herstellungsverfahren, Trocken- oder Isostatisches Pressen von Pulvern und anschließendem Silizierungsbrand nicht hergestellt werden.

Dazu bietet sich jedoch die bei der Hoechst CeramTec AG im Rahmen des Projektes entwickelte Folientechnik für den Werkstoff Siliziumkarbid an.

Zur Herstellung solcher Ringe, wie in Abb. 1 schematisch gezeigt, mußte zuerst eine geeignete Pilotanlage aufgebaut werden. Auf die dazu verwendeten Aggregate und maschinelle Ausstattungen soll hier nicht näher eingegangen werden.

Es soll im Folgenden vielmehr anhand des Verfahrensschema (Abb. 2) die Herstellung solcher Ringe geschildert werden.

2.1 Folienherstellung

Der erste Verfahrensschritt bestand darin, eine geeignete Folie herzustellen, die sich stanzen und laminieren ließ. Zudem mußten die Ringe nach dem Silizieren mechanische Eigenschaften aufweisen, die dem gestellten Anforderungsprofil entsprachen und in etwa mit herkömmlichen Ringen vergleichbar waren.

Zur Folienherstellung werden Siliziumkarbidpulver verschiedener Körnung und mit verschiedenem Volumenanteil sowie Graphitpulver unter Zugabe verschiedener organischer Binder und Lösemittel durch Mischen in Kugelmühlen zu einer gießfähigen Masse (Schlicker) aufbereitet.

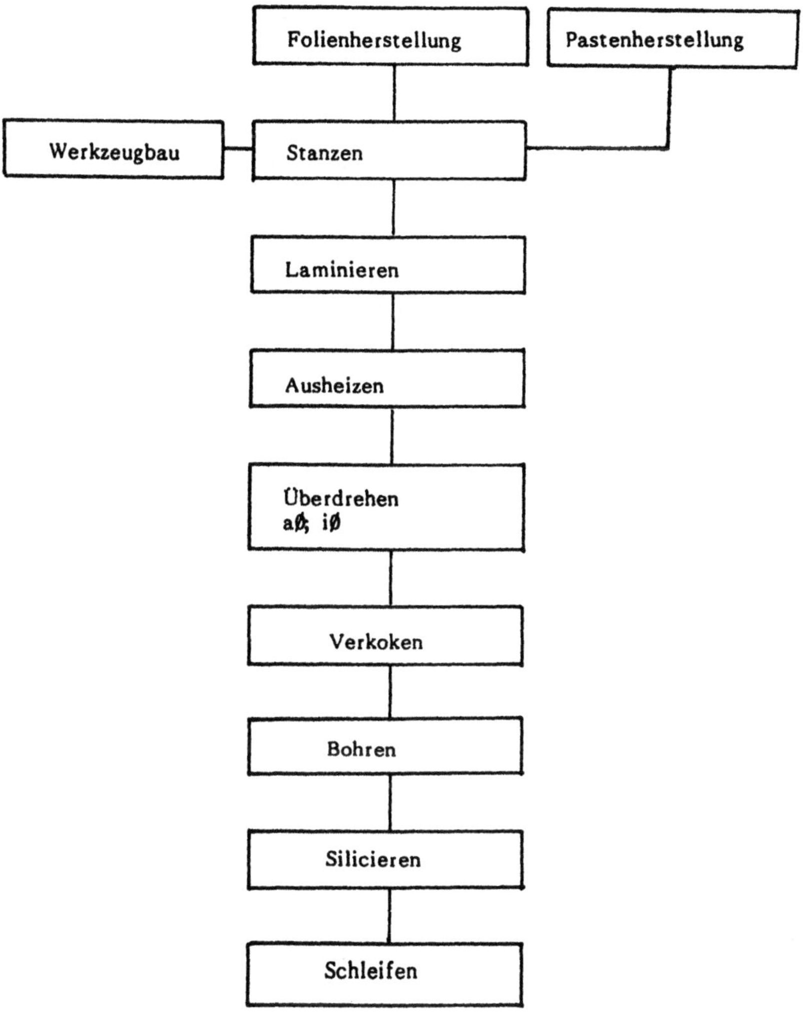

Abb. 2	Verfahrensschritte der Gleitringerstellung in Folienbauweise	Hoechst CeramTec

Die verwendeten Rohstoffe wurden in der Wareneingangskontrolle auf ihre Spezifikationen hin untersucht, wie z.B. auch chemische Zusammensetzung, Korngröße, Kornform und Kornverteilung. An dem fertiggemischten Schlicker wurden vor dem Vergießen Kennwerte gemessen, wie z.B. das Litergewicht, die Viskosität usw. die eine Aussage über die Gießeigenschaften zuließen.

Die so hergestellte Masse wurde auf ein mit einer bestimmten Geschwindigkeit laufendes Band aufgegeben. Durch geeignete Maßnahmen war sicherzustellen, daß über die gesamte Bandbreite eine möglichst gleichmäßige Dicke der Folie erreicht wurde. Die Foliendicken waren in dem entwickelten Verfahren zwischen 0,5 und 2 mm einstellbar, wobei vorzugsweise Folien mit 0,8 mm Dicke hergestellt wurden. Zu Beginn der Untersuchungen gab es Ablöseschwierigkeiten der Folien vom Gießband. Dies hatte einen umfangreichen Entwicklungsaufwand zur Folge.

Nach dem Gießen mußten die organischen Lösungsmittel in einer Trockenstrecke ausgetrieben werden, damit eine hochelastische Folie entstand, die für den Stanzvorgang geeignet war.

An der Folie wurde vor der Weiterverarbeitung umfangreiche Kontrollen durchgeführt, wie z.B. Dicke- und Dichtemessungen, Sichtkontrollen auf Hohlräume usw. Diese Kontrollen waren notwendig, da eine mangelhafte Folienqualität alle weiteren Verarbeitungsschritte und somit auch das Endprodukt gefährdet.

Es wurden im Verlauf des Vorhabens fünf verschiedene Werkstoffzusammensetzungen zu gießfähigen Massen entwickelt. Aufgrund der später zu diskutierenden Eigenschaften wurde daraus eine Werkstoffzusammensetzung mit optimalen Eigenschaften ausgewählt.

2.2 Stanzen

Im eigenen Werkzeugbau wurden aus gehärtetem Stahl oder Hartmetall Werkzeuge zum Ausstanzen der entsprechenden Geometrien hergestellt. Das Stanzen erfolgte auf kommerziellen Stanzpressen.

Die Stanzeigenschaften der Folien hatten auch Auswirkungen auf die geeignete Binderwahl für die Schlickerherstellung.

2.3 Laminieren

Um zwei Folien miteinander zu verbinden, müssen die einander zugewandten Oberflächen gegenseitig angelöst werden. Gleichzeitig müssen die Körner der beiden Schichten so ineinander gedrückt werden, daß keine reine Silizium-Zwischenschicht entsteht.

Der erste Schritt für die Entwicklung dieser Technik war die Erarbeitung einer geeigneten Laminierhilfe. Diese mußte nach Möglichkeit aus einem der Grundmasse verwandten Material bestehen. Die verwendeten Pasten bestanden aus feinkörnigem Siliziumkarbid, Graphit, organischen Plastifizierungsmitteln und Lösungsmitteln.

Diese Masse wurde mit Hilfe des Siebdruckverfahrens auf die zu verbindenden Stellen aufgetragen. Danach wurden die Teile in einer mechanischen Presse durch Druck verbunden. Der angewandte Laminierdruck spielte eine wichtige Rolle für die Güte und die Eigenschaften der Laminierschichten. Bei mangelhafter Qualität dieser Schichten wurde eine starke Beeinträchtigung der Festigkeitseigenschaften im gebrannten Zustand der Ringe beobachtet. Im schlimmsten Fall war sogar ein Aufreißen dieser Schichten schon nach dem Brennen festzustellen. Insofern war während und nach dem Laminiervorgang eine genaue Sichtkontrolle auf mögliche Laminierfehler nötig.

2.4 Ausheizen

Nach dem Laminieren mußten die im Bauteil noch vorhandenen, flüchtigen organischen Bestandteile entfernt werden. Dies geschah in einem Ofen durch ein langsames und dosiertes Austreiben. Dieser Vorgang mußte sehr kontrolliert durchgeführt werden, damit im Bauteil keine zu großen Poren entstanden, die sich negativ auf die Eigenschaften insbesondere auf die Laminierstellen ausgewirkt hätte.

2.5 Abdrehen auf geometrische Maße

Die Bauteile wiesen nach den bisherigen Verfahrensschritten eine ausreichende mechanische Festigkeit auf, bei der, unter Beachtung bestimmter Vorsichtsmaßnahmen, eine spanende Bearbeitung vorgenommen werden konnte. Dabei wurde sowohl der Außen- als auch der Innendurchmesser auf das nötige Maß gedreht, soweit die Einhaltung dieser Maße im Prozeß bisher nicht möglich war.

2.6 Verkoken

Diese Rohteile wurden dann einer weiteren thermischen Vorbehandlung unterzogen, wobei alle nichtflüchtigen organischen Bestandteie in Schutzgasatmosphäre in Kohlenstoff umgewandelt werden.

2.7 Bohren

Die Teile wiesen nach dem Verkoken eine genügende Festigkeit auf, damit die für die Befestigung des Ringes notwendigen Bohrungen angebracht werden konnten.

2.8 Silizierungsbrand

Der Silizierungsvorgang eines Siliziumkarbidgleitringes läuft oberhalb der Schmelztemperatur des Siliziums ab. Dabei setzt sich der im Material vorhandende Kohlenstoff mit den zugeführten Silizium zu feinverteiltem Siliziumkarbid um. Dieses Karbid wird "Sekundärkarbid" genannt. Im Gegensatz dazu nennt man das bereits dem Schlicker beigemischte Siliziumkarbid, "primäres Siliziumkarbid).

Das feine Netz der sekundären Phase verfestigt das ursprüngliche Siliziumkarbidgerüst und bildet mit diesem zusammen den Traganteil der Gleitfläche. Der verbleibende Anteil des nichtreagierten Siliziums, ca. 6 - 12 Volumenprozent des Materials, verbleibt im Werkstoff und füllt die restlichen noch vorhandenen Poren. Dieses freie metallische Silizium kann bei den Notlaufeigenschaften der Ringe eine positive Rolle spielen.

Da diese Vorgänge recht kompliziert sind, war eine exakte Anpassung der Silizierungsbedingungen auf die in Folientechnik hergestellten Gleitringe nötig. Dies war bereits bei den hohlkammerfreien Ringen ein problematischer Vorgang.

Schwieriger wurde die Situation bei den mit Hohlkammern versehenen Ringen. Damit eine vollständige Umsetzung des vorhandenen Kohlenstoffs im Material und eine Verschließung aller verbleibenden Poren mit Silizium erreicht werden konnte, mußte in den meisten Fällen beim Silizierungsbrand Silizium in einem gewissen Überschuß angeboten werden. Dies führte lange Zeit dazu, daß die Hohlkammern ganz oder teilweise mit Silizium verschlossen waren. Es wurde darauf hin versucht, die Hohlkammern in einem gesonderten Prozeßschritt, der später noch beschrieben wird, mit Bornitrid zu füllen. Dadurch sollte das Verschließen der Kammern mit Silizium vermieden werden. Das Bornitrid sollte nach dem Brand wieder aus den Hohlräumen herausgespült werden. Außerdem mußten die Ofenparameter, vor allen Dingen die Abkühlbedingungen, diesen aus Folien aufgebauten Bauteilen angepaßt werden. Dadurch konnte eine wesentliche Reduzierung, aber nicht vollständige Vermeidung, der Perlenbildung des Siliziums in den Hohlkammern erzielt werden.

Für eine genaue Durchführung dieses wichtigen Verfahrensschrittes waren umfangreiche Kontrollen des Ofenbrandes nötig. Nach dem Brand wurden keramographische Schliffe angefertigt sowie die Dichte bestimmt, um eine Aussage über die erzielte Werkstoffqualität zu erhalten.

2.9 Schleifen

Im gebrannten Zustand wurden die Gleitringe durch eine schleifende Bearbeitung mit Diamant auf das vorgeschriebene Endmaß gebracht. Ziel der Fertigung mußte jedoch sein, die vorgeschriebenen Maße schon weitgehend im ungebrannten Zustand der Bauteile einzuhalten, damit dieser aufwendige Bearbeitungsvorgang nur in gerigem Maße notwendig war.

3. Werkstoffentwicklung

Es wurden in einem ersten Entwicklungsschritt durch umfangreiche Vorversuche 5 Grundversätze erarbeitet. Folien aus diesen Werkstoffen ließen sich zu Folien verarbeiten, die sowohl stanzbar, laminierbar als auch silizierbar waren.

Die schematische Zusammensetzung dieser Werkstoffe ist in der folgenden Tabelle (Tab. 1) wiedergegeben :

	Werkstoff				
Komponente	A	B	C	D	E
SIC grob	++	++	++		
SIC mittel	+	+	+	++	++
SIC fein	+	+	+	+	+
Graphit	+	+	+	+	+
organ. Binder 1	+	+	+	+	++
organ. Binder 2	+	+	+	+	+
organ. Binder 3	+	+	+	+	+
organ. Binder 4	+	+	+	+	+

++ : hoher Gewichtsanteil
\+ : niedriger Gewichtsanteil

Tabelle 1

In Abb. 3 sind die keramographischen Anschliffe bei 100-facher Vergrößerung dieser Materialien zu sehen. Die großen dunkel Partikel stellen primäres Siliziumkarbid dar, die sehr feinen dunklen Partikel, die besonders deutlich in den Schliffbildern der Werkstoffqualitäten A und B zu erkennen sind, stellen sekundäres Silziumkarbid dar. Die hellen, weißen Flächen sind das in den Werkstoffen vorhandende metallische Silizium.

Wie schon unter Punkt 2.3 erwähnt, kommt den Laminierstellen bei den zu erzielenden mechanischen Eigenschaften eine entscheidende Rolle zu. In Abb. 4 sind wiederum für die Werkstoffqualitäten A bis E keramographische Schliffe (30-fache Vergrößerung) gezeigt, in denen bei allen Qualitäten deutlich weiße, senkrecht verlaufende Linien zu erkennen sind. Diese Linien stellen die Laminierstellen dar, die überwiegend aus metallischen Silizium bestehen. Obwohl diese noch deutlich Schwachstellen im Material darstellen, konnten zufriedenstellende mechanische Eigenschaften von Gleitringen in Folienbauweise erzielt werden.

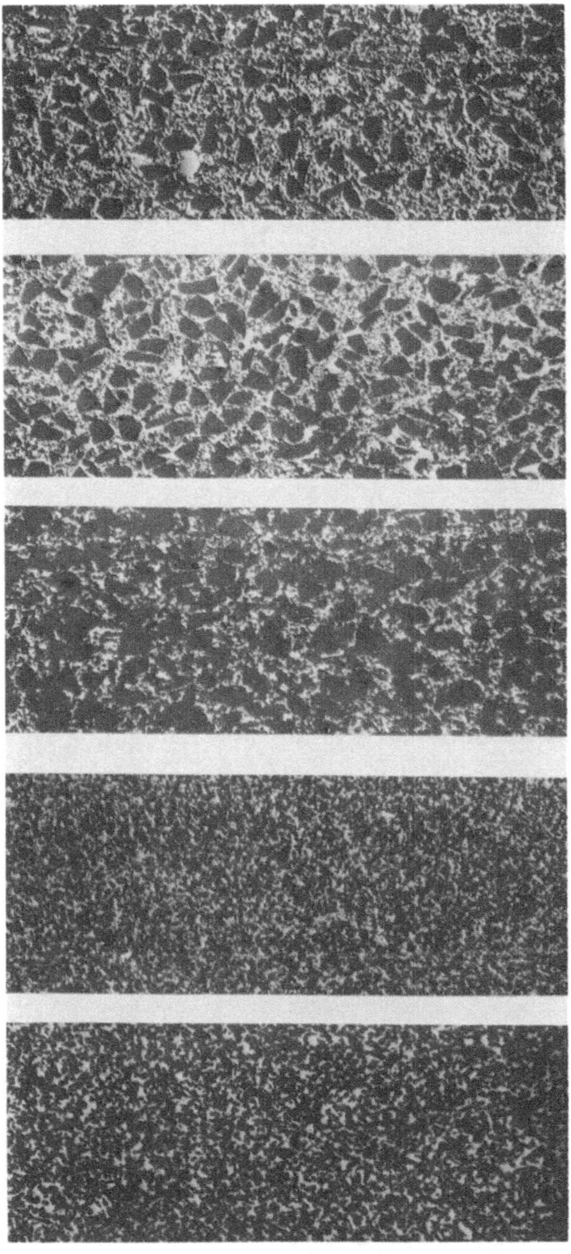

Werkstoffqualität

A

B

C

D

E

Abb.3: Keramographische Anschliffe (x100) verschiedener Werkstoffqualitäten

Abb.4: Keramographische Anschliffe (x30) verschiedener Werkstoffqualitäten mit sichtbaren Laminierstellen

4. Werkstoffeigenschaften

4.1 Dichte

Die Dichte von trockengepreßten Siliziumkarbidgleitringen liegt in der Regel über 3,0 g/cm^3. Mit der Folientechnologie waren Dichten zwischen 2,8 - 3,0 g/cm^3 zu erreichen. Diese Werte waren für den Anwendungszweck ausreichend.

4.2 Mechanische Eigenschaften

In einem von der Fa. PACIFIC Wietz GmbH + Co KG aufgebauten Versuch wurden mit Hilfe von Dehnungsmeßstreifen an den zuvor beschriebenen Werkstoffqualitäten an hohlkammerfreien Ringen in Abhängigkeit vom Innendruck die Dehnung gemessen. Es wurde darüberhinaus der Berstdruck bestimmt und aus den experimentellen Ergebnissen der E-Modul berechnet.

In der folgenden Tabelle (Tab. 2) sind die Ergebnisse dieser Messungen dargestellt :

Werkstoff	A	B	C	D	E
Berstdruck (bar)	100	145	140	170	160
Elastizitätsmodul (kN/mm^2)	354	355	413	348	355

Tabelle 2

Der Dehnungsverlauf ist in Abhängigkeit vom Innendruck in Abb. 5 dargestellt. Die Ergebnisse entsprechen dem bei keramischen Werkstoffen zu erwartenden Verlauf, d.h. mit einem Bruch der Proben ohne jeglichen plastischen Anteil. Dieses spröde Verhalten stellt in gewissen Fällen einen Nachteil der keramischen Werkstoffe dar.

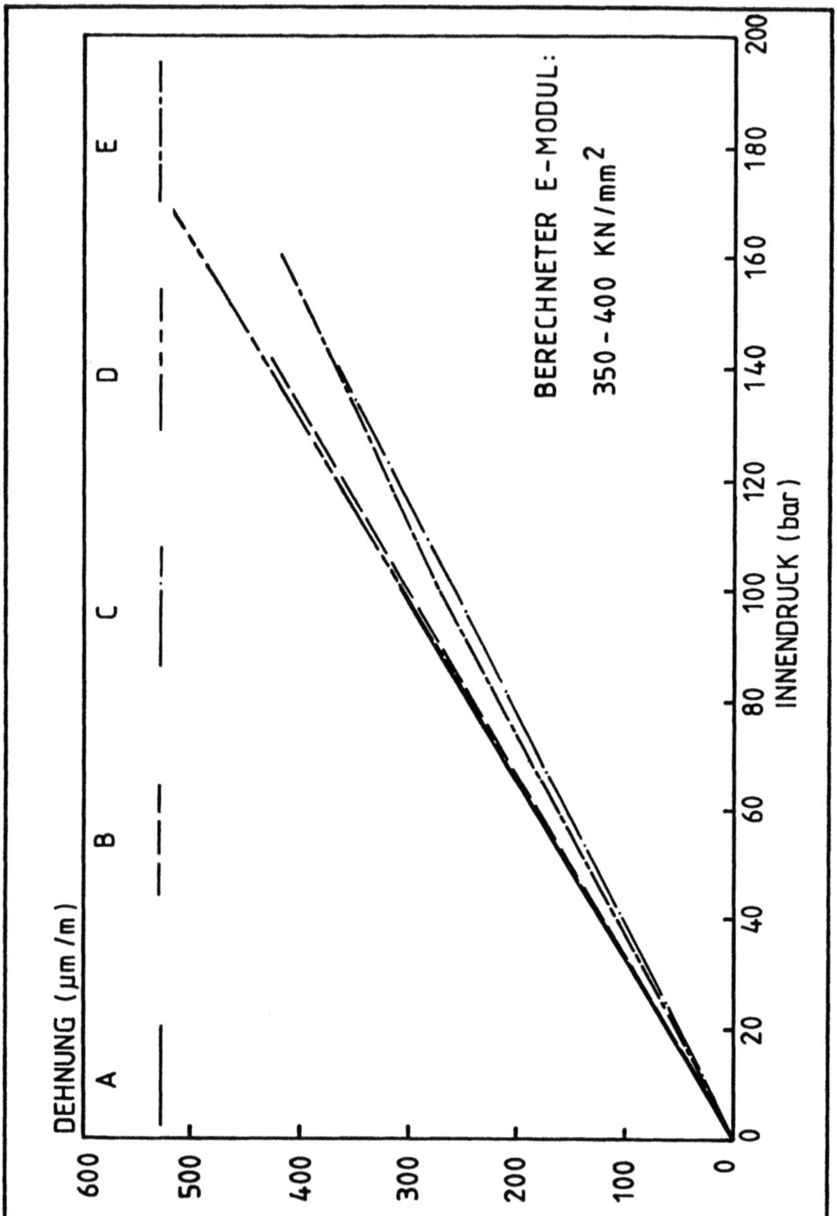

Abb. 5 — Dehnungsverlauf von laminierten SiSiC–Gleitringen bei verschiedenen Werkstoffqualitäten — Hoechst CeramTec

Gleitringe aus Silizium inflitriertem Siliziumkarbid weisen jedoch gegenüber metallischen Ringen deutliche Vorteile wie Verschleißfestigkeit, sehr hohe Wärmeleitfähigkeit, gute Thermoschockbeständigkeit und gute Notlaufeigenschaften auf.

Vergleicht man die in Folientechnik aufgebauten Gleitringe gegenüber herkömmlichen Gleitringen aus Siliziumkarbid, so konnten im wesentlichen die gleichen Eigenschaften erreicht werden. So waren in erster Linie die erzielten Festigkeitswerte und der E-Modul mehr als ausreichend für die geplanten Anwendungen. Mit einem Werkstoff, der in der Zusammensetzung zwischen Werkstoff B und C lag, konnte die Laminiertechnik stetig weiterentwickelt werden. Auftretende Laminierfehler konnten durch eine Optimierung des Laminierdruckes und durch eine Anpassung des Laminiermittels an die Folie weitgehend vermieden werden. Die hohe Qualität der zuletzt erreichten Laminierverbindungen ist in Abb. 6 gezeigt. Insbesondere ist deutlich zu erkennen, daß in der Laminierschicht feine Karbidteilchen vorhanden sind, die zur Festigung des Gefüges beitragen. Dadurch waren Verbesserungen der ursprünglichen Berstwerte der Ringe zu erwarten.

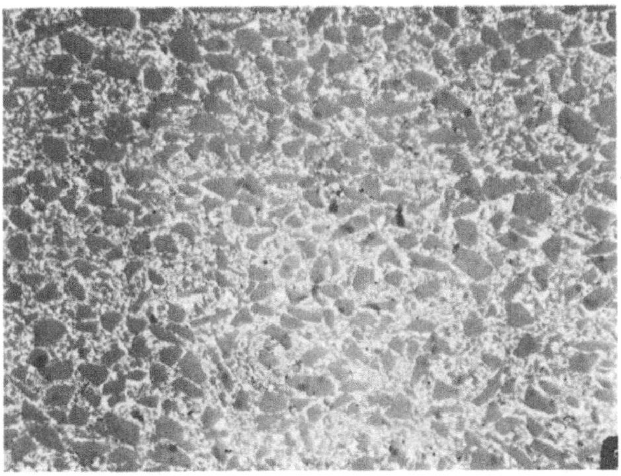

Abb.6: Keramographischer Anschliff einer optimierten Laminierverbindung (x100)

5. Aufbau von Gleitringen mit Hohlkammern

5.1 Gleitringe mit geschlossenen Hohlkammern

Ein erstes Entwicklungsziel bestand darin, nachzuweisen, ob an Gleitringen mit glatten Gleitflächen und darunter liegenden Hohlkammern eine membranartige Verformung der über diesen Kammern liegenden Deckschichten festzustellen ist. Dazu wurden, wie in Abb. 1 bereits schematisch angedeutet, auf einen Folienring von 0,8 mm Stärke ein zweiter Folienring mit gleicher Dicke, jedoch mit ausgestanzten Hohlkammern laminiert. Auf dieses Laminat wurden nach dem gleichen Verfahren weitere geschlossene Ringe bis zur vorgeschriebenen Höhe aufgesetzt. Der Außendurchmesser der Ringe betrug 60 mm, der Innendurchmesser 43 mm.

In Abb. 7 und 8 sind in Schnittzeichnungen die verschiedenen Ringe dargestellt, die hergestellt wurden. In Abb. 7 (Typ 1) ist der für Referenzmessungen eingesetzte Ring ohne Hohlkammern dargestellt. Es wurden 3 Kammergeometrien gefertigt und zwar 50°, 70° und 90° Kammern, wobei jeweils symmetrisch 2 Kammern im Ring lagen. Die großen Bohrungen dienen zur Befestigung der Ringe, die kleinen Bohrungen waren für Meßzwecke vorgesehen.

Bei diesen Ringen ergab sich, wie schon unter Punkt 2.8 (Silizierungsbrand) erwähnt, daß diese Hohlkammern nach der Fertigstellung zum großen Teil mit Silizium gefüllt waren.

An den Ringen konnte kein elastohydrodynamischer Effekt gemessen werden, wobei die große Unsicherheit darin bestand, ob dies nicht mit den siliziumgefüllten Kammern zusammenhing. Neben diesem unerwünschten Effekt war nicht geklärt, ob bei diesen Bauteilen nicht auch die Anzahl der Hohlkammern zu gering und die Hohlkammerabmessungen falsch gewählt waren.

Typ 1

Typ 2

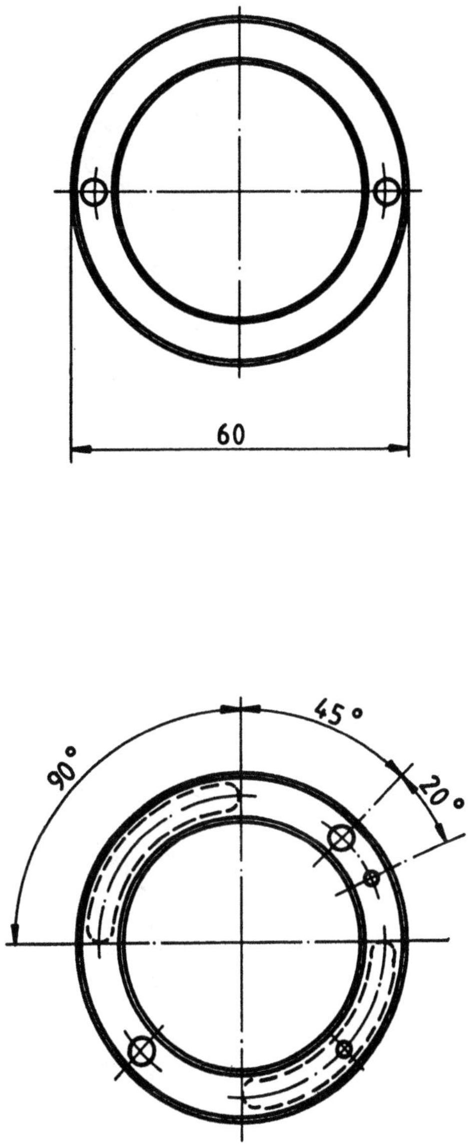

Abb. 7	Typ 1: Gleitring für Referenzmessungen Typ 2: Gleitring mit 90° Hohlkammern	Hoechst CeramTec

Typ 3

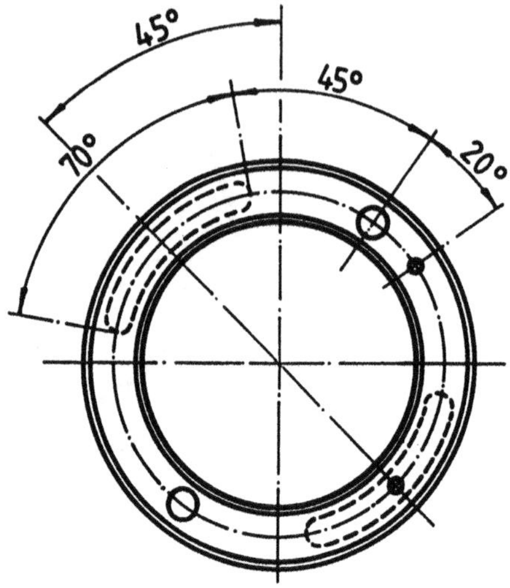

Typ 4

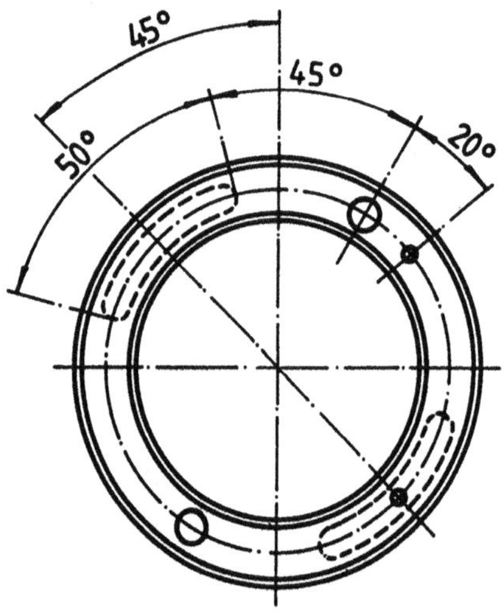

Abb. 8	Typ 3: Gleitring mit 70° Hohlkammern Typ 4: Gleitring mit 50° Hohlkammern	Hoechst CeramTec

5.2 Gleitringe mit geschlossenen Hohlkammern und Kanälen für eine Flüssigkeitszufuhr

Ein Teilziel des Projektes bestand darin, über eine Flüssigkeitszirkulation an den Gleitflächen eine definierte Temperatur einzustellen und durch diese Temperaturregelung eine Verbesserung der Elastohydrodynamik zu erreichen. Denkbar ist auch über diese Kanäle einen bestimmten Über- oder Unterdruck in den Hohlkammern einzustellen. In Abb. 9 sind 2 Ringe gezeigt, die mit einem Kanal zur Temperaturregelung versehen waren. Diese Ringe hatten 8 Hohlkammern mit je $22{,}5^{\circ}$ Öffnung. In einem Fall ist der flüssigkeitsführende Kanal direkt mit den Hohlkammern verbunden, während im anderen Fall der Kanal über kleine Bohrungen mit den 8 Hohlkammern verbunden ist. Im letzteren Fall befindet sich also ein Folienpaket zwischen Hohlkammern und Kanal, das aus geschlossenen Ringen mit entsprechenden Bohrungen besteht.

Bei diesem Ringtyp wurden die Hohlkammern aufgrund der schon zuvor beschriebenen Schwierigkeiten beim Silizierungsbrand mit Bornitrid gefüllt, um ein Zusilizieren zu vermeiden. In Abb. 10 sind auf der linken Hälfte des Bildes Teile aus Bornitridfolie gezeigt, die beim Aufbau des Ringes in die vorgesehenen Hohlräume eingelegt wurden. In der rechten Hälfte sind 3 Folienpaktete (1, 2, 3) mit den entsprechenden Hohlräumen gezeigt. In diesen Folienpakten fehlen z.T. noch die in der Zeichnung (Abb. 9) an gebrachten Bohrungen, Diese Teile werden dann gemeinsam zu endgültigen Gleitring (4) zusammenlaminiert. Was das Bornitrid betraf, so war geplant, dieses über die flüssigkeitsführenden Kanäle nach dem Brand wieder auszuspülen und damit leere Hohlkammern und Kanäle zu erhalten. Durch die Bornitridfüllung konnte ein Eindringen des Siliziums, wie Untersuchungen zeigten, deutlich reduziert werden. Allerdings gelang es nicht, im ausreichenden Maße das Bornitrid auszuspülen. Es muß daher zur Realisierung solcher Gleitringe der Silizierungsbrand noch weiter optimiert werden, um über diesen Weg siliziumfreie Hohlkammern und Kanäle zu erreichen. Diese Arbeiten konnten im Rahmen dieses Projektes nicht abgeschlossen werden.

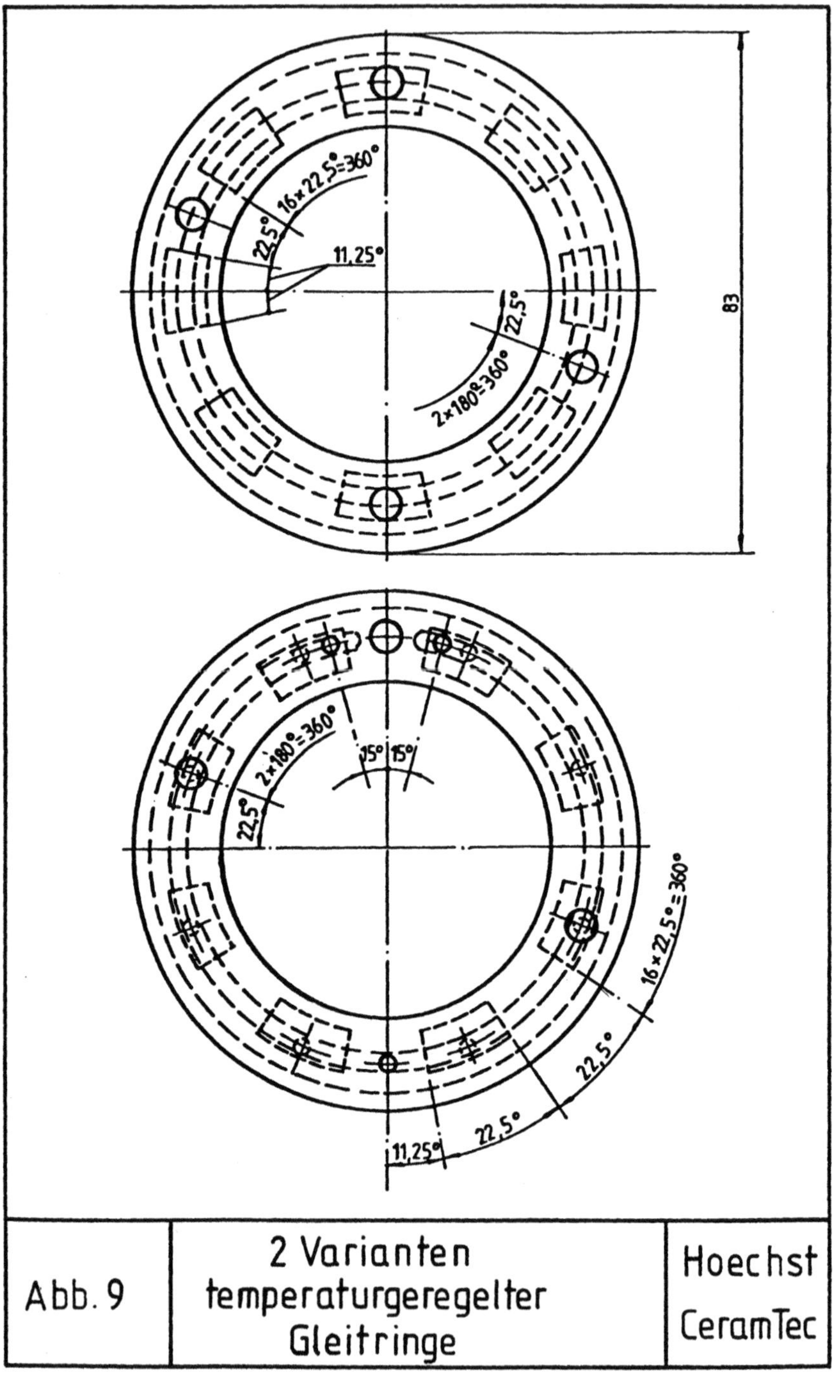

Abb. 9	2 Varianten temperaturgeregelter Gleitringe	Hoechst CeramTec

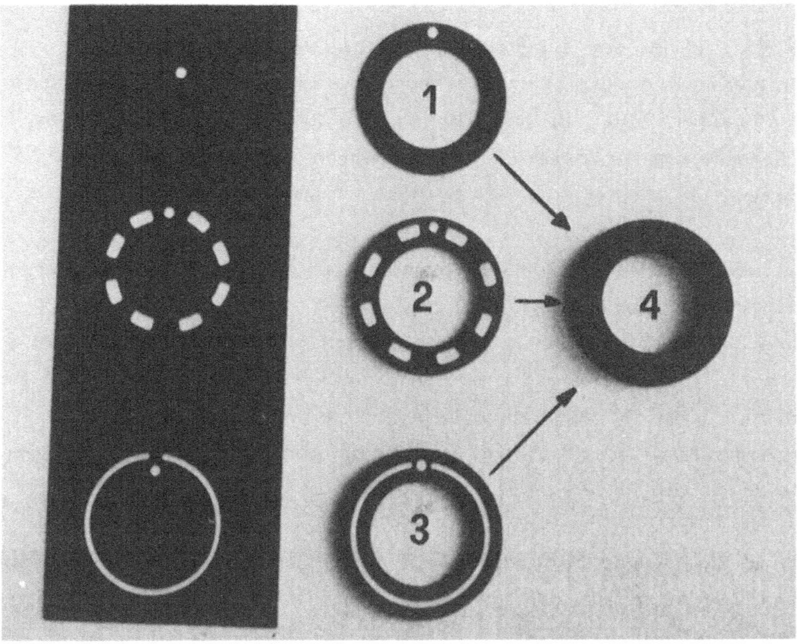

Abb. 10:

Linke Bildhälfte : Folien aus Bornitrid zum Auslegen der Hohlräume im Gleitring

Rechte Bildhälfte : Folienlaminate 1, 2 und 3 mit Bornitrideinlagen vor dem Zusammenbau 4

5.3 Gleitring mit randoffenen Hohlkammern

Im Verlauf des Forschungsvorhabens hatte sich zunehmend die Herstellung von Gleitringen mit randoffenen Hohlkammern als sinnvoller Entwicklungsschritt herausgestellt. Ein Ring mit 8 Kammern mit 35° Geometrie ist in Abb. 11 dargestellt, ein Ring mit 4 Kammern und 70° Geometrie ist in Abb. 12 in 2 Schnitten gezeigt.

In Abb. 13 ist der systematische Aufbau eines Ringes mit 70° Hohlkammern dargestellt. Es wurden zuerst eine Reihe gestanzter ringförmiger Folien hergestellt, um den Grundkörper aufzubauen. Außerdem eine Folie mit den Hohlkammern sowie mit der Gleitfläche.

Aus den Einzelfolien für den Grundkörper wurde ein solcher Körper zusammenlaminiert (Abb. 14).
Danach wurde die Folie mit Hohlkammern und der Gleitflächenfolie verbunden und gemeinsam an den Grundkörpern laminiert. In diesem Zustand wies die Hohlkammerfolie noch einen Steg auf, der zum Zusammenlaminieren benötigt wurde, da sich sonst unter dem Laminierdruck die Folien nach innen hätten deformieren können.

Dieser Steg wurde dann durch ein Ausdrehen des laminierten Körpers nach dem Ausheizen der flüchtigen organischen Bestandteile, nach innen geöffnet.

Vor dem Silizierungsbrand wurden die Hohlkammern mit Bornitrid ausgefüllt, um ein Zusilizieren während des Brandes zu vermeiden. Dies gelang auch weitgehend und das Bornitrid konnte nach dem Brand leicht mechanisch aus den Kammern entfernt werden.

Es war zuerst geplant, den Grundkörper aus isostatisch gepreßtem Material herzustellen, um so die aufwendige Laminiertechnik für diesen Teil des Ringes zu vermeiden. Der Verbund von Folien mit einem solchen Körper war nicht stabil genug.

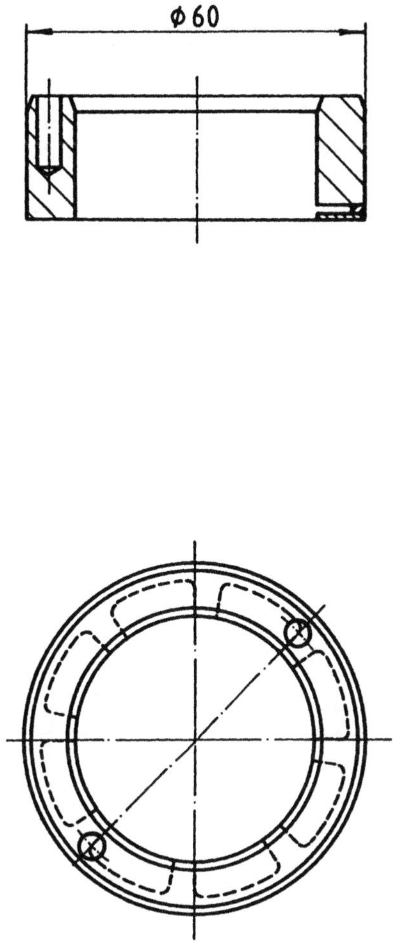

Abb. 11	Gleitring mit 35° randoffenen Hohlkammern	Hoechst CeramTec

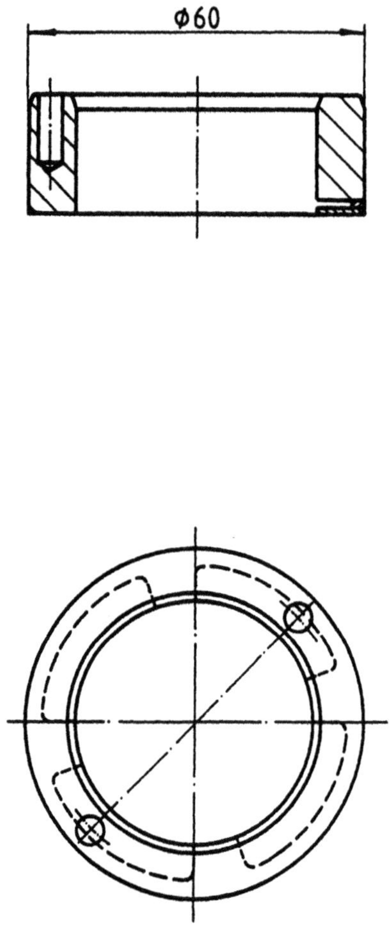

Abb. 12	Gleitring mit 70° randoffenen Hohlkammern	Hoechst CeramTec

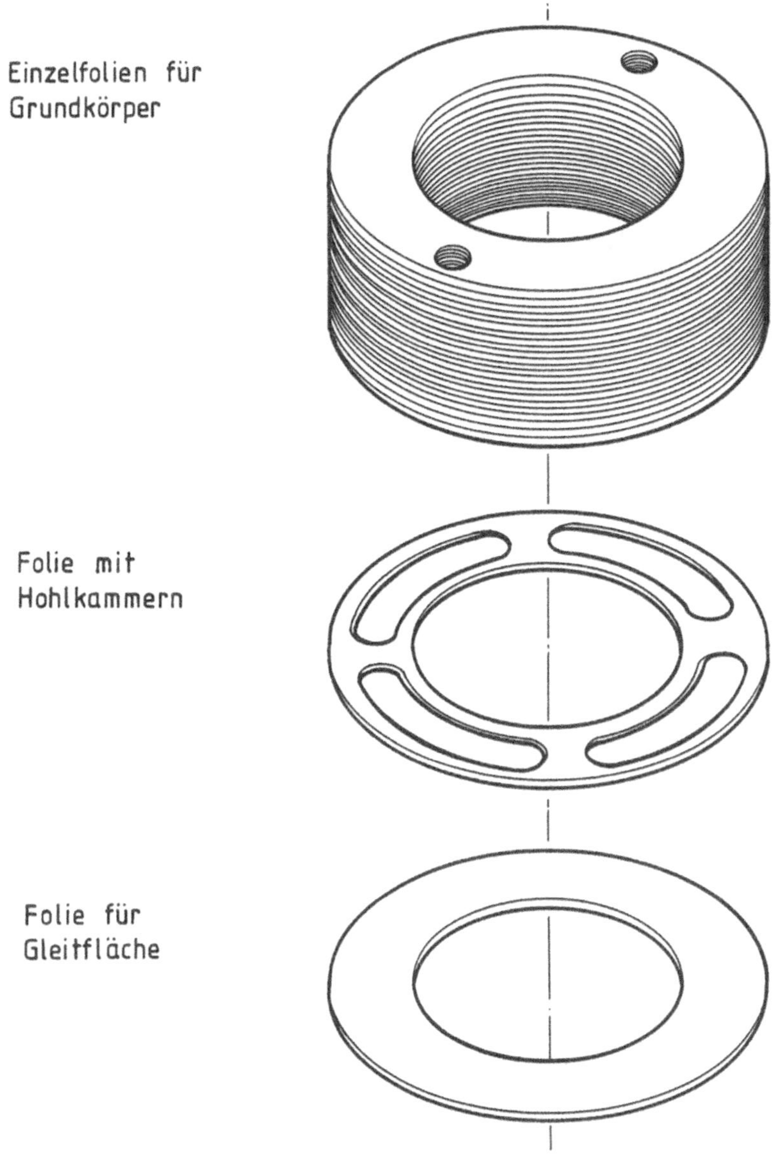

Abb. 13	Aufbau eines Gleitringes mit 70° Hohlkammern	Hoechst CeramTec

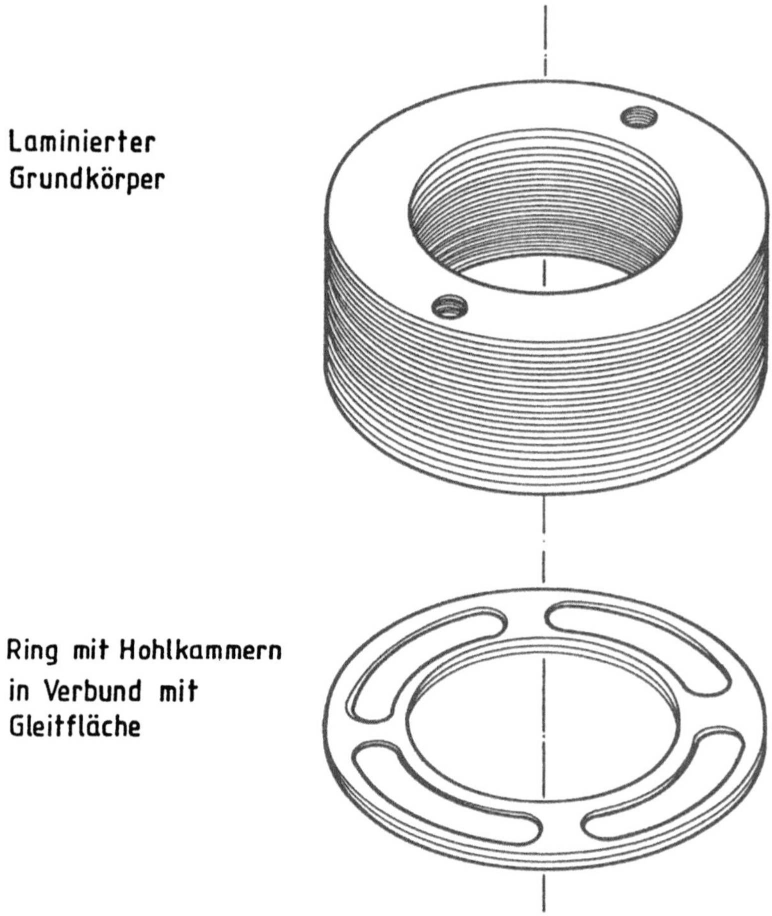

Abb. 14	Gleitring mit 70° Hohlkammern vor Fertigstellung	Hoechst CeramTec

Als Ursache läßt sich vermuten, daß die unterschiedlichen organischen Bindersysteme, durch den verschiedenen Herstellungsprozeß bedingt, sich nicht gegenseitig laminieren lassen. Außerdem schienen beide Teile leicht unterschiedliche Schwindungen aufzuweisen, so daß auch aus dieser Sicht die Laminierverbindung nicht stabil bleibt. Die Entwicklung stabiler Verbindungen zwischen solchen zwei unterschiedlichen Körpern muß weiter bearbeitet werden.

An Ringen mit randoffenen Hohlkammern, die in dem zuvor geschilderten Folienverfahren hergestellt wurden, konnte, wie dem Bericht der Fa. PACIFIC Wietz GmbH + Co KG zu entnehmen ist, erstmalig in der Praxis membranartige Verformungen der Gleitfläche über den Hohlkammern festgestellt und ein elastohydrodynamischer Effekt nachgewiesen werden.

Ein solcher Gleitring arbeitete bei geringen Leckraten und in verschleißlosem Betrieb bei Drücken und Geschwindigkeiten die mit herkömmlichen keramischen Gleitringen bei weitem nicht realisierbar sind.

6. Weitere Entwicklungsschritte

Die Materialentwicklung und die grundsätzlichen Fertigungsschritte konnten in dem Vorhaben erfolgreich gelöst werden. Bis zu einer seriennahen Herstellung solcher Ringe müssen noch einige Verfahrensschritte, insbesondere der Silizierungsbrand, weiter optimiert werden. Dies vor allen Dingen unter dem Aspekt, ggf. keramische Gleitringe mit Kühlkanälen herzustellen. Dazu muß das Zusilizieren von Hohlräumen noch weiter reduziert werden.

Verbesserung der Elastohydrodynamik von Gleitringdichtungen durch direkte Temperaturregelung und definierte Oberflächenbeeinflussung

----- DIE ANWENDUNG -----

von

K.H. Victor

H.W. Laarmann

PACIFIC Wietz GmbH + Co KG
4600 Dortmund 72

Förderkennzeichen : 01 ZT 231

Laufzeit : 01.01.1982 - 31.12.1984

0. Zusammenfassung

Im Rahmen der Arbeiten zu diesem Forschungsvorhaben sind neue Erkenntnisse über Drücke und Vorgänge im Dichtspalt von Gleitringdichtungen gewonnen worden.
Diese ließen sich zur Vermeidung von Schäden an Dichtflächen und weiteren Stellen von Gleitkörpern direkt nutzen, weil schädliche Flüssigkeitsfilmabrisse oder Ansaugeffekte nach getroffenen Maßnahmen nicht mehr auftraten.
Zur Ausweitung der Anwendungen wurde eine neue technische Grundlage zur Konstruktion und Herstellung von Gleitringdichtungen geschaffen, die nach dem elastohydrodynamischen Prinzip arbeiten. Der Einsatz von Gleitringdichtungen aus SIC/SIC für höhere Drücke und Gleitgeschwindigkeiten wurde betriebssicher möglich, weil durch Kontaktfreiheit der Dichtflächen Reibung und Verschleiß der Materialien vermieden wurde.

Für die Einflußnahme auf den Dichtspalt von außerhalb des Dichtungsraumes und für die gezielte Gestaltung der Dichtoberflächen im Mikrobereich liegen Ergebnisse für eine aussichtsreiche Weiterforschung vor.

Die einzelnen Arbeitsschritte werden in der Reihenfolge

1. Anlaß der Untersuchungen
2. Der Entwicklungsgedanke, Voruntersuchungen
3. Untersuchungen an Gleitkörpern gemäß der EHD-Theorie
4. Die praktische Anwendung

beschrieben.

1. Anlaß der Untersuchungen

Langjährige Beobachtungen des Betriebsverhaltens von Gleitringdichtungen in der Praxis und im Prüffeld zeigten in einigen Fällen deutlich unterschiedliche Ergebnisse auf, obwohl die Bauteile an sich nach gleichen Fertigungsrichtlinien innerhalb üblicher Toleranzen angefertigt wurden. So wurden beispielsweise an den gegeneinandergleitenden und vom Abdichtmedium umgebenen Dichtflächen Reibungs- und Verschleißmerkmale bereits nach wenigen Minuten Laufzeit festgestellt, wogegen solche Schäden beim vergleichsweisen Einsatz in anderen Fällen selbst nach langjährigem Betrieb nicht auftraten.
Für derartig große Unterschiede konnte nur die Tragfähigkeit des Flüssigkeitsfilmes im Dichtspalt zwischen den Gleitoberflächen verantwortlich sein, welche wiederum durch die Topographie der Dichtoberflächen selbst erzeugt wird. Der Flüssigkeitsfilm wird durch die jeweilige Abdichtflüssigkeit gebildet.

Bei der vergleichenden Messung der Makro- und Mikrogeometrie der untersuchten Bauteile wurden Unterschiede registriert. Besonderer Wert wurde hierbei auf die Ausgestaltung der Dichtfläche in Umfangsrichtung gelegt.

Um zukünftige Ziele für Gleitringdichtungen, wie
- Mindern von Reibung, Verschleiß und Verlustenergie
- Ausweitung der Einsatzgrenzen in Richtung besonders hoher Abdichtdrücke und Gleitgeschwindigkeiten
- Betriebssicherheit von Hart/Hart-Gleitpaarung; z.B. SIC/SIC

zu erreichen, mußten neue Erkenntnisse über die Vorgänge im Dichtspalt von Gleitringdichtungen experimentell, reproduzierbar gewonnen werden.

Auf dem Gleitringdichtungsprüfstand gemäß Bild 2 wurden systematisch Gleitringdichtungen mit topographisch variierten Dichtflächen getestet.

Die benötigten Gleitkörper aus dem Werkstoff SIC wurden durch den Entwicklungspartner Hoechst CeramTec AG bevorzugt gemäß der Folientechnologie hergestellt, weil dieses Verfahren hinsichtlich der konstruktiven Gestaltung für zukünftige Entwicklungsschritte besondere Möglichkeiten bot.

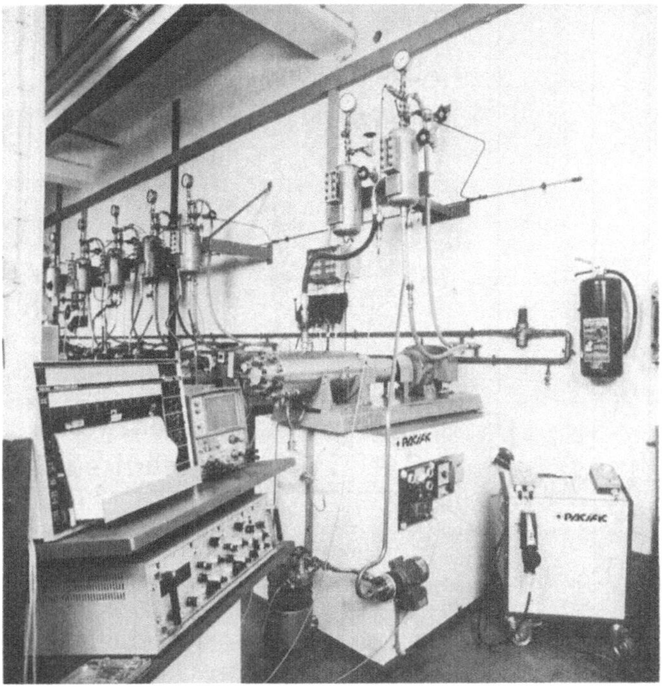

PACIFIC WIETZ GMBH&CO KG	Prüfstand	Bild 2

Neben der üblichen Messung der Leckage wurden mittels eines 6-Kanal Kompensationsschreibers u.a. die Dichtspalttemperaturen und Reibmomente in Abhängigkeit vom Abdichtdruck und der Drehzahl aufgezeichnet; siehe Bild 3.

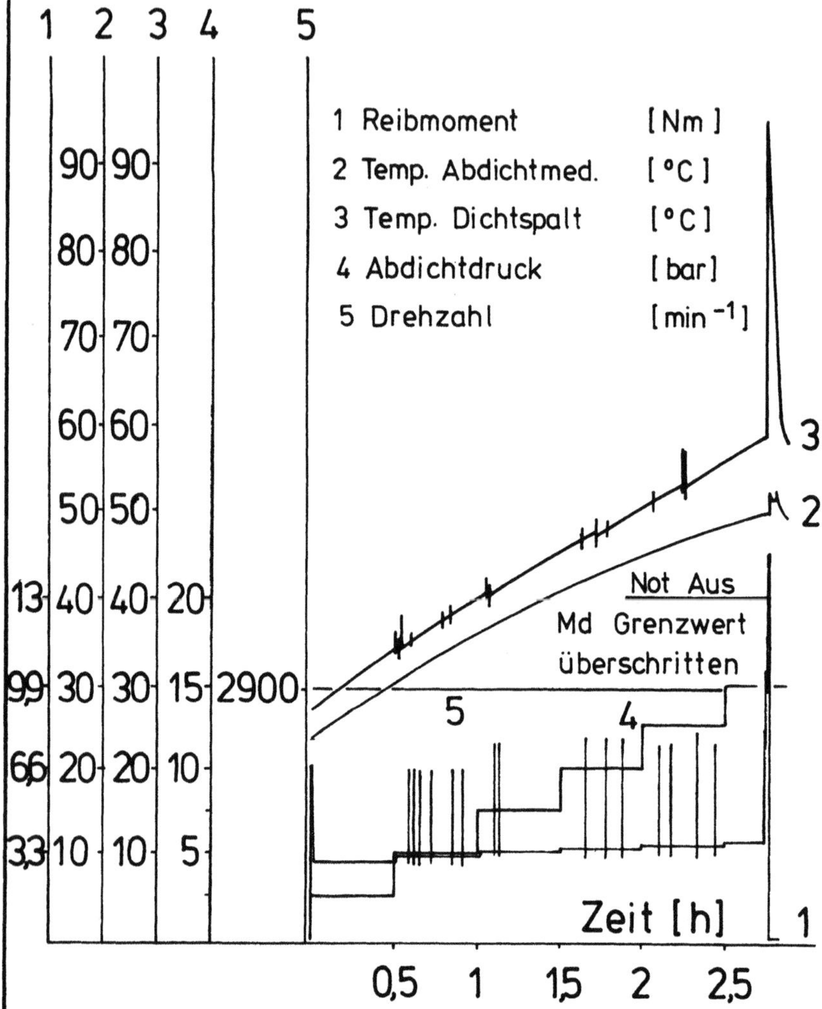

GLRD Φ43mm; k-Faktor~1; Werkstoffe SIC/SIC

Abdichtflüssigkeit VE-Wasser

PACIFIC WIETZ GMBH&CO KG

Dichtflächenausführung standardmäßige Ebenheit

Bild 3

Neben den gemessenen Drehmomentspitzen (Kurve 1) ergeben sich reproduzierbar und zeitgleich Temperaturspitzen im Dichtspalt (Kurve 3) und weisen auf Veränderungen der Reibverhältnisse im Dichtspalt hin, z.B. von überwiegend flüssiger Reibung bei niedrigen Abdichtdrücken auf Mischreibung bei Abdichtdruck = 5 bar.

Das Meßergebnis aus Bild 3 steht häufig als Beispiel für Reibverhältnisse an Gleitringdichtungen, die nur unbefriedigende Betriebsergebnisse zur Folge haben, insbesonders dann, wenn noch Leistungssteigerungen für die abzudichtende Druckdifferenz oder für die Erhöhung der Gleitgeschwindigkeit erreicht werden sollen.

Als Folge hoher Reibung an Dichtflächen von Gleitringdichtungen treten typische Schäden auf, die durch die Bilder 4, 5, 6 und 7 beispielhaft beschrieben werden.

Bild 4 :Die Temperaturwechselspannungsrisse auf den Dichtflächen entstanden durch Abriß des Flüssigkeitsfiles im Dichtspalt bei der Werkstoffpaarung Wolframkarbid gegen

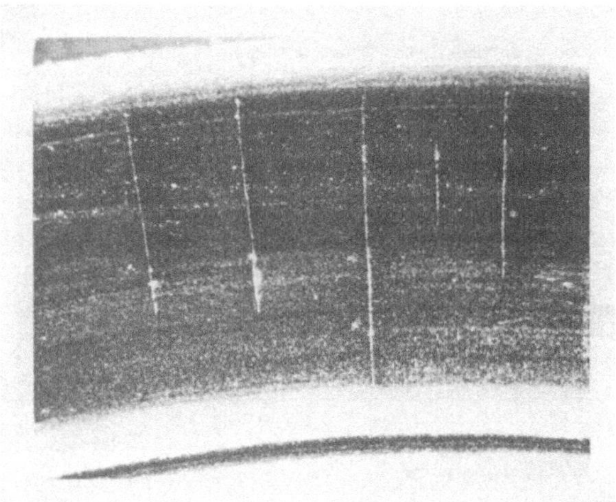

PACIFIC WIETZ GMBH&CO KG

Temperaturwechsel - spannungsrisse Werkstoff: WC/WC

Bild 4

Bild 5 : Abnutzung an Drehmomentstützen zwischen Gleitring und Mitnehmer einer Gleitringdichtung als Folgeschaden wechselnder Reibkräfte an den Dichtflächen

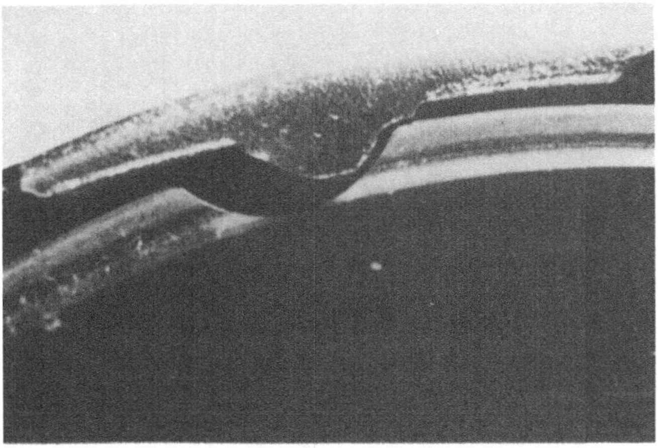

PACIFIC WIETZ GMBH & CO KG	Abnutzung an Drehmomentstützen	Bild 5

Bild 6 : Bruch des Gleitringes aus Keramik als Folge hohen Drehmomentes an der Dichtfläche. Dieses erzeugt Auslenkungen, die erforderlichen Funktionsspiele werden überbrückt, der Gleitring verklemmt sich und erzeugt Spannungszustände unkontrollierbarer Größenordnung.

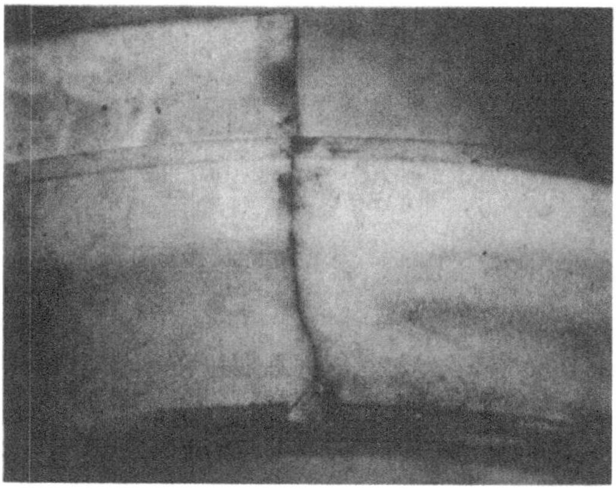

PACIFIC WIETZ GMBH & CO KG	Bruchverlauf am Gleitring Werkstoff: Keramik	Bild 6

Bild 7 : Belagbildung auf den Dichtflächen durch Überhitzung des Schmierfilmes im Dichtspalt bei der Abdichtung von Öl

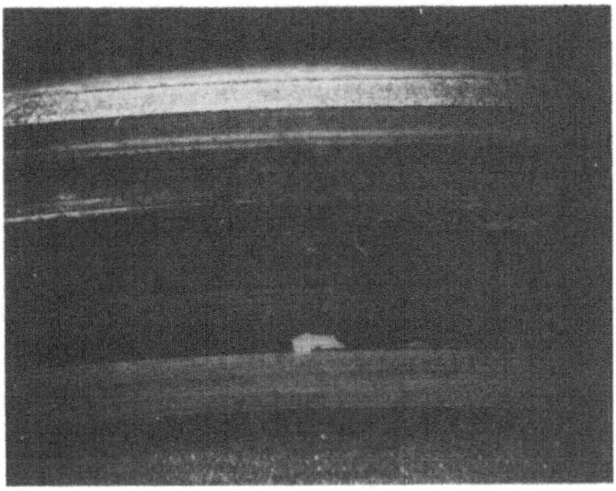

Oelbelag auf Dichtflächen durch Überhitzung

Bild 7

2. Der Entwicklungsgedanke , Voruntersuchungen

Die Auswirkung elasto-mechanischer und thermo-elastischer Deformationen der Gleitflächen zur Erzeugung maximaler Tragkraft des Schmierfilmes im Dichtspalt sollen ermittelt und in dem Sinne optimiert werden, daß die günstigsten Oberflächenwelligkeiten hierzu gefunden werden und Kontaktfreiheit der Dichtflächen eintritt.
Die beabsichtigten Wirkungen sollen an den Bauteilen dadurch erreicht werden, daß diese bevorzugt gleitflächennah in Umfangsrichtung mit unterschiedlichen Steifigkeitsmerkmalen ausgeführt werden; durch z.B. segmentartige Hohlräume oder Ausnehmungen. Durch die innerhalb des Dichtspaltes wirkenden Druckkräfte selbst oder durch von außerhalb des Dichtungsraumes erzeugte Druckkräfte sollen sich wellenartige Einfederungen der Dichtflächen im Bereich elastischer Größenordnungen einstellen.

Entsprechend dieser Entwicklungsgedanken wurden Gleitflächen von SIC-Gleitkörpern deutlich abweichend von der Toleranz üblicher Ebenheit angefertigt. Angestrebt wurde eine Makrogeometrie, wie diese unter Einwirkung der Elastohydrodynamik im weiteren Verlauf der Entwicklung wünschenswert entstehen sollte.

Im Gegensatz zur Standarddichtung, wo erste Reibmomentspitzen, bereits ab ca. 5 bar registriert wurden (siehe Bild 3), traten bei diesen Gleitringdichtungen Reibmomentspitzen erst ab 40 bar Abdichtdruck auf; Bild 8.

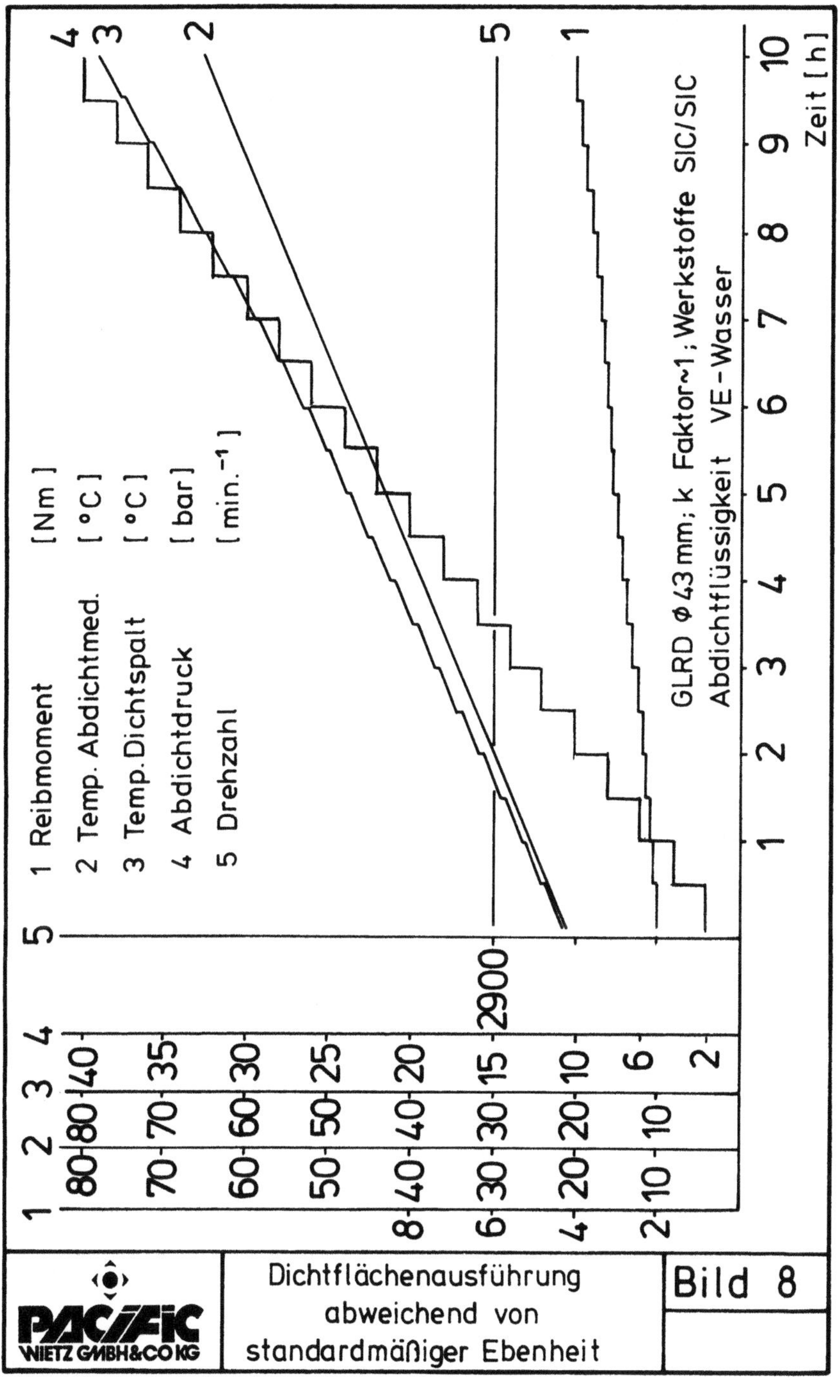

PACIFIC
WIETZ GMBH&CO KG

Dichtflächenausführung
abweichend von
standardmäßiger Ebenheit

Bild 8

Die Dichtflächen der eingesetzten Gleitkörper wurden zusätzlich hinsichtlich ihrer Mikrogeometrie erfaßt und die Einflüsse hieraus bei der Auswertung der Tests verglichen; siehe Bild 9.

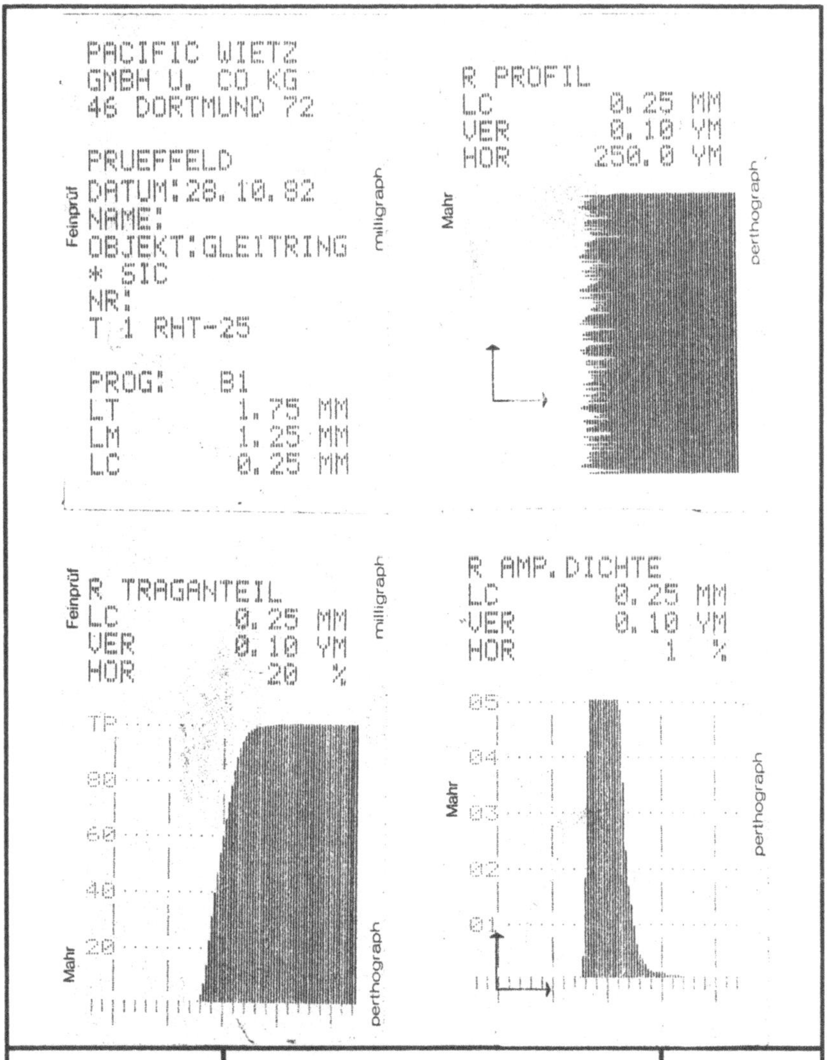

PACIFIC WIETZ GMBH&CO KG	Graphische Darstellung der Mikrogeometrie	Bild 9

Für den weiteren Fortgang der Tests kam es nun darauf an, daß für die differenziert ausgeführten Topographien der Dichtflächen jeweils die Belastbarkeit bis zum ersten Oberflächenkontakt ermittelt wurde. Es wurden die deutlichen, spontanen Veränderungen der gemessenen Drehmomente und Dichtspalttemperaturen (siehe Bild 3) für die Vergleiche herangezogen.
Aus einer Reihe von Tests werden 3 Prüfläufe mit folgenden Prüfparametern nachstehend beschrieben:

Werkstoffpaarung = SIC gegen SIC
Gleitgeschwindigkeit = 7,5 m/s
Dichtungsgröße = 43 mm Wellendurchmesser
Temperatur = 50°C
Abdichtflüssigkeit = Voll entsalztes Wasser

Die angegebenen Werte für die Rauheit und Ebenheit sind ein-einheitslos.

Lauf Nr. 1

	Gleitring	Gegenring
Ebenheit	11,6	0,3
Rauheit	0,8	0,8

Es traten Kurzkontakte bei 2 bar Abdichtdruck auf. Dieser Druck entsprach dem Startdruck. Danach blieb diese Gleitringdichtung kontaktfrei bis 40 bar. Die Belastbarkeitsgrenze wurde nicht ermittelt. Die Dichtflächen hatten nach dem Ausbau ein neuwertiges Aussehen. Die Leckrate dieser Gleitringdichtung betrug bis ca 12 bar = 24 ml/h, darüber hinaus bis ca 30 bar durchschnittlich 5 ml/h und oberhalb 30 bar 0,3 ml/h.
Die Reduzierung der Leckrate wird auf die Verringerung der Dichtspalthöhe mit zunehmendem Abdichtdruck zurückgeführt.

Lauf Nr. 2

	Gleitring	Gegenring
Ebenheit	5,6	0,3
Rauheit	2,5	0,8

Kurzkontakte der Gleitflächen traten beim Startdruck von 2 bar auf und wiederholten sich stetig. Bei 16 bar Abdichtdruck wurde ein steiler Anstieg von Drehmoment und Dichtspalttemperatur registriert, der zum Testabbruch zwang.
Die Bewertung der Dichtflächen der ausgebauten Gleitkörper zeigten Materialaufrauhungen.
Die ausgeführte Anfangsrauheit wurde als zu groß bewertet, wodurch der Aufbau hydrodynamisch erzeugter Druckkräfte im Dichtspalt nicht eintrat.

Lauf Nr. 3

	Gleitring	Gegenring
Ebenheit	6,5	0,3
Rauheit	0,3	0,12

Vom Startdruck 2 bar bis zum Übergang vom Druck 17,5 auf 20 bar wurden keinerlei Gleitflächenkontakte registriert.
Ein steiler Anstieg von Drehmoment und Dichtspalttemperatur beim Druckübergang zwang zum Abbruch des Testlaufes. Die ausgebauten Gleitkörper waren an den Dichtflächen aufgerauht und der stationär im Gehäuse angeordnete Gegenring war an einer Nutstelle, die im Kontakt mit einem Drehsicherungsstift ist, ausgebrochen. Diese hohe Krafteinleitung in Umfangsrichtung beurteilten wir ursächlich als Folge "ansaugender" Wirkung der Dichtoberflächen bei Verringerung der Spalthöhe mit zunehmendem Abdichtdruck.

Es ließ sich zusätzlich nachweisen, daß der Einfluß unterschiedlicher Mikrostruktur auf das Reibverhalten von Gleitringdichtungen auch für andere Werkstoffe als SIC von Bedeutung ist. Das Ergebnis ist dem Bild 10 zu entnehmen, welches den Meßausschlag des Drehmomentsignales jeweils zweier gegeneinander gleitender Gleitringe aus Wolframkarbid aufzeigt. Das Abdichtmedium war in beiden Fällen voll entsalztes Wasser.

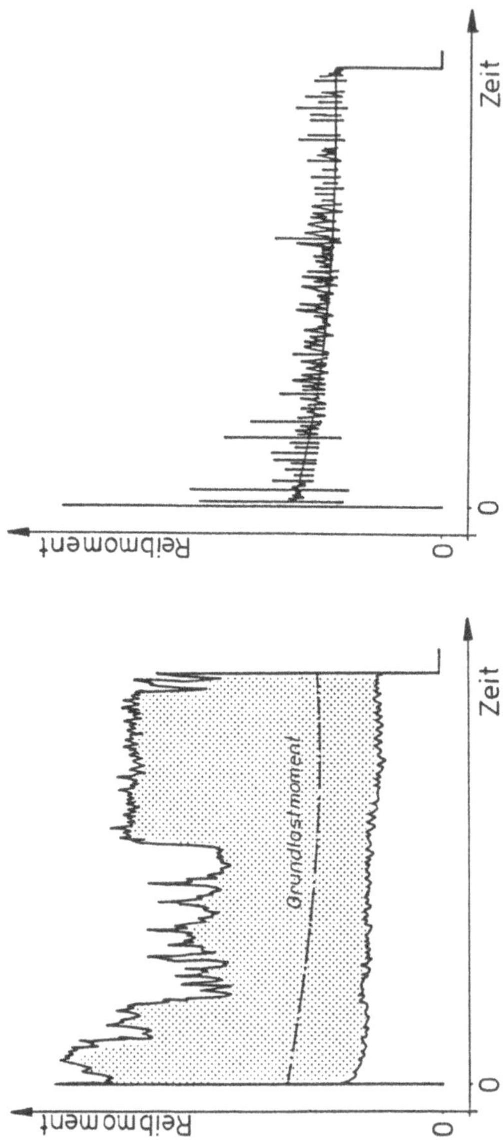

[µm]	Rauheit (Ra)	Welligkeit
Gleitring	0,011	0,17
Gegenring	0,005	0,18

[µm]	Rauheit (Ra)	Welligkeit
Gleitring	0,031	0,15
Gegenring	0,032	0,13

PACIFIC WIETZ GMBH&CO KG

Vergleich der Drehmomentsignale
Werkstoff: Wolframkarbid

Bild 10

Um die Ursachen für die gefundenen unterschiedlichen Tragfähigkeiten des Flüssigkeitsfilmes zu ermitteln, wurden die Drücke innerhalb des Flüssigkeitsfilmes gemessen.
Für die Abdichtflüssigkeit voll entsalztes Wasser wurden jeweils die Drücke im Dichtspalt zu den abzudichtenden Drücken verglichen.
Die Druckaufnehmer gemäß Bild 11 wurden in die stationären Gegenringe eingebaut.

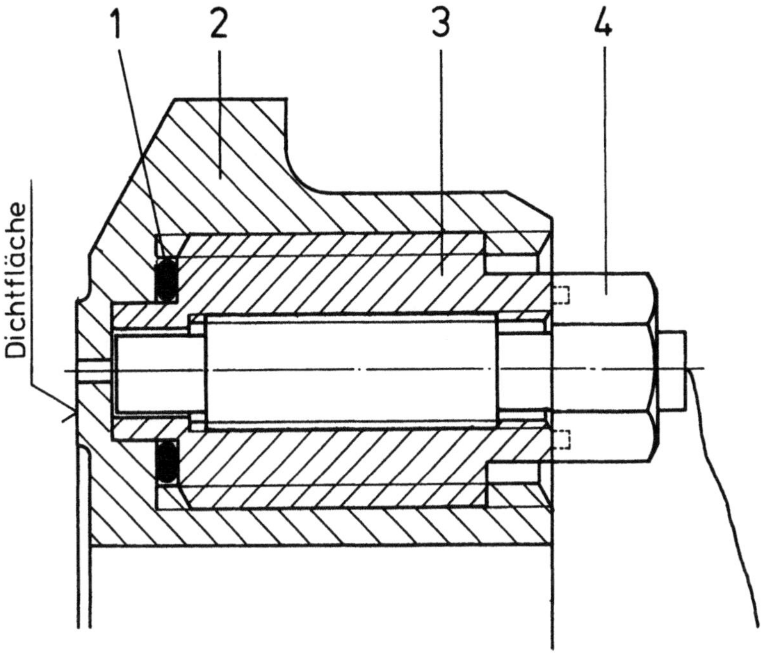

1 Abdichtung
2 Gegenring
3 Schutzhülse
4 Druckaufnehmer

PACIFIC WIETZ GMBH&CO KG

Druckaufnehmer zur Messung der Dichtspaltdrücke

Bild 11

Der Einfluß topographisch unterschiedlich gestalteter Dichtoberflächen auf den Spaltdruck konnte bei der Gleitpaarung SIC/SIC nachgewiesen werden; vergl. Bilder 12 bis 16

Die Ergebnisse wurden bei wiederholten Versuchen bestätigt.

Aus dem Bild 12 ist beispielsweise für einen Abdichtdruck von 13 bar ein Spaltdruck von 185 bar abzulesen.

Wie aus Bild 14 zu ersehen ist, wurden bei diesem Testlauf die Gleitkörper hinsichtlich der Welligkeit besonders eben und hinsichtlich der Rauheit besonders glatt ausgeführt. Wir erhielten Hinweise auf negative Meßsignale, d.h. Unterdrücke. Eine solche Gleitringdichtung wird beim praktischen Einsatz wiederum gefährdeten "Ansaugeffekten" ausgesetzt sein.

Diese "Ansaugeffekte" treten verstärkt dann auf, wenn die Gleitkörper aus modernen, verzugsarmen Werkstoffen wie Siliziumkarbid, Wolframkarbid oder Aluminiumoxid angefertigt werden, also aus Materialien mit niedrigen thermischen Längenausdehnungskoeffizienten "α". Bei Bauteilen aus den erwähnten Werkstoffen bleibt im wesentlichen die Herstellgenauigkeit über die Betreibenszeit erhalten, wogegen in der Vergangenheit üblich genutzte Gleitkörper aus Stahl, Gußeisen oder gar Edelstählen mit aufgeschweißten Hartschichten einer deutlichen, jedoch unkontrollierten Formänderung unterliegen, als Folge der deutlich größeren Längendehnzahl.
Aus Bild 15 ergibt sich, daß nur durch Änderung der Rauheit an dem Gleitring vom Verhältniswert 1,7 bei Bild 14 zum Wert 10 bei Bild 15 wieder Spaltdrücke auftreten.

Die in den Bildern 12 bis 16 aufgeführten Werte zur Rauheit und Welligkeit stehen im Verhältnis zueinander, sind jedoch einheitslos.

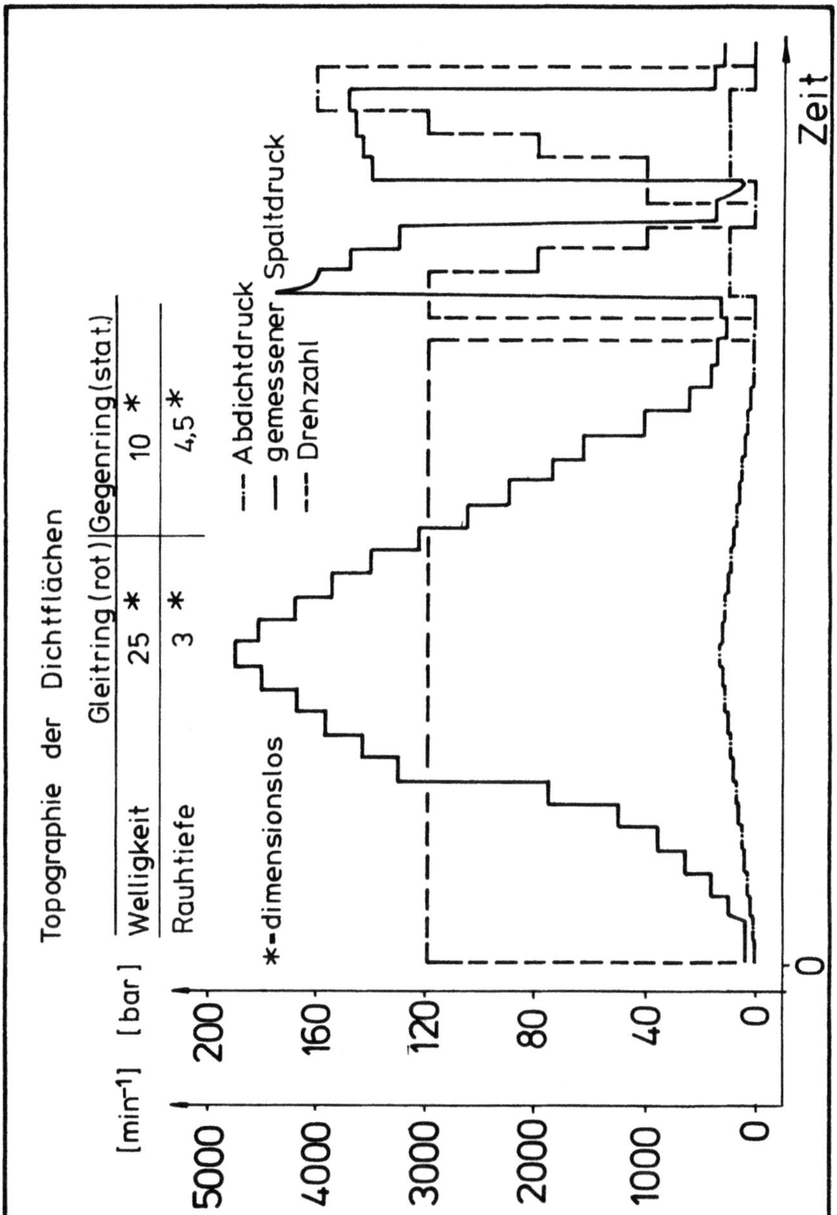

PACIFIC WIETZ GMBH&CO KG

Druckmessungen im Dichtspalt

Bild 12

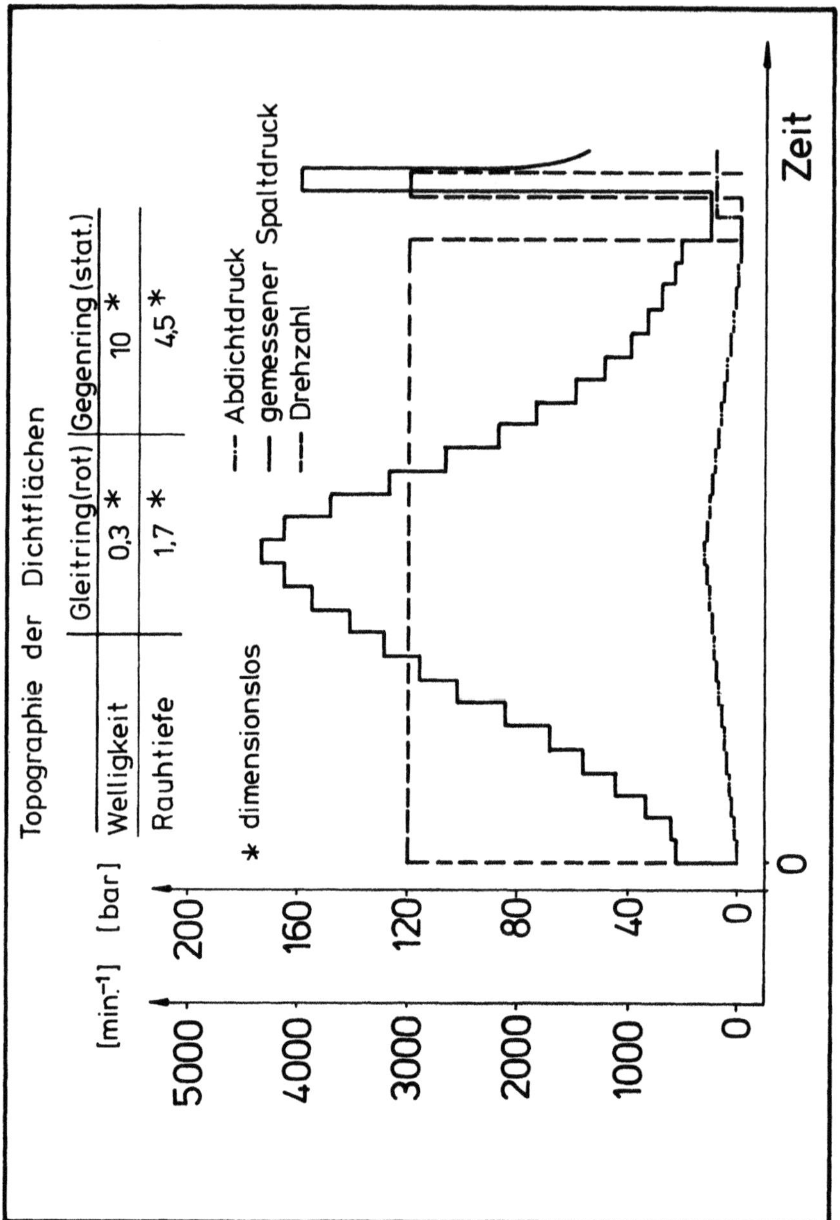

Druckmessungen im Dichtspalt

Bild 13

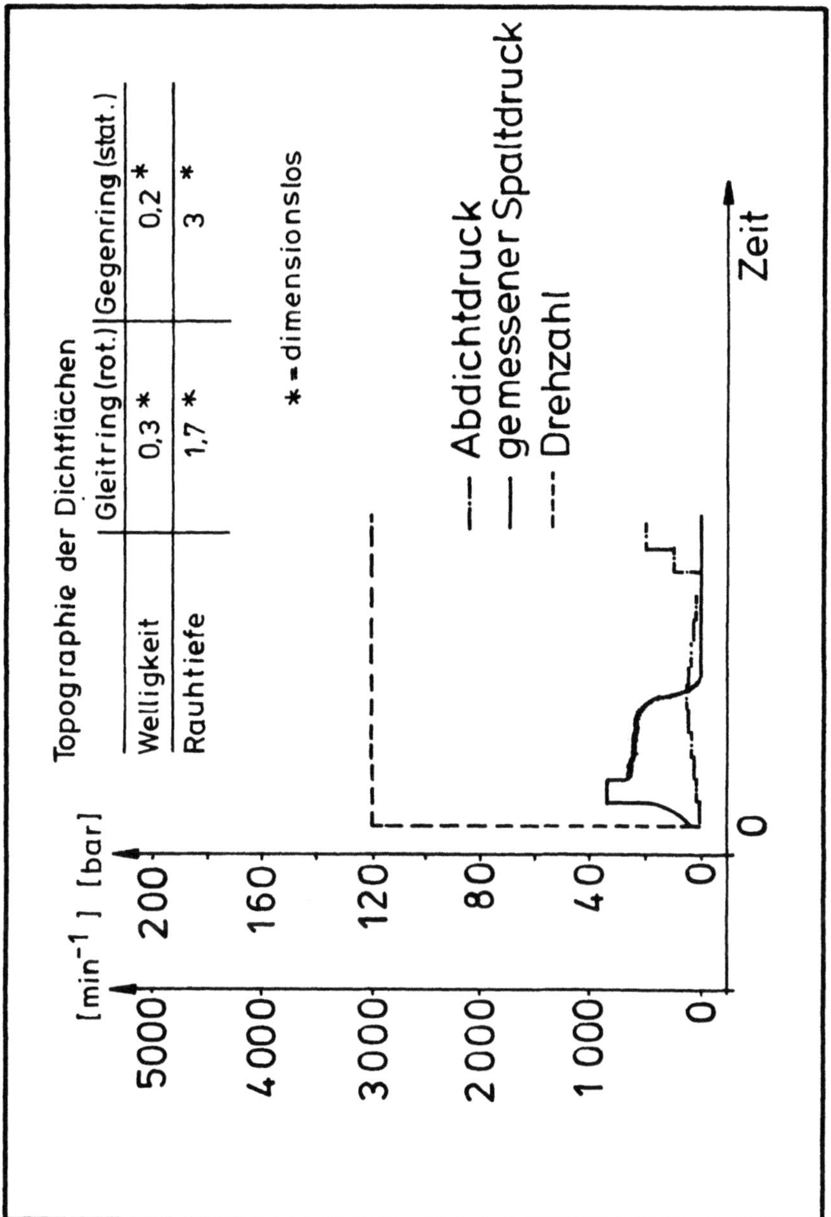

PACIFIC WIETZ GMBH&CO KG

Druckmessungen im Dichtspalt

Bild 14

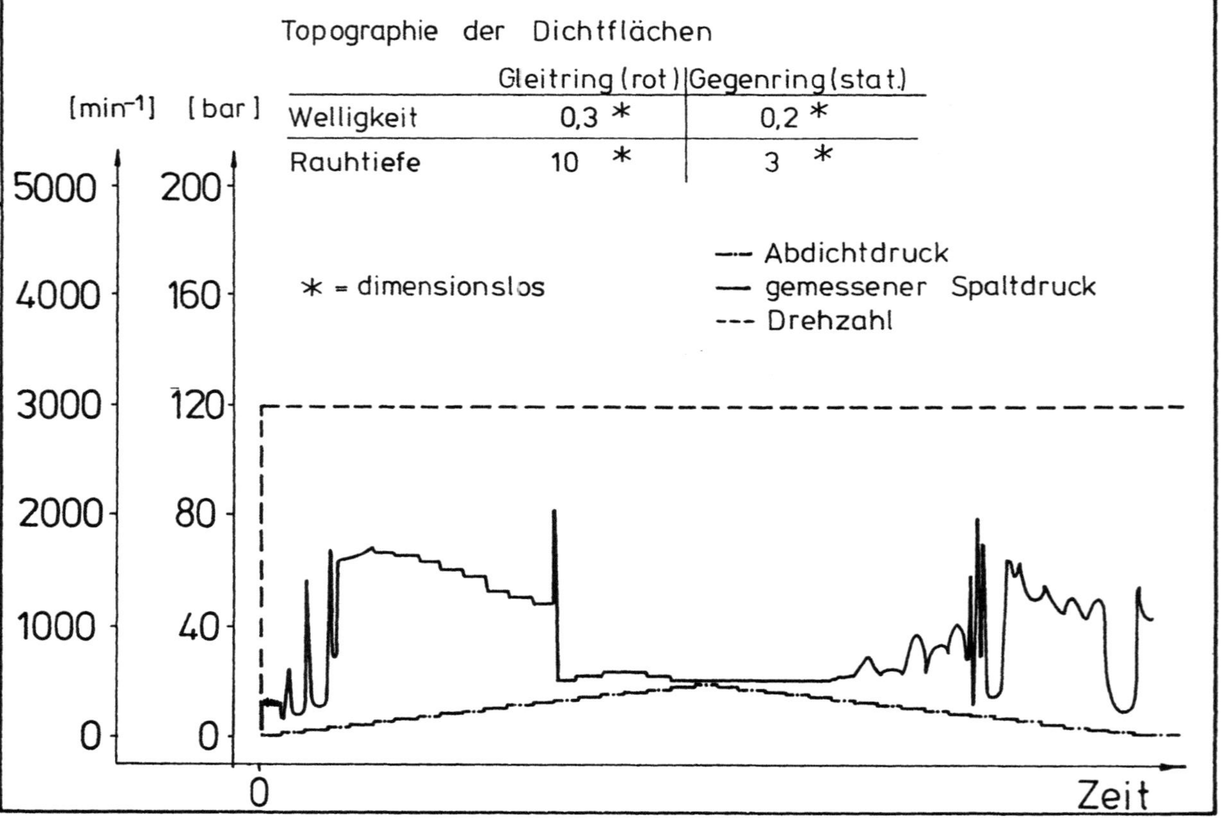

PACIFIC WIETZ GMBH & CO KG

Bild 15

Druckmessungen im Dichtspalt

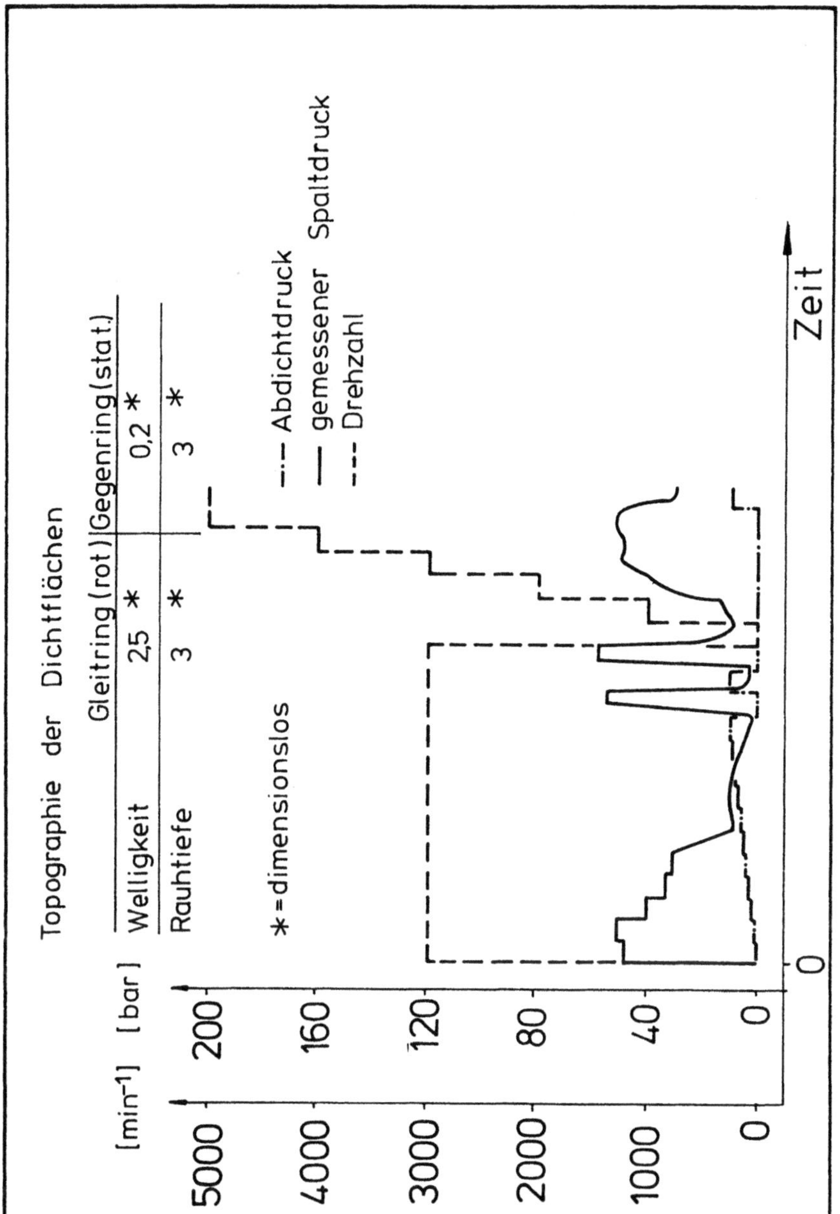

Druckmessungen im Dichtspalt

Bild 16

3. Untersuchung an Gleitkörpern gemäß der EHD - Theorie

Entsprechend dem Entwicklungsgedanken wurden beim Entwicklungspartner Hoechst CeramTec AG Gleitkörper aus SIC mit geschlossenen und randoffenen Hohlkammern verschiedenster Abmessungen gemäß der Folientechnologie hergestellt.
Es war beabsichtigt, die Gleitringe mit den geschlossenen Hohlkammern, sowohl durch Druckkräfte innerhalb des Dichtspaltes wie auch von außerhalb des Dichtungsraumes durch Kühlung, elastisch zu verformen und die Gleitringe mit den zum Innenrand geöffneten Kammern sollten sich ausschließlich durch die Druckkräfte innerhalb des Dichtspaltes verformen. Als Gleitpaarung war wiederum SIC gegen SIC vorgesehen und als Testflüssigkeit gelangte voll entsalztes Wasser zum Einsatz.
Vor dem Einsatz wurden Festigkeitsuntersuchungen direkt an den Bauteilen durchgeführt. Zu diesem Zweck wurden die Gleitringe mit Innendruck beaufschlagt und die Dehnungen erfolgten teilweise bis zum Bruch und hieraus wurden Zugfestigkeit und E-Modul ermittelt; siehe Bild 17

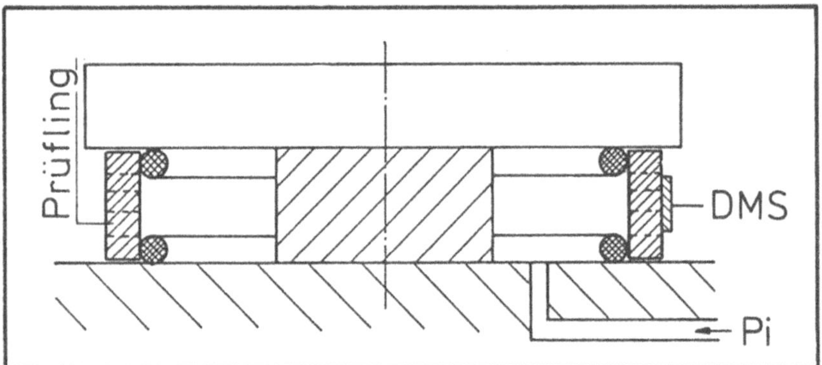

PACIFIC WIETZ GMBH&CO KG | Kontrolle der Dehnung | Bild 17

Spannungsfrei eingelagerte Gleitringe zur Kontrolle der Dehnung unter Innendruck

Der Vergleich zwischen Bauteilen, die nach der Laminiertechnik hergestellt wurden zu solchen, die nach gängigem Verfahren aus gepreßten Grünlingen angefertigt wurden, zeigte auf, daß die Festigkeitswerte vergleichbar blieben und innerhalb der Anfertigungslose nur geringste Streubreiten auftraten. Auch für die Bauteile mit Hohlkammern wurden keine nennenswerten Abweichungen ermittelt; siehe Bild 18.

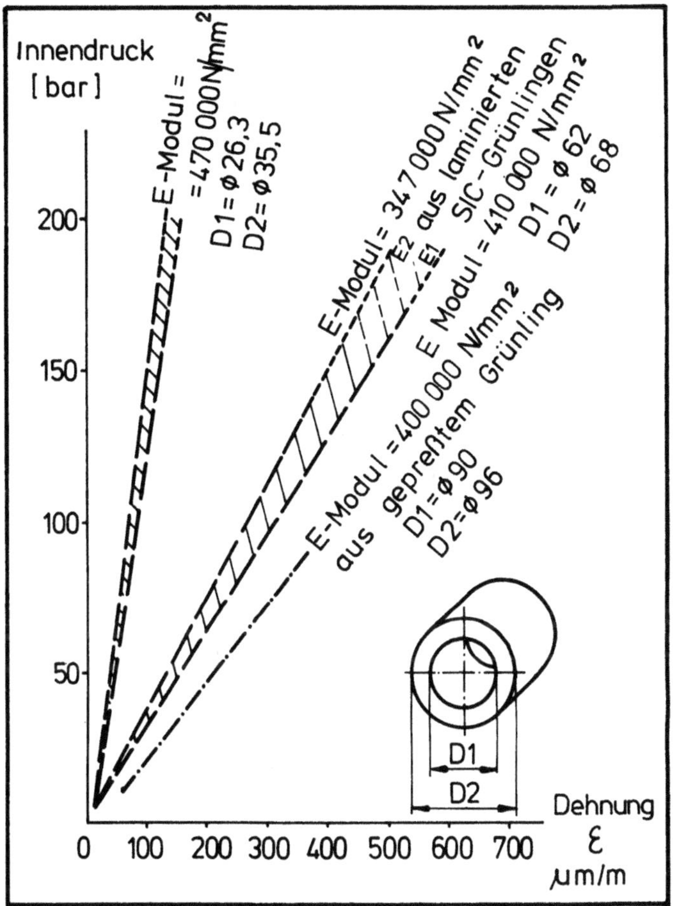

PACIFIC WIETZ GMBH & CO KG

Gemessene Dehnungen laminierte SIC-Ringe

Bild 18

Prüflinge D1/D2 = ∅ 62/68 mm

Ergebnis der Überprüfung von 7 Stück Baukörpern in laminierter Ausführung

Prüflinge D1/D2 = ∅ 26,3/35,5 mm

Ergebnis der Überprüfung von 4 Stück Baukörpern in laminierter Ausführung, wovon 1 Stück mit Hohlkammern ausgeführt war.

Messwerte dienten dem Projektpartner RWTH - Aachen für die theoretischen Ausarbeitungen.

Durch zahlreiche Tests wurde die Tragfähigkeit des Flüssigkeitsfilmes im Dichtspalt, als Folge elastischer Verformung der Dichtflächen, an den verschiedenen Gleitringen überprüft.

Hierzu wurde bei Steigerung der Abdichtdrücke wiederum kontrolliert, ob Kontakte der Dichtflächen unterbleiben, ob sich also eine hydrodynamische Stützwirkung erzielen ließ.

Zur Kontrolle der Dichtflächenkontakte wurden die Aufzeichnungen der Drehmomente in Verbindung mit den Dichtspalttemperaturen registriert und verglichen mit Ergebnissen, die mit Gleitringen in Massivausführung erreicht wurden und bei denen Gleitflächenkontakte bereits ab 7,5 bar deutlich auftraten.

Der Testaufbau erfolgte gemäß Bild 20 und läßt sich ergebnismäßig wie folgt zusammenfassen :

Gleitring gemäß Bild 19

Unter Wirkung der Druckkräfte im Dichtspalt bleiben die elastischen Verformungen der Deckschichten oberhalb der geschlossenen Hohlkammern zu gering, da nur unwesentliche Verbesserungen zur Abdichtdrucksteigerung erreicht wurden.

Gleitring gemäß Bild 21

Durch die Kühlung dieses Ringes konnte eine deutliche Änderung des Reibverhaltens registriert werden, wie dieses die Drehmomentkurve gemäß Bild 22 ausweist. Die Kühlung durch die Hohlkammern wurde von außerhalb des Dichtungsraumes aufgegeben.

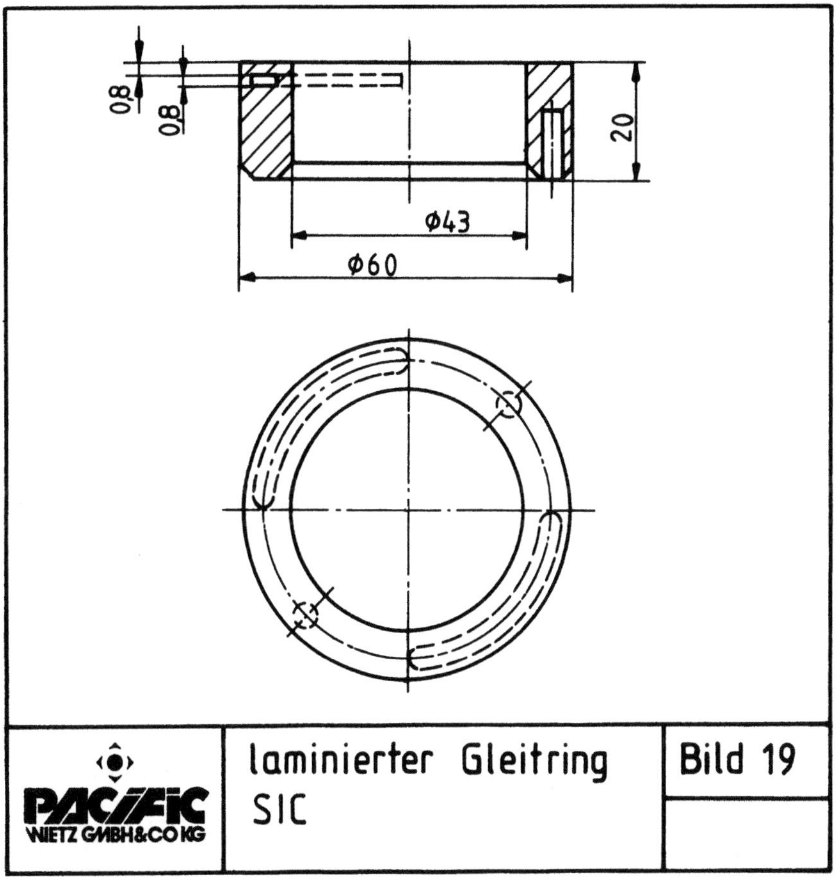

PACIFIC WIETZ GMBH & CO KG	laminierter Gleitring SIC	Bild 19

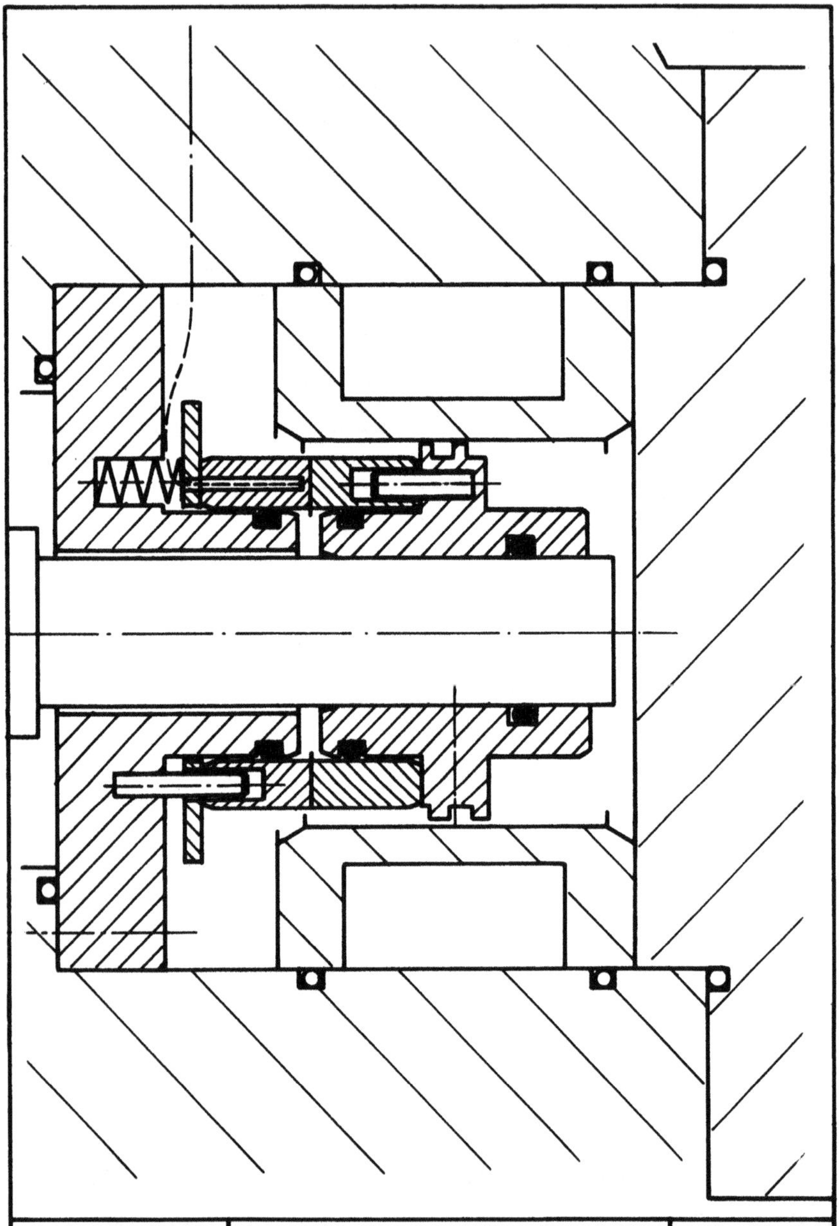

PACIFIC WIETZ GMBH & CO KG	GLRD in Prüfkammer	Bild 20

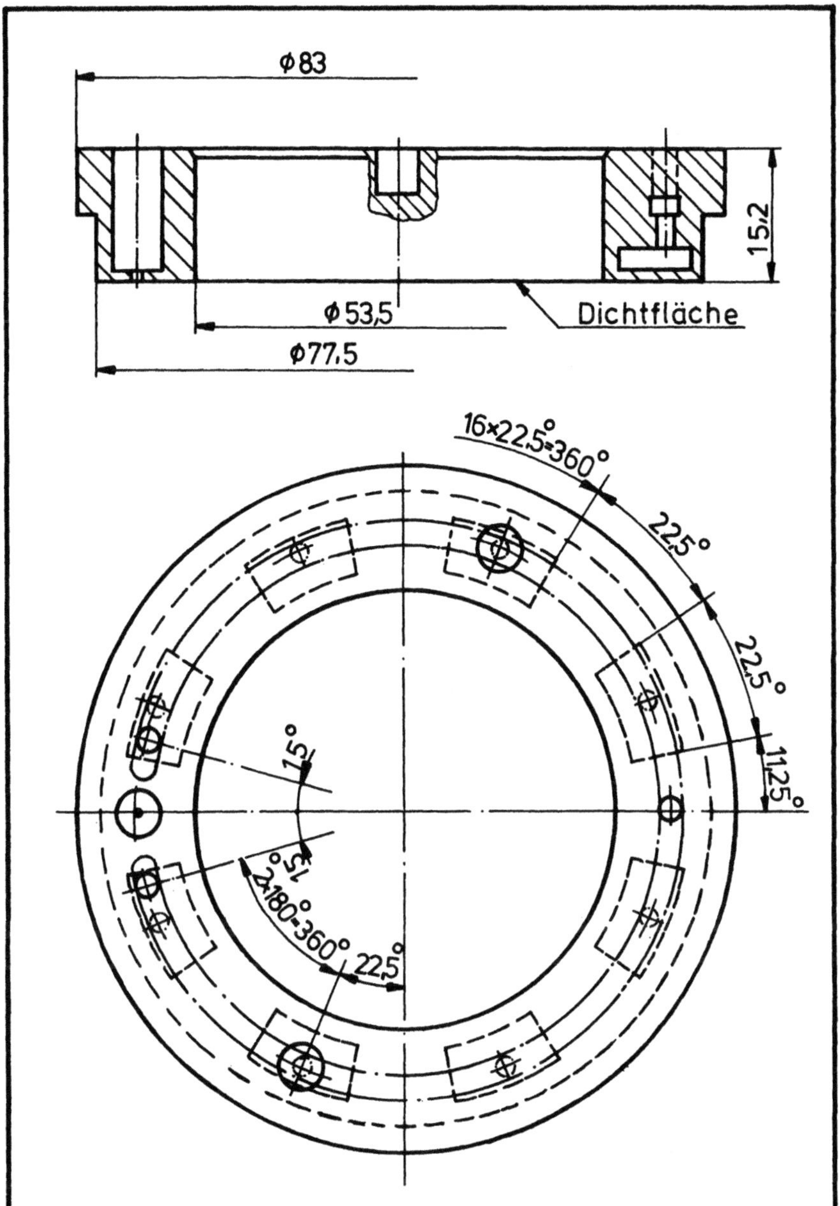

PACIFIC WIETZ GMBH&CO KG	laminierter Gleitring SIC	Bild 21

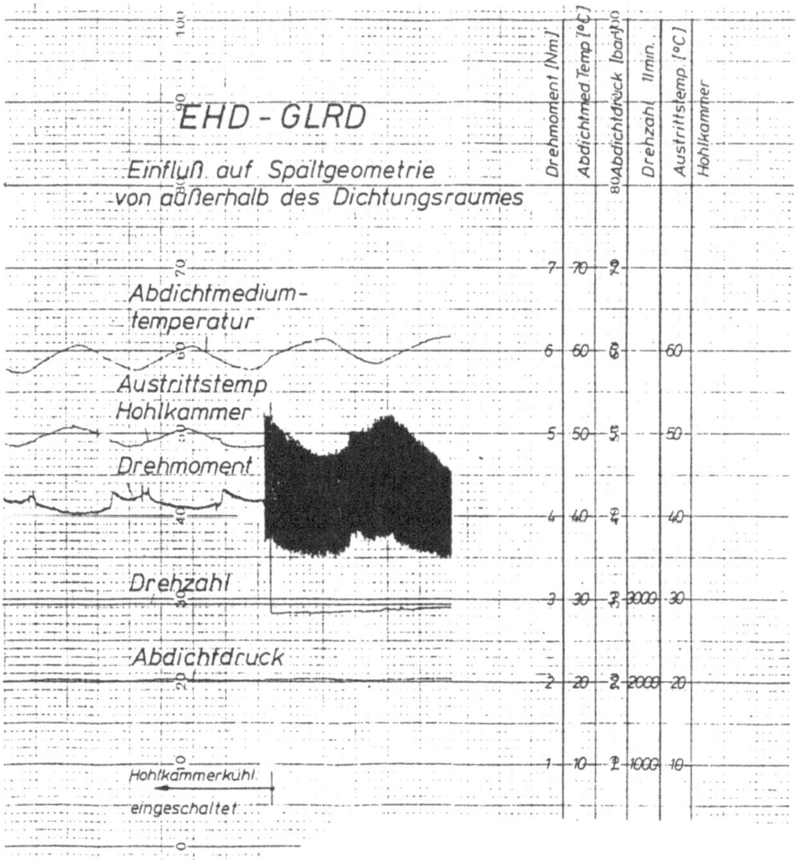

Drehmomentänderung durch Kammerkühlung

Bild 22

Gleitring gemäß Bild 23

An diesem Bauteil wurde durch die Wirkung der Druckkräfte im Dichtspalt eine Welligkeit der Dichtflächen im Bereich der 8 randoffenen Hohlräume erreicht. Die elastohydrodynamisch erzeugten Drücke im Spalt bewirkten über den Flüssigkeitsfilm eine Trennung und somit Kontaktfreiheit der Dichtflächen bis zum Abdichtdruck von 30 bar. Die Kontrolle der Leckraten wies für alle Bereiche die technisch übliche Dichtheit für Gleitringdichtungen aus.

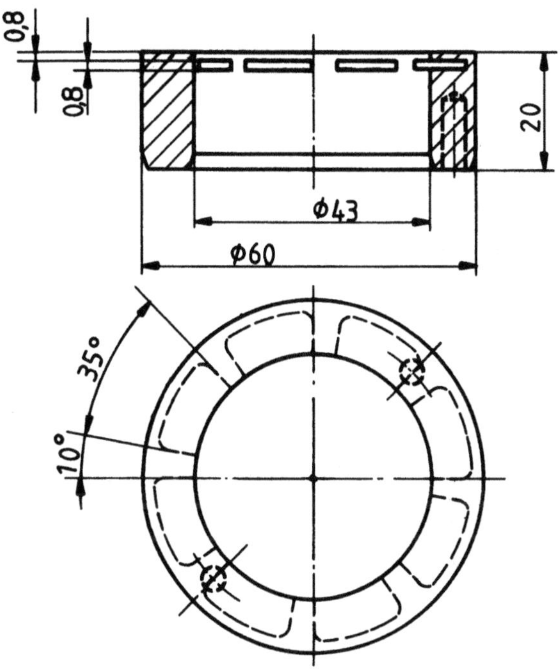

PACIFIC WIETZ GMBH&CO KG

laminierter Gleitring SIC
Kammern innen
randoffen

Bild 23

Gleitring gemäß Bild 24
Mit 4 randoffenen Hohlkammern ließen sich ähnlich gute Ergebnisse erreichen wie an dem Gleitring mit 8 randoffenen Hohlkammern. Die Kontaktfreiheit blieb bis 27,5 bar erhalten.

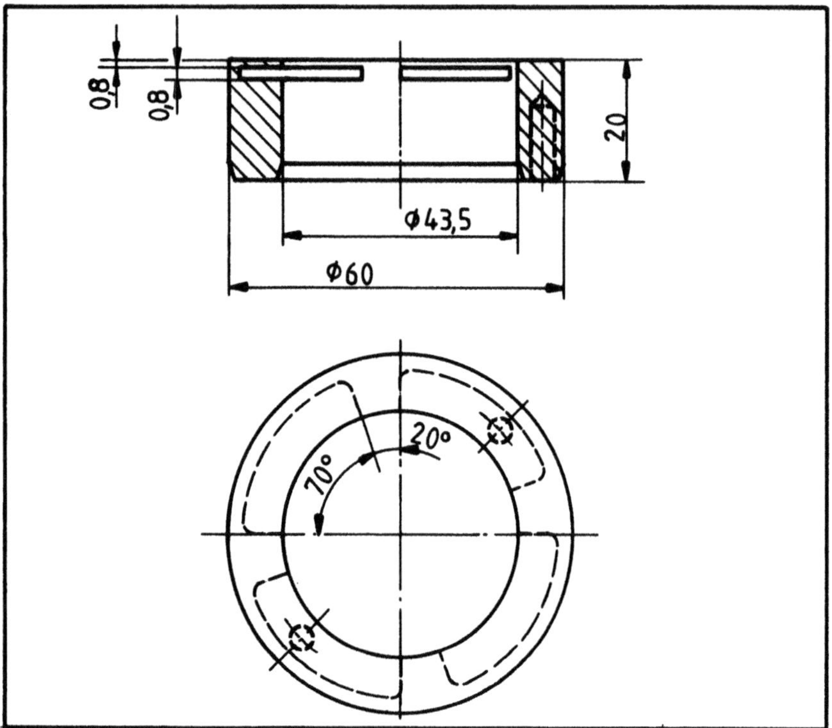

PACIFIC WIETZ GMBH&CO KG | laminierter Gleitring SIC Kammern innen randoffen | Bild 24

Deutlich belegt durch die Betriebsergebnisse mit den Gleitringen gemäß Bild 23 und 24 wurde das Entwicklungsziel "Verbesserung der Elastohydrodynamik von Gleitringdichtungen" erstmalig mit einer sich selbst steuernden Gleitringdichtung erreicht.

Die mit den zuvor beschriebenen Bauteilen erreichten Vorteile, gegenüber Gleitringdichtungen aus Massiv-Bauteilen werden, im Hinblick auf Reduzierung der Reibung (Drehmomentvergleich) und Ausweitung der Einsatzgrenzen, durch das Bild 25 verdeutlicht.

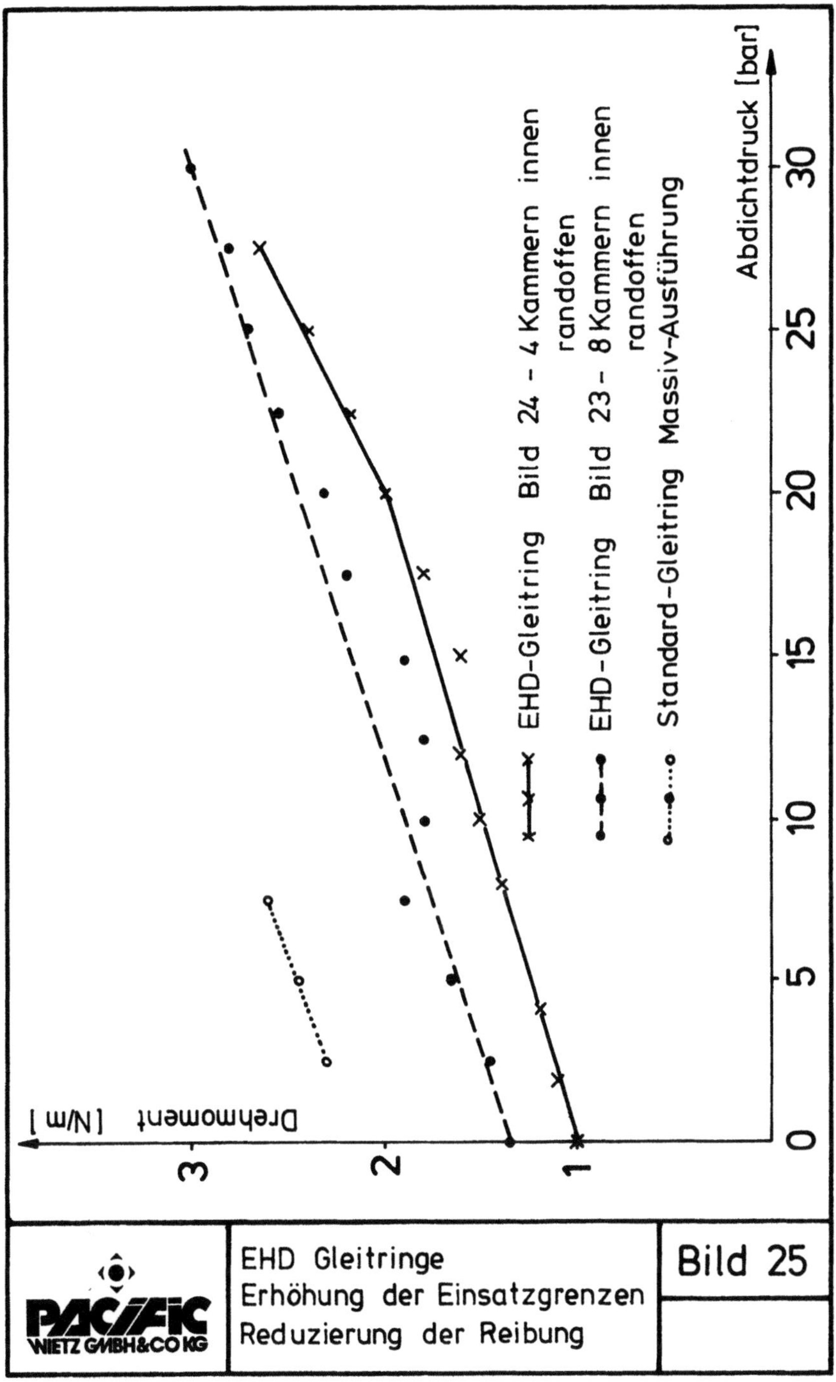

PACIFIC WIETZ GMBH&CO KG	EHD Gleitringe Erhöhung der Einsatzgrenzen Reduzierung der Reibung	Bild 25

4. Die praktische Anwendung

Während des Vorhabens gewonnene Erkenntnisse sollten möglichst schnell auch für die Praxis nutzbar gemacht werden. Aus diesem Anlaß wurde zum frühen Zeitpunkt bereits ein Hochleistungsprüfstand konstruiert und gebaut.
Die Schnittzeichnung gemäß Bild 26 verdeutlicht das Meßstellenschema und den Einbau der Test-Gleitringdichtungen innerhalb der Prüfkammer, die über Wälzlager frei pendelnd in einem Gehäuse eingebaut ist, damit auftretende Drehmomente als Stützmomente gemessen werden können.
Der Gesamtaufbau des Prüfstandes ist aus dem Bild 27 zu ersehen.
Es können Gleitringdichtungen bis ca. 200 mm Wellendurchmesser bei Abdichtdrücken bis 100 bar und Wellendrehzahlen stufenlos bis 15000 min^{-1} praxisnah getestet und betrieben werden.

Für diesen Prüfstand wurde eine Hochleistungs-Gleitringdichtung mit EHD-Merkmalen gem. Bild 28 angefertigt und bis 100 bar Abdichtdruck bei gleichzeit 100 m/s Gleitgeschwindigkeit getestet.
Der branchenübliche Leistungskennwert - der "p • v-Wert" - wurde mit 10000 bar• m/s weltweit erstmalig erreicht.

Zur Bestimmung der Dichtflächengeometrie wurden die neu gewonnenen Erkenntnisse aus diesem Forschungsvorhaben in abgewägter Größenordnung genutzt, als auch die am Institut für Maschinenelemente und Maschinengestaltung , RWTH-Aachen errechneten Werte berücksichtigt.

Der erreichte Nutzen im Hinblick auf Leistungseinsparung, Reduzierung von Kühlmengen für wirtschaftliches Betreiben als auch die Ausweitung der Anwendung für betriebssichers Betreiben bis 100 bar Abdichtdruck bei gleichzeitig 100 m/s Gleitgeschwindigkeit, ist dem Bild 29 zu entnehmen.

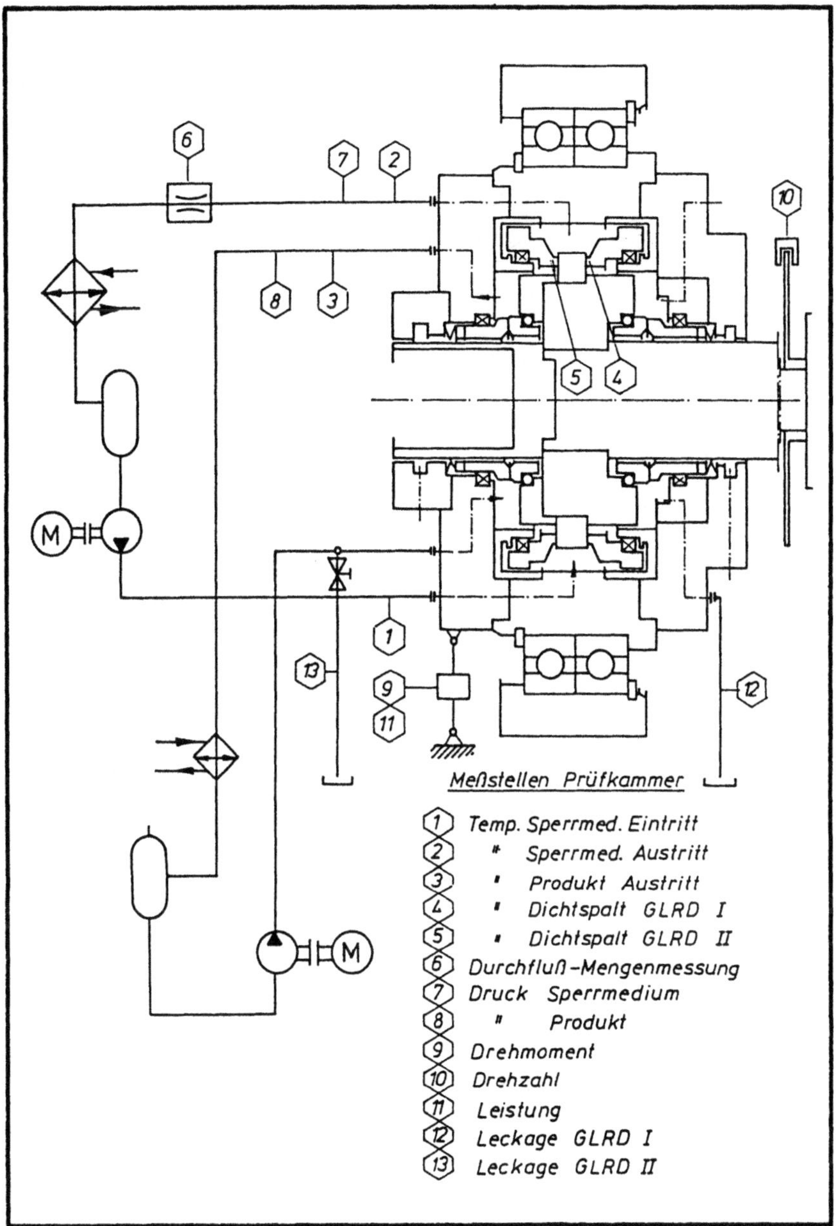

PACIFIC WIETZ GMBH & CO KG

Prüfstand
100 bar × 100 m/s
Meßstellenschema

Bild 26

Gesamtaufbau des Prüfstandes

Bild 27

PACIFIC WIETZ GMBH & CO KG

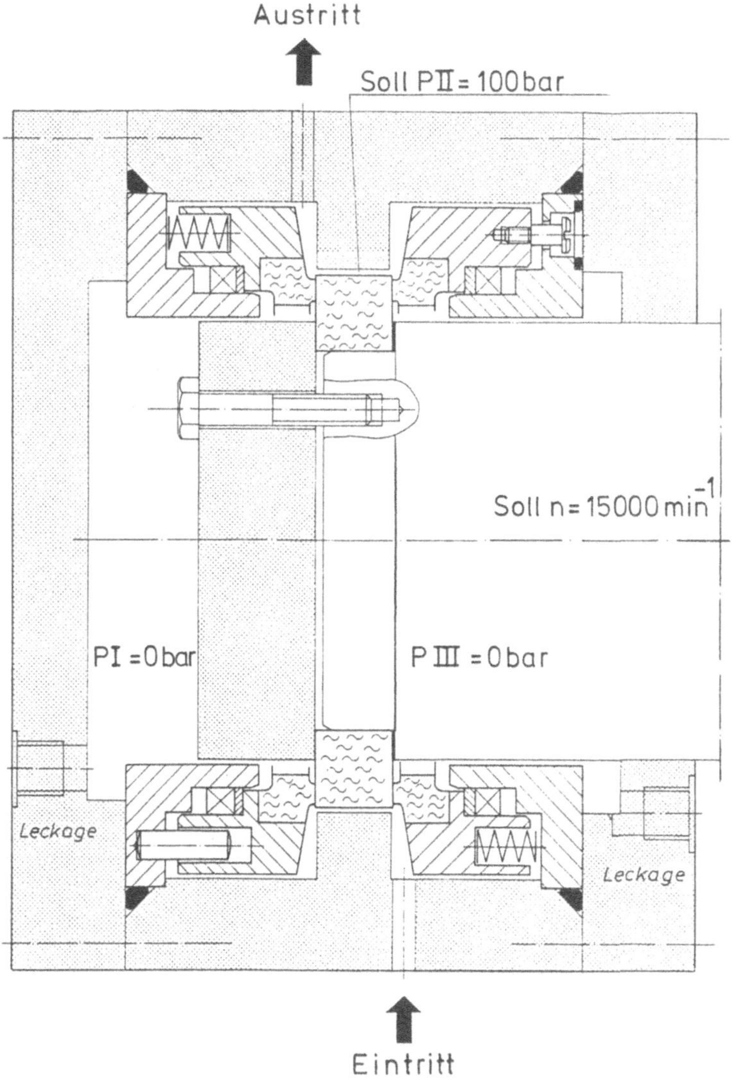

PACIFIC WIETZ GMBH & CO KG	Test - GLRD 100 bar × 100 m/s Werkstoff: SIC/SIC	Bild 28

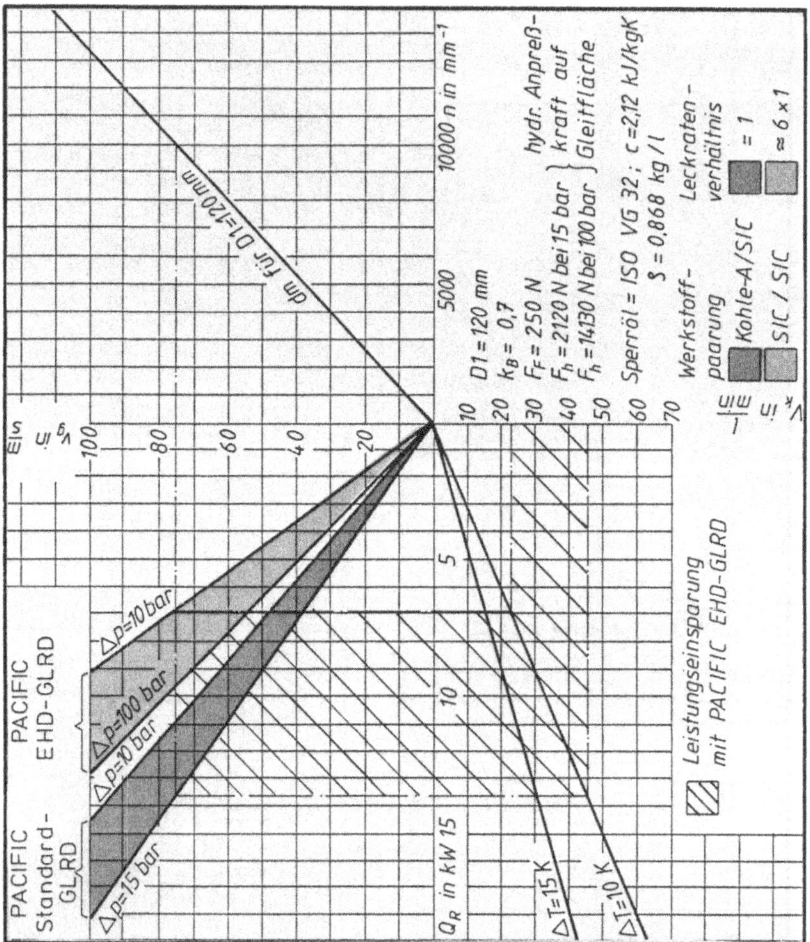

Vergleich der Leistungsparameter

Bild 29

Als neue Erkenntnisse wurde darüber hinaus ermittelt, daß der bisherige Leistungsmaßstab für GLRD - der "p · v-Wert" - bei den EHD-Gleitringdichtungen nicht mehr zutreffend ist, da mit dem Erhöhen der Gleitgeschwindigkeit auch der Abdichtdruck mitwachsen kann, weil sich die Tragkraft im Dichtspalt erhöht.

Thermo - Elastohydrodynamische Untersuchungen von axialen Gleitringdichtungen aus Keramik

---- DIE THEORIE ----

von

Prof. Dr. Ing. Heinz Peeken

Dipl. Ing. Ralf Dedeken

Institut für Maschinenelemente und
Maschinengestaltung , RWTH - Aachen
5100 Aachen

Förderkennzeichen : 01 ZT 301

Laufzeit : 01.01.1982 - 31.12.1984

0. Einleitung

Neben der Entwicklung eines Verfahrens zur Herstellung von laminierten Gleitringdichtungen aus Siliziumkarbid und deren experimentellen Erprobung sind die Arbeiten für dieses Forschungsvorhaben auch theoretisch begleitet worden. Hier sollen die Grundlagen, die Vorgehensweise und die Ergebnisse der theoretischen Analyse der neuartigen axialen Gleitringdichtungen erläutert werden.

Es wurde die Aufgabe gestellt, die Auswirkungen der Makrogeometrie auf die Spaltgeometrie und auf das Dichtungsverhalten zu untersuchen. Dabei sollte im besonderen das elasto- und thermoelastohydrodynamische Verhalten unter Einfluß von Hohlkammern, die direkt unter den Dichtflächen eingebracht sind, betrachtet werden.

Für die Durchführung der theoretischen Analyse wurde ein Finite Elemente Programm entwickelt, das alle erforderlichen Einflüsse berücksichtigt. Die nähere Beschreibung ist im nachfolgenden Kapitel dargelegt. Die Untersuchungen sind in zwei Abschnitte aufgeteilt. Zuerst ist das Zusammenspiel von Druckentwicklung und Verformung der Spaltgeometrie und dann die Wärmeentwicklung im Dichtspalt und die Temperaturverteilung im Dichtungskörper betrachtet worden.

1. Finite Elemente Programm

Das für die Analyse von Gleitringdichtungen entwickelte Programmpaket besteht aus einem Preprozessor, mit dem eine einfache und schnelle Datenaufbereitung möglich ist, einem Berechnungsteil, und einem Postprozessor, mit dem die Auswertung der Ergebnisse durchgeführt werden kann.

Der Berechnungsteil ist so konzipiert, daß die zeitaufwendigen Berechnungen im Batchbetrieb durchgeführt werden können. Es besteht aus veschiedenen Modulen, mit denen im wesentlichen die vier physikalischen Vorgänge in einer Gleitringdichtung erfaßt werden können.

* Druckverteilung im Dichtspalt
* elastische Verformung der Dichtung
* Temperaturberechnung im Dichtspalt
* Temperaturverteilung in der Dichtung

Jeder dieser vier Punkte kann durch eine Differentialgleichung beschrieben werden, die mittels der Finiten-Elemente-Methode numerisch gelöst wird. Nichtlineare Zusammenhänge, wie zum Beispiel die elastohydrodynamische Berechnung, werden nach dem Newton-Raphson Verfahren iterativ gelöst. Alle Vorgänge in einer Gleitringdichtung werden dreidimensional erfaßt. Eine Ausnahme bildet hierbei die Druckberechnung, die zweidimensional durchgeführt wird. Für die Berechnungen werden ausschließlich c1-stetige, isoparametrische Elemente verwandt. Sie besitzen im dreidimensionalen Anwendungsfall 20 Knotenpunkte und im zweidimensionalen 8 Knotenpunkte. Die theoretischen Grundlagen, auf denen der Berechnungsteil basiert, werden in den nachfolgenden Kapiteln beschrieben.

Zum Betrieb der einzelnen Berechnungsmodule muß eine große Datenmenge eingegeben werden. Um diesen Eingabeprozess mit minimalem Zeitaufwand und einer geringen Fehlerquote durchführen zu können, wurde ein Preprozessor entwickelt. Ausgehend von einer dreidimensionalen Finite Elemente Struktur einer axialen Gleitringdichtung werden von dem Preprozessor alle weiteren Daten im Dialog abgefragt. Die für die Druck- und Temperaturberechnung im Dichtspalt erforderlichen Netze werden in Abhängigkeit der Dichtungsstruktur automatisch erstellt.

Darüberhinaus wurde zur Auswertung und Darstellung der Berechnungsergebnisse ein Postprozessor entwickelt. Mit ihm ist es möglich, dreidimensionale Diagramme zu erstellen. Sie werden benötigt, um die Druckverteilung oder die Spaltgeometrie anschaulich darstellen zu können.

2. Untersuchung des Einflusses der Makrogeometrie auf das Verhalten von axialen Gleitringdichtungen

2.1 Einführung

Die elastohydrodynamische Analyse hat zum Ziel, die Makrogeometrie im Hinblick auf die Dichtungskenngrößen wie maximal zulässiger Systemdruck, Reibleistung und Leckrate zu optimieren. Um solche Parameterstudien durchzuführen, muß das Zusammenspiel von Dichtflächenverformungen und Druckaufbau im Dichtspalt untersucht werden.

Da sich bei der Untersuchung der Temperaturverteilung (vergl. Kap. 3) gezeigt hat, daß sich keine großen Temperaturgradienten beim Werkstoff Siliziumkarbid ergeben, ist eine isotherme Annahme bei der Druck-, Verformungsberechnung zulässig.

Durch das Einbringen der Hohlkammern nahe der Dichtflächen werden Steifigkeitsunterschiede in Umfangsrichtung erzielt. Durch die im Spalt wirkenden Druckkräfte wird sich eine Welligkeit der Dichtflächen einstellen, die wiederum hydrodynamische Druckkräfte erzeugt. Sind die Elastizitätsunterschiede der Dichtflächen in Umfangsrichtung ausreichend groß, werden die elastohydrodynamisch erzeugten Drücke im Spalt eine vollständige Trennung von Gleit- und Gegenring bewirken. Wird ein solcher Zustand erreicht, arbeitet die Gleitringdichtung verschleißfrei, mit kleiner Verlustleistung und geringer Wärmeentwicklung.

2.2 Dimensionslose Größen

Bei der Berechnung tribologischer Systeme hat es sich als sinnvoll erwiesen, die entsprechenden Gleichungen in eine dimensionslose Form zu überführen (vgl. Lit /1/). Die notwendigen Beziehungen sind im Anhang A aufgeführt.

2.3 Druckberechnung

Die durch die Relativbewegung der beiden Dichtungskörper erzeugte hydrodynamische Druckverteilung kann näherungsweise durch die Reynold'sche Differentialgleichung beschrieben werden. Damit diese Annahme zulässig ist, müssen verschiedene Voraussetzungen gemacht werden.

* Kontaktfreiheit der Dichtflächen
* Das abzudichtende Medium sei eine inkompressible, newtonsche Flüssigkeit mit konstanter Viskosität im Bereich des Schmierspaltes
* Es handelt sich um eine laminare Strömung, in der die Trägheitskräfte gegenüber den Reibungskräften vernachlässigbar sind
* Die Dichtspalthöhe sei viel kleiner als die anderen Dichtungsabmessungen
* Die Druckänderung über die Dichtspalthöhe ist vernachlässigbar
* Die Flüssigkeit gleitet nicht auf der Dichtspaltoberfläche (Stoke'sche Haftbedingung)
* Die Bewegung der Flüssigkeit senkrecht zur Wand ist vernachlässigbar
* Es herrschen stationäre Verhältnisse im Dichtspalt

Mit den hier getroffenen Annahmen läßt sich die Reynold'sche Differentialgleichung aus den Navier-Stokes-Gleichungen ableiten. In den angegebenen Literaturstellen /1/, /2/ ist die Herleitung ausführlich dargestellt. Hier soll deshalb darauf verzichtet werden.

Die Reynolds'sche Differentialgleichung ist hier in Polarkoordinaten dargestellt.

$$\frac{1}{r}\frac{\partial}{\partial r}\left(r\, h^3 \frac{\partial P}{\partial r}\right) + \frac{1}{r^2}\frac{\partial}{\partial \varphi}\left(h^3 \frac{\partial P}{\partial \varphi}\right) = 6\,\eta\,\omega \frac{\partial h}{\partial \varphi} \tag{2.1}$$

Bei der Berechnung tribologischer Systeme hat es sich als vorteilhaft erwiesen, die entsprechenden Gleichungen in eine dimensionslose Form zu übertragen (vgl. Lit. /1/). Alle normierten Größen sind im Anhang A aufgeführt. Damit folgt aus der Gleichung (2.1) folgende dimensionslose Form :

$$\frac{1}{\bar{r}}\frac{\partial}{\partial \bar{r}}\left(\bar{h}^3 \bar{r}\, \frac{\partial \bar{P}}{\partial \bar{r}}\right) + \frac{1}{\bar{r}^2}\frac{\partial}{\partial \varphi}\left(\bar{h}^3 \frac{\partial \bar{P}}{\partial \varphi}\right) = 6\bar{\eta}\, \frac{\partial \bar{h}}{\partial \varphi} \tag{2.2}$$

Zur Lösung dieser Differentialgleichung ist es zunächst erforderlich, sie in ein equivalentes Variationsproblem zur überführen. Dies erfolgt nach dem Euler'schen Theorem (vgl. Lit. /3/). Es gilt für das Funktional :

$$\varkappa = \frac{1}{2}\int_{\bar{\Omega}} \left[\, \bar{h}^3 \left(\frac{\partial \bar{P}}{\partial \bar{r}}\right)^2 + \frac{\bar{h}^3}{\bar{r}^2}\left(\frac{\partial \bar{P}}{\partial \varphi}\right)^2 - 12\bar{\eta}\, \frac{\partial \bar{h}}{\partial \varphi}\, \bar{P}\, \right] d\bar{\Omega} \tag{2.3}$$

Die Beschreibung der Finiten-Elemente-Methode wurde bereits ausführlich in den angegebenen Literaturstellen (vgl. Lit. /4/, /5/) durchgeführt. Es soll deshalb hier darauf verzichtet werden. Mit der dort erläuterten Vorgehensweise erhält man für die Forderung nach dem Minimum des Funktionals folgende Formulierung :

$$\frac{\partial \varkappa}{\partial \{\bar{P}\}} = [K_{RE}] \cdot [\bar{P}] = \{g\} \tag{2.4}$$

Die Matrix $[K_{RE}]$ und der Vektor $\{g\}$ setzen sich dabei aus den Gleidern $K_{RE_{ij}}$ bzw. g_i zusammen :

$$K_{RE_{ij}} = \int_{\bar{\Omega}} \left[\bar{h}^3 \frac{\partial N_i}{\partial \bar{r}} \frac{\partial N_j}{\partial \bar{r}} + \frac{\bar{h}^3}{\bar{r}^2} \frac{\partial N_i}{\partial \varphi} \frac{\partial N_j}{\partial \varphi} \right] \partial \bar{\Omega} \tag{2.5}$$

$$g_i = \int_{\bar{\Omega}} 6 \bar{\eta} \frac{\partial \bar{h}}{\partial \varphi} N_i \, d\bar{\Omega}$$

Durch die Lösung dieses linearen Gleichungssystems erhält man die Druckverteilung in Abhängigkeit der Spaltgeometrie.

2.4 Dreidimensionale Verformungsberechnung

Zur Ermittlung der realen Spaltgeometrie ist es erforderlich, die aus der Druckbelastung resultierenden Verformungen zu berücksichtigen. Die Berechnung wird an einem dreidimensionalen Finite-Elemente-Modell der Gleitringdichtung durchgeführt. Das mechanische Verhalten des keramischen Werkstoffs SIC kann durch die lineare Elastizitätstheorie beschrieben werden. Danach gilt für die gesamte in einem Körper enthaltene potentielle Energie :

$$\pi = \frac{1}{2} \int_V \{\varepsilon\} \{\sigma\} \, dV - \int_A P \{\delta\} \, dA \tag{2.6}$$

mit $\{\varepsilon\}$ Dehnungstensor

$\{\sigma\}$ Spannungstensor

$\{\delta\}$ Verschiebungsvektor

Die Spannungen werden nach dem Hooke'schen Gesetz durch die Elastizitätsmatrix $[D]$ in Abhängigkeit der Dehnungen beschrieben

$$\{\sigma\} = [D] \quad \{\varepsilon\} \tag{2.7}$$

Die Ableitungen des Verschiebungsvektors bilden den Dehnungstensor. Es gilt :

$$\{\varepsilon\} = [L] \quad \{\delta\} \tag{2.8}$$

mit

$$[L]^T = \begin{bmatrix} \frac{\partial}{\partial x} & 0 & 0 & \frac{\partial}{\partial y} & 0 & \frac{\partial}{\partial z} \\ 0 & \frac{\partial}{\partial y} & 0 & \frac{\partial}{\partial x} & \frac{\partial}{\partial z} & 0 \\ 0 & 0 & \frac{\partial}{\partial z} & 0 & \frac{\partial}{\partial y} & \frac{\partial}{\partial z} \end{bmatrix}$$

Werden auf die Gleichungen (2.6) , (2.7) und (2.8) die Regeln der Finiten-Elemente-Methode angewandt, so erhält man als Bedigung für das Minimum der potentiellen Energie folgendes Gleichungssystem :

$$[K_E] \cdot \{\delta\} = \{F\} \tag{2.9}$$

Die Matrix $\left[K_E\right]$ und der Vektor $\left\{F\right\}$ setzen sich dabei aus den Gliedern $K_{E_{ij}}$ bzw. F_i zusammen.

$$K_{E_{ij}} = \int_V ([L]\ \{N_i\})^T [D]\ ([L]\ \{N_j\})\,dV$$

$$F_i = \int_A \{N_i\}\ P\ \vec{n}\,dA$$

2.5 Elastohydrodynamische Theorie

Für die Lösung der Reynolds'schen Differentialgleichung innerhalb des Dichtspaltes ist die Kenntnis der Spaltgeometrie erforderlich. Diese kann jedoch nur ermittelt werden, wenn bereits die Druckverteilung bekannt ist. Die gegenseitige Abhängigkeit erfordert die simultane Lösung der Reynolds'schen Differentialgleichung und den Verformungsgleichungen. Da es sich hierbei um einen nichtlinearen Zusammenhang handelt, muß die Lösung iterativ ermittelt werden.

Das elastohydrodynamische Verhalten einer axialen Gleitringdichtung wird durch vier Gleichungen beschrieben.

1) Die Reynolds'sche Differentialgleichung (2.4)

$$[K_{RE}] \cdot \{P\} = \{g\}$$

2) Die Verformungsgleichung (2.9)

$$[K_E] \cdot \{\delta\} = \{F\}$$

3) Der Zusammenhang zwischen Spaltweite und Verformungen

$$\{\delta\} + \{h_{min}\} = \{h\} \qquad (2.10)$$

mit h_{min} = minimale Spaltweite

4) Der Lastvektor F in Abhängigkeit der Druckverteilung

$$\{F\} = \int_A \{P\}\, dA \qquad \text{mit } A = \text{Dichtfläche} \qquad (2.11)$$

Durch das Einsetzen der Gleichungen 2.4 , 2.9 und 2.10 in 2.11 erhält man ein nichtlineares Gleichungssystem :

$$\int_A [K_{RE}]\, dA\, [K_E]\{\delta\} - \int_A g\, dA = \emptyset \qquad (2.12)$$

Die Lösung dieser nichtlinearen Beziehung kann iterativ nach dem Verfahren von Newton-Raphson (vgl. Lit. /8/) durchgeführt werden. Es folgt daraus eine Berechnungsvorschrift für die Spaltgeometrie :

$$\{\delta\}^{\nu+1} = \{\delta\}^{\nu} - \left[\frac{\partial \left(\int_A [K_{RE}]\, dA\, [K_E] \right)}{\partial \{\delta\}} \cdot \{\delta\}^{\nu} + \int_A [K_{RE}]\, dA\, [K_E] - \frac{\partial \left(\int_A g\, dA \right)}{\partial \{\delta\}} \right] \cdot \left[\int_A [K_{RE}]\, dA\, [K_E] \cdot \{\delta\}^{\nu} - \int_A g\, dA \right] \tag{2.13}$$

Hat das Verfahren konvergiert, ist die Spaltgeometrie bekannt. Danach kann die Druckverteilung und alle anderen Dichtungskenngrößen bestimmt werden.

2.6 Dichtungskenngrößen

Sind nach der Konvergenz der EHD-Berechnungen Spaltgeometrie und Druckverteilung bekannt, können daraus folgende Dichtungskenngrößen abgeleitet werden.

* Reibleistung
* Leckrate
* Reibmoment
* maximaler Druck

Der maximale Druck kann direkt aus der Druckverteilung im Dichtspalt entnommen werden. Er kann als Maß für die Belastung der Dichtung angesehen werden.

Das Reibmoment bzw. die Verlustleistung lassen sich aus dem Geschwindigkeitsgefälle im Dichtspalt herleiten. Aus der Integration der Schubspannungen über die Dichtfläche läßt sich das Drehmoment wie folgt angeben :

$$M = \int_A \eta \frac{\partial v}{\partial z} \, r \, dA \qquad (2.14)$$

Die Verlustleistung läßt sich dann aus dem Drehmoment ermitteln. Es gilt :

$$P_{ver} = M \cdot \omega \qquad (2.15)$$

Die Leckrate berechnet sich aus den in radialer Richtung ein- und ausfließenden Massenströmen. Die gesamte Leckrate läßt sich durch Integration ermitteln. Es gilt :

$$Q = \iint u \, r \, d\varphi \, dz \qquad (2.16)$$

Die Geschwindigkeiten u bzw. v werden nach den Gleichungen (3.11) und (3.12) aus dem Druckgradienten berechnet.

2.7 Durchgeführte EHD-Berechnungen

2.7.1 Beschreibung der Prüfdichtung

Die Untersuchung des Makrogeometrieeinflusses auf das Verhalten von Gleitringdichtungen wurde beispielhaft an einem Dichtungstyp durchgeführt. Die Form und die Abmessungen wurden mit den Forschungspartnern PACIFIC Wietz GmbH + Co KG und der CeramTec AG abgesprochen. Dabei handelt es sich um eine

Grundversion, die durch Einbringen von Hohlkammern unterschiedlicher Größe, Anzahl und Geometrie variiert wurde. In Bild 1 ist die Grundversion dargestellt.

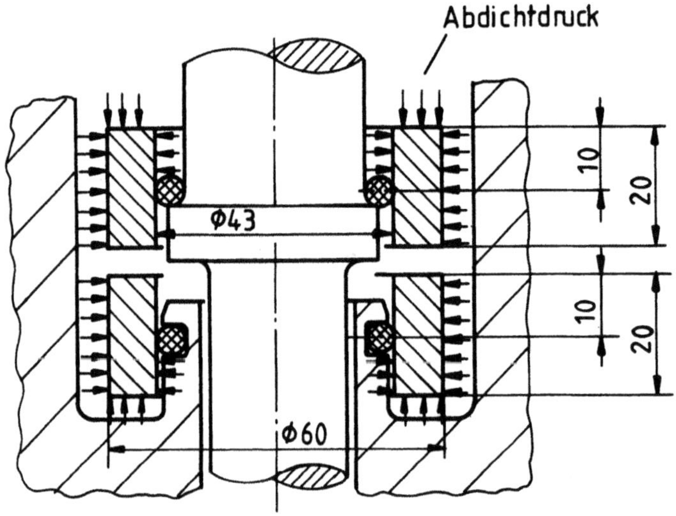

Bild 1

2.7.2 Untersuchungen an Gleitringdichtungen mit geschlossenen Kammern

Es wurden 6 verschieden gestaltete Kammern auf ihre elastohydrodynamischen Eigenschaften überprüft. Im wesentlichen wurden dabei zwei Parameter verändert. Zum ersten wurde die Anzahl bzw. die Größe der Kammern und zweitens die Dicke s der Membran variiert. Bei den hier durchgeführten Berechnungen werden nur Membranstärken von 0,8 und 1,6 mm berücksichtigt.

Durch die Variation der Hohlraumgeometrie verändert sich auch die Anzahl der Kammern. Die Dichtungen teilen sich immer in gleichförmige Segmente auf, die jeweils aus einer Kammer und einem massiven Teil bestehen. Es wurden drei verschiedene Typen mit jeweils 4, 8 und 16 Segmenten untersucht. In Tabelle 1 sind die Ergebnisse der Untersuchung zusammengefaßt.

Es wurde für die Berechnungen angenommen, daß der Dichtspalt ideal glatt und eben hergestellt wurde. So können aufgrund von Rauhigkeiten oder Fertigungsungenauigkeiten keine hydrodynamischen Drücke aufgebaut werden. Die für den kontaktfreien Betrieb erforderlichen Tragkräfte können somit nur durch elastische Verformungen der Dichtflächen hervorgerufen werden. Der erforderliche Betrag der Tragkraft läßt sich nach der folgenden Beziehung bestimmen :

$$F_{Tragkraft} = F_{Feder} \cdot p_{Systemdruck} \cdot A_{Dichtfläche} \cdot k \qquad (2.17)$$

Der k-Faktor ist ein Maß für die Be- oder Entlastung einer Gleitringdichtung (vgl. /6/). Es wird hier immer k = 1 angenommen.

Die in Tabelle 1 aufgeführten Berechnungsergebnisse zeigen, daß sich nur bei zwei Dichtungstypen hydrodynamisch erzeugte Tragkräfte einstellen. In Bild 2 ist die Tragkraft für diese beiden Dichtungen in Abhängigkeit der minimalen Spaltweite aufgetragen. Der Systemdruck beträgt dabei 1 bar.

Es zeigt sich, daß die Dichtungskörper mit geschlossenen Hohlkammern keine ausreichenden elastischen Verformungen der Dichtflächen zulassen. In den weiteren Berechnungen sollen deshalb wesentlich weicher gestaltete Gleitringdichtungen untersucht werden.

2.7.3 Untersuchungen an Gleitringdichtungen mit randoffenen Kammern

Es gibt zwei Möglichkeiten, Dichtungen mit randoffenen Kammern zu gestalten (Bild 3).

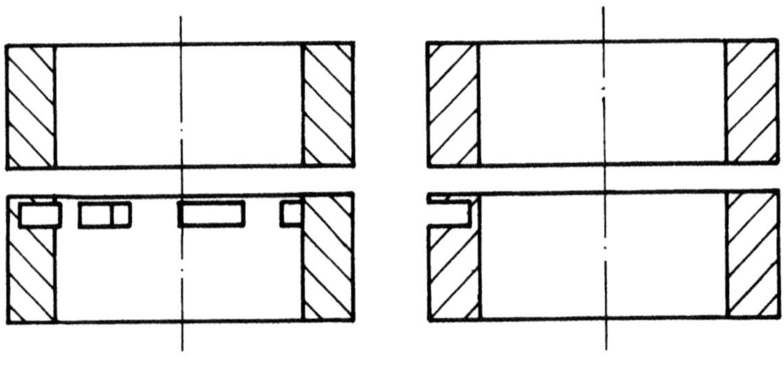

innen geöffnet Type 1 (drucklose Seite) — außen geöffnet Type 2 (druckbeaufschlagte Seite)

Bild 3

Die Untersuchung der Dichtungen des Types 2, bei denen die Kammer druckbeaufschlagt ist, haben ebenfalls keine befriedigenden Ergebnisse gebracht. Es soll deshalb darauf nicht näher eingegangen werden.

Von den Dichtungen des Types 1 wurden drei unterschiedliche Varianten untersucht. In Bild 4 sind sie dargestellt. Die Dicke der Membran s wurde immer mit 0,8 mm angenommen. Die drei verschiedenen Dichtungen besitzen 4, 8 und 16 Kammern. Das entspricht Segmenten von 90°, 45° und $22{,}5^{o}$.

In Bild 5 wird das Verformungsverhalten der drei Dichtungsgeometrien verglichen. Die Verformungen sind in allen drei Fällen im gleichen Maßstab stark vergrößert dargestellt. Es ist zu erkennen, daß sich der Gleitring mit 16 Kammern bei gleicher Belastung nur gering verformt. Die beiden anderen Ringe weisen hingegen ein deutliches elastohydrodynamisches Verhalten auf.

In den Bildern 6, 7 und 8 sind die Dichtungskenngrößen in Abhängigkeit des Systemdruckes aufgetragen. Für die Diagramme gelten die gleichen Randbedingungen wie sie für die Gleitringdichtungen mit geschlossenen Hohlkammern angenommen wurden. Im Vergleich zu den in Tabelle 1 aufgeführten Ergebnissen weisen die Dichtungen mit randoffenen Kammern sehr gute Betriebsdaten auf. Wird als untere Grenze für die minimale Spaltweite 0,2 µm angenommen, so beträgt der maximal zulässige Systemdruck für die Dichtung mit 4 Kammern 31 bar und für die mit 8 Kammern 37 bar. Die Dichtung mit 16 Kammern würde hingegen nur 8 bar erreichen. Das ist durch die sehr viel steifere Bauart zu erklären. Auch bei der Betrachtung von Bild 5 wird deutlich, daß sich nur noch geringere elastohydrodynamische Verformungen einstellen. Die Dichtung mit 8 Kammern weist im Betriebsverhalten ein Optimum auf. Die Verbesserung zu der Dichtung mit 4 Kammern ist jedoch nicht sehr groß.

Aus den elastohydrodynamischen Untersuchungen verschiedener Dichtungsbauformen läßt sich schließen, daß nur extrem weich gestaltete Gleitringdichtungen ein ausreichendes Verformungsvermögen aufweisen. Es wurde hier nachgewiesen, daß mit dem Prinzip einer elastohydrodynamischen axialen Gleitringdichtung wesentlich höhere Systemdrücke bei geringer Verlustleistung abgedichtet werden können, als dies mit herkömmlichen möglich ist.

3. Temperaturberechnung

3.1 Einleitung

Die Untersuchung der Temperaturverteilung in Gleitringdichtungen hat zum Ziel, den Einfluß einer Kühlung durch eingebrachte Hohlkammern zu überprüfen. Dabei soll geklärt werden, ob es möglich ist, durch genügend große Temperaturgradienten in Umfangsrichtung gezielte Verformungen der Gleitflächen zu erreichen. Darüberhinaus soll überprüft werden, ob durch die gezielte Kühlung in den Dichtungen das Temperaturniveau günstig beeinflußt werden kann. Dies ist von Interesse, weil sich bei temperaturkritischen Flüssigkeiten durch Überhitzung Ablagerungen auf den Dichtflächen bilden können.

3.2 Theoretische Grundlagen

Die Temperaturverteilung wird in dem Gleitring, dem Flüssigkeitsfilm und dem Gegenring berechnet. Diese drei Teile müssen einzeln betrachtet werden, da für ihre mathematische Beschreibung unterschiedliche physikalischen Vorgänge maßgeblich sind.

Ausgehend von der Energiegleichung (3.1), die die Temperaturverteilung in einem Medium beschreibt, können die benötigten Differentialgleichungen hergeleitet werden. Sie erhält man durch die Bildung einer Energiebilanz an einem infinitesimalen Element. Es gilt :

$$\varrho c \frac{dT}{dt} = \frac{dP}{dt} + \nabla(\lambda \nabla T) + \eta \Phi \qquad (3.1)$$

Die einzelnen Terme beschreiben unterschiedliche physikalische Vorgänge. Es sind :

$\frac{dT}{dt}$ - die zeitliche Änderung der Temperaturverteilung (d.h. mechanischer Wärmetransport

$\frac{dP}{dt}$. - Kompressionsarbeit

$\nabla(\lambda \nabla T)$ - Wärmeleitung

$\eta \Phi$ - Dissipationsenergie

3.2.1 Dichtringe (Gleitring , Gegenring)

Bei der Betrachtung massiver Körper vereinfacht sich die Energiegleichung (3.1) erheblich. Alle Terme, mit Ausnahme der Wärmeleitung werden zu Null. Es gilt :

$$\nabla(\lambda \nabla T) = \Phi \qquad (3.2)$$

An den Oberflächen der Dichtung ergeben sich dabei folgende Randbedingungen

$$\lambda \nabla T + \alpha (T - T_{\infty}) = \Phi \qquad (3.3)$$

Die Gleichungen (3.2) und (3.3) genügen zur Beschreibung der Temperaturverteilung im stationären Dichtring. Für den mit der Welle verbundenen Dichtring muß zusätzlich der Wärmetransport aufgrund seiner Rotation berücksichtigt werden.

Wie bereits im Abschnitt 2.2 werden auch für die Temperaturberechnung dimensionslose Größen eingeführt. Es ist

$$\bar{T} = \frac{T}{T_u} \tag{3.4}$$

wobei T_u die Umgebungstemperatur der Dichtung ist.

Zur Lösung der Differentialgleichung (3.2) mittels der Finiten Elemente-Methode ist es zunächst erforderlich, ein equivalentes Variantenproblem zu finden. Die Transformation wird nach dem Euler-schen Theorem (vgl. Lit. /3/) durchgeführt. Die Formulierung des Funktionals geschieht zweckmäßig in Polarkoordinaten. Es ist

$$\kappa = \frac{1}{2}\int \lambda [(\frac{\partial \bar{T}}{\partial r})^2 + \frac{1}{r2} (\frac{\partial \bar{T}}{\partial \varphi})^2 + (\frac{\partial \bar{T}}{\partial z})^2] d\Omega + \frac{1}{2}\int_{\omega} \alpha (\bar{T}^2 - T \bar{T}_{\infty} + T_{\infty}^2) d\omega \tag{3.5}$$

Mit der Einführung der Finiten-Elemente-Methode erhält man für die Forderung nach dem Minimum des Funktionals folgende Beziehung :

$$\frac{\partial \kappa}{\partial [\bar{T}]} = [K_K] \cdot \{\bar{T}_K\} + \{ f_K \} = \Phi \tag{3.6}$$

Die Matrix $\left[K_K\right]$ setzt sich dabei aus den einzelnen Gliedern K_{Kij} nach folgender Vorschrift zusammen :

$$K_{K_{ij}} = \lambda \int_\Omega [\frac{\partial N_i}{\partial r} \frac{\partial N_j}{\partial r} + \frac{1}{r^2} \frac{\partial N_i}{\partial \varphi} \frac{\partial N_j}{\partial \varphi} + \frac{\partial N_i}{\partial z} \frac{\partial N_j}{\partial z}] \, d\Omega + \int_\omega \alpha \, N_i \, N_j \, d\omega \qquad (3.7)$$

entsprechend gilt für den Vektor $\left\{f_K\right\}$:

$$f_{K_i} = \int_\omega \alpha \cdot \bar{T}_\infty N_i \, d\omega \qquad (3.8)$$

3.2.2 Flüssigkeitsfilm

Die Berechnung der Temperaturverteilung im Flüssigkeitsfilm ist nicht so einfach durchzuführen wie in dem massiven Dichtungskörper. Unter den Annahmen, wie sie im Abschnitt 2.3 für den Flüssigkeitsfilm im Dichtspalt getroffen wurden, läßt sich die Energiegleichung (3.1) in folgende Form überführen. Auch hier erweist sich eine Darstellung in Polarkoordinaten als sinnvoll. Es gilt :

$$\varrho c [u \frac{\partial T}{\partial r} + \frac{v}{r} \frac{\partial T}{\partial \varphi} + w \frac{\partial T}{\partial z}] = \lambda [\frac{1}{r} \frac{\partial T}{\partial r} (r \frac{\partial T}{\partial r}) + \frac{\partial^2 T}{\partial z^2}] + \eta [(\frac{\partial u}{\partial z})^2 + (\frac{\partial v}{\partial z})^2] \qquad (3.9)$$

Die Herleitung dieser Form der Energiegleichung ist ausführlich von Rost (vgl. Lit. /7/) beschrieben worden. Es wurde deshalb hier darauf verzichtet.

Durch die Einführung der dimensionslosen Größen erhält man die folgende Form der Gleichung

$$f_1 \frac{\partial \bar{T}}{\partial \bar{r}} + f_2 \frac{\partial \bar{T}}{\partial \varphi} + f_3 \frac{\partial \bar{T}}{\partial \bar{z}} + f_4 \frac{\partial^2 \bar{T}}{\partial \bar{z}^2} = f_5 \qquad (3.10)$$

mit den Faktoren :

$$f_1 = \bar{u}$$

$$f_2 = \frac{\bar{v}}{\bar{r}}$$

$$f_3 = -\bar{u} \frac{\bar{z}}{\bar{h}} \frac{\partial \bar{u}}{\partial \bar{r}} - \frac{\bar{v}}{\bar{r}} \frac{\bar{z}}{\bar{h}} \frac{\partial \bar{h}}{\partial \varphi} + \frac{\bar{w}}{\bar{h}} \left(\frac{ri}{h_m}\right)$$

$$f_4 = \frac{1}{N_{PE}} \frac{1}{\bar{h}^2}$$

$$f_5 = \frac{N_E}{N_{RE}} \frac{\bar{\eta}}{\bar{h}} \left[\left(\frac{\partial \bar{u}}{\partial \bar{z}}\right)^2 + \left(\frac{\partial \bar{v}}{\partial \bar{z}}\right)^2\right]$$

Die dimensionslosen Geschwindigkeiten $\bar{u}$, $\bar{v}$, $\bar{w}$ lassen sich aus den folgenden Beziehungen berechnen :

$$\bar{u} = \frac{\bar{h}^2}{2\bar{\eta}} \frac{\partial \bar{p}}{\partial \bar{r}} [\bar{z}^2 - \bar{z}] \qquad (3.11)$$

$$\bar{v} = \frac{\bar{h}^2}{2\bar{\eta}\bar{r}} \frac{\partial \bar{p}}{\partial \varphi} [\bar{z}^2 - \bar{z}] + \bar{r}\,\bar{z} \tag{3.12}$$

$$\bar{w} = -\left(\frac{hm}{ri}\right) \frac{\bar{h}^3}{2\bar{r}\bar{\eta}} \left[\frac{1}{\bar{r}} \frac{\partial^2 \bar{p}}{\partial \varphi^2} + \frac{\partial \bar{p}}{\partial \bar{r}} + \bar{r} \frac{\partial^2 \bar{p}}{\partial \bar{r}^2} \right] \left(\frac{1}{3}\bar{z}^3 - \frac{1}{2}\bar{z}^2 \right) \tag{3.13}$$

Die Formulierung der Gleichung (2.10) als Finite-Elemente-Problem geschieht nach dem Verfahren von Galerkin. Danach gilt die folgende Vorschrift :

$$\int_{\bar{\Omega}} N_i \left(f_1 \frac{\partial \bar{T}}{\partial \bar{r}} + f_2 \frac{\partial \bar{T}}{\partial \varphi} + f_3 \frac{\partial \bar{T}}{\partial \bar{z}} + f_4 \frac{\partial^2 \bar{T}}{\partial \bar{z}^2} - f_5 \right) d\bar{\Omega} = \phi \tag{3.14}$$

Der Term zweiter Ordnung wird durch partielle Integration umgeformt.

$$\int_{\bar{\Omega}} N_i\, f_4 \frac{\partial^2 \bar{T}}{\partial \bar{z}^2} d\bar{\Omega} = \int_{\bar{\omega}} N_i\, f_4 \frac{\partial \bar{T}}{\partial \bar{z}} d\bar{\omega} - \int_{\bar{\Omega}} \frac{\partial \bar{T}}{\partial \bar{z}} \left(\frac{\partial (N_i f_4)}{\partial \bar{z}} \right) d\bar{\Omega} \tag{3.15}$$

Man erhält daraus einen Term niederer Ordnung und ein Oberflächenintegral, daß als Randbedingung gedeutet werden kann.

Werden die in der Finiten-Elemente-Methode üblichen Beziehungen (vgl. Lit. /4/ , /5/) in Gleichungen (3.14) und (3.15) eingeführt, erhält man folgendes, in matrizenschreibweise dargestelltes Gleichungssystem :

$$[K_F]\{\bar{T}\} + \{f_F\} = \Phi \tag{3.16}$$

Die Matrix $\left[K_F\right]$ und der Vektor $\left\{f_F\right\}$ setzen sich aus folgenden Gliedern zusammen :

$$\kappa_{F_{ij}} = \int_{\bar{\Omega}} N_i \,[f_1 \frac{\partial Nj}{\partial \bar{r}} + f_2 \frac{\partial Nj}{\partial \varphi} + f_3 \frac{\partial Nj}{\partial \bar{z}} - \frac{\partial Nj}{\partial \bar{z}} (\frac{\partial (N_i f_4)}{\partial \bar{z}})]\, d\bar{\Omega} + \int_{\bar{\omega}} N_i \, f_4 \frac{\partial N_j}{\partial \bar{z}} \, d\bar{\omega} \tag{3.17}$$

$$f_{Fi} = \int_{\bar{\Omega}} N_i \; f4 \; d\bar{\Omega} \tag{3.18}$$

3.2.3 Lösung des Gesamtsystems

Zur vollständigen Berechnung der Temperaturverteilung in der Dichtung und im Dichtspalt müssen die Gleichungen (3.6) und (3.16) simultan gelöst werden. Dazu müssen an den gemeinsamen Grenzflächen der Lösungsgebiete Randbedingungen definiert werden, die sowohl vom Flüssigkeitsfilm als auch vom massivem Körper zu erfüllen sind.

1) Die Temperaturen der Flüssigkeit und des Dichtungskörpers müssen in den Grenzflächen identisch sein.

$$T_{Fluid} = T_{Körper} \qquad (3.19)$$

2) Die Wärmeflüsse vom Fluid zum Körper müssen identisch sein

$$\lambda_{Fluid} \cdot \frac{\partial T_{Fluid}}{\partial \vec{n}} = \lambda_{Körper} \frac{\partial T_{Körper}}{\partial \vec{n}} \qquad (3.20)$$

Sind die beiden Übergangsbedingungen erfüllt, können die Gleichungen (3.6) und (3.16) zu einem Gesamtsystem gekoppelt werden, durch dessen Lösung die Temperaturverteilung im Flüssigkeitsfilm und im Dichtungskörper bestimmt wird.

3.3 Durchgeführte Temperaturberechnungen

Für die Ermittlung der Temperaturverteilung ist die exakte Kenntnis der Randbedingungen von sehr großer Bedeutung. Der Wärmeaustausch zwischen der Dichtung und den umgebenden Medien wird durch Wärmeübergangskoeffizienten beschrieben. Sie können nur in sehr beschränktem Maße berechnet oder experimentell bestimmt werden. Solche groben Näherungswerte sind für eine genaue Berechnung der Temperaturverteilung nicht ausreichend. Um trotzdem eine ausreichend genaue Aussage über die Temperaturverteilung machen zu können, werden die Berechnungen anhand von Messungen an einzelnen Punkten überprüft und die Wärmeübergangskoeffizienten entsprechend korrigiert.

Die Untersuchungen der Temperaturverteilung sollen den Einfluß einer gezielten Kühlung der Hohlkammern auf die thermischen Verformungen einer axialen Gleitringdichtung überprüfen.

Die Berechnungen werden an dem gleichen Dichtungstyp durchgeführt, wie er auch für die EHD-Betrachtungen verwandt wurde. In Bild 9 ist die Gleitringdichtung und die Diskretisierung in Finite-Elemente dargestellt. Sie besteht aus 4 gleichförmigen Segmenten mit jeweils einer Kammer. Um den Berechnungsaufwand möglichst gering zu halten, wird nur ein Segment betrachtet. Dies ist zulässig bei der Betrachtung der entsprechenden Randbedingungen.

Die Finite-Elemente-Struktur besteht aus dem Druckring, dem Gegenring und dem Flüssigkeitsfilm. Der Flüssigkeitsfilm ist in einer normierten Form dargestellt. Sie entspricht nicht der realen Spaltgeometrie.

In den Bildern 10, 11 und 12 sind die Temperaturverteilungen unterschiedlicher Werkstoffpaarungen dargestellt. Die Viskosität ist dabei immer mit 5 cp angenommen. Die links abgebildeten Dichtungen haben keine Hohlkammern, sie sind also ungekühlt. Bei allen Werkstoffpaarungen verlaufen die Isothermen nahezu rotationssymmetrisch. In den aus SIC bestehenden Dichtungskörpern gibt es aufgrund der hohen Wärmeleitfähigkeit keine großen Temperaturgradienten. Man wird demnach auch keine wesentlichen thermischen Verformungen erwarten können.

Bei den Dichtungskörpern aus Al_2O_3 und im wesentlich größeren Maße bei Kohlewerkstoffen treten in axialer Richtung deutliche Temperaturgradienten auf, die ein Stülpen der Dichtungen verursachen.

In der Mitte sind die Temperaturverteilungen von Dichtungen mit gekühlten Hohlkammern zu sehen. Rechts im Bild sind die Dichtungen im Schnitt dargestellt. Es ist ein leichter Einfluß im Bereich der Hohlräume auf die Isothermen in Umfangsrichtung zu erkennen. Dadurch kann jedoch keine merkbare Welligkeit der Dichtflächen erzeugt werden.

Aus dem Vergleich zwischen gekühlter und ungekühlter Gleitringdichtung wird eine deutliche Verringerung des Temperaturniveaus ersichtlich.

Aus den Berechnungsergebnissen wird deutlich, daß bei der Verwendung von SIC als Werkstoff für Gleitringdichtungen keine großen Temperaturgradienten und damit auch keine thermischen Verformungen zu erwarten sind. Es wurde jedoch eine Möglichkeit aufgezeigt, durch die Kühlung der Hohlkammern das Temperaturniveau im Dichtspalt gezielt zu beeinflussen.

Literaturnachweis

/1/ Abdel-Latif
Berechnung von Axialgleitlagern mit Kreisgleitschuhen unter thermoelastohydrodynamischen Bedingungen
Dissertation 1980

/2/ Cameron
Principles of Lubrication
1966

/3/ Bronstein
Taschenbuch der Mathematik
1960

/4/ Zienkiewicz
The Finite Element Method in Engineering
1971

/5/ Bathe
Wilson Numerical Methods in Finite Element Analysis
1976

/6/ Mayer
Axiale Gleitringdichtungen
1977

/7/ Rost
Spalt- und Kapillarenströmung bei Berücksichtigung der Temperatur- und Druckabhängigkeit der Viskosität
Dissertation 1971

/8/ Jordan-Engeln
Numerische Mathematik für Ingenieure
1973

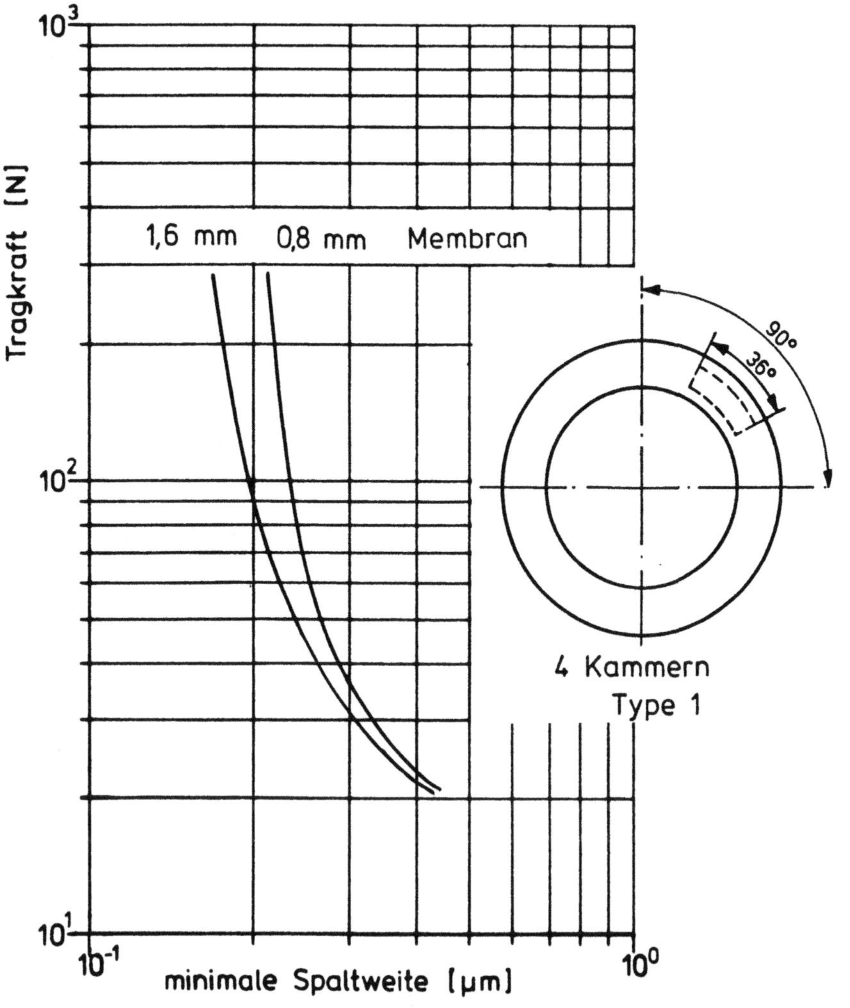

IME RWTH Aachen | Tragkraftdiagramm | Bild 2 5.2.85

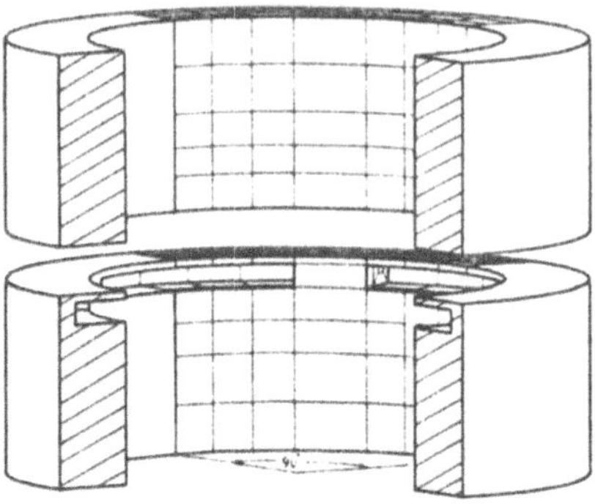

4 Kammern
mit 20° Öffnungswinkel
FE - Diskretisierung mit 257
isoparametrischen Elementen
5016 Freiheitsgrade

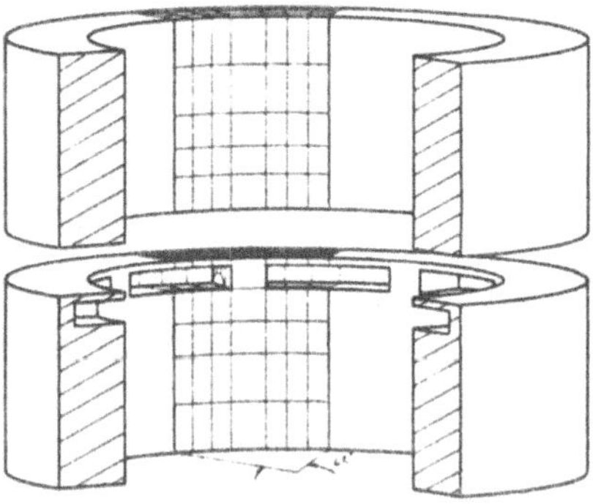

8 Kammern
mit 35° Öffnungswinkel
FE - Diskretisierung mit 257
isoparametrischen Elementen
5016 Freiheitsgrade

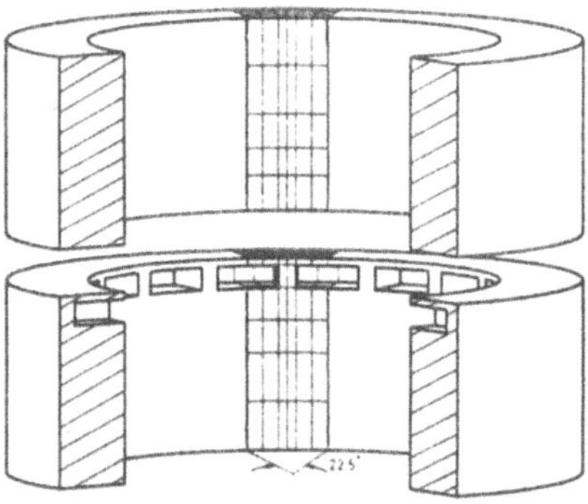

16 Kammern
mit 17,5° Öffnungswinkel
FE - Diskretisierung mit 226
isoparametrischen Elementen
4407 Freiheitsgrade

IME RWTH Aachen	Gleitringdichtungen mit randoffenen Kammern Darstellung der FE - Diskretisierung	Bild 4 1. 2. 85

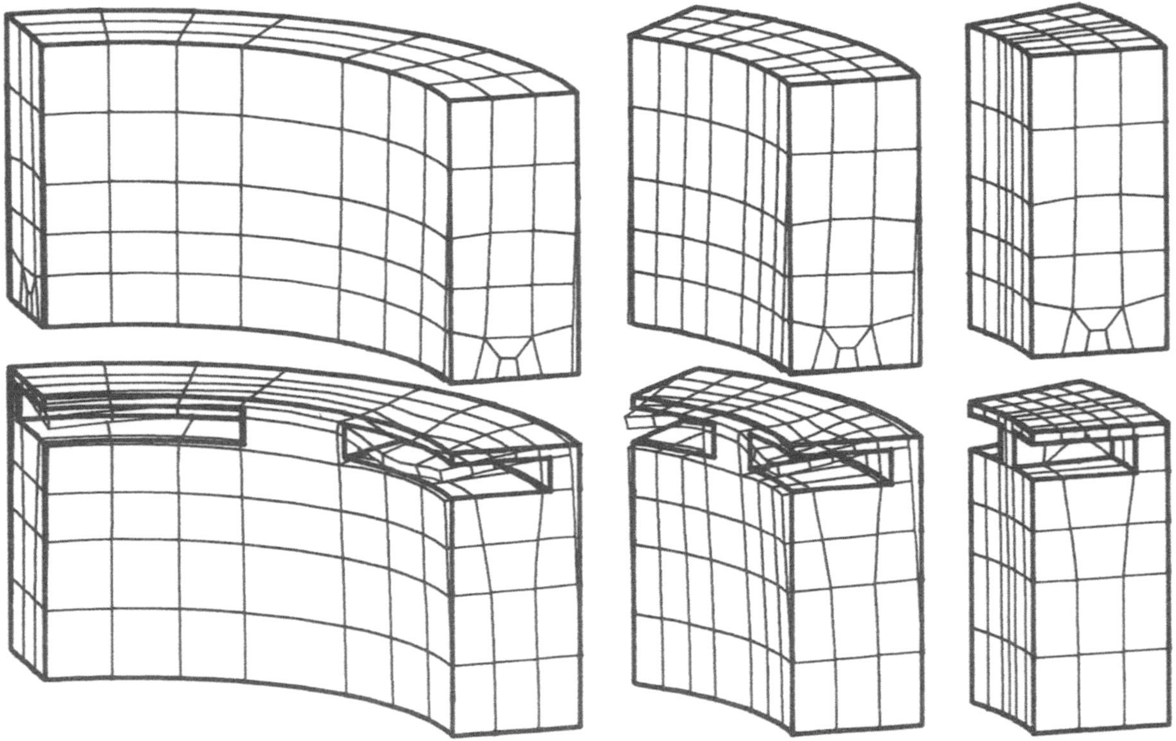

IME RWTH Aachen

Vergleich des Verformungsverhaltens von Gleitringen unter gleichem Druck mit 4, 8 und 16 Kammern innen und berechneten Segmenten von 90°, 45° und 22,5°

Bild 5

3. 2. 85

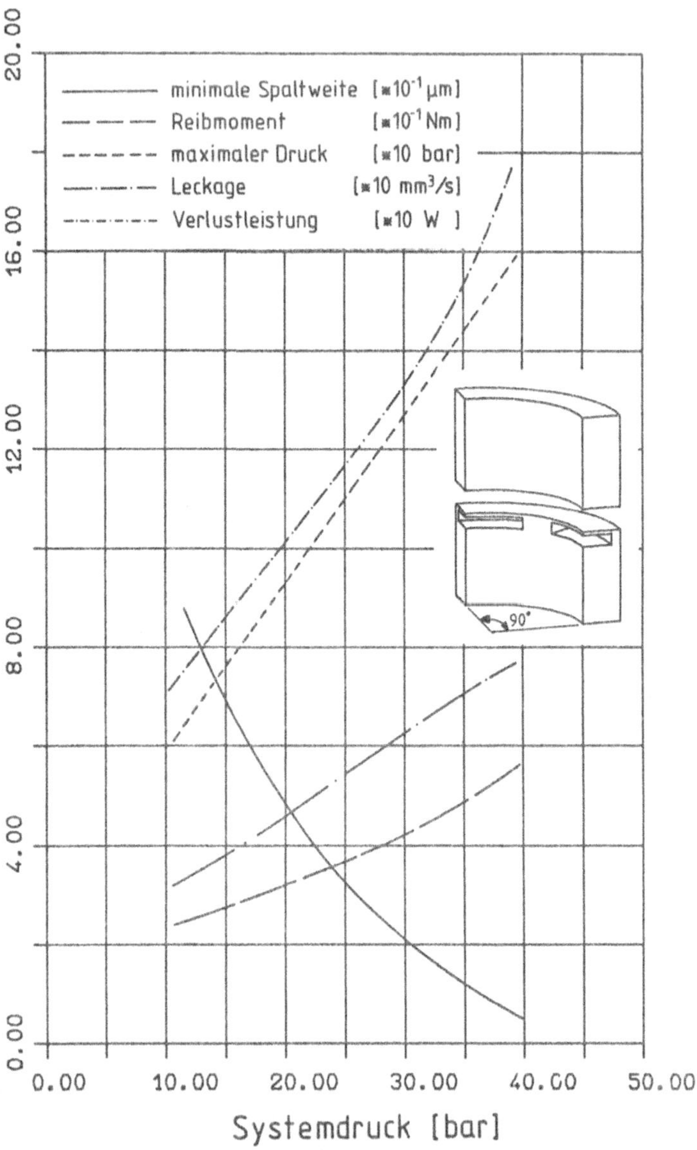

IME RWTH Aachen	Kennfeld der Gleitringdichtung mit 4 nach innen geöffneten Kammern bei Segmenten von 90°	Bild 6 5. 2. 85

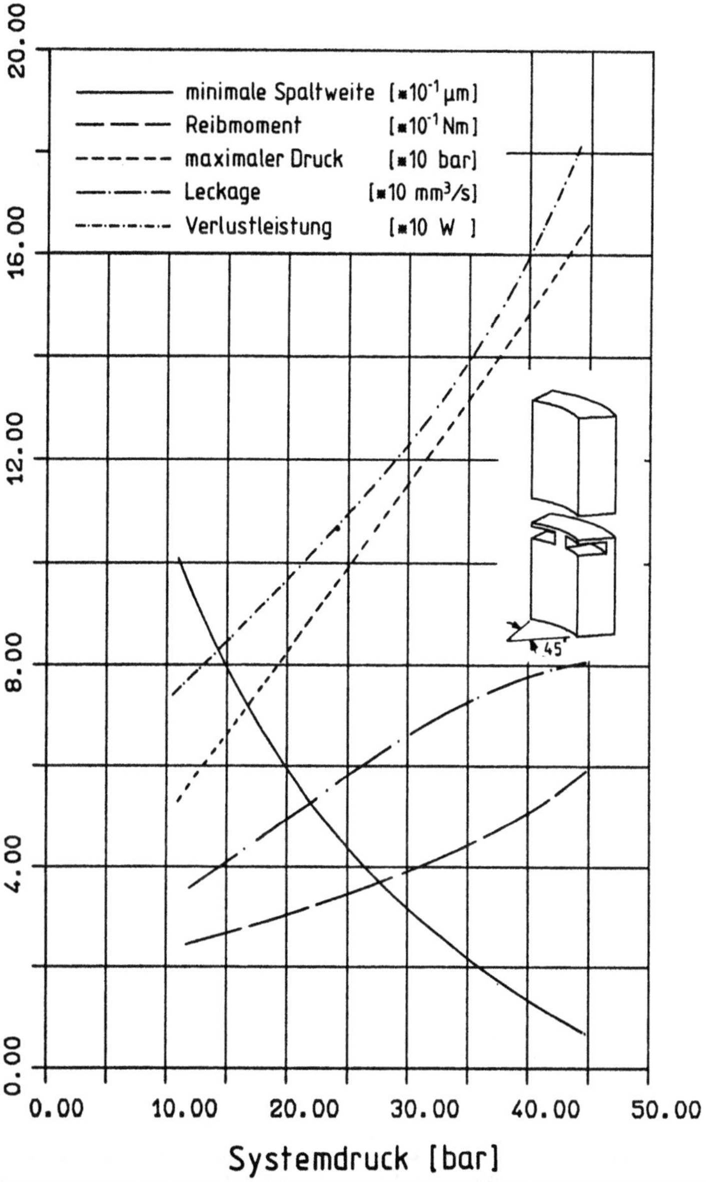

IME RWTH Aachen

Kennfeld der Gleitringdichtung mit 8 nach innen geöffneten Kammern bei Segmenten von 45°

Bild 7

5. 2. 85

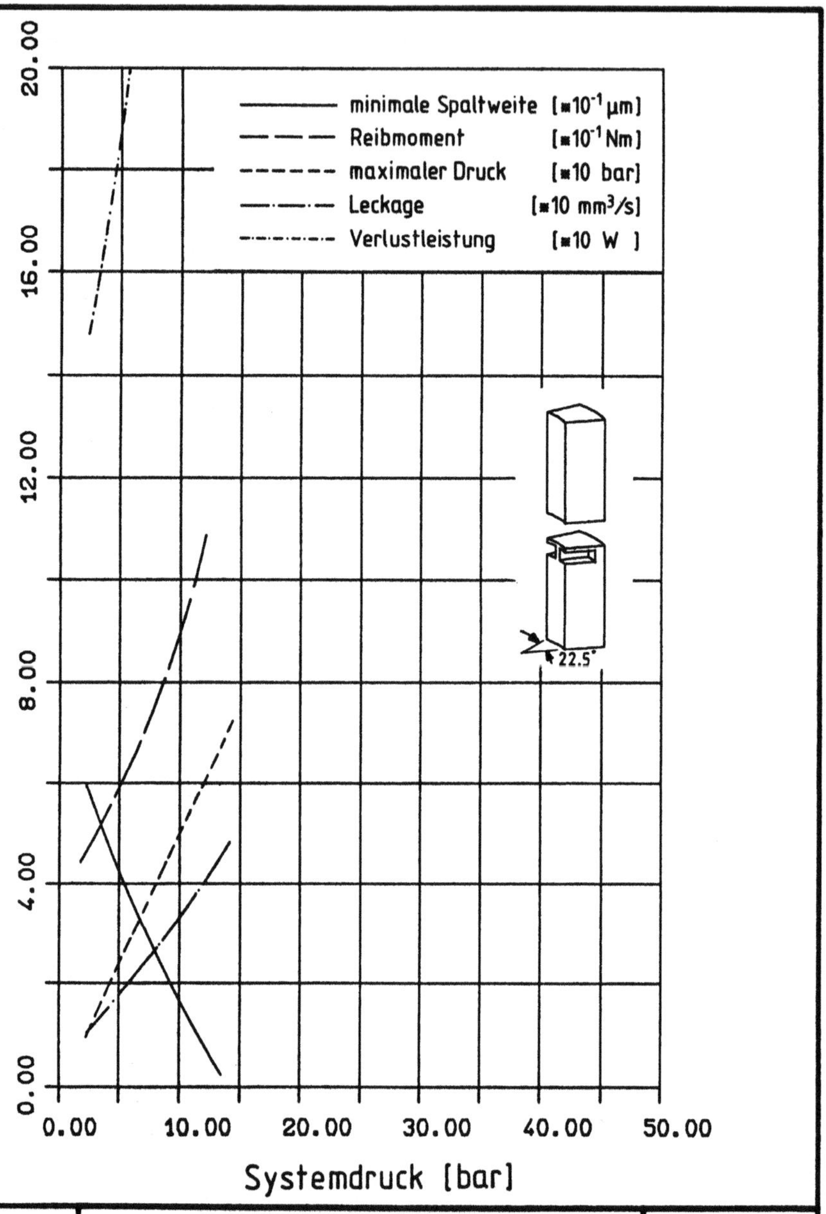

IME RWTH Aachen

Kennfeld der Gleitringdichtung mit 16 nach innen geöffneten Kammern bei Segmenten von 22.5°

Bild 8

5. 2. 85

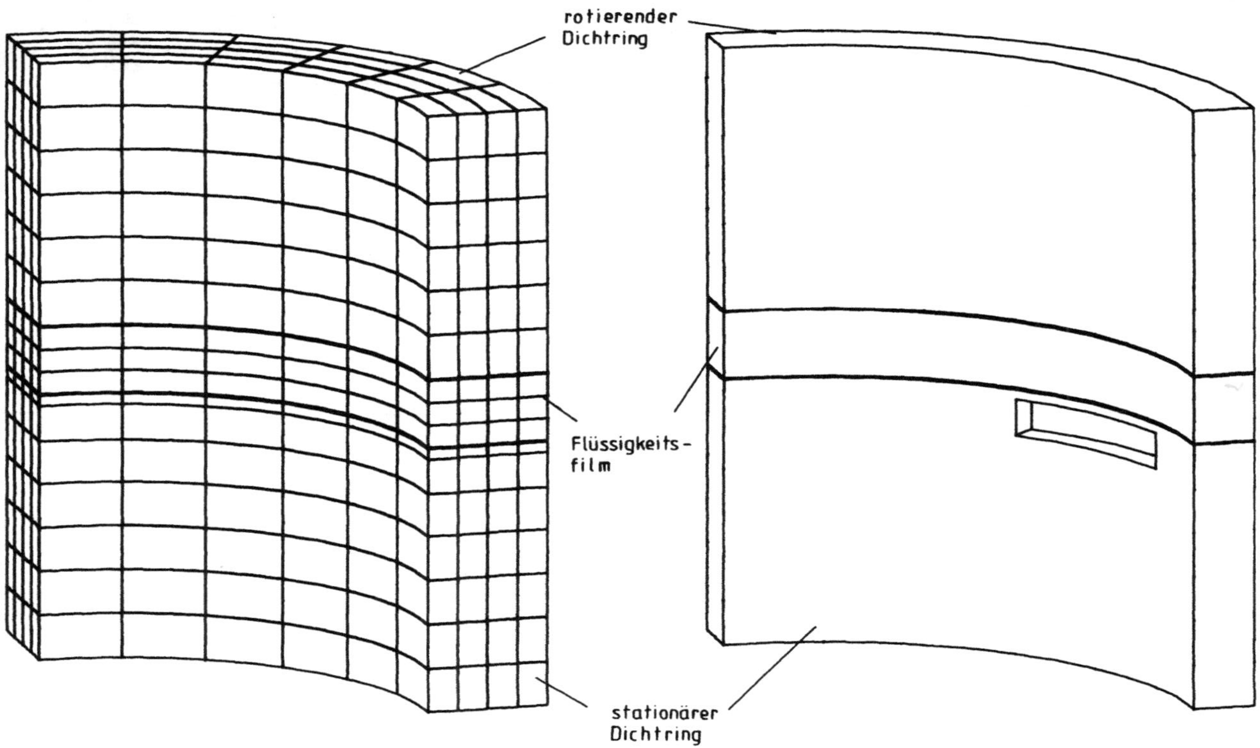

IME RWTH Aachen

Finite Elemente Struktur für die Temperaturberechnung
380 isoparametrische Volumenelemente
2326 Knoten

Bild 9

12.1.85

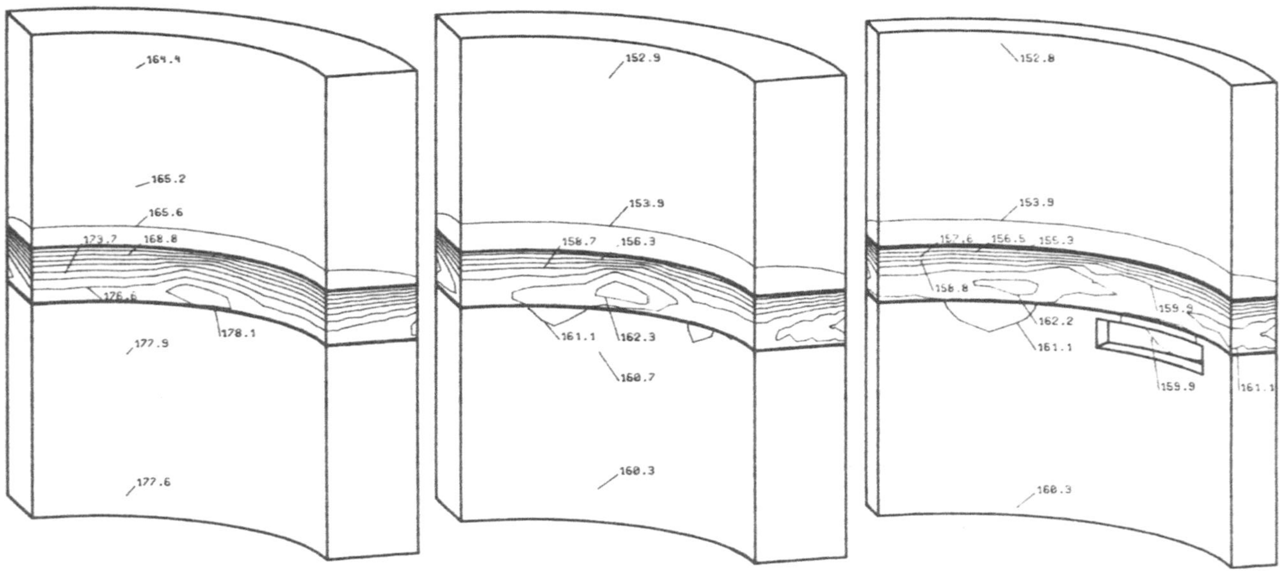

IME RWTH Aachen

Vergleich der Temperaturverteilung in Gleitringen ohne (links) und mit Kammer (mitte und rechts im Schnitt). Viskosität des Fluids: $\eta = 5\,cP$.
Unterer Ring: SiC Oberer Ring: SiC

Bild 10

12. 2. 85

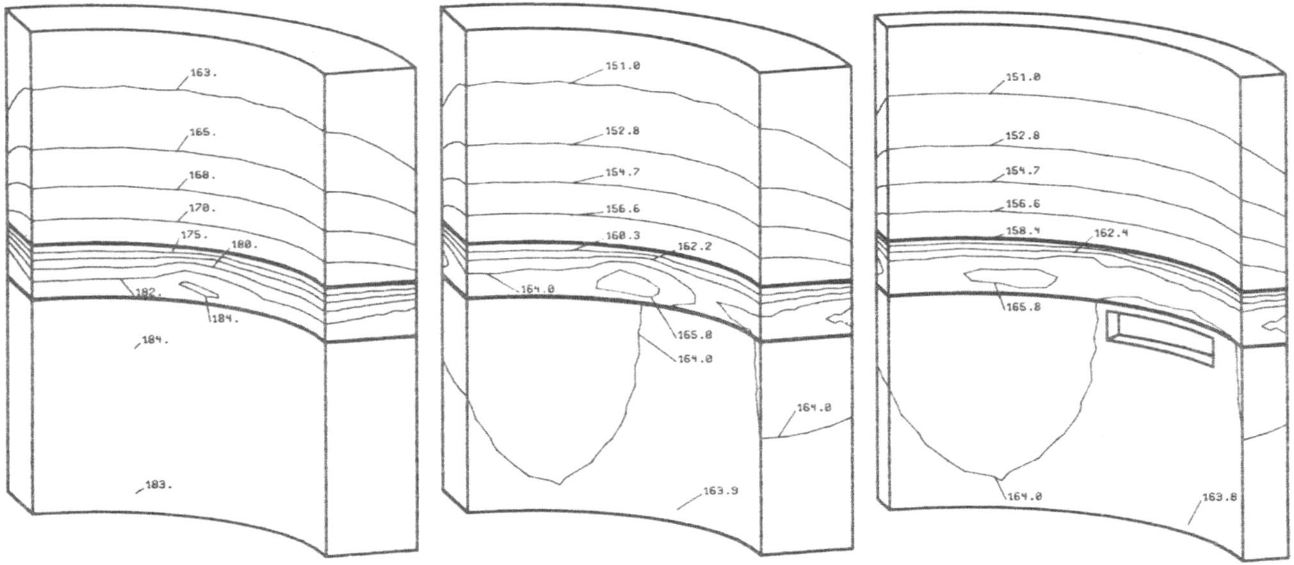

IME RWTH Aachen

Vergleich der Temperaturverteilung in Gleitringen ohne (links) und mit Kammer (mitte und rechts im Schnitt). Viskosität des Fluids: $\eta = 5\,cP$.
Unterer Ring: SiC Oberer Ring: Al_2O_3

Bild 11

12. 2. 85

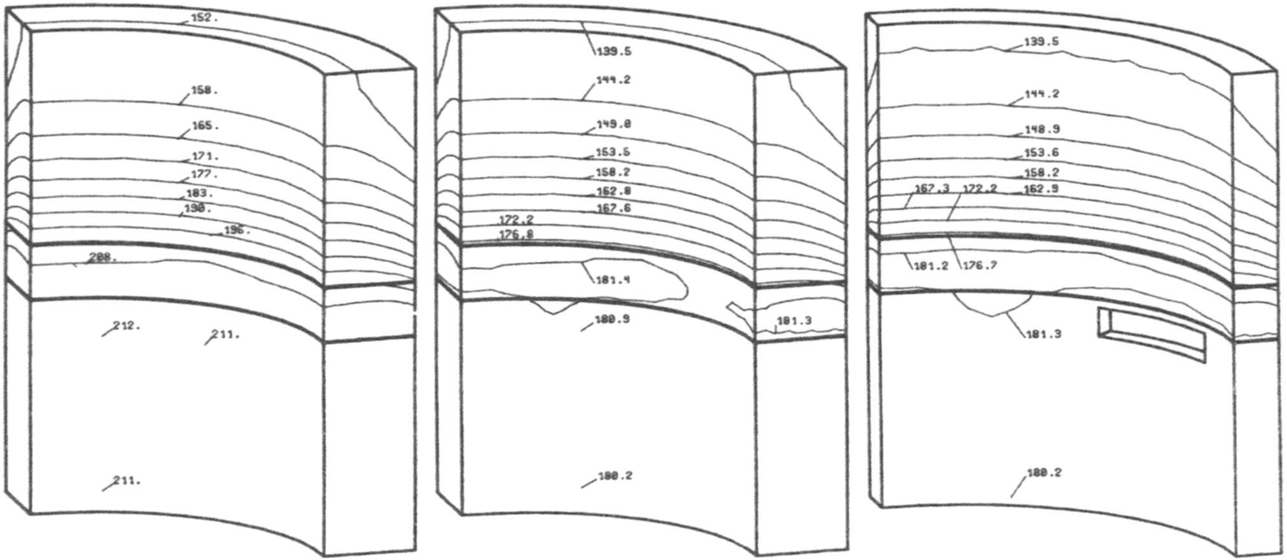

IME RWTH Aachen

Vergleich der Temperaturverteilung in Gleitringen ohne (links) und mit Kammer (mitte und rechts im Schnitt). Viskosität des Fluids: $\eta = 5$ cP.
Unterer Ring: SiC Oberer Ring: Kohle

Bild 12

12. 2. 85

Membrandicke s [mm]	1,6			0,8		
Anzahl der Kammern	4	8	18	4	8	18
Segmentgröße	90°	45°	20°	90°	45°	20°
Dichtungstyp	1	2	3	1	2	3
minimale Spaltweite bei einem Systemdruck von 1 bar	0,205 [µm]	*	*	0,24 [µm]	*	*

* Es wurden keine hydrodynamischen Drücke aufgrund elastischer Verformungen erzeugt.

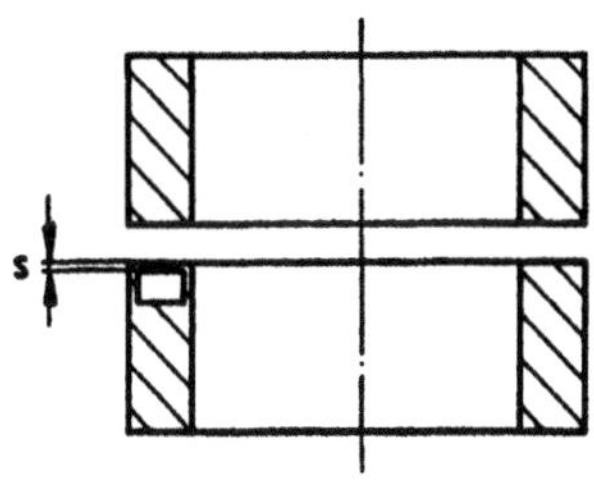

Drehzahl: 3000 1/min
Viskosität: 1 cp (Wasser)
Elastizitätsmodul: 350 000 N/mm^2

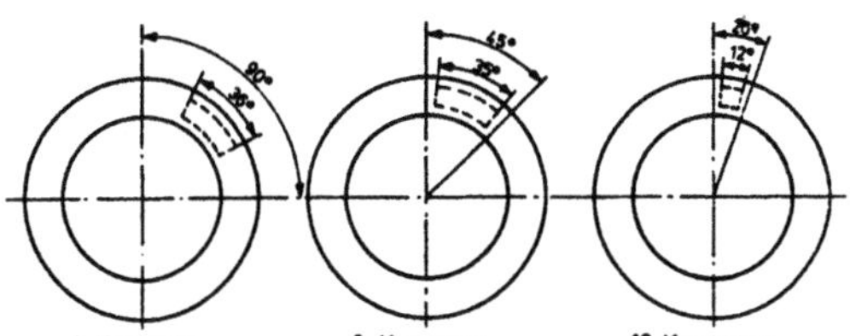

4 Kammern Type 1 | 8 Kammern Type 2 | 18 Kammern Type 3

IME RWTH Aachen

Berechnungsergebnisse für Gleitringdichtungen mit geschlossenen Kammern

Tabelle 1

5.2.85

Anhang A

Dimensionslose Größen:

$$\bar{P} = \frac{P \cdot h_{min}^2}{\eta_i \cdot \omega \cdot r_{min}^2}$$

$$\bar{r} = \frac{r}{r_{min}}$$

$$\bar{h} = \frac{h}{h_{min}}$$

$$\bar{\eta} = \frac{\eta}{\eta_i}$$

$$\bar{z} = \frac{z}{h}$$

$$\bar{T} = \frac{T}{T_u}$$

$$\bar{u} = \frac{u}{r_{min} \cdot \omega}$$

$$\bar{v} = \frac{v}{r_{min} \cdot \omega}$$

$$\bar{w} = \frac{w}{r_{min} \cdot \omega}$$

$$N_E = \frac{(r_{min} \cdot \omega)^2}{c \cdot T_u}$$

$$N_{RE} = \frac{g \; h_{min} \; \omega}{\eta_i}$$

$$N_{PE} = \frac{g \; h_{min}^2 \, \omega \, c}{\lambda}$$

Werkstoffliche und schmierungstechnische Optimierung des Reibsystems Kolbenring-Zylinderbuchse von Großdieselmotoren einschließlich Zylinderbuchsen-Rekonditionierung

von

Dr.-Ing. W. Lausch

M.A.N.-B & W Diesel GmbH
Augsburg

Förderkennzeichen: 01 ZT 012 X
Laufzeit: 01.08.1982 - 31.12.1984

Inhaltsverzeichnis

1.0 Einleitung

Großdieselmotore haben wegen ihres hohen Wirkungsgrades und der Fähigkeit, mit Kraftstoffen sehr schlechter Qualität betrieben werden zu können, eine dominierende Stellung im Schiffsantriebssektor und auch bei stationären Energieerzeugungsanlagen. Sie verwenden Rückstandskraftstoffe schlechtester Qualität und werden aus wirtschaftlichen Gründen mit hohen Zünddrücken betrieben. Beides führt zum einen zu hohem Verschleiß an den heute üblicherweise eingesetzten unbeschichteten Zylinderbuchsenmaterialien und an den Kolbenringen, die vor allem auch den Ölverbrauch steuern sollen und zum anderen zu einer höheren Schmierölbelastung einschließlich Belastung durch schwefelige Säure.

Der von außen vorgegebene, von den Motorenherstellern nicht beeinflußbare Zwang, diese Kraftstoffe verwenden zu müssen, bedingt grundsätzlich neue Wege in der Optimierung der Reibpartner Kolbenring/Zylinderbuchse zu gehen, denn Änderungen an zur Zeit technisch verfügbaren Werkstoffen zeigten nach umfangreichen Versuchen kein ausreichendes Lösungspotential.

Gleichbedeutend neben der werkstofflichen Optimierung ist eine Verbesserung der Ölversorgung der kritischen Laufflächenbereiche, da die aus Gründen der Wirtschaftlichkeit gefahrenen hohen Zünddrücke in Verbindung mit den schlechten Kraftstoffen eine verbesserte Schmierung der Kontaktflächen im oberen Laufbereich der Kolbenringe erfordern und gleichzeitig ein stets ausreichender Schutz gegen Schwefelsäurekorrosion bestehen muß.

Ziel der Entwicklungen soll sein, die Einsatzzeiten des Reibsystems Kolbenring/Zylinderlaufbuchse in Verbindung mit zukünftigen Kraftstoffen zu erhöhen oder zumindest heute übliche Überholungsintervalle beibehalten zu können.

Zylinderbuchsen von Großdieselmotoren haben eine sehr hohe Fertigungstiefe. Wegen des im Betrieb auftretenden Materialabtrages von wenigen Gramm an für die Funktion des Motors entscheidenden Stellen müssen die Zylinderbuchsen verschrottet werden. Besonders bei Zweitakt-Zylinderbuchsen ist das Mißverhältnis gravierend. Es sollen bestehende Technologien dem Anwendungsfall angepaßt und erprobt werden, um eine Wiederverwendbarkeit der Zylinderbuchsen erreichen zu können.

Bild 1 verdeutlicht das gesamte Vorhaben schematisch. Die unabänderlichen Marktgegebenheiten Kraftstoffkosten und verfügbare Kraftstoffe (Rückstandskraftstoffe) führten zu veränderten Eingangsgrößen für Schiffsdieselmotoren und Dieselmotoren für stationäre Anlagen. Um den Kraftstoffverbrauch zu senken, müssen die Zünddrücke in den Motoren angehoben werden, da diese Maßnahme einen besonders gravierenden Einfluß auf den Kraftstoffverbrauch hat.

Rückstandskraftstoffe haben einen hohen Schwefelgehalt, der bis zu 4 % betragen kann. Des weiteren bleiben nach der Verbrennung feste Rückstände zurück, die z.B. aus Metalloxyden bestehen.
Diese unveränderten Eingangsgrößen bewirken, daß das tribologische System, bestehend aus Zylinderbuchsenlauffläche, Schmieröl- und Kolbenringlauffläche, stärker belastet wird. Die Erhöhung der Zünddrücke bewirkt, daß das tribologische System im Stribeck-Diagramm weiter nach links rutscht. Schwefel im Zylinder bedeutet bei Temperaturverhältnissen, die Taupunktunterschreitungen vorkommen lassen können, die Bildung von schwefeliger Säure und damit Schwefelsäurekorrosion. Harte Rückstände bewirken in dem hier angesprochenen tribologischen System abrasiven Verschleiß.
Die präventiven Gegenmaßnahmen der M.A.N.-B & W bestehen darin, die Werkstoffe des Systems zu optimieren und die Oberflächen gemäß den höheren Anforderungen zu gestalten. Die Auswirkungen von Korrosion und Abrasion lassen sich mindern, wenn es gelingt, genügend Öl an die Reibstellen zu bringen bzw. im-

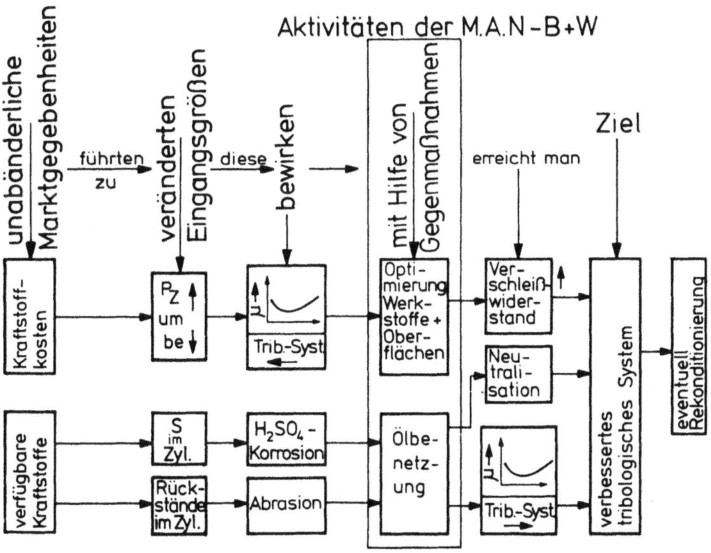

Bild 1: Wirkung vorgegebener Einflußgrößen auf das tribologische System Zylinderbuchsenlauffläche/Schmieröl/Kolbenringlauffläche und Verbesserungsmaßnahmen

mer einen ausreichend dicken Schmierölfilm zur Verfügung zu haben.

Die Optimierung der Werkstoffe und der Oberflächen bewirkt eine Erhöhung des Verschleißwiderstandes, die Verbesserung der Schmierbedingungen bewirken eine Neutralisation der schwefeligen Säure, so daß Naßkorrosion vermieden wird sowie das ausreichende Schmierölangebot das tribologische System im Stribeck-Diagramm wieder nach rechts bewegen läßt.

Die Umsetzung dieser Vorhaben in Technik wird ein verbessertes tribologisches System zur Folge haben und damit wird das Ziel erreicht, die Wartungsintervalle bei Dieselmotoren anheben zu können.
Die Schaffung der Möglichkeit, sehr große Zylinderbuchsen auch noch rekonditionieren zu können, ist eine weitere Maßnahme, die Gesamtinstandhaltungskosten der angesprochenen Anlagen niedrig zu halten.

2.0 Erhöhung des Verschleißwiderstandes

Bei 2-Takt wie auch bei 4-Takt-Motoren wurde schon seit einiger Zeit versucht, die Reibbedingungen zwischen Kolbenringlauffläche und Zylinderlauffläche zu verbessern, um höhere Belastungen in das System einbringen zu können.

Bei umkehrgespülten 2-Takt-Kreuzkopfmotoren ist es gelungen, Gesetzmäßigkeiten im Verschleiß der Zylinderlaufflächen zu erkennen [1] .

Aufgrund der gefundenen Gesetzmäßigkeiten ergab sich eindeutig, daß Verbesserungsmaßnahmen auf den Gebieten der Schmierverhältnisse und der Erhöhung der Härte des Zylinderlaufflächenmaterials zu erfolgen haben. Eine Analyse sehr vieler Zylinderlaufflächenbereiche im Bereich des Umkehrpunktes der Kolbenringe in OT (Zwickelverschleiß) zeigte, daß der Materialabtragsmechanismus in diesem Bereich entweder Abrasion alleine ist oder gepaart mit Korrosion. Da für diesen Bereich der Kontaktflächenreibung gleiche Gesetzmäßigkeiten und damit Verbesserungsmaßnahmen zwischen 2-Takt und 4-Takt-Motoren gelten, ist es von Vorteil, auch nur eine Technologie für beide Motortypen zu entwickeln. Daß der Bereich des Kontaktflächenverschleißes bei 4-Takt-Motoren nur wenige Millimeter hoch ist, ist dabei keine Einschränkung, denn es ist fast ausschließlich die Höhe des Zwickelverschleißes, die die Standzeit der Zylinderlaufbuchse begrenzt.

Die Erhöhung der Härte der Zylinderlaufflächen wäre aber besonders auch dann für große 4-Takt-Motoren eine positive Maßnahme, wenn es gelänge, eine Technologie zu entwickeln, die nicht nur eine Verminderung des Zwickelverschleißes mit sich bringt, sondern auch eine Verbesserung der Reibbedingungen zwischen Kolbenringlauffläche und Zylinderlauffläche schafft. Dies würde eine Verringerung des Kolbenring-Laufflächenverschleißes mit sich bringen, eine Vergleichmäßigung des Verschleißes am Umfang beider Verschleißpartner bewirken und zwangsläufig mit beiden Effekten einhergehend den Ölverbrauch gezielter positiv beeinflußbar machen.

2.1 Technologische Möglichkeiten

Die technologischen Möglichkeiten zur Beeinflussung der Oberfläche des Zylinderlaufflächenmaterials umfassen die Aufbringung von galvanischen Schichten, die Nitrierung, das Härten und prinzipiell auch die Erhöhung der Härte des Grundmaterials. Letzteres wurde in die Überlegungen aber nicht mit einbezogen, da in der Erhöhung der Härte des Grundmaterials kein Entwicklungspotential gesehen wurde. Zur schlechteren Bearbeitbarkeit kommt nur ein geringer prozentualer Härtegewinn gegenüber gängigen Zylinderbuchsenwerkstoffen, bei unbekannten Auswirkungen auf die Reibbedingungen.

2.1.1 Galvanische Schichten

Die Beschichtung von Zylinderlaufflächen ist eine gängige Technologie. Letztlich haben sich bei Kleinmotoren die galvanische Aufbringung von Chrom und galvanische Nickeldispersionsschichten durchgesetzt.

2.1.1.1 Chrom

Die galvanische Aufbringung von Chrom auf die Zylinderlaufflächen von Großdieselmotoren wird seit Jahrzehnten,vor allem in Verbindung mit der Zylinderbuchsenrekonditionierung, angeboten [2] . Umfangreiche Feldversuche bei der M.A.N.-B & W in 2-Takt-Motoren neuerer Bauart mit neuen Zylinderbuchsen zeigten jedoch, daß nennenswerte Verschleißminderungen nicht erreicht wurden.

Die Versuche sind abgebrochen worden. Die Technologie wurde für die Beschichtung von neuen Zylinderbuchsen nicht weiter verfolgt.

2.1.1.2 Nickeldispersionsschichten

In Kleinmotoren haben sich Nickeldispersionsschichten als Zylinderbuchsen-Laufflächenbeschichtung bewährt. In aller Regel ist die Feststoffbeigabe zur Nickelmatrix SiC mit einem Feststoffgehalt von ca. 3 - 4 %. Bevor Zylinderbuchsen dieser Technologie in umkehrgespülten Zweitakt-Kreuzkopfmotoren zum

Einsatz kamen, wurden sehr umfangreiche Versuche an einem eigens für die

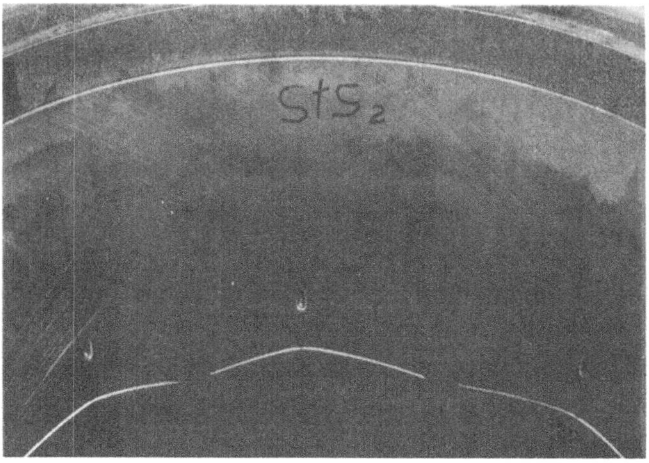

Bild 2: 2-Takt-Zylinderbuchse vom Typ 52/105, beschichtet mit 1 mm Nickeldispersionsschicht

Vorversuche konzipierten 4-Zyl.-Zweitakt-Tauchkolbenmotor mit 340 mm Hub und 230 mm Bohrungsdurchmesser vorgenommen. Der Motor hatte eine Zylinderleistung von 112 kW und wurde mit Hilfe von Ähnlichkeitskriterien in seinen Auslegungsdetails den originalen Motoren angepaßt.

Es zeigte sich nach sehr umfangreichen Versuchen, daß die Laufpaarung: beschichtete Lauffläche plus unbeschichteter Kompressionsring aus einem vergüteten, legierten Grauguß, die beste Paarung darstellte. Das Verschleißergebnis war im Vergleich zu den bisherigen Standardpaarungen so viel besser, daß der große Aufwand unternommen wurde, mehrere Zylinderbuchsen von 520 mm Durchmesser mit einer 1 mm dicken Nickeldispersionsschicht zu versehen (Bild 2). Die Ausführung der Zylinder war einwandfrei, auch gelang es, Kolbenringe aus dem optimalen Werkstoff des Vorversuches für den größeren Motor zu erhalten.

Das Ergebnis der Versuche war negativ. Keiner der Zylinder konnte mit Nennleistung betrieben werden. Selbst der Wechsel auf plasmabeschichtete Kolbenringe in allen Nuten und maximale Schmierraten brachte die Paarung nicht zum Stehen. Bild 3 zeigt einen Oberflächenabdruck im Bereich OT der Kompressionsringe. Deutlich zu sehen sind die abrasiven Spuren durch aus der Nickelmatrix herausgerissene SiC-Teilchen, die Zylinderbuchse hat noch nicht gefressen.

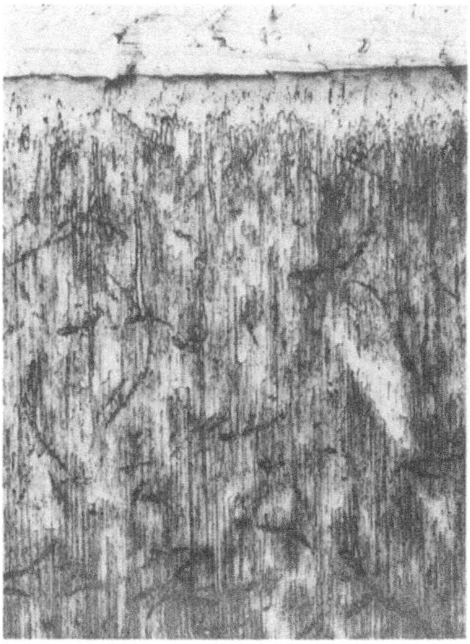

Bild 3: Oberflächenabdruck von einer Nickeldispersionsschicht in OT 1.Kompressionsring. Vergrößerung 50fach.

Nachdem auch in einem Viertaktmotor mit 320 mm Bohrungsdurchmesser (nach positiven Vorversuchen an dem Versuchsmotor mit 240 mm Ø, der auch für die BMFT-Versuche Versuchsträger war (s. Kap. 2.3.1), das Laufverhalten problematisch war, wurde die Entwicklung eingestellt. Ein Fazit dieser vergeblichen Entwicklungsbemühungen ist, sehr deutlich auf die Problematik hinzuweisen, die sich ergibt bei der Übertragbarkeit von an kleineren Motoren gewonnenen Ergebnissen auf größere Motoren. Ganz eindeutig ist für M.A.N.-B & W, daß Empfehlungen zu Brennraum-Materialpaarungsfragen, die auf außermotorische Tests beruhen, zukünftig nicht mehr berücksichtigt werden.

2.1.2 Nitrierte Schichten

Die Nitrierung von Zylinderbuchsen ist für Viertaktmotoren Stand der Technik. Aufgrund der Analyse in [1] ist neben der Oberflächenhärte aber auch noch die Schichtstärke der gehärteten Zone wichtig, um die Standzeit der Verschleißwiderstandserhöhung abschätzen zu können.

Bild 4 zeigt einen Schliff durch eine Nitrierzone einer nitrierten Zylinderlauffläche. Die nitrierte Einwirkzone setzt sich aus der ca. 6 - 12 µm dünnen, sehr harten Verbindungsschicht und der Diffusionszone zusammen, die in ihrer Härte über ca. 0,1 mm bis max. 0,3 mm auf die Grundmaterialhärte abfällt.

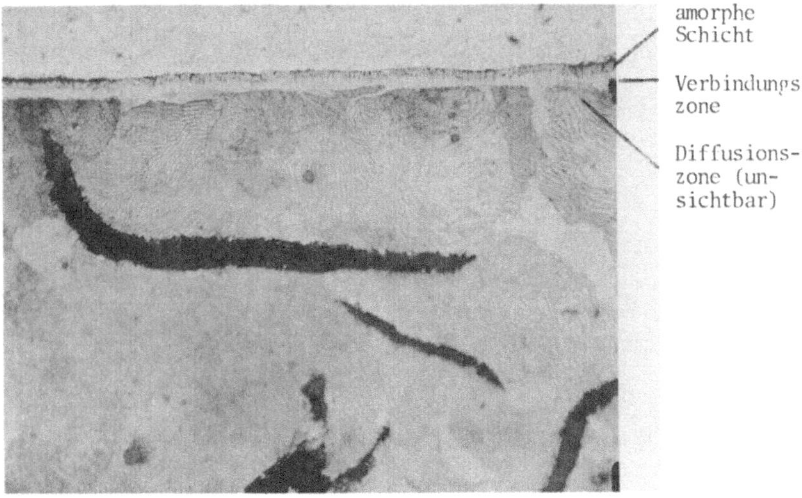

Bild 4: Schliff durch eine nitrierte Probe aus Zylinderbuchsenmaterial, Teniferbehandlung 2 h.

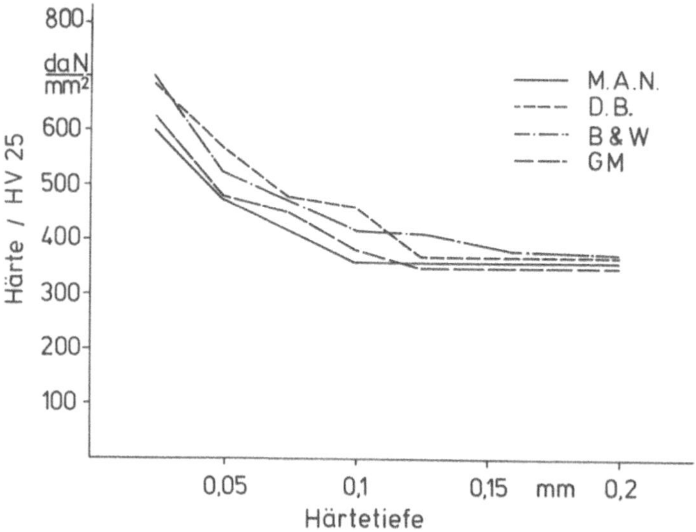

Bild 5: Härteverlauf verschiedener nitrierter Graugußproben

Es ist nicht gelungen, durch Variation des Graugußes und der Nitrierart, dickere Verbindungsschichten oder tiefere Diffusionszonen zu erzielen, bzw. zur Verfügung gestellt zu bekommen (s. Bild 5).

Für Zweitaktmotoren sind die nitrierten Schichten aber viel zu dünn, um die Standzeiten nennenswert zu verlängern. Auch dem Zwickelverschleiß bei mittelschnellaufenden Viertaktmotoren könnte durch eine Technologie mit größerer, wirksamer Härtetiefe besser begegnet werden. Obwohl mehrere Motorenhersteller diese Technologie anwenden, wird das Verbesserungspotential dieser Technik für größere mittelschnellaufende Viertaktmotoren als zu klein betrachtet.

2.1.3 Gehärtete Zylinderlaufflächen

Perlitischer Grauguß läßt sich bei geeigneter Wärmebehandlung martensitisch erstarren. Die geeignete Wärmebehandlung besteht darin, den Werkstoff über die Austenitisierungstemperatur hinaus zu erwärmen. Dabei geht Kohlenstoff in Lösung und bei Erreichen einer kritischen Abkühlgeschwindigkeit entsteht ein martensitisches Gefüge.

2.1.3.1 Konventionelle Härtung der Zylinderlaufflächen

Bei der konventionellen Härtung von Zylinderlaufflächen (Induktions- oder/und Flammhärtung) wird aufgrund der geringen Energiedichte und der damit verbundenen langen Wärmeeinwirkzeit die rasche, kritische Abkühlgeschwindigkeit nur erreicht mit Hilfe eines Kühlmediums.

Die Parameter geringe Energiedichte, Wärmeeinwirkzeit, Kühlmedium führten in der Vergangenheit bei großen Zylinderbuchsen zu gravierenden Problemen, reproduzierbare Härteergebnisse zu erreichen, wobei die Anforderungen nach einem verzugsfreien Bauteil mit einer Oberfläche, die nicht rißbehaftet ist, besonders schwierig zu erfüllen ist. Die auftretenden Probleme führten in der Vergangenheit dazu, daß nie ernsthaft die konventionelle Härtung von Zylinderlaufflächen bei Zylinderbuchsen ab einem Ø von ca. 250 mm realisiert worden ist. Auch in Zukunft wird dieser Technik keine Chance gegeben [10] .

2.1.3.2 Laserhärtung

Das Laserhärten entspricht prinzipiell dem konventionellen, martensitischem Härten. Der Laserstrahl wird über das Werkstück geführt. Im Brennfleck wird die Randschicht aufgeheizt und es entsteht ein Temperaturfeld, dessen Temperatur zum Grundmaterial hin abfällt. Nach Beendigung der Strahleinwirkung setzt die Abkühlung ein. Ein wesentliches Unterscheidungsmerkmal zu anderen (konventionellen)Verfahren der Randschichthärtung ist der hohe Temperaturgradient, der wegen der sehr hohen Energiedichte des Laserstrahls durch die rasche Aufheizung in der oberflächennahen Zone entsteht. Auf diese Weise kann die Abkühlung durch Wärmeableitung in das angrenzende Material erfolgen, ohne daß ein äußeres Kühlmedium einzusetzen ist. Es entsteht eine gehärtete Bahn wie sie in Bild 6 schematisch wiedergegeben ist.

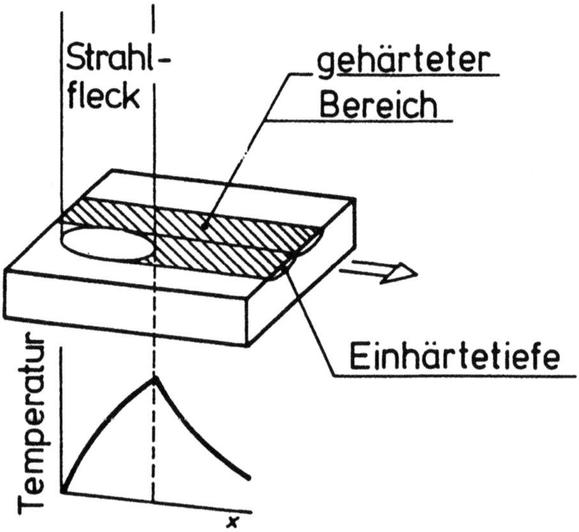

Bild 6: Laserhärtung, schematische Darstellung

2.2 Lasergehärtete Zylinderbuchsen

Nach der Kenntnis von Aktivitäten auf dem Gebiet des Laserhärtens von Zylinderlaufflächen in den USA wurde der dort erzielte Stand der Technik ermittelt. Die Untersuchungen der lasergehärteten Zylinderbuchsen zeigten, daß für hochbelastete Großdieselmotoren der Stand der Technik nicht ausreichte.

2.2.1 Anforderungsprofil

Aufgrund der Kenntnis der Nachteile konventionell gehärteter Zylinderlaufflächen und der gefundenen Mängel lasergehärteter Zylinderbuchsen wurde ein Anforderungsprofil an die Laserhärtung definiert, dessen Erfüllung die Grundvoraussetzung für die Anwendung dieser neuen Technologie bei hochbelasteten Zylinderbuchsen von Großdieselmotoren sein mußte.

Das Anforderungsprofil an die Härtung selbst sah deshalb wie folgt aus:

Verzugsfreie Härtung der Zylinderlaufflächen mit
a) max. Härte ohne Aufschmelzungen und Risse
b) variabler Tiefe
c) rechteckiges Härteprofil

Um das Anforderungsprofil erfüllen zu können, sind eine Reihe von verfahrenstechnischen und werkstofflichen Fragen zu beantworten. Die Härtungsarbeiten selber, einschließl. grundsätzliche Verfahrensentwicklungen, wurden durch den M.A.N.-Unternehmensbereich Neue-Technologie (NT) bearbeitet.

2.2.1.1 Verfahrenstechnische Parameter

Den Zusammenhang zwischen Härtegeschwindigkeit, Laserenergie und Einhärtetiefe zeigt Bild 7, es gilt für eine Graugußqualität GG25. Wird eine andere Graugußart gewählt und die Zylinderbuchsenwerkstoffe unterscheiden sich ganz erheblich von GG25, so ist eine Feinabstimmung notwendig. Je nach dem wie sich die Legierungsbestandteile ändern, müssen auch die Verfahrensparameter neu angepaßt werden. Ganz besonders ist auf den Phosphorgehalt zu achten, da dieser eine relativ geringe Schmelztemperatur hat und somit bei nicht geeignet gewählten Strahlparametern die Ursache für eine grobe Oberflächenstruktur ist. Eine reproduzierbare Fertigung erschwert der relativ flache Kurvenverlauf,wie in Bild 7 zu sehen, bei den Einhärtetiefen, die normalerweise bei mittelschnellaufenden Großdieselmotoren gewünscht werden. Bild 7 ist so zu

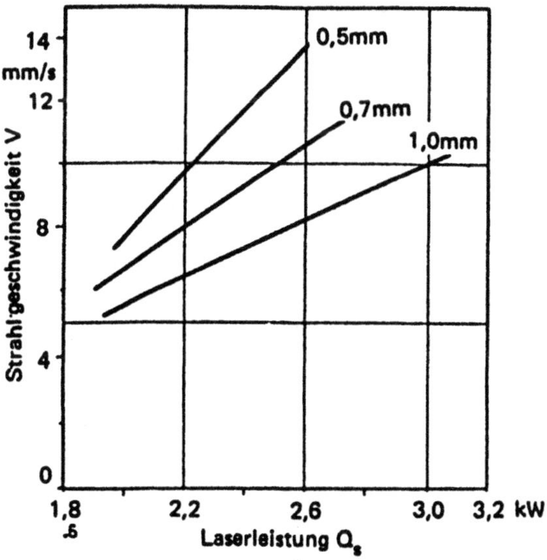

Bild 7: Zusammenhang zwischen Härtegeschwindigkeit, Laserenergie und Einhärtetiefe für GG25

lesen, daß die Laserleistung auf der Abszisse diejenige Leistung ist, die in den Werkstoff eindringt. Nun ist es aber so, daß bei der Härtung von Metallen das Laserlicht, d.h., die Laserenergie zu ca. 90 % reflektiert wird wenn keine zusätzlichen Maßnahmen, die die Absorption des Laserlichtes begünstigen, getroffen werden. In [3] , [4] sind einige dieser Maßnahmen näher erläutert und ihre technischen Anwendbarkeiten abgegrenzt.

Für eine reproduzierbare Serienhärtung von Zylinderbuchsen ist der gleichmäßigen Aufbringung der Absorptionsschicht allergrößte Bedeutung beizumessen, da sonst aus den schon gesagten Gründen des flachen Kurvenverlaufes die gewünschten Einhärtetiefen sehr stark schwanken bzw. die gehärteten Bahnen sehr ungleichmäßig breit werden.

Eine weitere wesentliche Verfahrensverbesserung galt der Energieverteilung des Laserstrahles. Mit den Optiken, die mit dem Laser geliefert worden waren, ließen sich nur linsenförmige Einhärtequerschnitte erzielen. Der Härtefleck selber war ellipsenförmig und im Falle von Härtebahnen, die einen bestimmten Winkel zur Bewegungsrichtung des Laserarmes haben sollten, ergab sich eine Härtebreite, die die Breite der Projektion des linsenförmigen Brennfleckes hatte. Die bei der M.A.N.-NT entwickelten Optiken ermöglichen es heute, rechteckige Brennflecke zu erzeugen, die, je nach Neigung der Härtebahnen, zur Zylinderachse so geschwenkt werden können, daß die Symmetrie-

Bild 8: Optimierter, quadratischer Laser-Brennfleck

achsen von Brennfleck und Härtebahnen deckungsgleich sind. Darüber hinaus ist die Intensitätsverteilung über den Strahlquerschnitt sehr gleichmäßig, so daß nahezu rechteckige Einhärtezonen entstehen. Bild 8 zeigt den optimierten Brennfleck. Deutlich zu sehen die quadratische Struktur des Brennfleckes [4] .

Zur Härtung der Zylinderbuchsen mußte ein Handling-System geschaffen werden, das es erlaubt, die Zylinderbuchsen sehr gleichmäßig zu bewegen und mit Hilfe einer externen Steuerung reproduzierbare Orte anfahren zu können. Bild 9 zeigt die gesamte Laserhärtungsanlage, wie sie heute in München bei der Neuen Technologie aufgebaut ist. Links oben im Bild ist der Laser selbst zu sehen, rechts eine 4-Takt-Zylinderbuchse während der Härtung. Das Handling-System ist so ausgelegt, daß es Zylinderbuchsen bis etwa 6 000 kg aufnehmen kann.

Bild 9: Laserhärtungsanlage

2.2.1.2 Werkstoffliche Parameter

2.2.1.2.1 Grundmaterial

Im Rahmen der Gesamtaktivitäten wurden sechs verschiedene Zylinderbuchsenwerkstoffe auf ihre Härtbarkeit und ihren Verschleißwiderstand hin untersucht. Im Rahmen dieses Vorhabens kamen davon vier Zylinderbuchsenwerkstoffe zum Einsatz:

- niedrig legierter Grauguß
- M.A.N.-B & W Zylinderbuchsenwerkstoff bisheriger Serie
- wie Serienwerkstoff aber phosphorfrei
- wie Serienwerkstoff aber im Phosphorgehalt abgesenkt

Von allen Werkstoffen wurden die verfahrenstechnischen Parameter, wie in Kapitel 2.2.1.2 beschrieben, ermittelt. Auf die Ergebnisse der Verschleißversuche wird später im Kap. 2.3 eingegangen. Wie Bild 10 zeigt, kann durch Legierungsbestandteile die Grundhärte in engen Bereichen beeinflußt werden, des weiteren zeigt Bild 10, daß während des Betriebes kein Härteverlust zu befürchten ist, er ist meßtechnisch auch nie nachgewiesen worden.

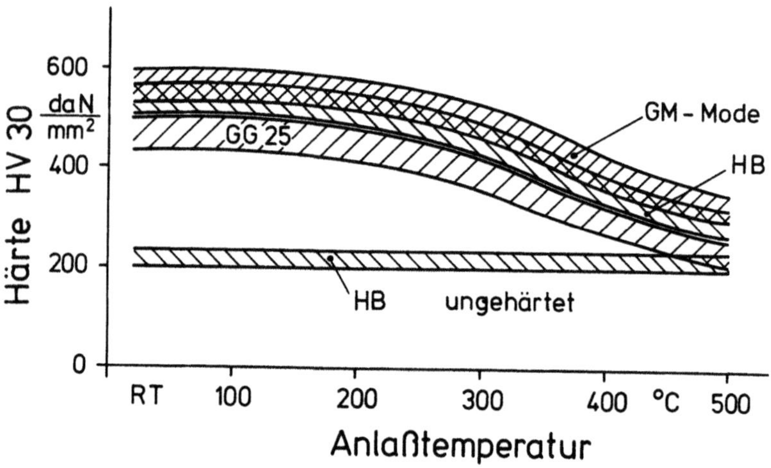

Bild 10: Härteverlauf über der Anlaßtemperatur verschiedener lasergehärteter Zylinderbuchsenwerkstoffe

2.2.1.2.2 Geometrieveränderungen

Geometrieveränderungen durch Verzug der Zylinderbuchsen tritt beim Laserhärten nicht auf. Bei richtiger Abstimmung aller Parameter, die für das Laserhärten wichtig sind, ist es sogar möglich, dünnwandige Zylinderbuchsen verzugsfrei zu härten bis zu ca. 3 - 5 mm Wandstärke.

Bei der Selbstabschreckung des perlitischen Gußeisens aus der Austenitisierungstemperatur tritt die gewünschte Martensitbildung ein. Diese Gefügeumwandlung ist mit einer Volumenvergrößerung verbunden. Die Größe dieser Aufwerfung ist wiederum vom verwendeten Grundmaterial abhängig, d.h. von den Legierungsbestandteilen sowie von der Einhärtetiefe. Für einen gegebenen Zylinderbuchsengrundwerkstoff muß die Geometrieveränderung vorher ermittelt werden, um den Zylinderbuchsendurchmesser vor dem Härten optimal wählen zu können. Bild 11 zeigt den Schrieb einer Oberflächenkontur nach dem Härten ohne Endbearbeiutung. Deutlich zu sehen, die durch Volumenvergrößerung entstandene Aufwerfung.

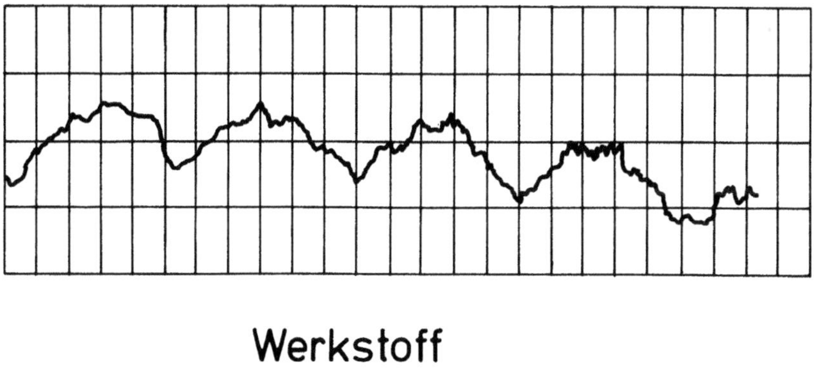

Bild 11: Oberflächenkontur nach der Laserhärtung

2.2.1.2.3 Porigkeit

Es ist zu unterscheiden zwischen einer Porigkeit, die bei der mechanischen Bearbeitung von großen Graugußteilen entsteht und einer Porigkeit, die durch das Härten selber produziert wird.

a) Porigkeit durch mechanische Bearbeitung

Es ist bekannt, daß bei großen Graugußteilen, vor allem wenn sie im Standgußverfahren hergestellt worden sind, bei der mechanischen Bearbeitung an der Oberfläche Porigkeit entsteht. Die Porigkeit selber kann beeinflußt werden durch entsprechende Wahl der Fertigungsparameter, d.h., je sanfter die Endbearbeitung ist, desto geringer die Porigkeit. Die Veränderung dieser freigelegten Löcher an der Oberfläche bereitete anfangs

Bild 12: Oberflächen nach der Endbearbeitung, Stand 1982

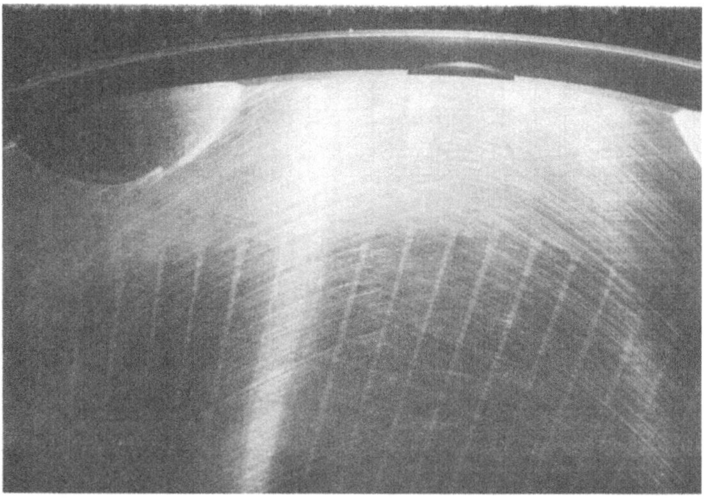

Bild 13: Oberflächen nach der Endbearbeitung, Stand 1984/85

große Schwierigkeiten, denn nach dem Laserhärten wurden diese Materialfehler schonungslos offengelegt und waren als Porensaum sichtbar. Bild 12 zeigt ein Beispiel einer solchen Oberfläche, wie sie im Anfangsstadium produziert werden mußte, da Abhilfemaßnahmen noch nicht bekannt waren. Den jetzigen Endzustand zeigt Bild 13.

Bild 14 zeigt einen Oberflächenabschnitt der Größe 3 cm x 3 cm. Deutlich zu sehen eine Vielzahl von kleinen Löchern an der Oberfläche vor dem Härten. Bild 15 zeigt den selben Oberflächenbereich nach dem Laserhärten und

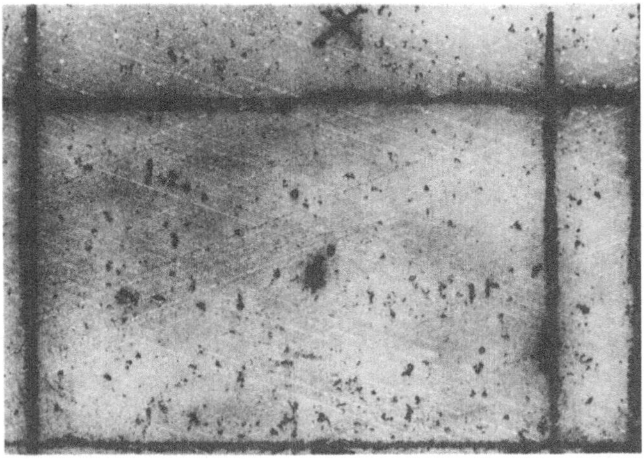

Bild 14: Porigkeit nach dem Härten

Fussel

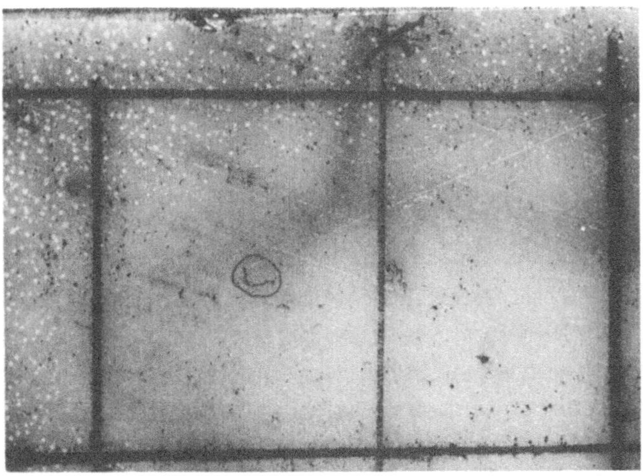

Bild 15: Porigkeit nach dem Härten und der Oberflächenendbearbeitung (selber Oberflächenbereich wie Bild 14)

nach dem Fertighonen dieser Oberfläche. Deutlich zu sehen, durch die geeignete Oberflächenendbehandlung sind die Poren zum größten Teil verschwunden oder doch weitgehend abgetragen worden.

b) Oberflächenveränderung durch das Härten
Übliche Zylinderbuchsenwerkstoffe enthaltene zuweilen Phosphorgehalte, die für die Bildung eines ternären Phosphideutektikums ausreichen. Dieses Phosphideutektikum hat einen Schmelzpunkt nahe 950 °C. Diese Temperatur liegt innerhalb des Austenitisierungsbereiches. Ein Unterschreiten des Steadit-Schmelzpunktes würde die Härtung zu stark einschränken, so daß das Aufschmelzen der Steadit-Inseln beim Laserhärten in Kauf zu nehmen ist. Aufgeschmolzener Steadit erstarrt nicht wieder in der gewohnten netzförmigen Struktur, sondern es treten Zementit-Ausscheidungen auf. Das Umschmelzen der Steadit-Inseln wirkt sich zwar nicht auf das Härten selber aus, in der Oberfläche treten aber netzförmige, der Steaditanordnung entsprechende Ausbrennungen auf, die die Oberflächenqualität stark beeinflussen können. Bei sehr sorgfältiger Wahl der Härtungsparameter gelingt es aber auch hier, dieses Problem vollständig in den Griff zu bekommen. Die Bilder 12 bis 15 demonstrieren auch hier den deutlichen Fortschritt in der Härtetechnik. Während bei Bild 12 die Porigkeit durch die Bearbeitung und die Aufschmelzung der Steadit-Inseln zu dem schlechten Oberflächenaussehen beigetragen haben, ist durch Bild 13 deutlich demonstriert, daß keinerlei Porigkeit durch Steaditaufschmelzungen das Oberflächenaussehen beeinflussen.

Die Beherrschung einer einwandfrei gehärteten Oberfläche,bei der der aufgeschmolzene Steadit nach der Endbearbeitung keinen Einfluß mehr hat, stellt eine sehr hohe Anforderung an den die Härtung ausführenden Bedienungsmann dar. Nur erfahrenes Personal ist in der Lage, diesen Punkt befriedigend zu erfüllen.

2.2.1.2.4 Schwingfestigkeitsuntersuchungen

Im Motor treten hochfrequente, zünddruckbedingte Spannungen (High Cycle) und niederfrequente Wärmespannungen (Low Cycle) auf. Eine ganz wesentliche Frage im Zusammenhang mit dem Einsatz örtlich gehärteter Zylinderlaufflächen in hochbelasteten Großdieselmtooren ist, ob die zusätzlich eingebrachte Härtung in Verbindung mit den zu erwartenden Spannungen die Lebensdauer der Zylinderbuchsen einschränkt. Natürlich kann letztlich der Motorversuch alleine diese Frage beantworten.

In geeigneter Weise konzipierte Schwingfestigkeitsuntersuchungen, repräsentativ für Zylinderbuchsen ohne und mit Härtung, können die Frage aber qualitativ beantworten helfen.

Aus FEM-Rechnungen ist bekannt, daß die zünddruckbedingten Spannungsamplituden auch bei hohen Zünddrücken an der Lauffläche nur in der Größenordnung von ca. $\pm$ 10 N/mm² liegen und können daher bei den weiteren Betrachtungen vernachlässigt werden.

Die wesentliche Beanspruchung der Lauffläche wird durch die Erwärmung hervorgerufen, d.h. aus der Behinderung der freien Wärmedehnung der Oberfläche folgen Druckwärmespannungen, die nach FEM-Rechnungen im Bereich OT 1.Kolbenring auf einem Niveau von ca. 150 N/mm² liegen, was einer erzwungenen Stauchung von ca. 0,15 % entspricht.

Infolge des nicht linearen Werkstoffverhaltens treten im heißen Betriebszustand auch plastische Anteile der Stauchung auf, die bei kaltem Motor zu Zugeigenspannungen führen.

Aus Temperaturänderungen im Motorbetrieb ergeben sich demnach Spannungs- bzw. Dehnungsamplituden unterschiedlicher Höhe, die letztlich für Ermüdungsschäden in der Lauffläche von Zylinderbuchsen verantwortlich sind.

Die Versuche wurden bei der M.A.N.-NT wie folgt durchgeführt:

1. Versuche mit Dehnungssteuerung
   Dehnungsgesteuert heißt, daß die Probe zwischen zwei festen Dehngrenzen wechselnd beansprucht wird.
   Bei allen Versuchen wurde ein konstantes Dehnungsverhältnis (Unterdehnung zu Oberdehnung) von -3,5 eingehalten, was bedeutet, daß die Stauchungen den 3,5fachen Wert der Zugdehnungen erhalten. Hierdurch wird eine geschätzte Proportionalität zwischen den Druckwärmespannungen und den dadurch in kaltem Zustand erzeugten Zugeigenspannungen berücksichtigt.

2. Versuche zur Laststeuerung
   Laststeuerung bedeutet, daß die Probe zwischen zwei festen Spannungsgrenzen wechselnd belastet wird. Es werden Versuche mit einem Spannungsverhältnis -3,5 und -1 gefahren. Bei Vorhandensein eines Anrisses führt die Laststeuerung schneller zum Bruch als bei der Dehnungssteuerung. Der Beanspruchungsablauf im Motorbetrieb erfolgt im wesentlichen dehnungsgesteuert.

Für die Versuche wurden Proben der Form nach Bild 16 verwendet, die teils aus gegossenen Platten, teils aus Originalzylinderbuchsen herausgearbeitet wurden.

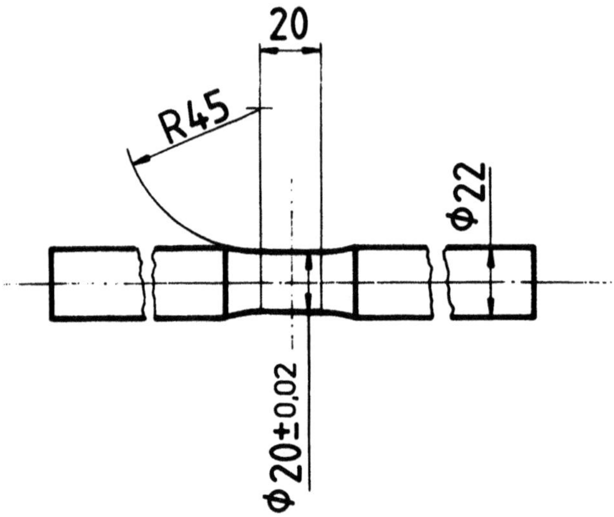

Bild 16: Proben für die Schwingfestigkeitsuntersuchungen

Die Proben wurden mit Härtebahnen versehen. Die Bahnen sind so angeordnet, daß sich die Bahnränder überschneiden bzw. mehr oder weniger große Zwischenräume freilassen. Die Zahl der Proben entsprach dem für die statistische Absicherung der Versuchsergebnisse nötigen Umfang [5] .

Die Untersuchungsergebnisse können wie folgt zusammengefaßt werden:

1. Die gehärteten Proben erzielen bis zum Bruch geringere Lastwechselzahlen als die ungehärteten. Die Lastwechselzahlen der am ungünstigsten gehärteten Proben kann ein bis zwei Zehnerpotenzen unter den nicht gehärteten Proben liegen.

2. Eine Wärmenachbehandlung der gehärteten Proben bei optimaler Temperatur hebt die Lastwechselzahl bis zum Bruch an.

3. Es ist allgemein eine große Streuung der Lastwechselzahlen bei gleichen Lastbedingungen festzustellen, sowohl in gehärteten als auch in ungehärteten Proben. Eine Erklärung für die Streuungen könnten mehr oder weniger große Fehlstellen in den Graugußproben sein.

   Die Ergebnisse lassen die Aussage zu, daß bei normalem Motorbetrieb zu erwarten ist, daß lasergehärtete Zylinderbuchsen die Kalt-Warm-Kalt-Zyklen eines Motors ertragen werden, wie sie auch unter erschwerten Bedingungen, wie z.B. im Fährbetrieb, auftreten können.

In Fällen, in denen es zu starken Temperaturerhöhungen der Lauffläche kommt, werden gehärtete Buchsen allerdings empfindlicher reagieren als nicht gehärtete.
Z.B. geht aus einer Veröffentlichung von Det Norske Veritas hervor, daß bei "blow by" bzw. "scuffing" Temperaturerhöhungen von 100 bis 170 °C über das normale Niveau hinaus auftreten können. Sofern dieses Niveau der örtlichen Temperaturerhöhung nicht nennenswert überschritten wird, werden auch lasergehärtete Buchsen solche Vorgänge überstehen. Hier sei erwähnt, daß inzwischen (4/1985) hunderte von Buchsen im Einsatz sind mit Betriebsstunden von zusammen vielen 10 000 Stunden, das geschilderte Problem ist nicht aufgetaucht.

2.2.2 Härterisse

Bei der Untersuchung käuflich erworbener lasergehärteter Zylinderbuchsen kleinerer Durchmesser wurden sehr viele Härterisse entdeckt, die teilweise durch die ganze Härtezone reichten. Nachdem es gelungen war, rißfrei zu härten, glaubte man, das Problem gelöst zu haben, was sich aber leider als großer Irrtum herausstellte.

2.2.2.1 Schadensfall

Ein Motor wurde komplett mit lasergehärteten Zylinderbuchsen bestückt, die rißfrei gehärtet worden waren. Nach einem ca. 30stündigen Probelauf waren 6 von 8 Zylinderbuchsen mit teilweise zentimeterlangen Anrissen behaftet, während 2 Zylinderbuchsen ohne Rißanzeige waren. Die Anrisse gingen in der Regel durch die gesamte Härtezone. Einen Ausschnitt aus einer solchen Zylinderbuchse, an der später dann auch Eigenspannungsuntersuchungen gemacht wurden, zeigt Bild 17. Deutlich zu sehen die Rißanzeigen längs der Berührungszonen der Härtebahnen.

Da mit der Lösung des aufgetretenen Problems die Verwendbarkeit der Laserhärtungstechnologie für den hier beschriebenen Einsatzfall zwangsläufig verknüpft war, wurden sofort sehr umfangreiche Arbeiten zur Ursachenfindung gestartet, zu denen auch die Arbeiten unter Kap. 2.2.1.2.4 gehörten.

Es war sofort nach dem Auftreten des Schadens vermutet worden, daß ein Zusammenwirken von Eigenspannungen und Betriebsspannungen die Ursache für die Anrisse sein müßte. Da letztere Spannungsart berechenbar ist, wurden entsprechende Eigenspannungsuntersuchungen vorgenommen.

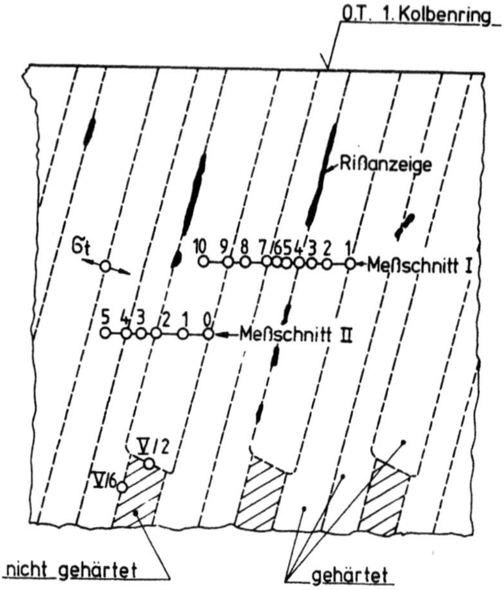

Bild 17: Rißbild an einer Zylinderbuchsen-Oberfläche

2.2.2.2 Eigenspannungsuntersuchungen

Es war zu vermuten, daß die Eigenspannungsverteilung sowohl im Gebiet zwischen zwei Bahnen als auch in der Tiefe starke Gradienten zeigen würde. Das auszuwählende Meßverfahren mußte daher eine hohe Auflösung haben. Diese Forderung konnte nur bei Verwendung des röntgenographischen Eigenspannungsmeßverfahrens nach dem $\sin^2\psi$-Verfahren erfüllt werden.

Mit dieser Methode ist es möglich, die Meßstrecke, innerhalb derer ein Mittelwert der Spannung gemessen wird, auf eine Länge von ca. 1 mm zu beschränken. In die Tiefe integriert das Verfahren die Spannungen über eine Schichtdicke von ca. 5 µm.

Beim Röntgenverfahren wird primär der Dehnungszustand, d.h., der Verzerrungszustand des Fe-Kristallgitters gemessen; die Umrechnung der Dehnung in Spannung erfolgt mit Hilfe der elastischen Konstanten E-Modul und Querzahl. Das Verfahren erlaubt es, Eigenspannungen I. und II.Art getrennt zu bestimmen, was ebenfalls für den Anwendungsfall wichtig war, denn Eigenspannungen I.Art entstehen durch ungleichmäßige Volumenänderungen beim Erstarren von Schmelzen, durch ungleichmäßiges Abkühlen (Wärmespannungen) und durch inhomogene Verformungsvorgänge (Bearbeitungseigenspannungen). Sie sind nur in makroskopischen Bereichen veränderlich.

Eigenspannungen II.Art oder Mikroeigenspannungen entstehen z.B. durch plastische Verformung von Kristallen und sind in mikroskopischen Bereichen veränderlich. Ihre Höhe ist ein Maß für die Härte des Werkstoffes.

Die Tiefenverteilung beider Eigenspannungsarten wurde durch schichtweises elektrochemisches Abtragen (Elektropolieren) der Werkstoffoberfläche ermittelt. Dieses Abtragungsverfahren erzeugt selbst keine Eigenspannungen.

Mit der Röntgenmethode konnte auch der Restaustenitgehalt des Werkstoffes bestimmt werden, der insbesondere im gehärteten Bereich bedeutsam ist.

Exemplarisch für die vielen Versuche und Messungen, die verschiedene Werkstoffe, neue und gelaufene Zylinderbuchsen, Standguß- und Schleudergußbuchsen, unterschiedlichste Härtungsspezifikationen und letztlich die Absicherung der abgeleiteten Abhilfemaßnahmen umfaßten, sollen die Bilder 18 und 19 stehen.

Bild 18 zeigt die Tiefenverteilung der Tangentialeigenspannungen für die Mitte einer Härtebahn und für die Zone zwischen zwei Härtebahnen. Die Probe entspricht der in Bild 17 gezeigten, die aus einer Schadensfall-Zylinderbuchse stammt. Die Kurvenverläufe in Bild 18 sind exemplarisch für alle gefundenen Tiefenverteilungen der Tangentialeigenspannungen.

Sowohl im Bereich der Härtebahn als auch zwischen den Härtebahnen finden

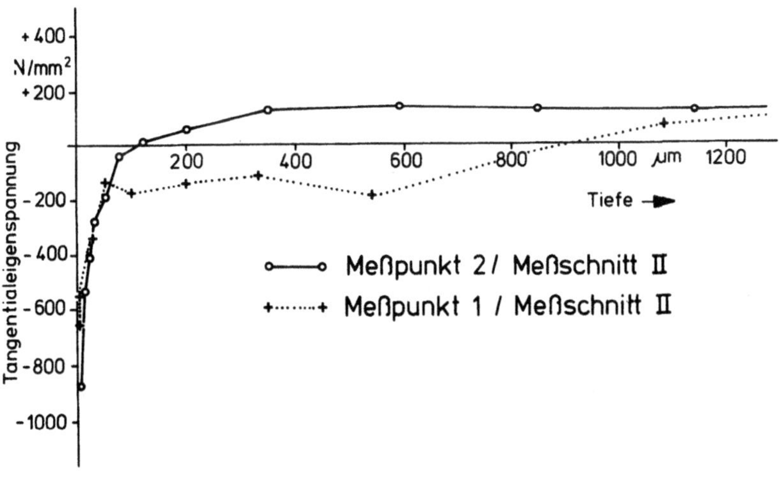

Bild 18: Tiefenverteilung der Tangentialeigenspannungen in der Mitte einer Härtebahn und zwischen zwei Härtebahnen

sich unmittelbar an der Oberfläche sehr hohe Druckeigenspannungen, die innerhalb einer dünnen Schicht schnell absinken. Als Ursache für diese Spannungen wurde durch spätere Messungen das Honen der Lauffläche nachgewiesen. Nach Abklingen der durch Honen erzeugten Eigenspannungen sind in der Mitte der Härtebahnen Druckeigenspannungen bis 200 N/mm² festzustellen, die im Übergangsbereich von der Härteschicht ins Grundmaterial in Zugeigenspannungen übergehen. Die in der Härteschicht vorliegende Druckspannung entsteht während des Härtens bei der Umwandlung des Austenits in Martensit, welche mit einer Volumenvergrößerung verbunden ist. In der Zone zwischen zwei Härtebahnen finden sich ab einer bestimmten Tiefe fast konstante Zugeigenspannungen. Der Mechanismus ihrer Entstehung wird folgendermaßen angenommen: Wird eine Härtebahn in die Nähe oder überlappend mit einer bereits vorhandenen kälteren Bahn gelegt, so wird der vorher vorhandene Martensit angelassen, was mit einer Volumenkontraktion, d.h. dem Abbau der vorher vorhandenen Druckeigenspannungen verbunden ist. Durch die hohen Anlaßtemperaturen in dieser Zone entstehen gleichzeitig hohe Druckwärmespannungen, die zu einer plastischen Stauchung des Materials führen. Bei Abkühlung wird der Werkstoff in seinem freien Schrumpfen durch die kältere Umgebung behindert, was zum Aufbau von Zugeigenspannungen führt. Weitere Feinmessungen mit verkleinerter Meßbreite ergaben Zugeigenspannungsmaximalwerte bis ca. 200 N/mm². Bei derartig hohen Spannungen, die knapp unter der Zugfestigkeit des nicht gehärteten Gefüges in dieser Zwischenzone liegen, ist bereits nach wenigen thermischen Lastwechseln mit Anrissen zu rechnen, was ja auch eingetreten ist.

An einer Anzahl von Meßpunkten wurde der vollständige Eigenspannungszustand, d.h. beide Hauptspannungen, gemessen. Es ergab sich, daß die vorstehend genannte Tangentialspannung zwar innen die größte Hauptspannung darstellt, daß aber die senkrecht dazu stehende Hauptspannung ebenfalls eine Zugspannung ist und in ihrer Größe fast der Tangentialspannung gleichkommt. Hieraus folgt, daß die Eigenspannungskomponente, die mit der im Motorbetrieb dominierenden Umfangsspannung zusammenfällt, unabhängig von der Neigung der Härtebahnen gegen die Buchsenachse fast die gleiche Größe besitzt. Das Auftreten von Mikrorissen kann daher nicht durch größere Neigung der Härtebahnen beeinflußt werden; allerdings sind die Bedingungen für ein Zusammenwachsen von Mikrorissen zu Makrorissen bei nahezu achsparalleler Anordnung der Bahnen erheblich günstiger.

Bild 19 zeigt Eigenspannungsverläufe aus einer Zylinderbuchse, bei der die sich aus Bild 18 ableitenden Konsequenzen verwirklicht worden sind. Die Feinmessungen der Eigenspannungen erfolgten in einer Tiefe von 100 µm senkrecht zwischen zwei Härtebahnen und in die beiden angrenzenden Härtebahnen hinein. Eine Kurve gibt den Eigenspannungsverlauf ohne Wärmebehandlung wieder, eine zweite den Verlauf nach einer Wärmebehandlung. Es zeigen sich im Verlauf der Eigenspannungen ohne Wärmebehandlung zwei ausgeprägte Zugspannungsmaxima, die so zu interpretieren sind, daß jedes als Auswirkung einer der beiden benachbarten Härtebahnen entsteht und jede für sich in der Höhe unkritisch ist. Mit der Annahme, daß sich die Auswirkungen beider Bahnen solange nicht summieren, wie die Spannungsmaxima sich nicht überdecken, konnte ein Sicherheitsabstand zwischen zwei Härtebahnen definiert werden, der aber abhängig von einigen Parametern ist und somit bei gegebenem Anwendungsfall sorgfältig erarbeitet werden muß.

Eine der Möglichkeiten, die Zähigkeitseigenschaften eines Härtegefüges zu verbessern, besteht in einer nachträglichen Wärmebehandlung. Die entsprechende

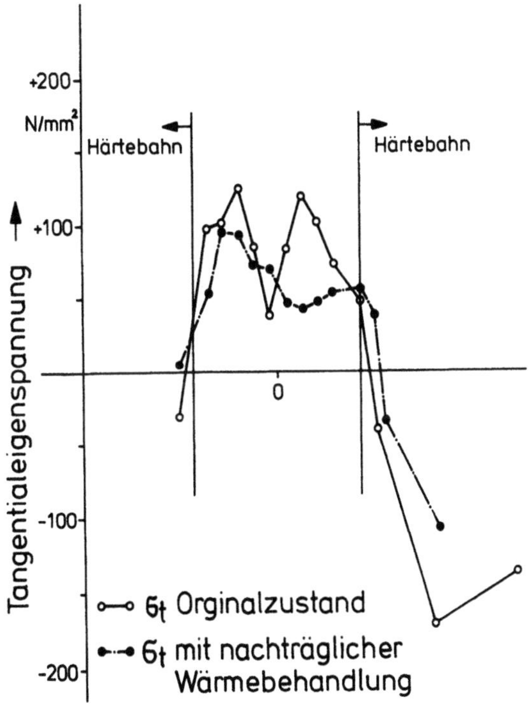

Bild 19: Eigenspannungsverlauf am Umfang in 100 µm Tiefe

Kurve in Bild 19 zeigt, daß eine der beiden Spannungsspitzen gemildert, die andere völlig abgebaut wurde [6] .

2.2.3 Erkenntnisse aus Eigenspannungs- und Schwingfestigkeitsuntersuchungen

Die Erkenntnisse, die im Rahmen der Schwingfestigkeits- und der Eigenspannungsuntersuchungen gewonnen worden sind, lassen sich wie folgt zusammenfassen:

1. Beim Laserhärten entstehen systematisch in den Härtebahnen Druckeigenspannungen und zwischen den Härtebahnen Zugeigenspannungen, deren Niveau über die Tiefe der Härteschicht jeweils nahezu konstant bleibt.

2. In den Randbereichen der Härtebahnen können sich in der angelassenen und dadurch weichen Zone zwischen zwei Härtebahnen Zugeigenspannungen in der Größenordnung von 200 N/mm^2 ergeben, die damit knapp unter der Zugfestigkeit des Werkstoffes liegen. Nach einer sehr geringen Anzahl von thermischen Lastwechseln ist dann mit dem Auftreten von Anrissen zu rechnen.

3. Bei geeigneter geometrischer Anordnung der Härtebahnen läßt sich das Niveau der Zugeigenspannungen auf eine Höhe von ca. 100 N/mm^2 verringern.

4. Eine Wärmenachbehandlung zur Umwandlung von Restaustenit und tetragonalem Martensit beeinflußt das Eigenspannungsniveau nicht signifikant. Eigenspannungsspitzen werden jedoch gemildert.

5. Die Neigung der Härtebahnen zur Zylinderbuchsenachse hat keine wesentlichen Auswirkungen auf die Entstehung von Mikrorissen. Die Gefahr für ein Zusammenwachsen zu Makrorissen, falls Mikrorisse aufgetreten sind, ist jedoch wegen der dominierenden Höhe der Wärmespannungen in Umfangsrichtung im Motorbetrieb bei geringer Neigung größer.

6. Der Phosphorgehalt des Werkstoffes hat keinen bedeutsamen Einfluß auf die Höhe der Eigenspannungen.

7. Das Honen der Lauffläche erzeugt in einem sehr oberflächennahen Bereich hohe Druckeigenspannungen, die voraussichtlich keinen bedeutsamen Einfluß auf die Lebensdauer haben.

8. Durch kurzzeitigen Motorbetrieb ergeben sich keine wesentlichen Eigenspannungsveränderungen.

9. Die Schwingfestigkeitsversuche bestätigen den lebensdauermindernden Einfluß ungünstig angeordneter Härtebahnenlagen.

10. Durch eine Wärmenachbehandlung kann eine Erhöhung der Lebensdauer erreicht werden, die jedoch unter der Größenordnung der Streuung der Ergebnisse der

Schwingfestigkeitsversuche bleibt.

11. Bei Realisierung der wesentlichsten Verbesserungsmaßnahmen kann bei normalen Motorbetriebsbedingungen eine (festigkeitsmäßig) für Zylinderbuchsen übliche Lebensdauer erwartet werden.

2.2.4 Oberflächenendbehandlung

Mit der Umwandlung des Austenits in Martensit ist, wie schon gesagt, eine Volumenvergrößerung verbunden. Bild 11 veranschaulicht die Veränderung der Oberfläche. Die Aufwerfungen müssen abgetragen und die sich ergebende maßliche Veränderung des Zylinderbuchsendurchmessers vorher berücksichtigt werden. Für eine Serienfertigung ist es sehr wichtig, eine geeignete Oberflächengüte und einen optimalen Zylinderbuchsendurchmesser vor dem Härten zu haben, damit die gewünschte Oberflächengüte nach dem Härten bei gewünschtem Zylinderbuchsendurchmesser mit minimalem Bearbeitungsaufwand erreicht wird.

Wie sich erst später im Rahmen der angelaufenen Serie bewerten ließ, ist es bei lasergehärteten Zylinderbuchsen sehr viel einfacher, den Zylinderbuchsendurchmesser in einen sehr engen Toleranzbereich um einen gewünschten Solldurchmesser zu halten, als es vorher bei konventionellen Zylinderbuchsen mit vertretbarem Aufwand möglich war.

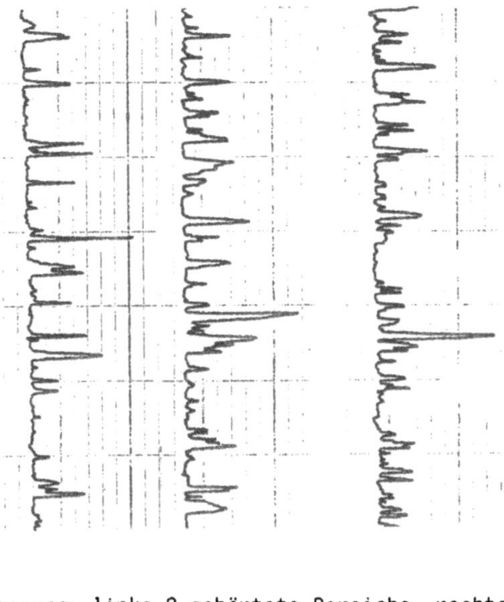

Bild 20: Plateauhonung; links 2 gehärtete Bereiche, rechts ein ungehärteter Bereich

Ein weiterer wesentlicher Vorteil gegenüber konventionellen Zylinderbuchsen und besonders auch nitrierten Zylinderbuchsen ist die mit sehr geringem Fertigungsaufwand erzielbare reproduzierbare Güte der Plateauhonung. Da der positive Einfluß der Plateauhonung auf den Ölverbrauch unbestritten ist, ist dieser Punkt besonders wichtig, denn es wird viel unter dem Namen Plateauhonung geliefert, was den Namen aber nicht verdient. Um so wichtiger ist die reproduzierbare Fertigungsgüte, die bei lasergehärteten Zylinderbuchsen erreicht werden kann. Da inzwischen hunderte von Zylinderbuchsen in die Serie eingeflossen sind und von jeder Buchse Oberflächenschriebe genommen worden sind, ist der geschilderte Fertigungsstand abgesichert. Bild 20 zeigt ein Beispiel einer serienmäßig erzeugten Oberflächengüte. Die Qualitätssicherung erfolgt optisch anhand des Oberflächenschriebes in Verbindung mit den Kennwerten R_{3Z} und R_Z.

2.3 Motorversuche

Die zu Beginn des Vorhabens geplanten Motorversuche sollten der Spezifikations-Festlegung lasergehärteter Zylinderbuchsen für Viertakt-Großdieselmotore dienen, wobei daran gedacht war, ganz besonders folgende Parameter festzulegen:

- Zylinderbuchsenwerkstoff
- Kolbenringlaufflächenwerkstoff
- Härtungsmuster
- Oberflächenendbehandlung.

Als Versuchsmotore waren der für Forschungszwecke zur Verfügung stehende Motor 1L 24/30 und ein für Grundlagenuntersuchungen vorübergehend zur Verfügung stehender Motor 8L 40/45 vorgesehen. Aus firmeninternen Gründen kam aber statt des 8L 40/45 der im Laufe des Vorhabens fertiggestellte dreizylindrige Versuchsmotor 3L 58/64 zum Einsatz. Die Möglichkeit, einen der Serie entsprechenden Versuchsmotor zur Verfügung zu haben, wirkte sich sehr positiv auf das Vorhaben aus, besonders auch was Kap. 3 betrifft.

Während des Vorhabens mußte eine wesentliche Änderung der Aktivitätsschwerpunkte vorgenommen werden, denn bei der ursprünglichen Spezifikations-Festlegung war das Problem von während des Motorbetriebes auftretenden Rissen in nicht optimal lasergehärteten Zylinderbuchsen noch unbekannt.

Neben den nicht geplanten Aktivitäten zur Ursachenfindung (s. Kap. 2.2.2 und teilweise 2.2.1.2.4) mußten auch Motorversuche auf das neu aufgetauchte Problem abgestimmt werden.

Bei der Auswahl der Zylinderbuchsen- und Kolbenringlaufflächen-Werkstoffe konnte auf ganz erhebliche Vorarbeiten an einem Vierzylinder-Zweitaktmotor zurückgegriffen werden. Dieser Versuchsmotor diente seit 1979 der Entwicklung neuer Zylinderbuchsen-Technologien (s. Kap. 2.1.1.2). Aufgrund der Vorversuche mit 6 verschiedenen Zylinderbuchsenwerkstoffen und 13 verschiedenen Ringlaufflächenwerkstoffen konnte eine Vorauswahl für die Versuche an den 4-T-Motoren getroffen werden, so daß insgesamt nur 3 Zylinderbuchsenwerkstoffe und 4 Ringlaufflächenwerkstoffe zur Anwendung kamen.

2.3.1 Motor 1L 24/30

Der Motor 1L 24/30 ist ein typischer Versuchsmotor für Grundlagenuntersuchungen, da er durch die Fremdaufladung sehr variabel betreibbar ist und auf der Einspritzseite sowohl mit Dieselöl als auch mit Schwerölen schlechter Qualität betrieben werden kann. Darüber hinaus ist der Motor meßtechnisch ausreichend mit den üblichen Sensoren bestückt und kann mit Zünddrücken bis 145 bar betrieben werden.

Der Zylinderlaufflächenverschleiß in OT 1.Kompressionsring wurde mit Hilfe der Radionuklidtechnik (RNT) ermittelt, wobei auf das Dünnschichtdifferenz-

DATUM		141282	100683	280283
MESSBLATT/MESSUNG	192 / 02		01	02
MOTORDREHZAHL	1/MIN	900.	900.	663.
LEISTUNG	KW	183.3	183.1	73.3
MITTL.EFF.DRUCK	BAR	18.00	18.00	9.77
BRENNSTOFFVERBR.	KG/H	41.6	42.1	17.6
SPEZ.BRENNST.VERBR.	G/KWH	226.8	230.1	240.2
BE - HU=42707 KJ/KG	G/KWH	216.0	219.1	228.8
DRUCK VOR MOTOR	BAR	2.84	2.84	1.46
DRUCK V.TURBINE	BAR	2.13	2.13	1.14
DRUCKVERH.VERDICHTER		2.96	2.94	1.55
DRUCKVERH.TURBINE		2.22	2.21	1.21
IS.FOERDERH.VERDICHTER	J/KG	107255.	107974.	39434.
IS.FOERDERH.TURBINE	J/KG	174595.	175721.	39733.
LADELUFT	KG/H	1341.0	1321.3	581.7
ABGAS	KG/H	1382.5	1363.4	599.3
WIRKUNGSGR.ETA-TL	%	59.6	59.5	96.3
SPEZ.LUFTVERBRAUCH	KG/KWH	7.317	7.214	7.938
VERBR.LUFTVERHAELTNIS		2.012	1.987	1.837
VERBR.LUFTMENGE	KG/H	1143.	1145.	442.
SPUELLUFTMENGE	KG/H	198.	176.	140.
SPUELLUFT/GESAMTLUFT	%	15.	13.	24.

Tab.1: Betriebswerte des 1L 24/30

meßverfahren (DDV) zurückgegriffen wurde. Der Ringlaufflächenverschleiß wurde nur teilweise mittels RNT erfaßt, was in der Problematik begründet ist, die sich ergibt aus: Ringlaufflächenwerkstoffe/Aktivierung/Versuchsablauf/Aktivierbarkeit/Kosten.

Zusätzlich zur RNT wurde der Verschleiß mittels Mantellinien mehrfach festgehalten, und zwar sowohl in der Zylinderbuchse als auch bei den Kolbenringen. Die Hardwarebausteine beider Meßsysteme sind dieselben. Die Art der Erfassung des Ringlaufflächenverschleißes geht dabei auf ein von der Fa. Götze AG intern angewendetes Verfahren zurück.

Tab. 1 gibt typische Motorbetriebswerte bei Vollast und beim sogenannten Korrosionslauf-Betriebspunkt 40 %-Last auf der Propellerkurve und 40 °C Kühlwassereintrittstemperatur wieder. Das verwendete Schweröl hatte im Mittel eine Viskosität von 190 cSt/50 °C, eine Dichte von 0,96 und einen Schwefelgehalt zwischen 2 % - 3 %.

Bei dem gewählten Teillast-Betriebspunkt wurden anfänglich auch die Zylinderwandtemperaturen mitgemessen, so daß nach [7] in Verbindung mit dem verwendeten Schweröl mit Sicherheit gesagt werden kann, daß der Taupunkt für die Bildung schwefeliger Säure weit unterschritten wurde, und zwar fast über den ganzen Hubbereich.

2.3.1.1 Zylinderbuchsen

a) Werkstoffe

Es kamen insgesamt 6 Zylinderbuchsen zum Einsatz, die aus 3 verschiedenen Werkstoffen im Standguß nach M.A.N. üblichen Verfahren hergestellt worden waren. Der 1. Werkstoff entsprach dem normalen, seit einigen Jahren serienmäßig verwendeten M.A.N.-Zylinderbuchsenwerkstoff, der 2. Werkstoff unterschied sich vom ersten hinsichtlich der Legierungsbestandteile und der 3. Werkstoff entsprach dem 1. Werkstoff, war aber phosphorfrei und im Siliziumgehalt abgesenkt.

b) Härtungsmuster

5 der 6 Zylinderbuchsen wurden gehärtet, wobei drei unterschiedliche Härtungswinkel gewählt wurden. Zwei der fünf Zylinderbuchsen waren in der Härtungskonfiguration so ausgelegt, daß die zwischenzeitlich ermittelten Ursachen für die Rißbildung in den Zylinderlaufflächen und die sich aus den Ursachen ableitenden Änderungen in den Härtungs- und Wärmebehandlungsparametern Berücksichtigung fanden.

c) Oberflächengestaltung

Die Oberflächenendbearbeitung wurde im Laufe des Vorhabens ständig optimiert, wobei auch die Erfahrungen der nicht im Rahmen dieses Vorhabens laufenden Außenversuche wichtige Hilfen gaben. Im Rahmen dieses Vorhabens wurde eine vorläufige Spezifikation der Oberflächengestaltung erarbeitet (s. auch Bild 20), die inzwischen nach Abschluß des Vorhabens weiter verbessert wurde und inzwischen endgültig in Form von Arbeitsanweisungen, Oberflächenkennwerten und beispielhaften Oberflächenschrieben für jeden Motortyp vorliegt.

2.3.1.2 Kolbenringspezifikation

Es kamen insgesamt 3 verschiedene Ringlaufflächenmaterialien zum Einsatz, wobei die eine Werkstoffart von zwei verschiedenen Lieferanten bezogen worden war. In der 1.Nut wurden vier verschiedene Ringlaufflächenformen eingesetzt. Bewertet wurde nur der Verschleiß des 1.Kompressionsringes.

2.3.1.3 Versuchsergebnisse

Der Motor 1L 24/30 wurde insgesamt 1 513 h betrieben, wobei 312 h auf die Korrosionsläufe entfielen.

Es wurden 25 Einzelversuche durchgeführt, wovon 8 Korrosionsläufe waren. Die mittlere Versuchsdauer der Vollastläufe betrug 70,5 h, die der Korrosionsläufe 39 h. Die Vollastläufe wurden so lange betrieben, bis die mittels RNT gemessene Zylinderbuchsenverschleißrate über mindestens ca. 40 h konstant war. Zur Bewertung der einzelnen Paarungen wurde die sich nach dem Einlauf einstellende konstante Zylinderbuchsenverschleißrate (in OT 1.Kompressionsring) herangezogen. Die Verschleißrate während des Einlaufes wurde nicht betrachtet. Bei allen 6 Zylinderbuchsen war es nie nötig, Einzelversuche länger als 90 h zu fahren.

Die Ergebnisse der Kolbenringlaufflächenvermessungen können nur sehr bedingt für eine Bewertung des Ringlaufflächenwerkstoffes herangezogen werden, da die notwendige Einlaufzeit stark abhängig vom verwendeten Ringlaufflächenwerkstoff ist. Der Anfangsverschleiß sagt in der Regel sehr wenig aus über das sich nach längeren Zeiten einstellende Ringverschleißratenniveau. 70 Motorbetriebsstunden sind dabei in aller Regel viel zu kurz.

Aus diesem Grunde soll anhand der Ergebnisse vom 1L 24/30 keine Bewertung des Ringverschleißes selber vorgenommen werden, sondern nur die Auswirkung des Ringmaterials auf den Zylinderbuchsenverschleiß. Die vergleichende Bewertung von Ringlaufflächenwerkstoffen auf der Basis des durch die Ringe verursachten Zylinderlaufflächenverschleißes in OT hängt kaum von der Laufzeit der Ringe selber ab, wenn die Zylinderbuchse eingelaufen ist. Dies wurde durch Wiederholungsversuche mehrfach nachgewiesen und auch am 2-Takt-Versuchsmotor immer wieder festgestellt.

Die Bewertung der Ringlaufflächenwerkstoffe erfolgte durch die Versuche am 3L 58/64, die entsprechend konzipiert waren (s. Kap. 2.3.2).

Anhand der Mantellinienschriebe Bild 21 bis 24 sollen einige herausstechende Ergebnisse einiger Versuche diskutiert werden.
Es wurden am Umfang einer Zylinderbuchse stets 4 Mantellinienschriebe genommen. Dabei bedeutet: A.S. = Auslaßseite
ST.S. = Steuerseite
K.S. = Kupplungsseite
K.G.S.= Kupplungsgegenseite.

Bild 21 zeigt 3 Versuchsergebnisse, Versuch 11.1 ist ein Korrosionslauf, die 2. Messung beinhaltet diesen Versuch. Der Mantellinienverlauf läßt keinen Rückschluß auf Korrosionsangriff zu. Versuch 12 wurde mit einem anderen Ringlaufflächenwerkstoff wie Versuch 1 und 11, 11.1 gefahren. Der drastische Einfluß dieses Materials auf den Zylinderbuchsenverschleiß ist deutlich zu sehen (rein abrasiver Verschleiß, keine Korrosion).

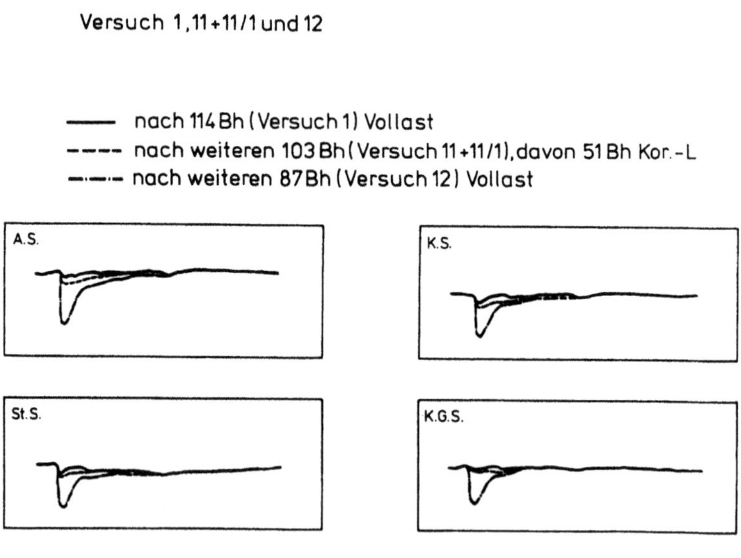

Bild 21: Mantellinienschriebe vom 1L 24/30

Bild 22 zeigt, daß auch in Verbindung mit anderen Zylinderbuchsenparametern (Härtungsart, Material) der Ringwerkstoff mit dem negativen Einfluß auf den Zylinderbuchsenverschleiß in Bild 21 wieder negativen Einfluß zeigt, denn das Ringmaterial von Versuch 12 entspricht dem von Versuch 6 + 7 (s. 2. Messung Bild 21). Versuch 9 und 10 waren Korrosionsläufe; Korrosionsangriffe wurden nicht gefunden.

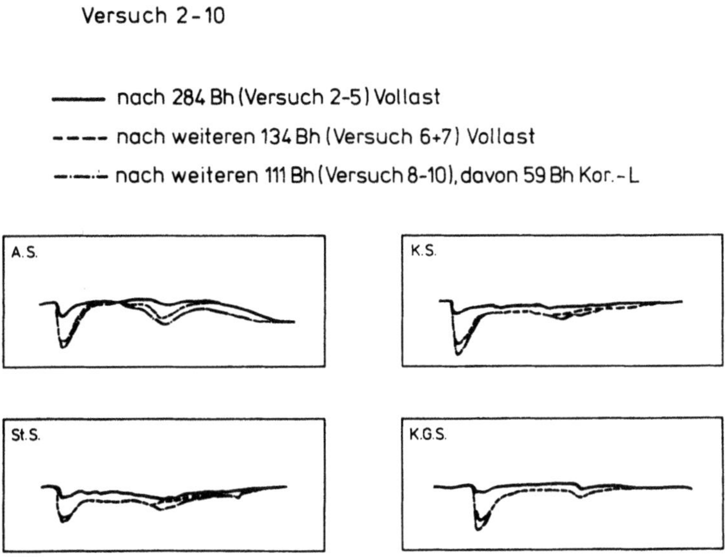

Bild 22: Mantellinienschriebe vom 1L 24/30

Bild 23 zeigt, wie durch den Korrosionslauf 16.1 besonders im Bereich A.S. über der Höhe des gesamten Ringpaketes sehr starke Korrosion hervorgerufen wird, während in den Bereichen ST.S. und K.G.S. kein Korrosionsangriff beobachtet werden konnte, weder anhand der Mantellinienschriebe noch metallurgisch.

Bild 24 zeigt ein ähnliches Ergebnis, wenn auch in stark abgeschwächter Form, auch hier Korrosion nur im Bereich A.S.

Versuch 16 - 16/2

—— nach 69Bh Vollast (Versuch 16)

-·-·- nach weiteren 52 Bh Kor.-L (Versuch 16.1)

---- nach weiteren 37Bh Kor.-L (Versuch 16.2)

—— nach weiteren 26Bh Vollast (Versuch 16.3)

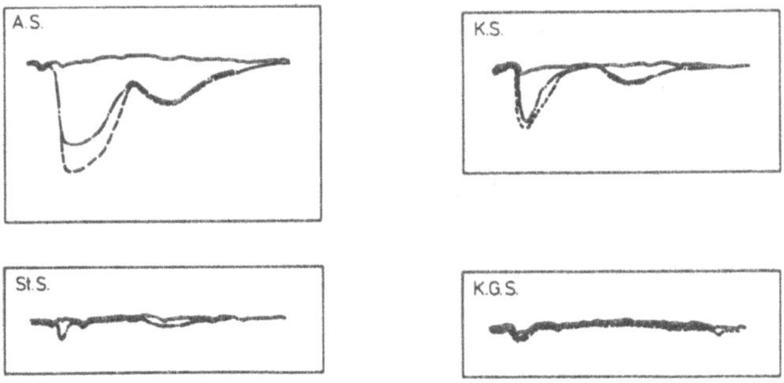

Bild 23: Mantellinienschriebe vom 1L 24/30

Versuch 18 - 18.1

-·-·- nach 60Bh Vollast (Versuch 18)

--- nach weiteren 32Bh (Versuch 18.1)

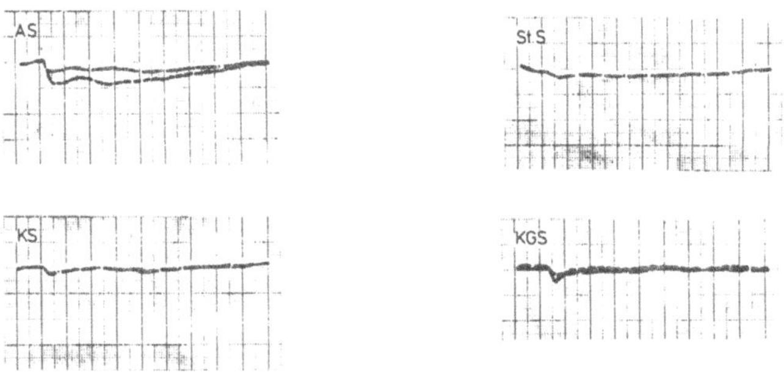

bei St.S und KS sind
die Messungen
deckungsgleich

Bild 24: Mantellinienschriebe vom 1L 24/30

F a z i t :

- Der Zwickelverschleiß der ungehärteten Zylinderbuchse ist 2,5 bis 3 mal höher als der der gehärteten Varianten, wobei die absolute Höhe der Verschleißrate abhängig vom verwendeten Ringlaufflächenwerkstoff ist.
- Die Zylinderbuchsenwerkstoffe unterscheiden sich in der Höhe der Anfangsverschleißraten, aber nicht in der Verschleißrate nach dem Einlauf.
- Einer der Werkstoffe zeigte in einem Versuch (16.1) starke Korrosionsanfälligkeit. Im Wiederholungsversuch (17, 17.1 neue Zylinderbuchse gleiche Charge) wurde keine Korrosion festgestellt. Letztlich bleibt dadurch die Ursache für das Ergebnis Versuch 16.1 ungeklärt (TBN des Schmieröles in beiden Fällen gleich).
- Die Härtungswinkel hatten keinen Einfluß auf den Zwickelverschleiß. Es zeigten sich deutliche Unterschiede im Kolbenlaufverhalten, was aber auch mit der noch nicht optimalen Oberflächenkontur der Zylinderlaufflächen zusammenhing, die nicht bei allen drei Varianten gleich war.
- Die Form der Ringlauffläche hatte keinen Einfluß auf den Zwickelverschleiß.
- Der Ringlaufflächenwerkstoff hat einen starken Einfluß auf den Zwickelverschleiß.

2.3.2 Motor 3L 58/64

Der Motortyp L 58/64 ist die jüngste Neuentwicklung der M.A.N.-B & W Diesel GmbH auf dem Viertakt-Motorensektor und zählt zugleich mit einer Zylinderleistung von 1 215 kW zu den größten mittelschnellaufenden Motoren überhaupt. Aufgrund zahlreicher Konstruktionsdetails ist er der modernste Motor seiner Klasse. Ausführliche Beschreibungen dieses Motortyps sowohl konstruktiver Art als auch detaillierter Betriebswerte sind in [8] , [9] wiedergegeben, so daß hier darauf verzichtet werden kann.

Seit Ende 1983 steht eine dreizylindrige Versuchsversion für Grundlagenuntersuchungen zur Verfügung, so daß im Rahmen des Tribologie-Vorhabens seitens des Versuchsträgers optimale Bedingungen herrschten.

2.3.2.1 Zylinderbuchsen

a) Werkstoffe

Es kamen insgesamt 3 lasergehärtete Zylinderbuchsen zum Motoreinsatz und an weiteren 2 Zylinderbuchsen wurden Fertigungsversuche zur Optimierung einiger während des Vorhabens auftretender offener Fragen durchgeführt.

Eine der drei im Motor eingesetzten Zylinderbuchsen war von Beginn an eingebaut und hatte zum Abschluß dieses Vorhabens ca. 1 600 Bh.

Alle fünf Zylinderbuchsen waren aus dem gleichen Material hergestellt.Die Spezifikation dieses Materials wurde aus den Versuchsergebnissen des Vorhabens am 2-Takt-Motor (das vor dem BMFT-Trib.-Vorhaben lief) und am 1L 24/30 abgeleitet. Es hat sich am 3L 58/64 bewährt und entspricht inzwischen der freigegebenen Serienspezifikation.

b) Härtungsmuster
Wesentliche Erkenntnisse der Eigenspannungsuntersuchungen konnten bereits bei der Härtung der 58/64-Zylinderbuchsen berücksichtigt werden. Die drei im Motor eingesetzten Zylinderbuchsen wiesen 2 verschiedene Härtungsgeometrien auf. An zwei der drei Zylinderbuchsen wurden die beiden wichtigsten Maßnahmen zur Härterißvermeidung verwirklicht, bei einer Zylinderbuchse kam nur die wichtigste Maßnahme zur Anwendung. An den zwei für Fertigungsversuche erstellten Zylinderbuchsen wurde die Geometrie verwirklicht, die als Summe aller Erfahrungen und unter Berücksichtigung des Kosten-/Nutzenverhältnisses inzwischen bei allen Typen den Serienstand darstellt.

c) Oberflächengestaltung
Es gilt das gleiche wie unter Kap. 2.3.1.1 c) ausgeführt. Es wurden zwei grundsätzlich verschiedene Oberflächengestaltungsvarianten erprobt, wobei sich die eine der beiden nicht wesentlich von der inzwischen festgelegten Serienspezifikation unterschied.

2.3.2.2 Kolbenringspezifikation

Es kamen insgesamt 3 verschiedene Ringlaufflächenmaterialien zum Einsatz. Zwei entsprachen den am 1L 24/30 eingesetzten Materialien, ein neuer Werkstoff von einem anderen Lieferanten kam hinzu. Von diesem neuen Werkstoff wurden zwei verschiedene Aufbringungstechnologien für das Laufflächenmaterial erprobt.

2.3.2.3 Versuchsergebnisse

Am Ende dieses Vorhabens betrug die Motorbetriebszeit ca. 1 600 h. Die Betriebsbedingungen waren unterschiedlich zu dem klaren Ablaufprogramm am 1L 24/30, der nur mit 2 unterschiedlichen Betriebspunkten betrieben worden war. Da es sich beim 3L 58/64 um einen neuentwickelten Motortyp handelt, sind selbstverständlich alle zur Beurteilung des Betriebs- und Bauteil-Gesamtverhaltens notwendigen Lastpunkte gefahren worden, die Vollastbetriebspunkte machten aber ca. 80 % aus. Konstanter Vollastbetrieb ist über lange zusammenhängende Zeiten im Rahmen der Erprobung der luftgetakteten Zylinderschmierung gefahren worden (s. Kap. 3).

Als Verschleißmeßverfahren wurden ausschließlich die bereits in Kap. 2.3.1 geschilderten konventionellen Oberflächenmeßverfahren herangezogen, die RNT kam nicht zur Anwendung.

a) Zylinderbuchsenverschleiß

Die Verschleißergebnisse bezüglich Zwickelverschleiß ergeben die gleiche Wertung von gehärteten zu ungehärteten Zylinderbuchsen wie am 1L 24/30. Beim Vorliegen reinen Abrasionsverschleißes ist der Zwickelverschleiß bei gehärteten Zylinderbuchsen bei gleicher Ringbestückung bis zum Faktor 3 geringer als bei ungehärteten Zylinderbuchsen.

Bild 25 und 26 veranschaulichen deutlich den Unterschied im Verschleißwiderstand zwischen Laserbuchsen und konventionellen Zylinderbuchsen. Die Bilder zeigen 2 Technovit-Oberflächenabdrücke in 280facher Vergrößerung. Die Bilder stammen aus derselben Zylinderbuchse von nur wenige Millimeter voneinander entfernten Oberflächenbereichen zwischen 1. und 2. Ring in OT. Bild 25 zeigt die abrasiven Verschleißspuren der ungehärteten Oberfläche und Bild 26 die der gehärteten Oberfläche mit ihrem wesentlich milderen Verschleißbild. Bild 25 und 26 sind repräsentativ für

Bild 25: Verschleißspuren einer ungehärteten Oberfläche

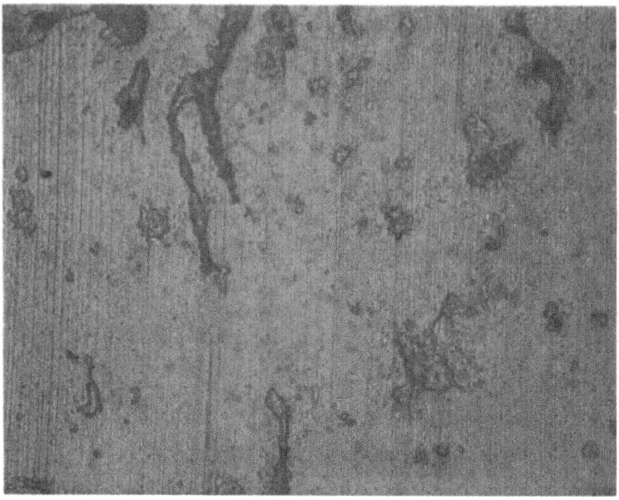

Bild 26: Verschleißspuren einer gehärteten Oberfläche, wenige Millimeter von der Oberfläche Bild 25 entfernt

ungehärtete zu insgesamt gehärtete Zylinderbuchsen.

Intensiv wurde versucht mit Hilfe speziell gestalteter Versuche (siehe auch Kap. 2.3.1) herauszufinden, ob ein Unterschied im Korrosionswiderstand zwischen gehärteter zu nicht gehärteter Oberfläche besteht. Dutzende von Oberflächenabdrücken wurden intensiv mikroskopisch betrachtet. Das Fazit dieser Untersuchungen war, daß im Falle von Korrosionsspuren diese stärker im ungehärteten Bereich ausgebildet waren als auf den lasergehärteten Spuren. Unterstützt wurde dieses Ergebnis durch Erfahrungen, die an einem 8L 52/55 B-Motor gemacht worden waren. Hier zeigte sich ganz besonders deutlich, daß vor allem beim gleichzeitigen Vorhandensein von Abrasion und Korrosion, die Laserbuchsen ganz wesentlich bessere Ergebnisse erbrachten als die konventionellen Zylinderbuchsen und nitrierte Zylinderbuchsen, die ebenfalls in diesem Motor eingebaut waren. Insgesamt hat das Ergebnis des guten Korrosionswiderstandes der Laserbuchsen überrascht; erhofft wurde zu Beginn der Versuchstätigkeit lediglich kein schlechteres Verhalten als konventionelle Zylinderbuchsen. Der außerordentlich gute Widerstand gegen tribochemischen Verschleiß ist besonders wichtig beim Betrieb mit wechselnd schlechten Rückstandskraftstoffen und wird durch am Markt für Großdieselmotoren verfügbare Technologien nicht annähernd erreicht.
Die letzten 300 h war der Motor komplett mit Laserbuchsen ausgerüstet.

b) Verschleiß des 1. Kompressionsringes

Wie auch am 1L 24/30 bestanden erhebliche Unterschiede im Verschleißverhalten der einzelnen Ringvarianten. Da die Laufzeiten zwischen 400 und 1 000 h lagen, kann eine Bewertung vorgenommen werden.

Die Materialart, die am 1L 24/30 hohe Verschleißraten ergab, hatte auch im 3L 58/64 die höchsten Werte. Die am 1L 24/30 am günstigsten bewertete Paarung versagte im 3L 58/64 aufgrund der höheren spezifischen Motorbelastung. Die neu hinzugenommene Materialvariante zeigte die mit Abstand niedrigsten Werte. Besonders während der ersten 500 h war der Unterschied groß, später verringerten sich die Unterschiede.

Die Verschleißrate der optimalen Ringvarianten war in der Laserbuchse signifikant niedriger als in der konventionellen Zylinderbuchse; dies scheint auch für die unteren Kompressionsringe und die Ölringe zu gelten, ist aber wegen der sehr geringen Absolutverschleißbeträge nicht abgesichert. Die inzwischen einlaufenden Resultate von Kundenanlagen bestätigen aber die Vermutung nachdrücklich, was erfreulicherweise besonders für den Ölabstreifer gilt.

2.4 Zusammenfassung lasergehärtete Zylinderbuchsen

Es ist gelungen, gehärtete Zylinderbuchsen reproduzierbar so zu fertigen, daß sie den Ansprüchen für den Einsatz in hochbelasteten Großdieselmotoren genügen. Schwierigkeiten bei der Härtung konnten gründlich analysiert und beseitigt werden. Es konnte die Härtung und die Oberflächenendbehandlung in allen Einzelheiten spezifiziert werden, so daß eine Serienfertigung möglich ist und durchgeführt wird.
Die Verbesserung hinsichtlich Materialabtrag gegenüber allen Technologien, die für Großdieselmotore Stand der Technik sind, ist deutlich.

Als sehr willkommener Nebeneffekt brachten die reproduzierbare Erzeugung optimaler Oberflächen und die sehr günstigen Reibbedingungen für speziell ausgewählte Kolbenringmaterialen mit sich, daß der Ölverbrauch der entsprechend bestückten Motore länger als früher üblich, niedrig gehalten werden kann.

3.0 Verbesserung der Schmierverhältnisse durch luftgetaktete Zylinderschmierung

Die Verbesserung der Zylinderschmierung gegenüber herkömmlichen Systemen ist seit vielen Jahren das Bestreben vor allem der 2-Takt-Motoren-Konstrukteure.

In [10] werden Gründe dafür angegeben und auch auf Lit. verwiesen, in denen das Thema gründlich abgehandelt worden ist.

Aufgabe der Zylinderschmierung bei sehr großen mittelschnellaufenden 4-Takt-Dieselmotore ist, neben der Verbesserung der Schmierverhältnisse im oberen Laufbereich der Kolbenringe die Sicherstellung, daß stets die gesamte Lauffläche der Zylinderbuchse mit einem Schmierfilm ausreichenden Neutralisationsvermögens für schwefelige Säuren bedeckt ist.

Von Vorteil für diesen letzten Anwendungsfall wäre deshalb ein Schmiersystem, das das frische Schmieröl schon umfangsverteilt in die Zylinderbuchse einbringt. Würde es bei geeigneter Auslegung des Systems auch noch möglich sein, die Schmierverhältnisse im OT-Bereich der Kompressionsringe zu verbessern, wäre das Entwicklungsziel erreicht.

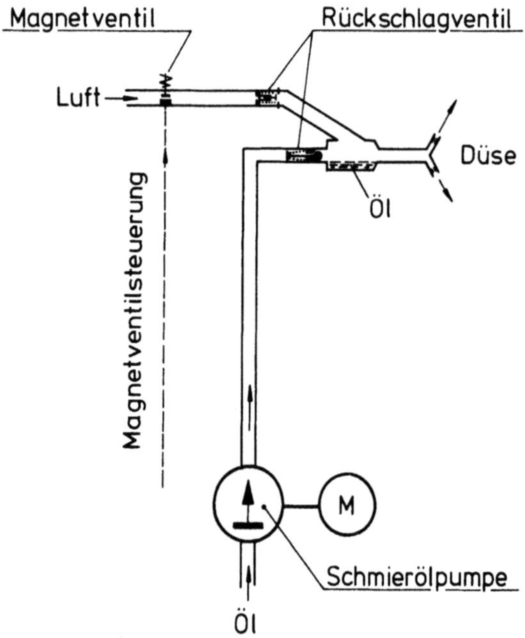

Bild 27: Schema der getakteten Zylinderschmierung

Im Rahmen dieses Vorhabens wurde ein ursprünglich für 2-Takt-Motore entwickeltes System [11] den Verhältnissen am 4-Takt-Motor angepaßt und an zwei Versuchsmotoren erprobt.

Das Grundprinzip des Schmiersystems zeigt Bild 27. Von einer extern angeordneten Schmierölpumpe wird durch ein Rückschlagventil Öl in ein Vorratsvolumen gefördert. Zu einem geeigneten Zeitpunkt (abhängig von der Kolbenstellung) wird ein Druckluftimpuls in den Vorratsraum geleitet, der das Öl durch in der Zylinderlauffläche angeordnete Düsen tangential auf die Zylinderlauffläche bläst.

Zu optimieren sind sämtliche Bauteile des Systems, die zeitliche Festlegung, wann das Steuerventil an einem gegebenen Motor öffnen muß, damit in OT der Kolbenringe die Ölbenetzung der Kolbenringlaufflächen am größten ist, die Höhe und Häufigkeit des Druckimpulses der Luft und seine minimale Dauer, um den Luftverbrauch niedrig zu halten sowie die Beantwortung der Fragen: wie viele Bauelemente pro Zylinder und wie funktioniert das System im Störfall (keine Luft!) und bei Motorschräglage.

3.1 Modellversuche

Ein Großteil der oben gestellten Fragen kann mit Hilfe von Modellversuchen beantwortet werden. Es wurden zwei verschiedene Arten von Modellen erstellt.

Am statischen Modell wurden die Längen und Durchmesser der Leitungen bestimmt, die Querschnitte der Düsen, die Empfindlichkeit der Ölmengenreguliereinrichtungen. Ein weiterer wesentlicher Punkt war die Auswahl des Luftabsperrsteuerorganes unter technischen und kostenmäßigen Gesichtspunkten.

Das dynamische Modell diente der exakten zeitlichen Erfassung aller dynamischen Vorgänge und der Suche nach Einstellparametern, um maximale Ölbenetzung an den Laufflächen der Kompressionsringe in ihrer OT-Stellung zu erzielen. Eine dem dynamischen Prüfstand angeschlossene Einheit ermöglichte die Erfassung der Ölmasse über der Zeit während des Austrittes des Öles aus der Düse. Alle Komponenten des Zylinderschmiersystems waren an beiden Prüfständen in originaler Größe vorhanden bzw. wurden in Teilbereichen dann am Motor so ausgeführt, wie am Prüfstand als optimal gefunden. Die dynamischen Modellversuche wurden am Institut für Kolbenmaschinen (IFKO) der Universität Hannover unter der Leitung von Herrn Prof. Dr.-Ing. K.Groth durchgeführt.

Auf die Modellversuche am statischen Prüfstand, die als Vorarbeiten für den Einsatz der Zylinderschmierung am Motor 4V 32/36 geleistet wurden, wird hier nicht weiter eingegangen, weil die Motorversuche am 4V 32/36 später zeigten, daß die gewählte Ausführungsform nicht serientauglich sein würde.

3.1.1 Untersuchungen am statischen Modellprüfstand

Auf die Wiedergabe des statischen Modellprüfstandes muß hier verzichtet werden, da er in allen Einzelheiten, konstruktiv und in den geometrischen Verhältnissen, dem System entsprach, wie es dann am Motor 3L 58/64 mit Erfolg verwirklicht worden ist.

Hauptaufgabe war die Abstimmung der Düsengeometrie. Beim gewählten Druckluftimpuls sowie beim Betrieb ohne Luft sollte aus jeder Düse die gleiche Menge Öl austreten, denn aus Kostengründen sollte pro Motor nach Möglichkeit nur eine Ölförderpumpe zur Anwendung kommen.
Bild 28 und 29 zeigen das Endergebnis.
Bild 28 zeigt das Ergebnis im konventionellen Betrieb, ohne Lufttaktung, die Öleinbringung erfolgt in herkömmlicher Weise. Für 6 verschiedene Gesamtölfördermengen ist das Ölvolumen pro Düse der am Zylinderumfang verteilten vier Düsen zu sehen. Aus jeder Düse tritt unabhängig vom Fördervolumen gleich viel Öl aus.

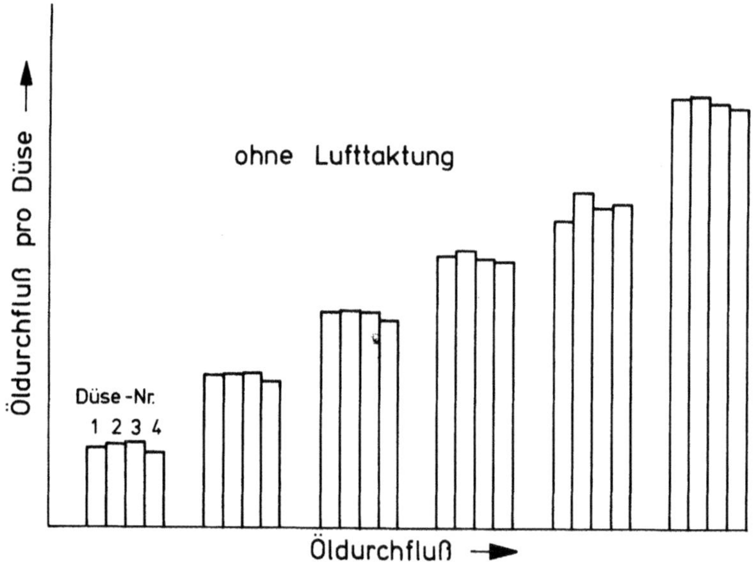

Bild 28: Ölvolumenstrom pro Düse bei unterschiedlichen Gesamtölfördermengen, Öleinbringung konventionell

Wird die Luft zugeschaltet, so zeigt Bild 29, daß der gleichmäßige Ölvolumenstrom durch jede Düse beibehalten wird.

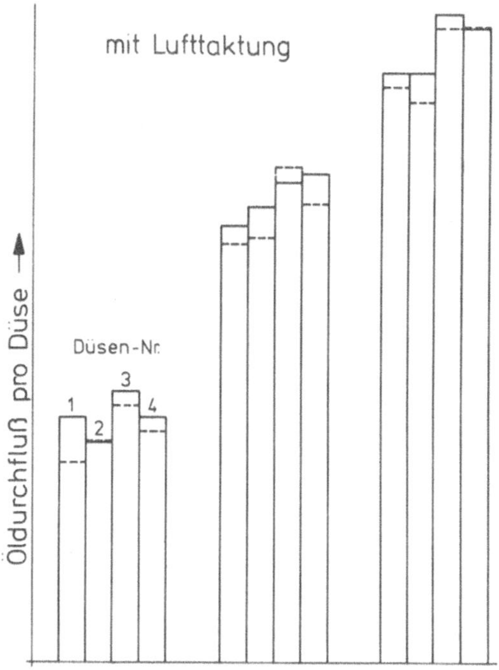

Bild 29: Ölvolumenstrom pro Düse bei unterschiedlichen Gesamtölfördermengen, Öleinbringung konventionell

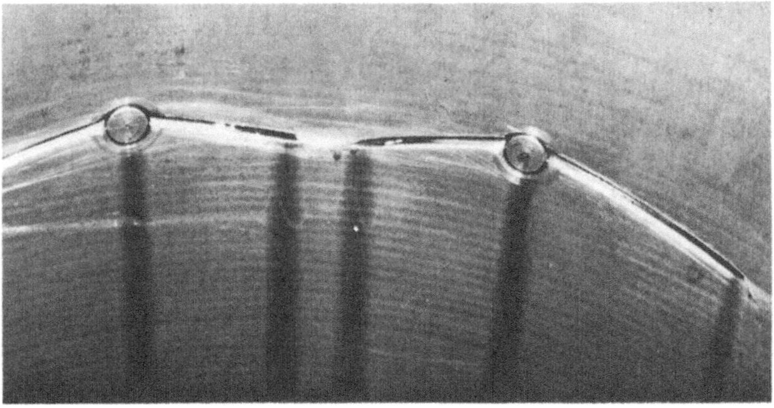

Bild 30: Ölverteilung in einer Zylinderbuchse bei konventioneller Öleinbringung

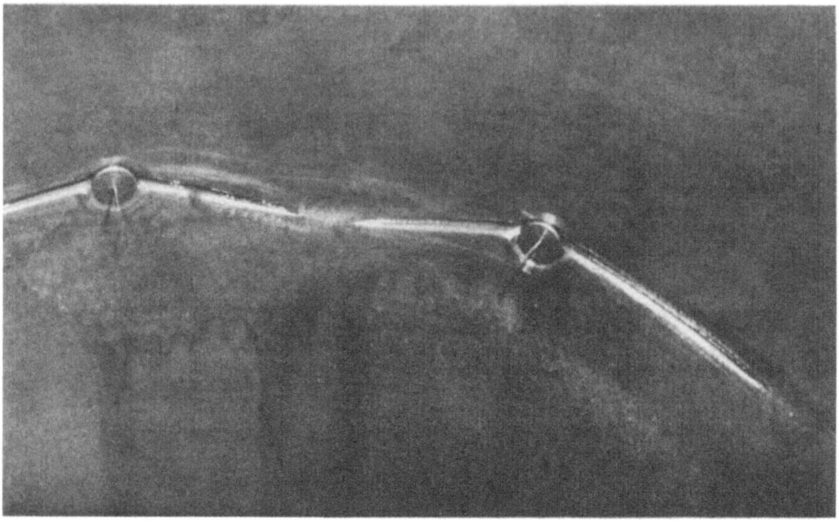

Bild 31: Ölverteilung in einer Zylinderbuchse bei luftgetakteter Zylinderschmierung

Ein weiterer Versuch zeigte, daß das optimierte System auch noch bei einer Schräglage von 15° ausreichend gleichmäßigen Ölaustritt in Verbindung mit der Lufttaktung hatte. Bei 15° Schräglage ohne Lufttaktung war der Ölaustritt dagegen nicht mehr gleichmäßig, was in Kauf genommen wurde.

Bild 30 und Bild 31 veranschaulichen den Unterschied in der Ölverteilung zwischen konventioneller Öleinbringung ohne Zusatzluft und mit Zusatzluft. Die Aufnahmen entstanden in einer originalen Zylinderbuchse.

3.1.2 Untersuchungen am dynamischen Modellprüfstand

Im Rahmen früherer Arbeiten zur Verbesserung der Zylinderschmierung von 2-Takt-Kreuzkopfmotoren war ein Modell geschaffen worden, das von den geometrischen Abmessungen her einem Motor mit 700 mm Bohrungsdurchmesser im Maßstab 1:1 nachempfunden war. Das Grundprinzip des Modells beruht darauf, daß ein ebener Kolben gegen eine ebene Plexiglasplatte ausreichender Dicke läuft, um mit Druck beaufschlagt werden zu können. Das in den Zylinder eingebrachte Öl wird sichtbar gemacht und die Ölverteilung zwischen Kolbenringlauffläche und Zylinderlauffläche fotografisch festgehalten.

Im Rahmen des Entwicklungsthemas ET 26.1 des Forschungsvorhabens SdZ (Schiff der Zukunft) konnten die zahlreichen Anfangsschwierigkeiten behoben werden, so daß für das hier zu berichtende Vorhaben auf ein komplettes, funktionstüchtiges System zurückgegriffen werden konnte; es mußten lediglich 4-Takt-spezifische Umbauten vorgenommen werden [12] [13] [14] , die darin bestanden, daß der Kolben während eines Hubes die Schmierölanstichstelle immer überdeckt. Die bewährte Konstruktion, die dafür sorgt, daß die Kolbenringe stets an der Platte plan aufliegen, die Verformungen der Platte ausgleichen können und trocken ohne Schmierung auf Nenndrehzahl gebracht werden können, ohne zu fressen, konnte ebenfalls von der SdZ-Entwicklung übernommen werden.

Auswerteverfahren:

Die Sichtbarmachung des Schmierfilmes wurde nach dem "Scattered-Light"-Verfahren vorgenommen, hierbei wird die physikalische Erscheinung unterschiedlicher Lichtbrechung transparenter Medien und der damit verbundenen Totalreflexion ausgenutzt.

Im vorliegenden Fall handelt es sich um die Medien Luft, Plexiglas und Öl, wobei Plexiglas und Öl ungefähr gleiche optische Dichte bei einem Brechungsindex von etwa 1,5 aufweisen, während Luft mit einem Brechungsindex von 1,0 eine geringere optische Dichte besitzt. Hieraus geht hervor, daß Totalreflexion nur an den Flächen innerhalb des Plexiglases auftreten kann, an denen Luft und Plexiglas zusammentreffen, da diese Erscheinung nur beobachtet wird, wenn Lichtstrahlen unter einem größeren als dem Stoffkonstanten Grenzwinkel durch ein optisch dichteres, auf die Grenzfläche zu einem optisch weniger dichten Medium auftreffen.

Das zur Sichtbarmachung des Schmierfilms notwendige Licht wird bei einer axialen Lichteinleitung senkrecht von oben in die Platte eingestrahlt. Zu diesem Zweck wurde die Oberseite der Plexiglasplatte poliert und der Halterahmen mit Langlöchern versehen.

Dort, wo der Spalt zwischen Zylinder und Kolben mit Öl ausgefüllt ist, tritt einfallendes Licht ohne Brechung vom Plexiglas ins Öl über und wird an der Kolbenoberfläche diffus reflektiert. Ein Teil dieses Lichtes geht durch die Plexiglasplatte wieder nach außen, der andere wird an der Zylinderaußenfläche total reflektiert. Für den Beobachter wird der Anteil des Lichtes sichtbar, der bei Ölanwesenheit nach der diffusen Reflexion an der Kolbenoberfläche durch die Zylinderwand austritt. Bei Lufteinschlüssen gelangt infolge Totalreflexion kein Licht auf diesen Teil der Kolbenoberfläche, so daß sich diese Partien dunkel abheben.

Aus dem Vorhergehenden ergibt sich, daß nur jenes Öl sichtbar wird, welches den Spalt vollkommen ausfüllt. Wenn Schmieröl nur eine der beiden Wände benetzt, wird es nicht registriert. Eine Mindestschmierfilmstärke ist für die Funktion des Verfahrens nicht notwendig.

Zur Auslösung der Höchstgeschwindigkeitskamera wurde ein elektronisches Steuergerät gebaut, das so konzipiert war, daß alle 6 °KW-Umdrehungen ein Bild aufgenommen wurde. Die Filmgeschwindigkeit wurde der Modelldrehzahl angepaßt.

Eine typische Aufnahme zeigt Bild 32. Die hellen Streifen sind geschlossene Ölfilme zwischen Leistenlauffläche und Zylinderwand. Bewertungsmaß für alle Versuche war die Flächenbedeckung geschlossener Ölfilme bei der 1.Kompressionsleiste in ihrer OT-Stellung.

Bild 32: Geschlossener Schmierölfilm an den Kolbenleisten des dynamischen Schmiermodells

Die Auswertung, die leider manuell erfolgen mußte, war sehr mühsam, ebenso wie die Versuchsdurchführung, da nach jedem Versuch der Kolben ausgebaut werden mußte, um alle Teile vollständig vom Öl zu reinigen, damit der nächste Versuch unter gleichen Bedingungen gestartet werden konnte.

Parameter:

Am dynamischen Modell wurden folgende Systemparameter optimiert. Vorwegzunehmen bleibt, daß sämtliche Resultate komplett dann auch am 3L 58/64 umgesetzt worden sind:

- Zusatzluftdruck und Impulsdauer
- Schmierölvolumenstrom
- Leitungslängen und -durchmesser
- Kolbenringzahl (Leistenzahl) (1 Versuch wurde auch mit einer unten am Hemd befindlichen Leiste durchgeführt)
- Kolbenstellung bei Auslöseimpuls für die Zusatzluft
- Schmiernutenformen, -breiten und -längen.

Mit Hilfe einer zusätzlichen, vom IFKO-Hannover erstellten Prüfeinrichtung konnte ermittelt werden, nach welcher Zeit das Schmieröl an den Düsen auszutreten begann und wie sich dann der Verlauf der Ölmenge über der Zeit ergab. Da zuvor ermittelt worden war, wann die Zusatzluft bei gegebenen geometrischen Verhältnissen ausgelöst werden muß, damit die Ölverteilung in OT optimal ist, konnte mit Hilfe der Zusatzinformation, wie lange das Öl bis zum Schmieranstich gebraucht hat und wie die Massenbelegung über der Zeit beim Austritt aus der Düse ist, eine eindeutige Aussage getroffen werden, wo das Kolbenringpaket zu stehen hat, wenn das Öl in den Zylinderraum eintritt, damit in OT die Ölverteilung optimal ist. Die Abhängigkeit des Ölverteilungserfolges vom Öleintrittsbeginn ist unerwartet stark. Der Unterschied in der Ölverteilung zwischen optimaler Öleinbringung und normaler, konventioneller Öleinbringung ohne Zusatzluft ist ebenfalls sehr stark. Es ist nie gelungen, mehr als 30 % der mit Zusatzluft zu realisierenden Werte der Ölbenetzung darzustellen. Es wird die Meinung vertreten, daß die grundlegenden Ergebnisse vom dynamischen Schmiermodell auf andere Motortypen übertragbar sind.

3.2 Motorversuche am 4V 32/36

Der Motor 4V 32/36 ist ein reiner Versuchsmotor; es handelt sich hierbei um eine vierzylindrige V-Version des Serienmotors L, V 32/36. Der Motor hat 320 mm Bohrung und 360 mm Hub und eine Zylinderleistung von 405 kW. Die luftgetaktete Zylinderschmierung sollte hier nur auf ihre Funktionsweise hin überprüft werden und notwendige Änderungsmaßnahmen für den Einsatz am 3L 58/64 aufzeigen; deshalb wird auf die Wiedergabe typischer Motorbetriebswerte verzichtet.

Am 4V 32/36 wurde erprobt, wie lang die Leitungen sein können, welcher Typ von Schmierölpumpe geeignet ist und vor allem auch, ob mehrere Zylinder gleichzeitig mit einem Druckluftimpuls mit Öl versorgt werden können. Letztere Frage erledigte sich später von selber, da am dynamischen Modell das Ergebnis erarbeitet wurde, daß optimale Benetzung der Ringlaufflächen in OT nur gegeben ist, wenn zu einer festen Kolbenstellung die elektronische Taktung bestätigt wird.

Bild 33 zeigt das am 4V 32/36 betriebene System. Es wurde eine Zylinderreihe des Motors mit der getakteten Schmierung gefahren.

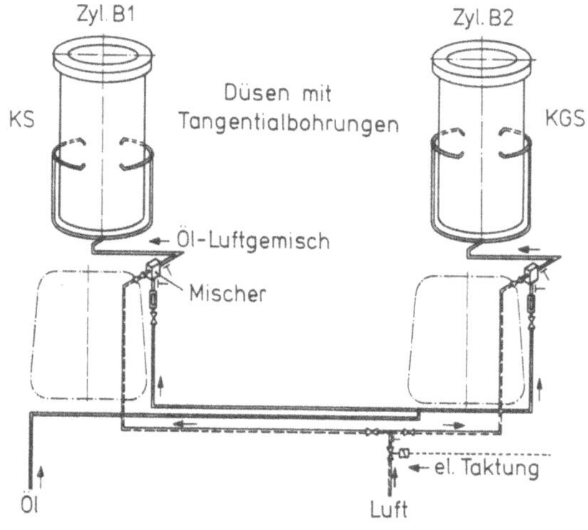

Bild 33: Luftgetaktetes Zylinderschmierölsystem am 4V 32/36

Der Versuch brachte das für die Auslegung des Systems wesentliche Ergebnis, daß Lufttaktung ohne Öl zu Kolbenfressern führen kann (es wurde keiner gefahren, es zeigte sich aber ein kritisches Laufbild) und daß an das Ölzufuhrsystem klar definierbare Anforderungen zu stellen sind, damit das System überhaupt funktioniert. Die notwendigen Änderungsmaßnahmen wurden nur für den 3L 58/64 realisiert.

3.3 Motorversuche am 3L 58/64

Am 3L 58/64 wurden alle Erkenntnisse aus den Modellversuchen und den Versuchen am 4V 32/36 verwirklicht. Nachdem zunächst nur ein Zylinder mit der Lufttaktung ausgerüstet war, wurde nach 450 h Erprobung ein zweiter Zylinder und nach weiteren 170 h der komplette Motor mit der luftgetakteten Zylinderschmierung ausgerüstet und bis zum Ende dieses Vorhabens ca. 150 h betrieben.
Der wesentliche Vorteil des Systems gegenüber Vorgängersystemen ist, daß beim Ausfall der Taktung oder der Preßluft das Schmiersystem sofort wie eine völlig normale, konventionelle Zylinderschmierung weiterarbeitet.

Mit keinem der verwendeten Bauelemente gab es Probleme. Das lag aber vor allem daran, daß das für die 2-Takt-Zylinderschmierung im Außenversuch eingesetzte System mittlerweile ca. 6 000 Betriebsstunden hat und nach der Änderung von Pfennigartikel-Bauteilen störungsfrei läuft. Da die Schaltelemente zuvor schon auf dem Prüfstand Schaltungen absolvierten, die 2 000 h entsprachen, kann gesagt werden, daß mit der Standzeit der "Verschleißbauteile" keine Probleme zu erwarten sind. Die Hardware ist bei der 2-Takt- und der 4-Takt-Zylinderschmierung gleich.

Die abschließende Beurteilung des Einflusses der luftgetakteten Zylinderschmierung auf die Verbesserung des tribologischen Systems ist noch nicht erfolgt, sie wird nach Abschluß dieses Vorhabens durchgeführt werden.

In der Zeit, wo nur eine,nicht gehärtete Zylinderbuchse mit der Lufttaktung ausgerüstet war, lief zur selben Zeit eine zweite, nicht gehärtete Zylinderbuchse mit konventioneller Schmierung und eine dritte mit konventioneller Schmierung und gehärteter Lauffläche. Der 450 h dauernde Versuch erlaubt eine Bewertung, die anhand des Oberflächenaussehens getroffen wird. Das Oberflächenaussehen der luftgetakteten Zylinderbuchse lag zwischen den in Bild 25 und 26 zu sehenden. Besser als die konventionell geschmierte, nicht oberflächenbehandelte Buchse, aber schlechter als die konventionell geschmierte Laserbuchse. Die Kombination von Laserbuchse und luftgetakteter Schmierung ist in den letzten 150 Bh am 3L 58/64 im Rahmen dieses Vorhabens erfolgt und läuft zur Zeit noch. Eine Bewertung wurde noch nicht vorgenommen, da für eine endgültige Aussage Rückversuche und Außeneinsätze notwendig sind.

Der Luftverbrauch ist sehr gering, am 3L 58/64 wurde 1,75 Nm^3/h je Zylinder bei Vollast gemessen, der noch niedriger liegt als vorher aufgrund der 2-Takt-Motoren-Ergebnisse erwartet worden war.

3.4 Zusammenfassung luftgetaktete Zylinderschmierung

Die Modellversuche haben gezeigt, daß sich die Ölbenetzung an den Kolbenringlaufflächen in der OT-Stellung der Kolbenringe deutlich mit Hilfe des entwickelten Schmiersystems verbessern lassen. Die Motorversuche bestätigten die Verbesserung des tribologischen Systems unter gleichen Randbedingungen, wie aufgrund der Modellversuche zu erwarten war. Die verwendeten Bauteile sind betriebssicher, falls trotzdem ein Ausfall auftritt, arbeitet das Schmiersystem konventionell weiter.

4.0 Zylinderbuchsen-Rekonditionierung

Zylinderbuchsen von Großdieselmotoren haben eine sehr hohe Fertigungstiefe. Wegen des im Laufe des Betriebes auftretenden Materialabtrages von wenigen Gramm an für die Funktion des Motors entscheidenden Stellen müssen die Zylinderbuchsen verschrottet werden. Besonders bei Zweitakt-Zylinderbuchsen ist das Mißverhältnis gravierend. Ziel des Vorhabens war es, bestehende Materialaufbringungstechnologien dem Anwendungsfall anzupassen und zu erproben, um eine Wiederverwendbarkeit von 2-Takt-Zylinderbuchsen erreichen zu können.

4.1 Stand der Technik

Es ist nur ein Verfahren bekannt, verschlissene 2-Takt-Großdieselmotoren-Zylinderbuchsen zu rekonditionieren. Dieses Verfahren hat die niederländische Firma Van der Horst entwickelt, es wird auch heute noch angewendet.
Die wesentlichen Verfahrensschritte sind:

- Ausdrehen der Zylinderbuchse
- Elektrolytische Aufbringung von Eisen
- Hartverchromung
- Honen

Die galvanisch aufgetragene "VANDERLOY"-Eisenschicht besitzt kolumnale Struktur, scheidet sich also basisorientiert ab. Da Unregelmäßigkeiten im Gefüge oder Fehlstellen an der Metalloberfläche bei der basisorientierten Struktur den Schichtaufbau in unerwünschter Weise stören können, wird das Grundmaterial vor der Verstählung bei ca. 50 A/dm² anodisch poliert.

An die tribologischen Eigenschaften der VANDERLOY-Eisenschicht werden keine besonderen Eigenschaften gestellt, außer gleichmäßiger kolumnaler Struktur. Die eigentliche Verbesserung der Reparaturfläche wird von der Hartchromschicht getragen.
Um auch bei Chrom mit seiner hohen Oberflächenenergie und deshalb schlechten

Ölbenetzbarkeit einen Ölfilm halten zu können, erzeugt Van der Horst durch anodische Ätzung ein gleichmäßiges Rißwerk an der Oberfläche der Hartchromschicht, Rißtiefe und -fläche können durch Änderung der Stromdichte variiert werden.

Im Rahmen dieses Vorhabens sollte nach Alternativen zu diesem bewährten Verfahren gesucht werden, da die Außenversuche mit hartverchromten Zylinderbuchsen in umkehrgespülten 2-Takt-Motoren neuer Bauart den Wunsch nach einem Verfahren mit besserem Kosten/Nutzen-Verhältnis aufkommen ließen.

4.2 Alternativen

Erste Versuche wurden mit Proben vorgenommen, bei denen Eisen aufgespritzt worden war und anschließend mit Hilfe eines Hochleistungslasers die Schicht umgeschmolzen wurde. Es ließen sich hervorragende Schichten erzeugen mit sehr guter Haftung zum Grauguß-Grundmaterial. Unter Berücksichtigung der in der Praxis darzustellenden Schichtdicken von ca. 5 mm und mehr hätte dieses Verfahren aber bedeutet, den Arbeitsvorgang mehrfach zu wiederholen. Eine wirtschaftliche Betrachtung des Verfahrens ergab, daß es sich bei diesem Verfahren für den Anwendungsfall Rekonditionierung von Zylinderbuchsen für Großdieselmotore um keine Alternative handeln kann, die Entwicklung wurde nicht weiterverfolgt.

Nach längeren Diskussionen mit Galvanikern wurde es von diesen bejaht, folgende Schicht erzeugen (entwickeln) zu können:
Maßgenaues galvanisches Abscheiden von ca. 5 mm dicken Fe-Schichten. Die Schicht soll rißfrei sein, ca. 2 % kolloidales Graphit eingelagert haben, eine Härte von ca. HB 400 haben bei sehr guter Haftbarkeit zum Grundmaterial. Eine solche Schicht müßte ohne nachträgliche Laserhärtung oder galvanischen Überzug von Chrom in Dieselmotoren einsetzbar sein. Die Entwicklungsarbeiten wurden von E.Lutter, Galvanotechnik im Auftrag der Hartchrom GmbH, Karlsruhe durchgeführt.

4.3 Fe-Abscheidungsversuche

a) Aktivierung der Reparaturfläche
   Eine gleichmäßig benetzbare, von Fehlstellen im Grundmaterial (Silicide, Carbide, Oxide usw.) freie Oberfläche ist besonders für die Galvanisierung von Gußwerkstoffen unbedingte Voraussetzung. Zur Vermeidung der Wasserstoffsprödigkeit sind alle wasserstoffentwickelnden Vorbehandlungsverfahren (Beizsäuren, kathodische Polarisation) zu vermeiden.

Folgender Arbeitsgang wurde erarbeitet:

- Anodische Anätzung bei pH 5,0 - 6,0
  Eine zu starke oder zu lange anodische Polarisierung kann zur Bildung einer Oxidschicht führen, welche die Haftung zwischen Grundmaterial und galvanischem Überzug beeinträchtigt.
  Die Herauslösung von Fehlstellen aus dem Grundmaterial durch das anodische Ätzen bewirkt eine Aufrauhung der Oberfläche und ermöglicht damit eine gute Verankerung des Elektrolyteisens.
- Aktivierung in einem ätzalkalisch reagierenden Elektrolyt mit periodischer Stromumkehr.
  Bei diesem Arbeitsgang werden oxidierte Legierungsbestandteile und nichtleitende Partikel von der Oberfläche entfernt, welche den gleichmäßigen Aufbau der galvanischen Schicht stören können.
- Dekapierung in einem Mineralsäuregemisch mit Netzmittel- und Inhibitorzusatz zur Verhinderung der Wasserstoffsprödigkeit.

b) Elektrolytische Eisenabscheidung
Bei der Elektrolyse der in der Fachliteratur beschriebenen Badzusammensetzungen auf Basis Eisen-II-chlorid, -sulfat, -sulfamat und -fluoroborat wird der Überzug in kolumnaler, basisorientierter Struktur abgeschieden und entspricht damit dem VANDERLOY-EISEN, das ohne anschließende Verchromung nicht einsetzbar ist.

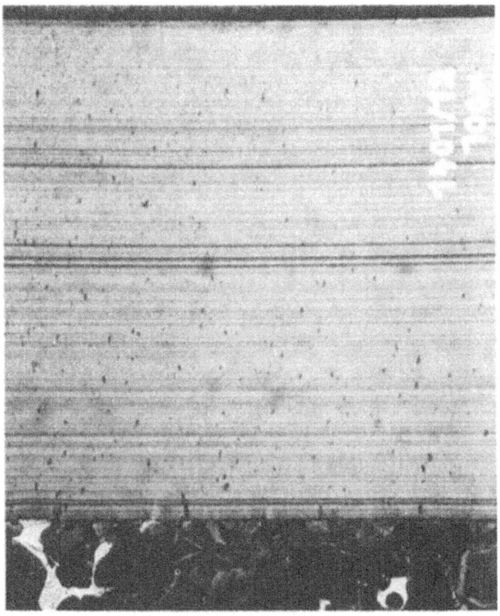

Bild 34: Galvanisch abgeschiedene, lamellare, rißfreie Eisenschicht

Anorganische Leitsalze können die Struktur des Elektrolyteisens beeinflussen und eine Kornverfeinerung verursachen, durch Zusatz organischer Substanzen können lamellare Strukturen abgeschieden werden, wie sie letztlich als geeignet für weitere Versuche erschienen. Bild 34 zeigt die Ausgangsschicht der weiteren Versuche.

Weitere Beschichtungsversuche dienten der Erzeugung einer unter tribologischen Gesichtspunkten erfolgversprechenden Schicht. Rißfreiheit wurde erreicht durch genaue Kontrolle des pH-Wertes der Bäder, damit sich die Wasserstoffentwicklung in Grenzen hielt.
Kohlenstoff wurde auf zwei verschiedene Weisen ins Elektrolyt-Eisen eingebaut. Die Reduktion organischer Verbindungen führte zu Kohlenstoffgehalten bis 1,8 %, die Mitabscheidung von dispergiertem Graphit bis zu 2 % C. Die für die Versuchszylinder ausgewählte Schicht zeigt Bild 35.

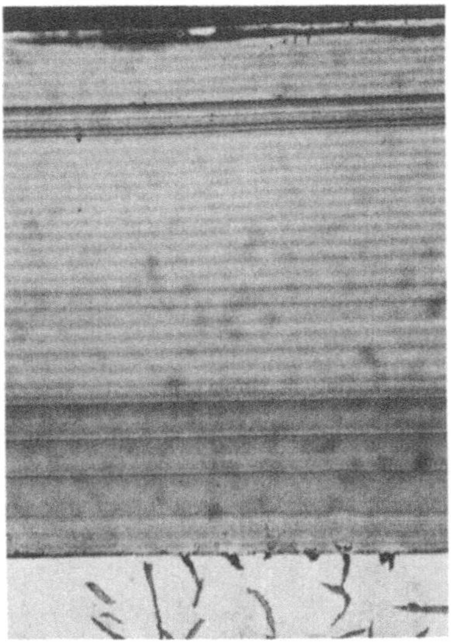

Bild 35: Galvanische Eisenschicht mit dispergiertem Graphit.

4.4 Beschichtung der Versuchszylinder

Die Rekonditionierungstechnik sollte in einem 2-Takt-Versuchsmotor mit 230 mm Zylinderdurchmesser und 340 mm Hub erprobt werden. Es sollten zwei Zylinder beschichtet werden. (Einige Einzelheiten zum Motor s. Kap. 2.1.1.2.)

Die Beschichtung der Reparaturzylinder war mangelhaft wegen zu geringer Schichtstärke, Rißbildung und ungleichmäßiger Kristallstruktur des Elektrolyteisens.

Die Ursachen dafür waren das Versagen der automatischen pH-Regulierung und eine zu starke Abnutzung der Anodenfläche und ihre fehlende Ergänzung.

Bei einer Installation von Überwachungs-, Kontroll- und Regenerierungseinrichtungen mit höherer Betriebssicherheit wird es trotz des negativen Ausganges der Versuche aufgrund der positiven Probenbeschichtungen als möglich angesehen, technisch verwertbare Eisenschichten der oben geschilderten Art abzuscheiden [15].

4.5 Zusammenfassung Zylinderbuchsenrekonditionierung

Es ist nicht gelungen, eine Alternative zur bestehenden Zylinderbuchsen-Rekonditionierungstechnik zu entwickeln. Das Vorhaben scheiterte im einen Fall aus Kostengründen und im anderen Fall aus technischen Gründen, die während der Laufzeit des Vorhabens nicht behoben werden konnten.

5.0 Zusammenfassung und Ausblick

Im Rahmen des Vorhabens wurden drei Entwicklungsthemen bearbeitet. Das Entwicklungsthema Zylinderbuchsen-Rekonditionierung konnte nicht zum Abschluß gebracht werden. Aufgrund der Schwierigkeiten, die während der Bearbeitung sichtbar wurden, muß leider auf eine Weiterentwicklung nach Abschluß dieses Vorhabens verzichtet werden.

Die luftgetaktete Zylinderschmierung wurde fertig entwickelt. Die bisherigen Ergebnisse, auch die außerhalb dieses Vorhabens gewonnenen, lassen den Schluß zu, daß alle Komponenten des Systems den hohen Anforderungen, die an Großdieselmotoren-Bauteile gestellt werden, entsprechen. Der Nachweis der Verbesserung des tribologischen Systems Zylinderbuchse/Schmieröl/Kolbenringlauffläche muß noch durch Außenversuche abgesichert werden, die bisherigen Ergebnisse deuten darauf hin, daß dies gelingen wird.

Die Verbesserung des genannten tribologischen Systems durch den Einsatz lasergehärteter Zylinderbuchsen in Verbindung mit geeigneten Kolbenringlaufflächenmaterialien ist gelungen. Die aufgetauchten technologischen Probleme wurden gelöst. Die zahlreichen, auch außerhalb dieses Vorhabens gewonnenen Ergebnisse zeigen, daß der M.A.N.-B & W mit Hilfe der BMFT-Förderung eine wesentliche Verbesserung des Standes der Technik gelungen ist. Im Febr. 1985 wurden lasergehärtete Zylinderbuchsen für mittelschnellaufende Großdieselmotoren zur Serie freigegeben.

Schrifttum

[1] Lausch, W.: Gesetzmäßigkeiten im Verschleiß von Zylinderlaufflächen umkehrgespülter Zweitakt-Kreuzkopfmotoren. MTZ 46 (1985) 5, S. 171 - 173

[2] Schultze, W.A.: Galvanische Abscheidung von Eisen auf Motorteilen. MTZ 19 (1958) 11, S. 374

[3] Amende, W.; Zechmeister, H.: Einsatz von Multi-Kilowatt-Lasern zur Materialbearbeitung. VDI-Zeitschrift 124 (1982) Nr. 15/16

[4] Amende, W.: Hochleistungslaser-Härten von Maschinenbauteilen. Interner M.A.N.-NT-Bericht 27/84

[5] Hoffmann, J.: Untersuchung der Laserhärtung auf das Schwingverhalten von Graugußproben. Interner M.A.N.-NT-Bericht 2/84

[6] Seidemann, H.: Eigenspannungsmessungen und Schwingfestigkeitsversuche für lasergehärtete Zylinderbuchsen. M.A.N.-B & W interner F+E-Bericht Nr. 100.0050.2796, 4/1985

[7] Teetz, Ch.: Beitrag zur Verminderung der Naßkorrosion im Dieselmotor. VDI-Forschungsheft Nr. 626/1984

[8] Wojik, K.: Neuer Schweröl-Viertakt-Dieselmotor M.A.N.-B & W L 58/64. Hansa 121 (1984) 8, S. 664 ÷ 670

[9] Zapf, H.; Borchsenius, H.J.: Versuchsergebnisse und Entwicklungsstand des neuen mittelschnellaufenden M.A.N.-B &W-Viertaktdieselmotors L 58/64. MTZ 45 (1984) 9, S. 337 ÷ 341

[10] Lausch, W.: Lasergehärtete Zylinderbuchsen für Großdieselmotoren. MTZ 46 (1985) 5, S. 163 - 169

[11] Deutsche Patentanmeldung Nr. P 3229861. 7-13

[12] Bäumler, W.; Lausch, W.; Lindner, H.: Erhöhung der Standzeiten und Verbesserung der Verschleißwerte von 2-Takt-Dieselmotorenbauteilen. SdZ-Entwicklungsbericht ET 26.1, 12 (1983)

[13] Groth, K.; Schmidt, H.-J.: Untersuchungen an einem Zylinderschmiermodell. Interner Bericht des Institutes für Kolbenmaschinen der TU-Hannover 7/1982

[14] Groth, K.; Schmidt, H.-J.: Untersuchungen an einem Zylinderschmiermodell für 4-Takt-Motoren. Interner Bericht des Institutes für Kolbenmaschinen der TU-Hannover, 6/1984

[15] Lutter, E.: Galvanische Aufbringung einer kohlenstoffhaltigen Eisenschicht auf Grauguß. Interner Bericht der E.Lutter-Galvanotechnik, 2/1985

Einfluß der Ölfilterung auf das Betriebsverhalten von Nutzfahrzeug-Dieselmotoren (Langzeitölwechselintervalle)

von

Prof. Dr.-Ing. Hans Krause
Obering. Martin Schmitz
Dipl.-Ing. Helmut Tiede

Rheinisch-Westfälische
Technische Hochschule Aachen
Lehrgebiet: Abnutzung der Werkstoffe

und

Aachener Straßenbahn- und
Energieversorgungs-Aktiengesellschaft

Förderkennzeichen: 01 ZT 350 A u. 01 ZT 362 A

Laufzeit: 01.04.81 bzw. 01.07.83 bis 31.12.84

Kurzfassung

Die Wartungskosten von Nutzfahrzeug-Dieselmotoren werden durch den Wartungsumfang (Personal-, Materialkosten), die Wartungsausfallzeiten und die Verschleißlebensdauer der Bauteile bestimmt. Verlängerte Ölwechselintervalle reduzieren den Wartungsaufwand. Es wurde ein Versuchsprogramm mit Linienomnibus-Dieselmotoren zur Ermittlung der Einflüsse der Motorenöl-Feinstfiltration aufgestellt und durchgeführt, das die Variation der Parameter "Motor-Motorenöl-Ölfilter" unter den Bedingungen des Langzeitölwechsels ermöglichte. Die Ergebnisse lassen sich wie folgt zusammenfassen:

1. Wichtige Komponenten der Ölalterung können durch Ölfiltration beeinflußt werden, insbesondere die qualitative und quantitative Feststoffverteilung im Gebrauchtöl; zum Teil können auch flüssige Verunreinigungen abgebaut werden. Die Öloxidation wird direkt oder indirekt durch Ausfiltern von Oxidationskatalysatoren und Oxidationsrückständen gemindert. Der Additivabbau wird durch die reduzierte Verschmutzung und das erhöhte Ölumlaufvolumen verlangsamt. Säurehaltige Verbrennungsrückstände werden durch Filtration nicht abgebaut. Die durch das vergrößerte Ölumlaufvolumen verbesserte Ölkühlung verringert Oxidation und Verdampfung.

2. Verlangsamte Ölalterung verringert die Schlammbildung im Kurbelgehäuse und Zylinderkopfbereich sowie die Ablagerungsbildung an den Kolben.

3. Ölalterung und Motorenverschmutzung bestimmen die Verschleißintensität der Motorbauteile. Insbesonders die lebensdauerrelevante Kolbenring/Zylindergruppe kann durch Ölfiltration gezielt bzgl. Ablagerungsbildung und Verschleißverhalten beeinflußt werden.

Die dargelegten Ergebnisse zeigen, daß die Motorenöl-Feinstfilterung geeignet ist, den zeitlichen Ölzustand so zu beeinflussen, daß verlängerte Ölwechselintervalle realisiert, die Ablagerungs- und Schlammbildung reduziert und das Verschleißverhalten wichtiger Motorbaugruppen verbessert werden kann. Die an Linienomnibus-Motoren ermittelten Ergebnisse sind auf andere Dieselmotoren im Kurzstreckenverkehr übertragbar; bei Beachtung der beanspruchungsrelevanten Parameter auch auf Saugmotoren im Langstreckeneinsatz.

Inhaltsverzeichnis Seite

1. Einleitung

1.1. Reduzierung des Rohstoffbedarfs aus volkswirtschaftlicher Sicht

Ausgelöst durch die Energiekrise der siebziger Jahre - speziell durch die erheblichen Kostensteigerungen bei den Rohölpreisen in der zweiten Phase - sind Einsparmöglichkeiten beim Einsatz von Energie und Rohstoffen einer kritischen Betrachtung unterzogen worden. Dies hat in den letzten Jahren insbesondere im industriellen Bereich durch Ausschöpfung der vorhandenen technischen Möglichkeiten zu nicht unerheblichen Einsparungen beim Primärenergieverbrauch geführt. Staatliche Förderungsmaßnahmen sowohl für den privaten Bereich als auch für wirtschaftliche und industrielle Großverbraucher haben diese Entwicklung noch unterstützt.
So werden z.B. in der Bundesrepublik Deutschland von staatlicher Seite Forschungsvorhaben gefördert, die u.a. eine Minderung des Rohstoffbedarfs und -verbrauchs zum Ziel haben. Allen diesen Forschungsarbeiten liegen jeweils in speziellen industriellen Anwendungsbereichen folgende Schwerpunkte der Rohstoffeinsparung zugrunde:

- Verbrauchsreduzierung,
- Einsatz von Ersatzstoffen,
- Verschleißminderung oder
- Recycling.

Die Verlängerung der Ölwechselintervalle von Verbrennungsmotoren kann einen Beitrag in dieser Zielrichtung leisten.

1.2. Betriebswirtschaftliche Aspekte bei der Wartung von Nutzfahrzeugen

Aus der Sicht des Betreibers werden an Nutzfahrzeuge verschiedene Anforderungen gestellt. Sie sollen eine hohe Transportrate erbringen, dabei geringe Betriebskosten verursachen und möglichst laufend verfügbar sein, d.h. es werden geringe Wartungszeiten gefordert und unplanmäßige Ausfälle sollen nicht auftreten /1/. Die Transportkapazität ist eine fahrzeugspezifische Größe, die nicht über die technisch zulässige Maximalbeanspruchung gesteigert werden kann. Bei den Betriebskosten entfallen - neben den Kosten für Fahrpersonal (ca 30 %), Abschreibung (ca 14 %) und sonstigen Kosten (ca 15 %) - auf den Kraftstoffverbrauch ca 28 %, auf den Wartungs- und Instandhaltungsaufwand ca

10 % und auf den Motorenölbedarf 1 bis 2 %.
Der Kraftstoffverbrauch als Hauptkostenfaktor ist vom Betreiber kaum zu beeinflussen, hier spielen u.a. die Art des Verbrennungsverfahrens, der thermodynamische Wirkungsgrad, das Antriebskonzept und die Einsatzbedingungen eine Rolle; die Wartungskosten dagegen sind vom Anwender - von gesetzlichen Vorschriften abgesehen - im Rahmen der geforderten technischen Zuverlässigkeit beeinflußbar.
Die stetige technische Weiterentwicklung von Bauteilen ermöglicht einen reduzierten Wartungsumfang und verlängerte Wartungsintervalle. Damit kann das Leistungsvermögen des Schmierstoffs die Wartungshäufigkeit vorgeben. Solange Werkstattaufenthalte allein für planmäßig durchzuführende Ölwechsel notwendig werden, ist hier ein Ansatzpunkt zur Reduzierung der Betriebskosten gegeben, d.h. Kostenminimierung ist ausschlaggebend für den Wunsch nach "Langzeitölwechselintervallen". Im Vordergrund stehen dabei nicht die Kosten für die Ölfüllung, sondern Dispositionskosten, Arbeitslöhne und die mit diesem Vorgang verbundenen Ausfallzeiten. Dieser Kundenforderung ist von den Herstellern der Fahrzeuge in den letzten Jahren in nicht unerheblichem Umfang durch Einführung neuer Wartungssysteme Rechnung getragen worden /2/.

1.3. Technische Ausgangssituation bei Nahverkehrsbetrieben

Die Wartung von Linienomnibussen im öffentlichen Personennahverkehr wird von verschiedenen Randbedingungen beeinflußt. Hier sind zuerst die durch den Gesetzgeber vorgeschriebenen technischen Überprüfungen zu nennen, die nach einem vorgegebenen Zeitrhythmus durchzuführen sind (jährliche Hauptuntersuchung, vierteljährliche Betriebssonderuntersuchung) /3/.
Eine weitere Bedingung sind die jeweiligen technischen Wartungsvorschriften der Fahrzeughersteller. Nicht zuletzt ist die gewünschte Nutzungsdauer der Fahrzeuge maßgeblich für den notwendigen Unterhaltungsaufwand. Dabei wird angestrebt, daß die Hauptaggregate wie Motor, Getriebe und Antriebsachsen diese Lebensdauer ohne Überholung erreichen, wobei die Zahl der unplanmäßigen Ausfälle möglichst gering bleiben muß (hohe Zuverlässigkeit).

Um die Ausfallkosten zu begrenzen, sind Verkehrsbetriebe aus Gründen der Wirtschaftlichkeit bestrebt, alle Wartungsarbeiten mit den gesetzlich vorgeschriebenen Untersuchungsterminen zu koppeln, dies bedeutet eine Abkehr von der beanspruchungsabhängigen Wartung, d.h. Anwendung eines zeitgesteuerten

Überwachungs- und Wartungssystems. Damit vermindert sich auch der Aufwand bei der Wartungsplanung und -steuerung. Aufgrund der speziellen Gegebenheiten in Verkehrsbetrieben verlaufen Zeit- und reale Fahrzeugbeanspruchung ähnlich. Die jährlichen Fahrstrecken betragen ca 50.000 km (max. 70.000 km), die durchschnittlichen Reisegeschwindigkeiten liegen bei etwa 20 km/h, d.h. 2.500 (max. 3.500) Betriebsstunden pro Jahr. Der Vergleich dieser Randbedingungen mit den Ölwechselvorschriften - je nach Hersteller, Fahrzeugtype und verwendeter Ölqualität zwischen 10 und 30.000 km - zeigt, daß eine Anpassung der Ölwechselintervalle an die gesetztlich vorgeschriebenen Wartungsintervalle wünschenswert ist ("Langzeitölwechselintervalle").

1.4. Zielsetzung und Versuchsplanung

Zielsetzung der Versuche war die Überprüfung der Auswirkung von Langzeitölwechselintervallen auf das Betriebsverhalten von Dieselmotoren unter den Bedingungen des Linienomnibuseinsatzes im Nahverkehr. Der Langzeitölwechsel wurde für die Versuchsfahrzeuge aus den vorgenannten betriebswirtschaftlichen Randbedingungen auf 70.000 km (bzw. 35.000 km) festgelegt. Ein besonderer Schwerpunkt war die Ermittlung der Gebrauchseigenschaften von Ölfiltereinrichtungen, da bei Dieselmotoren im Kurzstreckenbetrieb der Ausdehnung der Ölwechselintervalle durch Ablagerungs- und Kaltschlammbildung Grenzen gesetzt sind /4/.
Die Überprüfung des diesbezüglichen Systemverhaltens "Motor-Motorenöl-Ölfilter" erfolgte unter realen Betriebsbedingungen, um Übertragbarkeitsprobleme - z.B. von Prüfstandsversuchen - von vornherein auszuschließen. Die Berücksichtigung folgender Gesichtspunkte bei der Fahrzeugauswahl gewährleistete gleiche Randbedingungen innerhalb der Versuchsgruppen:

- vergleichbare Fahrstrecken und Betriebsbeanspruchungen,
- gleicher Motoren- und Fahrzeugtyp,
- Motoren gleichen Alters mit abgeschlossenem Einlaufvorgang,
- gleiche Motorenölqualität innerhalb von Versuchsgruppen,
- möglichst gleicher Öl- und Kraftstoffverbrauch bei Versuchsbeginn.

Diese Bedingungen waren in dem für die Versuche ausgewählten Verkehrsbetrieb (Aachener Straßenbahn- und Energieversorgungs-Aktien-Gesellschaft, ASEAG) gegeben.

2. Schmierstoffbeanspruchungen in Verbrennungsmotoren

Bei der Konstruktion eines Motors werden - unter Beachtung der zur Verfügung stehenden Qualitäten und Viskositäten - die vom Motorenöl zu erfüllenden Aufgaben festgelegt. Tribologische Parameter wie Werkstoffeigenschaften und Betriebsbedingungen (Gleitgeschwindigkeiten, Flächenpressungen und Temperaturen) sowie chemische Einflüsse (Sauerstoff, Kraftstoff, Metalle usw.) bilden das Beanspruchungskollektiv für den Schmierstoff. Diesen Beanspruchungen muß der Schmierstoff unter allen regulären Betriebsbedingungen gewachsen sein, um einen verschleißarmen und störungsfreien Betrieb zu gewährleisten. Leistungsreserven für eventuelle Überbeanspruchungen sind wünschenswert. Filter können die Aufgaben des Motorenöls unterstützen und zur Qualitätserhaltung und damit Standzeiterhöhung von Schmierstoff und Motor beitragen.
Die Leistungsparameter von Motorenölen werden durch motorische Prüfverfahren /5/ ermittelt, die auch die Grundlage für die Einordnung in Leistungsklassen bilden. Daneben sind chemisch-physikalische Prüfverfahren - insbesondere bei Formulierung von Motorenölen und der Entwicklung von Additiven - und Modellprüfverfahren üblich /6/. Für den Betreiber stellt sich das Problem, eine seiner Motorbauart und seinen Betriebsbedingungen nach Möglichkeit optimal angepaßte Ölqualität zu wählen.

2.1. Anforderungen an Dieselmotorenöle

Verbrennungsmotorenöle müssen verschiedene Anforderungen erfüllen, daraus resultiert ein z.T. widersprüchliches Eigenschaftsprofil. Eine ausführliche Übersicht erwünschter Motoröleigenschaften zeigt Bild 1. In Abhängigkeit von der Motorbauart und den Betriebsbedingungen haben einzelne Öleigenschaften unterschiedliche Wichtigkeit; z.B. stellen die hohen thermischen Ölbelastungen bei Motoren mit Abgasturbolader eine besondere Beanspruchung dar, die die Einzeleigenschaft "thermische Stabilität" in den Vordergrund treten läßt /7/.

Die für den Dieselmotor wichtigsten Öleigenschaften sind der Verschleißschutz und die Motorsauberkeit. Bezüglich der Motorsauberkeit muß unterschieden werden zwischen der "kalten" Motorbetriebsweise (Ablagerungen, Kaltschlammbildung) und dem "heißen" Motorbetrieb (Lackbildung, Kohleablagerungen an Kolben, Heißschlamm). Bei Dieselmotoren im Kurzstreckenverkehr steht die

Kaltschlammbildung und das Verschleißverhalten der Kolbenring-Zylinder-Baugruppe im Vordergrund, das in Abhängigkeit vom Dispergiervermögen und der Feststoffkonzentration im Motorenöl durch Ablagerungen im Bereich der Kolbenkrone beeinflußt wird. Hier kann mittels geeigneter Schmierstoffadditivierung und Filtration Einfluß genommen werden. Verschleißprobleme bei Mischreibung wie Pittingbildung an Nocken/Stößel/Schwinghebel und bei den Gleitlagerungen sind bei Motoren im Teillastbetrieb aufgrund der niedrigen Öltemperaturen (Viskositätsverhalten) von geringerer Bedeutung.

* Reibungsminderung
* Verringerung des Kraftstoffverbrauchs
* Verschleißschutz
* Ölfilmzerreißfestigkeit
* Keine Oberflächenschäden (Pittings)
* Erhalten des Honbildes
* Abgestimmte Reaktionstemperaturen der Zusätze
* Neutralisationsvermögen
* Haftvermögen

Bereich: Reibung und Verschleiß

* Thermische Stabilität
* Oxidationsbeständigkeit
* Hochtemperatur-Viskosität (Schergefälle, Druck)
* Tieftemperatur-Viskosität (Durchdrehen, Pumpbarkeit, Nachfließen, kein Lufteinschluß)
* Geringe temperaturabhängige Viskositätsänderung
* Scherstabilität (mechanisch, thermisch, oxidativ)

Bereich: Temperatur und Viskosität

* Dispergiervermögen
* Detergentwirkung
* Kein Ringreiten/Kein Ringstecken
* Verhindern von Heißschlamm
* Verhindern von Kaltschlamm
* Verhindern von Lack
* Beständigkeit gegenüber Wasser/Kühlmittel
* Keine Ablagerungen auf Einlaßventilen
* Keine Rückstandsbildung im Brennraum
* Keine Glühzündungen

Bereich: Sauberkeit/Keine Rückstände

* Mischbarkeit/Verträglichkeit
* Einlaufverhalten
* Große Wechselabstände
* Verwendbarkeit in verschiedenen Motorentypen (Schaltgetrieben, Hydraulikanlagen)
* Gleichbleibende Qualität
* Kostengünstige Herstellbarkeit
* Verfügbarkeit
* Lagerbeständigkeit
* Keine Geruchsbelästigung
* Keine negativen Auswirkungen auf Gesundheit und Umwelt

Bereich: Anwendung

* Korrosionsschutz
* Verträglichkeit mit Metallen
* Verträglichkeit mit Elastomeren (Dichtungen)
* Schaumverhinderung
* Luftabgabevermögen
* Wärmeleitfähigkeit/Kühlwirkung
* Abdichtvermögen
* Geringe Flüchtigkeit

Bereich: Weitere wichtige Eigenschaften

Bild 1: Anforderungen an Motorenöle /8/

2.2. Ölveränderungen durch Betriebsbeanspruchungen

Verbrennungsmotoren werden eigentlich nur einmal mit Frischöl betrieben, dies ist bei der Erstfüllung der Fall. Gerade dabei werden an das Motorenöl hohe Anforderungen bezüglich des Aufnahmevermögens für Fremdstoffe gestellt, da sowohl Montageverunreinigungen als auch erhöhter Einlaufabrieb anfallen. Ein relativ frühzeitiger Erstölwechsel ist die Folge. Da bei weiteren Ölwechseln nie das gesamte Ölumlaufvolumen aus dem Motor entfernt werden kann, werden Motoren während ihrer gesamten Lebensdauer mit mehr oder weniger stark verunreinigtem Schmierstoff betrieben. Die Schmierstoffbeanspruchung nimmt mit der Verweildauer (Ölwechselintervall) zu.

Während Frischöle i.a. die in Bild 1 geforderten Eigenschaften aufweisen, treten mit zunehmender motorischer Beanspruchung Ölveränderungen auf, die das Leistungsvermögen des Schmierstoffs mindern können. Dieser Vorgang wird allgemein als Ölalterung bezeichnet. Unter Alterung im weitesten Sinn*) werden Veränderungen der Zusammensetzung oder der Eigenschaften verstanden durch:

- Fremdverschmutzung (Feststoffe und Flüssigkeiten),
- Verschmutzung als Folge chemischer Veränderungen (Oxidation),
- Veränderung oder Verdampfen von Grundölkomponenten,
- Veränderung oder Verbrauch von Zusätzen (Additivabbau) /9/.

Dabei ist es unerheblich, ob bereits eine Gebrauchswertminderung des Schmierstoffs eingetreten ist oder nicht. Ölfremde Feststoffe sind Verbrennungsruß, Abrieb und Staub. Verbrennungsruß wirkt viskositätssteigernd, Abrieb fördert den Verschleiß und ist ein Oxidationskatalysator (Cu, Fe), Staub verursacht starken abrasiven Verschleiß. Flüssige Verunreinigungen sind Wasser, Kühlmittel und Kraftstoff. Sie mindern den Gebrauchswert des Schmierstoffs durch Änderung der physikalischen Eigenschaften und beschleunigen den Alterungprozeß.
Öleigene Feststoffe sind Oxidationsprodukte des Grundöls und thermisch oder oxidativ umgewandelte Additive. Zusammen mit fein dispersen Fremdstoffen und Wasser bilden sie Schlamm und Ablagerungen, die die Wärmeabfuhr behindern und Verschleiß verursachen.
Das Ausdampfen niedrig siedender Schmierstoffbestandteile verändert die Grundölzusammensetzung und wirkt viskositätssteigernd.
Durch Additivabbau werden die Leistungseigenschaften des Motorenöls gemindert und die Oxidationsgeschwindigkeit steigt. Für den störungsfreien Motorbetrieb müssen vor dem Hintergrund der Grenze des Gebrauchswertes die Verschmutzung, die Oxidation und der Additivabbau begrenzt werden. Bei der

---

*) Eingeschränkt wird unter Alterung nur die Oxidation verstanden /10/; erweitert Öloxidation und Additivabbau /11/.

Beurteilung des Schmierstoffzustandes stellt die Gebrauchtölanalytik in Verbindung mit der motorischen Beurteilung ein wichtiges Hilfsmittel dar /10, 11/.
Die Bestimmung der Fremdverschmutzung kann nach verschiedenen Verfahren erfolgen; zusätzlich läßt der Viskositätsanstieg einen Rückschluß auf die Höhe der Feststoffkonzentration zu. Dabei ist zu berücksichtigen, daß sich oxidative Einflüsse überlagern; eine Unterscheidung ist bei Betrachtung von Viskositätshöhe und Viskositätssteilheit möglich /12/.

Die wichtigsten Additivkomponenten bei Dieselmotorölen sind Oxidationsinhibitoren, Dispersantien und Detergentien (HD-Additive), Verschleißschutzzusätze (EP-Additive) und bei Mehrbereichsölen Viskositätsindex-Verbesserer.

Die Schmierstoffoxidation kann durch viskosimetrische Veränderungen, durch Chromatographie und Spektroskopie sowie anhand der Ablagerungsbildung und Lagerkorrosion im Motor beurteilt werden. Die Bestimmung des Antioxidantgehaltes im Gebrauchtöl (Rest ZDTP) liefert keine schlüssige Aussage über das Antioxidant-Potential /13/.

Der Abbau der DD-Additive zeigt sich in der Abnahme der alkalischen Reserve und in der Motorsauberkeit, labormäßige Prüfverfahren wie die IR-Spektrometrie können eingesetzt werden /14/.
Die Wirksamkeit von Verschleißschutzadditiven wird durch die motorische Beurteilung ermittelt, in seltenen Fällen werden auch Modell Prüfstandsversuche durchgeführt /15/.
Der bei Mehrbereichsölen auftretende mechanische und thermisch-oxidative Abbau von VI-Verbessern wird durch Viskositätsmessungen festgestellt. Einflüsse durch Oxidation, Verschmutzung und Kraftstoffverdünnung müssen berücksichtigt werden.

2.3. Problematik von Schmierstoffgrenzwerten

Motorenöle werden bzgl. der oben genannten Eigenschaften aus verschiedenen Gründen analysiert: Aus der Sicht des Motorenherstellers zur Beurteilung und Verbesserung der Motoren, aus der Sicht des Betreibers zur Bestimmungs des Betriebszustands des Motors und zur Ermittlung des Gebrauchszustands der Ölfüllung. Neben den konventionellen chemisch-physikalischen Prüfverfahren werden spektrometrische Analysen und - vor allem beim Anwender - Schnelltestverfahren eingesetzt /16/.

Aus der Kenntnis der Frischöldaten und unter Berücksichtigung von Motorbauart und Beanspruchungsbedingungen können Grenzwerte ermittelt werden, die die Verwendungsfähigkeit einer Ölfüllung begrenzen und damit i.a. einen Ölwechsel erforderlich machen. Es ist zu berücksichtigen, daß schon die Überschreitung e i n e s Grenzwertes die Weiterverwendung ausschließen kann, daß die weitgehende Erschöpfung verschiedener Schmierstoffeigenschaften einen Ölwechsel sinnvoll macht und daß nicht alle Motoröleigenschaften durch Labormethoden ermittelt werden können. Unter Berücksichtigung dieser Einschätzung sind in Tabelle 1 Anhaltswerte für einen notwendigen Ölwechsel angegeben, die keinen Anspruch auf Allgemeingültigkeit haben, aber in der Praxis gebräuchlich sind.

			A	B	C	D	E
Viskosität	(ν') % %	max min	135 75	130 -	in SAE in SAE	in SAE 75	135 75
Feste Fremdstoffe	(US) Gew%	max	3 - 4	4	2 - 6	4 - 5	2,5
Kraftstoffgehalt	(DK) Vol%	max	5	-	4 - 6	5	5
Flammpunkt	(FP) °C	min	150	180	-	180	170
Wassergehalt	(W) Gew%	max	0,2	0,3	0,5-1,5	0,5	0,2
Alkalische Reserve (TBN)	(HCl) mgKOH/g ($HClO_4$) "	min min	0,5 -	1,5 4,0	- 30%	1,5 4,0	1,0 -
Rußgehalt	(R) Gew%	max	3 - 4	-	-	-	-
Eisenabrieb	(Fe) ppm	max	100	-	-	-	150
Silicium	(Si) ppm	max	20	-	-	20	20

Tabelle 1: Analysengrenzwerte verschiedener Schmierstoffhersteller für einen erforderlichen Motorenölwechsel (ungefähre Grenzwerte)

Bei Zugrundelegen bestimmter Randbedingungen (Motor-Schmierstoff-Betriebsbedingungen) können rückschließend durch Beurteilung des Motors und unter Berücksichtigung einer geplanten Lebensdauer anwendungsspezifische Grenzwerte festgelegt werden.

2.4. Filtersysteme für Motorenöle

Schmierölfilter für Fahrzeugmotoren können nach zwei Kriterien unterschieden werden, nach dem F u n k t i o n s p r i n z i p (Filterbauart, Filtermedium) und nach der F i l t e r a n o r d n u n g im Schmierstoffkreislauf (Filterschaltung). Der Filtrationsprozeß kann prinzipiell in zwei Arten unterteilt werden, in die Filtration nach dem Rückhalteprinzip und die Filtration nach dem Sedimentationsprinzip /17/, Bild 2.

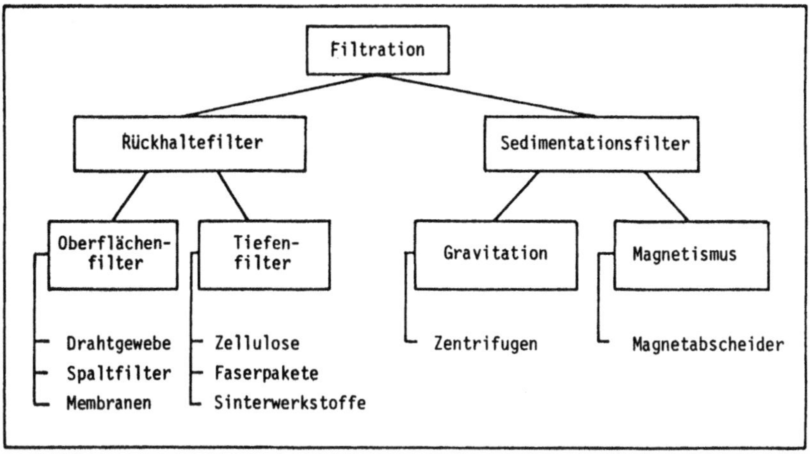

Bild 2: Darstellung verschiedener Filterfunktionsprinzipien

Bei der Filtration nach dem Rückhalteprinzip erzeugt ein Differenzdruck die Durchströmung durch das Filtermedium. Das Filtermedium trennt die feste Phase von der flüssigen, ohne chemische Veränderung der Flüssigkeit. In Abhängigkeit vom Filtermedium werden Oberflächen- und Tiefenfilter unterschieden. Bei Oberflächenfiltern erfolgt die Filtration in einer geometrischen Ebene, die Filterporen sind etwa gleich groß (z.B. Drahtgewebe, Spaltfilter). Tiefenfilter sind aus mehreren Schichten mit unregelmäßig großen Poren aufgebaut. Die Filtration erfolgt im Inneren des Filtermediums und einer mit der Tiefe wachsenden Abscheidefeinheit (Zellulose, Filz, Fasergewirke und Sinterwerkstoffe). Auch einlagige Filterpapiere müssen nach dieser Definition als Tiefenfilter angesehen werden /18/.
Sedimentationsfilter scheiden Partikel unter Krafteinwirkung (Schwerkraft, Magnetismus) ab. Gebräuchlich sind Zentrifugen und Magnetabscheider. In Abhängigkeit von der Einbauanordnung im Schmierstoffkreislauf werden Filterschaltungen unterschieden, Bild 3.

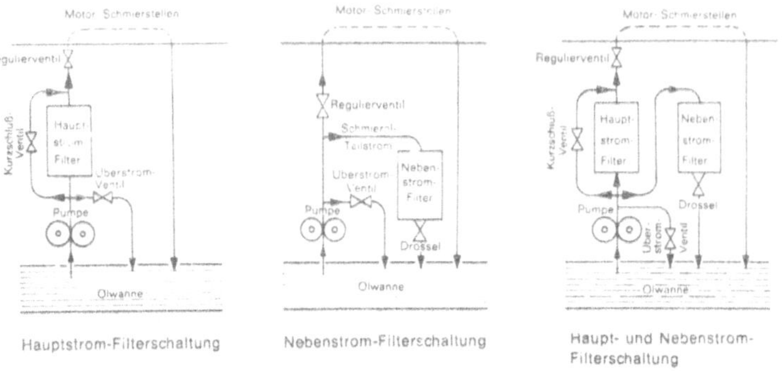

Bild 3: Einbaumöglichkeiten für Filter im Schmierstoffkreislauf /19/

Bei der Hauptstromanordnung fließt die gesamte Schmierstoffmenge durch die Filter, damit wird eine Partikelabscheidung im ersten Umlauf erreicht. Aufgrund der Baugröße und des zulässigen Strömungswiderstandes ist die Filterfeinheit begrenzt. Um auch bei hoher Viskosität (Kaltstart) oder Filterverstopfung eine Schmierung zu gewährleisten, erfordert diese Anordnung ein Umgehungsventil.
Nebenstromfilter reinigen nur einen Ölteilstrom (je nach Auslegung ca 3-10 %). Wegen der meist größeren Filtervolumen und der geringeren Strömungsgeschwindigkeiten sind höhere Filterfeinheiten realisierbar. Bei Ausfall des Systems wird die Maschinenfunktion nicht gestört. Eine Kombination von Haupt- und Nebenstromfilter stellt die wirksamste, aber auch die aufwendigste Konstruktion dar. Dabei lassen sich die Vorteile beider Systeme verbinden: Der Hauptstromfilter begrenzt die maximale Teilchengröße im Einmaldurchgang und stellt damit ein Sicherheitselement im Schmierstoffkreislauf dar, der Nebenstromfilter reduziert zusätzlich die Konzentration an Feinstverschmutzungen im Öl.

In Kraftfahrzeugmotoren werden alle genannten Filterbauarten und -schaltungen eingesetzt. Oberflächenfilter finden z.B. als Ansaugsiebe von Ölpumpen Verwendung, Tiefenfilter werden in unterschiedlicher Ausführung als Haupt- und Nebenstromfilter eingesetzt, Zentrifugen kommen grundsätzlich im Nebenstrom zur Anwendung. Teilweise werden Magnetschrauben als Ölablaßstopfen eingebaut. Bezüglich der Filteranordnung dominiert heute der Hauptstromfilter, in der Regel als Papiersternfilter aufgebaut. Reine Nebenstromfilteranordnungen haben wegen fehlender Abscheidesicherheit im ersten Umlauf an Bedeutung verloren und werden nur noch selten zur Motorölfiltration eingesetzt. Die kombinierte Haupt- und Nebenstromfilterung ist aus Raum- und Kostengründen bei der Erstausrüstung auf einen kleineren Anwendungsbereich begrenzt.

3. Versuchsprogramm

Gemäß den in Abschnitt 1 dargelegten Zielsetzungen ist das Versuchsprogramm auf die speziellen Randbedingungen des Linienomnibus-Nahverkehrs ausgerichtet. Zur Ermittlung der Einflüsse der Motorölfiltration auf das Betriebsverhalten von Dieselmotoren bei Langzeitölwechselintervallen wurden in verschiedenen Versuchsgruppen die Parameter "Motor-Motorenöl-Ölfilter" variiert:

- Verschiedene Motortypen bei gleichem Filterverfahren und Motorenöl,
- verschiedene Motorenöle bei gleichem Motortyp und Filterverfahren,
- verschiedene Filterverfahren bei gleichem Motortyp und Motorenöl.

Bei dieser Vorgehensweise bleiben die Untersuchungen nicht nur auf die Ermittlung der Einflüsse unterschiedlicher Filterverfahren beschränkt, sondern es werden auch die Einflüsse von Motoren, wie z.B. die Motorölbeanspruchung durch Verbrennungsrückstände, und der Einfluß des Motorenöls, z.B. das Dispergiervermögen und die Bildung von Alterungsprodukten berücksichtigt. Aus Gründen der Praxisnähe wurden nur Saugmotoren untersucht, da diese üblicherweise im Nutzfahrzeug-Nahverkehr eingesetzt werden. Die Qualitäten der Motorenöle erstrecken sich auf den für Saugmotoren üblichen Bereich (API CC bis CD bzw. SE bis SF), die Viskositätsspanne reicht von 10W/30 bis 15W/40.

3.1. Motortypen - Motorenöle - Ölfilter

Die technischen Daten der untersuchten Motoren*) zeigt Tabelle 2. Motortyp A ist eine ältere Bauform, die bei relativ kleinem Hubraum die vergleichsweise größte Leistung erbringt. Einer hohen Schmierstoffbeanspruchung steht ein hoher Ölverbrauch gegenüber. Die Motoren B und C sind vom Aufbau identisch, sie unterscheiden sich durch die eingestellte Leistung (Pumpenbestückung und Einspritzmenge). Die maximale Leistung für diesen Motortyp beträgt 177 kW (240 PS). Während der schwach ausgelastete Motortyp B (eingestellt auf 129 kW) gleichzeitig einen normal hohen Ölverbrauch hat, weist der höher beanspruchte Motortyp C (eingestellt auf 147 kW) einen sehr niedrigen Ölverbrauch auf. Damit bietet Motor C die Voraussetzungen, bei Langzeitölwechselintervallen Beanspruchungsgrenzen zu erreichen.
Die Frischölkennwerte der eingesetzten Motorenöle zeigt Tabelle 3.

---

*) Die Ergebnisse mit den Motoren A und B wurden bereits in /21/ vorgestellt.

		A	B	C
Bauart		Reihensechs-zylinder, liegend	Reihensechs-zylinder, liegend	Reihensechs-zylinder, liegend
Verbrennungsverfahren		Direktein-spritzer	Direktein-spritzer	Direktein-spritzer
Bohrung	mm	123	125	125
Hub	mm	150	155	155
Hubraum	l	10,69	11,41	11,41
P_{max}	kW	162	129	147
n_{max}	min^{-1}	2200	2100	2100
M_{max}	Nm	765	647	700
bei n_M	min^{-1}	1600	1400	1400
Ölvolumen	l	21	23	23
Ölbean-spruchung	kW/kg	8,57	6,23	7,10
Ölverbrauch*) (SAE 20 W/30)	l/1000 km	2-4	1-2,5	0,5-1,5
Kraftstoff-verbrauch*)	l/100 km	50	41	40

*) Durchschnittliche Verbrauchsdaten im Stadtlinienbetrieb bei $v_m \approx 20$ km/h

Tabelle 2: Technische Daten der Versuchsmotoren

		A	B	C	D
SAE		20W/30	20W/30	15W/40	10W/30
MIL-L-		46152	46152 B	2104 C 46152	46152
API		CC/SE	CC/SF	CD/SE	CC/SE
ν_{40}	mm²/s	80	80	108	68
ν_{100}	mm²/s	10	10	14,5	11,3
$VI_{(E)}$	-	100	100	140	160
TBN	mgKOH/g	7,5	7,2	13,0	5,5
FP	°C	228	228	215	218
CCR	Gew%	1,13	1,02	1,20	0,80
Asche	Gew%	0,85	0,68	0,82	0,65

Tabelle 3: Frischölkennwerte der eingesetzten Motorenöle

Typ	Medium	Volumen l	Durchsatz l/min	Durchmesser der Drossel	Bemerkungen
N	Papierwickel/ Aktivkohle	2/4/6	0,45	2,0 mm Einlaß	Filtertypen werden nicht mehr produziert bzw. angeboten
Q	Faserpackung	10/13	1,5/2,0	2,5 mm Auslaß	
P	Papierwickel/ Filz	2/4	bis 1,5	2,0 mm Einlaß	
R	Papierwickel	2/4	1,0	1,5 mm Einlaß	radiale Durchströmung
S	Faserpackung	13	2,7	3,0 mm Einlaß	
T	Papierstern (einlagig)	13	2,5	2,5 mm Auslaß	
U	Zellulose-platten	10	0,7	0,9 mm Einlaß	(2,5 bar) Überdruck By-pass
V	Papierwickel	13	6*)	3,0 mm Auslaß	axiale Durchströmung
W	Baumwolle/ Filz	13	1,2	1,0 mm Einlaß	mit Heizeinrichtung
X	Papierwickel	13	2,1	2,0 mm Auslaß	axiale und radiale Durchströmung
Z	(Gravitation)	1	-	-	Kapazität max. 600 g

*)Herstellerangabe: 6 l/min; Fahrversuch: 0,25 l/km

Filterfeinheiten nach Herstellerangabe ca. 1 µm oder kleiner ohne Angabe des Wirkungsgrades

Tabelle 4: Übersicht der untersuchten Nebenstrom-Feinstfilter

In Tabelle 4 sind die im Versuchsprogramm eingesetzten Nebenstrom-Feinstfilter zusammengestellt. Es handelt sich um serienmäßige Standardtypen verschiedener Hersteller. Bei der Auswahl der Filter wurde ein Standardvolumen angestrebt - soweit möglich kommen 13 l-Einheiten ≙ 750 inch³ zum Einsatz, um den Einfluß des zusätzlichen Ölumlaufvolumens auf die Schmierstoffbeanspruchung auszuschalten. Bei kleinen Filtervolumina werden entsprechend häufige Filterwechsel (Ölauffrischung) vorgesehen.

Eine Übersicht der mit Motor C durchgeführten Feldversuche zeigt Tabelle 5. Der serienmäßigen Ausführung mit Hauptstromölfilter (St ≙ handelsübliches Standardfilterelement) sind jeweils verschiedene Nebenstrom-Feinstfilter gegenübergestellt, außerdem wird das Motorenöl variiert.

Ein Teil der Versuchsfahrzeuge ist mit Betriebsstundenzählern ausgerüstet, um die durchschnittliche Beanspruchung im Stadtlinienbetrieb (durchschnittliche

Versuchsgruppe/ Stückzahl	Motorenöl	Hauptstrom-ölfilter	Nebenstrom-Feinstfilter (Volumen/l)	Ölwechsel-intervall/10³ km	Filterwechsel Hauptstrom/10³ km	Filterwechsel Nebenstrom/10³ km	Versuchszyklen	Nebenstrom-Feinstfilter Medium
C 1/3	C	St	- -	70	35	- -	1	- -
C 2/3	A	St	- -	35	35	- -	4	- -
C 3/3	A	St	R (4)	70	35	17,5	2	Papierwickel
C 4/3	A	St	S (13)	70	35	70	2	Faserpackung
C 5/3	A/B	St	T (13)	70	70	70	2	Papierstern
C 6/3	A/B	St	U (10)	70	70	70	2	Zellulose
C 7/3	A	St	V (13)	70	70	70	1	Papierwickel
C 8/3	A/B	St	W (13)	70	70	70	2	Baumwolle/Filz
C 9/3	A/B	St	X (13)	70	70	70	2	Papierwickel
C 10/3	C	St	R (2)	70	70	17,5	1	" "
C 11/3	A	St	Z (1)	70	70	17,5	1	(Gravitation)
C 12/2	A/B	St	Z (1)	70	70	10	1	(" ")
C 13/1	C	St	Z (1)	70	70	10	1	(" ")

Tabelle 5: Versuchsprogramm der Fahrzeuge mit Motor C

Reisegeschwindigkeit) und die zeitliche Ungleichförmigkeit der Beanspruchung zu bestimmen.

Die Überwachung des Filterverhaltens im Fahrbetrieb erfolgt mittels Durchflußzählern. Damit kann das Zeitfilterverhalten (Standzeit des Filtermediums) überprüft und Funktionsstörungen frühzeitig erkannt werden. So zeigt sich beginnende Filterverstopfung durch einen fallenden Öldurchsatz, Defekte in den Zuleitungen, dem Filtergehäuse oder dem Filterelement werden anhand unregelmäßiger Durchflußraten erkannt.

Die laufende Überwachung des Motor-Filterverhaltens erfolgte durch Gebrauchtölanalysen. Eine wichtige Voraussetzung für aussagefähige Meßwerte sind r e p r ä s e n t a t i v e Ölproben.

3.2. Gebrauchtölanalyseverfahren

Zur Ermittlung des Filtereinflusses auf die in Abschnitt 2.2 erläuterten Ölveränderungen im motorischen Betrieb werden verschiedene Schmierstoffmeß- und bewertungsverfahren eingesetzt. Die Analysedaten der in regelmäßigen Abständen (5.000 bis 10.000 km) gezogenen Ölproben sind ein Maß für die zeitliche Schmierstoffbeanspruchung. Gleichzeitig liefern sie eine Aussage über mögliche Unregelmäßigkeiten (Schadensfrüherkennung). Damit wird das Schadensrisiko bei hohen Motorbeanspruchungen (Langzeitölwechsel) begrenzt. Neben chemisch-physikalischen Standardverfahren wurden Schnelltestverfahren und spezielle Verfahren zur Filterbewertung eingesetzt.

3.2.1. Physikalisch-chemische Standardverfahren

Zur Ermittlung der Betriebsfähigkeit der Ölfüllung bzw. der Bewertung des Ölzustandes wurden regelmäßig oder bei Bedarf folgende genormte Analyseverfahren durchgeführt:

DIN 51366	Viskosität (kin.) bei 40 und 100°C
DIN ISO 2909	Viskositäts-Temperaturverhalten
DIN 51592	Ölverschmutzung (Gehalt an ungelösten Stoffen in Heptan, US)
DIN EN 55	Gesamtbasenzahl (TBN)
DIN 51551	Verkokungsrückstand (CCR)
DIN 51575	Aschegehalt (bzw. Asche aus CCR)
DIN 51757	Dichte
DIN ISO 2592	Flammpunkt (COC)
DIN ISO 3733	Wassergehalt
Brechungsindex	Glykol (qualitativ)

Auf der Grundlage dieser Einzeleigenschaften können komplexe Veränderungen wie das Alterungsverhalten anhand von

- Viskosität und Viskositätsverhalten,
- Koksrückstand und
- Basenzahl (alkalische Reserve)

bestimmt werden /22/.
Bei Schmierstoffen gleicher Zusammensetzung können Korrelationen zwischen Eigenschaften und Gebrauchswert für einen bestimmten Anwendungsbereich aufgestellt werden /10/.
Damit ist eine kontinuierliche Versuchsüberwachung bzgl. Schmierstoffzustand, Ölfilterwirksamkeit und störungsfreiem Motorbetrieb gegeben.

3.2.2. Ölgrobprüfverfahren

Schnelltestverfahren werden auf der Betreiberseite häufig im Rahmen der vorbeugenden Instandhaltung zur Abschätzung des Gebrauchswertes von Ölfüllungen eingesetzt. Sie dienen auch als Ergänzung zu den Laborverfahren und machen aufwendige Messungen z.T. überflüssig, zum Beispiel:

- Spratztest (Wassergehalt),
- Tüpfeltest (Verschmutzung),
- Dielektrizitätskonstanten-Differenz/LS-Verfahren (summarische Öleigenschaften).

Das LS-Verfahren konnte nach Anpassung an den vorliegenden Untersuchungsfall /23/ erfolgreich zur Schnellbestimmung des Ölzustandes eingesetzt werden. Hierfür ist es erforderlich, Grenzwerte für die jeweils vorliegenden Motortypen und Motorenöle durch Vergleich mit Standardanalyseverfahren festzulegen. Zusätzlich müssen die Ölproben auf flüssige Verunreinigungen (Wasser, Kraftstoff) überprüft werden, da diese nicht sicher bzw. sogar meßwertverbessernd angezeigt werden können.

3.2.3. Spezielle Meßverfahren

Das Verschleißverhalten bestimmter Motorenbauteile kann während eines Untersuchungsintervalls durch Bestimmung des metallischen Abriebs im Gebrauchtöl abgeschätzt werden (Atom-Absorption-Spektroskopie). Bei Einsatz unterschiedlich wirksamer Motorölfilter sind Aussagen über das tatsächliche Verschleißverhalten nur eingeschränkt möglich.
Die festen Fremdstoffe im Gebrauchtöl werden durch die Standardverfahren (US, CCR u.a.) als Gesamtwert ermittelt, ohne die massenmäßige bzw. zahlenmäßige Zusammensetzung der Feststoffe, d.h. die Partikelgrößenverteilung, zu berücksichtigen. Erschwerend kommt noch hinzu, daß mit den für die Feststoffbestimmung üblicherweise eingesetzten Membranfiltern aufgrund ihrer unregelmäßigen Porenstruktur keine saubere Trennung der im Motoröl enthaltenen Feststoffe möglich ist. Daher wurde für diese Untersuchung ein eigenes Verfahren zur Bestimmung des massemäßigen Feststoffgehaltes und der Partikelgrößenverteilung mittels Kernporenfiltration entwickelt, das eine exakte Trennung der Feststoffbestandteile ermöglicht.

Neben der sauberen Trennung der Feststoffe ist durch den Aufbau von Filterkolonnen abgestufter Porenweite eine Ermittlung der massenmäßigen Partikelgrößenverteilung in dem für Dieselmotoren interessanten Bereich < 3 µm möglich, Bild 4. Nachteilig sind die geringe Aufnahmekapazität von Kernporenfiltern und der damit wegen kleiner Probemengen notwendige Meßaufwand /24/.

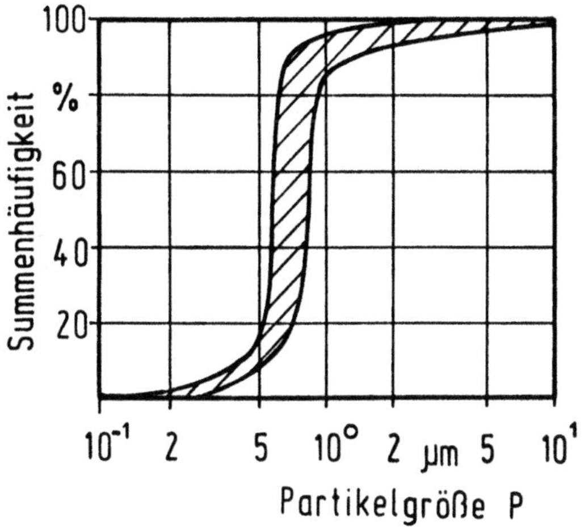

Bild 4: Verteilung fester Fremdstoffe in gebrauchten Dieselmotorölen

In Ergänzung der massenmäßigen Bestimmung der Feststoffverteilung im Gebrauchtöl wurde ein optisches Meßverfahren zur Ermittlung der zahlenmäßigen Partikelgrößenverteilung entwickelt. Dies Verfahren bietet gegenüber der Filtration den Vorteil der schnelleren Durchführbarkeit, hat aber einen eingeschränkten Meßbereich (Partikelgröße P ≧ 1 µm) /25/.

3.3. Meßverfahren zur Motorbewertung

Bei der Motorbewertung muß unterschieden werden zwischen laufenden Kontrollen während des Versuchsablaufs und der Verschleißmessung am zerlegten Motor nach Versuchsende. Im Rahmen der Überwachung im Versuch wurden der Kraftstoffverbrauch, der Ölverbrauch, der Gasdurchsatz und die Sauberkeit der zugänglichen Bauteile (Ventilraum, Ölwanne) in Abständen überprüft.
Bei der Motorzerlegung an ausgewählten Motoren erfolgte die Kolbenbewertung nach DIN /26/, die Ermittlung des Zylinderverschleißes durch Vermessung und Bestimmung des Bore-Polishing und die Ermittlung des Kolbenringverschleißes

durch Vermessen bzw. Beurteilung des Oberflächenzustandes. Die übrigen Bauteile - z.B. Nocken, Stößel, Gleitlager - wurden anhand des Aussehens der Oberfläche bewertet. Bei allen befundeten Motoren wurde die Einspritzanlage (Pumpe, Düsen) geprüft.

3.4. Meßverfahren zur Filterbewertung

Ein wichtiges Kriterium zur Beurteilung der Leistungsfähigkeit eines Motorölfilters ist der Ölzustand. Dieser wird durch die laufenden Gebrauchtölanalysen ermittelt. Eine weitere Kenngröße ist sein zeitliches Aufnahmevermögen (Abscheidekapazität), das die Lebensdauer des Filterelements bestimmt (Durchflußrate). Eine weitere wichtige Eigenschaft des Filters ist seine mechanische Festigkeit - die des Filterelements für die geforderte Funktionsfähigkeit, die des Filtergehäuses für den störungsfreien Motorbetrieb. So dürfen insbesondere bei Nebenstrom-Feinstfiltern, die in der Regel über Rohrleitungen und Schläuche mit dem Motorölkreislauf verbunden sind, keine Systemundichtigkeiten auftreten, da dies schwerwiegende Motorschäden wegen Ölmangels zur Folge haben kann.

Das wichtigste Kriterium für die Filter ist der Motor; die Ablagerungsbildung an "kalten" Motorbauteilen sowie auf der "heißen" Motorseite (z.B. Brennraum, Kolben) soll verringert werden, damit können Ölwechselintervalle verlängert bzw. die Verschleißlebensdauer der Motoren erhöht werden.

4. Ergebnisse der Untersuchungen

Die Darstellung und Interpretation der Versuchsergebnisse erfolgt in drei Abschnitten:

- zeitliches Verhalten der Motoröleigenschaften,
- Verschmutzung der Motoren (Schlammbildung),
- Verschleißverhalten von Motorbauteilen.

Die unterschiedliche spezifische Ölbeanspruchung (vgl. Tabelle 3) verschiedener serienmäßiger Dieselmotoren im normalen Liniemomnibuseinsatz verdeutlicht Bild 5. Obwohl alle Motoren mit der gleichen Schmierstoffqualität betrieben und unter vergleichbaren Betriebsbedingungen eingesetzt werden, sind Unterschiede in der Ölbeanspruchung festzustellen, wie hier am Beispiel der Viskositätsänderung gezeigt wird. Zur gleichmäßigen Schmierstoffausnutzung kann es daher nicht sinnvoll sein, für diese unterschiedlichen Motortypen gleiche Ölwechselintervalle vorzusehen.

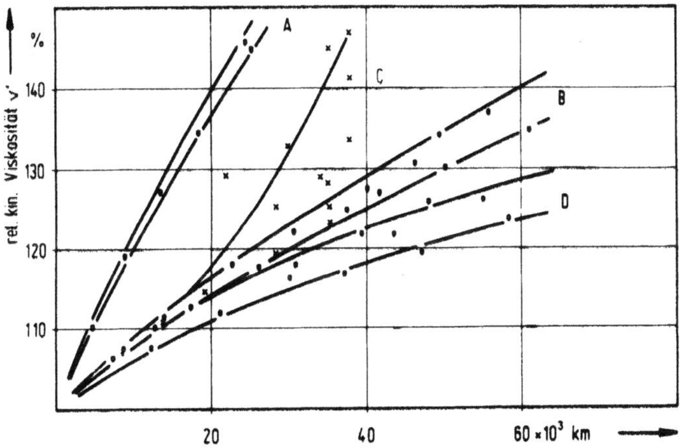

Bild 5: Viskositätsverhalten verschiedener Motortypen*) bei serienmäßiger Hauptstromfilterung (Motoröl A)

---

*) Motor D ist ein niedrig beanspruchter Motor älterer Bauart, der in die weiteren Untersuchungen nicht einbezogen wurde.

4.1. Auswirkung der Filterung auf die Öleigenschaften

Ölfilter können die Schmierstoffbeanspruchung mindern und damit die Schmierstoffgebrauchsdauer verlängern. Bei Nebenstrom-Feinstfiltern, die zusätzlich an den Ölkreislauf angeschlossen werden, kommt dabei einerseits die Reduzierung der spezifischen Ölbeanspruchung zum Tragen, andererseits wird die Schmierstoffalterung durch Ausfiltern von Fremdverschmutzung und Oxidationsprodukten verzögert. Die Wirksamkeit bestimmter Filtersysteme wird schon bei der Ölgrobprüfung deutlich: Bei gleichem Ölumlaufvolumen und vergleichbaren Randbedingungen (insbesondere Ölverbrauch) sind Unterschiede im wesentlichen auf die Wirksamkeit der Filteranlage zurückzuführen. Die Bilder 6 bis 9 zeigen den Ölzustand in Abhängigkeit von der Beanspruchungsdauer für die Motortypen C mit Motoröl A bei unterschiedlichen Filterverfahren. Bewertungsbasis bzw. Vergleichsmaßstab sind die Motoren mit reiner Hauptstromfilterung.

Die Meßwerte zeigen, daß durch Nebenstrom-Feinstfilterung sowie der damit verbundenen Volumenvergrößerung des Motorölkreislaufs die Schmierstoffbeanspruchung vermindert werden kann. Welche dieser Maßnahmen den größeren Einfluß ausübt, ist auch vom Motortyp abhängig /21/.

Wie bei der Geräteerprobung ermittelt, beträgt der Grenzwert für Motorenöl A bei Motor C ca 4 Dev-Einheiten. Unter Zugrundelegen dieses Grenzwertes können je nach Filterausrüstung folgende Ölwechselintervalle - bezogen auf gleichwertige Schmierstoffbeanspruchung - erreicht werden:

	HS-Filter	Zusatzvolumen	NS-Filterung
Motor C, Öl A	25÷30.000 km	≅ 40.000 km	≅ 70.000 km

In der Regel verlaufen die Änderungen der Öleigenschaften einer bestimmten Motor-Öl-Kombination innerhalb enger Streubereiche, da die Fahrzeuge einer gleichartigen Beanspruchung ausgesetzt sind. Abweichungen sind auf differierende Ölverbräuche oder Störungen im System zurückzuführen. Schwerwiegende Defekte werden durch einen sich schnell verschlechternden Ölzustand angezeigt. Bei einem Motor der Gruppe C4/S ist ab ca 15.000 km eine deutliche und für diesen Filtertyp ungewöhnliche Verschlechterung des Ölzustandes festzustellen (s. Bild 9). Die hier beginnende Schädigung aufgrund eines Luftfilterdefektes führt zu starkem Zylinderverschleiß und wegen des hohen Gasdurchsatzes zu Öloxidation und Verrußung.

Die Leistungsfähigkeit einer Ölfilteranlage bezogen auf das System "Motor-Öl-Ölfilter" muß so bemessen sein, daß auch beim Langzeitölwechselintervall keine Ablagerungen auftreten, da diese beim Ölwechsel z.T. gelöst und der frische Schmierstoff vorbelastet wird.

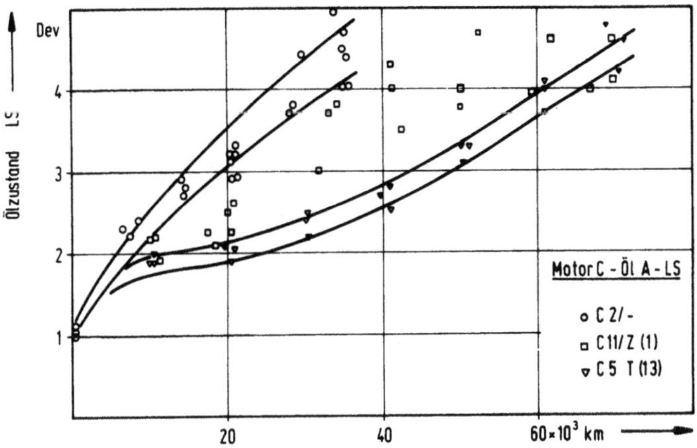

Bild 6: Einfluß des Filterverfahrens auf den Schmierstoffzustand (Motor C, Öl A)

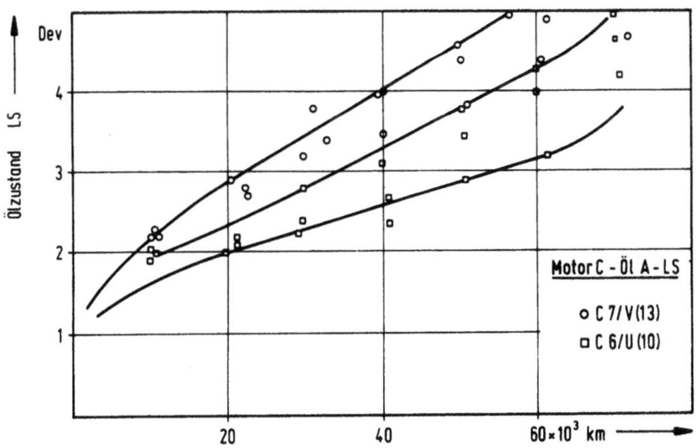

Bild 7: Einfluß des Filterverfahrens auf den Schmierstoffzustand (Motor C, Öl A)

Außerdem trägt im Motor verbleibendes überbeanspruchtes Restöl zum schnelleren Abbau der Leistungsreserve des Neuschmierstoffs bei. Eine Schmierstoff-Überbeanspruchung ist durch eine im Folgeintervall schnellere Änderung der Schmierstoffeigenschaften gekennzeichnet.

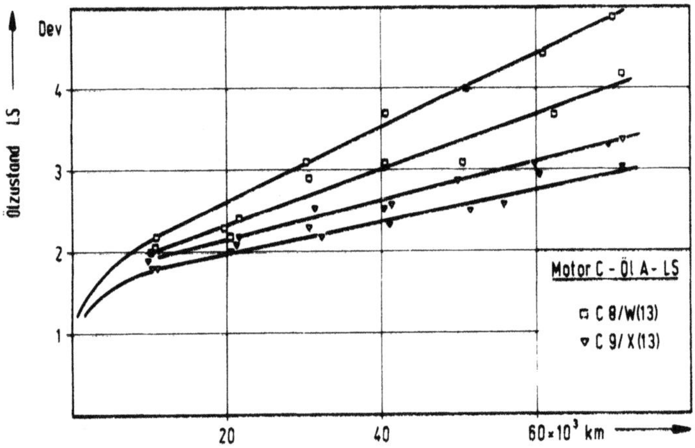

Bild 8: Einfluß des Filterverfahrens auf den Schmierstoffzustand

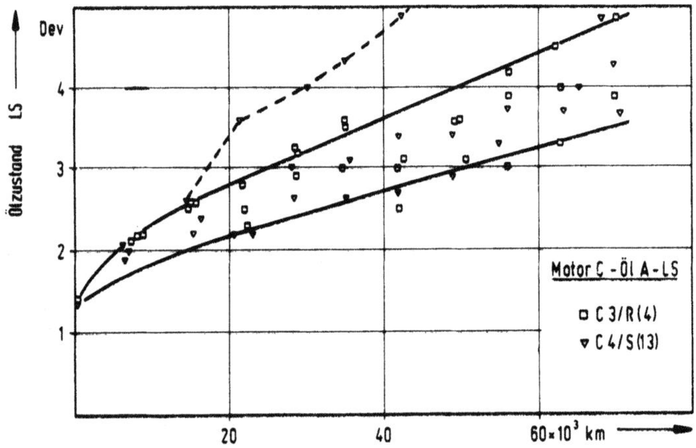

Bild 9: Einfluß des Filterverfahrens auf den Schmierstoffzustand
(Motor C, Öl A)

Dieser Effekt ist in Bild 10 (Motor C mit Hauptstromfilterung), bei dem die Schmierstoffbeanspruchung von Ölwechselintervall zu Ölwechselintervall zunimmt, dargestellt. Bei leistungsfähiger Ölfilterung bleibt die Schmierstoffbeanspruchung auch bei Langzeitölwechselintervallen innerhalb zulässiger Grenzen und hat im Folgeintervall qualitativ und quantitativ den gleichen Verlauf wie im vorhergehenden Ölwechselintervall, Bild 11.

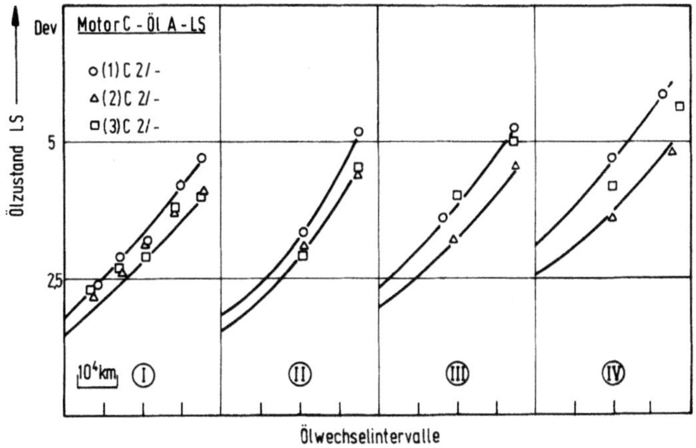

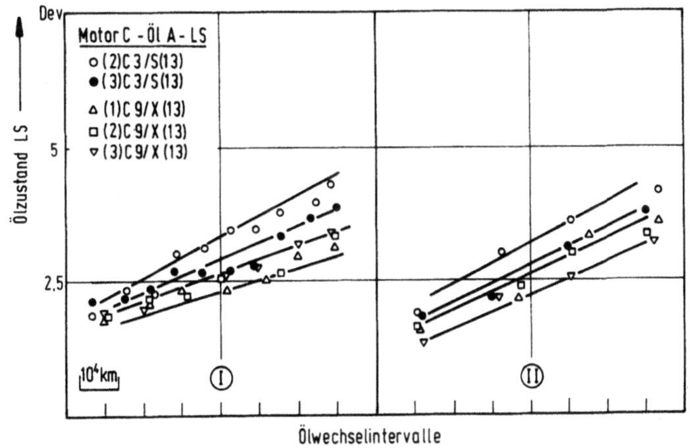

Bild 10/11: Verlauf der Schmierstoffbeanspruchung bei Hauptstromfilterung bzw. leistungsfähiger Nebenstrom-Feinstfilterung

Im Gegensatz zu Öl A tritt bei Öl C keine nennenswerte Verbesserung des Ölzustandes durch zusätzliche Ölfilterung auf, Bild 12. Weder der Nebenstrom-Feinstfilter R noch die Zentrifuge (Z) können den zeitlichen Verlauf des Ölzustandes im Vergleich zur Standardausführung mit Hauptstromfilter deutlich verbessern. Das höhere Dispergiervermögen des Öltyps C begünstigt offensichtlich die Bildung kleinerer Feststoffpartikel, die von den eingesetzten Filtertypen nur in unzureichender Menge abgeschieden werden können. Die Grenze der Weiterverwendungsfähigkeit des Schmierstoffs dürfte unter den hier vorliegenden Bedingungen bei ca 30.000 km bis max. 40.000 km erreicht sein.

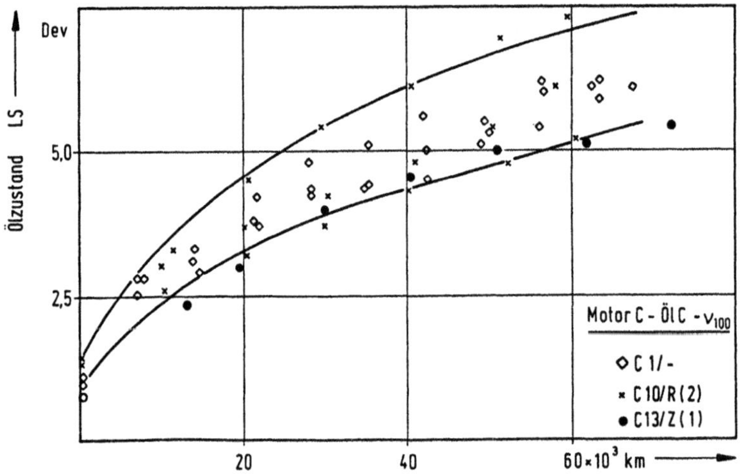

Bild 12: Einfluß des Filterverfahrens auf den Schmierstoffzustand (Motor C, Öl C)

4.1.1. Viskositätsverhalten

Die mit der Ölbeanspruchungsdauer zunehmende Konzentration an ölunlöslichen Feststoffen, Verbrennungsrückständen und Oxidationsprodukten beeinflußt die Viskosität des Motorenöls. Weitere Parameter sind Kraftstoffverdünnung, Scherung bei Mehrbereichsölen, Wasseranreicherung und Verdampfung. In Abhängigkeit vom Motortyp und der Filterausrüstung spielen der motorische Ölverbrauch, die Vergrößerung des Ölumlaufvolumens durch Filter und die Abscheideleistung des jeweiligen Nebenstrom-Feinstfilters eine Rolle.

Den Einfluß unterschiedlicher Filtermedien auf das viskosimetrische Verhalten zeigen die Bilder 13 bis 15. In allen Fällen ist bei diesem Motor-/Öltyp ein linearer bis progressiver Viskositätsanstieg festzustellen. Die Grenze der Weiterverwendungsfähigkeit des Schmierstoffs dürfte bei 125 bis 135 % der Frischölviskosität erreicht sein. Damit können die Ölwechselintervalle nach diesem Kriterium von ca 30.000 km (Hauptstromfilterung) auf ca 60.000 km (Filter U, R, W) bzw. 70.000 km (S, T, X) erhöht werden. Filter V und insbesondere die Zentrifugenausführung erbringen keine wesentlichen Verbesserungen der zeitlichen Viskositätseigenschaften.

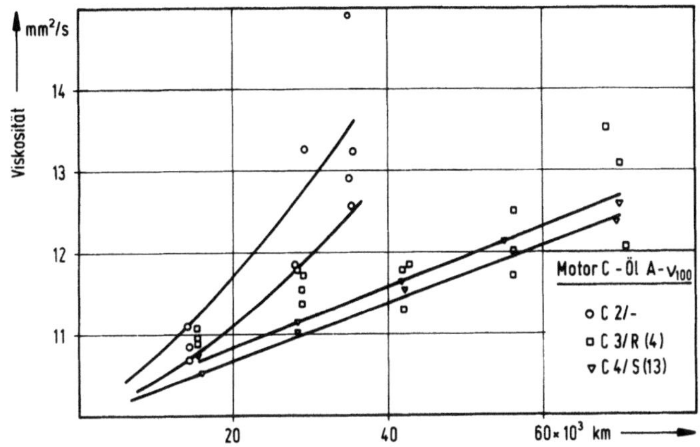

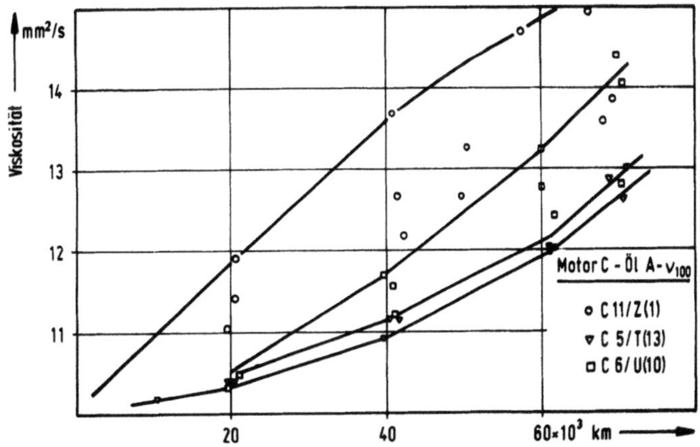

Bild 13/14: Einfluß der Filterung auf die Gebrauchtölviskosität (Motor C, Öl A)

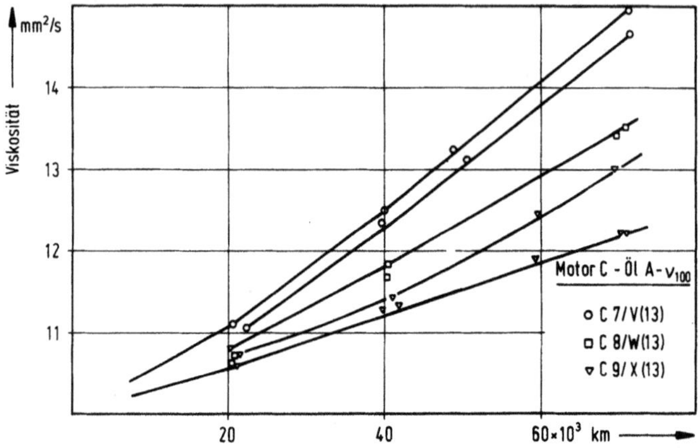

Bild 15: Einfluß der Filterung auf die Gebrauchtölviskosität (Motor C, Öl A)

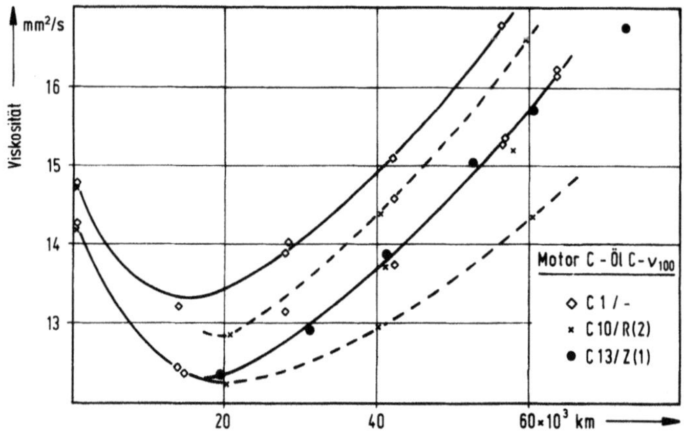

Bild 16: Einfluß der Filterung auf die Gebrauchtölviskosität (Motor C, Öl C)

Bei Mehrbereichsöl C wird der Viskositätsverlauf durch Filterung kaum beeinflußt. Während der ersten 20.000 km (1.000 h) ist eine leichte Viskositätsabnahme festzustellen (Scherung bzw. Abbau dispergierender VI-Verbesserer), im weiteren Verlauf steigt die Viskosität aufgrund wachsender Konzentration an ölunlöslichen Feststoffen, Verbrennungsrückständen und Oxidationsprodukten

progressiv an, Bild 16. Weder durch Filtration (Filter R) noch durch Zentrifugieren (Filter Z) kann der Viskositätsanstieg nennenswert verlangsamt werden.
Der prinzipielle Viskositätsverlauf bei Mehrbereichsölen läßt die Viskosität als Bemessungsgröße für die Gebrauchsfähigkeit problematisch erscheinen. Sowohl im Frischölzustand als auch gegen Ende der aufgrund anderer Kennwerte zu ermittelnden Gebrauchsfähigkeit liefern Viskositätsmessungen Zahlenwerte gleicher Größe. Damit ist die Viskosität als Gebrauchtölbewertungskriterium für Mehrbereichsöle der hier untersuchten Art ungeeignet.
Aussagefähiger als die Viskositätsmeßwerte ist die Darstellung der viskosimetrischen Veränderungen als Viskositätssteilheit über der Viskositätshöhe. Das Verfahren /12/ hat den Vorteil, daß jeder Ölzustand nur durch einen Punkt charakterisiert wird und daraus mehrere Rückschlüsse auf die Ursache der Ölveränderung gezogen werden können. Bild 17 zeigt beispielhaft, wie durch Feinstfilterung die viskositätserhöhende Wirkung ölunlöslicher Bestandteile gemindert werden kann. Bei Öl A sind ein wirksamer Ölfilter (Filter X) und ein uneffektiver Nebenstrom-Feinstfilter (Filter V bewirkt hauptsächlich Volumenvergrößerung) bei 70.000 km Ölwechselintervall der Ausführung mit Hauptstromfilter bei 35.000 km Ölwechselintervall gegenübergestellt. Die übrigen Feinstfilter bei Einsatz von Öl A decken den Bereich zwischen den Extremverläufen (Filter X, Filter V) ab. Wie aus den bereits bekannten Meßwerten zu erwarten, ist bei Öl C ein Einfluß der Filterung auf die viskosimetrischen Eigenschaften nicht gegeben (Verlauf über ca 60.000 km).

Insgesamt liefern die Viskositätswerte ein ähnliches Bild wie der Ölzustand. Progressive Verläufe der Ölkennwerte oder das Überschreiten von Grenzwerten führen zu einer Vorbeanspruchung im nächsten Ölwechselintervall. Dies ist beispielhaft in Bild 18 dargestellt. Während bei Filter X die Viskosität im II. Intervall im gleichen Streubereich wie im I. Ölwechselintervall verläuft, ist bei Filter W eine deutlich stärkere Viskositätszunahme zu beobachten. Daraus kann für folgende Ölwechselintervalle eine weitere Beanspruchungssteigerung erwartet werden.

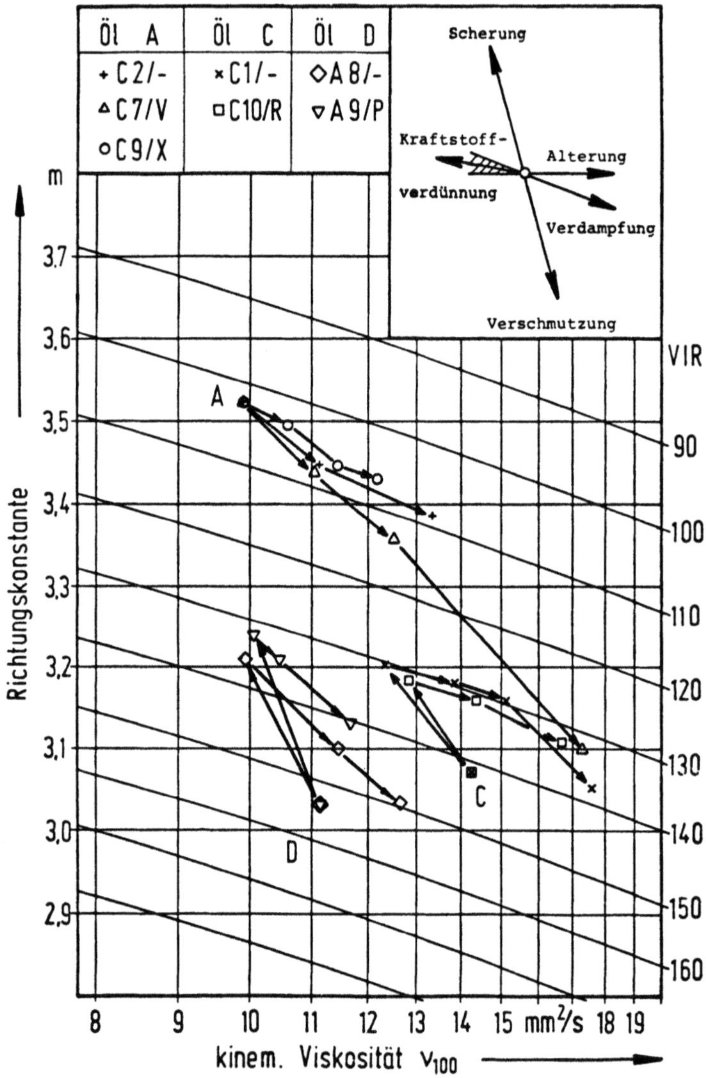

Bild 17: Typische viskosimetrische Ölveränderungen bei Langzeitölwechselintervallen (Motor C, Öle A, C und D)

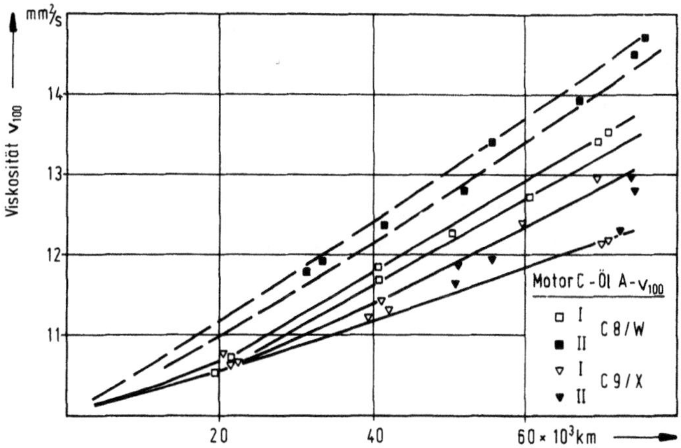

Bild 18: Viskositätsverhalten bei aufeinander folgenden Ölwechselintervallen verschiedener Filter (Motor C, Öl A)

Bei Vergleich der untersuchten Filterverfahren und den zugrundeliegenden Ölwechselintervallen kann folgende Bewertung getroffen werden:

Oberbeansprucht:	Hauptstromfilterung	(35.000 km)	(C2 /-)
	Filter V	(70.000 km)	(C7 /V)
	Zentrifuge Z	(70.000 km)	(C11/Z)
Grenzbeansprucht:	Filter R	(70.000 km)	(C3 /R)
	Filter T	"	(C5 /T)
	Filter U	"	(C6 /U)
	Filter W	"	(C8 /W)
Regelbeansprucht:	Filter S	(70.000 km)	(C4 /S)
	Filter X	"	(C9 /X)

Für die grenzbeanspruchten Filter (R, T, U, W) dürfte eine Reduzierung der Ölwechselintervalle auf die in Nahverkehrsbetrieben übliche jährliche Fahrstrecke von 50.000 bis max. 60.000 km eine zufriedenstellende Leistungsfähigkeit der Motor-Öl-Filter-Kombination bewirken.

4.1.2. Alkalische Eigenschaften

Die alkalische Reserve von Motorenölen kennzeichnet ihre Eigenschaft, die aus der Kraftstoffverbrennung und der Ölalterung entstehenden Säuren, Stickoxide und Schwefelverbindungen (insbesondere bei Dieselkraftstoff) zu neutralisieren und Kaltschlammbildung und korrosiven Motorverschleiß zu verhindern. Aufgrund dieses Versäuerungsprozesses nimmt die Gebrauchtölalkalität im Betrieb ab. Eine Auffrischung der Alkalität erfolgt durch Frischölzufuhr aufgrund des motorischen Ölverbrauchs.
Mechanische Filtersyteme können den Abbau der alkalischen Addition in der Regel nicht beeinflussen, daher muß bei Langzeitölwechselintervallen, insbesondere bei niedrigem motorischen Ölverbrauch, den alkalischen Eigenschaften besondere Aufmerksamkeit geschenkt werden. Als Maß für den Alkalitätsabbau dient die Gesamtbasenzahl (TBN, ermittelt durch Perchlorsäuretitration). Während der Gebrauchsdauer sollten 30 % Frischölalkalität bzw. 3 bis 4 mgKOH/g Öl nicht unterschritten werden. Bei Motortyp C ist wegen des niedrigen Ölverbrauchs mit einer vergleichsweise stärker abnehmenden Alkalitätsreserve zu rechnen. Dabei ist das höher alkalische Öl weniger kritisch als das niedriger legierte Öl A (B). Bild 19 zeigt die Restalkalitäten in Abhängigkeit vom Filterverfahren nach 70.000 km Ölwechselintervall. Zum Vergleich ist die Ausführung mit Hauptstromfilter C2/- bei 35.000 km mit eingetragen. Eine Abhängigkeit der alkalischen Eigenschaften des Gebrauchtöls vom Filterverfahren kann nicht festgestellt werden.

Den ausgeprägten Einfluß des motorischen Ölverbrauchs auf den Abbau der alkalischen Reserve verdeutlicht Bild 20. Öl A liegt wegen seiner geringeren Frischölalkalität auf einem niedrigeren Niveau als Öl C. Bei beiden Ölen ist bei normalem Ölverbrauch von $\geqq$ 1 ö/1.000 km keine Einschränkung der Gebrauchsfähigkeit wegen fehlender alkalischer Reserve gegeben. Ölverbräuche von 0,5 bis 0,8 l/1.000 km liegen bei Langzeitölwechselintervallen im Grenzbereich und mit Ölverbräuchen von weniger als 0,5 l/1.000 km können Ölwechselintervalle von 70.000 km unter den vorliegenden Betriebsbedingungen nicht ohne Risiko durch korrosiven Verschleiß (Gleitlager) gefahren werden. Die geplante Reduzierung des Schwefelgehaltes von Dieselkraftstoffen von 0,3 g/l auf 0,15 g/l dürfte eine Verminderung der Säurebeanspruchung durch Verbrennungsrückstände bewirken.

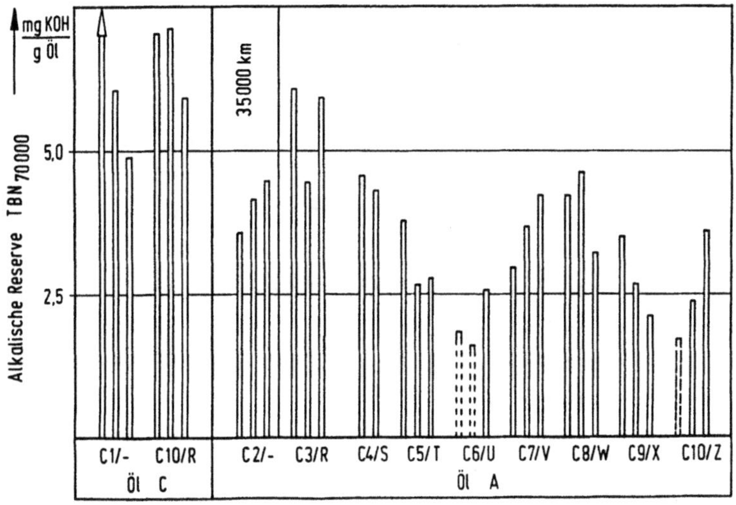

Bild 19: Restalkalität in Abhängigkeit vom Filterverfahren
(Motor C, Öle A und C, $s_{Öl}$ = 70.000 km)

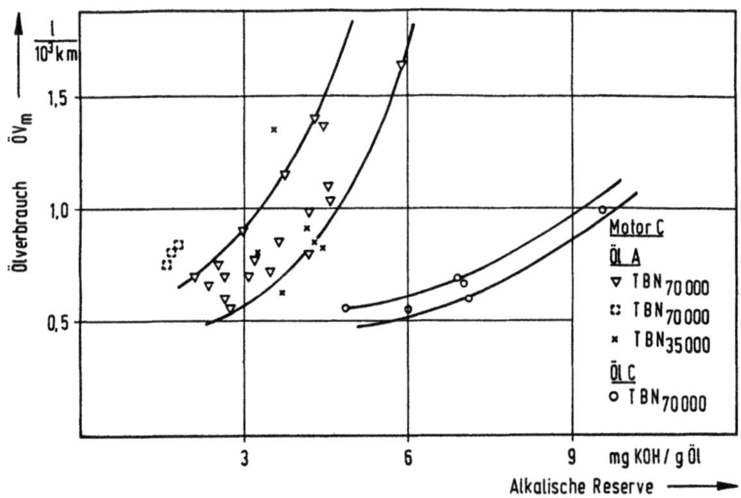

Bild 20: Restalkalität in Abhängigkeit vom motorischen Ölverbrauch
(Motor C, Öle A und C)

4.1.3. Feststoffbelastung bzw. Ölverschmutzung

Eine wesentliche Aufgabe der Motorölfiltration ist die Abtrennung ölunlöslicher Verunreinigungen wie Verbrennungsruß, Oxidationsprodukte, Verschleißpartikel, Staub, Korrosionspartikel und eventuell flüssige Verunreinigungen wie Wasser, Glykol und Kraftstoff. Die Konzentration dieser Verunreinigungen soll während der gewünschten Schmierstoffeinsatzdauer auf ein möglichst niedriges Niveau begrenzt werden, die Partikelgrößenverteilung soll in Richtung kleinster Partikel verschoben werden. Die Filterung verfolgt damit drei Ziele:

- Verhinderung von Abrasivverschleiß durch Begrenzung der maximalen Partikelgröße;
- Verhinderung von Ablagerungsbildung durch Begrenzung der Partikelkonzentration;
  Verlangsamung der Schmierstoffalterung (s.a. Bild 17) und Erhöhung der Schmierstoffgebrauchsdauer.

Zur Ermittlung der Feststoffkonzentration werden summarische Meßverfahren (Feststoffgehalt, Verkokungsrückstand, Aschegehalt), zur Bestimmung der Partikelgrößenverteilung und der maximalen Partikelgröße differenzierende Meßverfahren (Partikelhäufigkeit, massenmäßige Feststoffverteilung) eingesetzt. Eingeschränkt geben auch Ölgrobprüfverfahren Hinweise auf den Feststoffgehalt des Gebrauchtöls. Zulässige Grenzwerte für die Gebrauchsfähigkeit des Schmierstoffs sind von Meßverfahren und der Frischölqualität abhängig. Ausschlaggebendes Bewertungskriterium ist der Motor: Es dürfen weder übermäßige Ablagerungsbildungen noch unzulässig hoher Bauteilverschleiß auftreten.

4.1.3.1. Summarische Methoden

Wegen der in Abschnitt 3.2.3. aufgezeigten systembedingten Probleme bei der Feststoffgehaltsbestimmung mittels Membranfiltration soll zuerst der Verlauf der summarischen Motorölverschmutzung dargestellt werden.
Die Leistungsunterschiede verschiedener Filtermedien zeigen die Bilder 21 bis 23. Bei dem für diese Motortyp/Motorenöl-Kombination bestehenden Grenzwert von ≅ 3 Gew% CCR für beginnende Ablagerungsbildung sind die Ölwechselintervalle bei Hauptstromfilterung auf ca 30.000 km begrenzt und mit Nebenstrom-Feinstfilterung auf über 50.000 km (C4, C5, C6) bzw. bis über

70.000 km (C9) gesteigert werden. Ungeeignet ist die Filtertype V, hier wird eine reduzierte Schmierstoffbeanspruchung im wesentlichen durch Vergrößerung des Ölumlaufvolumens erzielt. Bei den Filtertypen R und W ist die Reduktion des Feststoffgehalts geringer als bei den übrigen Filtersystemen.
Im Gegensatz zu dem bei Feinstfiltern linearen oder progressiven Anstieg der Schmierstoffbeanspruchung verläuft die Motorenölverschmutzung bei Einsatz von Zentrifugen (C11) degressiv, da der Wirkungsgrad von Zentrifugen mit wachsender Partikelkonzentration und zunehmendem spezifischen Gewicht der Feststoffpartikel ansteigt. Feinstverschmutzungen - bei ausreichender Dispergierfähig-

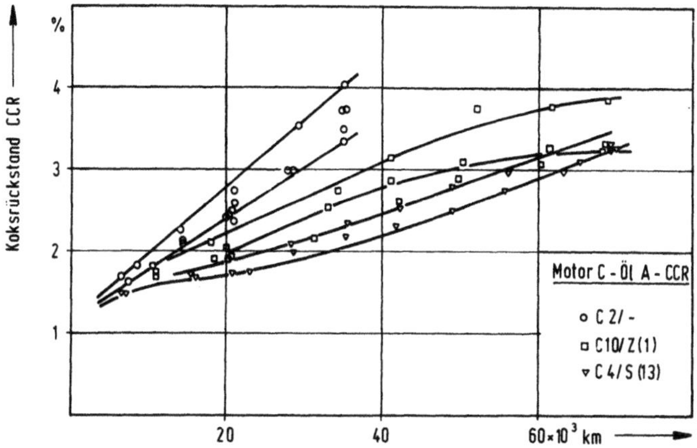

Bild 21: Einfluß der Filterung auf den Verkokungsrückstand (Motor C, Öl A)

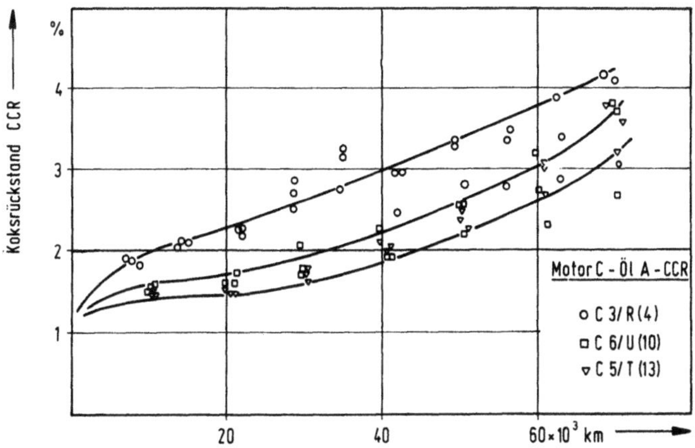

Bild 22: Einfluß der Filterung auf den Verkokungsrückstand (Motor C, Öl A)

keit der Ölfüllung in der Anfangsphase - können dagegen nur in unzureichender Menge abgeschieden werden. Es bildet sich daher im Verlauf des Ölwechselintervalls ein nahezu konstantes, mittelhohes Verschmutzungsniveau aus. Durch Verwendung von Öl C ist bei diesem Motortyp durch Feinstfilterung keine meßbare Beeinflussung der Motorenölverschmutzung zu erzielen. Wegen der höheren Dispergierfähigkeit dieses Motorenöls ist eine Ausfilterung in nennenswerter Menge nicht möglich. Eine gewisse Reduzierung des Feststoffgehalts ist durch Zentrifugieren (C13) erzielbar, Bild 24.

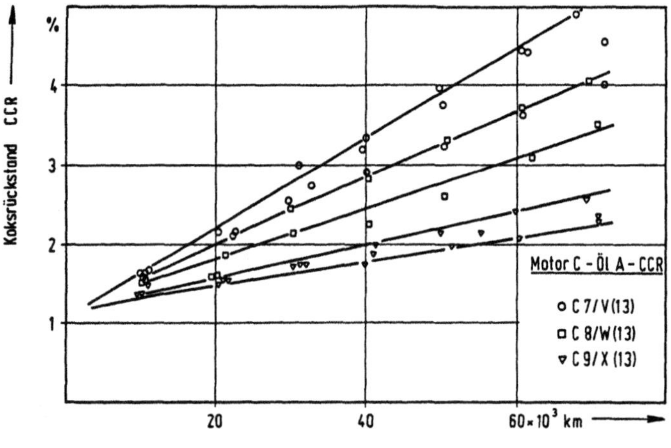

Bild 23: Einfluß der Filterung auf den Verkokungsrückstand (Motor C, Öl A)

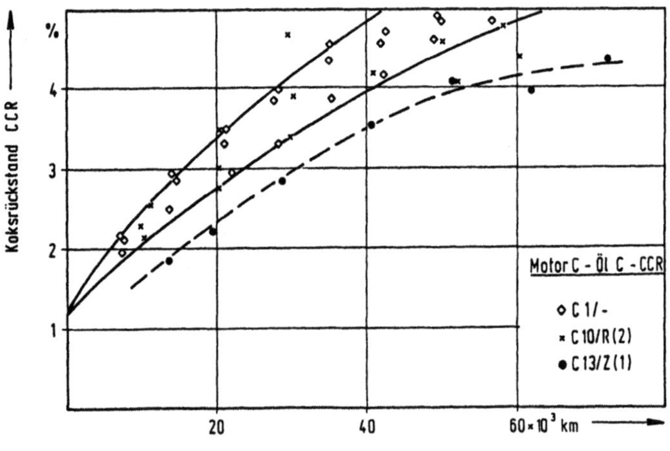

Bild 24: Einfluß der Filterung auf den Verkokungsrückstand (Motor C, Öl C)

Ein weiteres summarisches Meßverfahren zur Bestimmung der Motorenölverschmutzung ist die Ermittlung des Feststoffgehaltes mittels Membranfiltration. Höhere Feststoffgehalte bzw. kleine Probenvolumina können streuende Ergebnisse verursachen. Der gemessene Feststoffgehalt ist wegen unterschiedlichen Dispergierverhaltens von Frischölen auch von der eingesetzten Motorenölsorte abhängig, zahlenmäßig sind daher Ergebnisse nur innerhalb gleichartiger Öltypen vergleichbar.
Bild 25 zeigt die Motorenölverschmutzung für die Öle A und C nach 70.000 km Fahrstrecke. Zum Vergleich ist die Feststoffkonzentration der Motoren mit Hauptstromfilterung (C2/-) bei 35.000 km eingetragen. Verfahrensbedingt streuen die Meßwerte, auch wenn - wie bei den vorliegenden Versuchsmotoren - die Ölverbräuche nur geringfügig differieren (durchschnittlicher Ölverbrauch ca 0,8 l/1.000 km). Die Mittelwerte der jeweils drei Versuchsmotoren liefern aber eine gute Korrelation zu den bisher vorgestellten Ölbewertungsverfahren. Außergewöhnlich hohe Feststoffgehalte treten bei Öl C auf. Feststoffkonzentrationen von mehr als 5 Gew% bei 70.000 km Fahrstrecke stellen eine Schmierstoffüberbeanspruchung dar und lassen Ablagerungsbildungen an den Motorbauteilen erwarten. Die wiederum günstigsten Werte liefern die Filter S und X; bei Zentrifugen kann der Feststoffgehalt mit wachsender Beanspruchungsdauer wieder abnehmen.

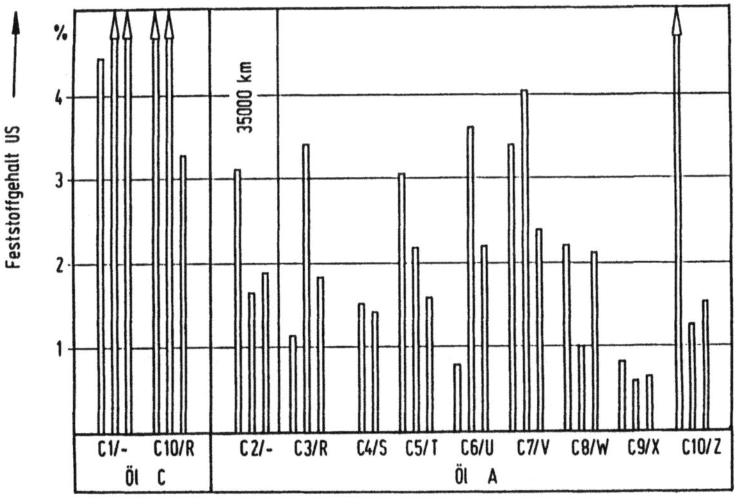

Bild 25: Feststoffkonzentration nach ca 70.000 km Fahrstrecke in Abhängigkeit vom Filterverfahren (Motor C, Öle C und A)

4.1.3.2. Differenzierende Methoden

Die summarische Bestimmung des Feststoffgehaltes im Gebrauchtöl liefert keine Aussage über die Häufigkeitsverteilung der Feststoffpartikel, zudem ist wegen fehlender Trennschärfe von Membranfiltern eine exakte Trennung bezogen auf eine bestimmte Partikelgröße schwierig. Daher sind für die Beurteilung der Leistungseigenschaften von Nebenstrom-Feinstfiltern Verfahren erforderlich, die es ermöglichen, die quantitative und qualitative Verteilung der im Motoröl verbleibenden Feststoffe zu bestimmen. Da hierfür keine geeigneten genormten Prüfmethoden vorliegen, wurden zwei Analyseverfahren entwickelt bzw. an die zu untersuchenden Gebrauchtöle angepaßt. Das eine Verfahren bewertet die massenmäßige Partikelgrößenverteilung im Gebrauchtöl, das andere Verfahren beruht auf der Partikelzählung in abgestuften Partikelgrößenbereichen.

4.1.3.2.1. Differenzierende Kernporenfiltration

Eine hinreichend exakte Aufgliederung der Gebrauchtölfeststoffe liefert die Mehrfachfiltration mittels Kernporenfiltern.*) Wegen der vergleichsweise kleinen Analysemengen (Membranfiltration $m_E \cong 0{,}6\text{-}0{,}8$ g; Kernporenfiltration $m_E \cong 0{,}2\text{-}0{,}35$ g) ist eine entsprechende Sorgfalt bei der Probenentnahme und -aufbereitung erforderlich.
Die Darstellung von Feststoffhöhe und Partikelgrößenverteilung über der Schmierstoffbeanspruchungsdauer ergibt ein "Verschmutzungsgebirge". Das Volumen des "Gebirges" ist ein Maß für die Schmierstoffalterung. Der Einfluß unterschiedlicher Filterverfahren bzw. -medien auf den zeitlichen Verlauf der Feststoffverteilung im Gebrauchtöl ist am Beispiel des Motors C ausführlich in den Bildern 26 bis 35 dargestellt.

Bei der Untersuchung verschiedener Filtermedien bezüglich ihrer Auswirkungen auf die zeitlichen Öleigenschaften ergeben sich bestimmte Grenzwerte bzgl. der Feststoffverteilung für die ungünstigste und die wirksamste Filterkombination. Bei Einbeziehung von Fahrzeugen mit reiner Hauptstromfilterung, d.h. ohne Vergrößerung des Schmierstoffumlaufvolumens auf die Größe der Fahrzeuge mit Nebenstrom-Feinstfilter, muß sich die Ausführung mit Hauptstromfilter zwangsläufig den unteren Grenzwert markieren, da auch bei unwirksamer Nebenstrom-Feinstfilterung allein durch den vergrößerten Schmierstoffkreislauf eine ge-

*) Nuclepore Corporation, 7035 Commerce Cir., Pleasanton, CA 94556

wisse Reduzierung der Ölbeanspruchung erzielt wird.
Die zeitliche Schmierstoffbelastung mit Feststoffen von Motor C, Öl A bei Hauptstromfilterung (Gruppe C2) zeigt Bild 26. Der Verlauf der ölunlöslichen Feststoffe bei diesen Motoren ist gekennzeichnet durch die frühe Zunahme von Verschmutzungen im Bereich ≦ 1 µm und das erhebliche Anwachsen von Partikeln ≥ 0,6 µm ab ca 20.000 km Fahrstrecke $t_{Öl}$ (≅ 1.000 h).

Als Gegensatz zu den Fahrzeugen mit Hauptstromfilterung ist in Bild 27 die Verschmutzung im Gebrauchtöl bei Einsatz einer hochwirksamen Nebenstrom-Feinstfilterung (Gruppe C9) dargestellt. Im Unterschied zu den Fahrzeugen mit Hauptstromfilterung ist das Fehlen oder der nur relativ geringe Anteil von Partikeln ≧ 0,6 µm auffällig. Der durchschnittliche Ölverbrauch der Motoren ist den o.a. Fahrzeugen mit Hauptstromfilterung vergleichbar.

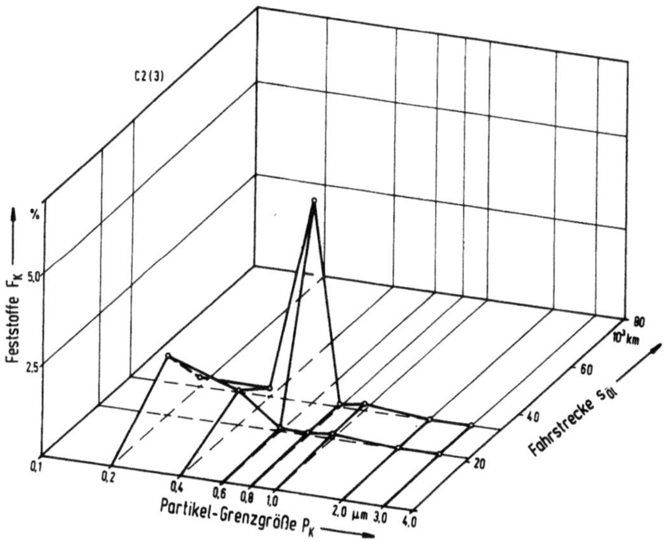

Bild 26: Partikelgrößenverteilung bei Haupstromfilterung (Motor C, Öl A, Filter -)

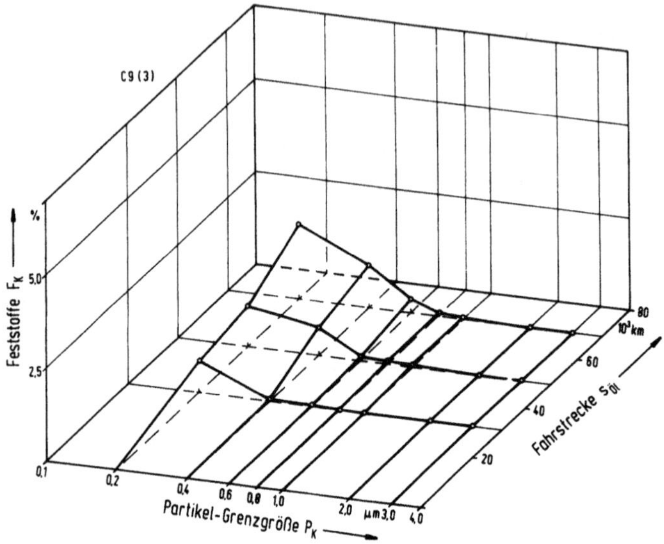

Bild 27: Partikelgrößenverteilung bei Nebenstrom-Feinstfilterung, C9 (Motor C, Öl A, Filter X)

Gegenüber den Motoren mit Hauptstromfilter (C2/-) und den Motoren mit wirksamer Nebenstrom-Feinstfilterung (C9/X) mindern die übrigen Filtertypen die Feststoffkonzentration der Gebrauchtöle - je nach Leistungsfähigkeit des Filtermediums - innerhalb der aufgezeigten Grenzbereiche. Für die Filter R, S, T, U, V und W ist je ein repräsentativer Verlauf dargestellt, Bilder 28 bis 33.

Geringe Feststoffgehalte im Gebrauchtöl bewirken die Filter S, T und U. Die Type V hat als Filter keinen Einfluß auf die Gebrauchtölverschmutzung; bis auf die Volumenvergrößerung ist keine Verbesserung gegenüber Hauptstromfilterung festzustellen. Die Filter R und W weisen eine mittlere Leistungsfähigkeit bezüglich des Feststoffabscheidevermögens auf. Bei Filter U scheint die Aufnahmekapazität vor Erreichen des geplanten Ölwechselintervalls erschöpft zu sein. Bei sehr geringen Feststoffgehalten während der ersten 50.000 km steigt der Verschmutzungsgehalt im weiteren Verlauf deutlich an.

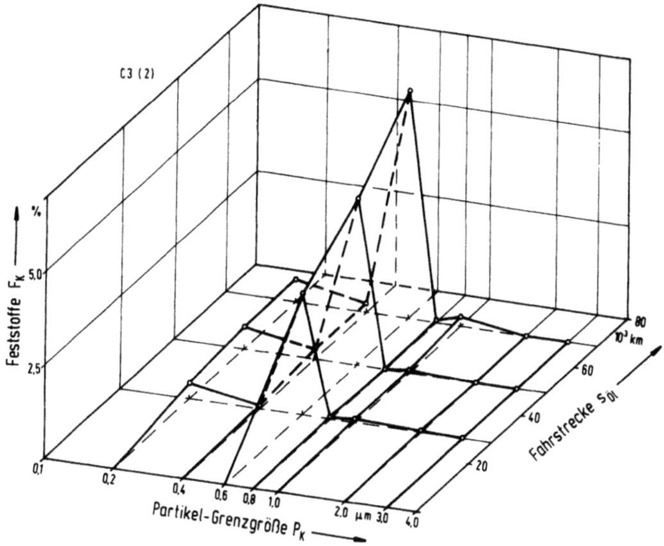

Bild 28: Partikelgrößenverteilung bei Nebenstrom-Feinstfilterung
(Motor C, Öl A, Filter R)

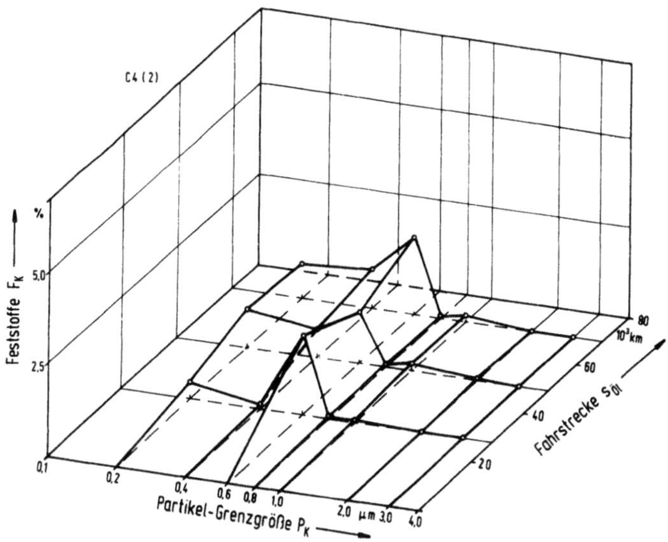

Bild 29: Partikelgrößenverteilung bei Nebenstrom-Feinstfilterung
(Motor C, Öl A, Filter S)

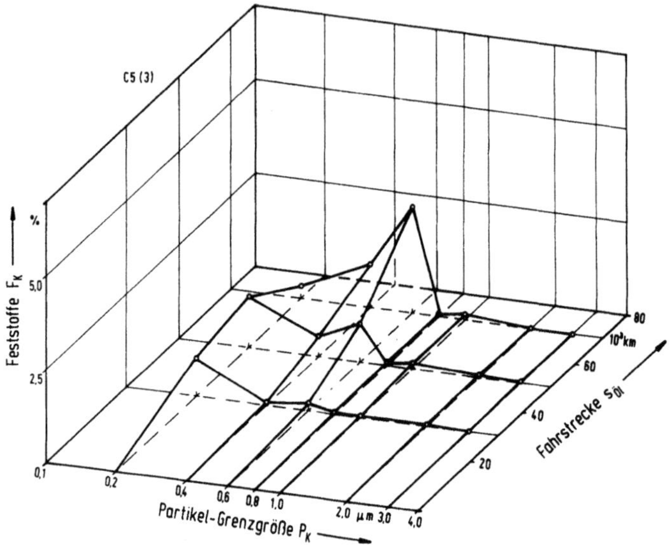

Bild 30: Partikelgrößenverteilung bei Nebenstrom-Feinstfilterung (Motor C, Öl A, Filter T)

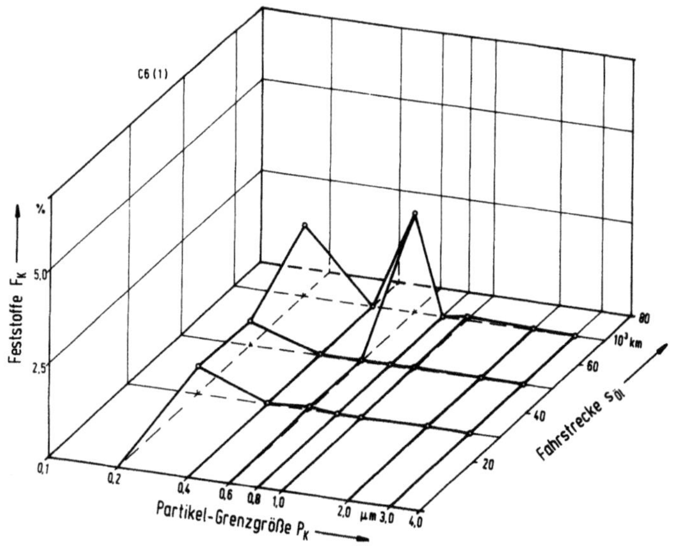

Bild 31: Partikelgrößenverteilung bei Nebenstrom-Feinstfilterung (Motor C, Öl A, Filter U)

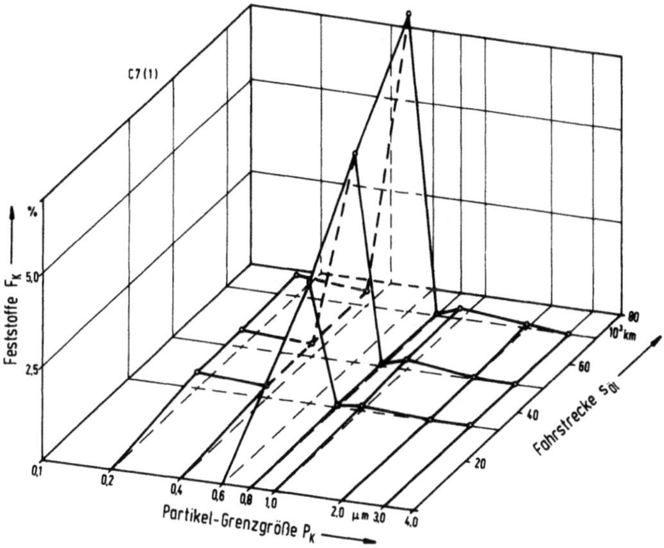

Bild 32: Partikelgrößenverteilung bei Nebenstrom-Feinstfilterung (Motor C, Öl A, Filter V)

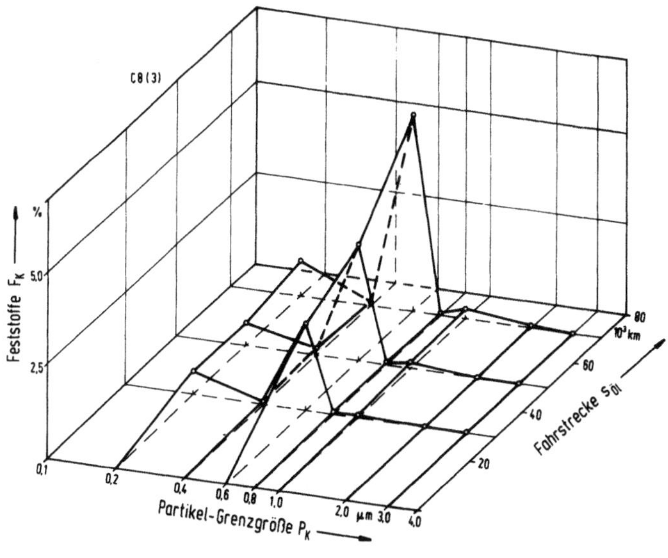

Bild 33: Partikelgrößenverteilung bei Nebenstrom-Feinstfilterung (Motor C, Öl A, Filter W)

Neben der Filterung hat auch das Motorenöl einen Einfluß auf die Partikelgrößenverteilung im Gebrauchtöl. Während bei Öl A eine Beeinflussung der Feststoffkonzentration durch Filterung erzielbar ist, wird bei dem gleichen Motortyp bei Einsatz von Öl C keine Verbesserung des Ölzustandes durch Filterung bewirkt. Sowohl in der Ausführung mit Hauptstromfilter, Bild 34, als auch bei den Motoren mit Feinstfilter R, Bild 35, treten außergewöhnlich hohe Feststoffgehalte ≦ 2 µm auf. Schon zu Beginn des Ölwechselintervalls sind die Feststoffgehalte im Bereich ≦ 1 µm erheblich, insbesondere die Partikel ≧ 0,6 µm kennzeichnen die Darstellung. Die weitere Verschmutzungszunahme führt zu Ablagerungsbildungen im Motor. Damit sind die geplanten Langzeitölwechselintervalle (70.000 km) bei Einsatz von Öl C nicht erzielbar. Wegen des erhöhten Schadensrisikos für die Motoren wurden die Versuche mit Öl C (Gruppen C1 und C10) bei ca 60.000 km abgebrochen.

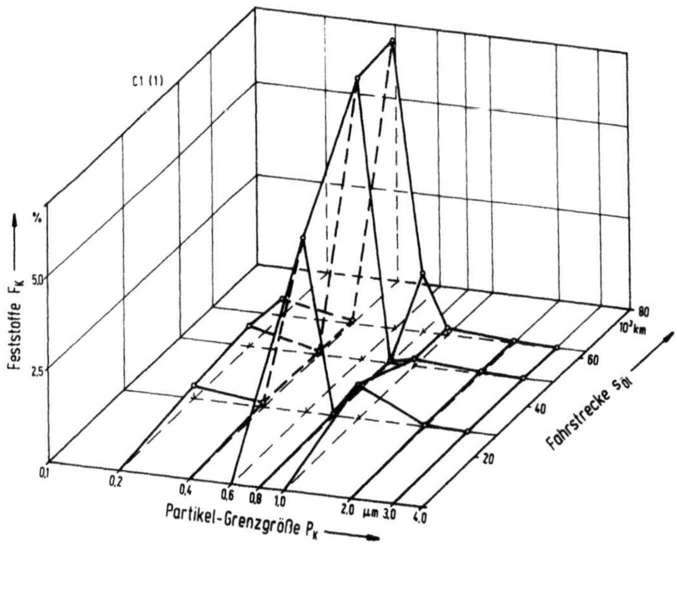

Bild 34: Partikelgrößenverteilung bei Hauptstromfilterung
(Motor C, Öl C, Filter -)

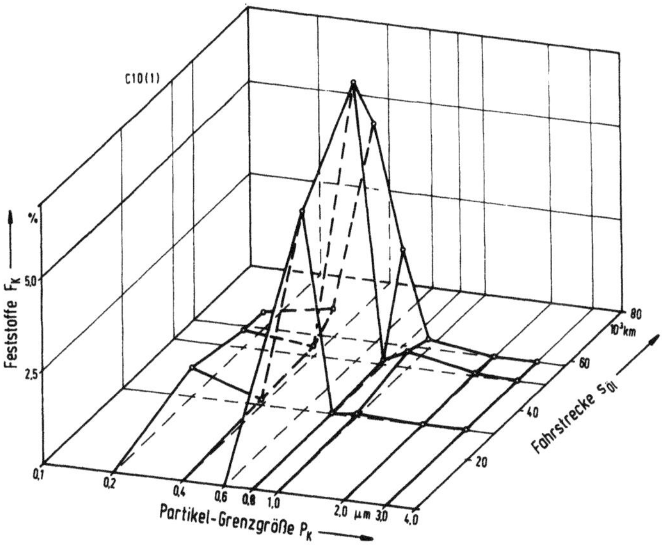

Bild 35: Partikelgrößenverteilung bei Nebenstrom-Feinstfilterung
(Motor C, Öl C, Filter R)

4.1.3.2.2. Optische Partikelzählung

Als Alternative zur Kernporenfiltration kann als weiteres differenzierendes Meßverfahren die optische Partikelzählung zur Bestimmung der Partikelkonzentration und -verteilung in gebrauchten Motorenölen eingesetzt werden /25/. Im Gegensatz zum Filtrationsverfahren wird dabei nicht die massenmäßige, sondern die zahlenmäßige Verteilung der ölunlöslichen Feststoffe ermittelt. Damit ist eine direkte Vergleichbarkeit der Ergebnisse beider Untersuchungsverfahren nicht gegeben, da kleine Partikel aufgrund geringer Masse relativ große Partikelzahlen pro Volumeneinheit und große Partikel bei geringer Häufigkeit massenmäßig große Rückstandswerte ergeben.

Aufgrund des in Richtung kleiner Partikelgrößen eingeschränkten Meßbereiches - mit dem hier eingesetzten Partikelsensor können nur Feststoffe von nominell 1 µm und größer erfaßt werden - kann allerdings keine Aussage über die Anteile der Feststoffe im Bereich kleiner 1 µm getroffen werden. Es ist jedoch anzunehmen, daß unter vergleichbaren Bedingungen (Motor, Öl, Betriebsbedingungen) bei einer hohen Feststoffkonzentration von Partikeln P ≧ 1 µm auch eine höhere Partikelkonzentration im Bereich P < 1 µm vorhanden ist.

Die Bilder 36 und 37 zeigen die zahlenmäßigen Partikelgrößenverteilungen für die Nebenstrom-Feinstfilter S, U, V und X bei Motoröl A während eines Langzeitölwechselintervalls von 70.000 km in den Stufen 30.000, 50.000 und 70.000 km. Zum Vergleich ist jeweils die Partikelverteilung bei Hauptstromfilterung nach 35.000 km mit aufgeführt (gestrichelt dargestellter Kurvenverlauf). Entsprechend dem Verlauf bei der Kernporenfiltration sind bei Filter S (vgl. Bild 29) die Partikelzahlen im Bereich < 2 µm geringer als bei Hauptstromfilterung (vgl. Bild 26). Bei den größeren Partikeln (> 2 µm) ist eine Unterscheidung wegen der absolut geringen Häufigkeiten nicht möglich. Bei Filter U ist bis 50.000 km Fahrstrecke die Partikelkonzentration deutlich geringer als bei Hauptstromfilterung. Im weiteren Verlauf zwischen

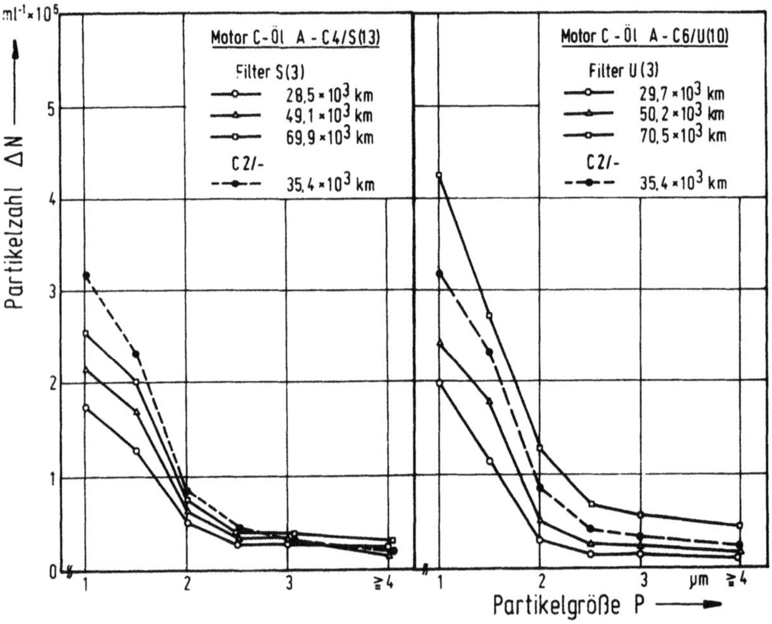

Bild 36: Partikelzahlen im Gebrauchtöl in Abhängigkeit von der Schmierstoffbeanspruchungsdauer bei Filter S und U
(Motor C, Öl A)

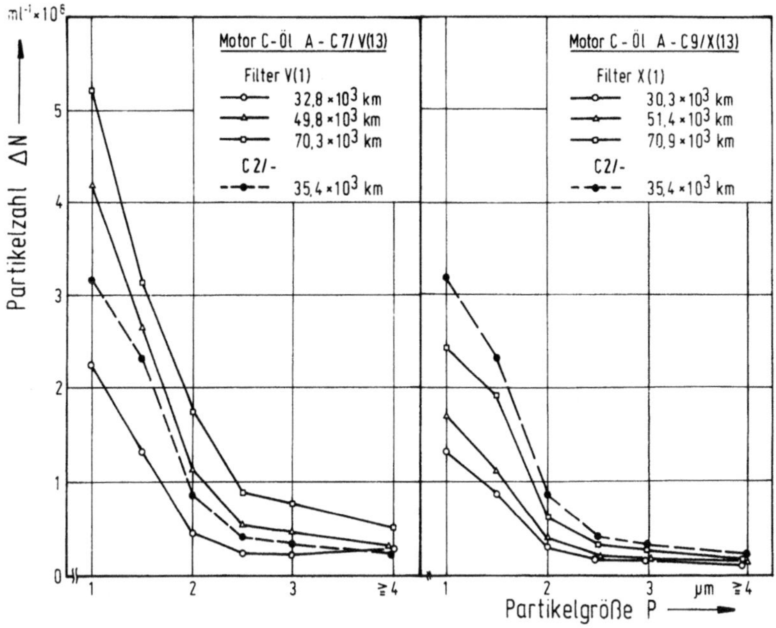

Bild 37: Partikelzahlen im Gebrauchtöl in Abhängigkeit von der Schmierstoffbeanspruchungsdauer bei Filter V und X (Motor C, Öl A)

50.000 km und 70.000 km übersteigen die Partikelzahlen die der Hauptstromfilterausführung. Ein Vergleich des Ergebnisses mit dem der Kernporenfiltration (Bild 31) zeigt auch dabei progressives Anwachsen der Verschmutzung. Wie bereits durch die bisher diskutierten Ölanalyse-Ergebnisse gezeigt wurde, muß bei Filter U auf eine Erschöpfung der Filterabscheidefähigkeit im Bereich zwischen 50.000 und 70.000 km geschlossen werden.

Den Vergleich eines unwirksamen Filters mit einem Nebenstrom-Feinstfilter hoher Abscheidefähigkeit zeigt Bild 37. Bei Filter V ist praktisch keine Auswirkung der Filterung auf die Partikelgrößenverteilung festzustellen, während bei Filter X auch im Langzeitölwechsel bei 70.000 km eine geringere Partikelbelastung im gesamten Meßbereich auftritt als bei Hauptstromfilterung nach 35.000 km. Die entsprechenden Vergleichsdiagramme der Kernporenfiltration (Bild 32 und 27) liefern die gleiche Aussage.

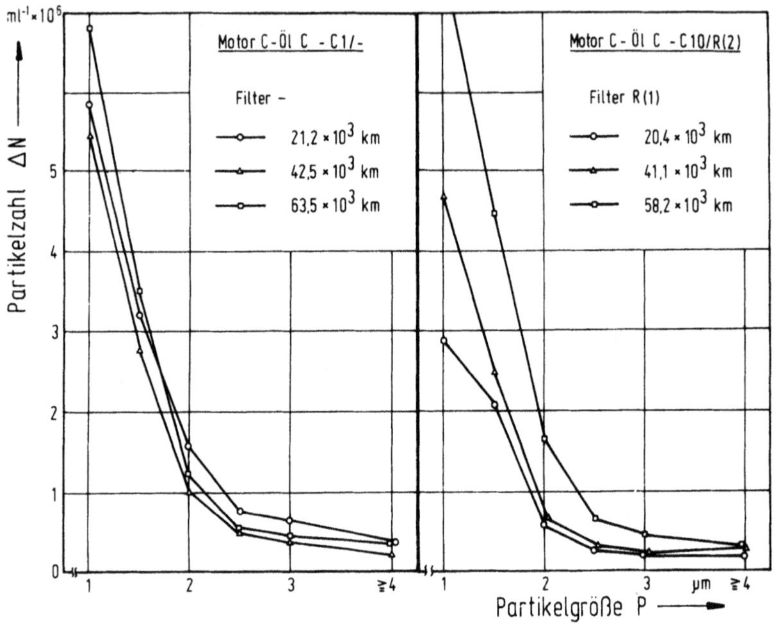

Bild 38: Partikelzahlen im Gebrauchtöl in Abhängigkeit von der Schmierstoffbeanspruchungsdauer bei Haupt- und Nebenstromfilterung (Motor C, Öl C)

Bei Einsatz von Öl C werden - wie schon bei den anderen Verfahren zur Bestimmung des Feststoffgehaltes festgestellt - generell größere Partikelzahlen gemessen als bei Einsatz von Öl A in der gleichen Motortype. Durch Feinstfilterung (Filter R) kann die Partikelgrößenverteilung nicht nennenswert beeinflußt werden, Bild 38. Eine geringe Reduktion der Feststoffe ist im Bereich 2 μm ≦ P ≦ 3 μm zu beobachten. Dies entspricht dem Ergebnis der Kernporenfiltration (vgl. Bild 34 und 35) im Bereich P ≧ 1 μm. In jedem Fall sind die Partikelzahlen im Bereich der Feinstfeststoffe (P < 2 μm erheblich höher als bei Einsatz von Öl A.

Zusammenfassend zeigt Bild 39 einen vergleichenden Überblick der im Gebrauchtöl gemessenen Partikelzahlen aller bei Motor C mit Öl A eingesetzten Filterverfahren. Kriterien für eine gute Filterwirksamkeit sind geringe Partikel-

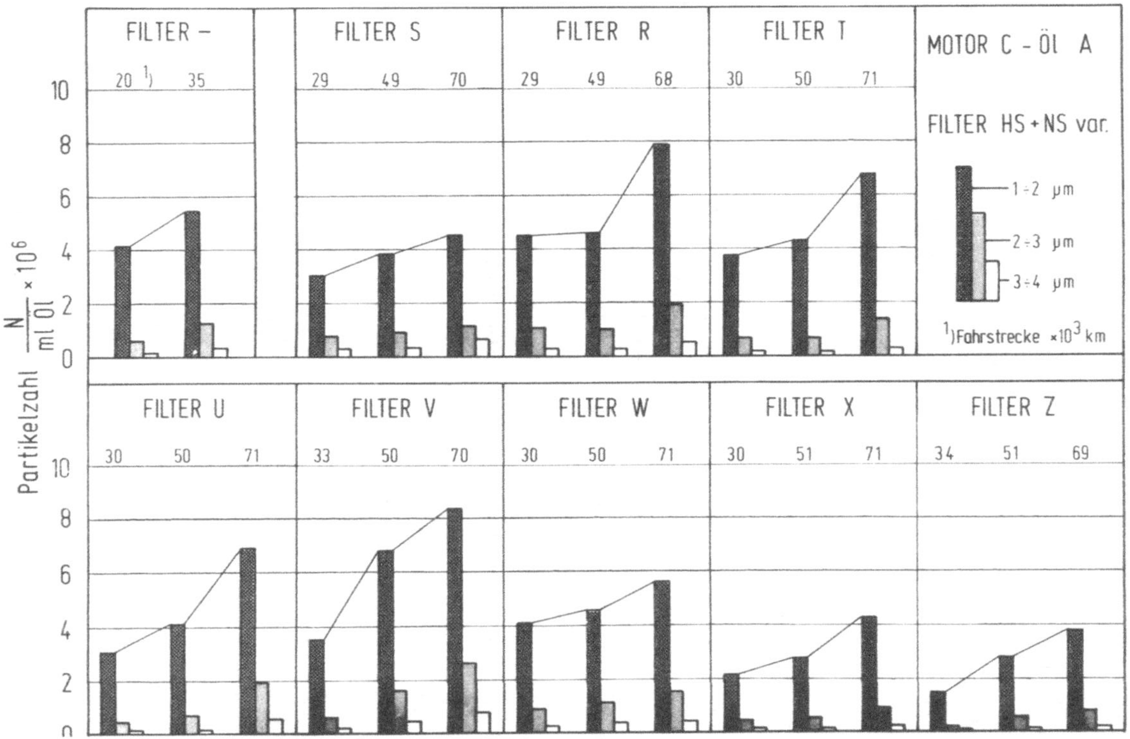

Bild 39: Vergleichende Darstellung der zahlenmäßigen Partikelbelastungen im Gebrauchtöl in Abhängigkeit von der Beanspruchungsdauer bei einsatzunterschiedlichen Nebenstrom-Feinstfiltern (Motor C, Öl A)

konzentrationen im gesamten Meßbereich, insbesondere im Bereich zwischen 1 und 2 µm, sowie das Ausbleiben progressiver Verschmutzungszunahme während des Ölwechselintervalls. Neben den hier als leistungsfähig erkannten Filtern S und X liefert auch die Zentrifugenausführung (Filter Z) niedrigere Partikelwerte im gesamten Meßbereich. Wie durch die Kernporenfiltration nachgewiesen, liegt bei der gravimetrischen Abscheidung der Hauptteil der im Gebrauchtöl verbleibenden Feststoffe zwischen 0,2 und 0,6 µm, während größere Partikel aufgrund ihres spezifischen Gewichts gut abgeschieden werden. Da das optische Zählverfahren nur Partikel mit P ≧ 1 µm diskret erfaßt, sind in diesem Fall die ermittelten Meßwerte nicht geeignet, Aussagen über den Zustand des Gebrauchtöls zu treffen.

4.1.4. Sonstige Ölveränderungen

Bei der Ölalterung ist neben der bereits angesprochenen Zunahme an Verbrennungsrückständen und der Öloxidation und Versäuerung die Anreicherung des Gebrauchtöls mit flüssigen Verunreinigungen, metallischem Abrieb sowie der Abbau von Additivkomponenten von Bedeutung. Flüssige Verunreinigungen in Gebrauchtölen sind Kraftstoff und Wasser, wobei hier zwischen Wasser aus der Verbrennung und Wasser aus dem Kühlkreislauf unterschieden werden soll. Wasserrückstände aus dem Verbrennungsprozeß bleiben auch bei Langzeitölwechselintervallen innerhalb tolerierbarer Grenzen (bei den Versuchen wurde in keinem Fall 0,1 Gew% erreicht); Kühlwasserdurchbrüche führen in jedem Fall kurzfristig zu Kaltschlammbildung (Motoröl-Glykol-Reaktion) und Gleitlagerverschleiß.
Bei kühlwasserseitig empfindlichen Motoren ist die Wasserspeicherfähigkeit bestimmter Nebenstromfilter -z.B. bei Papierwickelfiltern - von Vorteil, da einerseits das Quellen des Filterelements als Indikator in der Wartung nützlich ist, andererseits der Wasserentzug eine Verzögerung bei der Entstehung von Folgeschäden bewirkt (Gleitlagerschäden). Geeignete Filter können notfalls sogar kurzfristig bewußt als Wasserspeicher eingesetzt werden.

Bei den metallischen Ölbestandteilen muß zwischen Abrieb und metallhaltigen Additiven unterschieden werden. Bei gleichmäßigen Motorbetriebsbedingungen wird mit zunehmender Ölverweildauer eine stetig wachsende Konzentration von Abriebmetallen im Gebrauchtöl gefunden. Dabei weisen verschiedene Motortypen unterschiedliche Verschleißintensitäten auf. Eine Vergrößerung des Ölumlaufvolumens mindert die Konzentration der Abriebmetalle, unregelmäßige Ölnachfüllungen oder Betriebsstörungen verursachen Konzentrationsschwankungen. Daher ist bei der Bewertung des motorischen Verschleißverhaltens neben dem Ölverbrauch auch das bei Zusatzfilterung vergrößerte Ölumlaufvolumen zu berücksichtigen. In solchen Fällen ist es zweckmäßig, die bezogene Verschleißrate (Konzentration) auf den Gesamtabrieb der Ölfüllung umzurechnen. In Abhängigkeit vom Filterverfahren kann die im Gebrauchtöl gemessene Verschleißpartikelmasse reduziert werden. Dies läßt allerdings nicht den Rückschluß zu, daß bei bestimmten Filterverfahren auch weniger Verschleißpartikel entstehen, da keine Möglichkeit besteht, in großvolumigen Nebenstrom-Feinstfiltern die Masse der ausgefilterten Verschleißpartikel quantitativ zu bestimmen. Damit ist ein Rückschluß auf das motorische Verschleißverhalten anhand der im Gebrauchtöl bestimmten Verschleißpartikel nur bei gleichartigen Filterausstattungen möglich.

Selbst bei erheblichen Funktionsstörungen - in diesem Fall durch Luftfilterdefekt und resultierenden Abrasivverschleiß - ist eine außergewöhnliche Verschleißpartikelzunahme im Gebrauchtöl nicht als sicherer Indikator vorhanden, Bild 40. Der stark geschädigte Motor zeigt je nach Lage der Meßpunkte keine außergewöhnlich hohe Abriebkonzentration - die Abriebkonzentrationen von Fahrzeugen mit Hauptstromfilterausführung liegen deutlich höher - und die gemessenen Verschleißpartikelgehalte stehen in keinem Verhältnis zum tatsächlich aufgetretenen Verschleiß. Damit ist die Bestimmung der Abriebgehalte im Gebrauchtöl speziell bei Einsatz unterschiedlicher Filterverfahren zur Ermittlung des Verschleißverhaltens von Motoren weniger geeignet /27/.

Auch die Verschleißraten bei Hauptstromfilterung und Einsatz unterschiedlicher Öle (Öl A $\leftrightarrow$ Öl C) müssen umgerechnet werden, da die Motoren mit Öl C einen geringeren Ölverbrauch aufweisen (A $\cong$ 0,9 l/1.000 km $\leftrightarrow$ C $\cong$ 0,7 l/1.000 km). Aus diesen Gründen wurde auf die Bestimmung der Abriebgehalte im Gebrauchtöl zur Verschleißbewertung im Rahmen der Versuche weitgehend verzichtet.

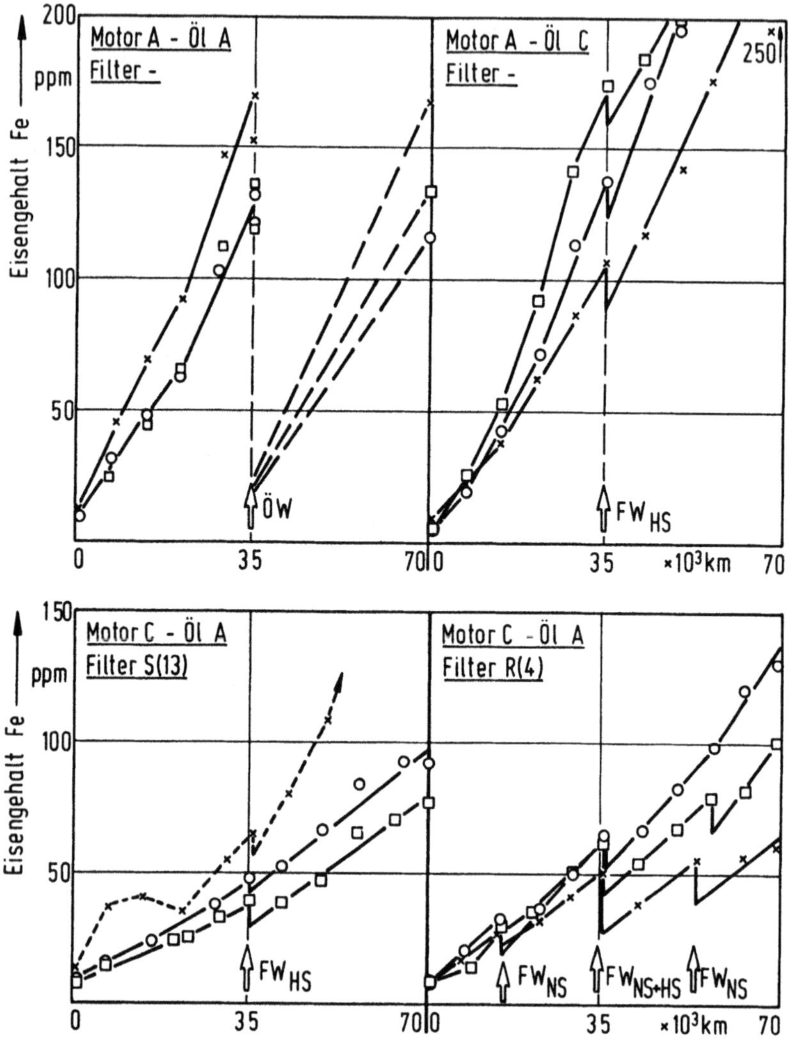

Bild 40: Spezifischer Eisenabrieb im Gebrauchtöl bei verschiedenen Motorölen und Filterverfahren (Daten nach /28/)

4.2. Motorenverschmutzung in Abhängigkeit vom Filterverfahren

Höhere Konzentrationen von ölunlöslichen Verbrennungsrückständen und Oxidationsprodukten im Motorenöl führen zu Ablagerungsbildung an den Motorbauteilen (Lack, Schlamm, Kohle) und zur Öleindickung. Dieser bereits in Abschnitt 2 erläuterte Mechanismus ist mit seinen Auswirkungen in Bild 41 veranschaulicht. Neben der Motorenölqualität beeinflussen Filterbauart und Filterwartung sowie die Länge der Ölwechselintervalle die Intensität der Motorenverschmutzung.

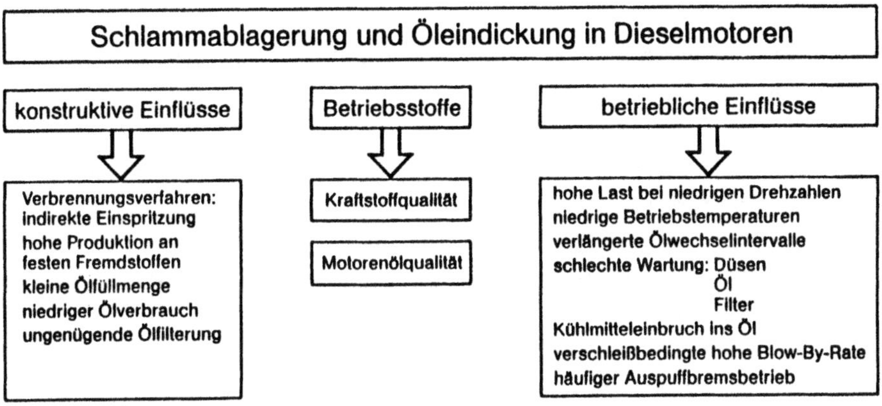

Bild 41: Einflußfaktoren auf die Schlammbildung in Dieselmotoren /29/

Bei der Beurteilung der Motorenverschmutzung muß zwischen der Schlammbildung an kalten Bauteilen (Erschöpfen der Dispergierfähigkeit) und der Ablagerungsbildung an heißen Bauteilen, insbesondere am Kolben bzw. in den Ringnuten (Erschöpfen der Detergierfähigkeit), unterschieden werden. Die Schlammbildung kann anhand des Zustands der leicht zugänglichen Bauteile wie Ventilraum oder Ölwanne beurteilt werden, die Bestimmung der Ablagerungsbildung am Kolben erfolgt durch Kolbenbewertung.

Schlamm- und Ablagerungsbildung beeinflussen den Motorverschleiß: Starke Öleindickung verursacht Verschleiß infolge von Mangelschmierung, eingeschränkte Beweglichkeit der Kolbenringe bewirkt Zylinderverschleiß.

4.2.1. Schlammbildung im Kurbelgehäuse und Zylinderkopfbereich

Der Begriff "Schlamm" ist eine aus der Betriebspraxis gewachsene Wortschöpfung, die die verschiedenen Arten von Ablagerungen beschreibt. Da die qualitative und quantitative Bewertung der Schlammbildung Schwierigkeiten bereitet, wird von C.v. Eberan-Eberhorst und E. Wedepohl folgende Definition vorgeschlagen:

> "Schlamm sind Ablagerungen, die vorwiegend aus Öl und Verbrennungsprodukten bestehen, die von den Bauteilen nicht ablaufen, aber durch Wischen entfernt werden können." /30/

Die nicht mehr durch Wischen zu entfernenden Ablagerungen werden als "Lack" bezeichnet.

Da bei den hier durchgeführten Untersuchungen die Parameter Motor, Betriebsstoffe und Betriebsbedingungen innerhalb üblicher Toleranzen als konstant angesehen werden können, sind Unterschiede im Verschmutzungsverhalten auf die eingesetzten Filtersysteme und deren Leistungsfähigkeit zurückzuführen. Hinweise auf die Höhe der zu erwartenden Schlammbildung geben auch die Ölanalysen, da der Viskositätsanstieg des Gebrauchtöls und der Feststoffgehalt - nach Überschreiten des Dispergiervermögens der eingesetzten Motorölsorte - in der Regel proportional zur Ablagerungsbildung verlaufen /31/.
Die Bewertung der bei Motor C eingesetzten Filterverfahren bzw. -medien wird in den folgenden Bildern durch Vergleich des Verschmutzungszustandes ausgewählter Bauteile vorgenommen. Bewertungsbasis ist der Zustand der Motoren mit serienmäßiger Hauptstromfilterung bei Einsatz von Öl A und auf 35.000 km festgelegtem Ölwechselintervall (C2/-). Die Bilder 42 bis 44 zeigen das Aussehen der Bauteile unter diesen Bedingungen nach dem 2. Ölwechselintervall. Die Zylinderköpfe und die Ölwanne sind im wesentlichen sauber, in den Ventildeckeln ist dagegen bereits beginnende Ablagerungsbildung festzustellen. Diese hohe Beanspruchung bis an die Leistungsgrenze des Schmierstoffs führt in den weiteren Ölwechselintervallen zu einer ständig wachsenden Vorbelastung des Frischöls beim Ölwechsel und zunehmender Schlammbildung, vgl. Bild 10. Damit sind Ölwechselintervalle von 35.000 km bei der hier betrachteten Motor-Öl-Kombination mit Hauptstromfilterung nicht realisierbar.

Bei Fahrzeugen, die mit einem leistungsfähigen Nebenstrom-Feinstfilter ausgerüstet sind, befinden sich die Motoren auch bei 70.000 km Ölwechselintervallen in einem deutlich besseren Zustand als die Motoren mit Hauptstromfilte-

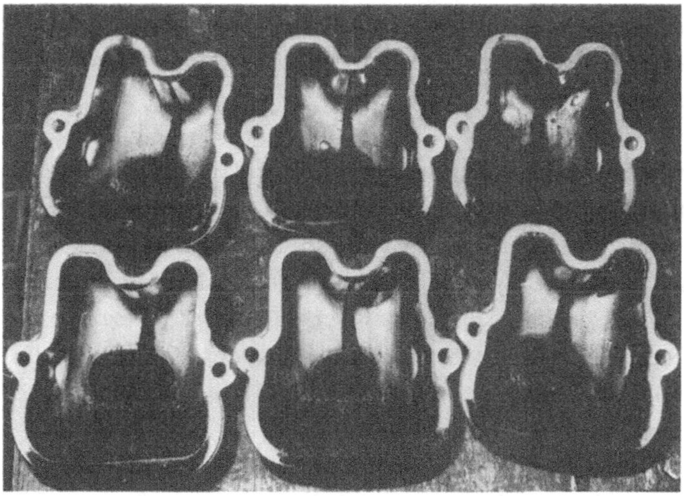

Bild 42
(F6/26)

Bild 43 (F6/14)

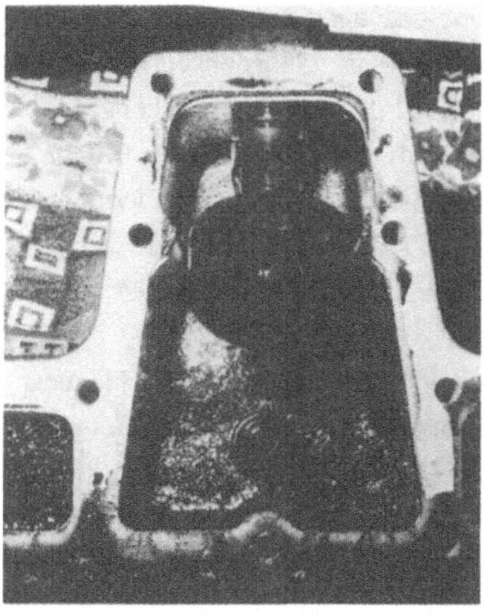

Bild 44 (F6/42)

Bild 42 bis 44: Aussehen von Ventildeckeln, Zylinderkopf und Ölwanne bei Hauptstromfilterung - C2(3)II
(Motor C - Öl A, Filter -, $s_{Öl}$ = 35.000 km)

rung nach 35.000 km, Bilder 45 bis 47. Ventildeckel und Ventilräume sind frei von Ablagerungen, das Gebrauchtöl läuft frei ab und hinterläßt keine Schlammrückstände. Auch in den kritischen Toträumen der Ölwanne tritt keinerlei Schlammbildung auf.

Bei unzulänglicher Filterung sind Langzeitölwechselintervalle trotz des durch Nebenstrom-Feinstfilter vergrößerten Ölumlaufvolumens nicht realisierbar. Die Bilder 48 bis 50 zeigen den Zustand der Bauteile von Motoren, die mit dem - wie bereits aufgrund der Ölanalyse erkannt - kaum wirksamen Filter V ausgerüstet waren. Nach 70.000 km Ölwechselintervall sind die Ventilräume stark verschmutzt, die Ventildeckel zeigen körnige Ablagerungsbildung und in den beruhigten Zonen der Ölwanne ist erhebliche Schlammbildung festzustellen.

Die Bewertungen der Motoren mit den übrigen Nebenstrom-Feinstfiltern liegen je nach Leistungsfähigkeit des Filtersystems im Bereich zwischen den dargestellten Grenzwerten (Filter X - Filter V). Während bei Motor C mit Öl A die Schlammbildung an den Motorbauteilen durch geeignete Ölfilterung beeinflußt und auch bei Langzeitölwechselintervallen Ablagerungen im Kurbelgehäuse und im Zylinderkopfbereich verhindert werden können, ist bei Einsatz von Öl C die Motorsauberkeit in der gleichen Motortype nicht zufriedenstellend. Bereits nach 35.000 km Fahrstrecke treten bei den Motoren mit Hauptstromfilterung mehr Ablagerungen auf als unter gleichen Bedingungen mit Öl A. Insbesondere der Vergleich mit Motoren bei Einsatz von Feinstfiltern (Öl A) macht diesen Unterschied deutlich.

Auch mit Nebenstrom-Feinstfilterung ist die Verschlammung der Motoren nicht zu vermeiden, Bild 51 und 52. Die Bilder zeigen den Zustand der Motoren nach 60.000 km Fahrstrecke. Hier wurden die Versuche mit Öl C wegen des Risikos von Motorschäden abgebrochen. Öl C ist für den Langzeiteinsatz unter den vorliegenden Betriebsbedingungen offensichtlich weniger geeignet; auch die im II. Versuchsintervall bei Motor C eingesetzte Zentrifuge (C13/7) zeigt ein ähnliches Verhalten, d.h. auch hierbei ist starke Schlammbildung nicht zu vermeiden.

Bild 45
(F11/61)

Bild 46 (F11/59)

Bild 47 (F11/69)

Bild 45 bis 47: Aussehen von Ventildeckeln, Zylinderkopf und Ölwanne bei wirksamer Nebenstrom-Feinstfilterung - C9(3)I
(Motor C - Öl A, Filter X, $s_{Öl}$ = 70.000 km)

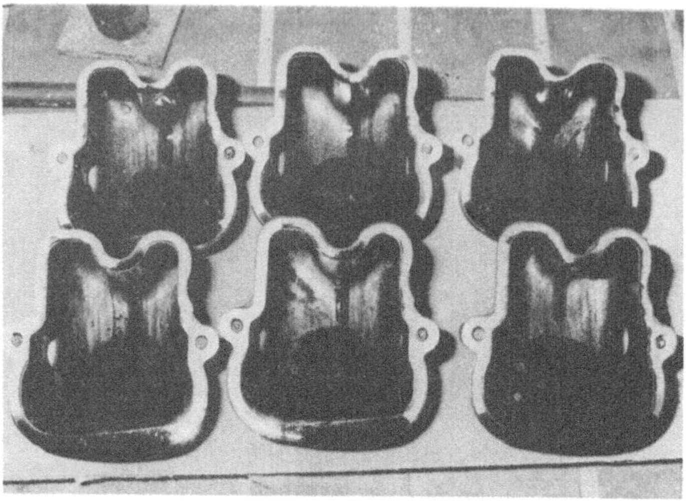

Bild 48
(F5/9)

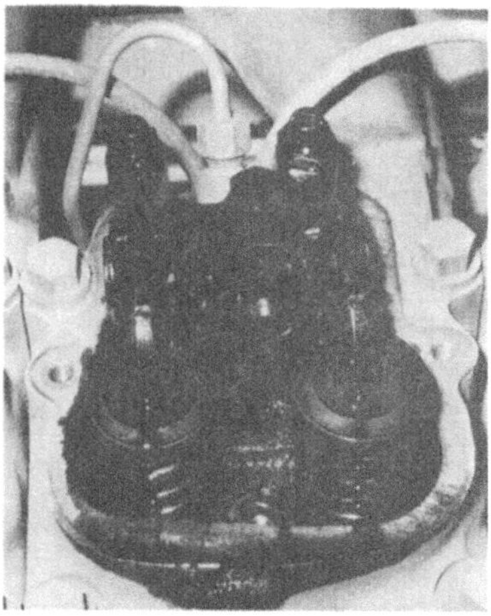

Bild 49 (F5/5)

Bild 50 (F5/25)

Bild 48 bis 50: Aussehen von Ventildeckeln, Zylinderkopf und Ölwanne bei unwirksamer Feinstfilterung - C7(2)I
(Motor C - Öl A, Filter V, $s_{Öl}$ = 70.000 km)

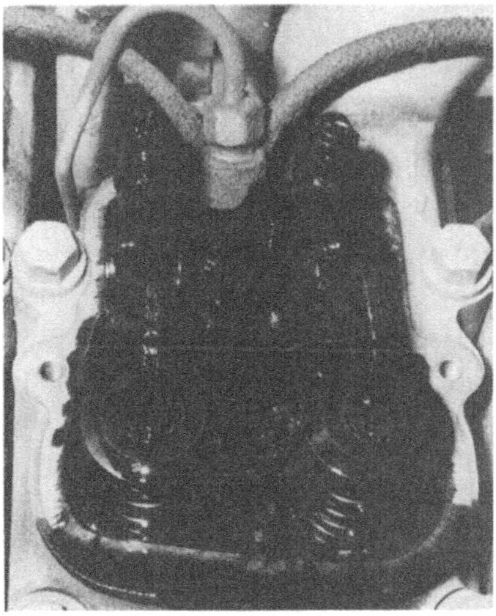

Bild 51 (F3/5)

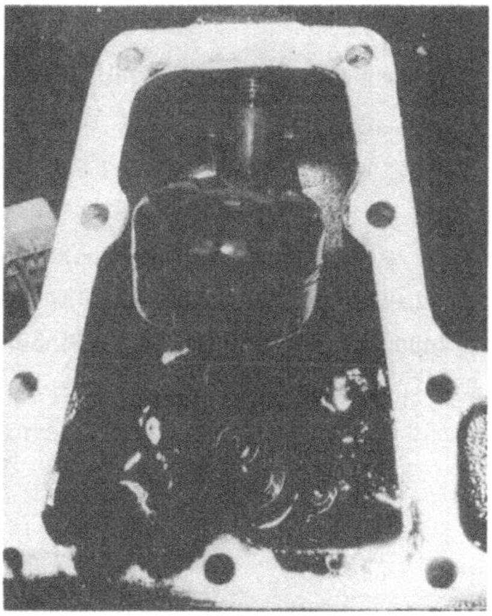

Bild 52 (F5/65)

Bild 51 und 52: Aussehen von Zylinderkopf und Ölwanne bei Nebenstrom-Feinstfilterung - C10(2)I (Motor C, Öl C, Filter R, $s_{Öl}$ = 60.000 km)

Insgesamt zeigt das Verschmutzungsverhalten der Motoren einen den Gebrauchtölanalysen entsprechenden Verlauf. Mit zunehmender Feststoffkonzentration und Öleindickung nimmt die Schlammbildung zu. Wenn mit Filterung - wie bei Öl C - kein Einfluß auf die Öleigenschaften ausgeübt werden kann, sind auch keine Unterschiede bei der Motorverschlammung festzustellen. Wirksame Nebenstrom-Feinstfilter - hier in Verbindung mit Öl A - mindern die Schmierstoffbeanspruchung und beeinflussen die Verschmutzungsneigung der Motoren in weiten Grenzen.

4.2.2. Ablagerungsbildung an den Kolben

Ablagerungen am Kolben, vor allem im Bereich der Kolbenringe bzw. der Ringnuten, beeinträchtigen die Beweglichkeit der Kolbenringe und führen zu Störungen bei der Ölversorgung des Systems Kolbenring-Zylinder. Bei starken Ablagerungen (Ringsreiten, Ringstecken) steigt der Verschleiß der Kolben-Kolbenring-Zylindergruppe überproportional an und führt zu Ringfressen und Leistungsverlust /32/. Desweiteren scheint ein Zusammenhang zwischen Ablagerungsbildung am Kolben und dem Zylinder Bore-Polishing zu bestehen /33, 34, 35/. Die Entstehung von Ablagerungsbildungen an Dieselmotoren läßt sich mit Hilfe eines einfachen Schemas erläutern, Bild 53.

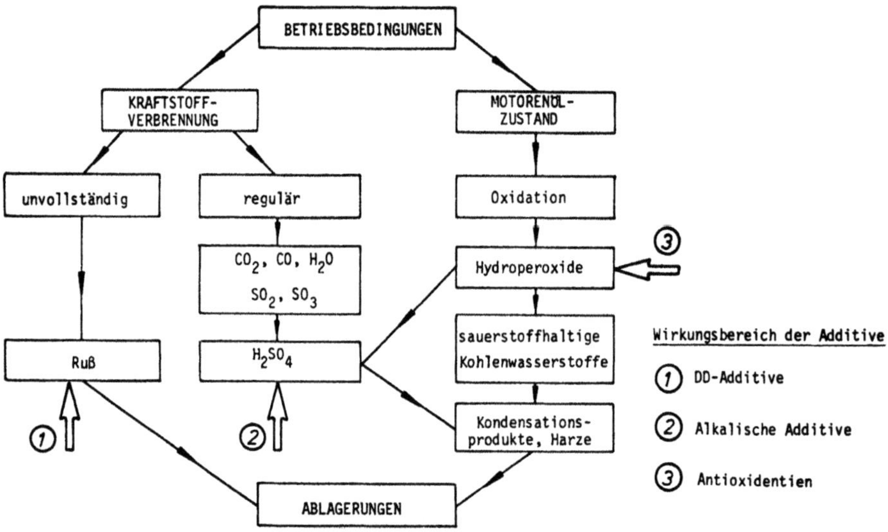

Bild 53: Prinzip der Ablagerungsbildung an Dieselmotor-Kolben (nach /36/)

Da die aus der Kraftstoffverbrennung entstehenden Rußpartikel und die öleigenen Oxidationspartikel nach dem Agglomerieren zu Teilchengrößen im µm-Bereich prinzipiell filtrierbar sind, besteht die Möglichkeit, durch geeignete Feinstfiltration einen Einfluß auf den Grad der Ablagerungsintensität am Kolben auszuüben und damit auch das Verschleißverhalten der Motoren zu beeinflussen.

Zur Bewertung der Kolbensauberkeit wird die Kolbenbeurteilung nach DIN 51361 gemäß MWM (B)- Verfahren eingesetzt /26/. Es sind auch Prüfverfahren üblich, die nur die Ablagerungsbildung in der 1. Ringnut bewerten /32/.
Ein Vergleich der durchschnittlichen Kolbenbewertungen bei Einsatz von Nebenstrom-Feinstfilterung und Langzeitölwechselintervallen zeigt, daß bei wirksamer Feinstfilterung weniger Kolbenablagerungen als bei reiner Hauptstromfilterung und auf 35.000 km begrenzten Ölwechselintervallen erzielt werden, Bild 54. Dargestellt sind die Mittelwerte der Kolben und die Werte für den jeweils besten und schlechtesten Kolben.

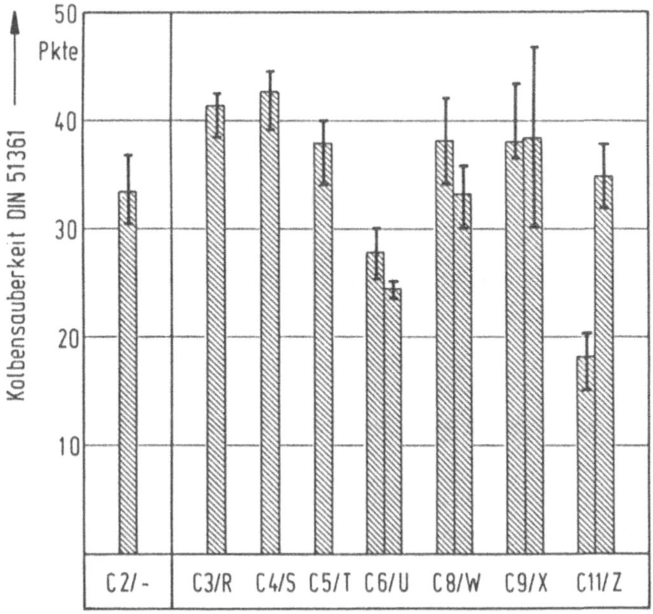

Bild 54: Kolbenbewertung bei unterschiedlichen Filterverfahren (Motor C, Öl A)

Wird zur Kolbenbewertung nur der Zustand der 1. Ringnut herangezogen, ist die Differenz schärfer, Bild 55. Die Bewertungen bei Hauptstromfilterung (C2), Filter U (C6) und Filter Z (C11) unterscheiden sich deutlich von den übrigen Filterverfahren. Die relativ guten Kolbennoten eines Motors mit Zentrifuge (C11/Z) aufgrund zeitweise überhöhter Frischölnachfüllung treten bei alleiniger Bewertung der 1. Ringnut nicht auf.

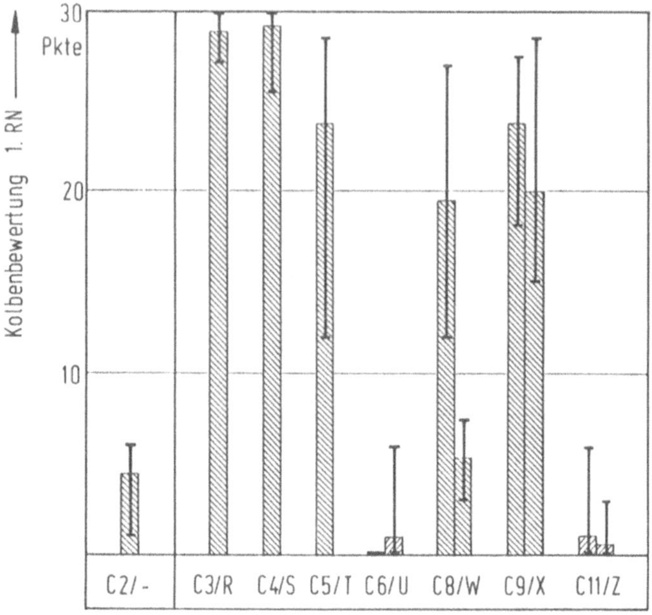

Bild 55: Bewertung der ersten Ringnut bei unterschiedlichen Filterverfahren (Motor C, Öl A)

Zur Klärung der Frage, welche Vorgänge bei der Ölalterung den größten Einfluß auf die Ablagerungsbildung am Kolben haben, sind die Ölveränderungen*) Fremdverschmutzung, Additivabbau und Oxidation in Abhängigkeit von der Kolbennote in den Bildern 56 bis 58 aufgetragen.
Der Einfluß des Feststoffgehaltes im Gebrauchtöl auf die Kolbensauberkeit ist gering, Bild 56. Sowohl bei hoher als auch bei niedriger Feststoffkonzentration werden (relativ) gute Kolbenbewertungen erzielt.

Deutlicher ist die Abhängigkeit der Kolbensauberkeit vom Abbau der alkalischen Additive, Bild 57. Bis ca 70 % Alkalitätsabbau werden Kolbenbewertungen um 35 Punkte, bis ca 60 % Alkalitätsabbau Kolbenbewertungen um 40 Punkte unter den vorliegenden Bedingungen gefunden. Um die Ablagerungsbildungen an den Kolben zu begrenzen, sind daher Restalkalitäten von ca 40 % des Frischölwertes bzw. für das hier eingesetzte Öl A ein Rest-TBN von 3 mgKOH/g Öl erforderlich. Dieser Wert liegt in dem Bereich der üblicherweise genannten Grenzwerte, vgl. Tabelle 1.

*) Durchschnittliche Endwerte beim Ölwechsel aus I. und II. Versuchsintervall

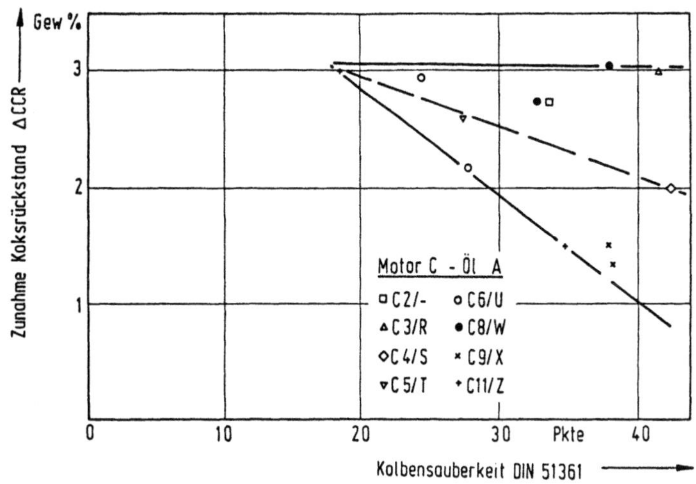

Bild 56: Durchschnittliche Kolbenbewertung und Feststoffgehalt im Gebrauchtöl bei unterschiedlichen Filterverfahren (Motor C, Öl A)

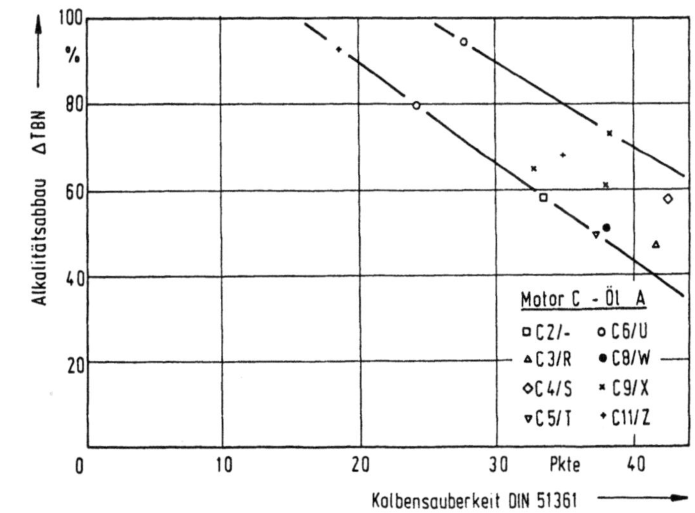

Bild 57: Durchschnittliche Kolbenbewertung und Alkalitätsabbau des Gebrauchtöls (Motor C, Öl A)

Der Viskositätsanstieg hat einen ausgeprägten Einfluß auf die Kolbensauberkeit, Bild 58. Mit Filterverfahren, die durch Ausfiltern von Oxidationsprodukten und Feststoffpartikeln den Viskositätsanstieg auf maximal 30 % begrenzen, werden Kolbenbewertungen um 40 Punkte erzielt.

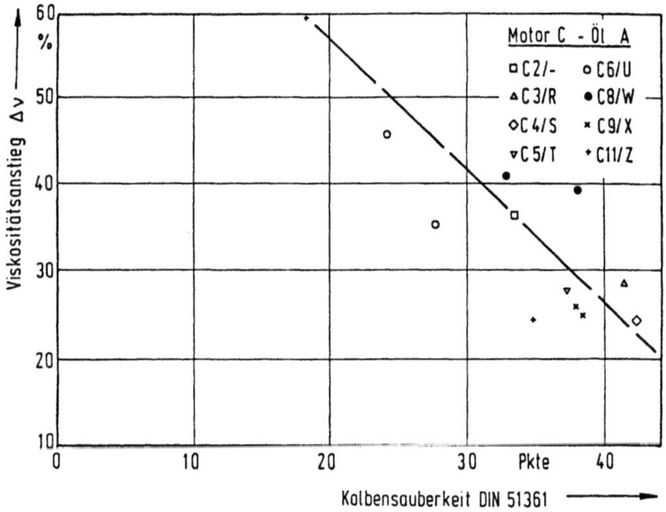

Bild 58: Durchschnittliche Kolbenbewertung und Viskositätsanstieg des Gebrauchtöls (Motor C, Öl A)

Zusammenfassend kann der Viskositätsanstieg als hauptsächliche Einflußgröße auf die Kolbensauberkeit festgestellt werden. Eine Begrenzung der Zunahme auf max. 30 % (d.h. ein Verbleiben innerhalb der SAE-Grenzen für Einbereichsöle) stellt eine akzeptable Kolbensauberkeit sicher. Wirksame Filter und ein angemessener Ölverbrauch - auch zur Erhaltung einer ausreichenden Alkalitätsreserve - sind die Voraussetzugnen, um bei Langzeitölwechselintervallen die Ablagerungsbildung an den Kolben zu begrenzen. Im Rahmen des vorliegenden Versuchsprogramms wurde diese Bedingung von den Filtern R, S, T und X erfüllt.

4.3. Verschleißverhalten bei unterschiedlicher Filterung

Da mit geeigneter Ölfilterung die Öleigenschaften - wie in Abschnitt 4.1. gezeigt - zu verbessern sind, und Öleigenschaften das Verschleißverhalten der Motorbauteile mitbestimmen, ist anzunehmen, daß durch Ölfilterung die Verschleißintensität bestimmter Motorbaugruppen direkt und indirekt beeinflußt werden kann. Dieser Zusammenhang soll im Folgenden anhand der Auswertung der Verschleißdaten gezeigt werden. Für die Auswertung können nur Motoren herangezogen werden, die während der gesamten Versuchsdauer (2 x 70.000 km ≘ ca 3 Jahre) störungsfrei gearbeitet haben. Motoren mit schwerwiegenden Schäden wie Defekt im Ansaugsystem oder Überhitzung dürfen nicht in die Auswertung einbezogen werden, da die aufgrund dieser Überbeanspruchung vorliegenden Verschleißraten ein Vielfaches des normalen Verschleißes betragen und demgegenüber Einflüsse der Ölfilterung auf die Verschleißintensität vernachlässigbar sind.

Eine weitere Voraussetzung - insbesondere bei der Auswertung der Verschleißdaten einzelner Zylinder - ist die Kenntnis der Streuung von Verschleißraten in Abhängigkeit von der Zylinderzahl der untersuchten Motortype. Der Verschleiß der Laufbuchsen und Kolbenringe ist unter Berücksichtigung der Versuchsdauer (170.000 km - 8.500 h) gering und gleichmäßig über alle Zylinder verteilt. Lediglich bei der Kolbensauberkeit und beim Bore-Polishing ist der 1. Zylinder begünstigt. Das deutet an, daß der 1. Zylinder einer geringeren Beanspruchung unterliegt als die übrigen Zylinder. Es ist zu vermuten, daß durch die thermischen Verhältnisse (Kühlwassereintritt, außenliegender Zylinder mit guter Wärmeabfuhr) eine niedrigere Schmierstoff- und Bauteilbeanspruchung auftritt.

4.3.1. Zylinderlaufbuchsen

Das Verschleißverhalten von Zylinderlaufbuchsen kann anhand der Durchmesserzunahme - hierbei werden auch Verformungen miterfaßt - sowie durch Ermittlung der Veränderung des Oberflächenzustands bestimmt werden. Da bei geringen Verschleißraten die thermischen Verformungen ein Mehrfaches der Abtragstiefe ausmachen können, ist in diesen Fällen nur die Oberflächenveränderung (Bore-Polishing) als sinnvolles Verschleißkriterium anzuwenden.

Bild 59 zeigt die durchschnittliche Durchmesserzunahme der Zylinderlaufbuchsen bei unterschiedlichen Filterverfahren. Die dargestellten Werte sind das Mittel aus 6 Messungen pro Zylinder (30, 75, 120 mm Tiefe ab Zylinderoberkante, d.h. im oberen Umkehrbereich, im Bereich der höchsten Kolbengeschwindigkeit und im unteren Umkehrbereich des Kolbens) jeweils längs und quer zur Kurbelwellenachse gemessen. Wegen der geringen Verschleißraten, die im Größenbereich der bleibenden thermischen Verformung der Laufbuchsen liegen, ist eine Zuordnung zum Filterverfahren kaum möglich. Allerdings wären auch nach diesem Verfahren die Filter R, S, T und X als günstig auf das Verschleißverhalten einzustufen.

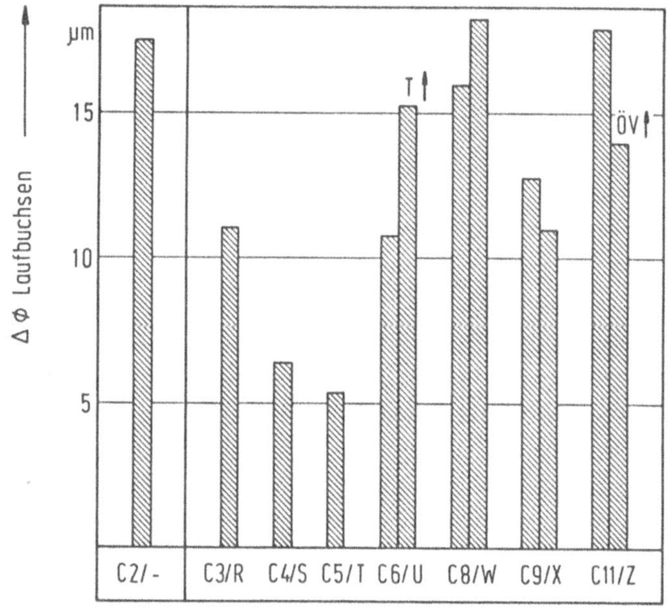

Bild 59: Durchmesserzunahme der Zylinderlaufbuchsen in Abhängigkeit vom Filterverfahren (Motor C, Öl A)

Eine differenzierte Darstellung des Verschleißverhaltens liefert die Zuordnung des Bore-Polishing zum eingesetzten Filterverfahren, da hierbei die Flächenanteile unterschiedlicher Verschleißintensität gewertet werden /37/. Bild 60 zeigt das Gesamt-Bore-Polishing (Σ HL) und die Anteile der vollständig polierten Oberflächen (HL_0). Bei den Motoren mit wirksamer Nebenstrom-Feinstfilterung ist das Bore-Polishing gering, insbesondere bei den Motoren mit Filter X treten unter Berücksichtigung der vorliegenden Beanspruchung

nur sehr kleine Spiegelflächen auf. Motorbetriebsstörungen, die im Fahrbetrieb nicht bemerkt werden, können den Grad der Spiegelflächenbildung stark beeinflussen. Diese Probleme treten bei Prüfstandsversuchen kaum auf, allerdings sind dabei im allgemeinen die Beanspruchungszeiten kürzer und die Motoren befinden sich größtenteils noch im Einlaufverschleißbereich. Ein Beispiel dafür ist ein Motor mit Filter U, Gruppe C6(3), bei dem aufgrund thermischer Überbeanspruchung mit Laufbuchsenverzug starkes Bore-Polishing auftrat. Der Laufbuchsenverschleiß, gemessen als Durchmesserzunahme, wird durch die thermische Verformung kaum erhöht.
Auch Störungen im Schmierstoffsystem können das Bore-Polishing beeinflussen. Ein Motor mit wenig wirksamen Filter Z, Gruppe C11(2), der durch defekte Ölnachfüllung mehrfach mit erhöhter Frischölzufuhr betrieben wurde, hat deutlich geringeres Bore-Polishing als der Vergleichsmotor C11(1) mit Filter Z unter normalen Betriebsbedingungen. Die Auffrischung der Leistungseigenschaften des Schmierstoffs verbessert auch die Kolbenbewertung (vgl. Bild 54).

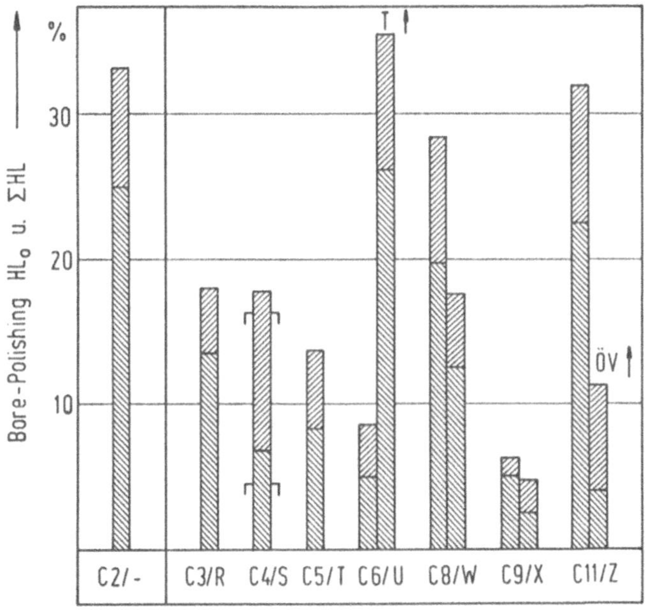

Bild 60: Durchschnittliches Bore-Polishing der Zylinderlaufbuchsen in Abhängigkeit vom Filterverfahren (Motor C, Öl A)

Zur Untersuchung der Öleinflüsse auf das Verschleißverhalten der Zylinderlaufflächen werden wieder die einzelnen Komponenten der Ölalterung mit dem gemessenen Bore-Polishing in Bezug gesetzt.

Die Bilder 61 bis 63 zeigen Verschmutzung, Alkalitätsabbau und Viskositätsanstieg in Relation zum durchschnittlichen Bore-Polishing. Auch hier lassen sich nur Tendenzen feststellen.

Wachsende Feststoffgehalte im Gebrauchtöl verstärken das Bore-Polishing, Bild 61. Neben der möglicherweise abrasiven Wirkung der Feststoffe dürfte hierfür vor allem die Ölkohlebildung an der Kolbenkrone ursächlich beteiligt sein. Da höhere Feststoffkonzentration die Ablagerungsbildung verstärkt, wird das Bore-Polishing zumindest indirekt vom Feststoffgehalt des Gebrauchtöls mitbeeinflußt.

Der Abbau der alkalischen Additive hat keinen Einfluß auf das Bore-Polishing, Bild 62; deutlich ausgeprägt ist dagegen die Abhängigkeit des Bore-Polishing vom Viskositätsanstieg, Bild 63.

Der fehlende Einfluß des Alkalitätsabbaus auf das Bore-Polishing steht im Gegensatz zur Abhängigkeit der Kolbenbewertung von der alkalischen Reserve des Gebrauchtöls. Dieser Widerspruch ist auf das Bewertungsverfahren zurückzuführen. Während die Kolbennote vor allem durch den Zustand der ersten Ringnut bestimmt wird, ist das Bore-Polishing hauptsächlich vom Zustand der Kol-

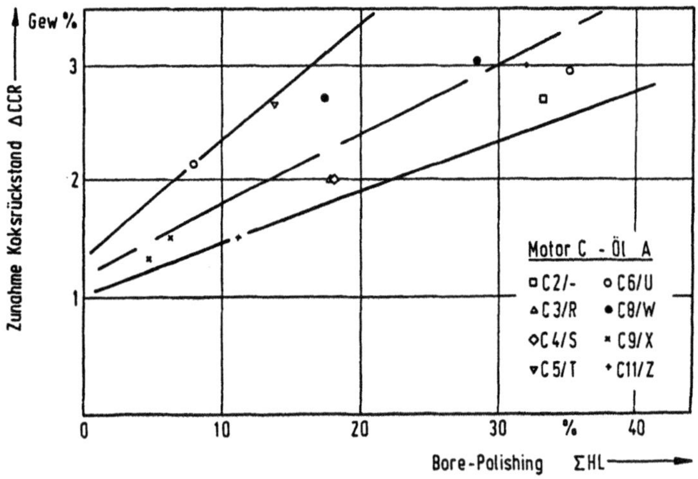

Bild 61: Durchschnittliches Gesamt-Bore-Polishing und Feststoffkonzentration im Gebrauchtöl (Motor C, Öl A)

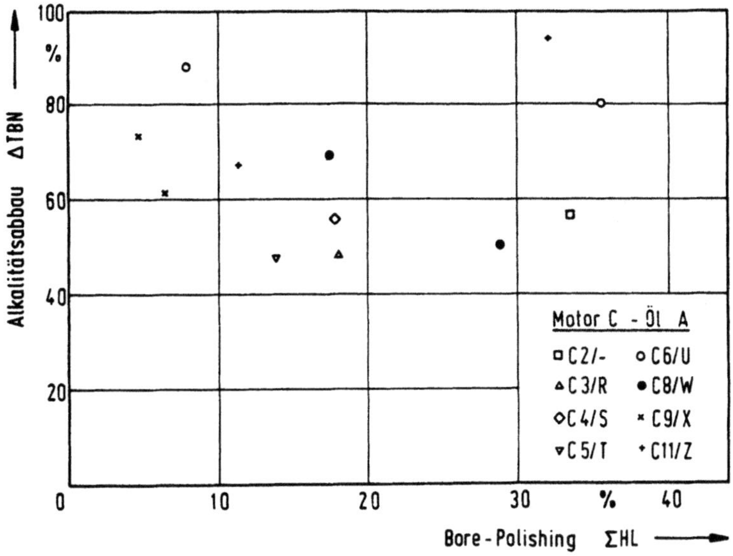

Bild 62: Durchschnittliches Gesamt-Bore-Polishing und Alkalitätsabbau (Motor C, Öl A)

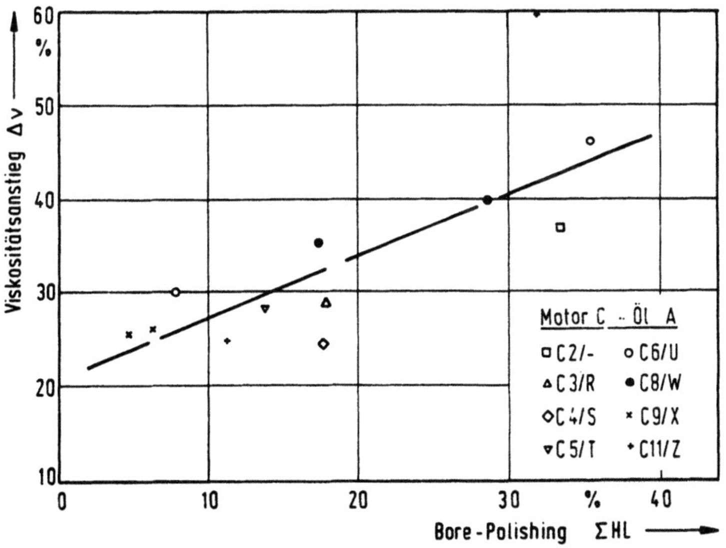

Bild 63: Durchschnittliches Gesamt-Bore-Polishing und Viskositätsanstieg (Motor C, Öl A)

benkrone abhängig, die im Bewertungsverfahren nicht mit erfaßt wird. Eine Einflußnahme des Zustandes der Ringnuten auf das Bore-Polishing kann erst erfolgen, wenn die Beweglichkeit der Kolbenringe so stark eingeschränkt ist, daß die Ölzufuhr gestört wird oder direkter metallischer Kontakt zwischen Kolbenring und Zylinderlauffläche auftritt. Da zwischen dem Zustand der 1. Ringnut und den Ablagerungen am Feuersteg in der Regel ein Zusammenhang besteht, ist auch in der Tendenz eine Abhängigkeit des Bore-Polishing von der Kolbenbewertung (1. RN) feststellbar, Bild 64.

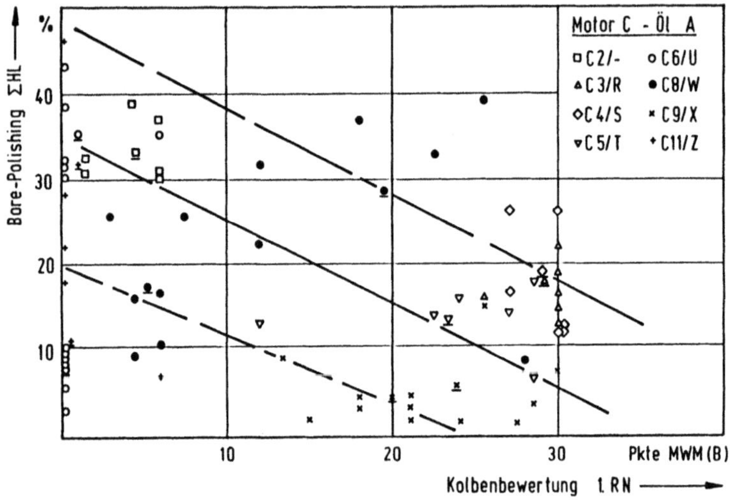

Bild 64: Abhängigkeit des Bore-Polishing von der Kolbenbewertung der 1. Ringnut (Motor C, Öl A)

Günstiger ist es, die Bewertung der Kolbenkrone, d.h. der Kohleablagerungen am Feuersteg, direkt zu ermitteln und in Beziehung zum Bore-Polishing zu setzten, Bild 65.

Der relativ große Streubereich der Ergebnisse ist auf das Bestimmungsverfahren zurückzuführen. Bei der Bewertung der Kohleablagerungen am Feuersteg ist die Dicke der Kohleschicht nur schwer zu erfassen. Da nur hinreichend dicke Kohleschichten, die in direktem Kontakt mit der Zylinderoberfläche stehen, Bore-Polishing verursachen, wäre hier ein Verfahren erforderlich, das die Flächenanteile bestimmt, die eine kritische Dicke überschreiten. Die ausgeprägte Wirkung von Kolbenkronenablagerungen auf den Zylinderverschleiß kann bei teilweise abgeplatzten Kohleschichten beobachtet werden. Im Übergangs-

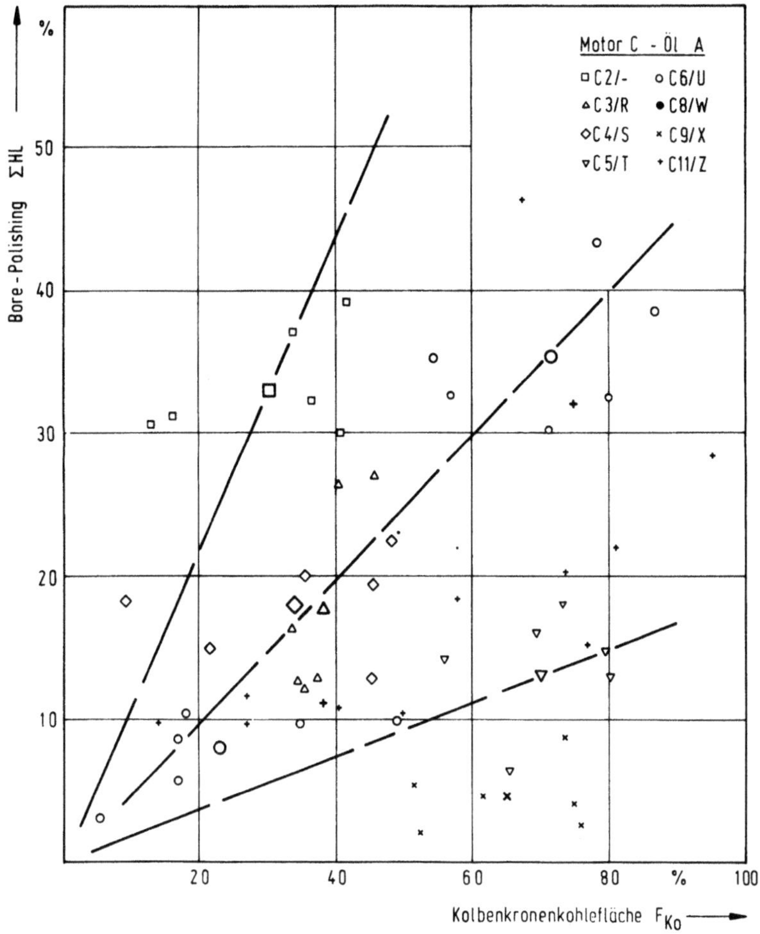

Bild 65: Abhängigkeit des Bore-Polishing von der Kohleablagerung am Feuersteg (Motor C, Öl A)

bereich von der Kohleschicht zum sauberen Feuersteg tritt meist eine scharfe Trennlinie beim Bore-Polishing in axialer Zylinderrichtung auf.

Ein Beispiel für das Zusammenwirken von Kohleablagerungen und Bore-Polishing zeigt Bild 66/67. Außergewöhnlich starke Kohleablagerungen am Kolben verursachen auch ein entsprechend ausgeprägtes Bore-Polishing.

Bild 66
C11(1)-5
(F42/37)

Bild 67
C11(1)-2
(F42/47)

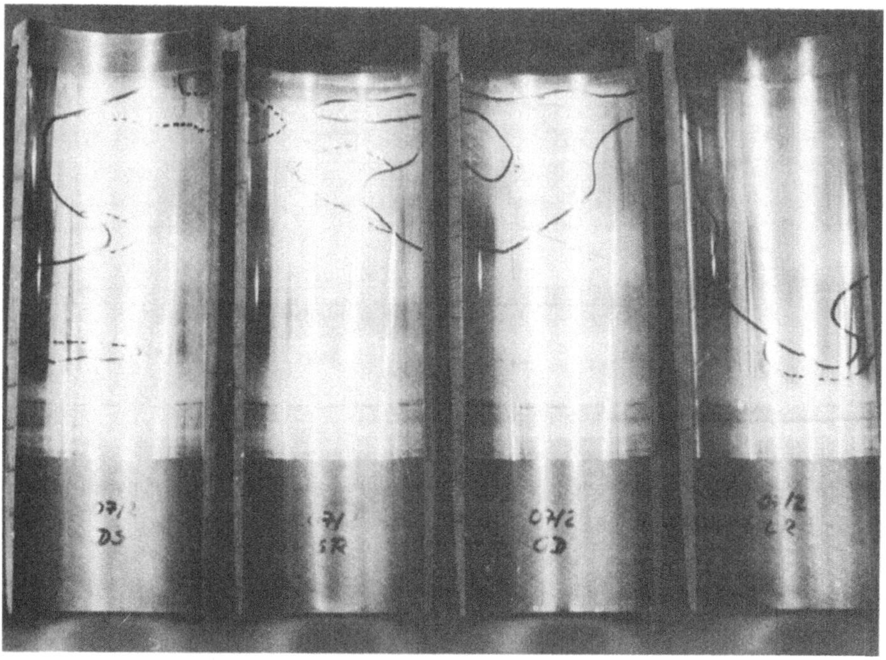

Bild 66/67: Kohleablagerungen am Kolben und Bore-Polishing bei unzureichender Filterung (Motor C, Öl A, Filter Z)

4.3.2. Kolbenringe und Kolben

Der Kolbenringverschleiß kann durch Wiegen oder Bestimmen der Kolbenringspiele gemessen werden. Das Axialspiel bestimmt das Verschleißmaß von Ring und Ringnut, das Radialspiel das Verschleißmaß von Kolbenring und Zylinder. Die Bestimmung des Axialspiels zeigte keine signifikanten Abhängigkeiten vom Filterverfahren bzw. vom Ölzustand, so daß hier auf eine Darstellung verzichtet werden kann.
Die an den vermessenen Motoren ermittelten Radialspiele (Kolbenring-Stoßspiele) sind in Abhängigkeit vom Filterverfahren in Bild 68 aufgetragen (Mittelwerte und Streubereiche für KS1, KS2 und KS3). Die Unterschiede zwischen den Filterverfahren sind gering; im Durchschnitt werden mit Nebenstrom-Feinstfilterung günstigere Verschleißwerte gefunden als bei Hauptstromfilterung. Insbesondere der Verschleiß der Ölabstreifringe ist bei einigen Motoren mit Nebenstrom-Feinstfiltern relativ gering (S, T, U, X, Z).

Zur Untersuchung des Öleinflusses auf das Verschleißverhalten der Kolbenringe ist in Bild 69 der Zusammenhang zwischen den Feststoffgehalten im Gebrauchtöl und den gefundenen Kolbenringstoßspielen aufgetragen. In der Tendenz nimmt der Kolbenringverschleiß mit wachsendem Feststoffgehalt zu.

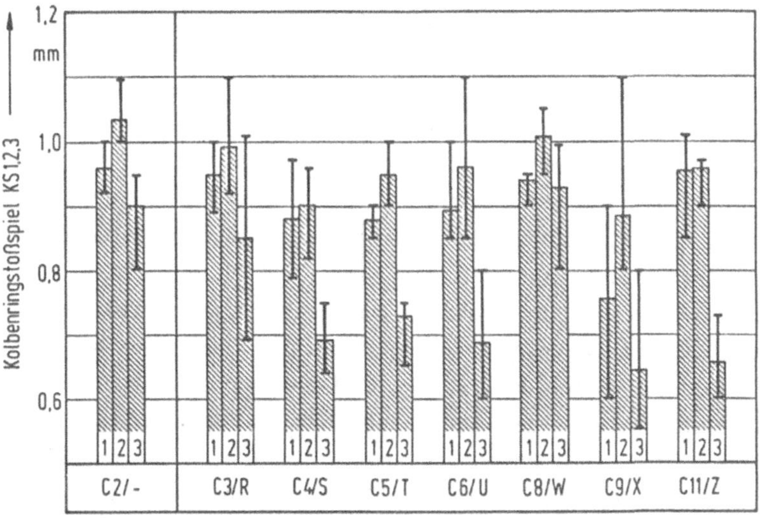

Bild 68: Verschleiß der Kolbenringe in Abhängigkeit vom Filterverfahren

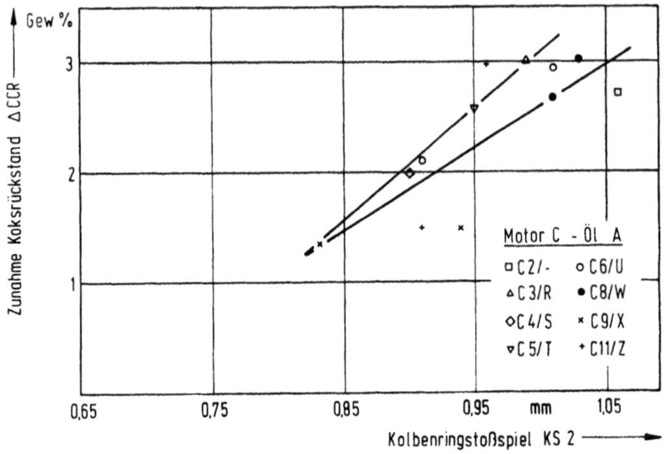

Bild 69: Kolbenringstoßspiel und Feststoffgehalt im Gebrauchtöl (2. Verdichtungsring, Motor C, Öl A)

4.3.3. Gleitlagerungen und Wellen

Da die Pleuellager die höchstbeanspruchten Lager im Motor sind, kann die Beurteilung des Verschleißverhaltens der Gleitlager auf diese beschränkt werden. Bei normalen Betriebsbedingungen und ausreichender Gebrauchtölalkalität zeigen die Lagerschalen keinen Verschleiß, d.h. die Ternärschicht ist vollständig erhalten und hat keine Oberflächenschäden.
Staubeinwirkung hat starken Lagerverschleiß zur Folge. Die Laufschichten werden bis auf die Stützschale abgetragen und es treten umlaufende Riefen durch mitgerissene größere Feststoffpartikel auf, Bild 70. Ein besonderes Problem bei Langzeitölwechsel stellt die mit zunehmender Ölverweildauer wachsende Öloxidation und Versäuerung dar. Starker Abbau der alkalischen Reserve verursacht korrosiven Lagerverschleiß. Dieser ist gekennzeichnet durch Auswaschungen und Ausbröckelungen der Laufschicht, Bild 71. Ein derartiger korrosiver Lagerverschleiß beeinträchtigt die Funktion des Gleitlagers nicht, ist aber durch eine ausreichend hohe Gebrauchtölalkalität vermeidbar (Rest TBN $\geq$ 40%). Eine derartige Alkalitätsreserve ist auch im Sinne der Kolbensauberkeit erforderlich und muß auch bei Langzeitölwechselintervallen eingehalten werden.

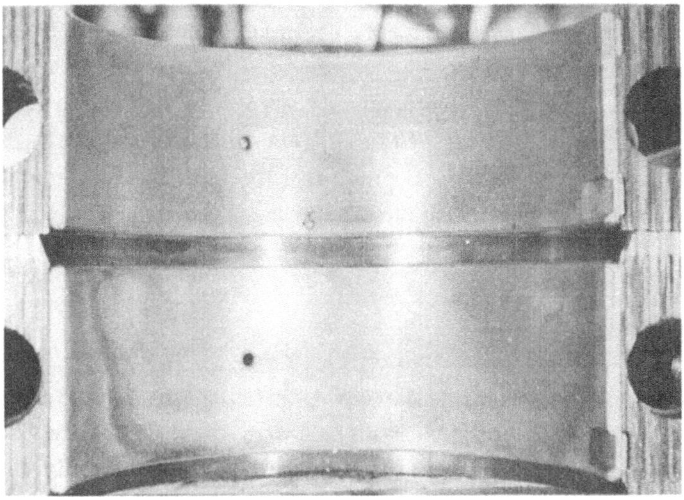

Bild 70: Abrasivverschleiß bei Staubeinwirkung /C2(1)
(Motor C, Öl A, Filter -) F32/13

Bild 71: Korrosiver Lagerverschleiß bei zu geringer Schmierstoffalkalität
/C9(1)
(Motor C, Öl A, Filter X) F 19/37

Die Kurbelwellen bzw. Nockenwellenlagersitze zeigen in der Regel keine meßbaren Verschleißerscheinungen, lediglich abrasive Feststoffe verursachen Oberflächenschäden. Derartige Schäden traten bei zwei Motoren wegen unzureichend gefilterter Ansaugluft auf. Wegen der hohen Feststoffkonzentration sind Motorschäden in solchen Fällen auch bei wirksamer Ölfilterung nicht zu vermeiden. Bei zufälligem Eindringen von abrasiven Feststoffen sind Motoren mit Feinstfiltersystemen besser vor Gleitlagerschäden geschützt, da die Feststoffpartikel schneller auf eine niedrigere Partikelgrößenverteilung reduziert werden als bei Hauptstromfilterung.

4.3.4. Ventiltrieb

Verschleißgefährdete Bauteile des Ventiltriebs, deren Verschleißverhalten vom Zustand des Schmierstoffs beeinflußt wird, sind Nocken und Stößel sowie die Kipphebel in den Lagerungen und im Kontakt zum Ventil. Die untersuchten Nockenwellen zeigen in der Regel keinen Verschleiß, vereinzelte konnte eine geringe Rißbildung festgestellt werden. Einige Stößel wiesen Pittingbildung bzw. Oberflächenverformungen auf (konzentrische Oberflächenwellen), Bild 72/73. Eine Zuordnung zum Ölzustand bzw. Filterverfahren konnte nicht gefunden werden. Die Schäden an den Stößeln waren aber in der Regel so gering, daß die Bauteile nach der Motorvermessung weiterverwendet werden konnten.

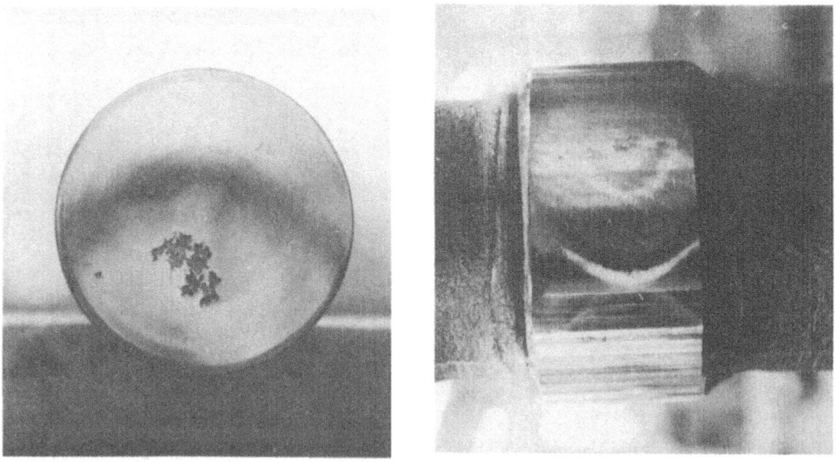

Bild 72/73: Stößel mit Pittingbildung und ungeschädigter Nocken (Motor C, Öl A, Filter S) F28/54 und F29/66

4.4. Spezielle Probleme mit Sedimentationsfiltern

Die im Versuchsprogramm eingesetzten Sedimentationsfilter (Zentrifugen, Gruppe C11 bis C13) zeigten bereits bei den Gebrauchtölanalysen schlechtere Ergebnisse als die mit Nebenstrom-Feinstfiltern ausgerüsteten Motoren. Auch gegenüber den Motoren mit reiner Hauptstromfilterung war die Minderung der Schmierstoffbeanspruchung nur gering. Der Zylinderverschleiß war dementsprechend hoch und die Kolbenbewertung sehr niedrig (höchste Ablagerungsbildung aller vermessenen Motoren!). Das Aussehen eines solchen Kolbens zeigt Bild 74. Außergewöhnlich sind die starken Kohleablagerungen in der Leernut.

Bild 74: Ablagerungsbildung am Kolben bei Nebenstromfilterung mit Zentrifuge - C11/12 (1) - F42/41
(Motor C, Öl A, Filter Z, s = 197.500 km)

Insbesondere bei Berücksichtigung der insgesamt abgeschiedenen Masse Trockenschmutz, Bild 75, die mit 2 bis 3 kg pro Ölwechselintervall je nach Reinigungshäufigkeit des Rotors höher liegt als bei einigen Nebenstrom-Feinstfiltern, sind Öl- und Motorzustand ungewöhnlich schlecht.

Bei Betrachtung der spezifischen Abscheideraten, Bild 76, zeigt sich, daß die Abscheideleistung mit wachsender Schmierstoffbeanspruchung zunimmt. Dementsprechend verschlechtert sich der Ölzustand zu Beginn des Ölwechselintervalls schnell, um dann auf hohem Niveau zu stagnieren, d.h. die Motoren wer-

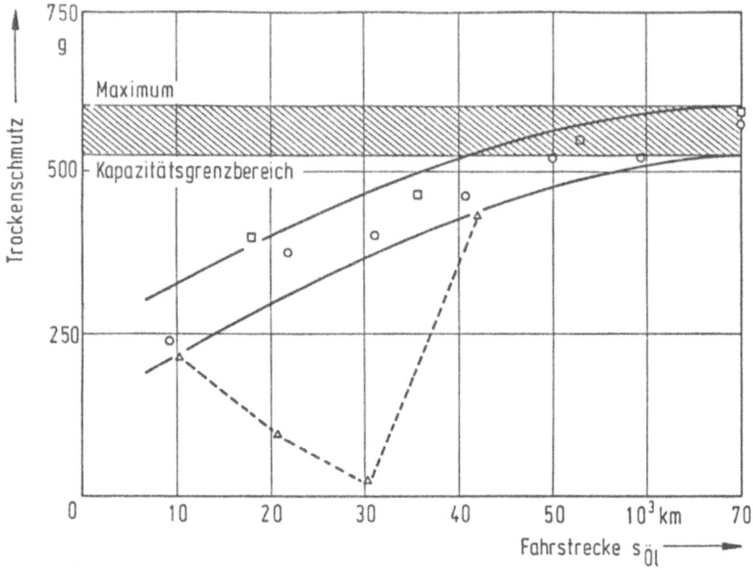

Bild 75: Abgeschiedene Masse Trockenschmutz je Zentrifugenreinigung bei langen (ca 17.500 km) und verkürzten (ca 10.000 km) Wartungsintervallen (Motor C, Öl A)

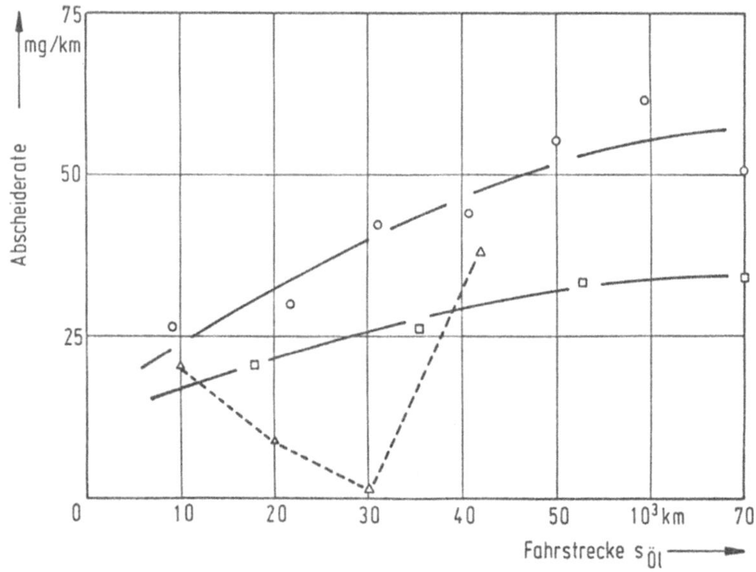

Bild 76: Spezifische Abscheideraten von Zentrifugen bei langen (ca 17.500 km) und verkürzten (ca 10.000 km) Wartungsintervallen (Motor C, Öl A)

den während des Ölwechselintervalls größtenteils mit hochbeanspruchtem und stark verschmutzem Schmierstoff betrieben.
Die Ursache für dieses Verhalten liegt im Unvermögen der Zentrifuge, Feinstpartikel bei ausreichender Dispergierfähigkeit abscheiden zu können. Eine Abscheidung kann erst erfolgen, wenn die Aufnahmefähigkeit des Schmierstoffs für Feststoffpartikel erreicht ist bzw. überschritten wird. Damit ist gleichzeitig die Gefahr der Ablagerungsbildung gegeben.

Eine Bestätigung dieses Mechanismus zeigen die gestrichelten Kurvenverläufe in Bild 75 und 76. Hier trat aufgrund eines mechanischen Defektes der automatischen Ölnachfülleinrichtung eine überhöhte Frischölzufuhr im Bereich zwischen 10.000 und 20.000 km Fahrstrecke auf. Durch die zunehmende Ölauffrischung und das damit wachsende Dispergiervermögen fallen Abscheiderate und Abscheidemasse fast auf Null. Erst nach Behebung des Schadens und bei wieder normalem Ölverbrauch steigt die Abscheideleistung auf das übliche Niveau an. Dieser Zusammenhang läßt den prinzipiellen Nutzen, insbesondere die Anwendbarkeit von Zentrifugen in Verbindung mit höherdispergierenden Ölen, fraglich erscheinen.

4.5. Langzeitverhalten von Hauptstromfiltern

Da bei Langzeitölwechselintervallen nur bei Verwendung kleinvolumiger Nebenstrom-Feinstfilter-Einheiten während des Ölwechselintervalls Filterwechsel durchgeführt werden, muß auch von der Hauptstromfilterpatrone eine dem Ölwechselintervall entsprechende Langzeitfunktionsfähigkeit gefordert werden. Zur Ermittlung der zulässigen Standzeit von Hauptstromfiltern wurde die Beanspruchungsdauer der Filter variiert und die Funktionsfähigkeit in Abhängigkeit von der Filtereinsatzdauer ermittelt /38/. Bewertungskriterien waren die Berstfestigkeit der Filterpapiere (Papierversprödung) sowie Funktionskriterien (Faltenbrüche, Dichtungsverhärtung). Dabei wurde in mehreren Fällen die Grenze der Verwendungsfähigkeit unter den Bedingungen des Langzeitölwechsels (70.000 km) deutlich überschritten. Die Auswertung der Meßergebnisse /39/ erbrachte eine eindeutige Abhängigkeit der Filterpapierschädigung von der Filterbeanspruchungsdauer und vom Schmierstoffzustand. Speziell die Abnahme der alkalischen Reserve des Gebrauchtöls bewirkt eine zunehmende Papierversprödung. Dieser Zusammenhang ist in Bild 77 dargestellt.

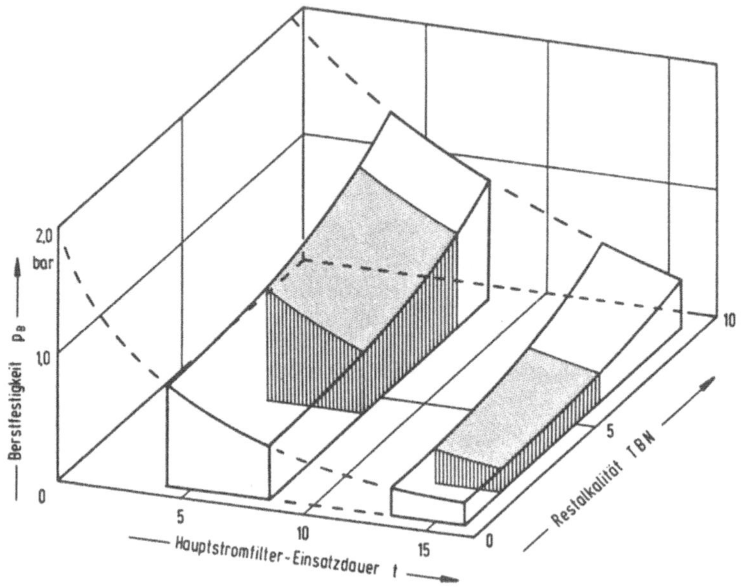

Bild 77: Abhängigkeit der Hauptstromfilter-Berstfestigkeit von der Einsatzdauer und der alkalischen Reserve des Gebrauchtöls (Motor C, Öle A und C)

Da die bisher verwendeten Hauptstromfiltertypen nicht in jedem Fall in der Lage sind, die Beanspruchungen im Langzeiteinsatz problemlos zu überstehen, wurden vom Filterpapierhersteller Prototypen mit verbesserter Papierqualität entwickelt, die zur Zeit noch in einem eigenen Versuchsprogramm erprobt werden. Erste Ergebnisse zeigen, daß die neuen Papierqualitäten den Beanspruchungen im Langzeiteinsatz besser gerecht werden. Nach ca 45.000 km liegen die Berstfestigkeiten im Neuwertbereich der bisher verwendeten Papierfestigkeiten /46/. Diese Hauptstromfiltertypen dürften auch im Langzeiteinsatz problemlos verwendbar sein.

5. Schlußfolgerungen aus den Untersuchungen

Die Einzelergebnisse der Untersuchungen sind in Abschnitt 4 ausführlich dargestellt und interpretiert worden. Dabei sind die Veränderungen von Öleigenschaften während der Betriebsbeanspruchung am Beispiel von Ein- und Mehrbereichsölen unterschiedlicher Legierungshöhe, die Auswirkungen des Ölzustandes auf den Verschmutzungszustand und das Verschleißverhalten der Motorbauteile bei variierenden Filterverfahren untersucht worden.

Ziel dieses Abschnitts ist es, die umfangreichen Einzelergebnisse zu generalisieren. Dazu soll der Einfluß wichtiger Motoröleigenschaften (und deren zeitliche Veränderung) auf das Verschleißverhalten von Verbrennungsmotoren - hier Nutzfahrzeug-Dieselmotoren - mit den Auswirkungen der Motorölfiltration auf die Schmierstoffeigenschaften in Zusammenhang gebracht werden. Damit können die Auswirkungen von Nebenstrom-Feinstfiltern auf das Betriebsverhalten von Dieselmotoren gezeigt und die Filter bezüglich ihrer Wirksamkeit bewertet werden.

5.1. Einfluß der Öleigenschaften auf das Verschleißverhalten

Die wichtigsten Schmierstoffveränderungen bei Dieselmotorölen unter regulären Betriebsbedingungen sind die Verschmutzung durch Verbrennungsruß, die Öloxidation und der Abbau der alkalischen Additive durch saure Verbrennungsrückstände. Alle diese Ölveränderungen haben einen graduell unterschiedlichen Einfluß auf das Verschleißverhalten der verschiedenen Motorbauteile. Die einzelnen Ölveränderungen treten in der Regel gleichzeitig, aber in unterschiedlicher Intensität auf und werden durch eine Vielzahl von Randbedingungen beeinflußt. Dazu zählen neben der Motorkonstruktion die Öl- und Kraftstoffqualität, die Betriebsbedingungen und die Wartung.

Hohe Feststoffgehalte im Motorenöl fördern den Verschleiß der Kolbenring-Zylinder-Gleitpaarung, mit zunehmender Konzentration an Verbrennungsrückständen und Oxidationsprodukten steigen Kolbenringverschleiß und Bore-Polishing an.
Der Verschleiß der Gleitlagerungen wird durch die Höhe der Feststoffkonzentration normaler Verschmutzungspartikel (Oxidationsprodukte, Abrieb und Verbrennungsruß) nicht beeinflußt, da die Partikelgrößen dieser Verunreinigungen deutlich kleiner sind als die minimale Schmierstoffspalte der Lagerungen.

Bei Vorhandensein größerer abrasiver Partikel steigt der Verschleiß allerdings stark an.
Das Verschleißverhalten von Bauteilen mit hohen Flächenpressungen - wie Nocken/Stößel - wird durch die Höhe der normalen Feststoffverunreinigungen im Dieselmotorenöl nicht beeinflußt. Durch die mit zunehmendem Feststoffgehalt steigende Viskosität kann die Tragfähigkeit des Schmierfilms eher gesteigert werden. Wichtig für das Verschleißverhalten dieser Bauteile ist neben der ausreichenden Werkstoffestigkeit das Lasttragevermögen des Schmierstoffes (EP-Additive).

Die Schmierstoffoxidation wirkt sich auf die Bauteile Kolbenring-Zylinder, Gleitlager und Nocken/Stößel in gleicher Weise aus wie die Verschmutzung des Öls durch Feststoffe. Mit wachsender Öloxidation nimmt die Verschleißintensität zu. Wegen der mit der Öloxidation steigenden Ablagerungsbildung am Kolben kann bei Überschreiten einer kritischen Ablagerungsdicke die Schmierstoffzufuhr behindert und damit eine überproportionale Verschleißintensität hervorgerufen werden.
Die zunehmende Versäuerung des Motorenöls, gekennzeichnet durch den Abbau der alkalischen Reserve, hat keinen direkten Einfluß auf das Verschleißverhalten der Kolbenring-Zylinder-Gruppe. Da mit abnehmender Restalkalität auch die Ablagerungsbildung am Kolben zunimmt, gilt jedoch für das Verschleißverhalten auch das oben gesagte.
Im Gegensatz zu den Gleitpaarungen der Kolbenring-Zylinder-Gruppe zeigen die Gleitlagerungen eine starke Abhängigkeit im Verschleißverhalten vom Versäuerungsgrad des Motorenöls. Bei Unterschreiten einer Mindestrestalkalität tritt korrosiver Verschleiß der Gleitlagerlaufflächen auf, der durch Auswaschungen und Ausbröckelungen der Laufschicht sichtbar wird. Die korrosionsunempfindlicheren Stahloberflächen zeigen keine derartigen Erscheinungen.

Da das Verschleißverhalten von Motoren bzw. von einzelnen Motorbauteilen durch die aufgeführten Schmierstoffveränderungen summarisch mehr oder weniger stark beeinflußt wird, sind alle diese Öleigenschaften durch geeignete Maßnahmen in ihren Veränderungen so zu begrenzen, daß die Verschleißintensität der einzelnen Bauteile zulässige Grenzwerte - auch im Hinblick auf die geplante Lebensdauer des gesamten Aggregats - nicht überschreiten. Eine Möglichkeit der Einflußnahme ist durch Filter gegeben.

5.2. Einfluß der Ölfilterung auf die Schmierstoffeigenschaften

Primäres Ziel jeder Ölfilterung ist es, Feststoffe möglichst schnell und vollständig aus dem Schmierstoffkreislauf abzuscheiden. Größere Partikel sollen bereits im ersten Umlauf entfernt werden, da diese bei ausreichender Härte schwere abrasive Schädigungen der Gleitoberflächen verursachen. Für diesen Zweck werden Hauptstromfilter eingesetzt. Feinstpartikel, die primär die Oberfläche nicht schädigen, müssen in ihrer Konzentration begrenzt werden, um unerwünschte Ölveränderungen wie Öleindickung sowie Schlamm- und Ablagerungsbildung zu verringern. Abrasivstoffe mittlerer Größenordnung, die kleiner sind als die Hauptstromfilterfeinheit, sind bei der Motorölfiltration problematisch. Da sie im ersten Umlauf weder von Hauptstromfiltern noch von Nebenstrom-Feinstfiltern abgeschieden werden können, ist Verschleiß nicht zu verhindern.
Die wesentlichen Feststoffbestandteile in Dieselmotorenölen sind Verbrennungsruß, öleigene Oxidationsprodukte und metallischer Feinstabrieb. Diese Stoffe können durch geeignete Nebenstrom-Feinstfilter entfernt bzw. in ihrer Konzentration soweit gemindert werden, daß die daraus resultierenden Ölveränderungen begrenzt bleiben. Auch Nebeneffekte, wie die katalytische Wirkung von Abriebmetallen auf den Oxidationsprozeß, tragen hierzu bei. Mit wirksamen Nebenstrom-Feinstfiltern können der Feststoffgehalt, der Viskositätsanstieg und die Schmierstoffoxidation begrenzt und damit der Gebrauchswert der Ölfüllung verbessert werden.
Flüssige Verunreinigungen und säurehaltige Verbrennungsrückstände sind prinzipiell nicht filtrierbar. Die bedingte Adsorptionsfähigkeit einiger Filtermedien für flüssige Verunreinigungen ist für das Betriebsverhalten von Dieselmotoren normalerweise von nachrangiger Bedeutung.

5.3. Filtration und Motorenverschleiß

Wirksame Motorenölfiltration mindert den Verschleiß der Motorbauteile zum einen durch das Ausfiltern großer Feststoffpartikel (Hauptfilter-Wirksamkeit) und zum anderen durch Reduktion von Verbrennungsruß und Oxidationsprodukten und damit verminderter Ablagerungsbildung am Kolben (Nebenstrom-Feinstfilter-Wirksamkeit). Dabei sind im Tribosystem "Motor-Motorenöl-Ölfilter" neben den Leistungseigenschaften des Filters wie Filterfeinheit und Abscheidecharakteristik auch die Öleigenschaften von Bedeutung. Hochdispergierende Öle, die die festen Fremdstoffe so fein dispergieren, daß

eine Ausfilterung mit dem eingesetzten Filtersystem nur zum geringen Teil möglich ist, sind in Verbindung mit Nebenstrom-Feinstfiltern nicht geeignet. Dieser Effekt wurde am Beispiel der Motorenöle C gezeigt. Die Entwicklung höherdispergierender Öle stellt also zunehmend schärfere Anforderungen an die Filterfeinheit der Nebenstrom-Feinstfilter-Medien.
Neben der Filterfeinheit ist auch die Abscheidecharakteristik eines Nebenstromfilters ausschlaggebend für die Ablagerungsbildung und den Motorverschleiß. Gute Abscheideleistungen bei mittelgroßen Partikeln (P $\geq$ 1 µm) bei gleichzeitig geringen Abscheideraten im Bereich der Feinstpartikel (P $\leq$ 1 µm) sind für das Verschleißverhalten der Kolbenring-Zylinder-Gruppe weniger geeignet. Dieser Mechanismus wurde am Beispiel der Sedimentationsfilter (Zentrifugen) dargestellt.

5.4. Qualitative Anforderungen an Nebenstrom-Feinstfilter

Neben den eigentlichen Leistungskriterien der Filter wie Filterfeinheit und Abscheidecharakteristik ist eine Anforderung grundsätzlich unabdingbar, nämlich die Betriebssicherheit des Filtersystems. Da Nebenstrom-Feinstfilter im allgemeinen als separate Einheiten über Rohrleitungen und Schläuche mit dem Motorölkreislauf verbunden werden, sind an die Zuleitungen und Filtergehäuse hohe Anforderungen bzgl. der dauerhaften Dichtheit zu stellen. Undichtigkeiten im Filtersystem und der damit verbundene Ölverlust kann Verschleiß durch Ölmangel zur Folge haben, der die mit Feinstfiltration erzielbaren Verschleißminderungen um ein Vielfaches übersteigt. Gegenüber mechanischen Beanspruchungen empfindliche Werkstoffe, z.B. Filtergehäuse aus glasfaserverstärktem Kunststoff, sind daher für den rauhen Betriebseinsatz in Nutzfahrzeugen wenig geeignet. Ein besonderes Augenmerk ist auch auf das Gehäusedichtsystem zu legen. Konstruktiv ungünstig gestaltete Gehäuseabdichtungen oder mangelnde Fertigungsqualität der Gummidichtungen führten auch bei den hier beschriebenen Untersuchungen zu Problemen.
Weiterhin ist eine auf den motorspezifischen und ölverbrauchsabhängigen Schmutzanfall abgestimmte Dimensionierung des Filtervolumens in Abhängigkeit vom geplanten Ölwechselintervall vorzusehen. Die Auswirkung einer zu kleinen Filterdimensionierung wurde am Beispiel des Filters U gezeigt. Die gute Abscheidecharakteristik des Filtermediums verschlechtert sich gegen Ende des Ölwechselintervalls nach Überschreiten der Filterstandzeit und die sich progressiv verschlechternden Ölkennwerte beeinflussen die Ablagerungsbildung und den Motorverschleiß negativ.

Unter Berücksichtigung der Kriterien

- Einfluß auf die Öleigenschaften
- Einfluß auf die Motorenverschmutzung und Ablagerungsbildung
- Einfluß auf das Verschleißverhalten wichtiger Motorbauteile

ergibt sich eine Bewährungsfolge für die unter den vorliegenden Versuchsbedingungen untersuchten Nebenstrom-Feinstfilter.

Sehr gute bis gute Filtrationseigenschaften haben die großvolumigen Papierwickelfilter X und die Faserfilter S. Dabei ist Filter X bzgl. Schlammbildung und Bore-Polishing überlegen, bei der Kolbensauberkeit werden mit Filter S günstigere Ergebnisse erzielt.

Gute bis mittlere Filtrationseigenschaften zeigen der kleinvolumige Papierwickelfilter R, der Papiersternfilter T und der aus Faserpreßplatten aufgebaute Filter U. Bei Filter U ist das für die Versuchsbedingungen zu geringe Filtervolumen zu berücksichtigen. Bei entsprechender Dimensionierung der Filterpatrone dürften die in der Anfangsphase guten Filtrationseigenschaften während des gesamten Ölwechselintervalls beizubehalten sein.

Weniger wirksam ist der Baumwollfaserfilter W. Feststoffe und Oxidationsprodukte werden nur in begrenztem Umfang ausgefiltert mit den entsprechenden Auswirkungen auf Motorenverschmutzung und Verschleiß. Die von Ölwechselintervall zu Ölwechselintervall wachsende Schmierstoffbeanspruchung ist dabei nicht auf eine Erschöpfung der Filterkapazität zurückzuführen, sondern auf die Ablagerungsbildung im Motor aufgrund zu geringer Filterfeinheit des Mediums. Entsprechend ungünstiger sind die Kolbensauberkeit und die Verschleißraten von Kolbenring und Zylinder.

Ungenügende Filtrationseigenschaften haben die Papierwickelfilter V und die Sedimentationsfilter Z. Bei den Filtern V sind konstruktive Mängel im Aufbau der Filterpatrone ursächlich, die eine Filtration schon nach kurzer Einsatzdauer ausschließen. Die Zentrifugen haben dagegen eine für die Ablagerungsbildung und das Verschleißverhalten der Bauteile ungünstige Abscheidecharakteristik.

Mit dieser Bewertung der untersuchten Filter wurde gezeigt, daß die Öleigenschaften, die Ablagerungs- und Schlammbildung und das Verschleißverhalten von Dieselmotoren graduell beeinflußt werden können. Die Aufstellung erhebt keinen Anspruch auf Vollständigkeit, da die untersuchten Filter nach zufälligen Gesichtspunkten ausgewählt wurden. Es sollte gezeigt werden, daß bei gleichen Betriebsbedingungen, Ölumlaufvolumen und Ölverbrauch das Verschleißverhalten durch die Güte der Nebenstrom-Feinstfiltration beeinflußt werden kann. Die durch die Feldversuche ermittelte Bewährungsfolge bzw. Bewertung der Filtermedien konnte durch vergleichende Prüfstandsversuche mit natürlich gealterten Dieselmotorölen bestätigt werden.

5.5. Konzeption optimierter Ölwechselintervalle

Die komplexen Zusammenhänge im System "Motor-Motorenöl-Ölfilter" lassen eine optimierte Anpassung von Nebenstrom-Feinstfiltern an den jeweiligen Motortyp eigentlich nur während der Entwicklung eines Motors durch den Hersteller sinnvoll erscheinen. Wegen der Öl- und Filtereinflüsse ist dabei eine Abstimmung mit Schmierstoff- und Filterherstellern wünschenswert.

Die in der Praxis häufig anzutreffende nachträgliche Ausrüstung von Motoren mit Nebenstrom-Feinstfiltern mit gleichzeitiger Verlängerung der Ölwechselintervalle birgt insofern Probleme, da sich der Anwender im wesentlichen auf die vom Filterhersteller gelieferten Angaben stützt und darauf seine Wartungsintervalle aufbaut. Die Angaben der Filterhersteller müssen zwangsläufig verallgemeinernder Art sein, weil motortyp- und ölspezifische Einflüsse nicht berücksichtigt werden können.
Eigene Untersuchungen des Anwenders durch Ölanalysen bzw. Motorbefundungen dürften nur bei sehr großen Fuhrparks kostendeckend sein. Daher wäre es begrüßenswert, wenn die Motorhersteller geeignete Filtertypen untersuchen und entsprechend ihrer Leistung interessierten Anwendern unter Angabe der damit erzielbaren Wartungsintervalle als Alternative zur serienmäßigen Filterausrüstung anbieten würden. Die hohen Anforderungen der Motorhersteller an die Qualität der eingesetzten Bauteile dürften auch das diesbezügliche Schadensrisiko mindern. In einigen Fällen sind Freigaben von Motorenherstellern für Nebenstrom-Feinstfilter mit entsprechenden Wartungsempfehlungen jedoch schon erfolgt.

6. Formelzeichen und Abkürzungen

A_{CCR}	Gew%	Aschegehalt aus Verkokungsrückstand
CCR	Gew%	Conradson Carbon Residue (Verkokungsrückstand)
ΔCCR	Gew%	Zunahme Koksrückstand gegenüber Frischöl
COC	-	Cleveland Open Cup (Flammpunkt)
d_t	g/ml	Dichte bei Bezugstemperatur
DK	-	Dieselkraftstoff
DK_m	l/100 km	durchschnittlicher DK-Verbrauch
DS	-	Druckseite
F	µm	Filterfeinheit
F_η	µm	Filterfeinheit bezogen auf Wirkungsgrad
$Fe_{Öl}$	ppm	spez. Eisengehalt der Ölprobe
ΣFe	g	Gesamteisenabrieb im Motorenöl
FF	Gew%	Feste Fremdstoffe (Benzin/Benzol)
FP	°C	Flammpunkt
F_K	Gew%	Ungelöste Stoffe (Kernporenfiltration)
GD	-	Gegendruckseite
HL	-	Honbild Lauffläche (Bore-Polishing)
HL_0	%	Bereich ohne Honbild
HL_I	%	Bereich einseitiger Honung
HL_{II}	%	Bereich beginnender Spiegelflächenbildung
ΣHL	%	$HL_0 + HL_I + HL_{II}$
KS	-	Kolbenringstoßspiel
LR	-	Lüfterradseite
LS	Dev	Ölzustand (Lubri-Sensor)
m	-	Richtungskonstante (Viskositätssteilheit)
MWM	-	Motorenwerke Mannheim
n	min^{-1}	Drehzahl
n_{max}	min^{-1}	Höchstdrehzahl
N	ml^{-1}	Partikelzahl
N_F	-	Partikelzahl bezogen auf Filterfeinheit (Partikelgröße)
ΔN	ml^{-1}	Partikelzahl zwischen Bereichsgrenzen
ΣN	ml^{-1}	Partikelzahlsumme im gesamten Meßbereich
ÖV	-	Ölverbrauch
$ÖV_m$	l/1.000 km	durchschnittlicher Ölverbrauch
ÖW	l	Ölwannenvolumen
ÖWI	-	Ölwechselintervall

P	µm	Partikelgröße
P_F	µm	Partikelgröße nach Filtration
P_K	µm	Partikelgrenzgröße (Kernporenfiltration)
P_{max}	Nm	max. Motorleistung
RN	-	Ringnut
s	km	Fahrstrecke
$s_{Öl}$	km	Fahrstrecke der Ölfüllung ("Öl-km")
SAE	-	Society of Automotive Engineers
SR	-	Schwungradseite
t	h	Zeit
$t_{Öl}$	h	Betriebsstunden der Ölfüllung
TBN	mgKOH/g Öl	Total Base Number (Gesamtbasenzahl)
US	Gew%	Ungelöste Stoffe (Membranfiltration/n-Heptan)
v	m/s	Geschwindigkeit
v_m	km/h	durchschnittliche Fahrgeschwindigkeit
$VI_{(E)}$	-	Viskositätsindex (extented)
VIR	-	Viskositätsindex (revised)
ZDTP	-	Zinkdialkyldithiophospat
γ	N/m^3	spez. Gewicht
ρ	kg/m^3	Dichte
η	%	Wirkungsgrad
η_F	%	Filterwirkungsgrad
η_P	%	Filterwirkungsgrad bezogen auf Partikelgröße
ν	mm^2/s	kinematische Viskosität
ν'	%	relative kinematische Viskosität
$\Delta\nu$	%	Viskositätszunahme
ν	mm^2/s	kinematische Viskosität bei 40°C
ν	mm^2/s	kinematische Viskosität bei 100°C

7. Literaturverzeichnis

/1/ Behrens, H. — Wirtschaftlichkeit von Nutzfahrzeugen
KFZ-Anzeiger 15 (1981), S. 13/16

/2/ N.N. — Neues Mercedes-Benz-Wartungssystem für Nutzfahrzeuge
Krafthand Heft 24 v. 15.12.1981, S. 1888/93

/3/ N.N. — Straßenverkehrszulassungsordnung § 29, Anlage VIII

/4/ Porst, A.; Ramundt, H.J.; Zürner, H.J. — Verlängerte Ölwechselzeiten bei Fahrzeugdieselmotoren
mineralöltechnik 22 (1977) 6

/5/ v. Eberan-Eberhorst, C. — Prüfverfahren für Motorenöle. - Eine Herausforderung an den Entwicklungsingenieur
Schmiertechnik + Tribologie 29 (1982) 4, S. 150/52 und 29 (1982) 5, S. 210/17

/6/ Müller, K.; Kristen, U.; Hamblin, P.C. — Wirksamkeit von aschefreien Anitoxidantien in Motorölen
Schmiertechnik + Tribologie 29 (1983) 3, S. 92/97

/7/ Brandt, G. — Besondere Anforderungen bei der Schmierung von Ottomotoren mit Abgas-Turboaufladung
mineralöltechnik 29 (1984) 2

/8/ Gairing, M. — Anforderungen an Motorenöle für Otto- und Dieselmotoren
Tribologie + Schmierungstechnik 31 (1984) 5, S. 266/73

/9/ Klamann, D. — Schmierstoffe und verwandte Produkte: Herstellung, Eigenschaften, Anwendung
Weinheim: Verlag Chemie, 1982

/10/ Böttcher, W.; v. Eberan-Eberhorst, C. — Chemische und physikalische Analysendaten und ihre Bedeutung zur Beurteilung von Frisch- und Gebrauchtölen
Vortrag TAE Esslingen, Feb. 1983
Lehrgang Nr. 6140/68.050

/11/ Hugo, P. — Chemische Analyse von Additiven in Gebrauchtölen und ihre Aussagefähigkeit für die Beurteilung des Ölzustandes
Vortrag TAE Esslingen, Feb. 1983
Lehrgang Nr. 6140/68.050

/12/ Rumpf, K.K. — Viskosimetrische Veränderungen von Motorenölen im Gebrauch
mineralöltechnik 28 (1983) 12

/13/ Killer, F.C.A. — Einfluß verschiedener Faktoren auf die Lebensdauer von Motorenölen
- Laboratoriumsmethoden zur Untersuchung der Alterung von Schmierölen
mineralöltechnik 26 (1981) 5

/14/ Bartl, P. — Moderne analytische Methoden zur Beurteilung von neuen und gebrauchten Motorenölen
Vortrag TAE Esslingen, Juni 1983

/15/ Matzat, N. — Reibwert- und Verschleißmessungen von Motorenölen mit dem SRV-Gerät
Vortrag TAE Esslingen, Juni 1983

/16/ v. Eberan-Eberhorst, C. — Die Bedeutung der Gebrauchtölanalyse für den motorischen Betrieb
VDI-Berichte 177 (1972), S. 97/108

/17/ Brendel, H.; Winkler, L. — Probleme der Filtertechnik
Wiss. Z. der Techn. Hochschule Karl-Marx-Stadt 21 (1979) 2, S. 123/29

/18/ Winkler, L. — Geeignete Ölfilterung als Grundlage für Verschleißschutz und Verlängerung der Ölwechselfristen
Schmierungstechnik 10 (1979) 1, S. 19/21
Schmierungstechnik 10 (1979) 3, S. 82/85

/19/ N.N. — Wissenswertes über Flüssigkeitsfilter
Filterwerke Mann & Hummel GmbH
Druckschrift VKD 7027.1

/20/ Tichy, J.A. — A Model of Lubrication Filtration
J. of Lubrication Tech. (1981) 103, S. 81/89

/21/ Krause, H.; Schmitz, M.; Tiede, H. — Langzeitölwechselintervalle bei Nutzfahrzeug-Dieselmotoren
Dokumentation zum Forschungs- und Entwicklungsprogramm des BMFT: Tribologie, Band II, S. 453/84

/22/ Bartz, W.J. — Chemische, physikalische und technologische Eigenschaften von Schmierstoffen und Arbeitsflüssigkeiten
Vortrag TAE Esslingen, Feb. 1983
Lehrgang Nr. 6140/68.050

/23/ Krause, H.; Tiede, H. — Erprobung des Ölprüfgerätes "Lubri-Sensor" (8200)
Interner Bericht des Lehrgebietes: Abnutzung der Werkstoffe, RWTH Aachen, 1982

/24/ Krause, H.; Tiede, H. — Ermittlung der Partikelgrößenverteilung in gebrauchten Dieselmotorölen mit einem optischen Partikelzählgerät (8505)
Interner Bericht des Lehrgebietes: Abnutzung der Werkstoffe, RWTH Aachen, 1985

/25/ Krause, H.
Tiede, H.
Ermittlung der massenmäßigen Partikelgrößenverteilung in gebrauchten Dieselmotorölen mittels Kernporenfiltration (8506)
Interner Bericht des Lehrgebietes: Abnutzung der Werkstoffe, RWTH Aachen, 1985

/26/ N.N.
DIN 51361, Teil 2, Prüfung von Motorenschmierölen in MWM-Prüfdieselmotor
Verfahren zur visuellen Beurteilung der Kolbensauberkeit, Juni 1977

/27/ Jantzen, E.
Schadenfrüherkennung an Bewegungselementen durch Partikelanalytik
Der Maschinenschaden 56 (1983) 5, S. 193/96

/28/ Gotre, A.
Versuchsbericht 146/84
M.A.N. Nürnberg

/29/ Kral, A.
Richtig geschmiert - Weniger Verschleiß - - Mehr Sicherheit
Zusammenfassung der Technischen Arbeitstagung Hohenheim, Stuttgart 1984
Der Maschinenschaden 57 (1984) 3, S. 70/72

/30/ v. Eberan-Eberhorst, C.
Wedepohl, E.
Öleindickung und Schlammbildung in Dieselmotoren
Vortrag gehalten auf der Technischen Arbeitstagung Hohenheim, 4.-6. April 1984

/31/ Nasch, H.
Bewertung des Detergent-/Dispersant- und Verschleißverhaltens von Motorenölen
Tribologie + Schmierungstechnik 31 (1984) 2, S. 90/95

/32/ Gairing, M.
Ölwechselfristen bei Nutzfahrzeug-Dieselmotoren
Tribologie + Schmierungstechnik 30 (1983) 3, S. 138/45

/33/ Volz, J.
Betriebserfahrungen mit dem Motorenöltest Daimler-Benz OM 352 A
mineralöltechnik 29 (1984) 4

/34/ McGeehan, I.A.
Effect of Piston Deposits, Fuel Sulfur and Lubricant Viscosity on Diesel Engine Oil Consumption, and Cylinder Bore Polishing
SAE Paper 831721

/35/ McGeehan, I.A.
A Single-Cylinder High BMEP Engine for Evaluation Effects on Piston Deposits, Ring wear, Oil Consumption and Bore Polishing
SAE Paper 800437

/36/ Rüdinger, V.
Ein Modell der Ablagerungsbildung an Dieselmotorkolben
Erdöl und Kohle 27 (1974) 7, S. 353/58

/37/ Krause, H. Tiede, H. — Verfahren zur Ermittlung von Bore-Polishing (8507) Interner Bericht des Lehrgebietes: Abnutzung der Werkstoffe, RWTH Aachen, 1985

/38/ N.N. — Filterwerk Mann & Hummel GmbH Prüfbericht 1-67 000 08 033 k/20.9.82
1-67 000 08 036 k/10.3.83
1-67 000 08 038 k/18.5.83

/39/ N.N. — Hauptstromfilter-Langzeitversuche LAW/ti - 06/83 (II)

/40/ N.N. — Filterwerke Mann & Hummel GmbH Prüfbericht 1-67 000 08 046 k/12.12.84

AUTORENVERZEICHNIS

Dedeken, Ralf; Dipl.-Ing.
RWTH Aachen, Institut für Maschinenelemente

Eifler, Dietmar; Dr.-Ing.
Universität Karlsruhe, Institut für Werkstoffkunde I

Groth, Klaus; Prof. Dr.-Ing.
Universität Hannover, Institut für Kolbenmaschinen

Haag, Hermann; Dipl.-Ing.
Deutsche Forschungs- und Versuchsanstalt f. Luft- und Raumfahrt e.V.
Institut für Werkstoff-Forschung, Köln-Porz

Hansen, Jörn; Dr.rer.nat.
Deutsche Forschungs- und Versuchsanstalt f. Luft- und Raumfahrt e.V.
Projektträgerschaft "Umweltschutztechnik", Bonn-Bad Godesberg

Huber, Jürgen; Dr.-Ing.
Hoechst CeramTec AG, Selb

Krause, Hans; Prof. Dr.-Ing.
RWTH Aachen, Lehrgebiet: Abnutzung der Werkstoffe

Krause, Horst-Herbert; Dipl.-Ing.
Universität Hannover, Institut für Kolbenmaschinen

Laarmann, Hans Wilhelm; Dipl.-Ing.
Pacific Wietz GmbH & Co KG, Dortmund

Lausch, Wolfram; Dr.-Ing.
M.A.N. - B & W Diesel GmbH, Augsburg

Löhr, Reinhold; Dr.-Ing.
Firma Luk, Bühl

Macherauch, Eckard,; Prof. Dr.rer.nat.Dr.-Ing.
Universität Karlsruhe, Institut für Werkstoffkunde I

Peeken, Heinz; Prof. Dr.-Ing.
RWTH Aachen, Institut für Maschinenelemente

Reidegeld, Ulrich; Dipl.-Ing.
Ruhr-Universität Bochum, Institut für Konstruktionstechnik

Schelter, Heinrich; Dipl.-Ing.
Hoechst CeramTec AG, Selb

Schmitz, Martin; Obering.
Aachener Straßenbahn- und Energieversorgungs-AG, Aachen

Schüler, Dietrich; Dr.-Ing.
Ruhr-Universität Bochum, Institut für Konstruktionstechnik

Seifert, Hans; Prof. Dr.-Ing.
Ruhr-Universität Bochum, Institut für Konstruktionstechnik

Tiede, Helmut; Dipl.-Ing.
RWTH Aachen, Lehrgebiet: Abnutzung der Werkstoffe

Victor, Karl-Heinz; Obering.
Pacific Wietz GmbH + Co KG, Dortmund

DESKRIPTORENLISTE

(Beispiel: 2(4,5) bedeutet Band 2, Bericht 4 und Bericht 5; siehe Faltblatt hinten

0 TECHNISCHE FUNKTION DES TRIBOSYSTEMS

1 ANWENDUNGSGEBIETE

11 System, Maschine, Gerät, Bauteil, Produkt

111 *Antriebstechnik*

112 *Kraft- und Arbeitsmaschinen*

112.8 Druckmaschinen 3(2,4) 6(4,5,9,10,11) 7(1)

113 *Feinwerktechnik*

113.1 Meßgeräte, Meßinstrumente 1(7) 4(9) 5(2) 7(1)
113.2 Optische Geräte 5(2)
113.3 Phono-und fernsehtechnische Geräte 1(7) 5(2) 7(1,3)
113.4 Büromaschinen 1(7) 4(9) 7(1)
113.5 Datenverarbeitungsmaschinen 4(9) 7(1)
113.6 Sonstige
113.61 Uhren 1(7) 5(2)

114 *Fahrzeuge, Verkehr*

114.1 Straßenverkehr 2(3,7,9,) 3(2,4,11) 5(1,2) 6(4,5,9) 7(1) 10(7)
114.2 Spurgebundener Verkehr 5(4,5) 6(5) 7(1)
114.3 Schiffahrt 3(2,4) 4(5) 6(4,5) 7(1)
114.4 Luftfahrt 1(6) 3(2,4) 4(5) 5(1,2) 6(4,9) 7(1) 8(7)
114.5 Raumfahrt, Raketentechnik 3(2) 5(2) 6(4,9)

115 *Elektrotechnik*

115.1 Elektromotoren, Generatoren 3(2,3,8) 5(2) 6(5) 10(2)
115.2 Elektrische Kontakte, Schalter 7(1,3)
115.3 Elektroden

116 *Grundstoffindustrien, Nahrungsmittel, Energie*

116.1 Aufbereitungstechnik 1(2) 3(3) 4(1,2,4,7) 6(5,9) 7(1) 9(8,9)
116.2 Bergbau, Tiefbohren 1(1,2) 6(5,9) 7(1) 8(7) 9(8,9)
116.3 Bau, Steine, Erden 1(1,2) 6(5,9) 7(1) 8(7) 9(8,9)
116.4 Land- und Forsttechnik 1(2) 4(3) 6(9) 7(1) 8(7)
116.5 Meerestechnik 1(2) 6(9) 7(1)
116.6 Hüttenwesen 1(1,2,8) 3(3) 4(1) 5(3,5) 6(5,7,8,9) 7(1,9) 8(7)
116.7 Fördertechnik, Lagertechnik 1(1,2) 3(3) 4(6) 5(4,5) 6(5,9) 7(1) 8(7) 9(9)
116.8 Gas- und Wasserversorgung 4(6) 6(5,9)
116.9 Kraftwerkstechnik 1(2) 3(3,8,9) 6(5,9) 10(2)

117 *Kunststofftechnik* 4(2)

12 Fertigungsverfahren, Werkzeuge

121 *Urformen*

121.1 Gießen 1(2)
121.2 Extrudieren 1(2) 4(2,4) 6(5) 7(1)
121.3 Pulvermetallurgie, Sintern

122 *Umformen*

122.1 Schmieden, Stauchen, Pressen 1(9,11) 4(13) 7(1,5,7)
122.2 Walzen 1(2) 5(3) 6(5,7,8) 7(4)
122.3 Ziehen 1(8,9) 4(10) 7(1,5,8,9) 9(6)
122.4 Tiefziehen 1(4,10) 7(1)
122.5 Biegen, Drücken 7(1)

123 *Fügen, Beschichten*

123.1 Schrauben, Nieten
123.2 Klemmen, Einpressen 1(6)
123.3 Schweißen 1(2) 9(3)
123.4 Beschichten 1(2,4) 4(5,9,11) 7(2) 9(3,4,5)

124 *Trennen*

124.1 Schneiden, Sägen 7(1,6)
124.2 Drehen, Fräsen, Feilen 1(3,4) 4(10) 7(1) 9(4,6)
124.3 Schleifen, Läppen, Polieren 4(12)
124.4 Flüssigkeitsstrahlschneiden

125 *Oberflächenbearbeitung*

(Strahlen, Bürsten, Glattwalzen) 4(5,9) 9(5)

2 BEANSPRUCHUNGSFALL

21 Kontakt-, Bewegungsart

211 *Kontaktform*

211.1 Konformer Kontakt 1(1,5,6,10,11) 2(5,8,9) 3(1,2,3,4,5,7) 4(5,10,12) 5(1,3,5,7) 6(4,6,7,8,9,12) 7(1,4,6,9) 8(1) 9(3) 10(2,3,7)
211.2 Kontraformer Kontakt 1(1,7) 2(1,3,4,6,9) 4(1,10) 5(1,3) 6(2) 7(1) 8(1,2,3,4,5) 9(1,3,8,9)

212 *Bewegungsart*

212.1 Normal-, Haftkontakt 1(1,6) 3(9) 4(11,13) 5(5) 6(2,10,11) 8(2)
212.2 Gleiten 1(1,2,4,5,6,7,8,11) 2(2,4,5,6,7,8,9) 3(1,2,3,4,5,7,9) 4(2,3,4,7,10,12,13) 5(1,2,3,5,7,9) 6(1,2,3,4,5,6,7,8,9,11,12) 7(1,2,3,5,6,7,8,9) 8(1,2,4,5,7) 9(1,3,6,7,8,9) 10(1,2,3,4,5,6,7)
212.3 Wälzen 2(1,2,3,4,5,6) 5(1,3,4,6) 6(10,11) 7(1,3,4) 8(1,2,3,4,5,6) 9(1,2,4,8,9)
212.4 Stoßen, Prallen 1(1,2,5) 4(1,10) 6(2) 8(4) 9(3,8)
212.5 Strömen 2(7) 3(8,9) 4(2) 5(8) 6(3) 7(9) 8(7) 9(3,9) 10(2)
212.6 Strahlen

22 Betriebsparameter

221 *Bewegungsablauf*

221.1 kontinuierlich 1(2,4,7,8) 2(1,4,6,7,9) 3(1,2,3,4,7,9) 4(3,10,12,13) 5(1,4,6,9) 6(2,3,4,6,9) 7(3,8) 8(1,2,4,5,6) 9(3,5,6,8) 10(2,3,5)
221.2 intermittierend, repetierend 1(1,2) 2(2,8,9) 3(5) 4(1,7) 5(3,5,9) 6(9) 7(6) 8(4) 9(2,4,5,6,8,9) 10(7)
221.3 oszillierend, schwingend 1(5,6,7) 2(7,9) 3(6,9) 4(1,5,9) 5(2,7,9) 6(2,5,7,8,9,10,12) 7(3) 8(7) 9(7,9) 10(1,4,7)
222 Normalkraft 9(2,7,8,9)
223 Flächenpressung 9(2,3,8,9) 10(2,3)
224 Geschwindigkeit 9(2,3,5,8,9) 10(2,3)
225 Temperatur 9(2,3,5,6,7,9) 10(3,4)
226 Beanspruchungsdauer 9(2,5,8) 10(3,4)

227 Sonstige 9(7,8)

3 SYSTEMSTRUKTUR

31 Stoffliche Eigenschaften und Stoffparameter

311 *Stoffpaarung Grund-/Gegenkörper*

311.01 fest/fest 1(1,4,6,11) 2(1,2,4,9) 3(9) 4(1,2,6) 5(1,3,5,7,9) 6(1,8) 7(3,4) 9(2,3,8,9) 10(6)
311.11 Metall/...
311.111 Metall/Metall 1(1,3,5,6,8,9,10,11) 2(1,2,3,4,5,6,8,9) 3(3,5) 4(2,3,5,6,10,11,13) 5(1,2,3,4,5,6,7) 6(2,6,7,8,9,10,11) 7(1,2,4,5,6,7,8,9) 8(1,2,3,4,5,6) 9(1,2,4,5,7,8) 10(1,3)
311.112 Metall/Mineral 1(1,2,9) 4(2,4,5,6,10,12) 7(2) 8(1) 9(5,8)
311.113 Metall/Polymer 1(5,7) 3(9) 4(2,4,6) 5(2,9) 6(7,9,11,12) 8(7)
311.114 Metall/Verbundwerkstoff 1(3,4,5) 3(1,7) 4(2,4,6) 5(9) 6(1,9) 7(8) 9(3,5,6)
311.12 Mineral/...
311.121 Mineral/Mineral
311.122 Mineral/Polymer 5(9)
311.123 Mineral/Verbundwerkstoff 4(7) 9(3,8)
311.13 Polymer/...
311.131 Polymer/Polymer 1(7) 5(2)
311.132 Polymer/Verbundwerkstoff
311.14 Verbundwerkstoff/... 10(7)
311.141 Verbundwerkstoff/Verbundwerkstoff 9(3)
311.2 fest/fluid 2(7,9) 3(2,4,9) 4(2,6) 6(2,3,4,9,12) 8(7) 10(2,5,7)

312 *Stoffart von Grundkörper, Gegenkörper, Zwischenstoff, Umgebungsmedium*

312.1 Metalle und Halbmetalle 2(7)
312.11 Stahl, Eisen (vgl. 312.42) 1(1,2,3,4,5,7,8,9,10,11) 2(1,2,3,4,5,6,7,8,9) 3(1,2,3,4,5,7,8,9) 4(1,2,3,4,6,7,9,10,11,12,13) 5(1,2,3,4,5,6,7,8,9) 6(2,4,7,8,9,10,11) 7(1,2,3,4,5,6,7,8,9) 8(1,3,4,5,6,7) 9(1,2,4,5,7,8,9) 10(1,2,3,6,7)
312.12 Leichtmetalle 2(9) 3(2,4,7) 6(2,4,6) 7(4)
312.121 Aluminium + Legierungen 2(8,9) 3(2,4,7) 5(2,9) 6(2,4,6) 9(5) 10(1,4,7)
312.122 Titan + Legierungen 1(6) 4(5) 9(5)
312.13 Schwermetalle 2(9) 3(7) 6(6) 7(4) 10(6)
312.131 Blei/Zinn + Legierungen 2(9) 3(2,3,4,6,7,8) 6(4,5,6) 10(2,3,4,7)
312.132 Kupfer + Legierungen 2(9) 3(3,7) 5(2,9) 6(6,7,8,9) 10(7)
312.133 Nickel + Legierungen 1(6) 4(5) 5(2,9)
312.134 Kobalt + Legierungen 1(2,6) 4(3,11)
312.135 Edelmetalle 2(8) 5(2)

312.2 Minerale, keramische Stoffe
312.21 Minerale 1(1,2) 4(1,2,4,5,7,12) 8(1) 9(3,8,9)
312.22 Glas 4(2)
312.23 Keramische Stoffe 1(6,9) 3(9) 4(2,10,12) 5(9) 7(3) 9(5) 10(5)
312.24 Gestein 1(1) 9(8)
312.25 Beton
312.26 Schlacke, Asche 9(9)

312.3 Organische Stoffe, Polymere
312.31 Einfache organische Stoffe 1(11)
312.32 Polymere 1(1,5,7) 4(4) 5(2,9) 6(7,9,12) 8(7)
312.321 Kunststoffe, Gummi 3(9) 4(2,4) 5(2,5,9) 6(7,11,12) 8(7)
312.322 Pharmazeutische Stoffe, Kosmetika
312.323 Biologische Stoffe
312.324 Papier, Pappe 6(11)
312.325 Holz (vgl. 312.45)
312.326 Leder

312.4 Verbundwerkstoffe 3(1)
312.41 Verstärkte Kunststoffe 1(5) 3(9) 4(2,4) 5(2,9) 6(9)
312.42 Verstärkte Metalle 1(1) 4(6) 6(1) 8(7)
312.43 Cermets, Hartmetalle 1(1,3,4) 3(9) 4(2,11) 6(1) 7(8) 9(3,5,6,7,8)
312.44 Schichtwerkstoffe 1(3,6) 3(7) 4(2,9,11) 5(9) 7(3) 9(3,4,5,6)
312.45 Holzwerkstoffe

312.5 Faser-und Textilstoffe 4(6)

312.6 Körnige und stückige Stoffe 4(2,4,7) 9(8)

312.7 Flüssigkeiten, Fette, flüssige Mehrphasensysteme 1(10) 2(2,4,5) 4(12) 5(1,5) 6(1,7,9) 7(1) 8(4,6) 10(5)
312.71 Anorganische Flüssigkeiten 4(12) 10(5)
312.711 Wasser, Elektrolyt 1(11) 3(1,9) 4(7,12) 5(3,9) 6(9,11) 10(5)
312.712 Metallschmelze
312.713 Salzschmelze
312.714 Flüssiggas 10(5)
312.715 Silikonöl 5(2) 10(5)
312.72 Organische Flüssigkeiten 1(5) 2(5,6,9) 4(12) 5(2) 6(1) 7(1) 8(4) 10(5)
312.721 Organische Lösungsmittel 1(5) 6(9) 10(5)
312.722 Mineralöle 1(9,11) 2(1,2,3,4,7,8,9) 3(3,7,8) 4(12) 5(1,2,5,7,8,9) 6(1,2,6,7,8,9,12) 7(1,4,8) 8(1,2,3,4,5,6,7) 10(1,2,3,5,6,7)
312.723 Synthetische Öle 1(9) 2(5,6,7) 4(12) 5(2,9) 6(9,12) 7(4,5) 8(3,5) 10(5)
312.724 Tierische und pflanzliche Öle 4(12) 7(4,8) 10(5)
312.725 Polymerschmelzen 4(2)
312.726 Polymerlösungen 1(9) 2(7) 7(5) 10(5)
312.73 Additive 1(11) 2(3,4,8,9) 4(2,3,12) 5(2) 6(2,6,7,8,9) 7(5,8) 8(7) 10(5,6,7)
312.74 Suspension 1(11) 4(13) 6(9) 7(7) 10(5)
312.75 Emulsionen 4(12) 6(9) 7(4,8) 10(5)
312.76 Fette 1(5) 2(4) 5(2,5) 6(7,8,9) 10(5)
312.77 Seifen 1(8) 2(4) 5(2) 6(9) 7(7,8,9) 10(5)
312.78 Pasten, Kolloide 4(13) 5(2) 6(9) 10(5)
312.79 Sonstige
312.791 Öl Aerosol 2(2)
312.792 Festschmierstoffe 7(5,7)

312.8 Gase
312.81 Luft 1(1,2,3,5,6,7,9,11) 2(3,4,5) 3(3,7,8) 4(1,2,4,5,6,9,12) 5(1,3,9) 6(9,11) 7(3,5,7) 8(1,5) 9(3,5,7,8) 10(3,6)
312.82 Wasserdampf 1(1) 5(3,9) 6(9) 7(3)
312.83 Sauerstoff 1(1) 4(6)
312.84 Inertgas 4(6) 6(1) 7(3) 10(6)
312.85 Vakuum 5(9) 7(3) 8(1) 9(5)

312.86 Weltraumatmosphäre
312.87 Sonstige
312.871 CO, CO(2), N(2), CHs 1(1)
312.872 Wasserstoff 3(8)

312.9 Verunreinigungen/Schmutz 2(8,9) 3(9) 5(3,5,6,9) 6(7,8,9,11) 10(5,6,7)

313 *Stoffparameter*

313.1 Werkstoffabhängige Einflüsse
313.11 Zusammensetzung 1(1,2,3,4,5,6,10) 2(4) 3(7) 4(1,2,3,4,5,9,10,11,12,13) 5(1,3,5) 6(5,6,7,8,10) 7(1,2,3,4,6,8,9) 9(3,4,5,6,7,8,9) 10(5.6)
313.12 Gefüge, Struktur 1(1,2,3,4,7,9) 2(6) 4(1,3,5,9,10,11,12,13) 5(1,3,5) 6(10) 7(1) 8(1,7) 9(1,2,3,4,5,6,7,8) 10(4,5,6)
313.13 Physikalische Stoffdaten 1(1,2,3,4,5,8) 2(3,4) 3(3,6,7) 4(1,2,3,13) 5(4) 6(7,10) 7(6) 8(5) 9(3,5) 10(4,5)
313.14 Festigkeitsdaten/Härte 1(1,2,3,4,9) 4(1,3,4,5,9,10,11,12,13) 5(1,2,3,4,5,7) 6(5,7,8,9,10) 7(1,2,3,4,5,6,8) 8(1,5,7) 9(1,2,3,5,6,7,8,9) 10(4,5,6)
313.15 Eigenspannungen 1(4,6) 4(9) 5(2) 6(2) 9(2,3,6) 10(6)
313.16 Verträglichkeit 1(6) 4(5,10,11) 5(2) 8(7) 10(6)
313.17 Haftung: Beschichtung/Konzentrat 9(3)

313.2 Oberflächenabhängige Einflüsse
313.21 Oberflächenenergie 5(2) 10(6)
313.22 Mechanische Oberflächenbearbeitung 1(6) 2(1) 4(5) 6(2,8,10) 7(1,6) 8(1,2,3,5,7) 9(4,5) 10(5,6)
313.23 Wärmebehandlung/Härten 1(2) 3(9) 4(3,4,10,12) 5(6,7) 6(9,10) 7(1) 8(1,7) 9(1,2,5,8,9) 10(6)
313.24 Elektropolieren
313.25 Oberflächenreinigung 7(4) 8(1) 9(4) 10(6)
313.26 Sonstige
313.261 Verfestigen durch Strahlen 1(6) 4(5)
313.262 Verarbeitungsbedingungen/Härte 1(7)

313.3 Adsorbierte Schichten 2(8) 5(2) 7(3)

313.4 Oberflächenüberzüge
313.41 Anorganische Überzüge 1(3) 8(5)
313.411 Galvanische Überzüge, stromlose Abscheidungen 1(6) 3(9) 4(8,9,10) 5(9)
313.412 Schmelztauchüberzüge
313.413 Gasphasenabscheidung, PVD, CVD 1(1,3,4,6) 4(8,9,10) 7(3) 8(2,5) 9(4,5,6)
313.414 Schweiß-, Guß-, Spritz- und Sinterüberzüge 1(1,2) 3(9) 4(1,5,11) 5(3,9) 9(3)
313.415 Walzüberzüge (Plattierung)
313.416 Glasuren, Emails
313.417 Thermochemische Schichten 1(6) 4(2,4,5,6,7,8,9,10) 5(9) 7(1,2)
313.418 Chemische Überzüge (Oxid-, Phosphatschichten) 6(9)
313.42 Organische Überzüge 5(2)
313.421 Farben, Anstriche
313.422 Gleitlacke 5(9) 6(9)
313.5 Implantation 9(7)

32 **Formparameter**

321 *Konstruktive Gestaltung*

321.1 Geometrie (Maßstab, Eingriff, Toleranzen) 1(5,7,11) 3(1,2,3,4,8,9) 4(3,9,11,12) 5(1,5,7,9) 6(1,2,3,4,10,12) 7(5,6) 8(1,4,7) 10(5,6)
321.2 Konstruktion 1(11) 2(7,9) 3(2,3,4,8) 5(3,5,8,9) 6(2,3,4,8,9,10) 8(4,7) 10(1,5,6)
321.3 Einbau-, Montagefehler 3(2,4) 6(4,8,10)
321.4 Thermische Ausdehnung 3(4,8) 6(3,7,8) 10(5)

322 *Oberflächenrauheit, Welligkeit* 10(5,6) 1(7,10) 2(1) 3(1,7,9) 4(5,10) 6(3,7,8,9,10,12) 7(1) 8(1,5,7) 9(4,6)

4 **TRIBOLOGISCHE PROBLEMSTELLUNG**

41 **Oberflächen und Kontakte**

411 *Oberflächenzustand*

411.1 Oberflächenmorphologie 1(4,11) 2(1) 3(7) 4(4,5,11) 5(7,9) 6(1) 7(1,4) 8(1) 9(4,6,8) 10(4)
411.2 Oberflächenstruktur, Randgefüge, Kontaktzone 1(1,4,6,7,10) 2(1) 4(4,9,11,12,13) 5(1,3) 6(3,10) 7(1) 8(5,7) 9(2,5,8) 10(4,6)
411.3 Oberflächenzusammensetzung 1(2,4) 3(9) 4(4,11) 6(2) 7(1) 9(3,5,7)
411.4 Grenzflächenreaktion 2(8) 4(11,12) 5(1,2,3) 6(6,10) 7(1,4) 9(5,6)

412 *Kontaktbildung*

412.1 Kontaktmechanik, -elastizität 1(6) 3(1,4,5,7) 5(1,7,9) 6(10,11,12) 7(4) 8(4)
412.2 Wärmeübergang 1(9) 2(8) 3(4) 4(13) 6(3) 7(4,5) 8(3,4)
412.3 Bindungscharakter, Adhäsion 1(9,10) 4(11) 6(9) 9(4,5)

413 *Meßgrößen*

413.1 Grenzflächenspannung, -energie 1(4) 5(2)
413.2 Rauheit 1(6,7,10) 2(1,2,9) 3(1,9) 4(4,5,10,11,12,13) 5(7) 6(7,8) 7(1) 8(1,3,7) 9(4,8) 10(5,6)
413.3 Kontaktfläche 4(5,13) 8(2,7)
413.4 Kontaktkräfte, -spannungen 1(6,9,11) 2(3) 3(7) 4(5,12,13) 5(9) 6(2,12) 7(4,5) 8(2,4) 9(8)
413.5 Kontaktpotential, elektrischer Kontaktwiderstand 5(1) 7(3) 10(1)

42 **Reibung und Energieverlust**

421 *Reibungsarten* (vgl. 441)

421.1 Ruhereibung 3(9) 6(2) 8(6)
421.2 Gleitreibung 1(1,4,7,8,9,10) 2(2,4,6,7,8,9) 3(1,2,3,4,5,7,9) 4(3,7,10,11,13) 5(1,2,5,7,9) 6(2,3,4,6,7,8,9,11,12) 7(1,3,4,5,8,9) 8(2,4,7) 9(3,6,7,8) 10(1,2,5,6,7)
421.3 Wälz- und Rollreibung, Traktion 1(1) 2(1,4,5,6) 4(13) 5(1,4,6) 6(10,11) 7(1,4) 8(2,3,4,5,6) 9(1,4,8)
421.4 Bohrreibung 9(8)
421.5 Reibschwingungen 1(6) 4(5) 5(2) 6(9,10,11)

422 *Reibungs- und Energieverlustmechanismen*

422.1 Mechanische, akustische Prozesse 1(1,7,9) 3(7) 4(3,5) 5(1,5,7,9) 6(2,12) 7(1,4,5,9) 8(4) 9(4,8) 10(1)
422.2 Thermische Prozesse 1(1) 2(8) 3(3,9) 5(1,2) 6(9) 7(1,9) 8(5) 9(5)
422.3 Elektrische und optische Prozesse

423 *Meßgrößen*

423.1 Bewegungsablauf 1(1,6) 2(1,2) 3(3) 4(3,5,13) 5(5,9) 6(2,7,8,10,12) 8(4,7)
423.2 Reibungskraft, -energie u.ä. 1(1,5,6,7,8,9,10,11) 2(1,2,4,5,6) 3(3,7,8,9) 4(5,10,13) 5(1,2,7,9) 6(2,6,7,8,9,10,12) 7(1,3,4,5,8,9) 8(2,3,4,5,6,7) 9(3,7,8) 10(1,5)
423.3 Stick-Slip-Größen 3(9) 5(2) 6(10,11) 7(3) 8(7)
423.4 Temperatur 1(1,9,11) 2(1,4,7,8) 3(3,7,8) 4(3,13) 5(1,2,5,7,8,9) 6(2,6,8,9,12) 7(1,5,9) 8(2,3,4,5,6,7) 10(2,5)
423.5 Temperaturstrahlung
423.6 Schmierfilmhöhe 2(1)
423.7 Verschleiß 9(3)
423.8 Konzentration der Verschleißpartikel 5(1)

43 Verschleiß- und Materialabtrag

431 *Verschleiß- und Materialabtragungsarten*

431.1 Gleitverschleiß 1(1,2,4,7,9,10,11) 2(2,4,8,9) 3(7,9) 4(2,3,4,7,10,11,12,13) 5(1,2,5,7,9) 6(1,6,7,8,9,12) 7(1,3,4,5,6,7) 8(1,5,7) 9(1,2,3,4,5,6,7,9) 10(5,6,7)
431.2 Rollverschleiß 1(1,2) 2(4) 4(13) 5(1,3,4,6) 6(10,11) 7(1,4) 8(1,6) 9(1)
431.31 Prallverschleiß 1(1,2) 9(8)
431.32 Stoßverschleiß 1(1,2) 4(1,10,12) 5(9) 6(9,11) 9(1,3,8)
431.4 Schwingungsverschleiß 1(5,6) 4(5,12) 6(9,10,11) 10(4)
431.51 Furchungsverschleiß 1(1,2,11) 4(2,4,10,11,13) 5(3,9) 6(9) 7(1) 8(1) 9(3,4,5,8) 10(6)
431.52 Korngleitverschleiß 1(1,2) 2(9) 4(2,4,12) 5(5) 6(7,8,9) 9(3,8,9) 10(7)
431.53 Kornwälzverschleiß 1(2) 9(3,8)
431.6 Strömungsverschleiß 3(6) 4(2) 6(12) 8(7) 9(3,9)
431.7 Strahlverschleiß
431.81 Kavitationserosion, Tropfenschlag 6(12)
431.82 Elektroerosion 3(9)
431.9 Ablation

432 *Verschleiß- und Abtragungsmechanismen*

432.1 Oberflächenverformung 1(2,4,11) 4(3,13) 5(1,3) 6(7,10,11) 7(4,7,8) 8(7) 9(3,8,9)
432.2 Abrasion 1(1,2,3,6,11) 2(4,9) 3(7) 4(1,2,3,4,5,6,10,11,12,13) 5(1,3,4,5,7,9) 6(1,7,8,9,10) 7(1,2,4,6,7) 8(1) 9(3,4,5,6,8,9) 10(1,6,7)
432.3 Oberflächenzerrüttung 1(1,9,11) 3(9) 4(3,10,11,13) 5(1,9) 6(7,9,11) 7(1) 8(1,5) 9(3,8)
432.4 Adhäsion 1(6,7,9,11) 2(9) 3(7) 4(2,3,6,10,11,13) 5(1,9) 6(7,8,9,10) 7(1,2,3,5) 8(1) 9(3,5,7,9) 10(7)

432.5 Tribochemische Reaktion 1(6,11) 2(4,8) 4(1,4,5,6,11,13) 5(1,2,3) 6(6,8,9,10,11) 8(1) 9(3,5) 10(6,7)

433 *Verschleißerscheinungsformen*
2(9) 4(5) 5(3,9) 7(6) 9(3,8)

434 *Einlaufvorgänge*
1(7) 2(1,2,9) 4(3,11) 5(1,3) 6(2,7,8,9,10,12) 7(1) 8(1,3,7) 9(8) 10(6)

435 *Meßgrößen*

435.1 Formänderung, Ritzwiderstand 3(6) 6(2,11,12) 7(3,4,7,8) 9(5,8) 10(1,4)
435.2 Materialabtrag 1(1,3,4,7) 2(2,4,9) 3(9) 4(1,2,3,4,10,11,12,13) 5(1,2,3,4,5,7,9) 6(6,7,8,9,10,11) 7(1,2,6,7) 8(1,6,7) 9(2,3,4,5,6,8,9) 10(1,6,7)
435.3 Lebensdauer, Tragfähigkeit 1(1,6,11) 2(9) 3(1,6,7,9) 4(1,3,9,11) 5(2,3,5,9) 6(8,10,11) 7(3) 8(1,3,5,6,7) 9(1,2,4,8) 10(4)
435.4 Reaktionsschichtbildung 1(6) 2(4) 4(3,11) 5(1,2,3) 6(6,9,10) 7(1)
435.5 Verschleißpartikel 1(2,6) 2(9) 4(3,5,11) 5(1,2) 6(1,7,8,9) 7(1) 8(7)

44 Schmierung und Schmierstoffeigenschaften

441 *Schmierungszustände*

441.1 Festkörperreibung 1(4,5,7,11) 3(9) 4(5,10,12) 5(9) 6(1,10,11,12) 7(6) 8(1,6) 9(3,4,5,7,8) 10(6)
441.2 Grenzreibung 1(6,9,10,11) 2(4) 3(1) 4(3,13) 5(1,2,7) 6(1,2,10) 7(5,6,9) 8(1)
441.3 Mischreibung 1(5,8,9) 2(2,3,4,8,9) 3(1,7) 4(3,10,11) 5(1,2,5,7,9) 6(1,2,6,7,8,9,10,12) 7(1,4,5,6,8,9) 8(1,5) 10(1,6,7)
441.4 Vollschmierung hydrodynamisch 2(2,7,8,9) 3(1,2,3,4,5,8,9) 4(11) 6(1,2,4,12) 7(1) 8(4) 10(1,2,3,5,6,7)
441.5 Vollschmierung EHD 2(1,2,3,4,6) 3(1,5,8) 6(1,3) 8(2,3,4,5) 10(5)
441.6 Vollschmierung hydrostatisch 3(8,9) 10(3)
441.7 Vollschmierung Gasschmierung
441.8 Sonstige
441.81 Aerosol-Schmierung 2(2)

442 *Schmierungsarten*

442.1 Ölschmierung 1(9,10) 2(1,2,3,4,6,7,8,9) 3(2,3,4,5,8) 4(3,10,11) 5(1,2,5,7,8,9) 6(1,2,3,4,6,7,8,12) 7(1,4,5,6,7) 8(1,2,3,4,5,7) 9(1,4) 10(1,2,3,6,7)
442.2 Fettschmierung 2(4) 5(2,5) 6(7,8,9)
442.3 Feststoffschmierung 1(4,8,9,11,13) 5(9) 6(9) 7(5,6,7,9)

443 *Schmierungstechnik*

443.1 Schmierverfahren 2(7,9) 6(1) 8(3,4) 10(1)
443.11 Umlaufschmierung 2(1,4,6,7,8,9) 3(3,8) 5(1,7,8) 6(1,12) 7(1,4) 8(2,5) 10(2,3,6,7)
443.12 Verlustschmierung 1(10) 2(1,7) 4(3) 5(5,9) 6(7,8,9) 7(9) 8(4,6) 10(1,6)
443.13 Dauerschmierung 2(4,7) 4(10) 6(6) 8(7) 9(1)

443.2 Schmiersystem-Vorrichtung 10(1)
443.3 Schmierstoffverbrauch 2(9) 3(8) 4(3) 6(1,8,9) 8(7) 10(7)
443.4 Schmierstoffpflege 2(9) 7(4) 8(7) 10(7)
443.5 Sonstige
443.51 Werkzeugbesprühung 1(11)

444 *Schmierstoffeigenschaften*

444.1 Physikalische Eigenschaften 2(4,8,9) 4(13) 5(2) 6(7,8) 7(4,8) 8(2,3,4,7) 10(7)
444.2 Mechanische Eigenschaften (E-Modul, Schermodul, Kompressibilität) 2(6,7) 7(5) 8(2,3)
444.3 Rheologische Eigenschaften (Viskosität, Pumpfähigkeit, Konsistenz) 1(8,10) 2(2,4,5,7,8,9) 4(3,12) 5(1,2,7,8) 6(7,8,12) 7(4,5,8,9) 8(2,3,4,5,6,7) 10(7)
444.4 Grenzflächen-Eigenschaften 2(4) 4(3,12) 5(2) 7(8)
444.5 Thermische Eigenschaften 4(12) 5(2) 7(5,8) 8(4)
444.6 Physikalisch-chemische Eigenschaften (Struktur, Löslichkeit, Wasserabscheidevermögen, Emulgierbarkeit, Schaumneigung u.ä.) 2(8,9) 4(12) 5(2) 6(8) 7(4,8)
444.7 Chemische Eigenschaften (Flammpunkt, Oxidationsstabilität, Scherstabilität, Korrosionseigenschaften, chemische Zusammensetzung u.ä.) 1(10) 2(5,7,8,9) 4(3) 5(2) 6(6,8,9) 7(8) 9(5) 10(7)
444.8 Elektrische und optische Eigenschaften
444.9 Anwendungsbezogene Eigenschaften (Geruch, Toxizität, bakteriologische Stabilität, Schmiereigenschaften, Verschleißschutzverhalten) 1(9) 2(4,8,9) 4(3,12,13) 5(2,5) 6(7,8) 7(4,5,7,8) 8(5) 9(5)

5 UNTERSUCHUNGSVERFAHREN

51 Charakter der Untersuchung

511 *Tribologische Untersuchung*

511.1 Modellprüfung 1(2,5,6,7,8,9) 2(1,4,5,6,7) 3(7) 4(3,4,6,10) 5(1,2,3,9) 6(2,3,6,7,10,11) 7(1,2,5,6,9) 8(1,2,3,4,5) 9(1,2,3,4,5,7,8) 10(2,5)
511.2 Praxisnahe Laborprüfung 1(1,2,3,8,10,11) 2(1,2,3,4,6,7,8,9) 3(1,3,7,8,9) 4(2,3,4,5,9,12,13) 5(1,2,4,5,6,7,8,9) 6(2,9,11,12) 7(1,3,4,6,7,8,9) 8(3,4,6,7) 9(1,2,4,5,6,8,9) 10(1,3,5)
511.3 Feldversuch, praktischer Einsatz 1(1,2,3) 2(8,9) 3(9) 4(1,2,3,7,11,12) 5(1,3,5,6) 6(1,8,11) 7(4) 8(7) 9(4,6) 10(5,6,7)

512 *Nicht-tribologische Werkstoff- und Schmierstoffuntersuchung* 1(3,4) 3(6) 4(2,9) 5(5) 6(5,8) 7(8) 10(4,6)

52 Art des Untersuchungsverfahrens

521 Mechanisch-physikalische Prüfung (Rheometrie, Teilchenmessung, Schwingungsmessung) 1(1,4,6,7,8,9) 2(1,2,4,6,7,9) 3(1,3,6,7) 4(1,2,4,5,6,9,10,13) 5(1,5,9) 6(1,5,7,8,9,10,11,12) 7(4,5,6,7,9) 9(1,8) 10(3,4,6,7)
522 Physikalisch-chemische Prüfung 1(1,2) 2(8,9) 4(3,11) 5(5) 6(8) 7(4) 8(5,7) 10(7)
523 Chemische Analyse (einschließlich spektroskopischer Verfahren, Mikroanalyse) 1(1,2,3,4,11) 2(9) 3(6) 4(1,3,8,11) 5(1,2,5) 6(6,8) 8(7) 9(3,5,6) 10(7)

524 Akustische Verfahren 1(6) 4(9) 5(1)
525 Thermische Verfahren 2(8) 8(7)
526 Elektrische und magnetische Verfahren 5(1,7) 7(1,3) 8(3,4,5) 10(1,3)
527 Optische Verfahren (visuelle Prüfung, photographische, mikroskopische und holographische Verfahren, Ellipsometrie) 1(3,4,6,7,10,11) 3(6) 4(1,2,3,4,6,7) 5(1,2,3,6,7,9) 6(7,8) 7(1,3) 8(1,7) 9(2,3,4,5,6,8) 10(2,6)
528 Durchstrahlungsverfahren (Röntgen-, Gamma-, Neutronen-, Radiographie) 1(3,4) 4(9) 6(7) 9(2,5,6)
529 Radioisotopverfahren 4(2) 5(1) 6(1) 7(1) 8(6) 10(6)
530 Gravimetrische Verschleißbestimmung 9(3)

6 INTERESSENHINTERGRUND

61 Entwicklungsgeschichte

611 Historische Entwicklung 5(5) 8(6)
612 Stand der Forschung 1(10) 2(1,3,7,8) 3(1,5) 4(3,6) 5(5,8) 6(2,5,6,8,9,11) 7(6) 8(2,4,6) 10(1)
613 Neuentwicklungen 1(1,2,3,4,6,11) 2(3,6,7,8,9) 3(2,4,9) 4(4,6,7,9,11,12) 5(2,9) 6(4,9) 7(1,4) 8(2,7) 9(1,3,4,5,6,8) 10(1,5,6)
614 Forschungsstelle, Forscher 1(8,11) 2(5,7) 3(1,3) 4(1,4,9,10,12) 5(3,7) 6(2,5) 7(4) 9(5)

62 Terminologie, Dokumentation, Normung

6(9) 8(7)

63 Ausbildung, Lehre

6(2)

64 Systemgrundlage

641 Werkstoffe 1(1,2,3,4,5,7,9,11) 3(6,7) 4(1,2,3,4,9,10,11) 5(1,3,5,7,9) 6(5,6,7,8,9,11) 7(2,3,5,6,7) 8(1,7) 9(1,2,3,5,6,7,8,9) 10(4,5,6)
642 Schmierstoffe 1(5,9,10) 2(2,4,5,6,7,8,9) 4(3) 5(1,2,5,8) 6(2,6,7,8,9) 7(3,4,5,6,7,8,9) 8(2,3,5,7) 10(7)
643 Berechnung 1(1) 2(1,2,3,7) 3(1,2,3,4,5,8,9) 4(1) 5(5,9) 6(2,4,9) 7(6) 8(2,3,4,7) 10(1,2,3,5)
644 Konstruktion 1(1) 2(1,2) 3(2,3,4,5,9) 4(1,2,3) 5(3,7,9) 6(2,3,4,5,8,10,11,12) 7(1,6) 8(3,4,7) 9(8) 10(1,3,5,6)
645 Fabrikation 2(8) 5(9) 7(1) 9(4) 10(6)
646 Qualitätskontrolle 5(1) 6(8) 7(4) 9(9)
647 Auswahl 1(2) 2(8) 3(7) 4(1,2,3,4,8,10,12) 5(3,5) 6(2,5,6,7,8) 7(1,8) 8(1) 9(9)
648 Vergleich 1(9) 2(4,7,8) 3(1,7) 4(1,2,3,4,8,9,12) 5(1,3,5,9) 6(2,5,7,8) 7(1,5,7) 8(7) 9(1,5,8,9) 10(1,3)
649 Toleranz 5(7) 6(11) 7(4) 10(5)

65 Einbau, Montage

2(9) 3(2,4) 6(4,11) 10(7)

66 Betrieb

661 Funktion 1(1) 2(1,7,9) 3(8,9) 4(1,5) 6(10,11) 8(3) 10(1,5)

662 Kinematik 4(3) 6(10) 8(4)
663 Einlauf, allgemeine Betriebseigenschaften 1(7,10) 2(1,7,8,9) 3(3,6,8) 4(1,2) 5(1,3,7,8,9) 6(1,2,8,11) 7(3) 8(1,3,5,6,7) 9(9) 10(2,4,7)
664 Stabilität 1(1) 2(7) 3(3,6) 4(2) 10(3,4)
665 Zuverlässigkeit, Sicherheit 1(1,5,6) 2(3,7,8,9) 3(1,2,3,4,8,9) 4(1,5,7,9,10) 5(1,3,5,9) 6(3,4,5,7,8,9,11) 7(4) 8(1,3,7) 9(2,4,8,9) 10(1,2,3,5,6)

67 **Instandhaltung, Überwachung**
1(1) 2(9) 4(1,2) 5(1,3,4,5,6) 6(7,8,9,10,11) 7(4) 8(7) 9(9) 10(7)

68 **Organisation**
2(9) 10(7)

69 **Ergebnisanalyse**

691 Schadensanalyse 2(4,9) 3(6,7,9) 4(1,13) 5(1,2,3,5,9) 6(6,8,10,11) 7(7) 8(1,5,7) 9(1) 10(4,7)
692 Übertragbarkeit 1(1,9,10) 2(4,8) 3(1,2,3,4,7,9) 4(1,2,3,10,12) 5(1,3,5,9) 6(2,4,6,7,8,9,11) 7(5,7) 8(2,3,4,7) 9(1,2,4) 10(3,7)
693 Wirtschaftlichkeit, Kosten 1(1,4,11) 2(1,6,7,9) 3(2,4,5) 4(1,2,3,4,12) 5(1,3,4,5,7) 6(1,4,8,10,11) 7(4,6) 8(3,7) 9(2,4,5,8) 10(1,3,6,7)
694 Volkswirtschaftliche Bedeutung 1(1,4,6) 2(1,6,7,9) 3(1,2,4) 4(1,2,3) 5(3,8,9) 6(1,2,4,9,11) 8(7) 9(2) 10(3,6,7)

DESKRIPTORENLISTE alphabetisch

(Beispiel: 2(4,5) bedeutet Band 2, Bericht 4 und Bericht 5; siehe Faltblatt hinten

I N H A L T S V E R Z E I C H N I S S E

Band 1 - 10

1. Band

2. Band

3. Band

4. Band

5. Band

6. Band

7. Band

8. Band

9. Band

10. Band

TRIBOLOGIE

Reibung · Verschleiß · Schmierung

Dokumentation
zu dem Forschungs- und Entwicklungsprogramm „Tribologie"
des Bundesministeriums für Forschung und Technologie (BMFT)

Herausgeber:
Projektträgerschaft „Metallurgie – Werkstoffentwicklung – Rückgewinnung" des BMFT bei der DFVLR, Köln
Wissenschaftliche Leitung und Redaktion: W. BUNK, H. HAAG, J. HANSEN, M. GEYER

Band 1 Abrasivverschleiß – Schwingungsverschleiß – Oberflächenbehandlung – Bearbeitungsverfahren
Erscheinungsdatum September 1981, 641 Seiten, 148,00 DM
ISBN 3-540-10800-9 ISBN 0-387-10800-9

Band 2 Elastohydrodynamik – Meß- und Prüfverfahren – Eigenschaften von Motorenölen
Erscheinungsdatum März 1982, 505 Seiten, 128,00 DM
ISBN 3-540-11298-7 ISBN 0-387-11298-7

Band 3 Gleitlager – Wellendichtungen
Erscheinungsdatum Mai 1982, 420 Seiten, 118,00 DM
ISBN 3-540-11299-5 ISBN 0-387-11299-5

Band 4 Abrasivverschleiß – Schwingungsverschleiß – Oberflächenbehandlung – Bearbeitungsverfahren
Erscheinungsdatum September 1982, 542 Seiten, 128,00 DM
ISBN 3-540-11815-2 ISBN 0-387-11815-2

Band 5 Meß- und Prüfverfahren – Betriebsverhalten von Reibungssystemen – Eigenschaften von Motorenölen
Erscheinungsdatum Januar 1983, 572 Seiten, 138,00 DM
ISBN 3-540-12052-1 ISBN 0-387-12052-1

Band 6 Gleitlager – Mischreibung – Konstruktive Gestaltung
Erscheinungsdatum Oktober 1983, 518 Seiten, 138,00 DM
ISBN 3-540-12447-0 ISBN 0-387-12447-0

Band 7 Oberflächenbearbeitung – Bearbeitungsverfahren
Erscheinungsdatum Oktober 1983, 476 Seiten, 138,00 DM
ISBN 3-540-12448-9 ISBN 0-387-12448-9

Band 8 Elastohydrodynamik – Meß- und Prüfverfahren – Betriebsverhalten von Reibungssystemen
Erscheinungsdatum Juni 1984, 472 Seiten, 138,00 DM
ISBN 3-540-13431-X ISBN 0-387-13431-X

Band 9 Oberflächenbehandlung – Abrasivverschleiß
Erscheinungsdatum Juli 1985, 489 Seiten, 138,00 DM
ISBN 3-540-15556-2 ISBN 0-387-15556-2

Springer-Verlag
Berlin Heidelberg New York Tokyo

GPSR Compliance

The European Union's (EU) General Product Safety Regulation (GPSR) is a set of rules that requires consumer products to be safe and our obligations to ensure this.

If you have any concerns about our products, you can contact us on ProductSafety@springernature.com

In case Publisher is established outside the EU, the EU authorized representative is:

Springer Nature Customer Service Center GmbH
Europaplatz 3
69115 Heidelberg, Germany

Batch number: 10682323

Printed by Printforce, the Netherlands